材料科学与工程高新科技译丛

纤维素衍生物合成、结构及性能

Cellulose Derivatives

Synthesis, Structure, and Properties

[德] 托马斯·海因策(Thomas Heinze)

[巴西]奥马尔 A. 埃尔·塞乌德(Omar A. El Seoud) 编著

[德]安德烈亚斯·科切拉(Andreas Koschella)

黄凤远 吴晓杰 译

中国纺织出版社有限公司

内 容 提 要

本书系统地阐述了纤维素化学的最新进展，详细介绍了合成纤维素衍生物的非常规方法，引入新的溶剂，引入离子液体，纤维素区域选择性衍生化的新方法以及纳米颗粒和纳米复合材料的制备等。

本书适合从事材料科学、材料化学等相关专业的研究人员和专业技术人员阅读参考。

原文书名：Cellulose Derivatives：Synthesis，Structure，and Properties
原作者名：Thomas Heinze，Omar A. El Seoud，Andreas Koschella
First published in English under the title
Cellulose Derivatives：Synthesis，Structure，and Properties
by Thomas Heinze，Omar A. El Seoud and Andreas Koschella，edition：1
Copyright © Springer International Publishing AG，part of Springer Nature，2018
This edition has been translated and published under licence from
Springer Nature Switzerland AG.
Springer Nature Switzerland AG takes no responsibility and shall not be made liable for the accuracy of the translation.
本书中文简体版经 Springer International Publishing AG，part of Springer Nature 授权，由中国纺织出版社有限公司独家出版发行。本书内容未经出版者书面许可，不得以任何方式或手段复制、转载或刊登。
著作权合同登记号：图字：01-2024-3886

图书在版编目（CIP）数据

纤维素衍生物合成、结构及性能/（德）托马斯·海因策，（巴西）奥马尔 A. 埃尔·塞乌德，（德）安德烈亚斯·科切拉编著；黄凤远，吴晓杰译. --北京：中国纺织出版社有限公司，2023.12

（材料科学与工程高新科技译丛）

书名原文：Cellulose Derivatives：Synthesis，Structure，and Properties

ISBN 978-7-5229-1076-5

Ⅰ.①纤… Ⅱ.①托… ②奥… ③安… ④黄… ⑤吴… Ⅲ. ①纳米材料–纤维素–研究 Ⅳ.①TB383

中国国家版本馆 CIP 数据核字（2023）第 191267 号

责任编辑：范雨昕　　责任校对：高　涵　　责任印制：王艳丽

中国纺织出版社有限公司出版发行
地址：北京市朝阳区百子湾东里 A407 号楼　邮政编码：100124
销售电话：010—67004422　传真：010—87155801
http://www.c-textilep.com
中国纺织出版社天猫旗舰店
官方微博 http://weibo.com/2119887771
三河市宏盛印务有限公司印刷　各地新华书店经销
2023 年 12 月第 1 版第 1 次印刷
开本：710×1000　1/16　印张：33.5
字数：658 千字　定价：138.00 元

凡购本书，如有缺页、倒页、脱页，由本社图书营销中心调换

译者序

本书由德国耶拿大学托马斯·海因策教授、安德烈亚斯·科切拉博士和巴西圣保罗大学奥马尔 A. 埃尔·塞乌德教授共同完成。本书全面总结了纤维素化学的最新进展。由于可持续发展问题，自然界储量丰富的纤维素被视为重要的化工原料，其中可生物降解的纤维素衍生物，特别是纤维素酯和纤维素醚在工业领域得到大规模使用。纤维素化学的最新发展包括非常规的衍生物合成方法、新型溶剂、纤维素区域选择性衍生化的新方法、特定用途的纳米颗粒和纳米复合材料的制备等。

译者希望将本书推荐给从事相关研究的学术界和工业界的科研人员及技术人员，让他们更加深入地了解纤维素及其衍生物，同时提供更多的研究思路，能将纤维素及其衍生物由实验室研究进一步推广到工业应用领域，促进我国纤维素行业的快速发展与进步。

本书共分 7 章。第 1 章简要介绍了纤维素的来源；第 2 章叙述了纤维素及其衍生物的表征技术及简要的测试机理；第 3 章详细阐述了纤维素衍生化中占有重要地位的活化和溶解；第 4 章从总体上概述了纤维素衍生化的共同规律和原则；第 5 章着重介绍了纤维素酯化反应与产物应用；第 6 章介绍了纤维素醚；第 7 章介绍了纤维素氧化反应、点击化学、接枝反应等。全书系统性较强，适合有一定聚多糖基础的科研人员及师生参考。本书尤其在纤维素及其衍生物的结构表征方面做了大量工作，可为从事聚多糖研究的人员提供翔实的数据和范例。

本书得到辽宁省高等学校创新人才支持计划资助，译者表示衷心的感谢！

本书第 1 至第 4 章由黄凤远翻译，第 5 至第 7 章由吴晓杰翻译。译者在翻译过程中力求忠于原著，但由于水平所限，书中难免会有不当之处，敬请同行及广大读者批评指正。

译者

2023 年 3 月

前　言

在过去的二十年中，纤维素化学取得了令人瞩目的进展，特别是使用高效溶剂和新方法合成结构受控的纤维素衍生物，提高了纤维素衍生物的性能和应用。纤维素化学的可持续发展成为社会关注的主要问题。根据绿色化学原则，使用可再生原料，通过原子效率高、安全的途径生产可生物降解的产品成为主要目标。迄今为止，纤维素是自然界最丰富的可再生生物聚合物，其衍生物，特别是有机和无机酸酯/醚，具有良好的化学性能、力学性能和生物降解性而被大规模使用。

纤维素化学的研究已经取得了一系列进展：通过非均相反应合成酯和醚的非常规方法，如碘/羧酸酐，通过诱导相分离活化纤维素；引入新的溶剂，如电解质/偶极非质子溶剂、碱/尿素；引入离子液体；使用辐射能（微波和超声波）溶解纤维素和衍生化物；纤维素区域选择性衍生化的新方法；基于纤维素及其衍生物，为特定应用设计的纳米颗粒和纳米复合材料的制备。

上述进展已有综述性文章发表，尚需要对上述新发展的原则进行全面总结与梳理。工艺的经济性要求在分子水平上理解和量化上述方面，因此了解纤维素结构与其反应性之间的关系、纤维素—溶剂相互作用等至关重要。

本书面向对纤维素及其衍生物的研究及应用感兴趣的技术人员、科研人员，还包括研究生和高年级本科生。大多数有机化学教科书集中于介绍相对简单的单糖和二糖化学，很少涉及天然碳水化合物及其衍生物，特别是纤维素和淀粉的内容。通过阅读本书，可以了解单糖衍生物的区域选择性合成所采用的路径，以及如何将这些路径扩展到更复杂的碳水化合物中。此外，纤维素酯和醚是重要的化合物，从合成到生物降解的生命周期符合绿色化学原理。

为了便于阅读本书，特列出本书的组织架构，以便读者快速查阅所需内容。

德国耶拿　Thomas Heinze
巴西圣保罗　Omar A. El Seoud
德国耶拿　Andreas Koschella

本书的组织架构

考虑到本书出版背景和读者兴趣，我们以直入主题的方式划分章节。如第 2 章所示：将每种技术的理论背景与相应的实验以及对纤维素及其衍生物的应用分开。本书涉及的主题非常广泛，受篇幅所限内容不能面面俱到。我们尽可能选择最新的进展，读者可以从中接触到较早的文献。

当今，越来越多地使用非常规来源的纤维素，如细菌纤维素和从农业残留物中提取的纤维素，探究生物医学和制药领域细菌纤维素的重要应用。棉花（茎）、大米和小麦（秸秆）以及生物燃料（特别是甘蔗渣）生产过程中产生的大量固体废物，人们需要找到更好的用途，不仅是堆肥和燃烧。

第 1 章简要介绍了这一主题，根据生产规模和特定天然来源纤维素的发展阶段加以介绍。如果不讨论控制纤维素可及度的结构特征，从而成功地进行衍生化，关于纤维素衍生物的书就是不完整的。纤维素的性能取决于其来源和提取方法。测定这些性能，例如平均聚合度和结晶度指数，是研究纤维素的起点。纤维素衍生物的性能及其应用取决于其分子结构，尤其是在重复单元（脱水葡萄糖）以及沿着纤维素骨架的取代程度和取代模式。

第 2 章介绍了确定纤维素及其衍生物分子结构的各种技术，并着重介绍表征纤维素及其衍生物（平均摩尔质量和取代模式）的基本性能。将纤维素及其衍生物的物理化学和结构性能的测定归为一章是合理的，因为表征纤维素及其衍生物所用设备、实验工艺和数据处理实际上是相通的。

第 3 至第 7 章是本书的主体部分。第 3 章致力于讲解“纤维素的活化和溶解”，纤维素的活化对其在非均相条件下的衍生化至关重要。类似的活化预处理对许多均相条件下纤维素衍生化反应也非常重要。在第 3 章的 3. 2 节，讨论了纤维素的溶解，是纤维素及其衍生物分析以及均相衍生化的核心。此外，还介绍了纤维素的再生，再生纤维素纤维（如莱赛尔纤维）是人造丝的替代品。纤维素酯溶液，特别是醋酸纤维素被再生为工业上重要的纤维和过滤丝束。

第 4 章讨论了在非均相和均相反应条件下纤维素衍生化的基本概念，重点是利用保护基实现区域选择性合成，概括了纤维素醚和酯的合成。

第5章介绍了纤维素酯，包括大规模商业化的酯，低级羧酸（乙酸到丁酸）酯、硝酸纤维素酯和混合酯；用于纤维素衍生物的区域选择性合成的酯，如甲苯磺酸酯、无机酸酯（硼酸酯、碳酸酯、硝酸酯、磷酸酯、硫酸酯）和氨基甲酸酯。氨基甲酸酯在获得纤维素纤维工艺中有潜在的应用。

第6章讨论了工业上重要的纤维素离子/非离子醚的合成和性能，包括烷基醚、羟基烷基醚及羧甲基纤维素。

第7章讨论了各种纤维素衍生物，包括经 Huisgen 反应、硫醇 Michael/硫醇烯反应和 Diels-Alder 反应获得的纤维素衍生物，以及如氧化、树枝化和接枝等其他重要反应。

本书的内容尽可能涵盖纤维素及其衍生物的化学和应用各个方面。致力于提高人们对利用纤维素和其他碳水化合物（淀粉、葡聚糖和其他葡聚糖以及甲壳素）的兴趣，生产专门用于催化、生物医学和分离等特定应用的纤维和材料，以及各种新型环保产品。

德国耶拿　Thomas Heinze
巴西圣保罗　Omar A. El Seoud
德国耶拿　Andreas Koschella

目　录

第1章　不同来源纤维素的制备与特性

纤维素是世界上最丰富的可再生聚合物资源。据估计，棉花通过光合作用可合成纯纤维素 $10^{11}\sim10^{12}$t/a，木本植物中大多数纤维素在细胞壁中与木质素和其他多糖（半纤维素）共存[1]。虽然纤维素主要存在于树木中，木材是其重要的来源，但含纤维素的材料还包括农业废弃物、水生植物、草和其他植物等，除含纤维素外，还含有半纤维素、木质素和少量抽提物（表1.1）[2]。商业用纤维素的来源是木材或天然高纯度的棉花。

表1.1　一些典型含纤维素材料的化学成分[2]

来源	组成/%			
	纤维素	半纤维素	木质素	抽提物
硬木	43~47	23~25	16~24	2~8
北美硬木[3]	66~67	17~21	20~36	3~6
软木	40~44	25~29	25~32	1~5
甘蔗渣	40	30	20	10
玉米棒	45	35	15	5
玉米秸秆	35	25	35	5
玉米秸秆[4]	35~45	25	17~21	4~7
棉	95	2	1	0.4
亚麻（经沤制）	71	21	2	6
亚麻（未经沤制）	63	12	3	13
大麻	70	22	6	2
灰叶剑麻	78	4~8	13	4
黄麻纤维	71	14	13	2
红麻	36	21	18	2

续表

来源	组成/%			
	纤维素	半纤维素	木质素	抽提物
苎麻纤维	76	17	1	6
水稻秸秆[5]	43	33	20	<1
剑麻	73	14	11	2
甘蔗渣[6]	45~55	20~25	18~24	>1
剑麻纤维[7]	73	13	11	<2
麦秸[8]	58~73	25~31	16~23	3~5.8
麦秸	30	50	15	5

醋杆菌属（*Acetobacter*）、土壤杆菌属（*Agrobacterium*）、沙门氏菌属（*Sarcina*）、根瘤菌属（*Rhizobium*）等细菌在纤维素生产与制备中非常重要[9-10]。通常，细菌纤维素（bacterial cellulose，BC）具有纯度高（不含木质素和半纤维素）、结晶度高、聚合度（degree of polymerization，DP）高等特点。

藻类（*Valonia ventricosa*，*Chaetamorpha melagonicum*）是高结晶度纤维素的另一来源，用于研究纤维素的多晶型（参见第 2 章）。藻类纤维素也存在于真菌细胞壁中。此外，还有几种来源于动物的纤维素，其中海鞘类动物细胞壁的成分——囊纤维质（tunican）已被广泛研究。

通过 3,6-二-*O*-苄基-α-D-吡喃葡萄糖-1,2,4-邻苯二甲酸酯的开环聚合，随后完全去保护[11]，选择性地保护 β-D-葡萄糖的逐步反应，实现了纤维素的合成，例如 1-烯丙基-2,6-二-*O*-乙酰基-3-苄基-4-*O*-（对甲氧基苄基）-β-D-吡喃葡萄糖苷[12]。尽管所获得的纤维素样品具有相当低的 *DP* 值（最大约 50），这与所应用的保护基团有关。最近，该方法对于制备具有受控序列和官能化位置的模型化合物非常重要，对于分析和确定结构和性质的关系非常有益[11]。该方法可用于合成具有区域选择性官能化的纤维素衍生物[13]，甚至可用于合成嵌段共聚物（参见第 4 章）[14]。

以 β-D-纤维素二酰氟为底物，在 pH 值为 5 的乙腈和乙酸盐缓冲液中，非生物法合成制备纤维素可得到纯化的纤维素[15-16]。产物的 *DP* 值约为 40。从科学的角度来看，这种方法非常有趣，但不能成为纤维素的新来源。

1.1　植物纤维素

1.1.1　传统来源的纤维素

1.1.1.1　木材

尽管细胞壁的主要成分——纤维素不溶于水，细胞壁形成木材的生物过程是在水性介质中进行的。线圈状木质素和棒状纤维素纤维之间的不相容性通过分层排列能够得到克服（图 1.1），其中半纤维素位于纤维素与木质素的界面处。

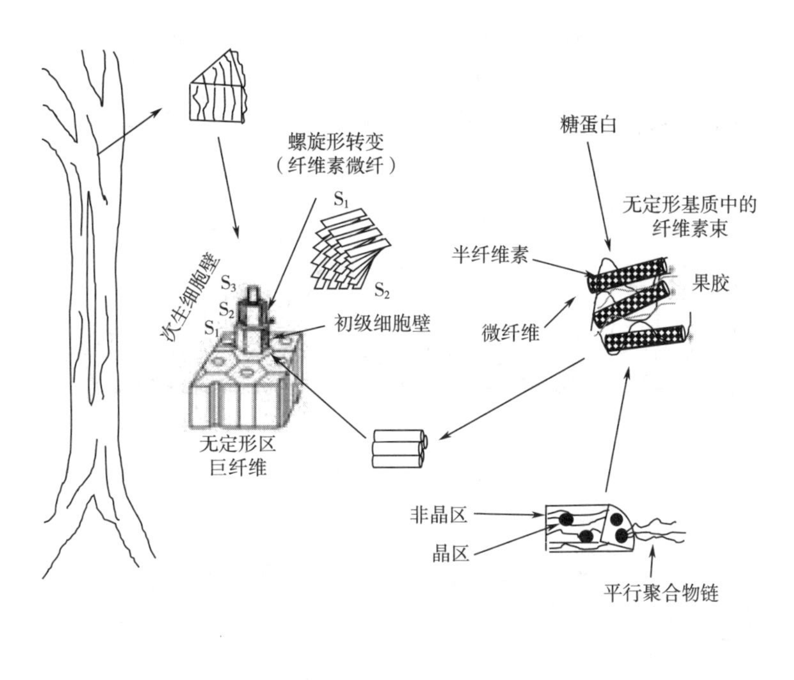

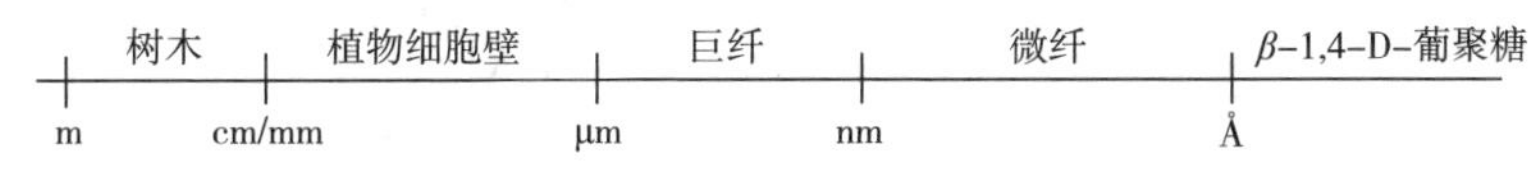

图 1.1　木材的层次结构[17]

半纤维素存在于陆生植物和藻类的结构变体中，甚至在一种植物的不同组织中。木聚糖型聚多糖是常见的半纤维素（图 1.2[18]）。所有高等植物的木聚糖都具有β-1,4-苷键连接的木吡喃糖（Xylp）单元的主链，通常被糖单元和O-乙酰基取代。落叶树的木材中，仅发现存在 4-O-甲基葡萄糖醛酸氧基（GX）型木聚糖［图 1.2（a）］，含有 2 位连接的 4-O-甲基-α-D-吡喃葡萄糖基糖醛酸（MeGA）

单元的侧链。从不同硬木中分离 GX 的木聚糖与 MeGA 的比例为（4∶1）～（16∶1）。葡萄糖醛酸（Arabino）型木聚糖，含有 2-*O*-连接的 α-D-吡喃葡萄糖基糖醛酸单元和（或）其 4-*O*-甲基衍生物和 3 位连接的 α-L-阿拉伯呋喃糖基（Araf）单元的侧链［图 1.2（b）］，是典型的软木、草和一年生植物的木质组织。高支链水溶性阿拉伯木聚糖［AX，图 1.2（c）］存在于胚乳组织和果皮组织中，单取代和二取代木聚糖残基的概率和分布不同。木聚糖的 *DP* 值为 100～200。针叶树中甘露聚糖主要含有不同程度乙酰化的甘露糖、葡萄糖和半乳糖。来自软木的典型葡甘露聚糖的结构如图 1.3 所示。

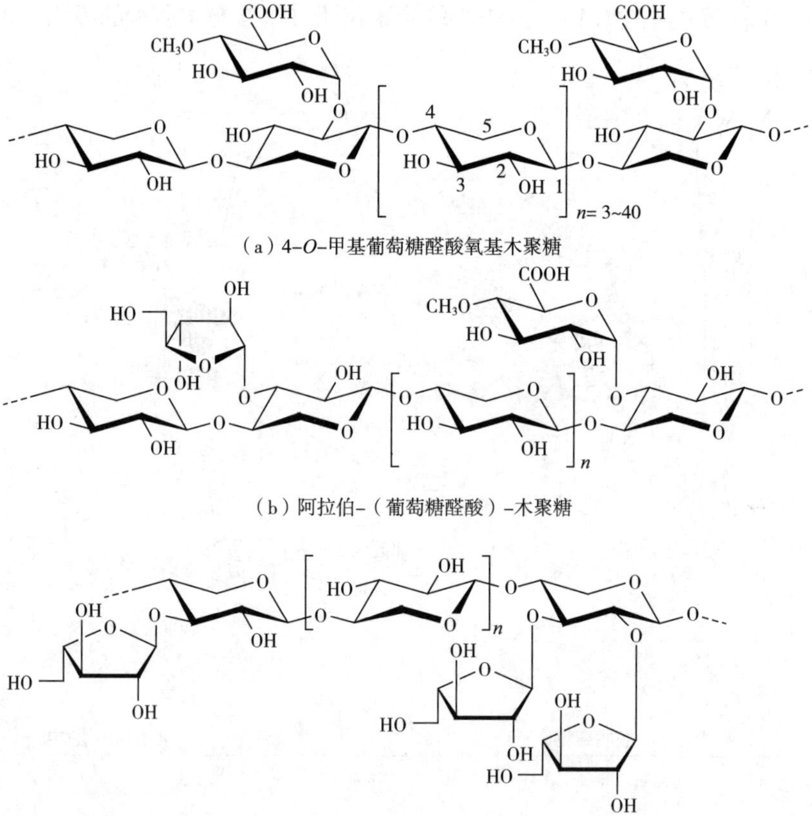

（a）4-*O*-甲基葡萄糖醛酸氧基木聚糖

（b）阿拉伯-（葡萄糖醛酸）-木聚糖

（c）阿拉伯木聚糖

图 1.2　木聚糖的结构[19]

木质素是一种复杂的含有多种连接的芳香结构的三维网状结构。除芳香族单元之间的共价键外，还存在碳碳单键、碳碳双键以及碳氧键。根据木材的类型，木质素是由不同量的对香豆醇、松柏醇和芥子醇形成的苯基丙酰化物（图 1.4），主要结构是苯环、丙烷链、羟基和烷氧基。由于其具有网状结构，天然木质素的

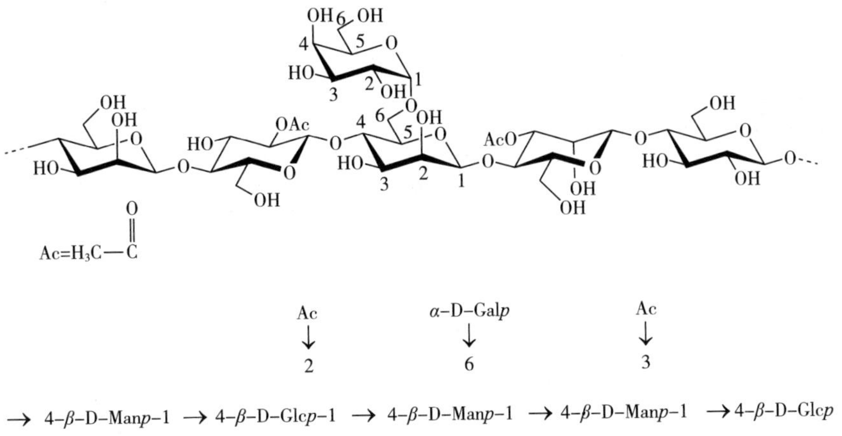

Ac → 2　　α-D-Gal*p* → 6　　Ac → 3

→ 4-*β*-D-Man*p*-1 → 4-*β*-D-Glc*p*-1 → 4-*β*-D-Man*p*-1 → 4-*β*-D-Man*p*-1 → 4-*β*-D-Glc*p*

图 1.3　一种软木葡甘露聚糖的分子结构[19]

摩尔质量能达到几百万克/摩尔[20]。

为了得到纤维素纤维，须采用机械方法或化学方法进行制浆。机械制浆时先用蒸汽对木材进行处理，然后磨浆，分离出纤维。化学制浆主要依靠化学反应物和加热的方法来溶解木质素和植物材料的其他物质，然后通过机械制浆分离纤维。这两种工艺主要用于工业生产纤维材料，即造纸用纸浆（该纸浆结构被重组为网状结构）（表 1.2）[21]。2010 年，全球纸浆年产量超过 4×10^8 t[23]。纤维素成型和纤维素衍生物的生产必须使用高纯度纸浆（表 1.2）。

表 1.2　纤维素的碳水化合物成分、α-纤维素含量、平均聚合度（*DP*）和结晶度（χ_c）

产品	生产商[c]	碳水化合物成分[a]/%			α-纤维素/%	*DP*	χ_c^b/%
		葡萄糖	甘露糖	木糖			
硫酸盐纸浆 V-60	Buckeye	95.3	1.6	3.1	—	800	54
硫酸盐纸浆 A-60	Buckeye	96.0	1.8	2.2	—	2000	52
亚硫酸盐纸浆 5-V-5	Borregaard	95.5	2.0	2.5	—	800	54
MoDo	Mo och Domsjö	n. a.	—	—	93.5[d]	611	n. a.
Sappi	Sappi	n. a.	—	—	94.1[d]	514	n. a.
BaCell	Bahia Pulp S. A.	n. a.	—	—	95.2[d]	540	n. a.
Alistaple	Western Pulp	n. a.	—	—	94.9[d]	1168	n. a.
Cordenka	Cordenka	n. a.	—	—	98.2[d]	859	n. a.

续表

产品	生产商[c]	碳水化合物成分[a]/%			α-纤维素/%	DP	χ_c^b/%
		葡萄糖	甘露糖	木糖			
Rosental Kraft	Mercer	n. a.	—	—	89.5[d]	881	n. a.
BWL Hyosung	Hyosung	n. a.	—	—	94.7[d]	623	n. a.
Ethenier F-HV	Rayonier	n. a.	—	—	93.7[d]	1246	n. a.

a. 由酸水解和色谱法测定（n. a. 表示未提供）。

b. 由 X 射线分析确定[22]。

c. 博凯（Buckeye）纤维素有限公司，美国田纳西州孟菲斯蒂尔曼街 1001 号，38108-0407；鲍利葛（Borregaard）化学纤维素公司，挪威萨尔普斯堡 N-1701，162 号邮箱；Sappi 国际总部，比利时布鲁塞尔胡尔佩城堡 154 号，B-1170；巴伊亚（Bahia）特种纤维素公司，巴西卡马卡里 42810-290，Rua Alfa 1033，AIN-Complexo Industrial de Camacari；西部（Westem）纸浆公司，美国科瓦利斯市（Corvallis），OR 97333，胡特街（西南方）5025 号；可丹卡（Cordenka）商务咨询有限公司，德国奥伯堡工业中心，D-63784；美世（Mercer）纸浆销售有限公司，德国柏林查尔顿街道 59 号，D-10117；晓星（Hyosung）集团，韩国首尔麻坡区功德洞 450 号晓星大厦（121-720）。

d. 纤维素不溶于 17.5%（质量体积分数）NaOH 水溶液。

溶解级纸浆是通过漂白进行化学再处理的特种纸浆，由纯度超过 90% 的纤维素组成（α-纤维素为不溶于 17.5%NaOH 水溶液的物质，见第 3 章）。生产溶解纸浆的方法主要采用亚硫酸盐工艺（α-纤维素含量为 90%~92%）和预水解牛皮纸浆工艺（α-纤维素含量高达 94%~96%）。特殊碱处理可以产生 α-纤维素含量高达 98% 的纸浆。除去碱溶性半纤维素，如除去碱溶性降解的纤维素和降解的木聚糖和甘露聚糖等杂多糖。源于木材的纤维素约占溶解浆的 85%~88%，其余是棉短绒。

简言之，亚硫酸盐工艺中，木屑在高温高压下用亚硫酸氢盐（Ca^{2+}、Mg^{2+}、Na^+或 NH_4^+）和二氧化硫处理（蒸煮过程）。脱木质素的程度取决于 $[H^+]$ $[HSO_3^-]$ 的浓度，$[H^+]$ 浓度影响纤维素水解速率（即聚合度的降低速率）。根据蒸煮过程的不同，SO_2（HSO_3^-）和质子之间存在以下平衡：

$$SO_2+H_2O \rightleftharpoons H_2SO_3 \rightleftharpoons HSO_3^-+H^+$$

根据具体条件，木质素的磺化（酸性条件下）使生物聚合物溶于蒸煮液。此外，木质素和碳水化合物之间、木质素内部化学键（图 1.4）发生水解，此过程比磺化反应稍慢[24]。

牛皮纸预水解制浆涉及在酸性条件、不同温度下（分别为 160~180℃，120~140℃和 40℃）用水、稀酸（0.3%~0.5% 硫酸水溶液）或浓盐酸（20%~30%）对木屑进行处理。水介质中，木聚糖中的乙酸酯发生裂解，导致自催化水解。目前，牛皮纸制浆的预水解在不添加无机酸的情况下进行[25]。随后，升高温度，用 NaOH 水溶液和 Na_2SO_3 处理，直至达到所需的脱木质素程度，得到白色液体。Six-

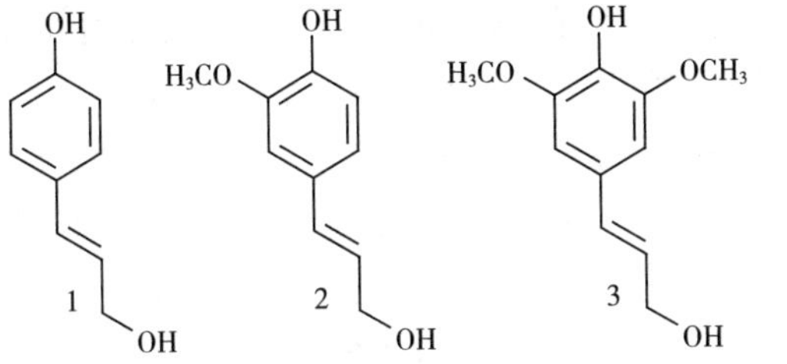

对香豆醇　松柏醇　芥子醇

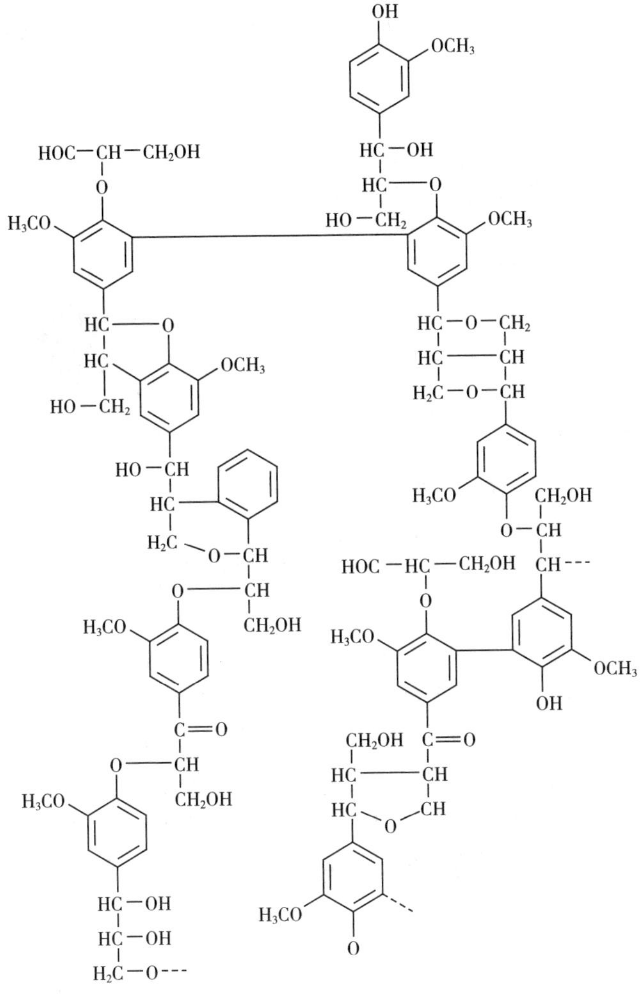

图 1.4　木质素基本组成单元和一般化木质素结构片段

ta 等在著作中全面综述并讨论了这些过程，进一步提出生产溶解级纸浆的各种替代方案[25]。溶解纸浆中残留木质素的含量通常非常低，卡伯值通常在 0.2~0.5 单位，意味着木质素含量为0.05%[26]。剩余的半纤维素（碱溶性低聚合度纤维素和杂多糖）会影响最终产品的性质，如反应性和可加工性。由于高损失率和高化学费用，热、冷 NaOH 提取短链材料导致生产成本显著增加。因此，应根据需要调节纯度，如溶解纸浆的 R18 和 R10 值分别为 93%~98%和 88%~98%（见 3.2）。

溶解级纸浆的 DP_W 值高达 4750（用于超高溶液黏度的商业醚生产），1400~1800（用于黏胶生产）和 2100（用于醋酸纤维素生产）。2003 年，商业上使用约 3.65×10^6t 溶解纸浆生产纤维素衍生物，用于再生纤维、海绵和薄膜以及微晶纤维素（见 1.3.1）。市场上有各种其他具有典型纤维素特性的溶解纸浆，是非常有用的纤维素衍生化原料（表 1.2）。从植物材料中分离纤维素有了新进展，如有机溶剂法或蒸汽爆炸法（见 1.1.2）。

1.1.1.2 棉短绒

棉花植物是棉属一年生灌木，生长在赤道南北部的亚热带和热带地区。棉铃（蒴果）由 30~40 粒含油种子组成。如图 1.5 所示，每种棉子能够产生 5000~20000 个单种子毛，即棉花纤维[27]，分棉绒和棉短绒。棉绒（长绒棉）是长纤维。绒毛的短壁和厚壁纤维称为棉短绒[28-30]。

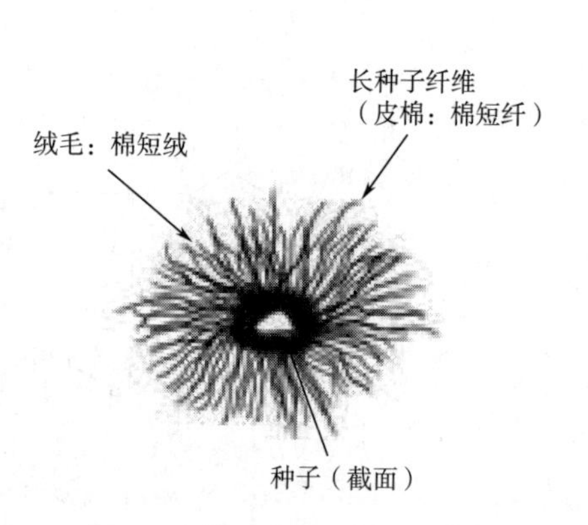

图 1.5 棉花种子的横截面[28]

虽然种植棉花的主要目的是获得纺织工业的棉纤维（棉绒）（2008~2009 年度全球短纤棉产量为 2.4×10^7~2.5×10^7t），棉短绒是重要的副产品，是一种有价值的纤维素原料，用于造纸、纤维素衍生物以及再生纤维的生产。

在生产油和棉绒的过程中能分离得到棉短绒。以棉球形式收获的棉花通过轧花分离短纤维，这些短纤维在纺纱厂和织造厂会经过进一步加工。剩余的带有棉绒绒毛的棉籽用于生产棉籽油，这是一种有价值的植物油[31]。在此过程中，可以获得棉短绒（一道剥绒、二道剥绒和普通短绒）、种子壳和种子饼（肉）。在油厂中，使用旋转锯在压榨油之前去除棉短绒。这台机器被称为“剥绒机”，因此得到的称为棉短绒。通常棉短绒的生成分为两个连续的阶段（第一道剥绒和第二道剥绒）。棉短绒和棉短纤的特征见表 1.3[28]。

表 1.3 棉短绒和棉短纤的纤维比较

属性	棉短绒	棉短纤
纤维长度	短（2~6mm）	长（20~45mm）
壁厚	厚（6~12μm）	薄（2.5~6μm）

续表

属性	棉短绒		棉短纤
管腔形状	圆形		扁平、腰圆形、相对较大
纤维直径	大（17~27μm）		小（12~22μm）
纤维形状	多为圆柱形、卷曲，逐渐减量到某个点		扁平，小卷曲的扭曲丝带状
截面			
相对化学反应性	二次切割	一次切割/轧制	原棉
		←降低←	

棉短绒外观是短的、厚壁的、卷曲的、圆柱形的；而棉短纤外观是长的、薄壁的、相对直的、形状像扭曲的丝带状。纤维的卷曲定义为真实长度（L）与投影长度（L_p）的比值，式（1.1）计算纤维的卷曲度 Curl（%）。

$$\text{Curl} = \frac{L}{L_p - 1} \times 100\% \tag{1.1}$$

由于棉短绒对化学试剂的可及性更高，因此具有比棉短纤维更高的反应性。此外，卷曲形状提供了三维特征，特别是二次切割的短绒，产生庞大且多孔的结构。短纤维具有二维特性，是高强度的前提条件。图 1.6 显示二次切割棉短绒的横截面。二次切割的棉短绒的横截面形状更圆，细胞壁更厚[31]。

图 1.6　二次切割棉短绒横截面的 SEM 图（用金溅射的样品，加速电压 20kV）

轧花后，种子上留下的绒毛由棉短绒和一定数量的短纤维组成。视觉上估算短绒中的短纤维含量的方法是梳理棉短绒并产生短绒带，超长度的纤维可以通过纤维采样器分类识别[32]。

通常，棉短绒纤维素含量占极干燥基质的 80%[28-29,33]。通过漂白除去天然和非天然污染物，以获得高纯度的棉短绒纤维素。漂白过程是机械和化学纯化步骤的组合。打开包装后，清洁是为了去除物理杂质，如现场垃圾（通过干洗）、沙子、石头和种子壳（通过湿法清洁）。湿法清洁的另一个作用是减少果胶、蛋白质和脂肪等天然污染物的含量。在苛性钠（NaOH）中蒸煮是主要的化学纯化步骤。在这一过程中，脂肪和蜡被皂化，降解产物、果胶和蛋白质溶解在碱性介质中，温度和苛性钠浓度等条件会影响棉短绒纤维素的聚合度。在翻滚式蒸煮器或水平管连续蒸煮器中蒸煮棉短绒以促进混合，提高均匀性。蒸煮过程中，纤维的角质层和初级细胞壁中溶于苛性钠的部分被完全去除，螺旋结构的次级壁受到化学侵蚀。最后的整理和干燥工艺的设计取决于棉绒纤维素是以绒形式（闪蒸干燥），还是以片状形式销售。卷装和片状产品需要有湿磨阶段，纤维素短绒被缩短和纤维化（打浆、精炼）。所得棉短绒的纯度通常为99%（漂白）和98%（未漂白）。

与大多数木浆相比，纯化的棉短绒具有高聚合度、高纯度、高结晶度、高α-纤维素含量（见第2章）的特点（表1.4）。它们不含木素，有少量的羰基和羧基。因此，在纤维素化学中使用棉短绒通常会获得高产率，产品具有耐光、耐热、抗老化性能（如乙酸纤维素）。衍生物能形成清亮、透明、无色的高黏度溶液，具有良好的过滤性和可纺性，如铜氨纤维素和黏胶纤维素。

表1.4　棉短绒的商业来源

生产商	碳水化合物组成/%			*DP*
	葡聚糖	甘露糖	木糖	
Buckeye	100	—	—	1470
	100	—	—	2000
安徽雪龙纤维技术有限公司（安徽省宿州市怀远南路318号）	未知	—	—	1100~1600
	98	—	—	450~2250
Milouban（Milouban M. C. P. Ltd.，European Office，Am Markt 9，D-25348 Glückstadt，Germany）	未知	—	—	700~3410

1.1.2　其他来源的纤维素：剑麻和农业废弃物

从农业木质纤维素残留物中提取纤维素的应用逐渐拓宽，建筑、家具制造、纤维、纸浆和造纸工业对木材的需求每年增加1%~2%[33-34]。一方面，由于树木生长缓慢，需求最终可能超过木材供应；另一方面，两个因素导致农业废弃物（如水稻、小麦的秸秆、玉米穗轴和甘蔗）用量大量增加，一是生物乙醇的使用大量增加；二是不同作物秸秆与谷物的干重比约为1（图1.7）[35]。这意味着存在环境问题，如在公开场合大规模燃烧[36]或在工业领域中转化为具有较高经济价值的材料（饲料、纤维素和生物燃料）。将丰富的木质纤维素生物质转化为生物燃料为改善能源安全和减轻环境影响提供了可行的方案，因为它们可再生，比石化燃料更清洁，温室气体排放量低[37]。

目前常用生产纤维素的来源（木材和棉花）已经在1.1.1节中做了叙述。还可以从农业废弃物中提取纤维素，如玉米芯、秸秆、稻草、甘蔗渣和小麦秸秆，以及来源相对较少的剑麻。图1.8为农业废弃物的一些应用。

(a) 香蕉植物残留物　(b) 玉米芯　(c) 稻草

图1.7　农业废弃物

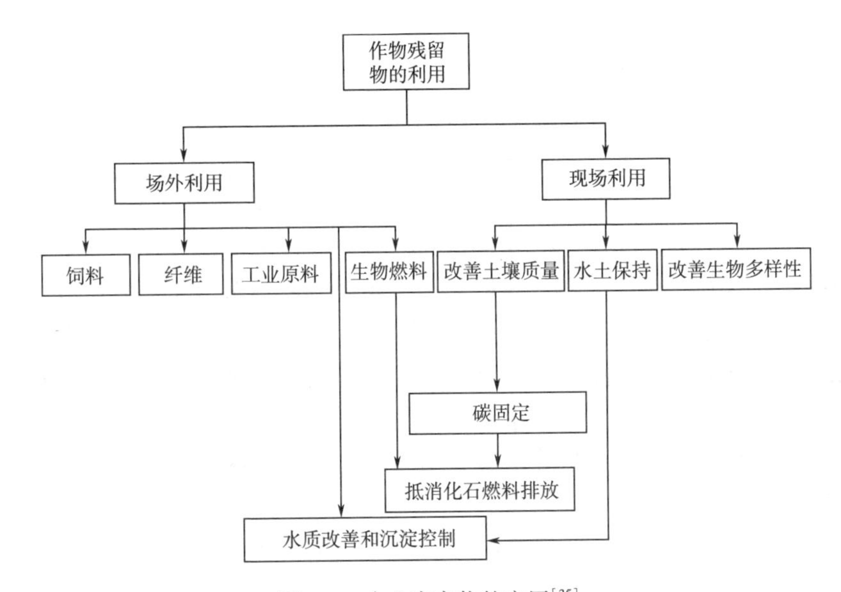

图1.8　农业废弃物的应用[35]

2009年，世界糖产量为1.57×10^8t[38]。甘蔗的糖产量占10%±2%[39]，甘蔗的世界产量约为1.57×10^9t。生产1t甘蔗约产生300kg湿甘蔗渣，蔗渣通常含有40%~50%的水分[40]。因此，全世界每年生产干燥的甘蔗渣约0.236×10^9t。每年产生约570×10^6t稻草[41]、约66.8×10^6t谷物秸秆[35]，相比甘蔗渣只占很小一部分。表1.1为剑麻和一些农业废弃物及北美硬木的化学组成。农业废弃物中纤维素含量较低，灰分含量较高，档次稍低，回收纤维素所需的能量和化学品成本较高。通常，非木材植物的制浆比木材制浆成本低。因为它们的木质素含量略低，脱木质素步骤需要的化学品较少。然而，制浆和漂白中的成本优势会被该过程的后续步骤所抵消。

(1) 得到的高黏度黑液洗涤成本较高。需要使用更大的洗涤设备，更大量的水（为了降低液体的固体含量）以及消耗更多的能量。

（2）在使用材料之前需要进行预处理。储存期间，大多数非木材纤维易变质、变色。因此，所得纸浆需要酶预处理或严格漂白。由于纸浆对所用化学品和酶处理提出了更高的要求，增加了生产成本[73]。

从农业废弃物中提取纤维素需要降低其半纤维素、木质素和灰分的含量。表 1. 8 是代表性实施案例，目标通常通过预处理、制浆和漂白步骤的组合来实现。由于半纤维素和木质素的部分溶解和/或降解，预处理导致基质颗粒的内表面积增大，进而导致三种组分的分离，释放纤维素。采用化学和/或物理—化学组合的方法进行预处理，包括在温和条件下的稀酸、单独的碱处理或在氧化条件下处理（如 H_2O_2 存在的条件下）和用氧化剂处理（如 NaOCl、$NaClO_2$、Caros 酸或有机过氧酸等）。

研究这些传统方法如何经济、有效地除去半纤维素和木质素的工作从未停止。几种可行的替代工艺已经得到开发[74]。有机溶剂的使用是酸处理或碱处理的重要改进，如水与甲醇、乙醇、1-丙醇、1-丁醇、丙二醇和 THF 等有机溶剂的混合物在高温（170~250℃）高压下的应用。有机溶剂工艺中酸或碱使用较少；木质素的溶解度增加；脱木质素选择性得到更好的控制；通过溶剂蒸发回收木质素比含水工艺消耗更少的能量[75-76]。蒸汽爆破工艺是木材热机械处理的替代方法，目的是获得更接近单根纤维的更小的聚集尺寸[44,77]。工艺技术的改进，特别是在工艺过程中精确控制减压阶段、使用有机溶剂代替水、调节生物质内产生的剪切力以及确定所处理材料的形态和超分子结构。在蒸汽爆破的剧烈压力和温度条件下，所形成的蒸汽离子化和乙酸对半纤维素和木质素起到催化降解作用，而对纤维素仅部分降解。用水和有机溶剂对蒸汽爆破的生物质进行萃取处理，可以获得富含半纤维素以及木质素低聚物、简单酚以及纤维素含量高于 90%的木质纤维素。通过增大蒸汽爆破强度，如延长停留时间和提高温度，可以观察到半纤维素含量规律下降，木质素含量达到最小值，实现脱木质素最大化[78]。其他脱木质素的替代方法包括超声波[59,62]、酶水解[78] 和超临界流体技术[79]。最近，离子液体已成功用于在超声波的作用下溶解纤维素[80]、木材的溶解和部分脱木质素[81]，以及稻草的脱木质素[78]。鉴于离子液体结构的多功能性，其物理化学性质及其溶解植物成分的能力随之变化，因此离子液体的应用有望扩大。

1. 2 细菌纤维素

醋杆菌属（*Acetobacter*）、棘阿米巴属（*Acanthamoeba*）和无色杆菌属（*Achromobacter* spp.）等细菌形成纤维素，也是一种制造高聚合度、纯纤维素的方法

(图 1.9)。细菌纤维素（bacterial cellulose，BC）具有结晶度极高的超细网络结构，结构中含有大量稳定的水。

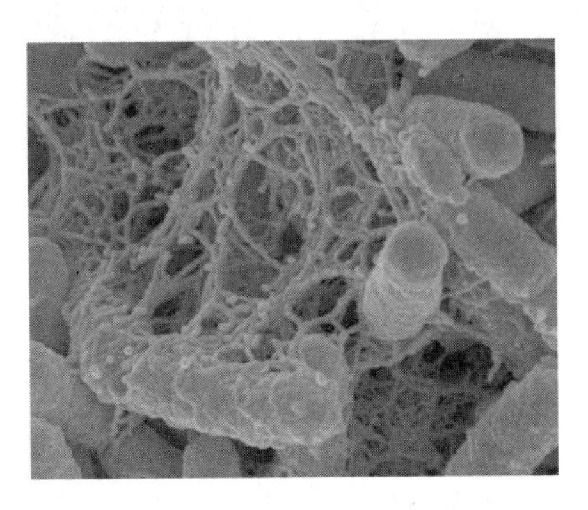

图 1.9　木醋杆菌的微观图

木醋杆菌（被重新分类为木糖醋菌）通过纤维素的合成在外膜和细胞质膜之间进行复合物的生物合成，该复合物与细菌表面的孔相关联。纤维素合成酶是该过程中最重要的酶之一。葡萄糖-1-磷酸利用 UDP-葡萄糖焦磷酸酶活性获得的尿苷二磷酸葡萄糖（UDP-葡萄糖）用于β-1,4-葡聚糖的聚合反应（图 1.10）。在合适的静态培养基中培养乙酸细菌（含葡萄糖醋酸杆菌）时，在气—液界面处产生厚的、皮革状的纤维素薄膜。在纤维素生产过程中，细菌细胞被包裹在薄膜中[82-83]。

葡萄糖 —葡萄糖激酶→ 葡萄糖-6-磷酸 —磷酸葡萄糖变位酶→ 葡萄糖-1-磷酸 —UDP-葡萄糖焦磷酸化酶→ UDP-葡萄糖 —纤维素合成酶→ 纤维素

图 1.10　木醋杆菌纤维素合成的生化途径[84]

为了生产细菌纤维素，在 27～30℃ 的静态或搅拌（充气）条件下，向培养基中添加指数生长阶段的等分细菌悬浮液进行培养。最常用的培养基是 Schramm-Hestrin 培养基，由葡萄糖（20.0g/L）、酵母提取物（5.0g/L）、细菌用蛋白胨（5.0g/L）、磷酸氢二钠（2.7g/L）、柠檬酸一水合物（1.15g/L）组成[85]。在初始阶段，细菌通过吸收溶解氧来增加种群数量，并在整个液相中产生一定量的纤维素，通过观察体系混浊程度能够判断合成情况。溶解氧消耗后，仅存在于表面附近的细菌可以保持活性，并在肉汤表面以岛状纤维素碎片的形式产生纤维素，碎片靠近在一起形成纤维素薄膜。纤维素层的厚度在 4 周内增加至 40mm（图 1.11）。为了得到纯产物，将得到的薄膜在流水中彻底洗涤，并在 0.1mol/L NaOH 水溶液中沸煮 3 次，每次 30min。随后，在流水中再次洗涤薄膜，直到水的 pH 值变为中性，完全除去了细菌细胞和营养液中的其他成分。

图 1.11　由木糖醋酸杆菌生产的细菌纤维素（未纯化）

细菌纤维素与植物产生的纤维素分子结构式相同。但是细菌纤维素具有独特的性能，如高机械强度、高结晶度、高保水能力和高孔隙率，这使其成为非常有用的生物材料。细菌纤维素非常纯净，不含木质素、半纤维素和其他生物副产品。

由于葡萄糖残基生物聚合成β-1,4-葡聚糖链，通过葡聚糖链的重排、结晶成丝带状，形成的细菌纤维素超分子结构和形态结构是三维网状的。木材和棉纤维素的纤维直径约为10μm，而细菌纤维素网状结构是由直径小于130nm的超细纤维随机排列而成[86-87]（图1.12）。通过使用不同的木糖醋酸杆菌（*Gluconacetobacter xylinum*）菌株、添加剂和碳源，可以在一定程度上控制细菌纤维素的超分子结构和形态。应用不同醋杆菌菌株的静态培养获得的几种纤维的扫描电子显微照片显示，网络结构存在差异。所使用的菌株不同，会形成厚度、质地和性质可变的纤维[88]（图1.13）。

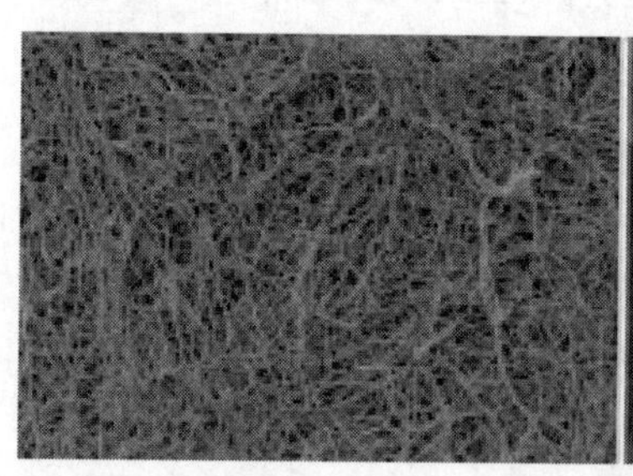

（a）超临界CO_2干燥（×5000）

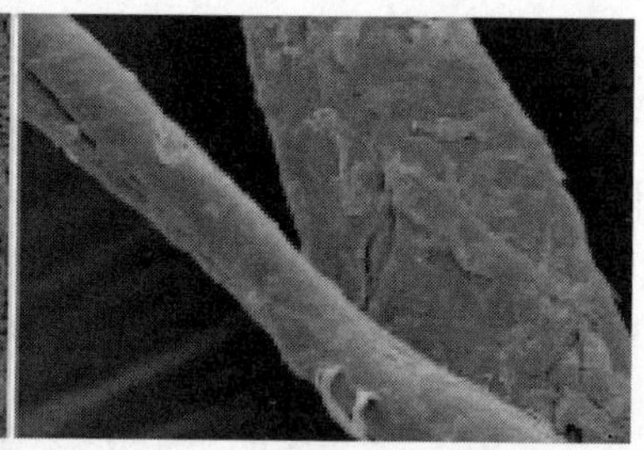

（b）棉短绒（×2000）

图 1.12　BC 薄膜的 SEM 图

BC膜的纳米纤维结构大幅提高了表面积，可以容纳大量的水（约为其自重的97%）。这些纤维单元之间的氢键使整个结构稳定，稳定的结构对其机械强度很重要。BC的*DP*值高达10000[89]，显著高于植物纤维素。与植物纤维素相同，用葡萄糖醋酸杆菌属生产的BC在结晶学上属于纤维素Ⅰ晶型，其中两个纤维二糖单元

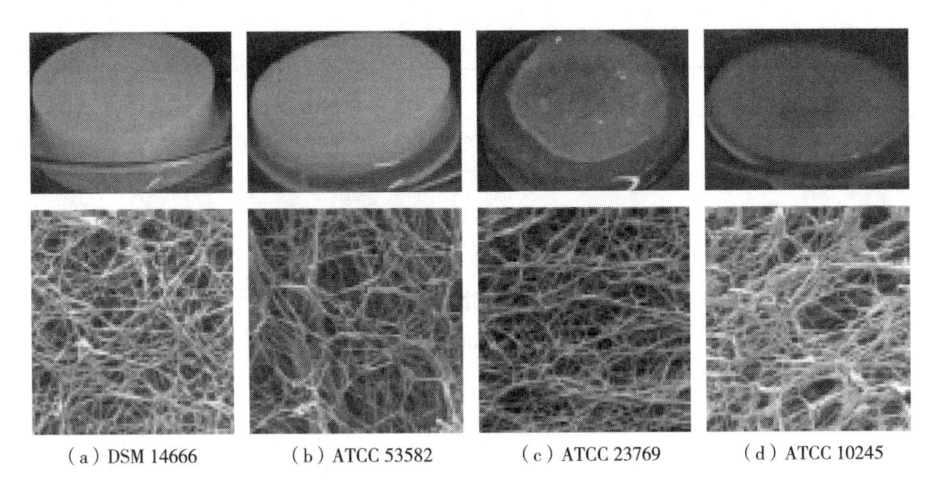

图1.13 不同葡萄糖醋酸杆菌菌株产生的细菌纤维素薄膜图和SEM图(×10000)

在晶胞中平行排列。然而,BC中纤维素 I_α 的含量要高得多。VanderHart 和 Atalla 估计BC的纤维素 I_α 含量为65%,而棉短绒仅含25%[90]。

不同的培养方法可以控制BC的宏观形状,即静态、浸没或搅拌,可以形成絮状、箔状、球状或管状产物(图1.14)。表1.5简要总结了纯BC的应用。

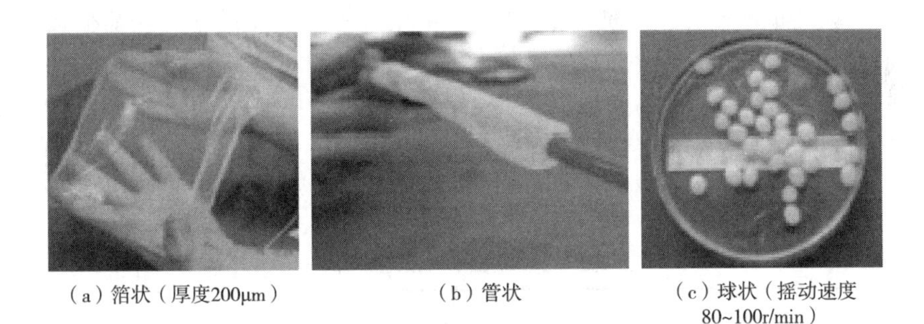

图1.14 细菌纤维素的形状

表1.5 细菌纤维素的应用

材料	应用	参考文献
糖浆块	无胆固醇甜点	[91]
湿垫	慢性伤口、糖尿病和静脉溃疡的治疗	[92-94]
	化妆品用面膜	[95-96]
溶剂或热改性材料	组织修复材料、人体组织替代品、植入材料	[97-99]
模压材料	人造血管、肾小管结构	[100-101]

续表

材料	应用	参考文献
膜	牙周组织的再生（Gengiflex®）	[102-103]
	组织工程支架	[104-106]
	高保真耳机、扬声器膜	[107-108]
粉碎材料	食物添加物、膳食纤维	[109]
原纤维碎片	DNA 分离的培养基	[110-111]

空气干燥或升高温度导致 BC 原始结构不可逆地破坏，水再溶胀的能力急剧降低。冷冻干燥和临界点干燥是更合适的干燥方法，可以在很大程度上保持原始的 BC 三维孔状结构。可以采用甲醇、乙醇和丙酮等溶剂交换法除去 BC 中的水。溶剂交换和冷冻干燥适用于化学改性前的 BC 除水。

与植物纤维素相比，尽管 BC 反应性较低且难溶解于典型的纤维素溶剂，但也可以作为纤维素化学再处理反应的原料。这些差异可能源于 BC 特殊的超分级结构和形态。

葡萄糖醋酸杆菌属（*Gluconacetobacter*）的细菌能够从葡萄糖以外的其他碳源合成纤维素。甜菜（糖蜜、糖浆和蔗糖）、玉米（淀粉、水解淀粉和葡萄糖浆）和其他农业废弃物可用于生产细菌多糖。东南亚椰子汁和菠萝汁广泛用于传统的细菌纤维素培养。原则上，所有富含碳水化合物和蛋白质的组合物都适合作为生产纤维素细菌的营养培养基[112-115]。利用农业或食品加工的廉价废弃物是使细菌纤维素的发酵过程更经济的选择。BC 可以从不同的生产商处购买（表 1.6）。

表 1.6　细菌纤维素生产商

公司	网址	产品
fzmb GmbH 德国巴特朗恩萨尔扎	www. fzmb. de	NanoMasque®
Lohmann & Rauscher GmbH und Co. KG 德国新维德	www. lohmann-rauscher. de	SupraSorb®
Monsanto Co. 美国加利福尼亚州圣地亚哥	www. lohmann-rauscher. de	Cellulon®
Nutra Sweet Kelco Co.（Monsanto） 美国伊利诺伊州芝加哥	www. nutrasweet. com	PrimaCell®
Xylos Co. 美国宾夕法尼亚州兰霍恩	www. xyloscorp. com	X-Cell®

1.3　结构改性纤维素

1.3.1　微晶纤维素

稀无机酸在某些条件下（包括升高温度）对纤维素进行非均相处理，使非晶部分降解，而结晶区域相对稳定。在 *DP* 最初快速降低后，降解速率减慢，最终达到几乎恒定的 *DP* 值，即所谓的平衡聚合度（levelling-off DP，LODP[116]）。非均相水解的另一个结果是得到脆性纤维素纤维，它可以容易地分解成微晶纤维素（MCC）粉末。获得 MCC 的常用方法是在较高温度（110℃）下用 HCl、SO_2 和 H_2SO_4 进行酸催化解聚 15min[117-118]。产品（如 Avicel、Heweten、Microcel、Nilyn 和 Novagel）的形状、大小和 LODP 可以通过解聚条件、起始材料的超分子结构和形态加以控制（表 1.7 和图 1.15）。

表 1.7　纤维素样品的平衡 *DP*（LODP）[119]

纤维素	LODP	纤维素	LODP
商业木浆	100~300	漂白和煮练的棉短绒	140~180
山毛榉亚硫酸盐溶解浆	209	黏胶人造丝（长丝和短纤）	25~50
丝光木浆	60~100		

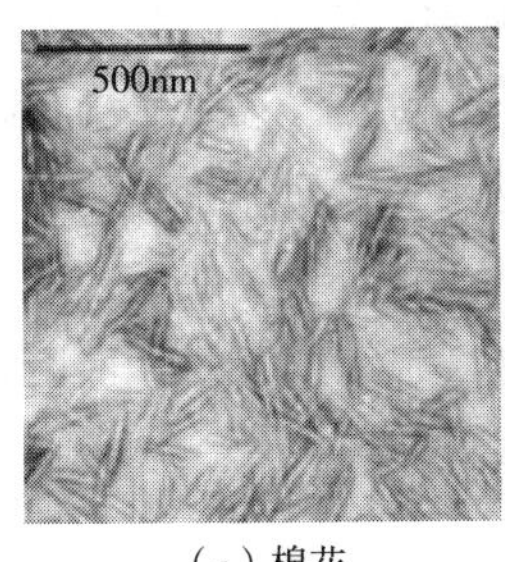

（a）棉花

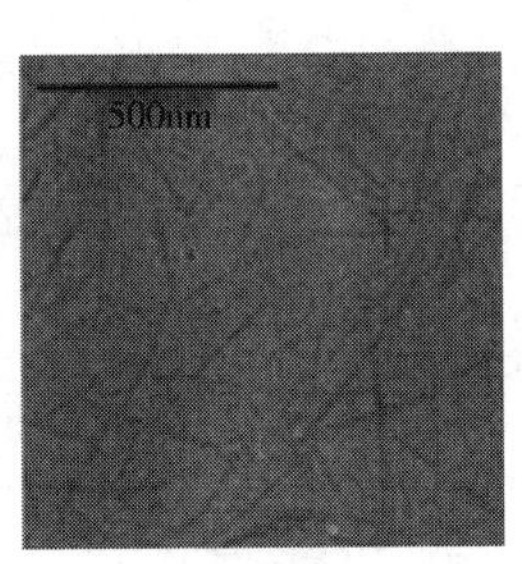

（b）甜菜浆

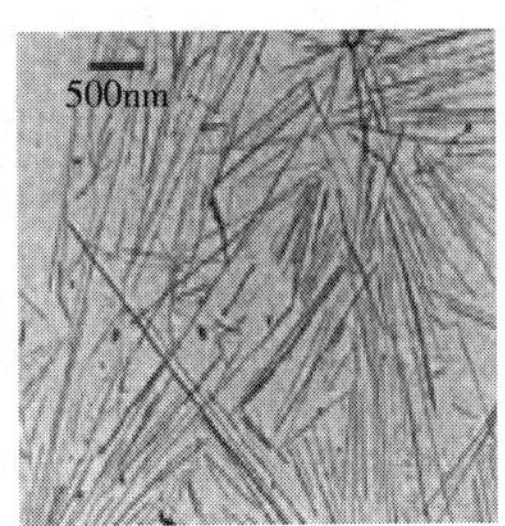

（c）动物纤维素[150]

图 1.15　稀释的水解悬浮液的 TEM 图

MCC 在水中形成胶体分散体，具有令人感兴趣的流变性[118]。在商业领域有着广泛应用，用作无热量填充剂、遮光剂、抗裂剂和挤出助剂等。此外，MCC 可极大地改善口感，赋予或增强食品中所需的脂肪样特性。另一个商业用途是制药工业（载体和片剂介质）和化妆品（发用调理剂、染料、洗发液、牙膏）[120]。MCC 可以形成稳定的液晶相[121]。

从化学家的角度来看，MCC 是实验室规模的、方便的高纯度纤维素衍生化反应的起始材料。在衍生化反应中，仍然是聚合物纤维素，但在溶解状态下表现出足够低的黏度，有利于均相和半均相反应地进行。此外，产品中较低的 *DP* 是获得良好分辨的液态 NMR 光谱的先决条件。在此方面，建立了许多降解步骤以制备 *DP* 可调节的低分子量纤维素——纤维糊精[122]，甚至能合成出具有还原端基的模型化合物[123]。

1.3.2 纤维素晶须

对不同来源的纤维素进行水解或高能研磨可以制备诸如晶须、纳米晶体、纳米纤维、纳米棒、纳米线等各种具有纳米结构的产品[124]。MCC 是一种纤维素粉末，其颗粒尺寸大于 1μm，而晶须的尺寸为 8~20nm，长度甚至可超过 1μm。纤维素纳米晶体（晶须）是高结晶度的、纳米级的棒状微纤维（图 1.16），可以通过微晶纤维素的强烈水解获得，随后进行超声处理，使纤维素微晶形成刚性的棒状纤维素颗粒，即纤维素晶须[126]。纤维素晶须可以通过机械处理制备，其中无定形部分因纤维素悬浮液的机械分解而断裂。采用酶促前体是优化这种高能耗工艺有效的两步法手段，能制备长的、高度缠绕的纳米级纤维，显著增强凝胶网络的强度（见 1.3.3 节）[127]。纤维素晶须的稳定性很大程度上取决于颗粒的尺寸、尺寸的多分散性和表面电荷。由于在纳米晶须表面引入了硫酸盐基团，导致 H_2SO_4 溶液制备的悬浮液晶须表面带有负电荷[128]。相反，由于没有静电排斥，用 HCl 水解产生的中性颗粒不稳定。因此，与 H_2SO_4 处理的纤维素微纤维相比，HCl 水解产物的性能较差。

图 1.16　纤维素纳米晶体的 AFM 图[125]

通过这种工艺获得的纳米晶体在直线度和长径比方面类似于猫的胡须。纤维素晶须没有链折叠且仅有少量缺陷，因此具有高弹性模量（150GPa）、高强度（7GPa）和极低的热膨胀系数（$10^{-7}K^{-1}$）[129-130]。

晶须尺寸可以用显微镜和散射技术测定，其取决于无定形区域尺寸、纤维素的来源、水解条件和离子强度。颗粒在各向同性悬浮液中分散，随着浓度的增加，较小的颗粒处于各向同性相（顶部），而较大颗粒处于各向异性相[131]。各向异性相的纳米粒子可以自组装成螺旋状超结构[121]。

由于纤维素晶须的刚性棒状特征，可以通过交叉偏振器直接观察到宏观双折射[132]。低浓度时，颗粒随机取向，呈现球形或椭圆形液滴[133]。如前所述，随着纤维素纳米晶须浓度的增加，晶须沿着矢量方向自排列，形成典型的胆甾型液晶态。在溶剂蒸发后甚至可以保留手性向列相，从而形成色彩斑斓的纤维素Ⅰ薄膜。改变悬浮液的离子强度可以调整薄膜颜色[134]。如图1.17所示，不同颜色的区域说明了纤维素棒的有序相［图1.17（a）］和典型的胆甾相［图1.17（b）］[135]。

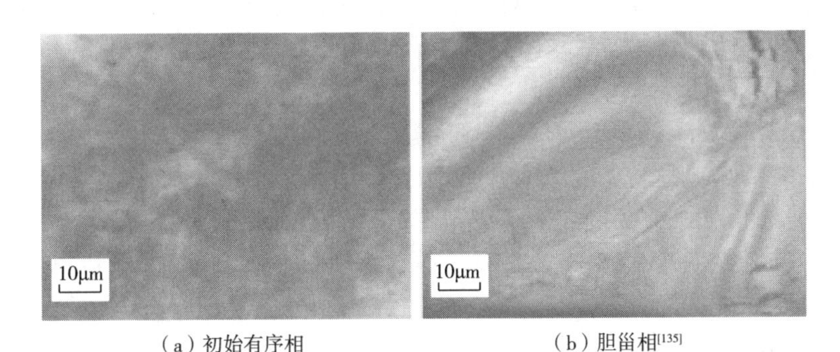

（a）初始有序相　　（b）胆甾相[135]

图1.17　束状晶须的交叉极化光学显微镜图像

小角中子散射实验进一步表明，手性向列相的胆甾轴沿外加磁场排列[136]。纤维素颗粒之间沿胆甾轴的距离比垂直于胆甾轴的距离短，证明了纤维素晶须以螺旋扭曲结构排列。纤维素晶须的流体动力学特性与其尺寸、长度分布以及悬浮液中的取向直接相关[137]。纤维素悬浮液的典型流变行为显示出三个不同的区域[138-139]。

低剪切速率下观察到第一个区域，展现剪切变稀行为，是颗粒区域的初始排列。随着剪切速率的增加，排列区域被破坏，流变曲线出现平台。在更高的剪切速率下，由于单个棒的排列，展现出液晶的特征（黏度恒定下降）。纤维素悬浮液流变行为还依赖于颗粒电荷。H_2SO_4溶液制备的悬浮液的黏度没有时间依赖性，而HCl溶液制备的悬浮液在高浓度时有触变性［>0.5%（质量分数）］，在低浓度下有抗触变性［>0.3%（质量分数）］[140-141]。纤维素晶须可以分散在偶极非质子溶剂DMF和DMSO中，用于制备双折射纤维素膜[142]。此外，二氯甲烷可用作分散介质，与聚ε-己内酯共同浇铸薄膜[143]。与纯聚ε-己内酯基质相比，这种复合材料的玻璃化转变温度、结晶温度和熔融温度都有所增加。乳胶（丁苯橡胶）[144]、聚（β-羟基链烷酸酯）[145-146]、淀粉[147]、醋酸丁酸纤维素酯[148]、聚氯乙烯[149]、聚乙烯醇[135]和其他天然或合成的聚合物都能与纤维素晶须混合，制作增强材料[124,150]。包覆表面活性剂[151]或化学改性的方法也用于尝试分散纤维素晶须，如用聚乙二醇接枝和甲硅烷基化[152-153]将晶须分散在非极性溶剂中。高表面积颗粒（$150m^2/g$）的包覆需大量表面活性剂，限制了其在复合材料中的应用[151,154]。

锂电池的低厚度聚合物电解质的制作也是晶须的用途之一[155-156]。聚环氧乙烷和亚胺锂盐制备用于传导离子的纤维素纳米复合材料。结合在溶胶-凝胶矿化混合物中的纤维素晶须可以在退火过程中焚烧以制作陶瓷[157]，制得的介孔二氧化硅具有独特的、窄而均匀的孔隙。

纤维素具有生物相容性，不会在人体组织中引起炎症反应，在生物医学领域的应用是合理的。因此，用荧光素使纤维素晶须在表面功能化可以产生标记的纤维素纳米晶体，可用于研究与细胞的生物系统的相互作用[158-159]。

1.3.3 微纤化纤维素

直径低于 100nm 的纤维素纳米纤维［纳米纤维素（NFC）或微纤纤维素（MFC），图 1.18］，与常见的纸浆纤维相比，由于其性质独特（高比表面积），受到广泛关注。植物纤维的纤维化主要由高压均质机[161]、研磨机[162-163]、低温冲刷[164-165]、超声波处理[166]、酶法与机械剪切相结合的高压均质化[127] 等机械处理方法获得。

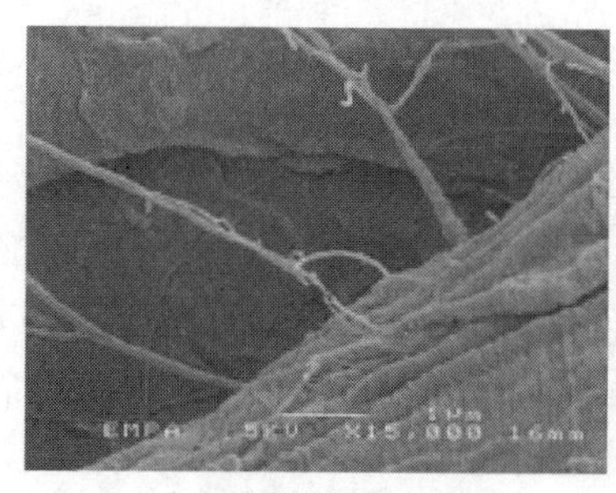

（a）纳米纤维素（NFC）

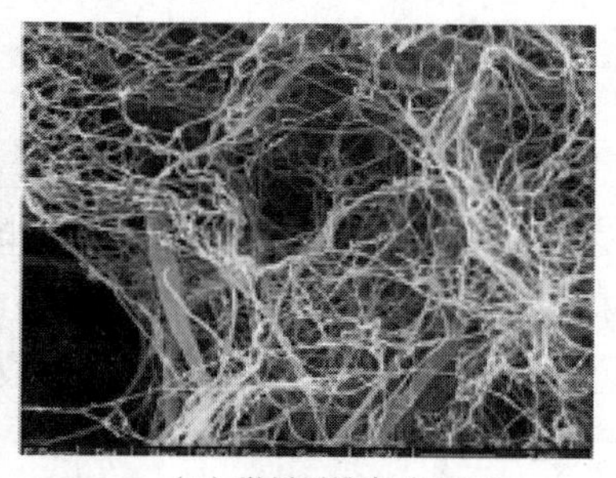

（b）微纤纤维素（MFC）

图 1.18 单层纤维木质细胞壁的电子显微镜图像[160]

纤维和纤维聚集体高度缠结、产生内在链接，形成力学强度高的网状结构和凝胶[127]。制造微纤化纤维素的耗能较少的方法是高剪切应力下溶解羧甲基化纸浆[167]，超声处理生成更小、更高电荷和更不均匀的微纤化纤维素。高压剪切力和温和酶水解的组合是制备微纤化纤维素的另一种方法，这种微纤化纤维素直径可以控制在纳米范围，可用于多组分混合物的可调储能模量。

光刻方法可制备微纤化纤维素的图案化表面[168]。表面几何特征可以通过聚亚乙基亚胺（PEI）/聚苯乙烯磺酸盐（PSS）表面上微接触印刷带相反电荷的 PEI 来图案化，用微纤化纤维素［图 1.19（a）］或 PEI 涂层的聚二甲基硅氧烷标记去除均匀沉积的纤维素［图 1.19（b）］。修改后的表面可用于制造过滤器或膜材料，孔隙开口和开口区域可以通过改变微印的图案来控制。

在食品、化妆品、药物制剂和染料中加入微纤化纤维素，显著改善其同质性和稳定性[169]。添加 1%（质量分数）的 MFC 得到稳定化的水包油型乳液，用作完全生物相容的组分。与亲水性聚合物（如纤维素醚或淀粉）组合可以进一步提高稳定性。可能由于表面残留半纤维素，微纤化纤维素不能分散在二氯甲烷中[170]。

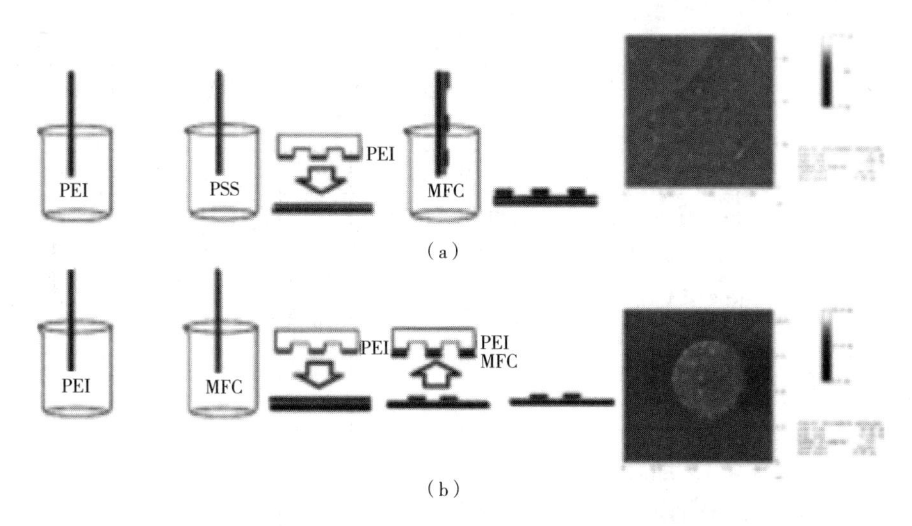

图 1.19　使用 PEI 和 PSS 对 MFC 进行图案化
和代表性 AFM 图（其中 MFC 被 PEI 修改的印章部分去除）[168]

这种限制可以通过表面化学改性来改善，例如用 *N*-十八烷基异氰酸酯，改性后能用于合成聚合物铸造成型的薄膜材料[143]。此外，通过甲基丙烯酸缩水甘油酯、琥珀酸酐和马来酸酐等反应将聚合物刷、乙烯基和电荷引入微纤表面[171]。乙酰化[172]、硅烷化[153] 和羧甲基化[173] 以及电晕或等离子体处理[174] 用于表面官能化，得到具有指定特征的纤维素基材料。例如，利用聚乙烯亚胺和阴离子聚噻吩等聚阳离子的逐层自组装构建木质微纤维多层纳米薄膜，以用于监测电信号和光信号的纸张[175]。

农业废弃物和剑麻的典型处理及所得纸浆的特性见表 1.8。

表 1.8　农业废弃物和剑麻的典型处理及所得纸浆的特性[a,b,c]

原材料	处理方法	纤维素物理性质的最终值或处理引起的最终值及其性能变化的百分比					参考文献
		产率/%	*DP*	I_c	木质素	灰分	
玉米棒	蒸汽爆破，220℃，2 min→80℃水抽提→(20%) NaOH 溶液，80℃，抽提 1h→65℃，碱性 H_2O_2，漂白 2h→90℃，1～2.5mol/L H_2SO_4，处理 1h		189	0.5			[42]
玉米芯	甲酸（88%）、盐酸（0.2%），60℃，处理 8h		433；+26%	0.44；+83%	4.41；-70%		[43]
玉米秸秆	蒸汽爆破，180～220℃，5min→NaOH 溶液(20%)，80℃，抽提 1h→40℃，NaOCl 处理 2h	40.8	167	0.70	40.5%；+47.3%	4.3%；+253%	[44]

续表

原材料	处理方法	纤维素物理性质的最终值或处理引起的最终值及其性能变化的百分比					参考文献
		产率/%	*DP*	I_c	木质素	灰分	
水稻秸秆（RS）	80℃，NaOH（1.5%~5%）溶液处理 2h→水洗→105℃，2mol/L HCl，处理 15min		80~150	0.8			[45]
水稻秸秆纸浆	H_2O_2（4%）→NaOH（0.5%）+ 硅酸钠+ $MgSO_4$，80℃→第二阶段反复处理，均为水溶液		310；+24%		2.5%；-53%	1.82%；-75%	[46]
	H_2O_2（4%）→NaOH（0.5%）+ 硅酸钠+ $MgSO_4$，80℃→第二阶段反复处理，水溶液含有 10%、30% 和 50%（体积分数）溶剂，如甲醇、乙醇、丙酮、二氧六环（此处为 30% 乙醇溶液处理结果）		130		4.3%	2.01	[46]
蔗渣纸浆	H_2O_2（4%）→NaOH（0.5%）+ 硅酸钠+ $MgSO_4$，80℃→第二阶段反复处理，均为水溶液		210；+10.5%		1%；-83.8%	0.8%；-27.8%	[46]
	H_2O_2（4%）→NaOH（0.5%）+ 硅酸钠+ $MgSO_4$，80℃→第二阶段反复处理。水溶液含有 10%、30% 和 50%（体积分数）溶剂，如甲醇、乙醇、丙酮、二氧六环（此处为 30% 乙醇溶液处理结果）		300		0.52	0.39	[46]
水稻秸秆	6MPa，275℃加热 5min 或 10min，蒸汽爆破				降低		[47]
水稻秸秆	NaOH（20%）6~42h，RT	50		提高	1.2%；-92.4%	1.9；-86.6	[48]
	甲苯/乙醇抽提脱蜡→碱性 H_2O_2（2%），45℃，漂白 16h→120℃，醋酸（80%），洗涤 15min	23.4	173	轻微变化	3.6		[49]
	H_2SO_4（1%），121℃，压力，预处理 1h→NaOH（10mol/L）洗涤，然后水洗。在二氯甲烷中以 H_2SO_4 为催化剂，醋酸酐为反应试剂转化成醋酸纤维素（产率 13.5%）；*DS* = 2.8						[50]
水稻秸秆漂白纸浆	2mol/L HCl 处理，回流 45min		237	0.78	1.32	13.8	[51]
	2mol/L HCl 处理，回流 45min		317	0.76	0.87	1.3	

续表

原材料	处理方法	纤维素物理性质的最终值或处理引起的最终值及其性能变化的百分比					参考文献
		产率/%	*DP*	I_c	木质素	灰分	
水稻秸秆	NaOH（6%），20℃，处理 3 周→活性污泥厌氧消化	29.9			5.7%；-23%	20.8%；+62%	[52]
	过一硫酸二氧六环水溶液（3%～4.5%）中加压处理→NaOH（2%），加压，130℃，处理 2h	25					[53]
水稻壳	H_2SO_4 或 HCl 水溶液（0.5%～5%），80～120℃，处理 30～120min	28.6～37.5；-55～-41			17%～28%；+5%～+70%	18～23 +6%～+39%	[54-55]
蔗渣	NaOH（1.5%～5%），80℃，2h→水洗 HCl（2mol/L），105℃，15min				5.6%；-75%		[56]
	NaOH（1mol/L）沸煮 2h→$HClO_4$ 催化下醋酸酐酰化制备醋酸纤维素；*DS* = 2.82						[57]
	200～280℃，水热处理	24.5		增加	6.44%；-60%		[58]
	甲苯/乙醇提取 6h→超声波/不使用超声波，55℃，水提取 40min 至 2h→NaOH（0.5mol/L）水溶液采用 H_2O_2（0.5%～3%），55℃，处理 2h	44.7；-45.9	1185		3.35；-81.4%		[59]
	甲苯/乙醇脱蜡 6h→75℃，用酸化的 $NaClO_2$（1.3%）处理 2h→NaOH（10%）	44.2～44.7	1396		1.45；-92%		[59]
	醋酸（80%）硝酸（70%）（10∶1，体积比），110～120℃，提取 20min	43～43.6	822		0.18；-99%		[59]
	两步法：先用 NaOH（3%），50℃处理 1h，然后用过一硫酸（1.5%～6%），30～40℃，处理 3h	33.8；-40.2			5.8%～6.5%；-71%～-67.5%		[60]
	三步法：先用 NaOH（3%），50℃处理 1h，然后用过一硫酸（1.5%～6%），30～40℃，处理 3h，再用 NaOH（3%），70℃，处理 1h	31.7～38.1			2.3%～5.5%；-88.5%～-72.3%		[60]

续表

原材料	处理方法	纤维素物理性质的最终值或处理引起的最终值及其性能变化的百分比					参考文献
		产率/%	*DP*	I_c	木质素	灰分	
蔗渣	120℃用 H_2SO_4（1.5%）酸预水解 90min；165℃，NaOH（5%）制浆 120min；蒽醌（0.05%）为催化剂；四级常规漂白（Cl_2，NaOCl，$NaClO_2$，NaOH）	30.8～31.6	780～830		1%～2%；-95%～90%	0.14%～0.21%	[61]
	氯仿/乙醇脱蜡，60℃水，100W 超声处理 30min；NaOCl（6%），75℃，脱木质素 2h；8%～18%的碱溶液（NaOH 或 KOH）室温下提取 2～12h	21.2～24.1	1913～2040		1.5；-91.7%		[62]
	用酸化的 $NaClO_2$ 脱木质素，75℃，1h；25℃，KOH（10%）制浆 10h	52.4	162				[63]
	乙醇/水有机溶剂制浆（1：1），加压，用 NaOH（5%），185℃，处理 3h；75℃下，$NaClO_2$（3%）漂白 1h				6.6%；-76.5%		[64]
	用过氧乙酸（30%～60%）处理	11.2～36		0.62	0.93～1.85；-95%～-90%		[65]
麦秸	0.25～1.25mol/L H_2SO_4 回流 10～60min；1mol/L H_2SO_4 乙醇水溶液，81℃，脱木质素 90min；随后进行第二阶段酸脱木质素	37；93					[66]
	甲苯/乙醇提取 6h→NaOH（0.5mol/L）甲醇水溶液，60℃，超声处理 2.5h→H_2O_2（2%）+ 碱，48℃，处理 12h→醋酸（80%）/硝酸（70%）（10：1，体积比），110～120℃，处理 15min	17.9～19.4			2.7～2.9；-92		[67]
Sisal	170℃牛皮纸制浆或苏打制浆	73.5；68			1.83；1.22		[68]
	牛皮纸制浆，75min 升温至 170℃，170℃下蒸煮 120min；或苏打制浆，85min 升温至 170℃，170℃蒸煮 120min	55.4；45.9			4.87		[69-70]

续表

原材料	处理方法	纤维素物理性质的最终值或处理引起的最终值及其性能变化的百分比					参考文献
		产率/%	*DP*	I_c	木质素	灰分	
Sisal	甲苯/乙醇脱蜡 6h；0.1mol/L NaOH 加入乙醇水溶液（50%），45℃下预处理 3h；H_2O_2（1%~3%），PH = 11.5，45℃；10%（质量体积分数）NaOH+1%（质量体积分数）$Na_2B_4O_7$，28℃，搅拌 15 h；70% HNO_3+80%醋酸（1∶10，体积比）120℃，处理 15min；或甲苯/乙醇脱蜡 6h；0.7%（质量体积分数）$NaClO_2$，pH = 4，沸煮 2h；$NaHSO_4$（5%，质量体积分数）；NaOH 溶液（17.5%，质量体积分数）			0.75			[71]
	NaOH（4%），80℃，搅拌 2h，相同方式处理 3 次；$NaClO_2$（1.7%）在乙酸盐缓冲液中，80℃，漂白 4 h，处理 4 次			0.93			[72]

a. 每个工艺流程后（预处理、脱木质素等），生产的纸浆通常洗去试剂后再干燥。

b. 读者应查阅原始文献，以了解试剂浓度是如何计算的。在大多数情况下基于干纸浆重量。相同的结果适用于所述液比，即溶液体积与干纸浆重量。

c. 制得的纤维素样品产率和物理化学性质分别列出产率（%）、聚合度（*DP*）、结晶指数（I_c）、木质素含量（%）、灰分（%）。如可能，应列出最终性能和处理方式对性能的影响。例如：表格第二行数据为 *DP*=433；+26%，I_c=0.44，+83%，木质素含量为 4.41%和−70%。说明最终产物的 *DP*、I_c 和木质素含量分别为 433，0.44，4.41%，这种处理方式导致 *DP* 提高了 26%；I_c 提高了 83%；木质素含量降低了 70%。

参考文献

1. Krässig HA（1993）Cellulose：structure，accessibility and reactivity. Gordon and Breach，Yverdon
2. Hon DNS（1996）Chemical modif ication of lignocellulosic materials. Marcel Dekker Inc，New York，Basel，Hong Kong
3. Pettersen RC（1984）The chemical composition of wood. Adv Chem Ser 207:57−126
4. Qu T，Guo W，Shen L，Xiao J，Zhao K（2011）Experimental study of biomass pyrolysis based on three major components：hemicellulose，cellulose，and lignin. Ind Eng Chem Res 50:10424−10433
5. Chen X，Yu J，Zhang Z，Lu C（2011）Study on structure and thermal stability prop-

erties of cellulose fibers from rice straw. Carbohydr Polym 85:245–250
6. http://en.wikipedia.org/wiki/Bagasse
7. Mwaikambo LY, Ansell MP (2002) Chemical modification of hemp, sisal, jute, and kapok fibers by alkalization. J Appl Polym Sci 84:2222–2234
8. The Clean Washington Center (1997) Wheat straw as a paper fiber source, Washington. http://www.cwc.org/paper/pa971rpt.pdf
9. Jonas R, Farah LF (1998) Production and application of microbial cellulose. Polym Degrad Stab 59:101–106
10. Tarchevsky JA, Marchenko GN (1991) Cellulose: biosynthesis and structure. Springer, Heidelberg
11. Nakatsubo F, Kamitakahara H, Hori M (1996) Cationic ring-opening polymerization of 3,6-di-O-benzyl-alpha-D-glucose 1,2,4-orthopivalate and the first chemical synthesis of cellulose. J Am Chem Soc 118:1677–1681
12. Nishimura T, Takano T, Nakatsubo F, Murakami K (1993) Synthetic studies of cellulose. 10. Selection of suitable starting materials for the convergent synthesis of cello-oligosaccharides. Mokuzai Gakkaishi 39:40–47
13. Kamitakahara H, Koschella A, Mikawa Y, Nakatsubo F, Heinze T, Klemm D (2008) Synthesis and characterization of 2,6-di-O-methyl celluloses both from natural and synthetic celluloses. Macromol Biosci 8:690–700
14. Kamitakahara H, Nakatsubo F, Klemm D (2006) Block co-oligomers of tri-O-methylated and unmodified cello-oligosaccharides as model compounds for methylcellulose and its dissolution/gelation behaviour. Cellulose 13:375–392
15. Kobayashi S, Kashiwa K, Kawasaki T, Shoda S (1991) Novel method for polysaccharide synthesis using an enzyme: the irst in vitro synthesis of cellulose via a nonbiosynthetic path utilizing cellulase as catalyst. J Am Chem Soc 113:3079–3084
16. Kobayashi S, Shoda S, Lee J, Okuda K, Brown RM Jr, Kuga S (1994) Direct visualization of synthetic cellulose formation via enzymatic polymerization using transmission electron-microscopy. Macromol Chem Phys 195:1319–1326
17. Committee on Synthetic Hierarchical Structures, National Materials Advisory Board, Commission on Engineering and Technical Issues, National Research Council (1994) Hierarchical structures in biology as a guide for new materials technology. National Academy Press, Washington, DC
18. Ebringerová A, Heinze T (2000) Xylan and xylan derivatives—biopolymers with valuable properties. 1. Naturally occurring xylans structures, isolation procedures and properties. Macromol Rapid Commun 21:542–556

19. Heinze T, Liebert T, Koschella A (2006) Esteriication of polysaccharides, structure of polysaccharides. Springer, Berlin
20. Sjöström E (1993) Wood chemistry: fundamentals and applications. Academic Press, Cambridge. ISBN 012647480X
21. Sixta H (2006) Introduction. In: Sixta H (ed) Handbook of pulp, vol 1. Wiley-VCH, Weinheim, pp 3-19
22. Fink H-P, Walenta E (1994) X-ray diffraction investigations of cellulose supramolecular structure at processing. Papier (Bingen, Germany) 48:739-742
23. Toland J, Galasso L, Lees D, Rodden G (2002) Pulp Paper International, Paperloop, p 5
24. Sixta H (2006) Sulite chemical pulping. In: Sixta H (ed) Handbook of pulp, vol 1. Wiley-VCH, Weinheim, pp 392-510
25. Sixta H (2006) Handbook of pulp, vol 1. Wiley-VCH, Weinheim, p 325
26. Berzings V, Tasmanm JE (1957) The relationship of the kappa number of the lignin content of pulp materials. Pulp Pap Can 9:154-158
27. Bremer Baumwollbörse (2008) "Cotton School", Produktinformationen zur Baumwolle
28. Temming H, Grunert H, Huckfeldt H (1973) Temming linters—Technical information on cotton cellulose. English translation of the 2nd revised German edition (1972), Peter Temming AG, Glückstadt; Bremer Baumwollbörse, "Cotton School", Produktinformationen zur Baumwolle, 2008
29. Rafq Chaudhry M, Guitchounts A (2003) International Cotton Advisory Committee, Cotton Facts, Technical Paper No. 25, ISBN 0-9704918-3-2
30. Bremer Baumwollbörse, Bremen Cotton Report No. 33/34, August 29, 2008, pp 8-9
31. Sczostak A (2009) Cotton linters: an alternative cellulosic raw material. Macromol Symp 280:45-53
32. Carpenter F (1967) Evaluation of the fibrosampler and the digital fibrograph for sampling cotton fibers and measuring length characteristics (Marketing research report). Agricultural Research Service, U. S. Department of Agriculture, ASIN: B0006RFSGI
33. Chandra M (1998) Use of non-wood plant fibers for pulp and paper industry in Asia: potential in China. Master's degree thesis, Virginia Polytechnic Institute and State University, Blacksburg, Virginia, USA
34. McNutt JA, Rennel J (1997) The future of fiber in tomorrow's world. Pulp Pap Int 39:34-36

35. Lal R (2005) World crop residues production and implications of its use as a biofuel. Environ Int 31:575-584
36. http://www.environment.gov.au/atmosphere/airquality/publications/biomass.html
37. Wyman CE (1999) Biomass ethanol: technical progress, opportunities, and commercial challenges. Annu Rev Energy Environ 24:189-226
38. http://www.xmarks.com/site/www.indiansugar.com/brieings/wsm.htm
39. http://ipmworld.umn.edu/chapters/meagher.htm
40. Sun JX, Sun XF, Sun RC, Su YQ (2004) Fractional extraction and structural characterization of sugarcane bagasse hemicelluloses. Carbohydr Polym 56:195-204
41. Van Nguu N (2000) Issues and opportunities of wide adoption of hybrid rice outside china, with emphasis on south and southeast Asia. FAO Rice Information, Vol. 2, Chapter I
42. Agblevor FA, Ibrahim MM, El-Zawawy WK (2007) Coupled acid and enzyme mediated production of microcrystalline cellulose from corn cob and cotton gin waste. Cellulose 14:247-256
43. Zhang M, Qi W, Liu R, Su R, Wu S, He Z (2010) Fractionating lignocellulose by formic acid: characterization of major components. Biomass Bioenergy 34:525-532
44. Ibrahim M, Agblevor FA, El-Zawawy WK (2010) Isolation and characterization of cellulose and lignin from steam-exploded lignocellulosic biomass. BioResources 5:397-418
45. Chen J, Yan S, Ruan J (1996) A study on the preparation, structure and properties of microcrystalline cellulose. J Macromol Sci Part A Pure Appl Chem A33:1851-1862
46. Selim IZ, Mansour OY, Mohamed SA (1996) Physical characterization of pulps. Ⅱ. Rice straw and bagasse pulps bleached by nonconventional two-stage hydrogen peroxide method and paper sheet making. Polym-Plast Technol Eng 35:649-667
47. Moniruzzama M (1996) Effect of steam explosion on the physicochemical properties and enzymic saccharification of rice straw. Appl Biochem Biotechnol 59:283-297
48. Lim SK, Son T-W, Lee D-W, Park BK, Cho KM (2001) Novel regenerated cellulose fibers from rice straw. J Appl Polym Sci 82:1705-1708
49. Sun JX, Xu F, Geng ZC, Sun XF, Sun RC (2005) Comparative study of cellulose isolated by totally chlorine-free method from wood and cereal straw. J Appl Polym Sci 97:322-335
50. Biswas A, Saha BC, Lawton JW, Shogren RL, Willett JL (2006) Process for obtaining cellulose acetate from agricultural by-products. Carbohydr Polym 64:134-137

51. El-Sakhawy M, Hassan ML (2007) Physical and mechanical properties of microcrystalline cellulose prepared from agricultural residues. Carbohydr Polym 67:1-10
52. He Y, Pang Y, Liu Y, Li X, Wang K (2008) Physicochemical characterization of rice straw pretreated with sodium hydroxide in the solid state for enhancing biogas production. Energy Fuels 22:2775-2781
53. Abdel-Mohdy FA, Abdel-Halim ES, Abu-Ayana YM, El-Sawy SM (2009) Rice straw as a new resource for some beneficial uses. Carbohydr Polym 75:44-51
54. Adel AM, Abd El-Wahab ZH, Ibrahim AA, Al-Shemy MT (2010) Characterization of microcrystalline cellulose prepared from lignocellulosic materials. Part I. Acid catalyzed hydrolysis. Bioresour Technol 101:4446-4455
55. Adel AM, Abd El-Wahab ZH, Ibrahim AA, Al-Shemy MT (2011) Characterization of microcrystalline cellulose prepared from lignocellulosic materials Part Ⅱ: Physicochemical properties. Carbohydr Polym 83:676-687
56. Chen HT, Funaoka M, Lai YZ (1998) Characteristics of bagasse in situ and in alkaline delignification. Holzforschung 52:635-639
57. Rajini R, Venkateswarlu U, Rose C, Sastry TP (2001) Studies on the composites of cellulose triacetate (prepared from sugar cane pulp) and gelatin. J Appl Polym Sci 82:847-853
58. Sasaki M, Adschiri T, Arai K (2003) Fractionation of sugarcane bagasse by hydrothermal treatment. Bioresour Technol 86:301-304
59. Sun JX, Sun XF, Zhao H, Sun RC (2004) Isolation and characterization of cellulose from sugarcane bagasse. Polym Degrad Stab 84:331-339
60. Abou-Yousef H, El-Sakhawy M, Kamel S (2005) Multi-stage bagasse pulping by using alkali/Caro's acid treatment. Ind Crops Prod 21:337-341
61. Ibrahim AA, Nada AMA, Hagemann U, El Seoud OA (1996) Preparation of dissolving pulp from sugarcane bagasse, and its acetylation under homogeneous solution condition. Holzforschung 50:221-225
62. Liu C-F, Ren J-L, Xu F, Liu J-J, Sun J-X, Sun R-C (2006) Isolation and characterization of cellulose obtained from ultrasonic irradiated sugarcane bagasse. J Agric Food Chem 54:5742-5748
63. Liu CF, Sun RC, Zhang AP, Ren JL (2007) Preparation of sugarcane bagasse cellulosic phthalate using an ionic liquid as reaction medium. Carbohydr Polym 68:17-25
64. Ruzene DS, Silva DP, Vicente AA, Teixeira JA, de Amorim MTP, Gonçalves AR (2009) Cellulosic films obtained from the treatment of sugarcane bagasse fibers with *N*-methylmorpholine-*N*-oxide (NMMO). Appl Biochem Biotechnol 154:217-226

65. Zhao X-B, Wang L, Liu D-H (2008) Peracetic acid pretreatment of sugarcane bagasse for enzymatic hydrolysis: a continued work. J Chem Technol Biotechnol 83: 950-956
66. Papatheofanous MG, Billa E, Koullas DP, Monties B, Kuokios EG (1995) Two-stage acid-catalyzed fractionation of lignocellulosic biomass in aqueous ethanol systems at low temperatures. Bioresour Technol 54:305-310
67. Sun X-F, Sun R-C, Su Y, Sun J-X (2004) Comparative study of crude and puriied cellulose from wheat straw. J Agric Food Chem 52:839-847
68. Coutts RSP, Warden PG (1992) Sisal pulp reinforced cement mortar. Cem Concr Composites 14:17-21
69. Savastano H Jr, Warden PG, Coutts RSP (2000) Brazilian waste ibers as reinforcement for cement-based composites. Cem Concr Composites 22:379-384
70. Savastano H Jr, Warden PG, Coutts RSP (2004) Evaluation of pulps from natural fibrous material for use as reinforcement in cement product. Mater Manuf Processes 19:963-978
71. Morán JI, Alvarez VA, Cyras VP, Vásquez A (2008) Extraction of cellulose and preparation of nanocellulose from sisal fibers. Cellulose 15:149-159
72. Siqueira G, Bras J, Dufresne A (2010) New process of chemical grafting of cellulose nanoparticles with a long chain isocyanate. Langmuir 26:402-411
73. Hammett AL, Youngs RL, Sun X, Chandra M (2001) Non-wood fiber as an alternative to wood fiber in China's pulp and paper industry. Holzforschung 55:219-224
74. Kumar P, Barrett DM, Delwiche MJ, Stroeve P (2009) Methods for pretreatment of lignocellulosic biomass for efficient hydrolysis and biofuel production. Ind Eng Chem Res 48:3713-3729
75. Johansson A, Aaltonen O, Ylinen P (1987) Organosolv pulping: methods and pulp properties. Biomass 13:45-65
76. Sixta H, Harms H, Dapia S, Parajo JC, Puls J, Saake B, Fink H-P, Roeder T (2004) Evaluation of new organosolv dissolving pulps. Part Ⅰ: preparation, analytical characterization and viscose processability. Cellulose 11:73-83
77. Focher B, Marzetti A, Crescenzi V (eds) (1991) Steam explosion techniques fundamentals and applications. Gordon and Breach Publishers, Philadelphia
78. Fu D, Mazza G, Tamaki Y (2010) Lignin extraction from straw by ionic liquids and enzymatic hydrolysis of the cellulosic residues. J Agric Food Chem 58:2915-2922
79. Schacht C, Zetzl C, Brunner G (2008) From plant materials to ethanol by means of supercritical fluid technology. J Supercrit Fluids 46:299-321

80. Mikkola J-P, Kirilin A, Tuuf J-C, Pranovich A, Holmbom B, Kustov LM, Murzin DY, Salmi T (2007) Ultrasound enhancement of cellulose processing in ionic liquids: from dissolution towards functionalization. Green Chem 9:1229-1237
81. Sun N, Rahman M, Qin Y, Maxim ML, Rodríguez H, Rogers RD (2009) Complete dissolution and partial deligniication of wood in the ionic liquid 1-ethyl-3-methylimidazolium acetate. Green Chem 11:646-655
82. Iguchi M, Yamanaka S, Budhiono A (2000) Bacterial cellulose—a masterpiece of nature's arts. J Mater Sci 35:261-270
83. Brown RM Jr, Saxena IM (2000) Cellulose biosynthesis: a model for understanding the assembly of biopolymers. Plant Physiol Biochem 38:57-67
84. Cannon RE, Anderson SM (1991) Biogenesis of Bacterial Cellulose. Crit Rev Microbiol 17:435-447
85. Hestrin S, Schramm M (1954) Synthesis of cellulose by acetobacter xylinum 2. Preparation of freeze-dried cells capable of polymerizing glucose to cellulose. Biochem J 58:345-352
86. Brown RM, Willison ZH, Richardson CL (1976) Cellulose biosynthesis in Acetobacter xylinum: visualization of the site of synthesis and direct measurement of the in vivo process. Proc Natl Acad Sci 73:4565-4569
87. Zaar K (1977) Biogenesis of cellulose by Acetobacter xylinum. Cytobiologie 16: 1-15
88. Klemm D, Schumann D, Kramer F, Heßler N, Koth D, Sultanova B (2009) Nanocellulose materials—Different cellulose, different functionality. Macromol Symp 280: 60-71
89. Yoshinaga F, Tonouchi N, Watanabe K (1997) Research progress in production of bacterial cellulose by aeration and agitation culture and its application as a new industrial material. Biosci Biotech Biochem 61:219-224
90. VanderHart DL, Atalla RH (1984) Studies of microstructure in native celluloses using solid-state C-13 NMR. Macromolecules 17:1465-1472
91. Budhiono A, Rosidi B, Taher H, Iguchi M (1999) Kinetic aspects of bacterial cellulose formation in nata-de-coco culture system. Carbohydr Polym 40:137-143
92. Czaja W, Krystynowicz A, Bielecki S, Brown RM (2006) Microbial cellulose—the natural power to heal wounds. Biomaterials 27:145-151
93. Ring DF, Nashed W, Dow T (1984) Liquid loaded pad for medical applications. GB 2131701 A CAN 101:149803
94. Seraica C, Mormino R, Oster GA, Lentz KE, Koehler P (2006) Mikrobieller Cellu-

lose-Wundverband zur Behandlung chronischer Wunden. DE 60203264

95. Frankenfeld K, Hornung M, Lindner B, Ludwig M, Mülverstedt A, Schmauder H-P (2001) Procedure for the production of specific molded shapes or layers from bacterial cellulose. DE 10022751 A1 CAN 135:256211

96. Klemm D, Schumann D, Kramer F, Hessler N, Hornung M, Schmauder HP, Marsch S (2006) Nanocelluloses as innovative polymers in research and application. Adv Polym Sci 205:49-96

97. Oster G, Lentz K, Koehler K, Hoon R, Seraica G, Mormino R (2002) Solvent dehydrated microbially-derived cellulose for in vivo implantation. US 2002107223 A1 CAN 137:145652

98. Damien CJ, Oster GA, Beam HA (2005) Thermally modified microbial-derived cellulose for in vivo implantation. US 2005042250 A1 CAN 142:246277

99. Beam H, Seraica G, Damien C, Wright FS (2007) Implantable microbial cellulose materials for various medical applications. WO 2007064772 A2 CAN 147:39244

100. Yamanaka S, Ono E, Watanabe K, Kusakabe M, Suzuki Y (1990) Production of hollow cellulose produced by microorganisms for artiicial blood vessels. EP 0396344, CAN 114:235093

101. Klemm D, Schumann D, Udhardt U, Marsch S (2001) Bacterial synthesized cellulose— artiicial blood vessels for microsurgery. Prog Polym Sci 26:1561-1603

102. Dos Anjos B, Novaes AB Jr, Meffert R, Barboza EP (1998) Clinical comparison of cellulose and expanded polytetrafluoroethylene membranes in the treatment of class Ⅱ furcations in mandibular molars with 6-month re-entry. J Periodontol 69:454-459

103. Macedo NL, Matuda FS, Macedo LGS, Monteiro ASF, Valera MC, Carvalho YR (2004) Evaluation of two membranes in guided bone tissue regeneration: histological study in rabbits. Braz J Oral Sci 3:395-400

104. Helenius G, Bäckdahl H, Bodin A, Nannmark U, Gatenholm P, Risberg B (2006) In vivo biocompatibility of bacterial cellulose. J Biomed Mater Res 76A:431-438

105. Svensson A, Nicklasson E, Harrah T, Panilaitis B, Kaplan DL, Brittberg M, Gatenholm P (2005) Bacterial cellulose as a potential scaffold for tissue engineering of cartilage. Biomaterials 26:419-431

106. Watanabe K, Eto Y, Takano S, Nakamori S, Shibai H, Yamanaka S (1993) A new bacterial cellulose substrate for mammalian cell culture. Cytotechnology 13:107-114

107. Uryu M, Kurihara N (1993) Acoustic diaphragm and method producing same.

US 5274199

108. Hwang JU, Park SH, Pyun YR, Yang YG (1999) Speaker vibration plate containing microbial cellulose al principal ingredient KO 100246726 B1
109. Stephens RS, Westland JA, Neogi AN (1990) Production of cholesterol-absorbing bacterial cellulose for use as dietary fiber. US 4960763 A, CAN 114:60730
110. Tabuchi M, Baba Y (2005) Design for DNA separation medium using bacterial cellulose fibrils. Anal Chem 77:7090–7093
111. Tabuchi M, Kobayashi K, Fujimoto M, Baba Y (2005) Bio-sensing on a chip with compact discs and nanoibers. Lab Chip 5:1412–1415
112. Kongruang S (2008) Bacterial cellulose production by Acetobacter xylinum strains from agricultural waste products. Appl Biochem Biotechnol 148:245–256
113. Goelzer FDE, Faria-Tischer PCS, Vitorino JC, Sierakowski M-R, Tischer CA (2009) Production and characterization of nanospheres of bacterial cellulose from Acetobacter xylinum from processed rice bark. Mater Sci Eng C 29:546–551
114. Keshk S, Sameshima K (2006) The utilization of sugar cane molasses with/without the presence of lignosulfonate for the production of bacterial cellulose. Appl Microbiol Biotechnol 72:291–296
115. Thompson DN, Hamilton MA (2001) Production of bacterial cellulose from alternate feedstocks. Appl Biochem Biotechnol 91–93:503–513
116. Battista OA, Coppick S, Howsmon JA, Morehead FF, Sisson WA (1956) Level-off degree of polymerization—relation to polyphase structure of cellulose. Ind Eng Chem 48:333–335
117. Battista OA (1985) Cellulose, microcrystalline. In: Kroschwitz JI (ed) Encycl Polym Sci Eng 3:86–90
118. Battista OA, Smith PA (1962) Microcrystalline cellulose—oldest polymer finds new industrial uses. Ind Eng Chem 54:20–29
119. Steege HH, Philipp B (1974) Characterization and use of microcrystalline cellulose. Zellst Pap 23:68–73
120. Engelhardt J (1995) General introduction on cellulose: sources, industrial derivatives and commercial application of cellulose. Carbohydr Eur 12:5–14
121. Fleming K, Gray D, Prasannan S, Matthews S (2000) Cellulose crystallites: a new and robust liquid crystalline medium for the measurement of residual dipolar couplings. J Am Chem Soc 122:5224–5225
122. Meiland M, Liebert T, Heinze T (2011) Tailoring the degree of polymerization of low molecular weight cellulose. Macromol Mater Eng 296:802–809

123. Meiland M, Liebert T, Baumgaertel A, Schubert US, Heinze T (2011) Alkyl β-D-cellulosides: non-reducing cellulose mimics. Cellulose 18:1585-1598
124. Hubbe MA, Rojas OJ, Lucia LA, Sain M (2008) Cellulosic nanocomposites: a review. BioResources 3:929-980
125. Dong S, Roman M (2007) Fluorescently labeled cellulose nanocrystals for bioimaging applications. J Am Chem Soc 129:13810-13811
126. Dufresne A (2008) Polysaccharide nano crystal reinforced nanocomposites. Can J Chem 86:484-494
127. Pääkkö M, Ankerfors M, Kosonen H, Nykänen A, Ahola S, Österberg M, Ruokolainen J, Laine J, Larsson PT, Ikkala O, Lindström T (2007) Enzymatic hydrolysis combined with mechanical shearing and high-pressure homogenization for nanoscale cellulose fibrils and strong gels. Biomacromol 8:1934-1941
128. Angellier H, Putaux J-L, Molina-Boisseau S, Dupeyre D, Dufresne A (2005) Starch nanocrystal fillers in an acrylic polymer matrix. Macromol Symp 221:95-104
129. Kroon-Batenburg LMJ, Kroon J, Northolt MG (1986) Chain modulus and intramolecular hydrogen bonding in native and regenerated cellulose fibers. Polym Commun 27:290-292
130. Nishino T, Matsuda I, Hirao K (2004) All-cellulose composite. Macromolecules 37:7683-7687
131. Odijk T, Lekkerkerker HNW (1985) Theory of the isotropic-liquid crystal phase separation for a solution of bidisperse rodlike macromolecules. J Phys Chem 89:2090-2096
132. Marchessault RH, Morehead FF, Walter NM (1959) Liquid crystal systems from fibrillar polysaccharides. Nature 184:632-633
133. Revol JF, Godbout L, Dong XM, Gray DG, Chanzy H, Maret G (1994) Chiral nematic suspensions of cellulose crystallites; phase separation and magnetic field orientation. Liq Cryst 16:127-134
134. Revol JF, Godbout L, Gray DGJ (1998) Solid self-assembled films of cellulose with chiral nematic order and optically variable properties. J Pulp Pap Sci 24:146-149
135. De Souza Lima MM, Borsali R (2004) Rodlike cellulose microcrystals: structure, properties, and applications. Macromol Rapid Commun 25:771-787
136. Orts WJ, Godbout L, Marchessault RH, Revol J-F (1998) Enhanced ordering of liquid crystalline suspensions of cellulose microibrils: a small-angle neutron scattering study. Macromolecules 31:5717-5725

137. Marchessault RH, Morehead FF, Koch MJ (1961) Hydrodynamic properties of neutral suspensions of cellulose crystallites as related to size and shape. J Colloid Sci 16:327-344
138. Onogi S, Asada T (1980) Rheology and rheo-optics of polymer liquid crystals. In: Astarita G, Marrucci G, Nicolais L (eds) Rheology. Plenum, New York
139. Orts WJ, Godbout L, Marchessault RH, Revol JF (1995) Shear-induced alignment of liquid-crystalline suspensions of cellulose microfibrils. ACS Symp Ser 597: 335-348
140. Araki J, Wada M, Kuga S, Okano T (1999) Influence of surface charge on viscosity behavior of cellulose microcrystal suspension. J Wood Sci 45:258-261
141. Araki J, Wada M, Kuga S, Okano T (1998) Flow properties of microcrystalline cellulose suspension prepared by acid treatment of native cellulose. Colloids Surf A 142:75-82
142. Viet D, Beck-Candanedo S, Gray DG (2007) Dispersion of cellulose nanocrystals in polar organic solvents. Cellulose 14:109-113
143. Siqueira G, Bras J, Dufresne A (2009) Cellulose whiskers versus microibrils: Influence of the nature of the nanoparticle and its surface functionalization on the thermal and mechanical properties of nanocomposites. Biomacromolecules 10:425-432
144. Favier V, Chanzy H, Cavaille JY (1995) Polymer nanocomposites reinforced by cellulose whiskers. Macromolecules 28:6365-6367
145. Dubief D, Samain E, Dufresne A (1999) Polysaccharide microcrystals reinforced amorphous poly(β-hydroxyoctanoate) nanocomposite materials. Macromolecules 32: 5765-5771
146. Dufresne A, Kellerhals MB, Witholt B (1999) Transcrystallization in Mcl-PHAs/cellulose whiskers composites. Macromolecules 32:7396-7401
147. Anglès MN, Dufresne A (2000) Plasticized starch/tunicin whiskers nanocomposites 1. Structural analysis. Macromolecules 33:8344-8353
148. Grunert M, Winter WT (2002) Nanocomposites of cellulose acetate butyrate reinforced with cellulose nanocrystals. J Polym Environ 10:27-30
149. Chazeau L, Cavaillé JY, Perez J (2000) Plasticized PVC reinforced with cellulose whiskers. Ⅱ. Plastic behaviour. J Polym Sci Part B: Polym Phys 38:383-392
150. Azizi Samir AS, Alloin F, Dufresne A (2005) Review of recent research into cellulosic whiskers, their properties and their application in nanocomposite field. Biomacromolecules 6:612-626
151. Heux L, Chauve G, Bonini C (2000) Nonflocculating and chiral-nematic self-or-

dering of cellulose microcrystals suspensions in nonpolar solvents. Langmuir 16: 8210-8212

152. Araki J, Wada M, Kuga S (2001) Steric stabilization of a cellulose microcrystal suspension by poly(ethylene glycol) grafting. Langmuir 17:21-27
153. Goussé C, Chanzy H, Excoffier G, Soubeyrand L, Fleury E (2002) Stable suspensions of partially silylated cellulose whiskers dispersed in organic solvents. Polymer 43:2645-2651
154. Terech P, Chazeau L, Cavaille JY (1999) A small-angle scattering study of cellulose whiskers in aqueous suspensions. Macromolecules 32:1872-1875
155. Samir MASA, Alloin F, Gorecki W, Sanchez J-Y, Dufresne A (2004) Nanocomposite polymer electrolytes based on poly (oxyethylene) and cellulose nanocrystals. J Phys Chem B 108:10845-10852
156. Schroers M, Kokil A, Weder C (2004) Solid polymer electrolytes based on nanocomposites of ethylene oxide-epichlorohydrin copolymers and cellulose whiskers. J Appl Polym Sci 93:2883-2888
157. Dujardin E, Blaseby M, Mann S (2003) Synthesis of mesoporous silica by sol-gel mineralization of cellulose nanorod nematic suspensions. J Mater Chem 13:696-699
158. Dong S, Roman M (2007) Fluorescently labeled cellulose nanocrystals for bioimaging applications. J Am Chem Soc 129:13810-13811
159. Roman M, Dong S, Hirani A, Lee YW (2009) Cellulose nanocrystals for drug delivery. In: Edgar KJ, Heinze T, Buchanan CM (eds) Polysaccharide materials: performance by design. ACS Symposium Series. American Chemical Society, Washington DC, pp 81-91
160. Zimmermann T, Pöhler E, Geiger T (2004) Cellulose fibrils for polymer reinforcement. Adv Eng Mater 6:754-761
161. Turbak AF, Synder FW, Sandberg KR (1983) Microfibrillated cellulose, a new cellulose product: properties, uses, and commercial potential. J Appl Polym Sci Appl Polym Symp 37:815-827
162. Taniguchi T, Okamura K (1998) New films produced from microfibrillated natural fibres. Polym Int 47:291-294
163. Iwamoto S, Nakagaito AN, Yano H, Nogi M (2005) Optically transparent composites reinforced with plant fiber-based nanoibers. Appl Phys A 81:1109-1112
164. Chakraborty A, Sain M, Kortschot M (2005) Cellulose microibrils: a novel method of preparation using high shear refining and cryocrushing. Holzforschung 59: 102-107

165. Bhatnagar A, Sain M (2005) Processing of cellulose nanofiber-reinforced composites. J Reinf Plast Compos 24:1259-1268
166. Zhao H-P, Feng X-Q, Gao H (2007) Ultrasonic technique for extracting nanofibers from nature materials. Appl Phys Lett 90:073112/1-073112/2
167. Wagberg L, Decher G, Norgren M, Lindström T, Ankerfors M, Axnäs K (2008) The build-up of polyelectrolyte multilayers of microfibrillated cellulose and cationic polyelec-trolytes. Langmuir 24:784-795
168. Werner O, Persson L, Nolte M, Fery A, Wagberg L (2008) Patterning of surfaces with nanosized cellulosic fibrils using microcontact printing and a lift-off technique. Soft Matter 4:1158-1160
169. Turbak AF, Snyder FW, Sandberg KR (1982) Suspensions containing microibrillated cellulose EP19810108847
170. Dinand E, Vignon MR (2001) Isolation and NMR characterization of a (4-O-methyl-D-glucurono)-D-xylan from sugar beet pulp. Carbohydr Res 330:285-288
171. Stenstad P, Andresen M, Tanem BS, Stenius P (2008) Chemical surface modifications of microfibrillated cellulose. Cellulose 15:35-45
172. Cavaille J-Y, Chanzy H, Fleury E, Sassi J-F (1997) Surface-modiied cellulose microfibrils, method for making same, and use thereof as a iller in composite materials. US6117545
173. Cash MJ, Chan AN, Conner HT, Cowan PJ, Gelman RA, Lusvardi KM, Thompson SA, Tise FP (2000) Derivatized microibrillar polysaccharides, their formation and use in dispersions. US6602994
174. Dong S, Sapieha S, Schreiber HP (1993) Mechanical properties of corona-modified cellulose/polyethylene composites. Polym Eng Sci 33:343-346
175. Agarwal M, Lvov Y, Varahramyan K (2006) Conductive wood microfibres for smart paper through layer-by-layer nanocoating. Nanotechnology 17:5319-5325

第2章　纤维素及其衍生物的结构与性能

2.1　纤维素的分子结构与超分子结构

纤维素结构的系统分类始于1837年法国农业化学家安塞尔姆·佩恩（Anselme Payen），法国科学院将这种碳水化合物命名为“纤维素”[1-2]。纤维素分子由β-（1→4）-糖苷连接的葡萄糖单元组成。脱水葡萄糖单元（AGU）以D-吡喃葡萄糖环形式存在于4_{C_1}-椅式构象中，表现出最低能量构象[3]。β键使第二个AGU沿纤维素链轴方向旋转180°，因此纤维素重复单元是长度为1.3nm的纤维二糖[4]。从化学家角度看，将AGU视为重复单元很有用，因为它具有3个活性羟基，1个伯羟基（C6）和2个仲羟基（C2/C3），羟基位于环的平面上，都能发生羟基的典型反应（图2.1）。纤维素分子的链端在化学性质上是不同的[5]，一端是糖苷键的异头碳原子；另一端是半缩醛形式的D-吡喃葡萄糖单元，具有还原醛功能。然而，端基不影响纤维素及其衍生物的整体性质。尽管还原端基可用于选择性修饰，例如还原胺化，纤维素化学反应主要集中在羟基上，或者将羟基转化为良好的离去基团（如甲苯磺酰化），在C原子上发生亲核取代（S_N）反应（见5.2节）。

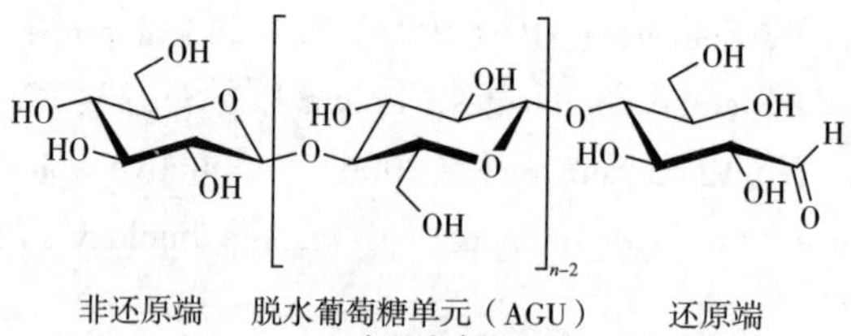

非还原端　脱水葡萄糖单元（AGU）　还原端
n表示聚合度

图2.1　纤维素化学结构示意图

由于存在羰基和羧基，导致通过β-（1→4）-糖苷键连接在一起的D-脱水吡喃葡萄糖单元与理想结构存在偏差。棉短绒和纸浆中，羧基含量在2~40mmol/kg。将羧酸官能团转化为游离酸后，用碱滴定法对其进行定量分析。快速方法是羧基与亚甲基蓝阳离子结合，然后测定染料浓度[6]。测定羰基的常规方法是与羟胺反应生成相应的异羟肟酸，然后用元素分析法测定氮含量[7]。最近，用咔唑-9-羧酸

[2-（2-氨基氧基乙氧基）乙氧基］酰胺进行荧光标记被证明是测定纤维素中羰基的准确方法，可以在均相条件（在 DMAc/LiCl 溶液中）或非均相条件下标记。该方法适用于用 SEC/MALS 确定样品的相对分子质量分布曲线[8]。9H-芴-2-基重氮甲烷的荧光标记已用于测定羧基含量。用荧光检测器的 SEC/MALS 可测量样品羧基含量与相对分子质量的关系。事实证明，羧基集中在纸浆样品的低分子量部分[9]。

纤维素的氢键对其性能影响非常大。常规溶剂中的有限溶解性、羟基的反应活性、纤维素的结晶度都源自强大的氢键体系。AGU 的三个羟基以及环和糖苷键的氧在链内的相互作用，或与另一个纤维素链形成次价键（即分子内和分子间氢键）相互作用，产生了各种三维结构。固态^{13}C-NMR[10] 和红外光谱[11-12] 揭示了 C3 的 OH 与 AGU 的相邻醚氧间的分子内键，以及 C6 的羟基氧和相邻 C2 的 OH 之间的第二个分子内键（图 2.2）。分子内氢键是纤维素分子和 β-糖苷键相对刚性的内因[4]。链的刚性导致溶液的高黏度（与淀粉、右旋糖苷等 α-糖苷键连接的聚多糖相比）、高的结晶倾向性和原纤维的结构重排（见 2.3.1 节）。

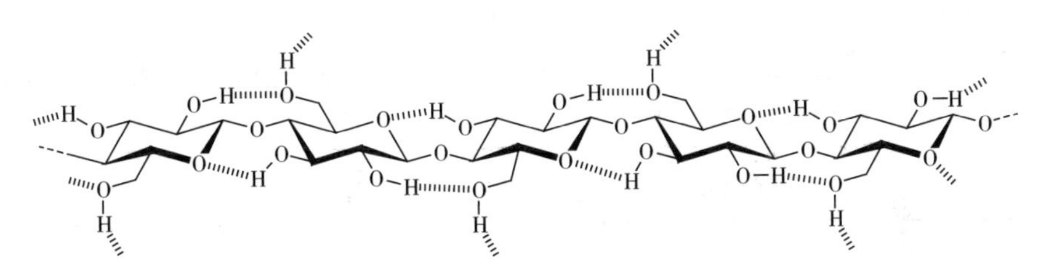

图 2.2　纤维素（Ⅰ）中的氢键[13]

在晶格中，纤维素分子通过分子间氢键结合，特别是在 C6 的 OH 和沿纤维素Ⅰ的（002）平面与相邻链 C3O 之间的氢键（图 2.2）[14]。因此，纤维素分子在一层中连接在一起，但这些层仅通过疏水相互作用和弱的 C—H—O 键结合在一起，这种键合通过同步加速器 X 射线和中子衍射数据得到证实[15]。这些方法的详细讨论和通过测试确定的结构等信息参见 2.3.1 节和 2.3.3 节。

2.2　摩尔质量及其分布

摩尔质量是聚合物最根本的物理化学性质之一，对纤维素及其衍生物而言，确定摩尔质量至关重要。测试的结果与纤维素的溶解、再生和可及性/反应性紧密相关。如在强碱溶液条件下，12%～20% NaOH 水溶液[16] 丝光处理纤维素，伴随氧化降解；评价纤维素在溶液中溶解对其聚合度的影响[17-19]；以及确定纤维素功能化成为衍生物对纤维素分子链长的影响等[20]。

大多数聚合物材料由各种尺寸分子的混合物组成。因此，聚合物的分子量用平均分子量 $\overline{M}$ 表示。为了解均聚物的物理、流变和力学性能，从而评估其性能并预测其可能的应用，有必要表征均聚物的分子量分布。如果分子链按数字计数，则为数均分子量 $\overline{M}_n$ ；如果按重量计数，则为重均分子量 $\overline{M}_w$ 。对于纤维素这样的均聚物，平均值用重复单元（AGU）的分子量（M_i）、摩尔数（n_i）或重量（w_i）来计算。表 2.1 是不同分子量的定义，$\overline{M}_V$ 的指数 a 与 Mark-Houwink-Sakurada 方程的指数含义一致。从表 2.1 可见，单分散性分子的 $\overline{M}_n$ 、$\overline{M}_w$ 和 $\overline{M}_V$ 相等。简单的计算表明，多分散混合物的情况并非如此；每个 $\overline{M}$ 尺度都对单体存在“偏差”。考虑纤维素的化学或酶水解，得到由 10 个葡萄糖分子（M_w = 180.16g/mol）和 90 个纤维素（其 DP 为 150）分子组成的混合物。将端基依然看作 AGU，AGU 的 $\overline{M}_w$ 为 162.14g/mol，则后一种分子的 $\overline{M}_w$ 为 24321g/mol。基于相同的假设，$\overline{M}_n$ 、$\overline{M}_w$ 和 $\overline{M}_Z$ 分别为 21907g/mol、24301g/mol、24321g/mol。这是因为，$\overline{M}_n$ 受存在的单体影响大，而 M_Z 受聚合物的影响大。因此，对于多分散分子有 $\overline{M}_n < \overline{M}_w < \overline{M}_Z$ ；当讨论 M 时，一定要指明相对分子质量的种类。

表 2.1　不同类型的平均分子量及其定义

名称	定义
数均分子量	$\overline{M}_n = \dfrac{\sum n_i \cdot M_i}{\sum n_i} = \dfrac{\sum w_i}{\sum M_i}$
重均分子量	$\overline{M}_w = \dfrac{\sum n_i \cdot M_i^2}{\sum n_i \cdot M_i} = \dfrac{\sum w_i \cdot M_i}{\sum w_i}$
Z 均分子量	$\overline{M}_Z = \dfrac{\sum n_i \cdot M_i^3}{\sum n_i \cdot M_i^2} = \dfrac{\sum w_i \cdot M_i^2}{\sum w_i \cdot M_i}$
黏均分子量	$\overline{M}_V = \left(\dfrac{\sum n_i \cdot M_i^{1+a}}{\sum n_i \cdot M_i}\right)^{\frac{1}{a}} = \left(\dfrac{\sum w_i \cdot M_i^a}{\sum w_i}\right)^{\frac{1}{a}}$

参数 $\dfrac{\overline{M}_w}{\overline{M}_n}$ ，即分散指数（PI），是天然聚合物和合成聚合物的特征参数。例如，离子聚合和配位聚合得到材料的 PI 接近 1.05，自由聚合的材料的 PI 在 1.5 和 4.5 之间，Ziegler-Natta 催化聚合材料的 PI 在 5 和 20 之间。

本章不对测定 M 的试验技术手段进行探讨。读者可参考有关聚合物分析/表征技术的文献[21-29]。然而，有必要列出用于测试 M 的一些技术手段。如果不需要校准，则该方法为绝对（或初级）方法；如果需要采用绝对方法校准，则为相对的（或次级）方法。沸腾镜、冷冻镜和蒸汽压渗透法是通常用于计算 $\overline{M}_n$ 的绝对方法。光散射（LS）、沉降平衡（超速离心）和 X 射线小角散射也是用于计算 $\overline{M}_w$ 的绝对方法。黏度法、尺寸排除色谱法（SEC）通常需要用 LS 法标定，是相对方法。本章将讨论黏度法、SEC 和 LS。除了 M 的测定，这些测量还提供纤维素溶液中几个相互作用的重要特征信息，包括聚合物链的平均构象、聚合物/溶剂和聚合物/聚合物的相互作用。将对每一种技术的理论背景和实验中能获得的信息作简要讨论。对纤维素及其衍生物的实验和有代表性的应用进行了概括。

2.2.1　流变学和黏度测定法

2.2.1.1　理论背景

流变学（希腊语：rheos = current or stream，流或流动）关注的是力与形变的关系。物体通过变形来响应应力。图 2.3 是具有三种表面（1、2 和 3）物体的九种可能的变形（为简单起见，以立方体示意）。应力 σ_{11}、σ_{22} 和 σ_{33} 称为法向应力，它们垂直于表面。差值 $\sigma_{11}-\sigma_{22}$ 和 $\sigma_{22}-\sigma_{33}$ 分别称为第一和第二法向应力。

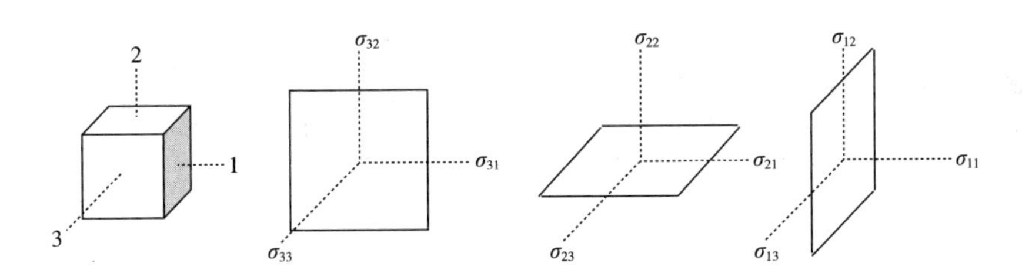

图 2.3　（立方体）物体可能的变形

黏度测定法是通过流体的黏度来表征流体的流动。剪切黏度［剪切速率=f（剪切应力）］对聚合物的分子表征很重要，用这种方法可得到聚合物稀溶液的特性黏度。剪切黏度被简单地称为“黏度”；拉伸或伸长黏度［拉伸速率=f（拉伸应力）］与聚合物熔体和溶液挤出成纤维和薄膜有关。原因是剪切流导致卷曲（聚合物）分子除了布朗运动外还发生旋转，而拉伸流可拉伸卷曲分子。

根据定义，图 2.3 中的物体在 2—1 方向上受到剪切力，这种剪切需要（剪切）应力 $\tau=\sigma_{21}$。第一法向应力差与剪切应力之比是弹性剪切形变［式（2.1）］，剪切应力与弹性剪切形变之比是剪切模量 G［式（2.2）］：

$$\gamma = \frac{\sigma_{11} - \sigma_{22}}{\sigma_{21}} \tag{2.1}$$

$$G = \frac{\tau}{\gamma} = \frac{\sigma_{21}}{\gamma} = \frac{\sigma_{21}^2}{\sigma_{11} - \sigma_{22}} \tag{2.2}$$

动态黏度 η 是剪切应力与剪切速率（$\dot{\gamma}$）之比，因此等于（G）与时间（t）的乘积，计算公式如下：

$$\eta = \frac{\tau}{\gamma} = \frac{\sigma_{21}}{\gamma} = \frac{G \cdot \gamma}{\dot{\gamma}} = G \cdot \tau \tag{2.3}$$

黏度的单位为帕斯卡·秒（Pa·s）或毫帕斯卡·秒（mPa·s），泊（Poise，P），1Pa·s =10 P。材料的黏度范围差别非常大，如空气、水、轻质矿物油、橄榄油、甘油的 η 分别为 = 10^{-5}Pa·s、10^{-3}Pa·s、10^{-2}Pa·s、10^{-1}Pa·s、10Pa·s[21]。不同的黏度标度列于表 2.2 中，c 表示浓度，η 和 η_0 分别表示溶液黏度和溶剂黏度。

表 2.2 黏度的通用名称、IUPAC 名称及黏度符号、常用单位

通用名称	IUPAC 名称	公式	符号	常用单位
黏度	—	—	η	Pa·s、mPa·s
相对黏度	黏度比	η/η_0	η_r	无
增比黏度	—	$\eta/\eta_0{}^{-1}$	η_{sp}	无
比浓黏度	黏度数、比浓黏度	$(\eta/\eta_0{}^{-1})/c$	η_{red}	dL/g
比浓对数黏度	比浓对数黏度	$c^{-1} \cdot \ln(\eta/\eta_0)$	η_{inh}	dL/g
特性黏度	特性黏度数	$\lim\limits_{c \to 0} \eta_{red}$ 或者 $\lim\limits_{c \to 0} \eta_{inh}$	$[\eta]$	dL/g

人们已经提出了几种流动模型来描述流体的流动模式[30]。虽然这些模型不可能描述很宽的剪切速率范围内的流变行为，但对于总结分析大多数实验数据很有用。根据式（2.2），σ_{12} 与 $\dot{\gamma}$ 呈线性关系，而 η 与剪切速率无关。符合这个特征的流体称作牛顿流体。纤维素及其衍生物在水、DMAc/LiCl 和许多离子液体中，特别是在低温、低剪切速率条件下，属于这种类型[31-35]。

牛顿黏度也称为零剪切或固定黏度［式（2.4）］。η_0 和 G_0（静止剪切模量）都是材料常数。

$$\eta_0 = G_0 \cdot \left(\frac{\gamma}{\dot{\gamma}}\right) \tag{2.4}$$

如图 2.4 所示，流体并非都符合牛顿定律［式（2.5）］。

$$\tau = \eta \cdot \dot{\gamma} \tag{2.5}$$

比如，剪切下，黏度与剪切速率不符合线性方程。这种非线性行为可能依赖

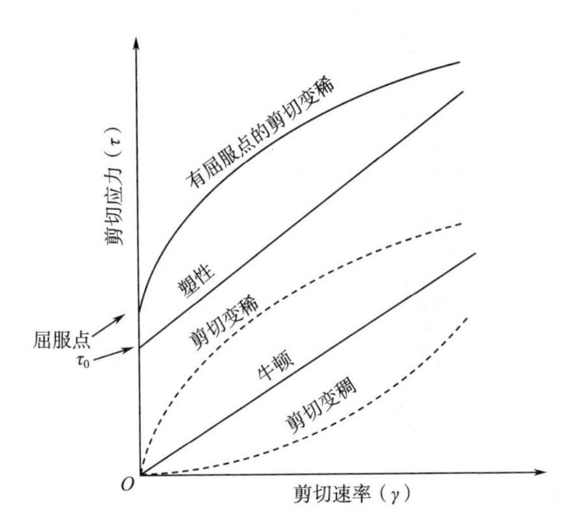

图 2.4　不同类型流动性的流动曲线（剪切应力—剪切速率）

时间，也可能与时间无关。塑性体或宾汉姆体模型预测高于屈服应力的恒定塑性黏度。该模型描述了一些分散体和浆料的行为。屈服应力 τ_0 和塑性（宾汉姆）黏度［式（2.6）］从剪切应力—剪切速率图的截距和斜率获得。

$$\eta_P = (\tau - \tau_0) \cdot \dot{\gamma} \tag{2.6}$$

许多重要的流体，如聚合物熔体、晶格、浆料、纤维素离子液体溶液显示出其他剪切依赖行为[36-37]。高剪切速率下，这些流体大多表现出牛顿流体行为。在低剪切速率，它们趋向于屈服点或低剪切牛顿极限黏度。中间剪切速率，符合幂律方程［式（2.7）］，κ 是一个常数。对许多流体成立，并描述牛顿、剪切稀化和剪切增稠行为，n 分别取决于 1、<1 或>1 的值。

$$\tau = \kappa \cdot (\dot{\gamma})^n \tag{2.7}$$

尽管期望黏度对剪切速率的响应将“即时”达到，但某些流体在恒定剪切速率下表现出黏度的时间依赖性。这些包括黏度随时间而降低的触变性流体和表现出相反行为的反触变性流体。

2.2.1.2　实际应用

· 黏度的测量和从实验数据获得的信息

因为测量简单、准确性高、计算机控制的可用性、黏度计成本低等特点，用黏度计研究聚合物溶液很有吸引力，本章将简要讨论毛细管黏度计和锥板黏度计（图 2.5）。

大多数毛细管黏度计在毛细管的两端设计有相对较大的球状空间。上部球形部分（A 部分）中的恒定体积用蚀刻线标记。该实验测量流体流过球部所需的时间（t），即流体从上端刻度线流出下端刻度线所需时间。液体中唯一的压差是其

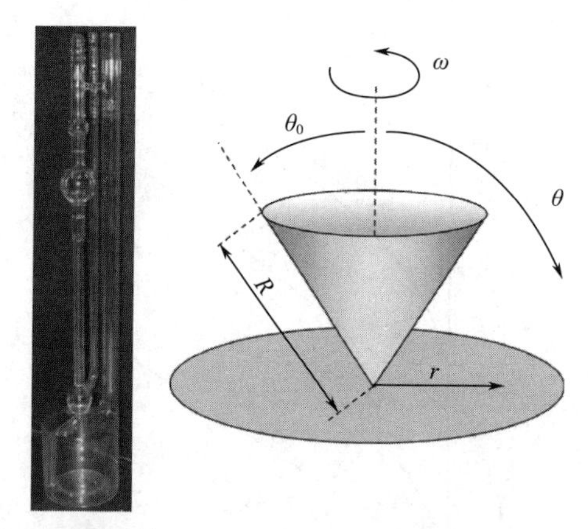

（a）毛细管黏度计　（b）锥板黏度计示意图

图 2.5　毛细管黏度计和锥板黏度计示意图

重量。在此条件下，Poiseuille 方程如式（2.8）（一种液体）和式（2.9）（两种液体）所示：

$$\eta = A \cdot \rho \cdot t \tag{2.8}$$

$$\eta_2 = \frac{\rho_2 \cdot t_2}{\rho_1 \cdot t_2} \cdot \eta_1 \tag{2.9}$$

式中：常数 A 包含了黏度计的所有参数，可通过比较 1 和 2 两种液体来消除。未知黏度 η_2 可根据两种液体的流动时间和密度以及其中一种已知液体的黏度 η_1 计算得出。锥板黏度计，图 2.5（b），被测样品放置在平板与圆形锥板之间，不同尺寸的锥体能测量各种黏度。为了确定流体的黏度，测量以角速度 x 转动锥体所需的扭矩 T，它取决于流体的黏度。该设备可在不同的角速度下工作，因此可以确定不同剪切速率下的 η。毛细管黏度计可用于研究低摩尔质量的液体和此类溶剂中的稀溶液。原因是这类液体通常表现出牛顿行为，即改变剪切速率对测量没有意义。

图 2.5（a）所示的毛细管黏度计测试非常方便，只需要一种（浓缩）聚合物溶液。其他浓度的溶液可用黏度计内的溶剂稀释获得，如用计算机控制的蠕动泵稀释。这种操作模式消除了制备各种聚合物溶液（浓度逐渐增加）所涉及的繁复操作。稀释过程是自动的，消除了体积的误差。如纤维素 Cuen 溶液，可最大限度地减少纤维素的氧化降解。锥板黏度计和类似的同心圆筒黏度计适用于研究高黏度流体，包括牛顿流体，如离子液体中的聚多糖溶液。也是像纤维素离子液体这种剪切变稀的非牛顿流体测试的首选方法[34, 36-38]。

纤维素铜氨溶液[39] 或醋酸纤维素（高 DS）DMAc 溶液[40]，$\overline{M}_V$ 可以利用非电解质溶液的 Huggins 方程获得：

$$\eta_{red} = [\eta] + k_H \cdot [\eta]^2 \cdot c \tag{2.10}$$

式中：k_H 为 Huggins 常数，在 0.33 和 0.8 之间取值。［η］通过将 η_{red} 与 c 作图，并外推到无限稀释（$c\to0$）得到。Mark-Houwink-Sakurada 方程的对数形式如下：

$$\ln[\eta] = \ln K + \alpha\ln\overline{M}_V \tag{2.11}$$

式中：K、α 为与聚合物、溶剂、温度有关的常数。α 值取决于分子的形状和分子链段分布。理论预测球体的值为 0，无扰线团（θ 溶剂中）为 0.5，扰动线团（良好溶剂中）的值为 0.764，无限细、刚性棒的值为 2。

$\overline{M}_V$ 黏度测量方法是相对方法，需要用绝对方法校准。对于给定聚合物在特定溶剂中的溶液，通过测量不同摩尔质量的样品的［η］来确定 K 和 α，α 由初级方法确定，如端基分析或 LS 法，计算 K 值和式（2.11）的 α 值，然后用于计算其他样品的 $\overline{M}_V$。

2.2.1.3　黏度测定法在纤维素化学中的应用

黏度测定法广泛用于测定纤维素及其衍生物的 *DP*。纤维素可溶于如氢氧化铜铵（Cuam）[41-43]、铜乙二胺（Cuen）[44] 和季有机碱[45] 等多种溶剂。溶解在 Cuen 和乙二胺镉（Cadoxen）中的纤维素样品的特性黏度呈线性相关，一种溶剂中的黏度能够转化为另一种溶剂中的黏度[46]。由于溶液都是碱性的，可能会发生纤维素降解[47-48]。

另一种途径是将纤维素转化为易溶的衍生物，如硝酸纤维素（可溶于丙酮或乙酸乙酯[49]）或三苯基氨基甲酸酯纤维素（丙酮或二噁烷溶液）来测定 $\overline{M}_V$。与硝酸纤维素相比，三苯基氨基甲酸纤维素在温和的条件下即可制备。纤维素基本上被完全取代，这一点非常重要，因为溶液状态对 *DS* 和其黏度[50-52] 均有显著影响。聚合物在高浓度时，黏度对成分的依赖性可能不是线性的，因此通常用 1~5g/L 的稀溶液来测试黏度，$\eta_r \leqslant 2.5$。

以下示例是黏度测定法在纤维素化学中的应用。可能影响非衍生化溶剂中纤维素的可及性和反应性的结合度，特别是在（理想的）高纤维素含量情况下。比较 Cuen 水溶液或 Cadoxen（分子分散）中稀纤维素溶液的纤维素 *DP* 值，可以很容易地得出答案[53]。比较结果显示，在 DMAc/LiCl 溶液或 ILs 溶液中，纤维素形成聚集体[54-56]，聚集体尺寸与 *DS* 有关[57]。

η_r 的值显示溶液熟化是时间的函数，而［η］的值随着 LiCl 浓度从 3%增加到 7%而增加，在较高电解质浓度下达到恒定[58]。这个（聚集）问题可以通过纤维素的衍生化、测量（非聚集）其衍生物在适当溶剂中的黏度来解决。将几种纤维素样品（MCC、棉短绒、再生纤维素，*DP* 范围为 173~2505）转化为纤维素三苯基氨基甲酸酯（CTC）。溶解于 THF，LS 和 SEC 测量的 *DP* 值非常一致，说明衍生物不聚集[59]。对于几种纤维素的 DMAc/LiCl 溶液，黏度对溶液组成的浓度依赖性在纤维素的临界重量分数以上迅速增加，说明链开始缠绕。这种聚集体的形成不仅仅出现在 DMAc/LiCl 溶液中。溶剂不同、纤维素浓度不同，纤维素分子链存在形式不同，凝胶颗粒纤维素链形成松散网络（黏胶），高溶胀聚集体纤维素链形成缠结网络（莱赛尔）[60]。研究表明，含 1%~3%纤维素的 DMAc/LiCl（8%）溶液，其 Mark-Houwink-Sakurada 方程的 α 值为 0.85[31]。

黏度测量法也可用于检测溶解纤维素各向同性向各向异性转变，如溶解在 NMMO 水溶液中。$\lg\eta_{apparent}$（$\gamma=50\ s^{-1}$）对纤维素浓度作图，发现纤维素浓度为 20%，温度在 85℃或 90℃时黏度突然增加，而 100℃或 110℃时无此突变。根据阿伦尼乌斯方程处理黏度数据，得：

$$\lg\eta = \frac{\lg A + E_{flow}}{2.303RT} \tag{2.12}$$

式中：E_{flow} 为相应的黏性流动活化能；R 为摩尔气体常数；T 为绝对温度。

$\lg\eta_{apparent}$ 对 $1/T$ 作图（$\gamma=50\ s^{-1}$），纤维素浓度为 15%和 18%（质量分数）时曲线呈直线，而纤维素浓度为 20%、23%和 25%时为曲线。不同剪切速率下（γ 为 30~300 s^{-1}），25%（质量分数）的纤维素溶液也表现出这种行为。黏度的突变归因于纤维素/NMMO 溶液的各向同性向各向异性转变[61]。DMAc/LiCl 中纤维素浓度超过 12%（质量分数），溶液黏度快速增加，也归因于各向同性向各向异性转变[58]。

2.2.2 尺寸排阻色谱法

2.2.2.1 理论背景

色谱一词源自希腊语 chroma（颜色）和 graphein（书写）。色谱柱、气体和尺寸排阻色谱（SEC）技术已经得到发展，这要归功于 Tswett[62]、Martin 和 Golay[63-64] 以及 Lathe、Ruthven 和 Porath 的开创性工作[65-66]。现在，SEC 被认为是聚合物分级、测定摩尔质量及其分布最方便的方法之一。在相对较短时间内获得可靠、重现性好的色谱图（洗脱时间小于 1h），使常规表征和方便的质量控制成为可能。GPC 的初步工作集中在将色谱图转换为摩尔质量分布。采用几种检测器（折射率、UV、LS）、使用刚性小凝胶颗粒（直径约 10μm），以及使用更短的色谱柱（30cm）成为可能，从而缩短了洗脱时间。引入多角 LS 检测器和差分黏度计，实现在线摩尔质量测定。

SEC 是一种特殊类型的色谱，溶液中的物质根据其大小而不是它们对（多孔）固定相的亲和力进行分离。Porath 和 Flodin 引入的技术被称为凝胶渗透，因为水溶性聚合物的分离是在交联的、高度溶胀的葡聚糖凝胶上进行的。Moore 对凝胶渗透色谱（GPC）的描述[67]、高效固定相［多孔交联聚苯乙烯/二乙烯基苯（PS/DVB）凝胶］的引入、在线折光仪的直接耦合以及商业仪器的可用性使得该技术得到广泛应用。

复杂混合物的色谱分辨率取决于两种机制：分离过程，其中固定相控制分子的差异迁移，在 SEC 中，所有决定分子在柱填料中渗透的机制；分散过程，控制每个组分的带宽。SEC 数据解释的一个重要部分是建立基质的摩尔质量和保留体积之间的关系。

在 SEC 和 GPC 中，将稀释的聚合物溶液放置在填充有溶剂浸泡的多孔材料（例如 PS/DVB）的色谱柱顶部，然后用溶剂洗脱。得到材料浓度和洗脱时间或体积关系的洗脱曲线，检测器用于测定洗脱液中的聚合物浓度。

SEC 分离是基于色谱柱填料为“惰性”的假设。即溶质—固定相的相互作用可忽略不计。组分的分离取决于凝胶颗粒内的孔体积分布和溶质大小。可用于容纳大聚合物分子的固定相孔很少，导致它们在色谱柱中的停留时间比小分子短，因此首先洗脱大分子（图 2.6）。原则上，均匀聚合物的洗脱曲线应由尖锐信号组成，每个信号对应于聚合物的一小部分（或尺寸）。实际上，由于扩散，这些曲线的宽度是有限的。

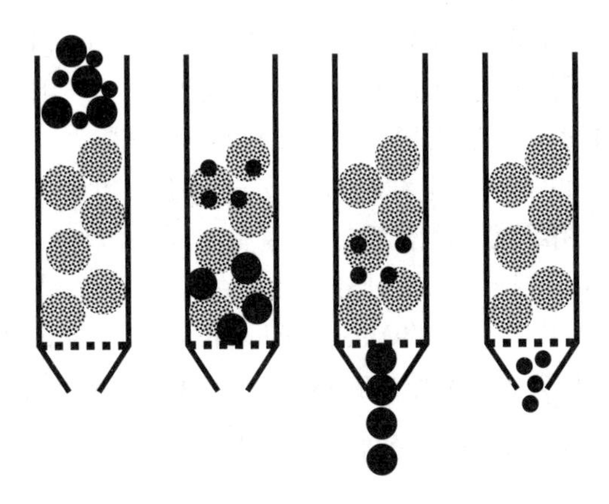

图 2.6　SEC 分离两种组分的示意图（按摩尔体积划分）

Benoit 等已经证明，溶质大小可以表示为其流体动力学体积 V_h，由爱因斯坦方程［式（2.13）］定义。

$$V_h = 40 \cdot \frac{\eta \cdot M}{N_A} \tag{2.13}$$

式中：N_A 为阿伏伽德罗常数。

经实验验证，$\lg\eta_M$ 与保留体积 V_R 的关系图应该是所有聚合物[68]的通用校准曲线[69]。这种“通用校准”原理的推论是，两种具有相同 V_h 洗脱液的聚合物具有相同的 V_R；因此，一种聚合物的相对分子质量可以由参考样品的校准曲线确定，例如聚苯乙烯（具有窄摩尔质量分布），采用以下公式：

$$\lg M_w(\text{样品}) - \lg M_w(\text{参比}) = \lg \frac{[\eta]_{\text{样品}}}{[\eta]_{\text{参比}}} \tag{2.14}$$

2.2.2.2 实践方面

SEC 的一个应用是确定纤维素及其衍生物的分子量分布。纤维素在普通溶剂中溶解度有限，该测量方法并不简单。原则上，此问题可以通过将纤维素转化为可溶于有机溶剂（如 THF 和 DMSO）的衍生物（如硝酸纤维素或 CTC）来解决。与此方法相关的问题包括额外的劳动、衍生化的不均匀及有时所用溶剂中的溶解度降低而可能出现的问题[70]。纤维素的特殊溶剂，如 Cadoxen、NMMO、DMAc/LiCl、NMP/LiCl 和 ILs 等，原则上优于衍生化技术手段，在纤维素的 SEC 分析中得到了一定的普及[71-72]。氢氧化镉乙二胺溶液具有良好的紫外—可见光吸收（<220nm），用紫外—可见光测定物质的浓度是可行的，如纤维素的 CTC 和苄基醚[73]。

除了制备 Cadoxen 所涉及的劳动外，这种溶剂具有很强的腐蚀性，可能会破坏色谱柱填料。通过用水稀释溶剂，可有效解决这个问题[74]。目前，由于 ILs 纯溶剂的高黏度和溶解纤维素的溶液黏度更高，不能用于 SEC 分析。如果 IL 不腐蚀色谱柱填料，则随着溶解纤维素的极低黏度 IL 的开发与应用，先前的结论将会发生变化。纤维素最常用的溶剂是 DMAc/LiCl，该洗脱液已被应用于研究制浆、漂白、酶处理和黏胶工艺对纤维素相对分子质量的影响[48,75-77]。用不同参比聚合物进行 SEC 色谱柱校准，如商用聚苯乙烯[78-79] 和普鲁兰多糖[80-82] 的 Mark-Houwink 常数，80℃时，在 0.5%LiCl 中测定纤维素、支链淀粉、葡聚糖和直链淀粉的摩尔质量[83]。然而，已经表明纤维素和普鲁兰多糖有不同的流体动力学体积，即后者可能不是测定 DMAc/LiCl 中纤维素相对分子质量的合适参考[84]。这一结论通过分析不同溶剂中纤维素和参比聚合物的 Mark-Houwink 常数得到证实。该分析表明，骨架刚度的顺序为：纤维素≫葡聚糖≥支链淀粉≥直链淀粉≫聚苯乙烯。也就是说，在相同的$\overline{M}_w$下，纤维素会比这些聚合物更早洗脱。因此，将它们用作参比物存在争议[71]。

由于其在普通溶剂中的溶解度，纤维素衍生物可以很容易地用 SEC 进行分析，如以下用于测定$\overline{M}_w$ 的代表性示例：用 THF 为洗脱液分析纤维素的丙酸酯、丁酸酯、戊酸酯、己酸酯、庚酸酯和丙酸酯/戊酸酯[85]。将三硝酸纤维素溶解在 THF 中并用苯乙烯凝胶柱分析[86]。水溶性衍生物的$\overline{M}_w$ 值，如 MC、CMC、MHPC、EHPC、EHPC 和 HPC，用水/硝酸钠洗脱液和多孔聚碳酸酯固定相通过 SEC 分析计算得出[87]。醋酸纤维素和纤维素的苄醚溶解在 NMP 中，用 PS/DVB 柱进行分析[88]。用含有多种盐包括 $NaNO_3$[89]、NaCl[90]、乙酸缓冲液[91] 和 NH_4NO_3[92] 的溶液分析 CMC。

2.2.3　光散射

2.2.3.1　理论背景

对胶体和聚合物，光散射（LS）通常指静态光散射（SLS，弹性）或动态光散射（QELS，准弹性）测量。SLS 是一种测量时间平均散射强度的绝对分析方法。QELS 测量散射强度波动，这是“动态”一词的由来。下面的讨论中，任何散射物体，例如大分子将被指定为“粒子”。在 LS 中，散射粒子的可见性取决于散射粒子与介质（溶剂或分散介质）之间的折射率差（dn）。

（1）静态或弹性光散射

$\frac{c \cdot K_\theta}{R_\theta}$ 在低溶质浓度 c、小散射角和大颗粒条件下，基本散射方程为式（2.15）。

$$\frac{K_\theta c}{R_\theta} = \frac{1}{\overline{M}_w \cdot P_\theta} + 2A_2 \cdot c + \cdots \tag{2.15}$$

式中：K_θ 为光学常数；θ 为散射角；R_θ 为瑞利比；$\overline{M}_w$ 为重均摩尔质量；P_θ 为 Zimm 散射函数（或简称散射因子）；A_2 为第二维里系数。如图 2.7 所示为典型的 Zimm 图。$\frac{c \cdot K_\theta}{R_\theta}$ 对［$\sin^2(\theta/2)+kc$］作图，并外推至 $c\to0$ 和 $\theta\to0$（散射与浓度和散射角相关），其中 X 轴上的 kc 是一个可调参数，其唯一目的是使网格形 Zimm 图的 X—Y 扩散达到可接受的范围。

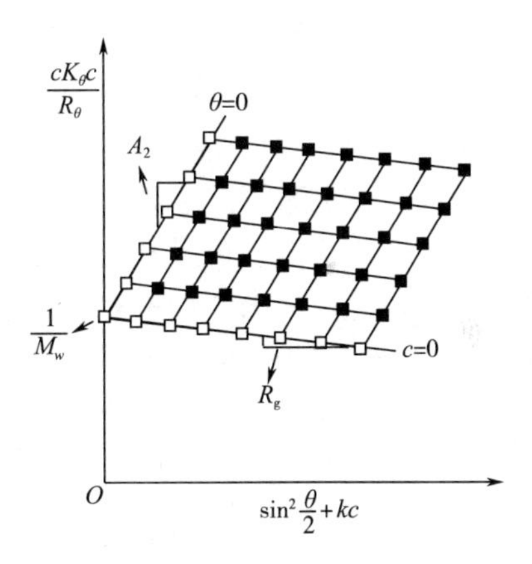

图 2.7　典型 Zimm 图

聚合物的不同浓度（c）和不同角度（θ）对应不同的散射强度。$c\to0$ 和 $\theta\to0$ 的外推得到 $1/\overline{M}_w$ 作为截距。A_2 和 R_G 的值分别由 $\theta=0$ 和 $c=0$ 处的直线斜率确定[93]。

Zimm 图方法相对难以用于计算高摩尔质量纤维素的$\overline{M}_w$。原因是与实验数据的 Y 值相比，截距将非常小，截距的小误差会导致$\overline{M}_w$ 相对较大的误差[94]。相反，采用 Berry 法，截距为 $\sqrt{\overline{M}_w}$ [95]，实验 Y 值会更大，因此相对误差较小[96]。

（2）动态或准弹性光散射

前面讨论的散射强度是由时间平均的。然而，散射实验中可达到的强度也取决于时间 t，因为粒子处于恒定的随机（布朗）运动中。QELS 与散射的动态方面有关。由于多普勒效应，粒子散射的频率取决于它是靠近还是远离探测器。因此，散射光的频率分布比入射光的频率分布略宽，表示为 Δf。这种频宽通过相关函数在时域中记录，因此 QELS 有时被称为光子相关光谱（PCS）。散射强度随时间的变化包含有关粒子随机运动的信息，该信息用于计算粒子的扩散系数，从而计算它们的尺寸分布。简言之，在典型的实验中，探测器在一段时间内以离散的步骤测量 90°散射激光的强度，两次连续测量之间的差值 s 通常为几微秒。自相关函数 $G(\tau)$ 由方程式（2.16）给出。

$$G(\tau) = \langle i(t) \cdot i(t+\tau) \rangle \tag{2.16}$$

平移扩散系数 D 与 $G(\tau)$ 的关系见方程式（2.17）。

$$G(\tau) = A \cdot (1 + B \cdot e^{-2 \cdot q^2 \cdot D\tau}) \tag{2.17}$$

式中：q 为散射矢量；B 为与仪器相关的经验常数。

流体动力学半径的值 R_h 由 Stokes-Einstein 方程式（2.18）计算。

$$R_h = \frac{\kappa \cdot T}{6\pi\eta D} \tag{2.18}$$

式中：κ，T 和 η 分别为 Boltzmann 常数、绝对温度和溶剂的剪切黏度[97]。

2.2.3.2 LS 在纤维素及其衍生物测定中的应用

散射强度与 $1/\lambda^4$ 成正比，其中 λ 为入射光的波长，显示了使用较短波长的激光的优势，例如，氩离子，$\lambda = 498$nm 或 514.5nm，而不是 He/Ne 激光器，$\lambda = 632.8$nm。倍频 Nd-YAG 激光器（532nm）是一个很好的选择，因为它比气体激光器更便宜、更稳定、更具有相干性。用于 SLS 的玻璃电池是圆柱形的，放置在充满液体的电池支架内，如折射率与玻璃相匹配的二甲苯（约 1.5）。QELS 测量通常在 90°下进行，因此首选矩形池，如用于荧光测量的矩形池。样品溶液的唯一限制是不吸收入射光，且没有（强散射）灰尘颗粒。采用惰性膜（陶瓷或 PTFE）过滤和离心以去除灰尘[98]。R_θ 的值取决于 $(dn/dc)^2$，n 是溶液的折射率。因此，dn/dc 中的 x 误差会导致 $\overline{M}_w$ 的误差为 $2x\%$。由于 dn/dc 取决于 λ，散射实验和 dn/dc 测定中使用的波长应相同。可以使用（昂贵的）示差折光检测器或确定聚合物溶液的折射率作为其浓度的函数来实现，这种相关性在大浓度范围内呈线性，即可以使用浓缩溶液获得更精确的 dn/dc。另一个误差来源是当 dn/dc 的值较小时，如纤维素在 8.33%（质量分数）DMAc/LiCl 中的 dn/dc 为 0.061，而纯 DMAc/LiCl 溶液的 dn/dc 为 0.324[99]。这导致 dn/dc 值本身的不确定性较大，并且散射较弱。这个问题的解决方案是将纤维素转化为具有更大 dn/dc 的衍生物，如 CTC[100]。

LS 测量已被用于检测纤维素在电解质/偶极非质子溶剂中的聚集状态，特别是 DMAc/LiCl 和 IL。该信息与纤维素功能化有关，宏观上透明和各向同性的纤维素溶液的形成并不一定意味着生物聚合物溶液分子层面的分散，类似存在于 Cuen、Cuoxam 和 Ni-tren 溶液中那样[98,101]。因此，NMMO 水溶液中相对稀释的纤维素溶液（80℃时为 0.2%~3%）显示出较大的 R_g（>160nm），表明存在可能含有多达 1000 个纤维素分子的聚集体[102-103]。SLS、DLS 和 SANS 数据表明，纤维素即使在

BuMeImCl 和 EtMeImAc 等 IL 中也能自动聚集。在 EtMeImAc 中，纤维素（*DP* = 494）形成 21 聚体[56,104]。溶解在 DMAc/LiCl 中的阔叶木牛皮纸浆的聚集状态不受添加尿素（一种氢键断裂添加剂）、提高溶解温度或增加 LiCl 浓度（6%～10%）的影响，但受溶解过程中机械处理时间长短的影响[81]。这些聚集体的结构被描述为缨状胶束结构。图 2.8 为聚集体示意图，它由横向排列的链组成，形成相当紧凑且几何上可能呈现各向异性的核心，与溶剂不混溶。颗粒两端的“冠状物”由溶剂化的无定形纤维素链组成。缨状胶束结构［图 2.8（a）］的形成得到了实验结果的支持。例如，增加纤维素浓度会导致颗粒的摩尔质量显著增加，尽管其尺寸仅略有增加。胶束中心部分的几何各向异性与光学各向异性有关。可以通过适当的实验技术可视化，这两种预期通过剪切诱导双折射和电子显微镜得到证实[106]。形成聚集体的链分子数量和冠状物厚度随纤维素浓度、颗粒核心与溶剂系统之间的界面张力的增加而增加[107]。图 2.8（b）和（c）显示不同 *DP* 的纤维素的可能链构象。图 2.8（b）表明，短纤维素链的长度实际上等于其持久长度，即链之间既没有卷曲，也没有相互作用。图 2.8（c）表明，长链聚合物的柔韧性允许形成强的分子内氢键，前提是—OH 彼此之间的“临界距离”内存在一段时间，足以使范德瓦尔斯力发挥作用[108]。因此，纤维素的性质，特别是其 *DP*、I_c 和浓度会影响其溶液状态，也影响纤维素的衍生化。对于相同的纤维素，羟基的可及性随着浓度的降低而增加。对于不同的纤维素，相同的浓度下，只有缨状胶束的外表面是可及的，其面积随 *DP* 和 I_c 的增加而减小。

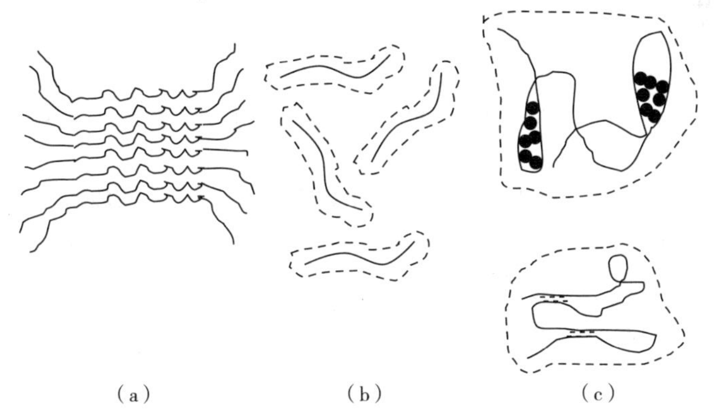

图 2.8　溶液中纤维素结构的示意图[105]

QELS 表明，10～60℃，二乙酸纤维素 DMAc/LiCl 中的聚集体以单链的形式存在[109]。SLS 测量表明，一方面，NMMO 中的未活化纤维素或水和氨活化纤维素、1mol/L NaOH 中的纤维素黄原酸酯（黏胶）、丙酮中的醋酸纤维素（*DS* = 2.5）、MHEC、MHPC 和 CMC（水中）形成聚集体，其聚集数取决于 *DP*；另一方面，二噁烷中的 CTC 形成分子分散的溶液[110]。用 LS 研究溶剂组成（10%和 50%甲醇）

和离子强度对3种MHPC样品聚集态的影响。溶剂对$\overline{M}_w$和R_g的影响显著。例如，当溶剂从50%甲醇水溶液改为1mmol/L NaCl水溶液，样品的$\overline{M}_w$增加了一倍(310000~650000g/mol)，与此同时，R_g增加了12%[93]。

2.2.4 综合分析技术

纤维素及其衍生物研究的最新进展是将2.2.1~2.2.3中讨论的技术物理集成到单个设备中，特别是通过几种类型的检测器分析SEC分离出的组分。图2.9显示了集成色谱/LS的示意图。

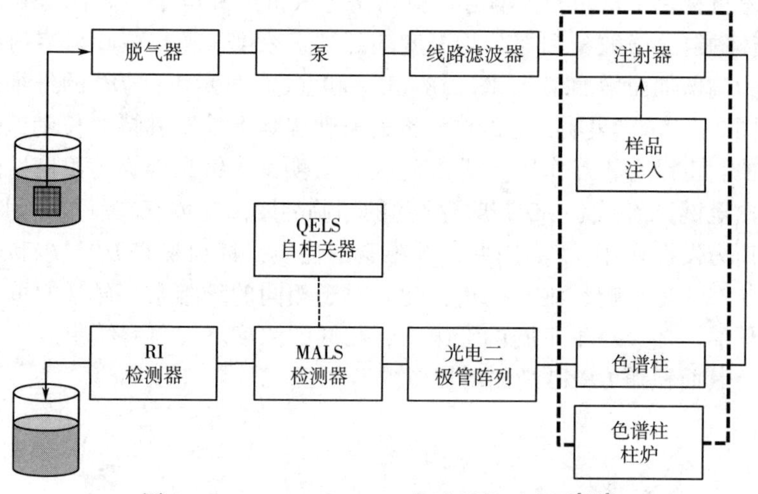

图2.9 SEC-MALS-QELS集成系统示意图[100]

如果参考样品的Mark-Houwink常数已知，则通用校准涉及使用单个检测器(浓度)；如果这些常数未知，则使用双检测器（浓度和黏度)。绝对相对分子质量测定使用相对分子质量敏感检测器（LS)，因此可以直接测量洗脱的每个组分的M_w，无须校准标准品。由于引入了（固定的）多角度光散射探测器MALS，使该实验变得便捷。

采用SEC/LALS、SLS、QELS和黏度对溶解在甲醇水溶液中的*DS*不同的非离子纤维素醚样品进行了研究，如EHEC、HEC。结果表明，只有结合化学信息(*DS*、烷基/羟基中烷基的比例、取代基结构)、热力学特性（浊点、第二维里系数)、流体动力学特性（$[\eta]$，k_H)、来自散射实验R_g的几何尺寸参数以及摩尔质量及其分布，才能获得足够的与其应用相关的信息[111]。

用配备LARS和MALS检测器的体积排除色谱比较来自不同供应商的、相近$\overline{M}_w$(111600g/mol、116800g/mol和95300g/mol）的HPC样品。其中两个样品结构紧凑，显示 HPC 的聚集，第三个样品没有形成聚集。SEC-MALS 和 SEC-LARS 被证明是表征复杂混合物（如 HPC）的有效技术，含有溶剂化聚合物链的混合物及胶束状聚集体[112]。

用配备折射率和 MALS 检测器的体积排除色谱研究非离子纤维素醚与表面活性剂十二烷基硫酸钠（SDS）在含有固定浓度 NaCl 的水溶液中的相互作用，可以可靠地计算醚—SDS 复合物的摩尔质量及其某些性质，如 dn/dc。由于 SEC 的分离效率高，可以使游离纤维素醚和醚—SDS 复合物分别洗脱，避免了费时费力的透析过程，在低 SDS 浓度下存在显著关联。吸附较高浓度的表面活性剂可防止分子间相互作用，从而使醚—SDS 复合物开始形成携带胶束簇的单聚合物线团[113]。

测试受热老化前后滤纸纤维素，样品转化为 CTC。用 SEC/MALS 测试在 DMAc/LiCl 溶液中的纤维素样品以及在丙酮溶液中的 CTC。此外，还测试 Cadoxen 溶液中纤维素的黏度。两个纤维素样品使用不同技术获得的平均摩尔质量有很大差异。这些差异可归因于 CTC 合成过程中可能发生了降解，以及由于聚集而高估 DMAc/LiCl 中纤维素的$\overline{M}_w$[114]。因此，当纤维素转化为衍生物再测定摩尔质量时应格外仔细。多种技术组合进行测试是有益的，因为能发现使用单一技术可能无法检测到的问题。

SEC 与多个检测器（包括 LS）的其他类似应用包括用于 HPMC 醋酸琥珀酸酯[115]、HPC[116]、羟乙基磺乙基纤维素、磺乙基纤维素、羧甲基磺乙基纤维素、羧甲基直链淀粉[117] 和大量水溶性纤维素醚[118] 等的测试。

2.3　结构信息

2.3.1　X 射线衍射

2.3.1.1　理论背景

纤维素纤维的半结晶性质与其力学性能有关，且对其可及性至关重要，对其应用、染色、衍生化等反应性同样重要。事实上，不同纤维“活化”的目的是降低纤维素的结晶度，从而提高其可及性。这确保了产品性能的可重复性。纤维素的结晶度主要取决于其来源、加工过程、*DP* 以及纤维素分子链内和分子链间的氢键。X 射线衍射可以探测纤维素结构的细节（氢键和结晶区域的尺寸），并用于确定 I_c（X 射线）。

减压下，加热的灯丝释放的热电子被加速，并击中保持高电势的金属阳极，产生 X 射线。如果轰击电子喷射出一个电子（如原子的 K 层喷射出一个电子），则产生的空位将被一个从更高能量的壳层（L、M 等）落下的电子填补；能量差以 X 射线形式辐射。对于给定的目标材料，各壳层具有固定的能量，因此辐射有固定 λ 值，对于 Cr、Fe、Co、Cu 目标金属的 $K_{\alpha1}$ 线，分别为 0.2289nm（2.289Å）、0.1936nm（1.936Å）、0.1789nm（1.789Å）和 0.1540nm（1.540Å）。同步辐射是电子同步加速器（电子存储环）将电子加速到几 GeV 而获得的，而上述金属的激发电压为 5~9kV，现在被用作高强度 X 射线源。受到同步加速器设备的存取时间限制。

2.3.1.2 纤维素的结构和氢键的探讨

三维晶格由更小的单元晶胞组成，晶胞重复产生晶体。如图 2.10 所示，初级晶胞仅包含角位点的晶格位点。居中的晶胞还包括不是角位点的晶格位点。晶体的三维晶格衍射来自二维晶格平面的相干 X 射线。在三维晶格中，居中的晶胞可以是体中心（体对角线交点处的晶格点）或面中心（面对角线交点处的晶格点）[119]。

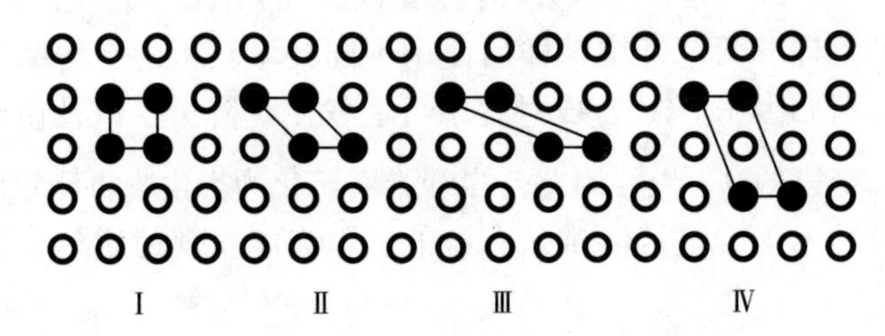

图 2.10　三个初级晶胞Ⅰ至Ⅲ和一个中心晶胞Ⅳ的示意图

图 2.11 描绘了相距 d 的两个相邻晶格平面 G_1 和 G_2。波 L 以角度 θ（布拉格角）撞击 G_1 平面的晶格位点 A，平行波 L_1 在 A_2 处撞击晶格平面 G_2，依此类推。波的相位移动由式（2.19）确定。

$$PA_2+A_2Q=2d\sin\theta \tag{2.19}$$

在某些几何条件下，由劳厄和布拉格指定，如果它们同时到达平面 $N—N_2$，就会产生干涉。根据布拉格方程［式（2.20）］，要求平面偏移等于入射辐射波长 λ 的 n 倍。

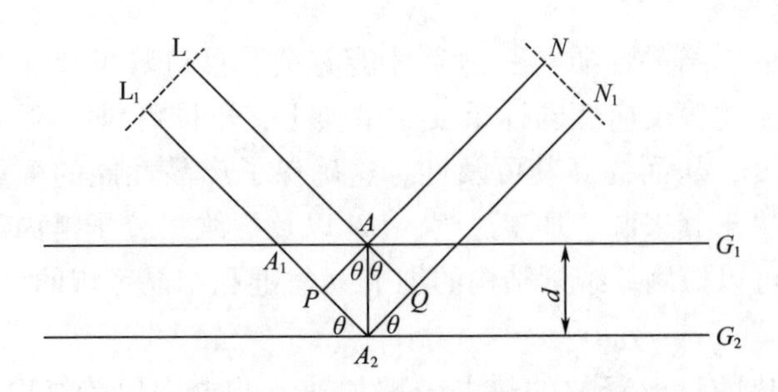

图 2.11　布拉格定律示意图[119]

$$n\lambda = 2d\sin\theta \tag{2.20}$$

当将晶体物质处于单色X射线束中，将获得大量干涉，其衍射角由λ、晶体的性质和实验装置决定。利用各种反射的衍射角2θ，可以根据布拉格定律计算晶格平面距离，从而得出关于晶胞大小、对称性以及样品晶体完美程度的信息。当考虑各种衍射带强度时，可以描述原子在晶胞中的确切位置，如纤维素中的氢键信息。

（1）确定结晶区域的尺寸

了解微晶的尺寸很重要，因为它关系到纤维素的可及性和反应性。微晶的尺寸通常通过将Scherrer方程［式（2.21）］应用于广角X射线衍射（WAXD）数据来计算[120]。

$$\beta_{0.5} = \frac{57.3K\lambda}{\mathrm{Dim}\cdot\cos\theta} \tag{2.21}$$

式中：$\beta_{0.5}$为衍射峰的半高宽；K为晶体的形状因子，其取值为0.89～1.39，一般选用单位量；λ、Dim和θ为X射线辐射的波长、在垂直于相应的反射晶格平面（101、002和040）[121-123]测量的完全结晶区域的平均尺寸以及该平面的X射线的布拉格衍射角。当θ以角度为单位测量时，必须使用转换因子57.3。微晶的平均宽度和长度是在对杂散辐射、样品和光束尺寸进行校正后，从赤道和经络X射线衍射的线宽获得的。该方法基于（简化的）假设，即线展宽或多或少由微晶尺寸引起[124]。然而，与纤维素链横向紊乱相关的展宽可能导致大多数来源的纤维素的$\beta_{0.5}$被低估约10%[26,125]。修正方法已经有文献报道[126-127]。

从实验数据中去掉非晶背景散射计算$\beta_{0.5}$。计算微晶尺寸的不同方法已经发表[128]。计算出的微晶尺寸范围很窄，未处理的棉花，宽度4.7～4.9nm（⊥101平面），长度12.5nm（⊥040平面）；高湿模量人造丝，宽度4.5～8.1nm（⊥101平面），长度11～15.6nm（⊥040平面）；波里诺西克（polynosic）人造丝，宽度4.3nm（⊥101平面），长度17.4～19nm（⊥040平面）[129]。

（2）结晶度指数I_c（X射线）的计算

计算结晶度或指数有两种方法，一种是绝对的，另一种是（更多地采用的）相对的。在绝对方法中，假设结晶区域存在三维有序，并且有序不是强各向异性的。该方法需要完全无定形的样品或完全取向定向的样品。获得这两个样本在实验上是可行的。绝对结晶重量分数W_{cr}，是通过比较集中在尖锐衍射斑的衍射强度I_{cr}与相干衍射X射线的总强度$I_{总}$来计算的，见式（2.22）[130-131]。

$$W_{cr} = \frac{\int S^2 \cdot I_{cr} \cdot dS \cdot \int S^2 \cdot f^2 \cdot dS}{\int S^2 \cdot I_{总} \cdot dS \cdot \int S^2 \cdot f^2 \cdot D \cdot dS} \tag{2.22}$$

式中：$S=(2/\lambda)\sin\theta$；D为无序函数；f^2为原子散射因子的均方。

基于纤维素的两相缨状胶束结构，假设无定形和结晶区域的散射强度与它们在纤维中浓度成正比，则可以根据上述区域的散射X射线峰的强度或面积计算出相对结晶度指数 I_c（X射线）。例如，对于纤维素Ⅰ，I_c（X射线）的值是根据002反射平面在 $2\theta = 22.5°$ 和 $2\theta = 18.5°$ 处的晶体散射之间的比例计算的。纤维素Ⅱ（101反射平面）的相应值分别为19.8°和15°［方程（2.23）］[132-134]。

$$I_c = 1 - \frac{I_{am}}{I_{cr}} \tag{2.23}$$

（3）实际应用

“粉末衍射”和“单晶”是研究纤维素及其衍生物X射线衍射的两种主要实验方法。第一种考虑单色X射线束与结晶粉末的相互作用[135]。由于粒子的晶格平面相对于入射辐射是无序的，因此后者将以同心衍射锥的形式从满足布拉格定律条件的所有平面衍射，如图2.12（a）所示。图2.12（b）和（c）显示了记录衍射辐射的两种常用技术。在Debye-Scherrer方法［图2.12（b）］中，将胶片条放置在样品周围的圆圈中，记录衍射圆的扇区。或者采用图2.12（c）所示的平膜，记录穿过衍射锥的垂直切口。需要探测晶格的性质（其多晶型）或计算晶体材料 I_c 的量（X射线）和微晶尺寸时，会采用粉末衍射技术，微晶尺寸的计算需采用Scherrer方程[136]。使用密度计来确定照相胶片上记录的散射辐射强度已被X射线探测器（包括闪烁计数器、固态探测器、比例和位置敏感比例计数器）所超越[137]。

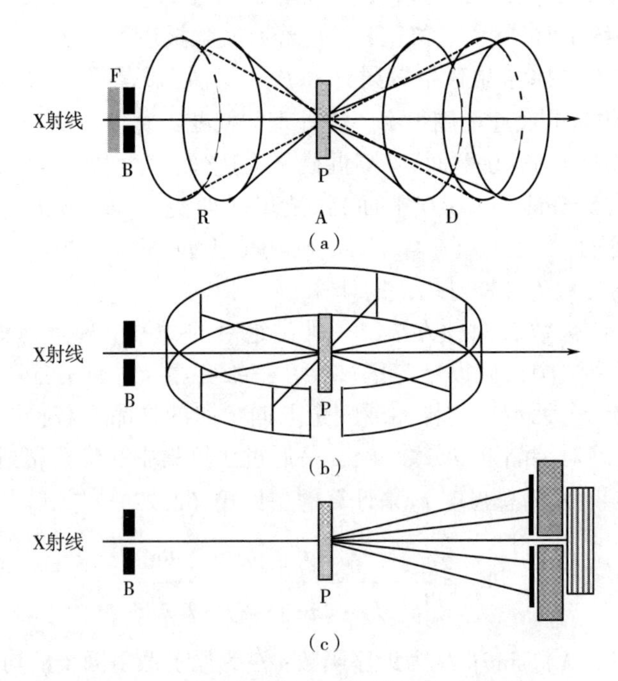

图2.12　晶体物质单色X射线衍射的示意图

采用单晶衍射技术获得准确的单元晶体性质的信息。单晶与其光轴之一安装在X射线束中，产生的各种晶格平面的光斑反射记录在平面膜上。当样品的轴（b轴）长度垂直于入射X射线束时，平行于轴长度的晶格平面的所有反射都将出现在“赤道”上，即赤道反射。垂直于b轴的平面的反射将记录在“子午线”上。晶体和入射X射线束之间的角度可以通过使用测角仪头来控制和改变。图2.13为晶体围绕A单轴分布的微晶产生的纤维图案和所得X射线衍射图的示意图。各向同性分布的晶体，产生同心环的德拜–谢勒图案[138]。

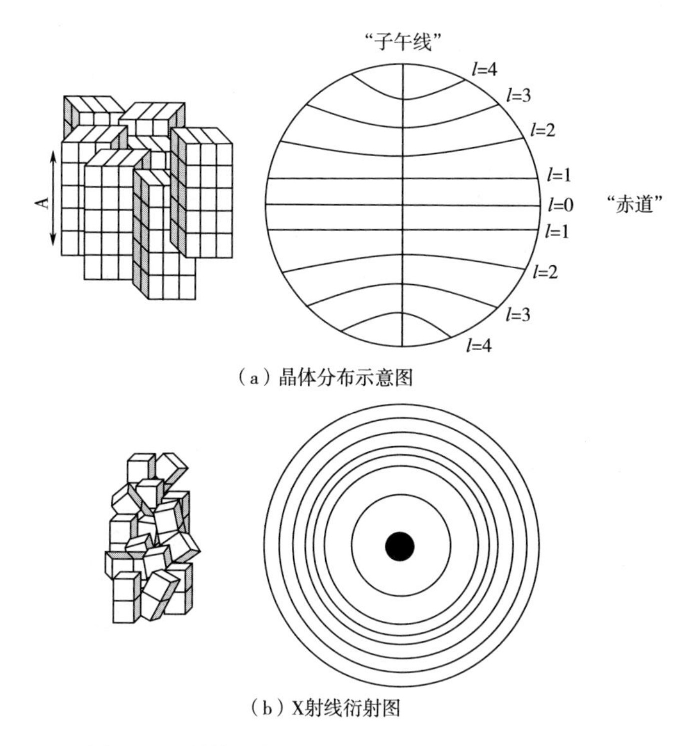

（a）晶体分布示意图

（b）X射线衍射图

图2.13　晶体分布的示意图及相应的X射线衍射图

X射线衍射已被广泛用于确定纤维素纤维的晶体结构，目的是计算微晶的长度和宽度尺寸，并探测天然和活化纤维素中的分子间和分子内氢键（特别是通过用碱激活处理）。另一个重要用途是确定结晶度指数，见式（2.20），下面讨论应用示例。解决的第一个问题是纤维素多晶型。高度结晶的纤维素，如Valonia纤维素，有两种结晶异形，即纤维素I_α和纤维素I_β[139-140]。另外，动物纤维素只有I_β同种异体，来源于动物的高结晶纤维素[141]。利用特殊的纯化程序，可以确定从青囊藻培养物中提取的纤维素I_α的晶体结构和氢键[142]以及从被膜酸盐（*halocynthia roretzi*）中提取的I_β的晶体结构和氢键[15]。结果表明，纤维素I_α具有单链三斜晶胞，所有葡萄糖基键和羟甲基基团都相同。相邻的糖环在构象上交替，使链具有纤维二酰重复单元，链条以“平行向上”的方式组织成片状。I_{β}的结构与I_{α}的结构不同，I_{β}是两链聚合成的单斜晶胞，具有不同的氢键，不同的链构象，如图 2.14 所示。

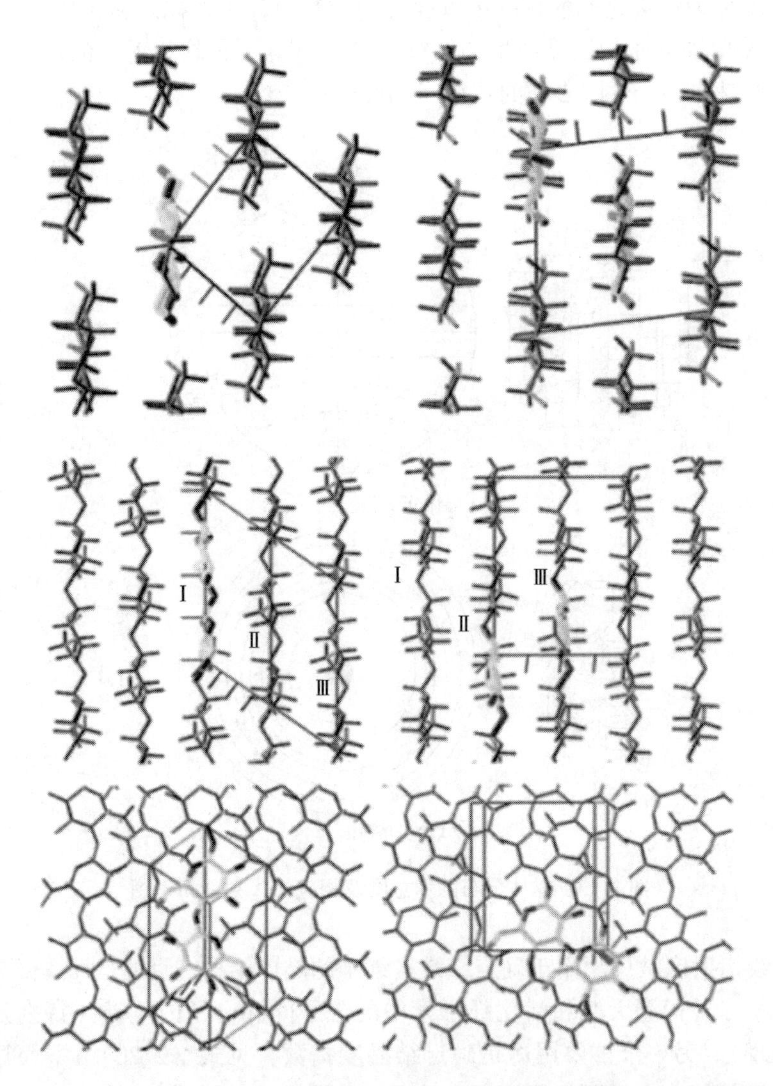

图 2.14 纤维素 I_{α}(左) 和 I_{β}(右) 沿链轴（上）向下，垂直于链轴和氢键片平面（中）并垂直于氢键片的晶体结构的投影

（每个结构的不对称单元以较粗的线条表示，碳以灰色表示；显示每个结构的单元[142]）

基于 X 射线衍射，已经提出了纤维素Ⅱ的两种模型（A）和（B′）用于在一

个 $P2_1$ 空间中，两种模型都有两条反平行链，晶胞参数：$a=0.801$nm（8.01Å），$b=0.904$nm（9.04Å），$c=1.036$nm（10.36Å），$\gamma=117.1°$。模型（A）两条链具有相同的骨架构象，但原始链的羟甲基（*gt*）和中心链的羟甲基（*tg*）具有不同的构象。在模型（B′）中，两条链的构象不同，但羟甲基的构象几乎相等[143-144]。由于纤维素Ⅱ的AGU的C6在64ppm处显示单个^{13}C-NMR峰，因此两种类型构象的存在一直受到挑战[145-146]。此外，对晶体结构几乎与纤维素Ⅱ（β-纤维四糖半水合物和甲基β-纤维三糖苷一水合物）相同的纤维素糊精的晶体结构的研究表明，所有羟甲基都处于相同的（*gt*）构象中[147-148]。纤维素Ⅱ的晶体结构已经通过中子衍射进行了测试，利用了可以通过氘交换AGU的氢（用NaOD/D_2O处理）而不会损失任何完美结晶的事实。H/D交换与OH（0.206×10^{-12}cm）进行比较。由于OD基团的散射较大（1.245×10^{-12}cm），因此获得了较好的结果。结果表明，纤维素Ⅱ中存在氢键的三维网络结构。链的构象类似于在β-D-纤维四糖的晶体结构，即它们不符合模型（A）而倾向于模型（B′），如图2.15所示[149]。

利用X射线衍射、13C CP/MAS核磁共振波谱法、扫描电镜和红外光谱分析了纤维素$Ⅲ_Ⅰ$的晶体结构。超临界条件下用氨处理（140℃，氨的临界温度为132.5℃）从Cladophora中提取的纤维素，获得了改进的晶体学性能（由于其高结晶度）的样品。结果表明，纤维素$Ⅲ_Ⅰ$的结构可以用单链晶胞和$P2_1$空间来完整描述，纤维素链轴位于单链单元的2_1螺旋轴之一上。后者的参数为：$a=4.48$Å，$b=7.85$Å，c（链轴）=10.31Å，$\gamma=105.1°$。C6原子在62.3ppm处显示出单个NMR峰，表明羟甲基处于（*gt*）构象。纤维素$Ⅲ_Ⅰ$的单链可能与纤维素Ⅱ晶体中存在的两条链之一有相似构象[150]。

纤维素衍生物多晶型的一个例子是CTA。它以三种晶型形式存在，产生不同的Debye-Scherrer图或纤维形态。通过天然纤维素Ⅰ的非均相乙酰化获得分子链平行结构堆砌的CTA-Ⅰ。再生或丝光化纤维素乙酰化获得反平行结构堆砌的CTA-Ⅱ。几种方法可以将CTA-Ⅰ转化为CTA-Ⅱ，如过热蒸汽处理[151]或在高温下退火第三种晶型CTA-N（通过将CTA-Ⅰ置于硝基甲烷饱和气氛中获得）[152]。图2.16和图2.17分别是CTA-Ⅰ的平行结构，CTA-Ⅱ和CTA-N的反平行结构。

X射线衍射的另一个广泛应用是计算纤维素的I_c和微晶尺寸，如确定对不同活化方法的响应。这些研究的动力是实用的，因为低I_c纤维素样品的AGU更可及，因此预计更易于溶胀、与试剂反应更快。因此，受控条件下，棉花和桉树纤维的丝光化导致*DP*降低约2.7%，I_c约降低5%，可能伴随着纤维素Ⅰ向纤维素Ⅱ的转变和微晶尺寸的变化。这导致棉花纤维溶胀率系数从2.4增加到11.8，桉树纤维素的溶胀率系数从1.7增加到6.3[154]。3.1.2~3.1.4节讨论I_c与溶剂吸收、反应性的关系。表2.3列出了一些关于X射线衍射来测得不同处理方式导致纤维素的I_c、微晶尺寸变化的数据。

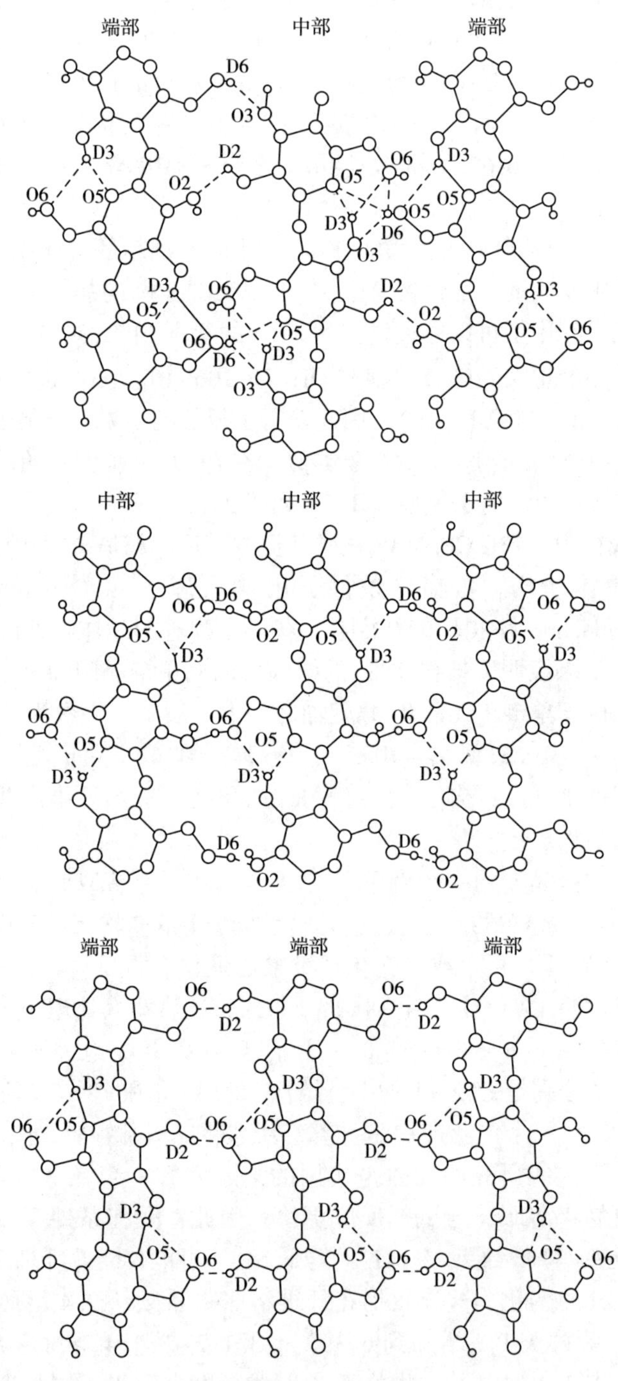

图 2.15　氘化纤维素Ⅱ中氢键（虚线）示意图[149]

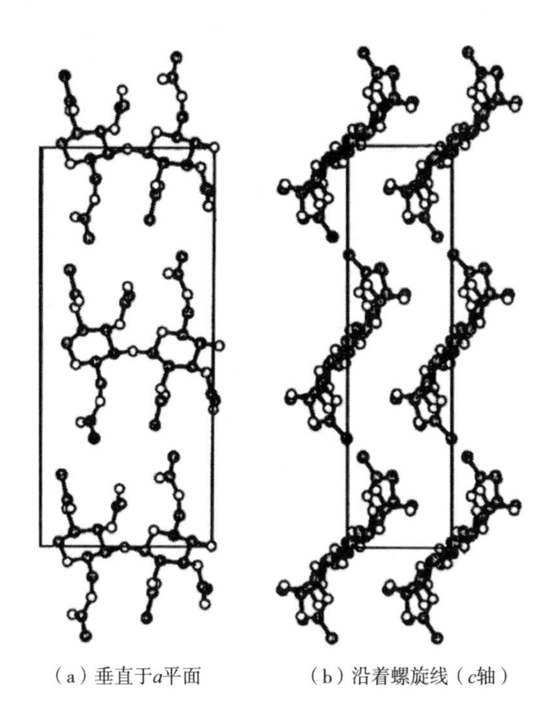

（a）垂直于a平面　　　（b）沿着螺旋线（c轴）

图 2.16　CTA-Ⅰ结构在两个投影中的表示
（为简单起见，未显示氢原子[153]）

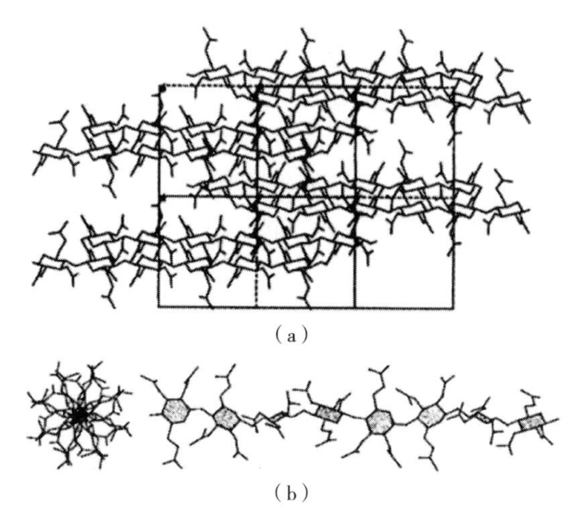

（a）

（b）

图 2.17　CTA-Ⅱ在 b 和 c 平面的结构（a）和 CTA-N 沿链轴以及沿同一轴的结构（b）[153]

表 2.3　X 射线衍射测定未经处理和处理后纤维素的结晶度 I_c（X 射线）和微晶尺寸

<table>
<tr><th>序号</th><th>纤维素</th><th colspan="2">处理方法；处理对 I_c 的影响</th><th>微晶尺寸/Å</th><th>参考文献</th></tr>
<tr><td rowspan="11">1</td><td colspan="3">0.2mol/L HCl，100℃；固液比 1∶50</td><td rowspan="11"></td><td rowspan="11">[155]</td></tr>
<tr><td rowspan="5">棉</td><td>未处理</td><td>0.842</td></tr>
<tr><td>0.5h</td><td>0.880</td></tr>
<tr><td>2h</td><td>0.927</td></tr>
<tr><td>10h</td><td>0.963</td></tr>
<tr><td>20h</td><td>0.97</td></tr>
<tr><td rowspan="5">黏胶</td><td>未处理</td><td>0.392</td></tr>
<tr><td>0.5h</td><td>0.582</td></tr>
<tr><td>2.5h</td><td>0.679</td></tr>
<tr><td>12h</td><td>0.791</td></tr>
<tr><td>20h</td><td>0.813</td></tr>
<tr><td rowspan="6">2</td><td colspan="3">18%（质量分数）NaOH，室温，丝光处理 1h</td><td>⊥020</td><td rowspan="6">[156]</td></tr>
<tr><td>Valonia</td><td colspan="2">0.95→0.66</td><td>154→36</td></tr>
<tr><td>蓖麻</td><td colspan="2">0.83→0.65</td><td>58→40</td></tr>
<tr><td>克拉夫</td><td colspan="2">0.67→0.66</td><td>40→37</td></tr>
<tr><td>芹菜</td><td colspan="2">0.41→0.50</td><td>30→34</td></tr>
<tr><td>瑞士甜菜</td><td colspan="2">0.43→0.60</td><td>29→44</td></tr>
<tr><td rowspan="9">3</td><td rowspan="9">麦秆</td><td colspan="2">原始；0.79</td><td>31</td><td rowspan="9">[157]</td></tr>
<tr><td colspan="2">105℃，干燥 24h，0.71</td><td>29</td></tr>
<tr><td colspan="2">球磨 2h，0.72</td><td>30</td></tr>
<tr><td colspan="2">球磨 6h，0.57</td><td>16</td></tr>
<tr><td colspan="2">球磨 14h，0.33</td><td>16</td></tr>
<tr><td colspan="2">球磨 24h，0</td><td>—</td></tr>
<tr><td colspan="2">72%（质量分数）H_2SO_4，30℃</td><td></td></tr>
<tr><td colspan="2">2 min，0℃</td><td></td></tr>
<tr><td colspan="2">5min，0℃</td><td></td></tr>
<tr><td>4</td><td>棉</td><td colspan="2">丝光；20%（质量分数）NaOH，0℃，1h，不同溶剂的洗涤，水洗涤；水洗，然后用吡啶洗涤；乙醇洗涤，然后吡啶洗涤；分别为 0.94、0.85、0.86</td><td></td><td>[134]</td></tr>
</table>

续表

序号	纤维素	处理方法；处理对 I_c 的影响		微晶尺寸/Å	参考文献
5		2.5mol/L HCl，105℃，处理 15min		⊥101	[158]
	黏胶	0.54→0.64		40→68	
	蔗渣	0.65→0.72		40→49	
	棉	0.80→0.84		57→55	
	苎麻	0.83→0.86		49→49	
6	棉	丙酮水溶液；无酸催化；150℃；处理 2h		⊥002	[159]
		原始	0.744	40.2	
		50%（体积分数）丙酮	0.744	37.8	
		60%（体积分数）丙酮	0.743	37.4	
		70%（体积分数）丙酮	0.746	37.6	
		80%（体积分数）丙酮	0.747	37.2	
		90%（体积分数）丙酮	0.754	37.2	
		HCl 加入 90%（体积分数）丙酮水溶液；150℃；处理 2h			
		0.16mol/L 酸	0.745	36.2	
		0.8mol/L 酸	0.718	34.4	
		F_3CCO_2H 加入 90%（体积分数）丙酮水溶液；150℃；处理 2h			
		0.75mol/L 酸	0.749	39.6	
		1.50mol/L 酸	0.752	36.3	
		3.00mol/L 酸	0.715	35.0	
		1.5mol/L F_3CCO_2H 加入 90%（体积分数）丙酮水溶液；处理 2h			
		T=130℃	0.745	37.1	
		T=150℃	0.750	36.7	
		T=180℃		36.3	
7	细菌纤维素Ⅰ/Ⅱ	纤维素酶水解；I_c（X 射线）=976.791−32.076［消化,%（质量分数）］+0.266［消化,%（质量分数）］2；r^2=0.9962；n=4			[160]
8	竹纤维素	NaOH 丝光，20℃，20min。1%～10% NaOH（质量分数）时，I_c 变化微小；10%～16%（质量分数）急剧降低；16%～24% NaOH（质量分数）微小变化，0.75			[161]

续表

序号	纤维素	处理方法；处理对 I_c 的影响	微晶尺寸/Å	参考文献
9	棉	经受 7T 磁场的样品；I_c 随着在磁场中放置时间延长（90~180min）而增加		[162]
10	MCC；棉，9 种商品纤维素	12 个纤维素样品，X 射线衍射 I_c 与 CP/MAS ^{13}C-NMR 的 I_c 之间有良好一致性		[163]

明显，X 射线衍射可能是对阐明纤维素结构以及不同处理方式导致纤维素变化贡献最大的技术[164-170]。除 X 射线衍射外，水吸附、碘吸附、NMR、IR 和拉曼光谱也用来确定纤维素 I_c 的值。不同技术获得的数据在量上是一致的，在许多情况下是线性相关的。

2.3.2 红外光谱与拉曼光谱

2.3.2.1 理论背景

红外和拉曼光谱的理论在任何科学课程中都有讲授，因此本书中不做过多讨论。涉及的具体细节，读者可参考专业教科书[171-172]。红外线是指可见光和微波区域之间的电磁频谱。分子的总能量是其电子（UV-Vis）、振动和旋转能量（IR 和拉曼）的组合。如果这种吸收导致其偶极矩的变化，则由于分子吸收红外辐射。辐射与物质的相互作用也会导致散射。在非弹性或拉曼散射中，散射辐射（通常是激光）的频率与入射辐射的频率不同。拉曼散射涉及分子极化率的变化。红外和拉曼光谱的优势在于结构测定，它基于每个键或官能团具有一种或多种与特征振动频率相关的拉伸和变形模式。这些基团频率取决于化合物的分子结构、物理状态（固体或液体）以及物质—溶剂相互作用。因此，从芳香羰基或酰基中区分脂肪族是相对容易的。如下文所述，这两种技术的应用远远超出了官能团的测定。

2.3.2.2 实际应用

红外和拉曼光谱被用于获取纤维素结构以及官能团的存在、引入或转化（定性和定量）的信息。确定样本物理状态之后，将按照相同的处理方法对样品进行处理。固体纤维素及其衍生物通常分析纯品；在溶液或固/固混合物中，主要是利用溴化钾压片或用溴化钾样品池进行分析。纤维素溶解难度很大，导致溶液技术仅限于分析可溶纤维素衍生物[173-176]。因为 ILs 容易溶解不同 *DP* 的纤维素，这种情况将会得到改变[177]。大多数纤维素及其衍生物的测试都是用固体样品进行的，无论是纯样品[178-179]还是卤化钾中的（固体/固体）混合物[180-188]。用聚合物颗粒的主要问题是红外光被聚合物材料散射，可能导致光谱基线倾斜，从而使定量分析复杂化。将该物质加 KBr 研磨成细粉，过 250 目筛，产生的光谱没有过度散射。然而，研磨可能改变 I_c，而 I_c 是 IR 中能获得的重要特性[180]。衰减全反射率

(ATR) 和漫反射红外傅里叶变换光谱 (DRIFTS) 不需要精细研磨样品 (物质加卤化钾), 问题可以通过反射技术来最小化或避免[189]。ATR 是在高折射率材料 (ZnSe、Ge、溴化铊—碘化铊) 的两种晶体之间测试样品。样品和晶体折射率的差异导致入射红外光束在离开红外探测器之前在样品表面上反射数次, 如图 2.18 (a) 所示。

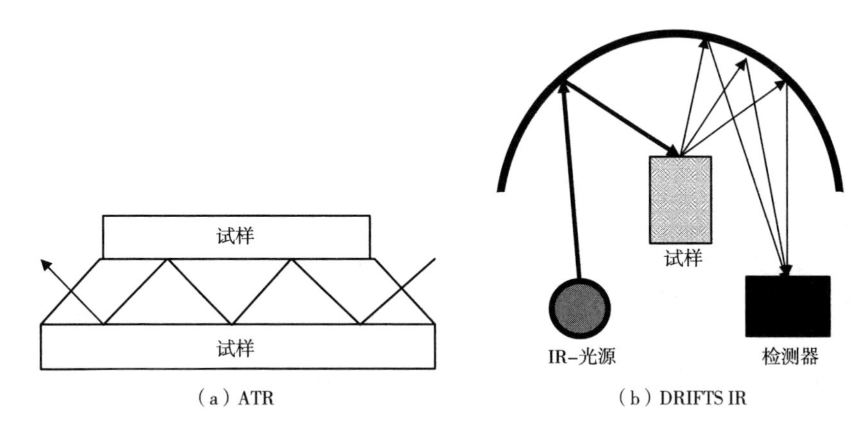

(a) ATR　　(b) DRIFTS IR

图 2.18　ATR 和 DRIFTS IR 示意图

DRIFTS 技术, 可以将非吸收性固体基质中样品的散射辐射与无机卤化物背景光谱的散射辐射进行比较, 如图 2.18 (b) 所示。再将反射光谱转换为吸光度。为了定量处理光谱, Kubelka-Munk 理论以类似于透射光谱的方式应用[190]。该技术已用于纤维素[178,191-192] 及其衍生物[193-198] 的研究。尽管透射率法在研究少量官能团或水时更有用, 但反射技术因简单而具有吸引力。

将观察到的频率归属于适当形式的振动, 并用于分子结构测定和/或定量分析。表 2.4 列出了纤维素及其衍生物的主要红外吸收频率及归属。更多数据见参考文献: 酰基[199]、氰基、亚氨基、氯脱氧[200]、羧甲基[201]、磷酸盐[202]、炔丙基[203] 和磺酸盐[178]。

表 2.4　纤维素及其衍生物主要红外吸收频率及归属[181]

波数/cm^{-1}	归属
3450~3570	OH 的伸缩振动, OH 基团之间的分子内氢键
3200~3400	OH 的伸缩振动, OH 基团之间的分子间氢键
2933~2981	CH_2 反对称伸缩
2850~2904	CH_2 对称伸缩

续表

波数/cm^{-1}	归属
2247	CN
1725~1730	乙酰基或 COOH 的 C═O 伸缩振动
1635	吸附水
1591	CMC 的 COO^-
1455~1470	甲苯磺酸酯、甲磺酸酯上 CH_2 的对称环伸缩，OH 平面内变形
1416~1430	CH_2 剪式振动
1374~1375	CH 变形
1335~1336	OH 面内变形
1315~1317	CH_2 的末端振动
1370，1176~1162	O—SO_2—R（甲苯磺酸酯、甲磺酸酯）
1277~1282	CH 变形
1225~1235	OH 面内形变，包括 COOH 中的 OH 基团
1200~1205	OH 面内变形
1125~1162	C—O—C 反对称伸缩
1107~1110	环的反对称伸缩
1015~1060	C—O 伸缩
985~996	C—O 伸缩
925~930	吡喃环伸缩
892~895	异头 C 基团伸缩，Cl—H 变形；环伸缩
826~800	C—O—S（甲苯磺酸酯、甲磺酸酯）
800	吡喃环伸缩

用由纤维素转化为衍生物的例子来说明红外光谱的应用。图 2.19 是纤维素阳离子醚的反应示意图和分子结构。图 2.20 是纤维素的峰和由于产物形成而产生的附加峰。已经发表了其他例子，如 CMC 转化为三官能氨基酰胺衍生物[205] 和纤维素转化为其三甲基硅基衍生物[206]。

红外光谱和拉曼光谱已用于研究纤维素中的氢键。对纤维素Ⅰ，分子内氢键 2-OH…O-6、3-OH…O-5 及分子间氢键 6-OH…O-3′分别对应波数 3455~

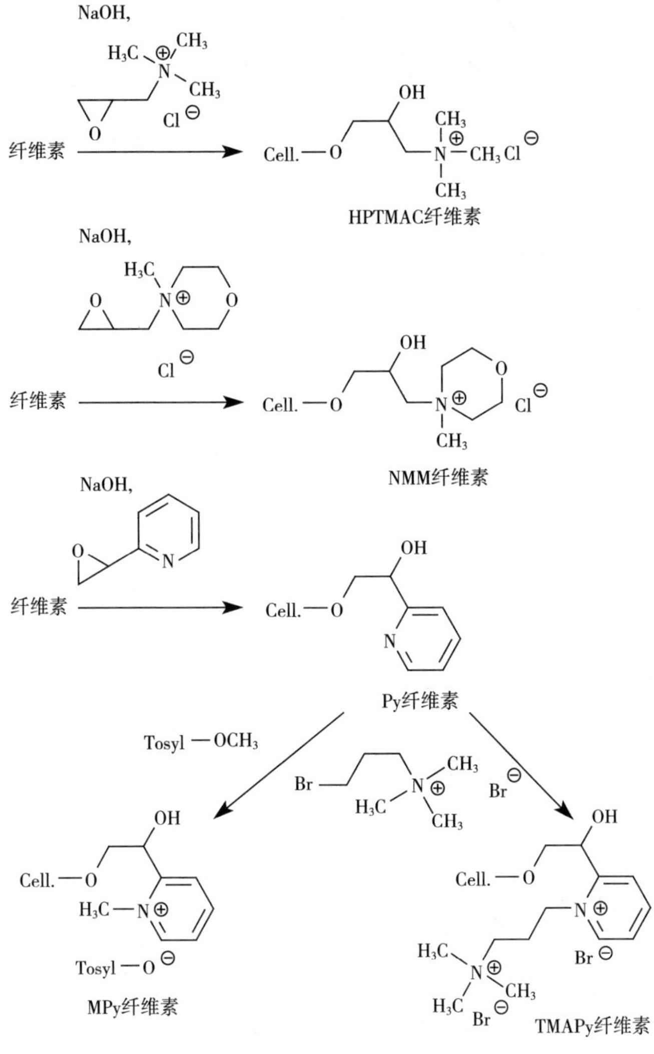

图 2.19　纤维素阳离子醚合成反应[204]

3410cm^{-1}，3375~3340cm^{-1} 和 3310~3230cm^{-1}，以及形成氢键的 OH 基团的共价振动对应波数 3570~3450cm^{-1}[207-208]。频率归属与结构相似的β-环糊精的 OH 基团归属类似[209]。因此，宽的 OH 吸收带可以分解成单个基团贡献的单独峰，如图 2.21 中的纤维素Ⅰ和纤维素Ⅱ。

只要避免或最小化研磨对纤维素晶体结构的影响，IR 是测定 I_c 的一种有力的实验技术，大多数实验室都具备红外光谱仪。成本低、功能强大且对用户友好的软件可用于所需的曲线去耦。与 X 射线衍射（2.3.1）一样，红外光谱法测定 I_c 需

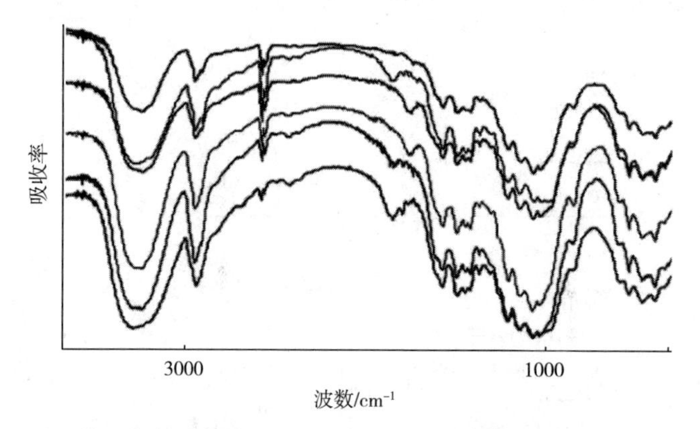

图 2.20 起始纤维素（棉短绒）和阳离子醚产物的红外光谱
（由上至下依次为：纤维素、吡啶纤维素、HPTMAC 纤维素、
NMM 纤维素、MPy 纤维素、TZMAPy 纤维素；物质结构如图 2.19 所示[204]）

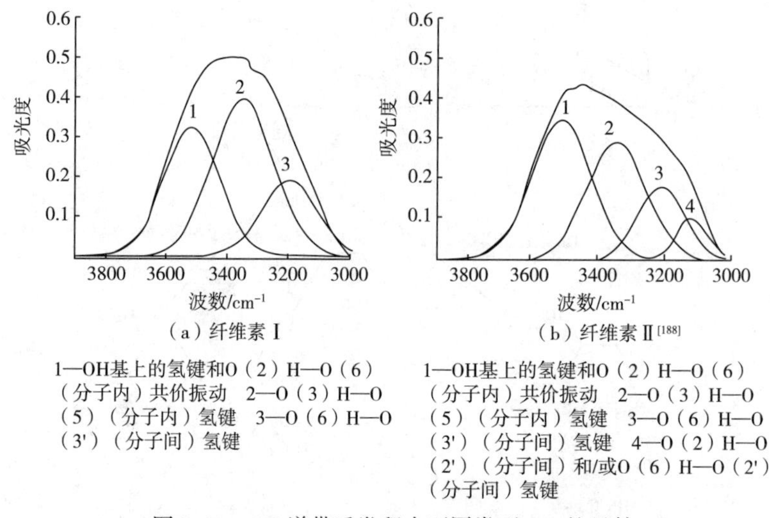

图 2.21 OH 谱带反卷积中不同类型 OH 的贡献

要将信号对或其面积的吸光度归因于纤维素的无定形和结晶域。表 2.5 列出了一些结果以及相关注释。已经使用了几对 IR 峰来测定 I_c。I_c（IR）和 I_c（X 射线）之间的相关性非常好。因为不同的振动模式与不同的摩尔吸收率相关，每对红外频率的斜率不同。

纤维素衍生物总 *DS* 的测定以及取代基在 AGU 位置 2、3 和 6 之间的分布与性质有关，与衍生物的应用包括溶解度、对气体和液体的渗透性[215]、水蒸气吸附[216] 以及与血液的相容性[74] 等密切相关。这可以很容易地从图 2.22 中理解，该图显示了苄基纤维素的血液相容性。醋酸纤维素的水溶性与乙酸盐含量的关系是另一个例子（表 2.6）。*DS* 决定了样品不溶、部分可溶或完全水溶。

表2.5　已公布的红外光谱测定 I_c 的数据，I_c（IR）以及与 I_c（X射线）的比较

序号	纤维素	频率/cm^{-1} [a]	结果/说明 [b]	参考文献
1	桦木、棉花、云杉	1435/894	I_c（IR）与纤维素Ⅱ含量（%，质量分数）的关系；$n=9$ I_c（IR）= 2.608%纤维素Ⅱ（桦树）−0.019；$r=0.971$ I_c（IR）= 5.029%纤维素Ⅱ（棉）−0.044；$r=0.989$ I_c（IR）= 3.002%纤维素（云杉）−0.022；$r=0.995$	[210]
2	棉、人造丝	1372/2900	I_c（IR）与 I_c（X射线）的线性相关性以及水分吸附的可及性	[211]
3	棉、滤纸、MCC	1108/1091；1430/1403；1459/1403	I_c（X射线）和三个频率比值表示的 I_c（IR）线性相关；I_c（IR）与 T_{Decomp} 线性相关	[191]
4	棉、甘蔗渣、人造丝	1435/900	I_c（X射线）= 0.400I_c（IR）−0.198，$r=0.997$，$n=4$	[212]
5	棉、松木	1370/670	I_c（IR）与丝光用NaOH浓度（5%~50%，质量分数）有复杂的相关性（先降低后增加）	[184]
6	棉、HCl水解棉	1429/893	12个样品（3［HCl］×3T），I_c（IR）和 I_c（X射线）以类似的变化方式，I_c 与反应条件是非线性的	[213]
7	MCC、纤维素粉末	1280/1200	I_c（X射线）= 1.06I_c（IR）+ 0.19，$0.26<I_c$（X射线）<0.75，$n=7$	[192]
8	棉、MCC、甘蔗渣松树、纤维素粉末	1432/896；1459/1403；1108/1091	I_c（X射线）= 0.333I_c（IR）−0.03，$r=0.996$，$n=22$	[185]
9	人造丝级	1430/894；1278，1282/1263；1372/894	不同的 I_c（IR）和 I_c（X射线）线性相关	[188]
10	竹纤维	1430/898	I_c（X射线）= 0.322I_c（IR）+0.247，$r=0.992$，$n=3$	[214]

a. 吸收峰对应的频率，或者用于计算 I_c（IR）的面积比。

b. 符号 r、n 和 T 分别表示线性回归的相关系数，研究的纤维素样品数和温度。

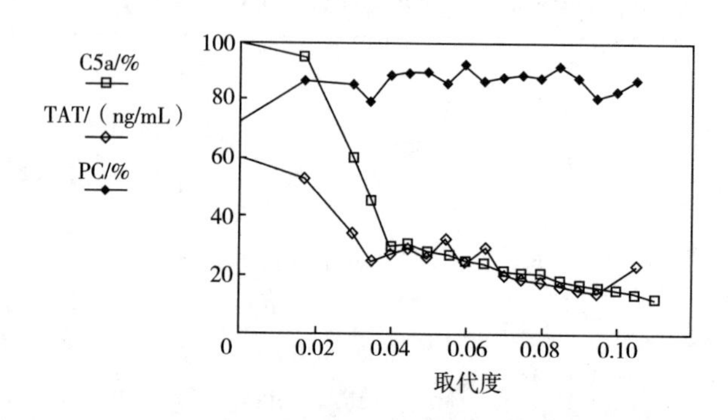

图 2.22　苄基纤维素的血液相容性对 *DS* 的依赖性[73]

表 2.6　醋酸纤维素的水溶性对 *DS* 的依赖性[217]

方法[a]	总取代度[b]	不同位置的取代度[b]			水溶性分数/%（质量分数）
		2	3	6	
①	0.49	0.16	0.13	0.20	29
①	0.66	0.23	0.20	0.23	99
①	0.90	0.31	0.29	0.30	93
②	0.73	0.18	0.19	0.36	30
③	1.10	0.33	0.25	0.52	5

a. 测试方法：①三乙酸纤维素与乙酸水溶液的脱乙酰化；②三乙酸纤维素与肼的反应；③纤维素与乙酸酐在 DMAc/LiCl 中的乙酰化。

b. 通过^{13}C-NMR 波谱测定。

原则上，通过检测 OH（剩余羟基）和引入的官能团，可获得 *DS*<3 纤维素衍生物的互补结构信息。这种分析已经测试了不同溶剂［CH_2Cl_2，CH_2Cl_2 加入 9%（体积分数）乙醇，$CHCl_3$，CH_3NO_2］中的 CA，乙酰马来酸纤维素和对苯二甲酸乙酰邻苯二甲酸酯样品。如图 2.23 所示，通过曲线去卷积，将 3700～3300cm^{-1} 划分为 AGU 伯羟基（游离 3600cm^{-1}、氢键 3580cm^{-1}）和两个仲羟基（3520cm^{-1} 和 3460cm^{-1}）的贡献[173,176]。

同样，1770～1730cm^{-1} 区域（CH_2Cl_2 中的 CA）的峰可归于 C2 和 C3 处羟基生成乙酰基产生 1752cm^{-1} 处的吸收峰和 C6 羟基产生的乙酰基在 1740cm^{-1} 处吸收峰的综合贡献（图 2.24）[176]。图 2.24 特别有意义，因为基于红外光谱比^{13}C-NMR 波谱更简单、更快速地测定 AGU 中羟基的区域选择性。原因是^{13}C-NMR 峰的积分，通过使用反向门控去耦程序[220]，非常耗时[221]。但要注意的是，IR 方法不区分 C2 和 C3 位置的取代，在某些情况下可能不容易被接受。

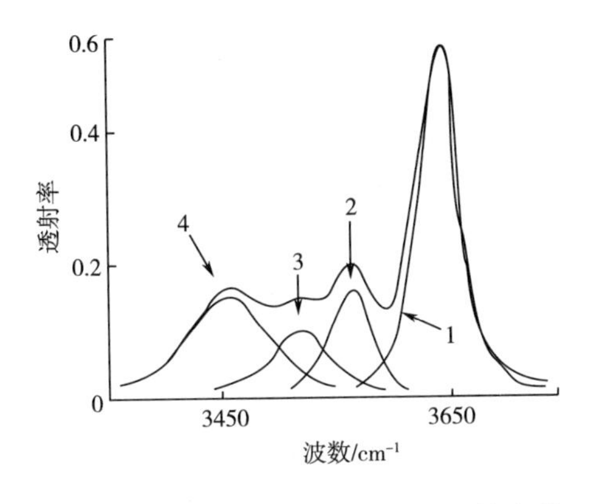

图 2.23　醋酸纤维素 OH 区域的红外光谱
（0.15%~3.0%二氯甲烷溶液，用 KBr 样品池测量）
1—伯羟基　2—伯羟基氢键　3，4—仲羟基氢键[218]

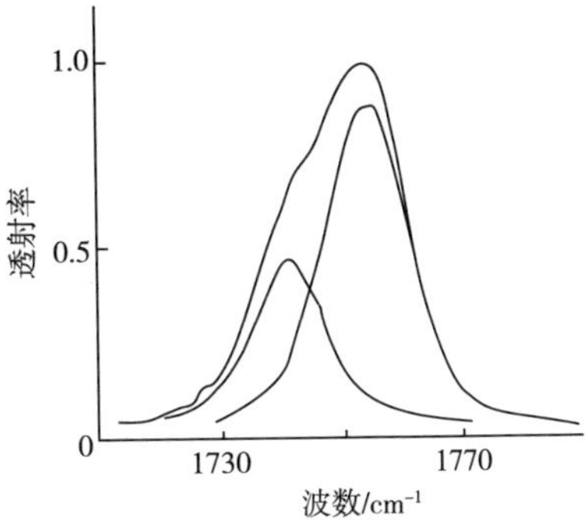

图 2.24　乙酰基振动峰通过去卷积技术分解为 AGU 的 C2、C3 和 C6 位置取代[219]

红外和拉曼光谱是确定纤维素衍生物的总 *DS* 和含纤维素混合物的组合物的方法。该技术基于比尔定律。然而，合成纤维素衍生物样品的 *DS* 范围是主要问题。

将纤维素衍生物与最高 *DS* 混合以获得“等效”中间体 *DS*，如将 $DS\approx3$ 的醋酸纤维素与纤维素混合[177,198]。*DS* 测定的示例列于表 2.7。KBr 压片/吸光度以及 ATR 和 DRIFTS 技术都已成功采用。

表 2.7　用红外和拉曼光谱测定不同纤维素衍生物的 *DS* 或含纤维素混合物的组成示例

序号	衍生物	官能团	ν/cm^{-1}	测试技术[a]	结果/评价[b]	参考文献
1	氰乙基化纤维素	CN	2247	Abs，KBr	吸收光谱与氮含量线性相关	[180]
2	纤维素—聚酯混合物	—C═O	1725	Abs，KBr	$Abs_{C=O}=0.1048+0.0061\%$（质量分数，聚酯）；$r=0.9843$；$n=6$ $(Abs_{C=O}\times\Delta\nu_{0.5})=0.6267+0.263\%$（质量分数，聚酯）；$r=0.9986$；$n=6$	[222]
3	棉—毛混合物	$\nu_{(o)C—N}$，酰胺 Ⅱ 谱带，1520（毛），—C—O	1160（棉）	Abs，KBr	组合使用两种组分的峰可获得可靠的成分±3%（质量分数）	[223]

续表

序号	衍生物	官能团	ν/cm^{-1}	测试技术[a]	结果/评价[b]	参考文献
4	乙酰基	—C=O	1760	Abs，KBr	吸收光谱和乙酰基含量呈线性相关	[180]
5	对甲苯磺酸酯	芳香族C=C，1600，C—O—S	810	Abs，KBr	两个峰与硫含量呈线性相关	[180]
6	几种聚羧酸酯	C=O	1780~1864	DRIFTS	相关性 $Abs_{C=O}$ 和酯的固化温度	[193]
7	苄基纤维素、甲苯磺酸纤维素	芳香族C=C	1605	紫外—可见光谱仪（UV—Vis）、近红外光谱仪（NIR）、拉曼光谱仪（Raman）	醚，NIR线性相关与 *DS*（UV—Vis）；对苯甲磺酸酯，峰面积与 *DS* 的三次方相关	[73]
8	CA	—C=O	1740	红外衰减全反射（ATR）	IL-DMSO溶剂，*DS* 和峰面积几乎线性相关	[177]
9	CA	C=O	1860~1691	Abs，KBr、漫反射傅里叶变换红外光谱（DRIFTS）	有/无内标（1,4-二氰基苯，DCB）；*DS* 和 $\nu_{C=O}$ 峰面积线性相关或者与 $\nu_{C=O}/\nu_{C\equiv N}$ 面积比例线性相关	[198]

a. 除第7项外，其余均采用IR。Abs，KBr表示样品用KBr压片法进行红外吸收测量；DRIFTS和ATR表示反射率测量，见文中解释。第7项中苄基纤维素测试技术是UV—Vis（258nm），NIR（1050~1100nm和1600~1800nm）；对甲苯磺酸纤维素，采用Raman方法（1560~1640cm^{-1}）。

b.（r）（n）和 $\Delta\nu_{0.5}$ 分别表示线性回归的相关系数，使用的纤维素样品的数量以及半高峰宽（cm^{-1}）。

如表2.7所示，通过红外和拉曼光谱以及其他方法确定的几种纤维素衍生物的 *DS* 之间存在良好的相关性。淀粉衍生物也观察到了类似的结果[195]。这一有利结果是由于峰面积计算相对容易，因为大多数感兴趣的官能团（例如酰基、氰基和磺酰基）具有强的对称吸收带，可以很容易地作为纯洛伦兹峰或具有高斯成分的洛伦兹峰来处理。

最后，对棉花、人造丝、细菌纤维素、苎麻、亚麻和剑麻纤维素的红外吸收（4000~450cm^{-1}）进行了完整的分析[181,183]。氰乙基化纤维素的 I_c 值（1430/900cm^{-1} 和1370/2900cm^{-1}）与 *DS* 关系比较复杂[186]。采用DRIFT和CP/MAS ^{13}C-NMR检测了几种纤维素酯（十一酸酯、硬脂酸酯、十一碳烯酸酯、油酸酯）的C=O基团的峰面积。$\nu_{C=O}$ 的值实际上与酰基结构1743~1751cm^{-1} 无关；重量分析法确定的C=O的峰面积（NMR，173.5~180.8ppm）与 *DS* 相关[196]。值得一提的是，溶剂变色探针已成功测定醋酸纤维素、丁酸盐、己酸酯和CMC的*DS*。在该技术中，溶剂变色染料的k_{max}值与*DS*呈线性相关[198,224]。

2.3.3　核磁共振波谱

核磁共振（NMR）是测定分子结构和研究化合物超分子行为最有力的方法之一。它基于磁场中的原子核吸收电磁辐射的物理现象。该能量处于特定的共振频率，这取决于磁场的强度和所研究的原子核的磁性。所有含有奇数个质子和/或中子的同位素都具有固有的磁矩和角动量，可以用这种技术进行研究。对于纤维素及其衍生物，合适的原子核是：^{1}H、^{13}C、^{11}B、^{15}N、^{19}F、^{31}P或$^{35/37}Cl$。核磁共振的原理通常包括两个连续步骤：

磁性核在施加的外部磁场H_0中极化。

通过采用电磁，通常是射频（RF）脉冲扰动这种核自旋排列所需的扰动频率取决于H_0和被观察的原子核。

这两个场通常被选择为彼此垂直。由核自旋的总磁化强度（M）产生的响应是核磁共振波谱中利用的现象。根据感兴趣原子的电子屏蔽，可以观察到共振信号的偏移。这些相对较小的位移在光谱中以百万分之一（ppm）为单位给出。四甲基硅烷已成为^{1}H和^{13}C-NMR测量的参考化合物，即在光谱中，其化学位移δ已指定为0。化学位移是所研究原子的化学环境的重要指标，因此是从NMR实验中获得的分子结构的基本信息。

可以获得的第二个信息是耦合常数和分裂模式。如果被测原子受到附近核自旋（或一组自旋）的扰动或影响，观察到的原子核会对这种影响做出反应，其反应表现在共振信号中。这种自旋耦合通过连接键传递，并在两个方向上起作用。因此，当扰动核变为观察到的原子核时，它也表现出具有相同耦合常数J的信号分裂。为了观察到自旋耦合，相互作用的核组必须结合在相对较近的位置（例如1H的邻近和双相邻位置）或以某些最佳和刚性配置定向。在纤维素及其衍生物的核磁共振的情况下，这些分裂模式非常复杂（见下文），很难确定。在^{13}C-NMR实验中，通常通过照射^{1}H（去耦）同时观察^{13}C信号来抑制^{13}C和^{1}H核之间的分裂。所有^{13}C信号都会以单线态出现，因为发现两个相邻^{13}C原子核的可能性很小；这大幅简化了频谱。有关NMR光谱的理论背景和原理的更多详细信息，请参阅参考文献[225-228]。

尽管对纤维素及其衍生物的核磁共振研究在大约40年前比较少，但当今它们适用于研究固态纤维素的结晶度或溶液中纤维素的行为，此外，核磁共振波谱法是测定纤维素衍生物分子结构的首选方法。这是由于配备了用于液态测量的强大磁体的核磁共振设备的发展、固态测量的使用以及二维技术的应用。不过多进行理论的阐述，下面将讨论纤维素化学中应用的NMR技术。

2.3.3.1 纤维素的固态核磁共振

纤维素分子通常以有序（结晶）、无序（无定形）区域不均匀地堆砌一起（见2.3.1节）。通过均匀三维基质中聚合物链结构取向而形成结晶区域。因此，结晶度的增加与刚性和拉伸强度的增加有关。非晶部分刚性较低、更容易变形。这意味着聚合物晶体比无定形区域更硬、更坚固，重复单元的链状结构是纤维素中长程和短程有序的基础。结晶和非晶聚合物的机械特性不同，了解纤维素结晶度并准确确定受链长和链间键合影响的程度非常重要。

如2.3.1节所述，两种相的X射线衍射图非常不同，因为非晶相不包含长程有序，意味着没有规则的晶体平面来衍射X射线。为获得纤维素超分子结构信息，还需要X射线散射以外的技术，特别是固体核磁共振波谱已被广泛使用。

图2.25是典型的固态质子解耦^{13}C-NMR谱图，包括来自木葡糖醋酸杆菌的细菌纤维素的共振分配，结晶度I_c约为66%（X射线测量结果，见2.3.1节）。纤维素的固体核磁共振测量通常在交叉极化/魔角旋转（CP/MAS）^{13}C｛^{1}H｝NMR中进行测试。光谱显示纤维素Ⅰ的典型谱线分裂。可以检测到无水葡萄糖单元C-1到C-6的每个碳原子的信号：104～106ppm（C-1），70～78ppm（C-2,3,5）。由于碳的电子环境不同，C-4的^{13}C-NMR信号在晶体部分（C-4_{cr}）88～92ppm的尖峰，无定形区域（C-4_a区域）在84ppm附近有一个更宽的峰。在C-6区域观察到类似的谱线分裂（C-6_{cr}：64～66ppm，C-6_a：60～64ppm），而C-1的信号没有分裂（结晶和非晶部分）。

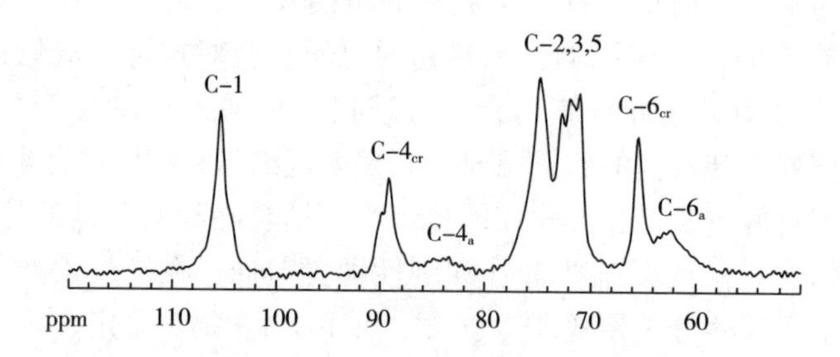

图2.25　木葡糖醋酸杆菌ATCC 53582细菌纤维素的CP/MAS ^{13}C｛^{1}H｝NMR谱图

cr—结晶　a—无定形

由于纤维素的结晶和非晶区域之间的差异，通过验证C-4信号在^{13}C-NMR波谱中的位置，区分固态和溶液的纤维素。键长和角的变化，特别是由NMR力场决定的O-C-4键从0.143nm（1.43Å）缩短到0.136nm（1.36Å），是纤维素解晶后C-4大幅减少约10ppm的原因。由于链内氢键决定了糖苷键的特殊几何形状，因此C-4共振在90ppm附近的特征化学位移仅在结晶纤维素晶型中可见[229-230]。

固体纤维素样品的核磁共振波谱有序度（SDO）可以从碳共振的评估中得出，

但碳共振与 X 射线研究获得的结晶度 I_c 不成比例[231]。需要强调的是，I_c 包括一个长程有序区域，而从 C4 信号的 NMR 波谱分析得出的结晶度对纤维素的短程顺序敏感[232]。与 X 射线得到的 I_c 值相比，图 2.26 所示细菌纤维素样品的 NMR 有序度更高（71%）。

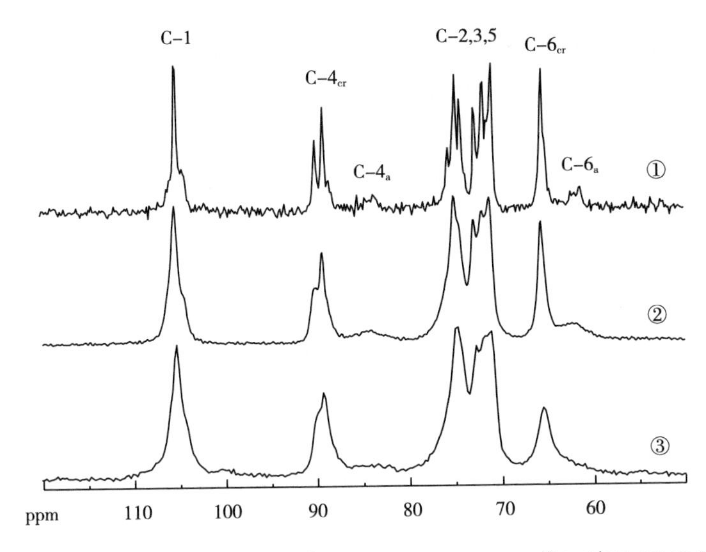

图 2.26　木糖醋杆菌的细菌纤维素 DSM 14666 CP/MAS ^{13}C {^{1}H} NMR 谱图

cr—结晶　a—无定形　①—未干燥　②—空气干燥　③—冻干[233]

然而，不同种类的纤维素（藻类、植物或动物纤维素）表现出不同晶体特性。表 2.8 不同纤维素样品的典型核磁共振有序度（SDO）和 I_α/I_β 比值。此外，对于细菌纤维素，结晶度降低与样品处理方法的关系可以很容易地说明。同一菌株木葡糖醋酸杆菌的不同干燥薄膜的结晶度数据（表 2.8）对应于图 2.26 中 CP/MAS ^{13}C {^{1}H} NMR 波谱。这些示例描述了聚合物链晶体排列种类。众所周知，湿态的纤维素薄膜，^{13}C-NMR 波谱的多组分谱线的清晰度和分辨率非常高。因此，结晶度和 NMR SDO 等结构参数受到样品含水量和干燥方法的强烈影响[233]。

表 2.8　不同纤维素样品的典型核磁共振有序度（SDO）和 I_α/I_β 比值[233-238]

纤维素		NMR 氘代水/%	I_α/I_β
粉末		24	
藻类（*Valonia*）		60	1.8 : 1
细菌纤维素（木霉菌属）	冷冻干燥	68	2.6 : 1
	空气干燥	72	2.7 : 1
	未干燥	80	2.9 : 1
被囊动物（*Halocynthhia*）		85	1 : 10

值得注意的是，纤维素Ⅰ的谱线分裂和谱线特征各不相同，共振谱线的数目远远大于构成纤维素链的 AGU 的碳的数目。化学位移和与这些特定碳相关的键所定义的二面角之间存在相关性[239]。例如，C6 共振的化学位移与二面角 Φ 的值之间存在相关性，二面角 Φ 定义了 C6 处 OH 基团相对于吡喃葡萄糖环中 C4—C5 键的方向。这种相关性对于解释固体 ^{13}C-NMR 谱中 C6 的共振分裂具有重要价值。此外，C1 和 C4 的 δ 与糖苷键中键之间的二面角相关[239]。

此外，C4 和 C1 信号的线形允许判别晶体次级修饰。用 CP/MAS ^{13}C {^{1}H} NMR 测定高度结晶的天然纤维素Ⅰ，证明了两种不同结晶相的存在，即同质异形体 I_α 和 I_β[140]。天然纤维素的 I_α/ I_β 比例因来源而异。纤维素 I_α 主要存在于藻类和细菌纤维素中，而 I_β 主要存在于高等植物和动物纤维素中[234-235,239-240]。

测试专门制备的异晶 I_α（纯化的克拉多普拉纤维素）和 I_β（纯化的海鞘，被囊动物纤维素）进行天然丰度双量子转移实验（INADEQUATE），成功实现了纤维二糖重复单元（组成纤维二糖的两个 AGU 产生不同的 NMR 信号）中所有 ^{13}C-NMR 信号的分配[241]。两种同质异形体在晶胞中含有两个磁性不同的 D-葡萄糖残基。^{13}C 均匀标记的细菌纤维素样品进行的射频驱动偶极再耦合（RFDR）实验显示了 D-葡萄糖残基的序列：I_α 中的 A1 和 A2，I_β 中的 B 和 B′。纤维素 I_α 的链由—A1—A2—重复单元组成，而纤维素 I_β 由两个独立的—B—B—和—B′—B′—链组成[242]。该解释完全支持同步加速器 X 射线、中子衍射实验研究纤维素 I_α 和 I_β 的晶体学结果[15,142]。

(1) 曲线形状分析

曲线形状分析可精确测定纤维素的 ^{13}C-NMR 谱图。它允许对所有 ^{13}C 化学位移进行分配，测定 I_α/ I_β 比例和结晶度值[235,243-245]。该分析基于将光谱特征去卷积为以特定共振的化学位移为中心的线函数的组合。应该注意的是，使用线函数，特别是洛伦兹和高斯函数，在理解纤维素等有机材料的 CP/MAS ^{13}C {^{1}H} NMR 波谱中的线宽方面没有确凿的理由。换言之，由此获得的值不应该从字面上理解[246]。然而，该方法在近似各种成分的数量和组成的相对含量时是有用的工具[245]。

图 2.27 显示了纤维素在 ^{13}C-NMR 波谱中 C-1 位置的谱线拟合，与晶体复合模型一致。分析的线形应再现所研究的共振峰的线形。因此，根据对 I_α/ I_β 复合晶体模式的分析，曲线可以分解成三个组成线[247]，而对于非晶区域，应该引入另外一个宽的洛伦兹线。线形分析的另一种可能性是同时使用高斯和洛伦兹线形分量——有八条线，每条线的宽度、幅度和中心频率都不同[237]，或者根据图 2.27 只使用高斯峰。在调整 C-1 共振时，考虑两个同质异形体 I_α 和 I_β 的结晶区域的三个小宽度的高斯峰，一个宽的高斯峰表征纤维素 C-1 位置的无定形部分。

对细菌纤维素必须考虑更多的拟合线组分，这是因为未干燥样品中的额外的

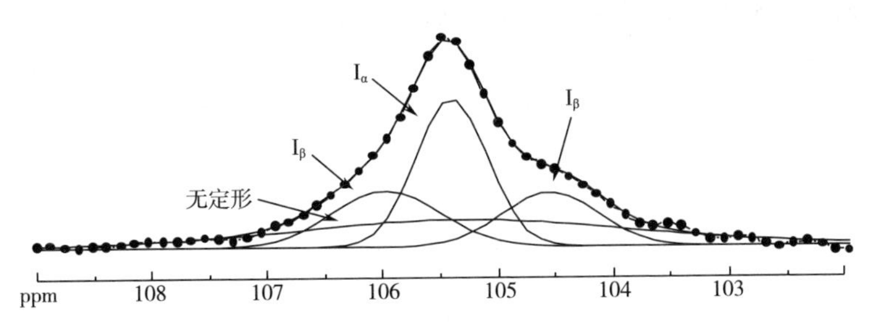

图 2.27　用高斯线分析天然纤维素 I 的 C-1 位置
（尤其是木糖醋酸杆菌细菌纤维素）

结构[248]，来源于非晶态纤维素链和晶体表面链与周围水的相互作用。有序和有序性较差区域的信号被很好地分离，在 BC 的 ^{13}C-NMR 谱中的 C-4 位置可以很好地观察到分裂成几个线性分量[238,249]。为了进行分析，如图 2.28 所示，纤维素 I_{α}、$I_{\alpha+\beta}$ 和 I_{β} 的信号的分配为三个洛伦兹峰、亚晶纤维素的信号的四个高斯峰和两个可及的原纤维表面与不可及的原纤维表面。包括高斯峰值的分析是经验性的，可认为是弥补纯洛伦兹模型缺点的临时扩展[250]。I_{α}/ I_{β} 比例的获得并非易事，特别是在植物纤维素较高、多重组分的光谱分辨率较差的情况下[251]。

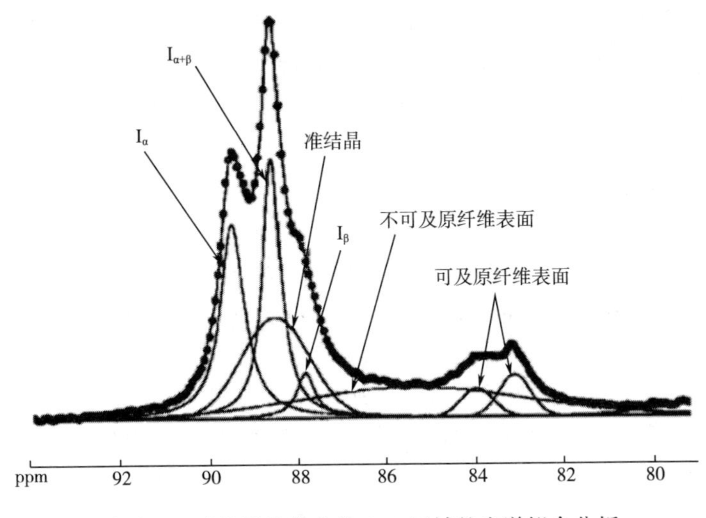

图 2.28　天然纤维素 I 的 C-4 区域的光谱拟合分析

（2）细菌纤维素的 ^{13}C 标记

同位素富集对于提高天然丰度低、回旋磁速率小［如 ^{13}C（约 1.1%）］的原子核的灵敏度非常有用。为了提高 ^{13}C 含量，样品同位素交换广泛用于核磁共振波谱学，来研究不同来源纤维素的结构[230,242,252-253]。

由于细菌纤维素的形成和结构可以通过改变培养基的成分和培养条件来控制，因此可使用适当的碳源标记细菌纤维素。如图 2.29 所示，^{13}C 标记对光谱分辨率的影响。结果表明，在相同实验条件下的^{13}C 标记（粗线）木葡糖醋杆菌菌株纤维素的^{13}C-NMR 波谱具有更好的信噪比。

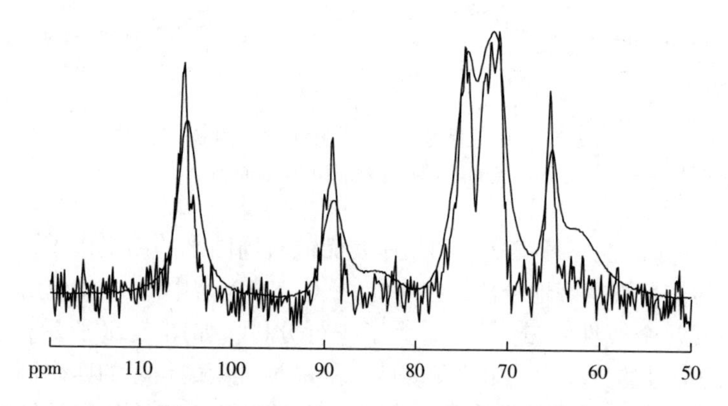

图 2.29　相同实验条件下记录的风干的木糖醋杆菌菌株 DSM 14666 细菌纤维素的 CP/MAS ^{13}C {^{1}H} NMR 波谱

粗线—^{13}C 标记的样品 BC　细线—自然丰度 BC 的^{13}C

与非富集材料的核磁共振波谱相比，由于具有较强的同核偶极碳—碳耦合，全^{13}C 标记的 CP/MAS ^{13}C {^{1}H} NMR 波谱的线形特征和分辨率相当有限。然而，同时考虑到文献中的数据，可以通过上述曲线形状分析确定不同木葡糖醋酸杆菌菌株的^{13}C 标记细菌纤维素的^{13}C 化学位移[241]。

未富集和^{13}C 标记的 BC 样品在其超分子排列中没有显示出显著的变化。然而，应提及的是，根据细胞类型，β-D 葡萄糖-^{13}C6（^{13}C，99%）可提高木糖醋杆菌的纤维素产量[254-255]。例如，ATCC 53582 细胞在^{13}C 同位素存在下产生更大量的平均较小纤维，这意味着β-D-葡萄糖-U-^{13}C6（^{13}C，99%）刺激细胞分裂。细菌纤维素膜的微晶尺寸平均为 5~12 nm，与样品的^{13}C 富集无关。细菌纤维素样品具有约 70%的结晶区域，并且 I_a : I_b 的纤维素修饰比例约为 2.6 : 1[255]。

总之，近年来固体核磁共振波谱领域的出版物数量不断增加，证明了核磁共振技术在纤维素构象分析中的重要性。对不同纤维素改性（Ⅰ、Ⅱ、Ⅳ、Ⅴ、Ⅶ和Ⅷ）以及纤维素衍生物的研究有助于深入了解构象变化期间纤维结构和氢键系统可逆性[241,245,252,256-259]。

2.3.3.2　液相核磁共振的应用

（1）纤维素

纤维素液体 NMR 波谱的主要局限在于纤维素不能溶解于普通适用于 NMR 测试的溶剂。因此，必须选用溶解纤维素的特殊溶剂，可以采用 DMAc/LiCl、DM-

SO/TBAF[260]，离子液体[261] 或者熔融盐[262] 溶解纤维素进行 NMR 波谱测试。图 2.30 是纤维素溶解于 DMSO/TBAF-d_6 的^{13}C 波谱。

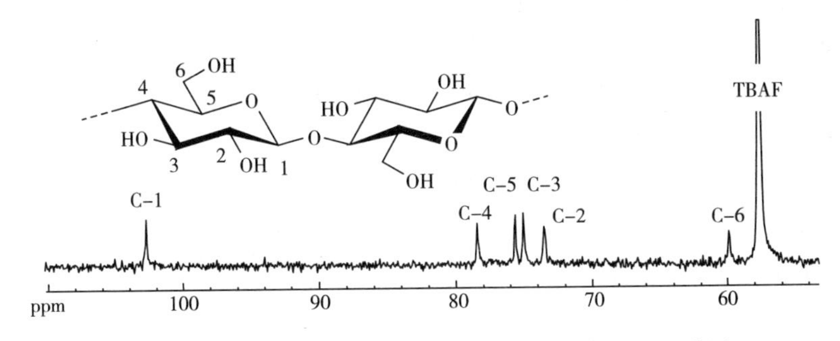

图 2.30　纤维素溶解于 DMSO/TBAF-d_6 的^{13}C-NMR 谱图

在这个分辨率良好的谱图中，纤维素骨架的每一个碳原子都有独立信号。表 2.9 所示，AGU 的碳原子信号一定程度上依赖于所用溶剂[263]。应提及的是，对于纤维素在非氘代溶剂中的溶液，如 BuMeImCl 中，^{13}C-NMR 光谱需要使用核磁共振同轴管进行，管内装有氘代液体，以作为光谱仪的氘“锁”。

表 2.9　纤维素^{13}C-NMR 谱化学位移取决于溶剂[263-264]

溶剂	化学位移/ppm					
	C-1	C-2	C-3	C-4	C-5	C-6
$NaOH/D_2O$[a]	104.5	74.7	76.3	79.8	76.2	61.5
Cadoxen	103.8	74.9	76.6	78.9	76.4	61.8
Triton B	104.7	74.9	76.7	80.1	76.4	61.8
DMAc/LiCl	103.9	74.9	76.6	79.8	76.6	60.6
NMMO/DMSO	102.5	73.3	75.4	79.2	74.7	60.2
TFA/DMSO	102.7	72.9	74.7	80.2	74.7	60.2
LiCl/DMI[a]	103.0	74.1	75.8[c]	78.7	75.8[c]	59.6
DMSO/TBAF[b]	102.8	73.5	75.1	78.6	75.8	60.0
DMSO	102.7	72.9	74.7	80.2	74.7	60.2

a. DMI，1,3-二甲基-2-咪唑啉酮[265]。

b. 参考文献［160］。

c. 未完全解析。

溶液中纤维素的^{13}C-NMR 光谱是测定杂质和研究纤维素与溶剂相互作用的合适工具。因此，^{13}C-NMR 光谱揭示了纤维素在三氟乙酸（TFA）或甲酸中溶解时在纤维素主链上会形成酯[264,266]。纤维素溶解在 TFA 中，观察到两组峰，游离 TFA 在 159.6ppm 和 115.9ppm，形成的纤维素 TFA 酯在 156.6ppm 和 114.5ppm。此外，67.3ppm 处的峰表明 AGU 的 C6 位处的三氟乙酰化。纤维素与甲酸的酯化反应中，^{13}C-NMR 光谱观察到甲酸酯的形成。图 2.31 所示，化学位移 63.1ppm 表示甲酸酯化[267]。在对纤维素模型进行 NMR 测量的基础上，通过 NMR 技术确定了离子液体对纤维素的端基官能化，如 3.2.1 节所述。除了^{13}C-NMR 化学位移外，还使用 DEPT 135 NMR 来确定与碳（CH、CH_2 或 CH_3）相连的质子数。

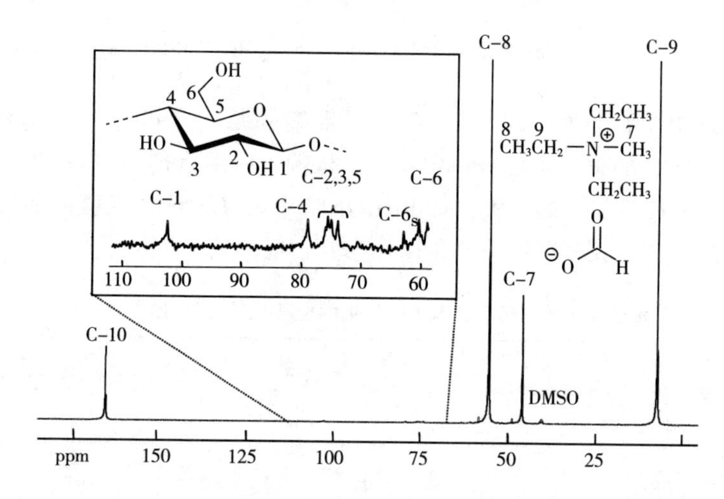

图 2.31　溶于氘代二甲基亚砜/甲酸三乙基甲基铵纤维素^{13}C-NMR 光谱
（根据取代度，R 为甲基或 H）

硼酸与纤维素形成水解不稳定的六元和七元环（图 2.32），^{13}C-NMR 谱图揭示存在六元环（2）和七元环（3a）以及交联反应（3b）。图 2.33 显示了溶解于 DMSO-d6 中与苯基硼酸酐反应后的纤维糊精的结构，AGU 的碳 4、5 和 6 的信号的移位显示了 4/6 位六元环的形成（图 2.32 结构 2）。78.7ppm 处的单独峰表明位置 2/3 处的反式-1,2-二醇单元的转化（图 2.32 结构 3a）。此外，该反应中出现交联（图 2.32 结构 3b）。除了^{13}C-NMR 谱外，大多数结构信息都是通过配位诱导位移（CIS）计算、二维技术和^{11}B-NMR 谱获得和验证的。该示例说明 NMR 方法的潜在组合将在本章中进行全面的结构解析。在此，仅讨论了甲基-D-吡喃葡糖苷/苯基硼酸混合物的 1D（一维）^{11}B-NMR 实验结果。与其他五元、六元和七元环系统的^{11}B-NMR 光谱相比，该光谱为碳水化合物的反式二醇上形成的七元环（峰值约为 20ppm）提供了证据，如图 2.34 所示[268-269]。

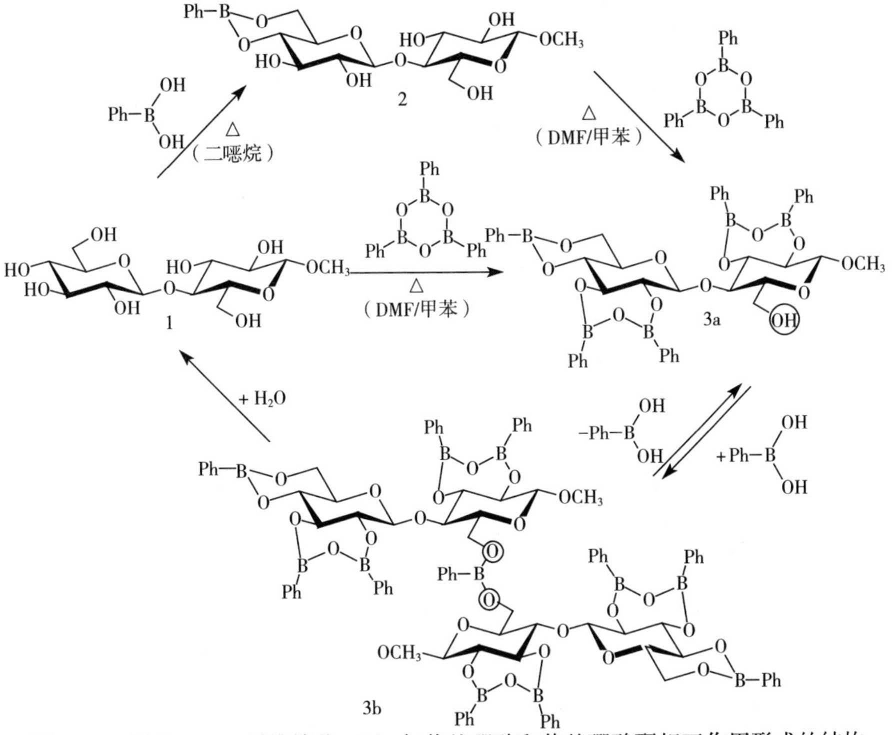

图 2.32　甲基-β-D-纤维糖苷（1）与苯基硼酸和苯基硼酸酐相互作用形成的结构

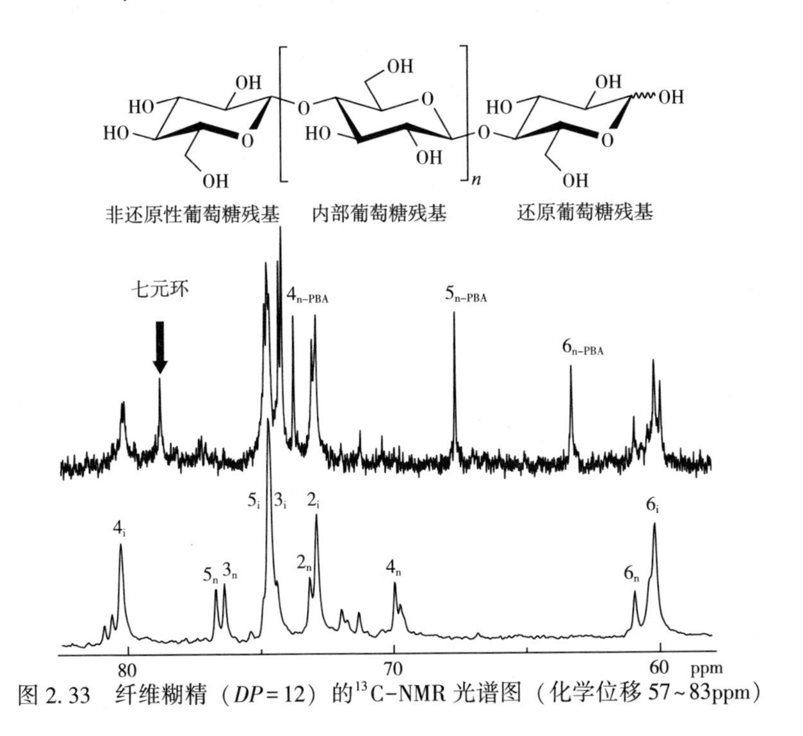

图 2.33　纤维糊精（$DP=12$）的 ^{13}C-NMR 光谱图（化学位移 57~83ppm）

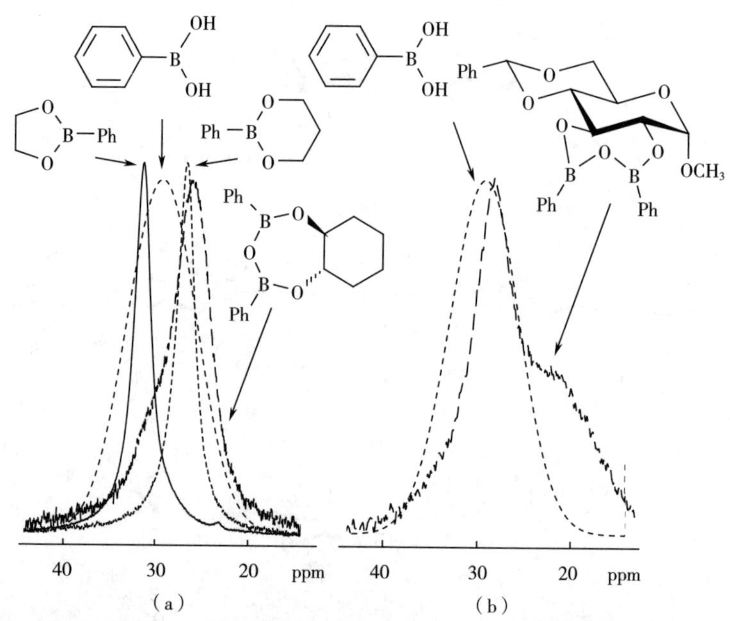

图 2.34 (a) 五元环（实线）、六元环（点划线）和七元环（长虚线）模型化合物的^{11}B-NMR 光谱；(b) DMSO-d_6 中甲基-D-吡喃葡萄糖苷的苯基硼酸酯（长虚线）与 PBA（短虚线）的比较

^{1}H-NMR 光谱的结构分析是有限的，因为沿着链的不同质子的结构多样性及其耦合模式导致复杂的强耦合光谱。这表现在纤维素低聚物的链延长和相应质子信号的分配上[270]。甲基-β-D-纤维素己糖的完整光谱数据列于表 2.10，说明了大量不同信号会导致宽谱线。由于位置 5 的相邻手性碳原子，H-6 观察到两个单独的信号。

表 2.10 甲基-β-D-纤维素己糖^{1}H-NMR 谱的信号分配

环	^{1}H/ppm	多重性	环	^{1}H/ppm	多重性
A			B		
H-1	4.405	d	H-1	4.533	d
H-2	3.304	dd	H-2	3.358	t
H-3	3.64	m	H-3	3.65	m
H-4	3.63	m	H-4	3.69	m
H-5	3.59	m	H-5	3.62	m
H-6	3.819	dd	H-6	3.828	dd
H-6′	3.991	dd	H-6′	3.976	d

续表

环	^{1}H/ppm	多重性	环	^{1}H/ppm	多重性
C			E		
H-1	4. 533	d	H-1	4. 533	d
H-2	3. 358	t	H-2	3. 358	t
H-3	3. 65	m	H-3	3. 65	m
H-4	3. 69	m	H-4	3. 69	m
H-5	3. 62	m	H-5	3. 62	m
H-6	3. 828	dd	H-6	3. 828	dd
H-6′	3. 976	d	H-6′	3. 976	d
D			F		
H-1	4. 533	d	H-1	4. 509	d
H-2	3. 358	t	H-2	3. 313	dd
H-3	3. 65	m	H-3	3. 506	t
H-4	3. 69	m	H-4	3. 416	t
H-5	3. 62	m	H-5	3. 486	dd
H-6	3. 828	dd	H-6	3. 736	dd
H-6′	3. 976	d	H-6′	3. 915	dd

注　d—双重，dd—双二重峰，m—多重，t—三重。

然而，^{1}H-NMR 光谱对于确定杂质或表征与其他分子的相互作用非常有用。与标准^{13}C-NMR 光谱相比，^{1}H-NMR 光谱的优点是快速，并且信号可用于定量分析。此外，含有约 1%（质量分数）聚合物的溶液足以获得光谱。因此，^{1}H-NMR 光谱法是测定“天然杂质”（如木质素）的首选方法。因此，开发了一种快速有效的测量植物细胞壁中木质素含量的方法。该方法包括利用全氘代氯化吡啶/DMSO-d_6 作为溶剂的生物质的直接溶解和^{1}H-NMR 分析[271]。给出了木质素含量的精确数据（图 2. 35）。

可以通过使用标准软件对低聚物进行光谱模拟来进行^{1}H 和^{13}C-NMR 测量的详细分配（如 ChemDraw Ultra Version 5. 0）。然而，更合适的是如去耦实验、动态光谱、弛豫测量或二维（2D）和三维（3D）技术等先进的 NMR 技术。NMR 应用方面的详细讨论参见文献［220］。应用这些方法能研究纤维素与溶剂的相互作用。纤维素的^{13}C 和$^{35/37}Cl$ NMR 弛豫研究（同样是纤维低聚物作为模型）用于阐明纤维

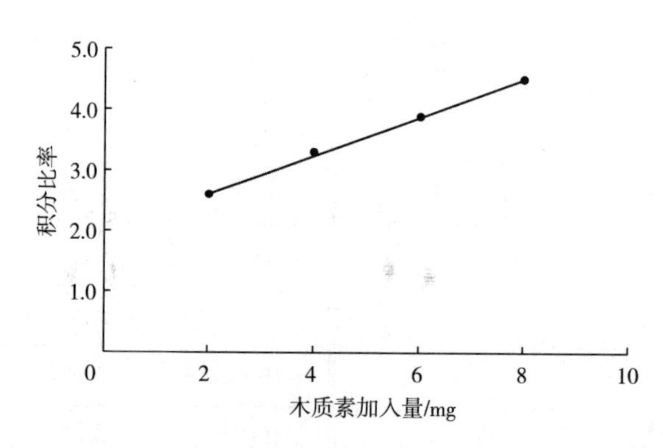

图 2.35　在全氘代氯化吡啶/DMSO-d_6 溶剂中通过^{1}H-NMR 获得的木质纤维素中测定木质素含量的校准曲线[271]

素在 BuMeImCl 中的溶解机理，显示“游离”氯离子对纤维素增溶的关键作用[272]。

通过在引入时间增量（混合时间或混合周期）进行一系列^{1}D-NMR 测量来获得 2D NMR 光谱。这是简介部分中提到的两个基本顺序步骤的额外方法。在混合周期中，一个或多个射频脉冲产生检测周期 t2 中记录的可观察的横向磁化（图 2.36）。

记录的数据提供了分子中原子相互作用信息。通过键合系统（标量耦合）或通过空间相互作用的原子在 2D 光谱中产生交叉峰，这取决于实验。一种是同核 2D 实验，如 2D 相关光谱（COSY）和 2D 全相关光谱（TOCSY），其中通常可以检测到质子—质子耦合；另一种是异核实验，如异核单量子相干（HSQC）和异核多键相关（HMBC），这是最常见的^{1}H-^{13}C 耦合实验。在 HSQC 光谱中，仅观察到直接相邻原子的耦合。因此谱图简单。在 HMBC 实验中，可以观察到长程耦合，使得光谱更加复杂。另外的技术是核 Overhauser 增强光谱（NOESY），通过核 Overhauser 效应而不是沿键的标量耦合来检测相关性。因此，这种方法适用于确定空间的相互作用。一种对聚合物溶液研究特别有用的方法是扩散有序光谱（DOSY）。这种核磁共振技术与场梯度相结合，适用于观察分子的扩散行为，从而可以提供有关相对分子质量的信息。许多 2D 实验被应用于研究在含硼酸的纤维素活化剂中形成的结构，说明 NMR 光谱被用于结构测定的有效性。

因此，将详细讨论纤维素模型转化过程中形成的结构的分析，如甲基-D-吡喃葡萄糖苷、甲基-β-D-纤维二糖（Me-β-D-纤维素二糖）和纤维糊精与苯基硼酸的 NMR 光谱。以下章节对纤维素衍生物进行了类似的研究。

苯基硼酸（PBA）或其酸酐与 Me-β-D-纤维二糖反应形成的结构如图 2.32 所示。这些结构可以通过 Me-β-D-纤维二糖随着 PBA 量的增加而逐步转化而获得。在苯基硼酸酯样品 2 的^{1}H-NMR 光谱中，发现 4.0~5.5ppm 的未改性 OH 部分的 5 个而不是 7 个信号。因此，两个羟基与 PBA 发生酯化反应。图 2.37 是样品 2 的 2D

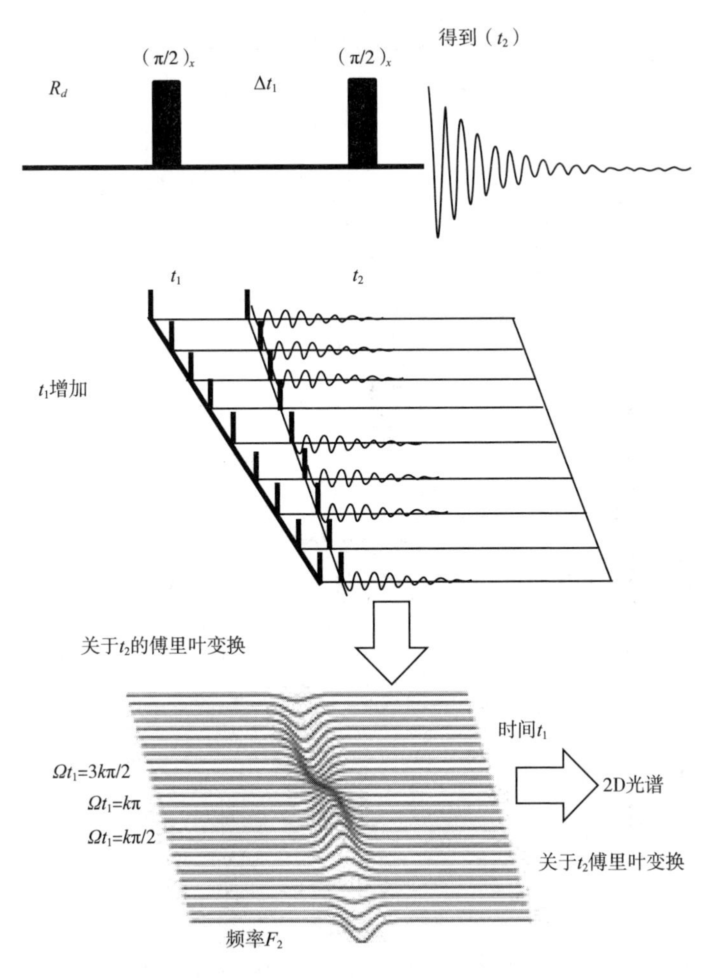

图 2.36　获取 2D NMR 光谱的一般方法[273]

HMBC NMR 谱图。用此方法，完全解析^{1}H 和^{13}C-NMR 谱是可能的。

与未修饰的 Me-β-D-纤维二糖的信号相比，H-6′a/b 的两个信号（′表示在该位置有取代基）向低场移动（0.5ppm），在 5′位置具有高场移动（9.1ppm）碳原子的交叉峰。甲基化还原端基（4.59ppm）在 6 位未修饰的伯羟基的质子通过两个键与 6 位的碳偶联。沿着糖苷键，甲基化还原葡萄糖残基的 H-1′和 C-4 存在 3 J-偶联。OH-2 和 OH-2′的仲羟基质子显示出与异头碳 C-1 和 C-1′对应的交叉峰。OH-3′和 OH-3 显示出通过两个键与 3 位直接连接的碳原子以及通过三个键分别与 2 位和 4 位相邻的碳原子的异核 J 偶联（图 2.37）。

这些结果表明，尽管信号数量很多，特别是在 73~76ppm 区域，但完全分配频谱是可能的。结合其他二维核磁共振技术（COSY 和 HSQC-DEPT 等相关波谱）的实验对结构 2 的质子和碳位移进行全面分配，显示 Me-β-D-纤维素二糖与 PBA 摩

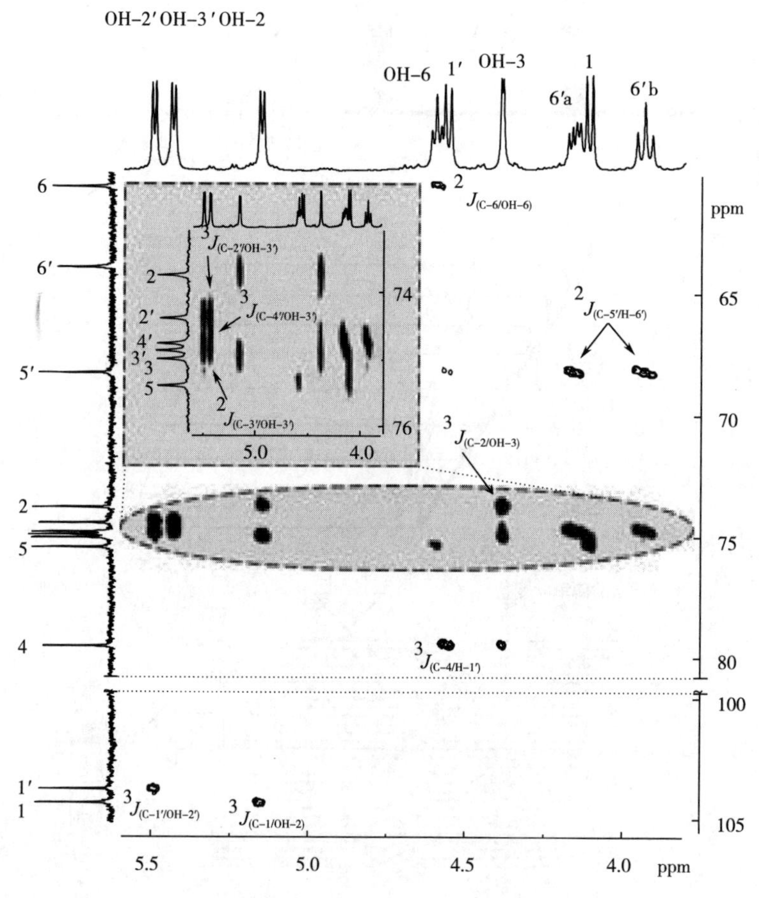

图 2.37 DMSO-d_6 中甲基-4,6（PhB）-β-D-纤维二糖（2）的 2D［^{1}H,^{13}C］HMBC NMR 光谱[268]

尔比为 1∶1.1 的 Me-β-D-纤维素二糖酯化产物的^{1}H-NMR 波谱中缺失的两个羟基质子是位置 4 和 6 的酯化 OH。由形成六元硼酸酯环引起的甲基-4′，6′-*O*-苯基硼酸-β-D-纤维二苷（2）的^{13}C-NMR 谱中的信号移动（CIS）趋势与获得的 MeD-Glcp 数据相关。因此，结合位点碳向低场移动（C-4′和 C-6′ 2~4ppm），而相邻的碳原子向高场移动（C-5′ 9ppm）。

在 Me-β-D-纤维二糖与 PBA 以 1∶3 或更高的摩尔比酯化的情况下，预期产物在 OH-4′和 OH-6′处具有六元环，在二糖的一个反式-1,2-二醇处具有额外的七元焦硼酸酯环。这一预期基于对 Me-D-Glcp 的 MS 研究[268]、^{11}B-NMR 研究（图 2.34）和对 Me-D-Glcp 的 2D［^{1}H，^{1}H］NOESY NMR 光谱分析得出的，其清楚地显示了苯基硼酸酯［δ（O—H）= 7.8ppm］邻位的质子与碳水化合物主链的质子的耦合。

Me-β-D-纤维二糖与 PBA 以摩尔比为 1∶5.5 进行酯化，通过^{1}H-NMR 光谱中异端甲氧基（OMe）的甲基质子（3a：3.60ppm 和 3b：3.54ppm）出现两个单线态，可以推断出两个苯基硼酸酯（3a 和 3b）的形成，可通过 1D NOESY NMR 实验进行确认。

不同混合时间（12ms、40ms 和 90ms）的一系列 2D［^{1}H，^{1}H］TOCSY NMR 实验识别纤维二糖苷剩余质子的共振信号。比较 12ms 和 40ms 的 TOCSY 光谱，可以分别检测 H-2 和 H-3 以及 H-2′和 H-3′的位移。最长混合时间（90ms）的全相关光谱 NMR 实验可以测定 H-4 和 H-5 以及 H-4′和 H-5′的信号（图 2.38、图 2.39）。

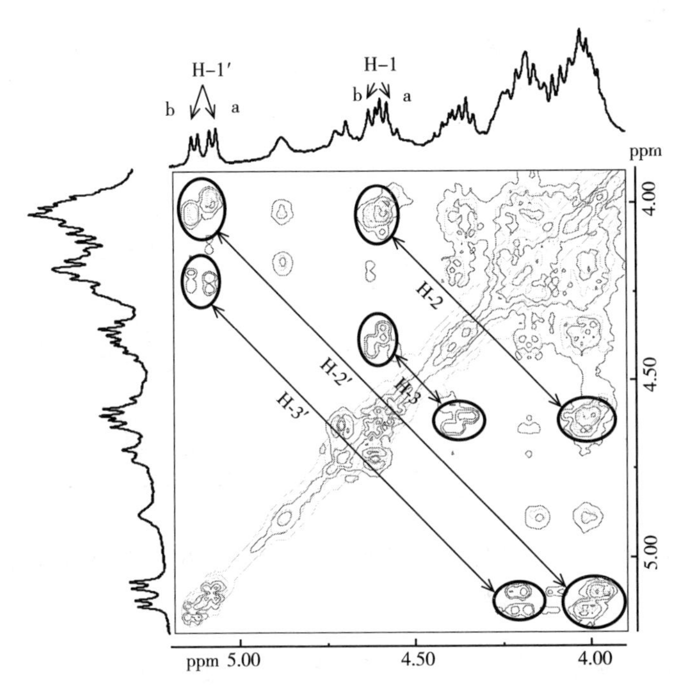

图 2.38　DMSO-d_6 中苯基硼酸酯样品 3 的 2D［^{1}H，^{1}H］TOCSY NMR 谱叠加

（混合时间：浅灰色 40ms；黑色 12ms，德国耶拿大学 M. Meiland 提供）

通过 HSQC-DEPT NMR 谱对质子 H-6 和 H-6′进行了分配。带有相反符号的交叉峰显示了这些质子的位置（图 2.40）。

C-5 和 C-5′处相邻质子的确定可以通过结合上述 2D NMR 实验和 2D［^{1}H，^{1}H］ROESY NMR 光谱（旋转框架 Overhauser 效应光谱）相结合来进行。因此，由于 2D［^{1}H，^{1}H］TOCSY 光谱（混合时间 40ms）与 H-6（3a）中的两个交叉峰，在 4.87ppm 处的羟基质子的唯一共振信号可以识别为 OH-6（3a）。

相反，结构 3b 没有未修饰的伯羟基。与在位置 6 有未修饰伯羟基的结构 H-6（3a）相比，H-6（3b）的两个质子信号向低场移位 0.5~0.6ppm，可以支持该 OH 的酯化。因此，在这两种化合物中，所有仲羟基都被酯化，这意味着除了一个六元环（OH-4′和 OH-6′）外，相邻葡萄糖单元的反式-1,2-二醇系统中还存在两个

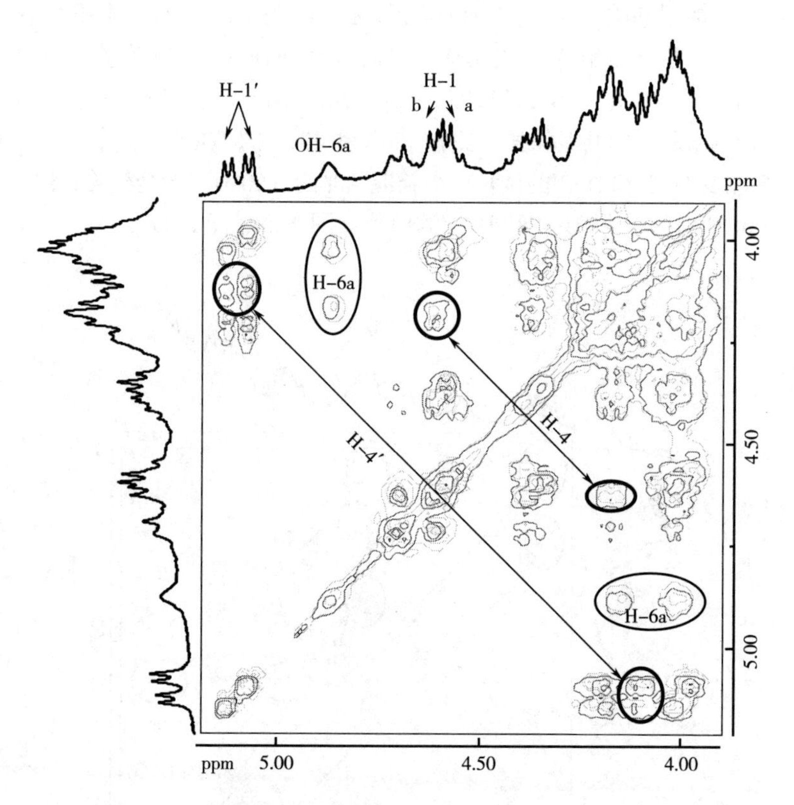

图 2.39 DMSO-d_6 中苯基硼酸酯样品 3 的 2D [^{1}H, ^{1}H] TOCSY NMR 谱叠加

（混合时间：深灰色 90ms；浅灰色 40ms，德国耶拿大学 M. Meiland 提供）

七元二苯基焦硼酸酯环。结构 3b 没有伯羟基，只能通过 PBA 桥将两个 3a 分子二聚化来解释（图 2.32）。DOSY NMR 实验证实了这一假设，因为 DOSY 产生混合物中单个组分的信号，通过 2D 数据矩阵的不同行中的扩散分开。DOSY 光谱显示样品中的两种化合物在梯度维 F1 上略有不同。结构 3a/b 的相对分子质量差异相当小，表明仅发生了二聚化。这些扩展的核磁共振研究提供了可能出现的结构的相当完整的信息。在二维核磁共振分配的基础上，建立了^{13}C-NMR 波谱中的信号运动趋势。基于这些结果，可通过^{13}C-NMR 波谱研究纤维素糊精和纤维素的酯化反应。除了在低聚物的非还原葡萄糖残基处形成 4,6-苯基硼酸酯外，在具有六元硼酸酯结构的反式-1,2-二醇体系中的官能化由^{13}C NMR 光谱中 78.7ppm 的尖锐信号证实（图 2.40）。

另外一个理解纤维素和溶剂相互作用的 2D NMR 实验是^{7}Li/^{1}H-NMR 光谱，揭示了 Li 阳离子与盐熔体（如 LiCl · 5H_2O）中纤维素的 OH 的相互作用（图 2.41）[262]。更多的关于纤维素与溶剂的相互作用讨论参见 3.2.1 节。

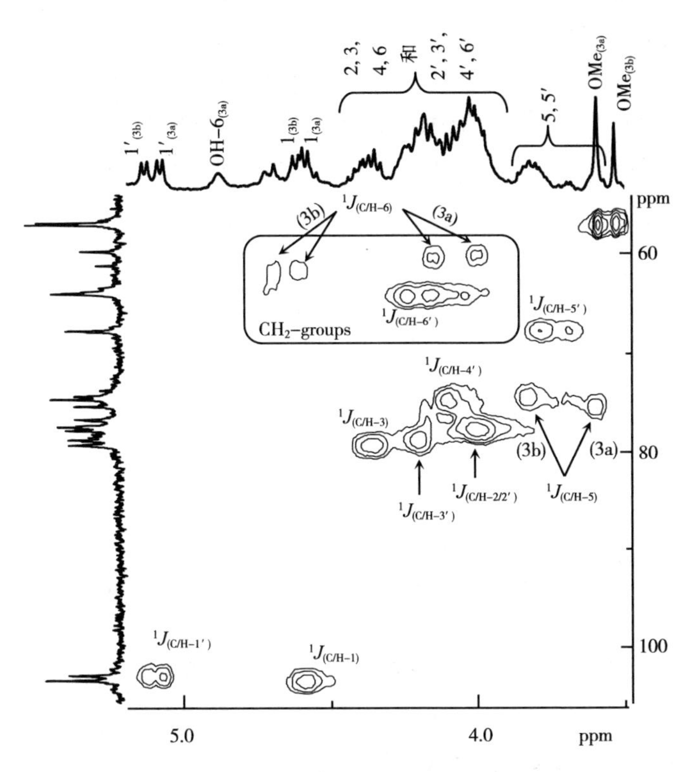

图 2.40 [^{1}H, ^{13}C] 苯硼酸样品 3 的 HSQC-DEPT 核磁共振谱图

Me-2,3 (PhB) 2-2′,3′ (PhB) 2-4′,6′ (PhB) -β-D-纤维二糖 3a 和二聚体 3b (DMSO-d_6)[268]

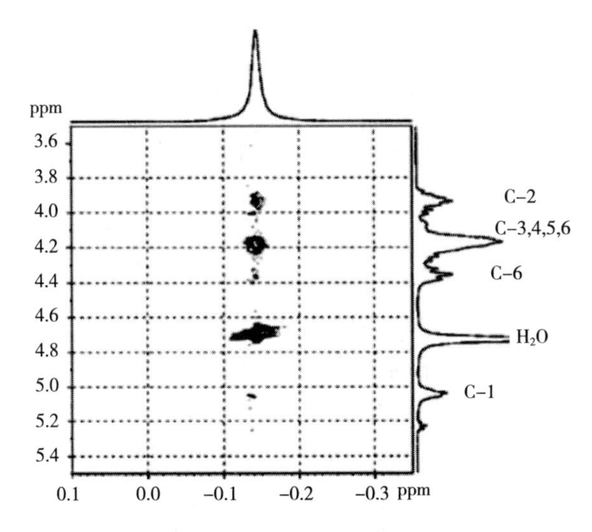

图 2.41 溶解于 LiCl · 5H_2O 的纤维素 (5%) ^{7}Li-^{1}H HOESY NMR 谱图[274]

（2）纤维素衍生物

核磁共振波谱是获得纤维素衍生物分子结构综合信息的最佳方法之一。这种分析远远超出了低分子化学所需结构简单的证明。引入的功能化学结构、*DS*、官能团在 AGU 以及聚合物主链的分布（图 2.42）都会极大地影响性能，需要综合分析。

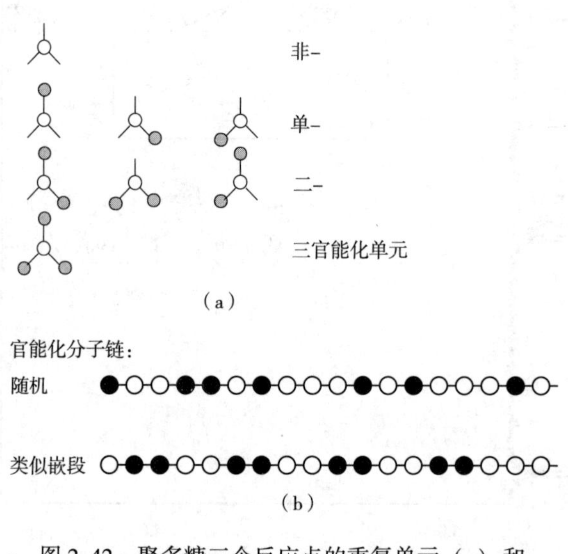

图 2.42　聚多糖三个反应点的重复单元（a）和沿着聚合物链分布（b）的官能化的可能模式示意图[275]

此外，化学官能化可能与引起聚合物主链结构轻微改变的副反应有关。必须检测这些引入的“结构杂质”，因为它们无法从聚合物链中去除。所有这些任务都可以通过核磁共振光谱来完成。从合成角度来看，该技术可靠、强大且高效，可用于在分子水平上进行详细的结构解析。

核磁共振技术的应用是纤维素衍生物结构分析的第一次尝试，超越了简单的 *DS* 测定。Goodlett 等[276] 使用^{1}H-NMR 光谱以及 Kamide 和 Okajima[277] 应用^{13}C-NMR 测量对乙酸纤维素进行了开创性工作。样品制备和聚合物主链的典型信号的说明参见“液态 NMR 的实际应用”。

尽管对结构特征的定量评估有用且快速，因为未取代、单取代、二取代和三取代 AGU 与不同的改性位点组合导致光谱复杂，部分改性纤维素衍生物的^{1}H-NMR 光谱是有限的，如部分乙酰化纤维素所示（图 2.43）。

大多数光谱分辨率很差，且包含大量重叠信号，因此，液态^{1}H-NMR 光谱仅给出关于获得目标衍生物的有限信息。最复杂的是部分官能化衍生物的光谱，各种不同官能化的 AGU 以特定的取代模式出现，几乎不可能完全正确的解析。

然而，用相敏 COSY 和中继 COSY NMR 光谱研究了乙酸纤维素。将这两种光谱与模拟光谱（九种不同的子光谱）和模型化合物（如过乙酸纤维四酯）进行比较，发现了九种不同类型的自旋网络。它们是四种类型的 2,3,6-三乙酰基葡萄糖残基，两侧是不同的乙酰基葡萄糖单元，两种不同类型的 2,3-二乙酰基葡萄糖，一种 2,6-二乙酰基糖残基和一种 6-单乙酰基葡萄糖[278]。

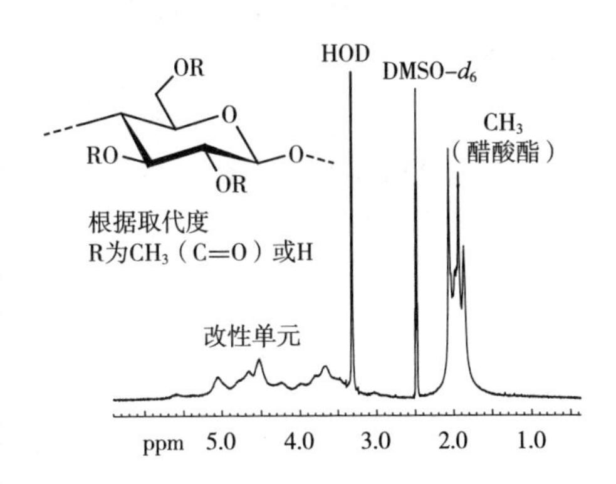

图 2.43　纤维素醋酸酯（$DS=2.37$）的^{1}H-NMR 谱图[275]

虽然已经描述了纤维素醚、脱氧纤维素和不同离子纤维素衍生物的溶液态^{13}C-NMR 光谱，但该技术最广泛应用于纤维素酯[263]。通常，伯 OH 基团的酯化或醚化导致 6 位碳原子的信号向低场移动 2~8ppm。相反，邻近酯化或醚化 OH 部分的碳的糖苷 C 原子的信号向高场移动 1~4ppm。在脱氧单元中，相邻 C 原子的信号比未修饰的碳原子低 15ppm。信号分裂和多糖的其他碳原子的相应位移强烈依赖于结合基团的电子结构。图 2.44 说明了硫酸纤维素单酯和醋酸纤维素的情况。普通测试技术并不可行，需要用到二维核磁共振技术。

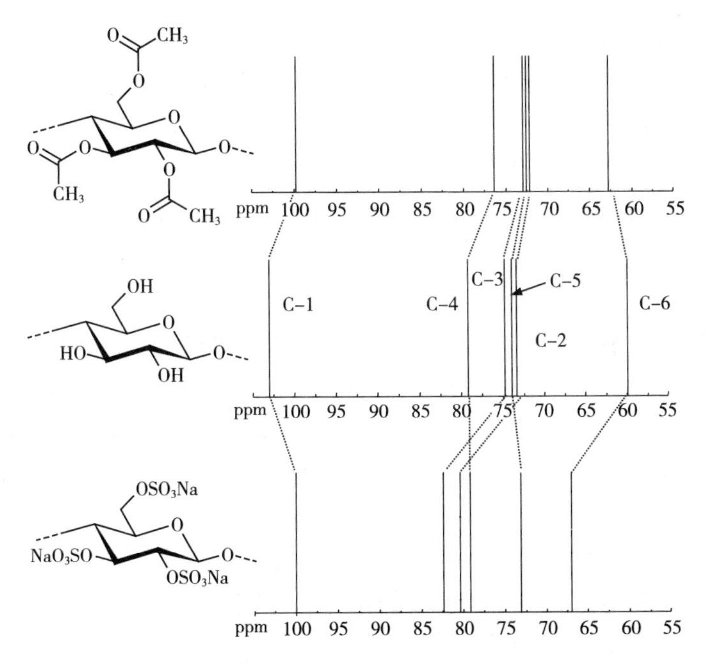

图 2.44　纤维素（中）、完全硫酸化（下）和完全乙酰化纤维素（上）的^{13}C-NMR 谱图和酯化引起的特征位移[275]

在部分功能化衍生物的光谱中，观察到子光谱的混合（图 2.43）。结合由不同取代模式引起的谱线展宽，得到的光谱非常复杂。然而，信号分裂和糖苷键碳原子的强度可以让我们了解相邻位置的功能化程度。

用乙酸纤维素可以很好地进行结构解析，该技术可以以类似的方式应用于其他纤维素衍生物。表 2.11 是三乙酸酯纤维素的代表性 ^{13}C-NMR 光谱图的化学位移数据。

表 2.11　三乙酸酯纤维素 ^{13}C-NMR 谱图的化学位移[275, 279]

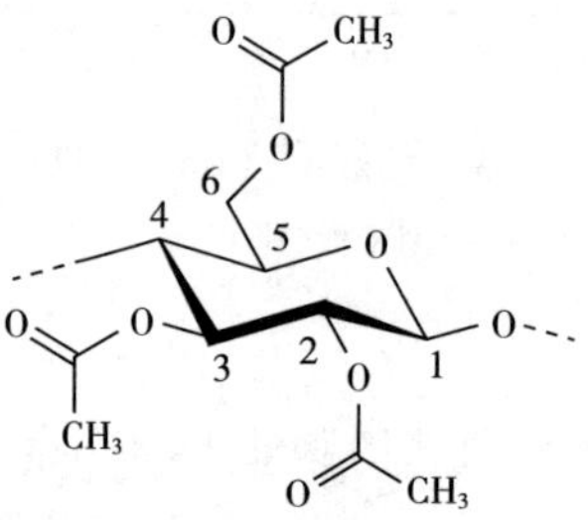	δ/ppm^{a}	
	DMSO-d_6 90℃	$CDCl_3$ 25℃
C-1	99.8	100.4
C-2	72.2	71.7
C-3	72.9	72.5
C-4	76.4	76.0^{b}
C-5	72.5	72.7
C-6	62.8	61.9

a. $CDCl_3$（77.0ppm）或 DMSO-d_6（35.9ppm）。

b. 耦合共振与溶剂共振重叠。

信号的分配基于模型化合物全酰化纤维二糖、纤维四糖、纤维五糖以及纤维素的化学位移[280-282]。乙酸纤维素的 ^{13}C-NMR 光谱不仅用作分子结构的证明，还用于测定 AGU 内关于部分官能化聚合物中 2、3 和 6 位的总 *DS* 和乙酰基官能团的分布[221, 283]。取代基在宽 *DS* 范围内的准确分布不容易通过相关峰强度的简单比较来估计。主要问题是未修饰的 C-2-C-5 和相应位置 2 和 3 的酰化以及位置 3 酰化对 C-4 化学位移的影响导致在 70～85ppm 信号重叠。此外，在 ^{13}C-NMR 测量的定量模式中，经常观察到由于环碳引起的信号线展宽。相当长的脉冲采集时间和大量扫描导致相关信号的 T2 弛豫。

曾多次尝试分配乙酰基部分的 C ═O 信号[284]。乙酰甲基和 C ═O 信号显示为重叠的多峰，反映了八种不同 AGU 的详细取代模式以及 *DS*<3 的乙酸纤维素的氢

键系统。通过乙酰基的甲基碳原子应用低功率选择性去耦方法[285]，三乙酸纤维素的 C-H COSY 光谱[286] 实现了乙酸纤维素 C ═O 信号的合理分配。Buchanan 等对一种以不同方式制备的在 1 位富含^{13}C 的乙酸纤维素进行了结构分析，该方法适用于广泛的 *DS* 值范围[287]。使用各种 NMR 技术，包括不敏感核偏振转移光谱增强，可以识别总共 16 个羰基碳的共振。

两个重要的例子——CMC 和羟烷基醚来说明纤维素醚的^{13}C-NMR 光谱分配。图 2.45 所示，部分取代的 CMC 的谱图非常复杂。然而，通过与模型化合物（即葡萄糖和所有类型的羧甲基化葡萄糖）进行比较，获得了很好的分配（图 2.45，表 2.12）[288-289]。在表 2.12 中列出了在一个反应位置上的取代对 AGU 中的碳和取代基中碳位移的影响[290]。

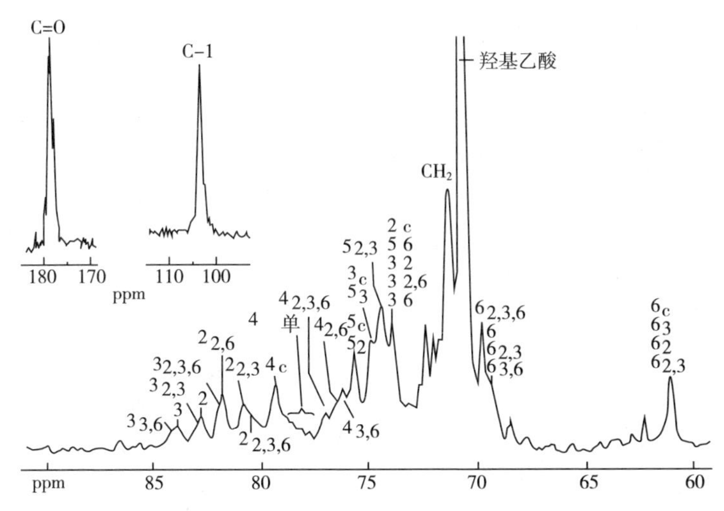

图 2.45　D_2O 中羧甲基纤维素（*DS*=1.5）^{13}C-NMR 光谱的详细解析

表 2.12　羧甲基纤维素钠的^{1}H、^{13}C-NMR 化学位移[288]

C1，H1	C2，H2	C3，H3	C4，H4	C5，H5	C6，H6，6′	C7，H7，7′
105.3，5.37	78.65，4.53	76.78，4.21	82.32，4.48	77.95，4.49	63.96，4.64~4.80	
				80.0，4.63	72.75，4.72~4.65	74.27，≈4.78
		C3 *				
105.8，5.42	≈77.0，4.60	85.85，4.05	81.51，4.57	≈77.5，4.43		75.06，5.05~4.91
	C2 *					

续表

C1，H1	C2，H2	C3，H3	C4，H4	C5，H5	C6，H6，6′	C7，H7，7′
105.6， 5.40	87.29 4.36	≈83.9， 4.26				74.82， 5.10~5.05

注 C＊上的取代对不同位置的 NMR 峰的影响；取代基的亚甲基的碳原子标记为 7；未指定 180.0~181.5ppm 范围内的羰基。

该分配通过 2D 实验（如 TOCSY）和反向检测$^{1}H-^{13}C$ 异相关光谱 HMQC（梯度选择）的组合获得。从门控解耦的^{13}C 光谱（允许^{13}C-NMR 光谱积分的实验），可以确定每个位置的 *DS* 和醚化量。

对于羟烷基化衍生物，特别是羟乙基和羟丙基纤维素，由于在取代基新形成的 OH 发生串联反应，信号的数量增加。因此可以在羟烷基化纤维素中测定多达 64 个重复单元。

DEPT-^{13}C-NMR 谱适合分配基本结构元素，如图 2.46 所示。纤维素衍生物的标准^{13}C-NMR 光谱可获得关于衍生物结构、纯度和取代模式的信息。然而，不同位置的结构特征（如部分 *DS*）的量化非常复杂。原则上，这可以通过反向门控解耦测量和线形分析来完成，但这很耗时。更有效的方法是醚的官能化或衍生物的降解和^{1}H 或^{13}C-NMR 光谱图的研究。

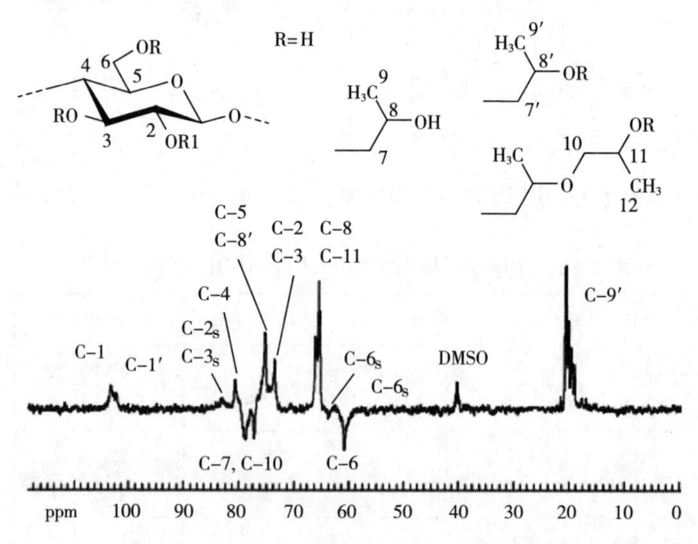

图 2.46 70℃下 DMSO-d_6 中 HPC（MS=0.85）的^{13}C-DEPT-135-NMR 谱图

· 连续官能化后纤维素衍生物的 NMR 波谱

在部分官能化纤维素衍生物中剩余 OH 的后续完全官能化使得^{1}H 和^{13}C-NMR

谱的简化。这方面的第一个实验是乙酸纤维素中羟基的全丙酰化和测试混合酯的^{13}C-NMR 光谱。酯的 C ═O 碳被用作敏感探针[291]。全丙酰化乙酸纤维素的^{13}C-NMR 光谱中 C ═O 碳的范围如图 2.47 所示。这些与重复单元内的位置 2、3 和 6 相对应的信号可清晰分辨。乙酰基的三重峰和丙酰基部分的三重峰明显的彼此分离。与起始醋酸纤维素相比，全丙酰化醋酸纤维素（*DS* 为 1.43）的 C ═O 区域的扩展光谱很好地反映了功能化模式。

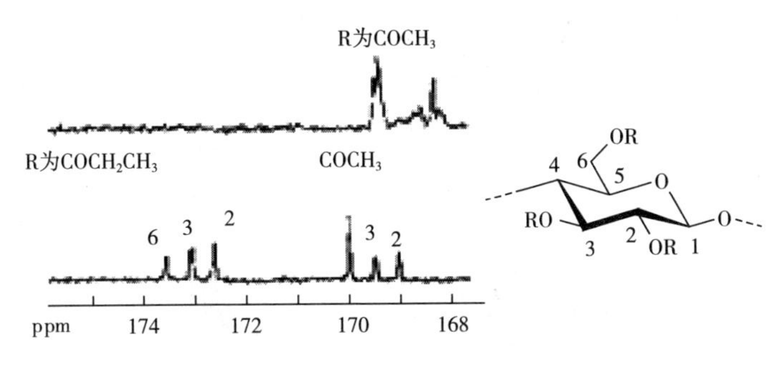

图 2.47　纤维素醋酸酯（*DS*=1.43，上）和全丙酰化产物（下）中羰基的^{13}C-NMR 光谱图[275]

全丙酰化样品的定量模式^{13}C-NMR 测量给出位置 2、3 和 6 处的部分 *DS*。*DS* 范围为 1.0~2.4 的全丙酰化醋酸纤维素样品的典型^{13}C-NMR 波谱如图 2.48 所示。定量模式^{13}C-NMR 波谱（反向门控解耦实验）是一种昂贵且耗时的技术。需要多达 20000 次扫描和相对较长的脉冲延迟才能获得足够的分辨率。

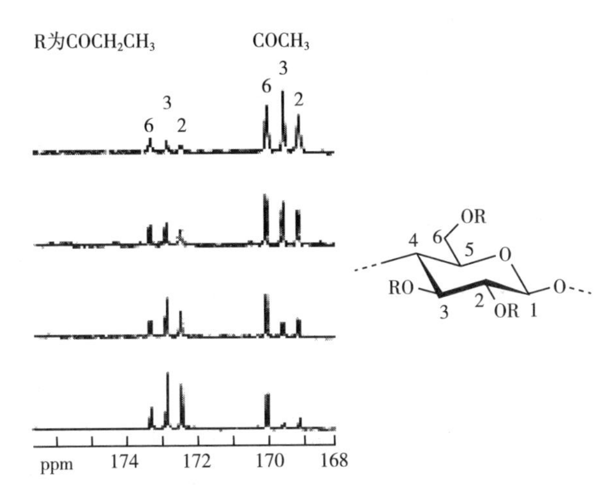

图 2.48　*DS* 分别为 0.98、1.43、1.90、2.42（由下至上）醋酸纤维素全丙酰化的典型^{13}C-NMR 谱图[275]

与部分取代的纤维素衍生物的^{1}H-NMR 光谱相反，完全取代的聚合物产生可分配的光谱，如图 2.49、表 2.13 所示。因此，部分官能化纤维素衍生物的后续完全官能化通常被应用于获得良好分辨的^{1}H-NMR 光谱。这是获得用于定量评估的 NMR 数据的适当光谱分辨率的必要前提。

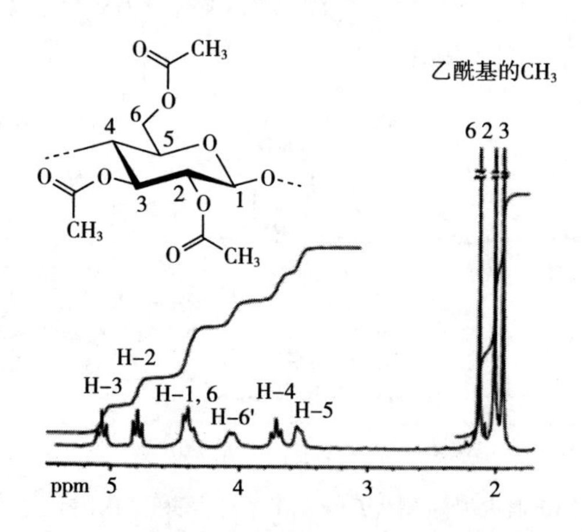

图 2.49 纤维素三醋酸酯的^{1}H-NMR 谱图[275]

表 2.13 三醋酸纤维素酯的^{1}H-NMR 信号的化学位移[275]

信号	δ/ppm		
	DMSO-d_6 25℃	DMSO-d_6 80℃	$CDCl_3$ 25℃
H-1	4.65	4.65	4.42
H-2	4.52	4.55	4.79
H-3	5.06	5.04	5.07
H-4	3.65	3.68	3.66
H-5	3.81	3.77	3.47
H-6′	4.22	4.26	–[a]
H-6	3.98	4.04	4.06

a. H-6′是由于相邻手性 C-5 导致的信号分裂，并与 H-1 重叠。

如图 2.50 所示，对于氘乙酰化醋酸纤维素，完全修饰导致光谱的极大简化。用乙酰基-d_3-氯化物或乙酸酐-d_6 进行氘乙酰化后的^{1}H-NMR 光谱原料，现在仍然是一种常见的技术[276,292]。缺点是氘乙酰化相当昂贵，如果乙酰基-d_3-氯化物被乙酰氯污染，会导致明显误差。测定乙酸纤维素中 2、3 和 6 位的部分 *DS* 值是有用的技术，这可以很容易地从 AGU 的质子和乙酰基部分的甲基质子的光谱积分的比例中计算出来。

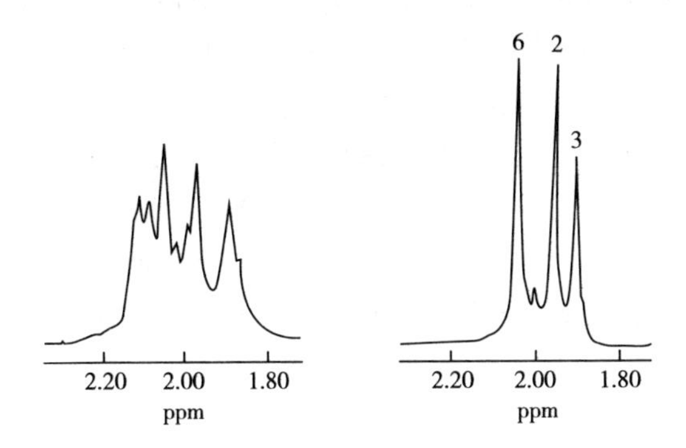

图2.50　氘乙酰化之前的醋酸纤维素酯（左）和之后（右）的^{1}H-NMR谱图（乙酰基区域）

或在室温下，DMF中，用*N*，*O*-双（三甲基甲硅烷基）乙酰胺和1-甲基咪唑三甲基甲硅烷基化宽*DS*值范围的纤维素酯。样品红外光谱表明完全不存在羟基。如表2.14所示，积分*O*-乙酰基和*O*-三甲基甲硅烷基共振获得的*DS*值与供应商提供的值和下文提供的值以及化学分析发现的值非常一致[293]，无法得到每个羟基的部分*DS*值。

表2.14　甲硅烷化和核磁共振波谱获得的乙酸纤维素的*DS*与供应商提供的值的比较

样品	*DS*		
	报告值	方法1测试值	方法2测试值
A	0.80	0.81	0.76
B	2.10	1.97	2.05
C	2.50	2.28	2.50
D	3.00	2.77	3.00
E	2.45	1.86	2.43

注　1. 根据完全*O*-三甲基硅烷化聚合物^{1}H-NMR谱图中AGU环氢和*O*-乙酰基共振的积分计算*DS*值（方法1）或根据*O*-三甲基硅烷基和*O*-乙酰基共振的积分计算*DS*值（方法2）[275]。

2. 样品A~D为Eastman产品，E为Aldrich产品。

过氘乙酰化和三甲基甲硅烷化在部分衍生纤维素的官能化方面给出了良好的结果，通常全丙酰化是首选方法，因其成本较低，且可用于多种纤维素衍生物。在吡啶中以DMAP为催化剂，纤维素衍生物（如乙酸纤维素或羟烷基纤维素[294]）与丙酸酐反应实现完全丙酰化。羟基的完全转化由^{1}H-NMR和IR光谱证实（没有OH的信号出现）。纤维素酯的酯交换反应可以在不同反应条件下恒定的总酰基含量和用多糖三酯进行丙酰化实验来排除。标准^{1}H-NMR光谱可用于精确定量，见“液态NMR的实际应用”。

全丙酰化也有助于分析芳香族和不饱和纤维素衍生物，其取代基的^{1}H-NMR信号高于5.1ppm。分析了在7.56ppm、7.20ppm和6.50ppm处具有附加峰的糠酸纤维素酯和在7.82ppm、7.50ppm、6.87ppm、6.57ppm和6.23ppm处具有额外峰的3-（2-呋喃基）丙烯酸酯以及纤维素脂环酯，如金刚烷羧酸酯[295-297]。全丙酰化纤维素金刚烷羧酸酯的代表性^{1}H，^{1}H COSY NMR光谱如图2.51所示。显示取代基（丙酸的CH_3、CH_2和金刚烷的CH_2和CH）的质子面积（$CDCl_3$，32次扫描）[275, p161]。可以很好地分辨两个取代基的质子的信号，可用于计算*DS*。

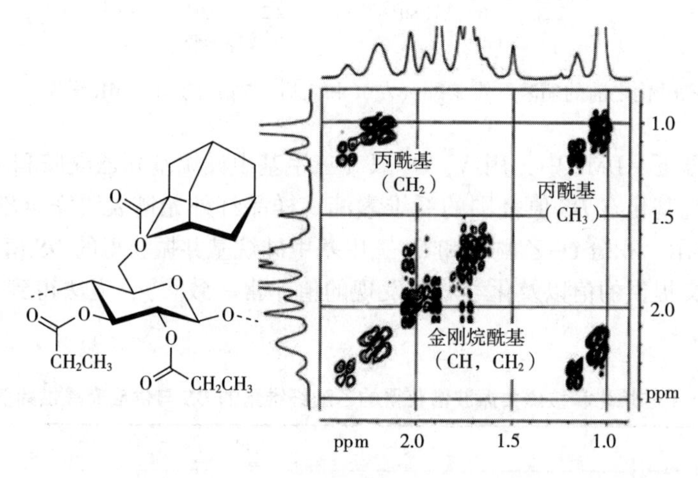

图2.51　全丙酰化纤维素金刚烷羧酸酯的^{1}H、^{1}H COSY NMR谱图

从这些例子中可以看出，全丙酰化作用很好，但对于长脂族的纤维素衍生物（信号在0.8~3.2ppm），如脂肪酸酯，由于不同基团质子的信号重叠，全丙酰基化衍生物的^{1}H-NMR谱不能被解析。应采用氘乙酰化或过-4-硝基苯甲酰化。在吡啶中用4-硝基苯甲酰氯进行硝基苯甲酰化，^{1}H-NMR光谱中在7.5~9.0ppm芳香区引入信号[298]。

丙酰化和乙酰化也适用于纤维素如羟乙基纤维素的羟烷基醚的分析。由于纤维素与环氧化物转化过程中发生串联反应（取代基新形成的OH基上的反应），在羟烷基化纤维素中观察到多达64个不同官能化的重复单元。因此，即使是过乙酰化羟烷基纤维素的NMR光谱也非常复杂[294]。然而，通过使用区域选择性官能化的衍生物，这种混合酯醚的^{1}H-NMR谱的基本分配是可能的。分辨率相当高的光谱中（图2.51），通过2D NMR实验（如HSQC-DEPT NMR光谱）来分配所有相关质子的信号，如图2.52所示。

虽然可以完全解释全乙酰化的2,3-*O*-羟乙基纤维素的^{1}H-NMR光谱，但其分辨率不足以计算部分*DS*值。然而，可以根据相应的^{1}H-NMR光谱（图2.53），通过AGU质子的信号积分和乙酸基团的信号积分的相关性来计算摩尔取代（*MS*）

（参见“液态 NMR 的实际应用”）。

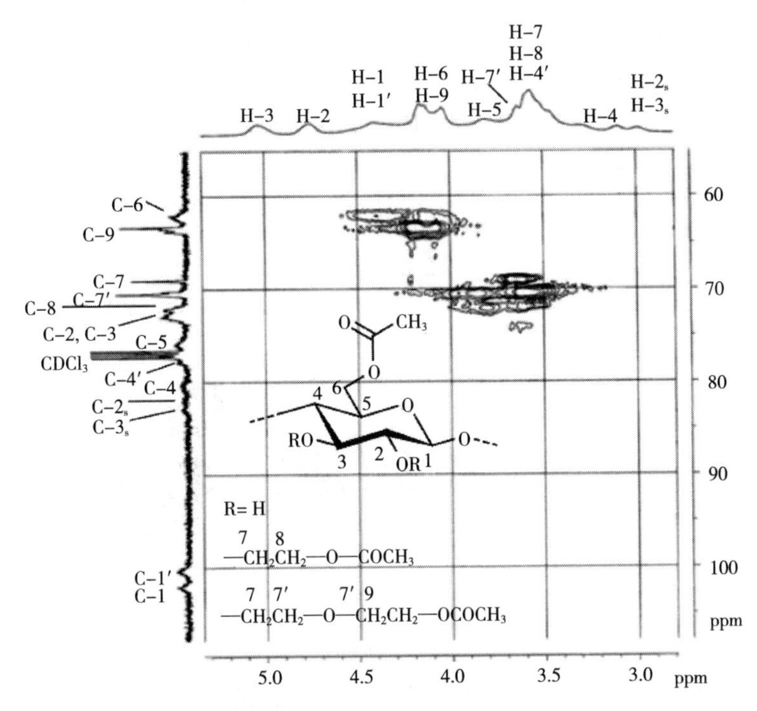

图 2.52　40℃下 $CDCl_3$ 中全乙酰化 2,3-*O*-羟乙基纤维素（*MS*=1.13）的 HSQC-DEPT NMR 谱图（仅显示 CH_2 共振）

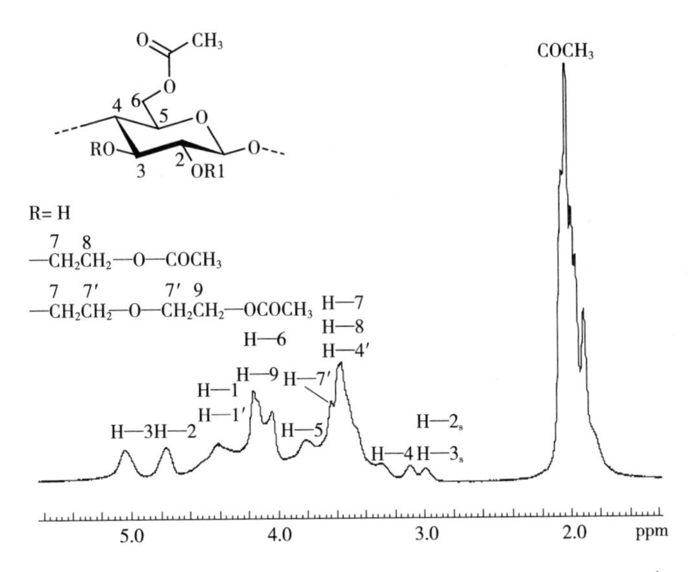

图 2.53　40℃下 $CDCl_3$ 中全乙酰化 2,3-*O*-羟乙基纤维素（*MS*=1.13）的 ^{1}H-NMR 谱图

对于离子纤维素醚（如 CMC），一方面，由于离子纤维素衍生物的低反应性，随后的全乙酰化非常复杂，其溶解度主要限于水性体系和酯化过程中的各种副反应，导致不完全取代；另一方面，解聚后的分析可能更合适，因为解聚使糖苷键断裂而重复单元上官能团的醚键不断裂。

需要指出的是，完全乙酰化也用于确定木材细胞壁材料的结构。溶液中乙酰化细胞壁的 2D ^{13}C-^{1}H HSQC NMR 光谱（图 2.54）提供了详细的指纹图谱，可用于完整评估细胞壁的化学成分，而不会发生广泛降解[299-300]。

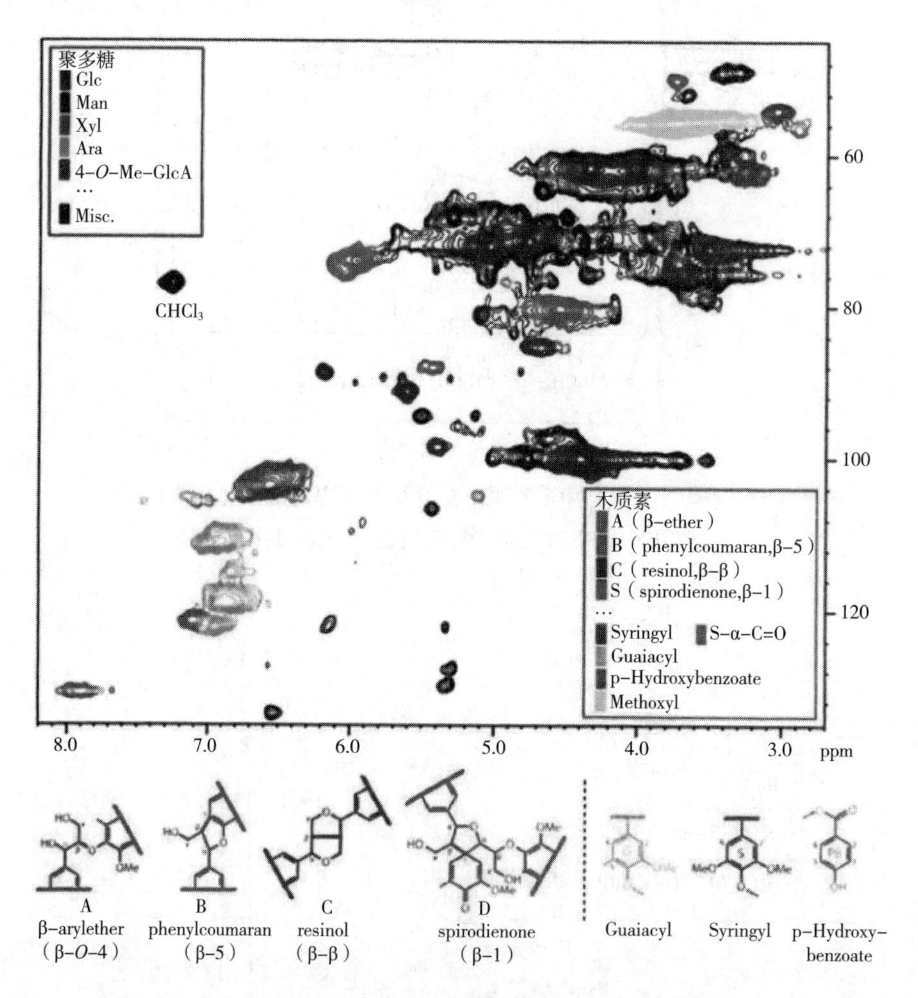

图 2.54 来自杨树的溶解乙酰化细胞壁的典型 2D ^{13}C-^{1}H HSQC 光谱图

多糖缩写是指其各自聚合物中的以下残基：Glc—葡萄糖基；Man—甘露醇；Xyl—木糖醇；Ara—阿拉伯糖基；4-*O*-Me-GlcA—4-*O*-甲基葡萄糖醛酸[299]

· 解聚后的核磁共振波谱结构分析

提高部分官能化纤维素衍生物的 NMR 光谱分辨率的另一种方法是部分或完全解聚（降解）。这种方法的另一个优点是纤维素醚提供高黏性溶液，降解降低了黏度。因此，可以采用更高的浓度，从而获得更好的光谱分辨率。降解通常适用于纤维素醚，如 CMC，因为侧链在水解过程中不会断裂，而纤维素酯会发生侧链水解。因此，保留了关于取代模式的基本信息。部分官能化 CMC 样品的完全降解与模型化合物的比较用于 NMR 光谱的详细分配，也用于确定衍生物的结构特征[289]。因此，完全降解样品的 ^{13}C-NMR 与计算光谱完全吻合。基于 ^{13}C-NMR 测量，可以确定原始取代模式的单体组成（不同取代的葡萄糖的摩尔分数）。这是通过单体组成的统计计算和与从完全降解的聚合物的 ^{13}C-NMR 光谱获得的数据进行比较来完成的。NMR 数据也被用于确定 AGU 不同位置的羧甲基化速率常数。因此，对降解纤维素衍生物的 NMR 研究可以深入了解醚化中获得的结构，尤其是纤维素的羧甲基化，羧甲基化过程本身也可以进行详细研究。

^{1}H-NMR 测量可以以相同的方式应用，以获得部分取代度的细节。通常部分降解就足够了。在 ^{1}H-NMR 光谱进行研究之前，使用超声波降解和硫酸水解。获得了良好的分辨光谱（图 2.55）。表 2.15 总结了不同方法的结果比较。酸水解和超声波降解测定的部分取代度非常一致，这两种方法都可以用于 NMR 波谱研究。然而，前者的优点是聚合物不会降解成单体，并且 CMC 可以以与工业上使用的相同的形式进行研究。聚合物不会被单体污染，因为如果主链中心发生断裂就不会发生解聚。

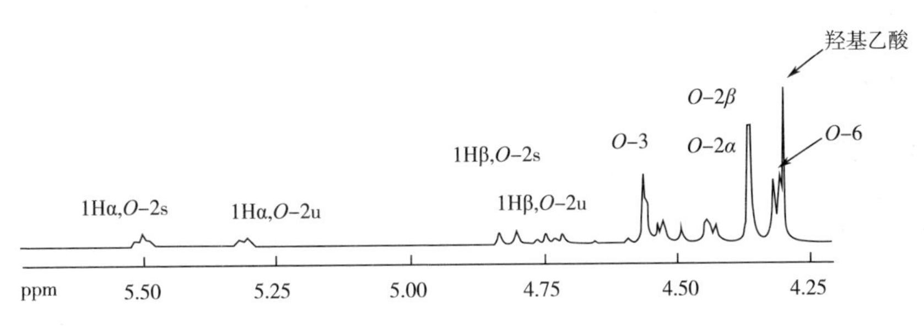

图 2.55　CMC 在 25%D_2SO/D_2O 中解聚后的 ^{1}H-NMR 谱图

表 2.15　^{13}C 和 ^{1}H-NMR 测定酸水解后和超声波降解部分取代度的不同方法的结果比较[301]

样品		方法			
		滴定[a]	^{13}C NMR/HY[b]	^{13}C NMR/US[b]	^{1}H NMR/US/HY[b]
1	DS^{c}	0.77	0.79	0.89	0.86
	x_2^{d}	—	0.38	0.49	0.35
	x_3	—	0.12	0.09	0.19
	x_6	—	0.29	0.31	0.32

续表

样品		方法			
		滴定[a]	^{13}C NMR/HY[b]	^{13}C NMR/US[b]	^{1}H NMR/US/HY[b]
2	*DS*	0.96	0.93	0.94	0.99
	x_2	—	0.43	0.46	0.43
	x_3	—	0.19	0.17	0.22
	x_6	—	0.31	0.31	0.34
3	*DS*[c]	1.19	1.25	1.30	1.31
	x_2	—	0.59	0.56	0.56
	x_3	—	0.22	0.30	0.31
	x_6	—	0.43	0.44	0.44
4	*DS*	1.67[a]/1.94[e]	2.26	2.44	2.29
	x_2	—	0.93	0.97	0.87
	x_3	—	0.50	0.67	0.63
	x_6	—	0.83	0.80	0.79
5	*DS*[c]	2.12[a]/2.30[e]	3.00	2.96	2.96
	x_2	—	1.00	0.92	1.00
	x_3	—	1.00	1.02	0.92
	x_6	—	1.00	1.02	1.05

a. 聚电解质滴定。

b. HY 为酸水解，US 为超声波降解。

c. 取代度（*DS*），在求和运算中考虑了 3 位小数，以避免舍入误差。

d. *x* 为部分取代度。

e. ASTM 滴定。

· 其他 NMR 技术

仍然没有能够很好地解决的复杂问题是，确定官能团沿聚合物链的分布和衍生化纤维素的超分子结构，这是由 AGU 中和沿链的官能化模式产生的。一种可能的方法是研究具有^{13}C 标记的乙酰基样品上测试 NMR 光谱[287]。此外，可以研究区域的形成，并提供取代模式信息[302-303]。酶处理后的纤维素酯的 NMR 光谱产生八种不同 AGU 的组成信息[304]。

除了所讨论的^{1}H 和^{13}C-NMR 技术外，剩余的 OH 基团转化为三氟乙酸酯[298]或亚磷酸酯[305] 纤维素，尝试使用 NMR 方法对其他核的^{19}F 和^{31}P-NMR 光谱进行测定确定纤维素衍生物的结构特征。用 2-氯-4,4,5,5-四甲基-1,3,2-二氧磷杂环戊烷对部分取代的纤维素衍生物进行官能化，亚磷酸酯可以根据内标定量积分，计算官能化纤维素起始材料的 *DS*。用棕榈酰化纤维素研究了该方法的有效性和准确性。官能化后的棕榈酸纤维素的^{31}P -NMR 光谱图如图 2.56 所示。

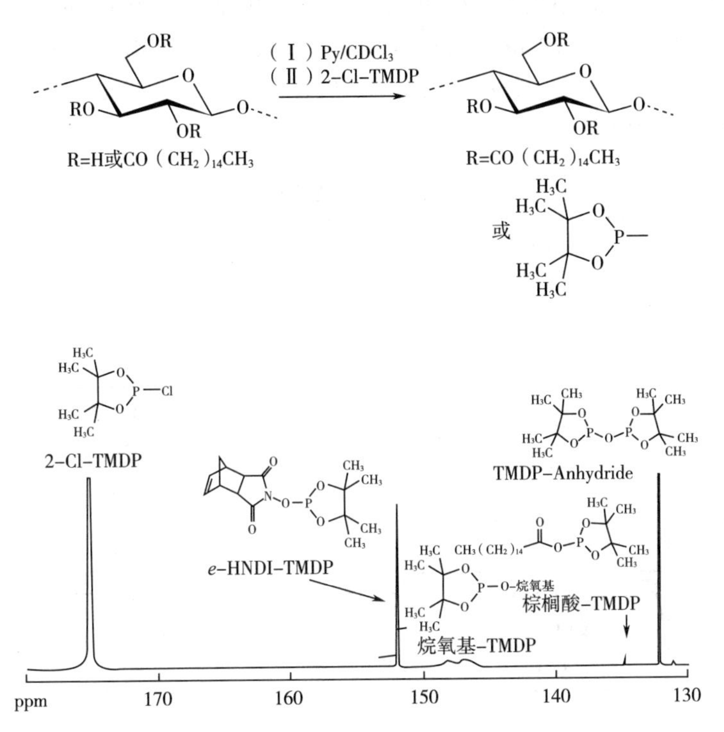

图 2.56　TMDP 磷酸化棕榈酸纤维素的衍生混合物和^{31}P-NMR 分析[305]

· 液态 NMR 的实际应用

测试纤维素或纤维素衍生物的^{13}C-NMR 光谱，如果允许产物使用高浓度，则应使用含有 8%~10%（质量分数）聚合物的溶液。为避免高黏度引起的问题，可采用酸性水解（表 2.15）和超声波降解的方法降解聚合物作为预处理[301,306]。测量应在高温下进行，通常在 60~80℃ 范围内，具体取决于溶剂。在^{1}H-NMR 的情况下，需要的量更少。通常，1%的溶液足以获得良好的光谱。

虽然与其他测试方式相比（如质谱），NMR 需要较多的样品，但没有破坏性。因此，样品测试后可以回收再用。使用现代仪器，甚至可以用少于 1mg 的样本获得足够的数据。

衍生物的溶解度取决于 *DS* 和聚合物的类型。表 2.16 列出用于纤维素衍生物光谱的 NMR 溶剂。研究部分取代衍生物的优选溶剂是 DMSO-d_6，其在宽的 *DS* 值范围内溶解聚合物，并且相对便宜。如上所述，对未改性纤维素衍生物（没有进一步的官能化或降解）的一般 NMR，特别是^{13}C-NMR 用于定性结构测定和定量分析。由于不同结构核的弛豫时间不同（不同 NOE），只有化学当量的次级基团或通过使用反向门控解耦实验才能进行量化。因此，对 *DS* 为 1.7、2.4 和 2.9 的乙酸纤维素样品的研究表明，C-1-C-6 出现了相同的 NOE，从而为从^{13}C-NMR 光谱中定量评估位置 2、3 和 6 处的部分 *DS* 值奠定了有效基础。在 59.0ppm（C-6 未取代），62.0ppm（C-6 取代），79.6ppm（C-4，C-3 未取代），75.4ppm（C-4 与位置 3 相连），101.9ppm（C-1，C-2 未取代），98.9ppm（C-1 与位置 2 相连）出现的信号被用来进行计算[221, 283]。

表 2.16　NMR 用溶剂

名称	H 化学位移（多重性）	水的 H 化学位移	C 化学位移（多重性）	沸点/℃
丙酮-d_6	2.04（5）	2.7	29.8（7） 260.0（1）	57
丙烯腈-d_3	1.93（5）	2.1	1.3（7） 118.2（1）	82
$CDCl_3$	7.24（1）	1.5	77.0（3）	62
D_2O	4.65（1）			101.4
DMF-d_7	2.74（5） 2.91（5） 8.01（1）	3.4	30.1（7） 35.2（7） 162.7（3）	153
DMSO-d_6	2.49（5）	3.4	39.5（7）	189
CD_2Cl_2	5.32（3）	1.4	53.8（5）	40
Py-d_5	7.19（1） 7.55（1） 8.71（1）	4.9	123.5（5） 135.5（3） 149.9（3）	116
THF-d_8	1.73（1） 3.58（1）	2.4	25.3（1） 67.4（5）	66
甲苯-d_8	2.09（5） 6.98（m） 7.00（1） 7.09（m）		20.4（7） 125.2（3） 128.0（3） 128.9（3） 137.5（1）	111
TFA-d_1	11.5（1）		116.6（4） 164.2（4）	72

全酯化后的测量更适合于定量。*DS* 和部分 *DS* 的测定可以通过随后引入的酯

在[1]H和[13]C-NMR光谱中的信号来实现，该方法非常可靠。以商用二乙酸纤维素为例，在吡啶中，用过量的丙酸酐在70℃下反应16h，使羟基全部衍生化。FTIR光谱中OH谱带的消失证实了反应的完全性（出于灵敏度原因，应用KBr技术）。混合酯良好溶解于$CDCl_3$，^{1}H-NMR光谱（图2.57）显示丙酸酯在1.03~1.07ppm（位置2、3的CH_3），1.21ppm（位置6的CH_3）以及2.21~2.37ppm（归属于CH_2）。乙酰基中CH_3在1.92ppm（位置3），1.97ppm（位置2）及2.08ppm（位置6）处观察到三个独立的峰，AGU质子的信号出现在3.51~5.05ppm。这与区域选择性官能化纤维素酯的结果一致，其中NMR信号的完全分配是通过高灵敏度HMBC技术与传统的2D NMR技术一起进行的[307]。

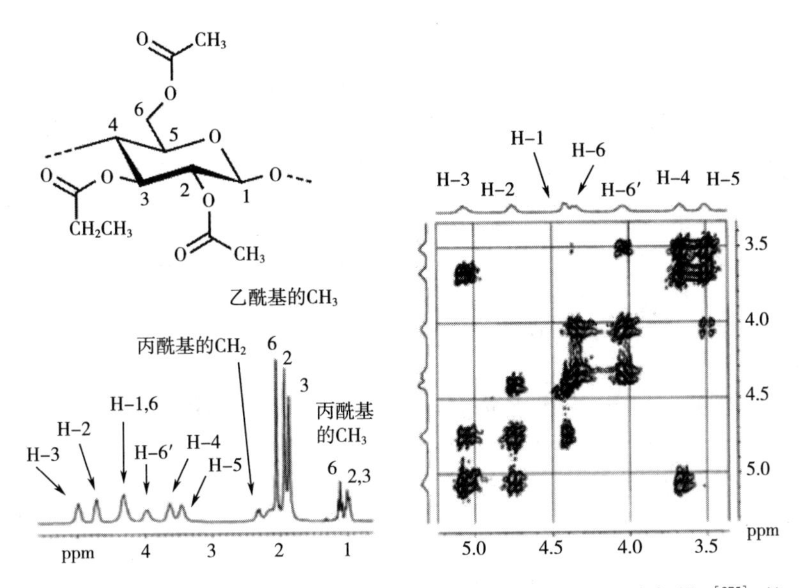

图2.57　通过全丙酰化商用二乙酸纤维素制备（$CDCl_3$，32次扫描）[275]的乙酸丙酸纤维素的^{1}H-NMR谱（左）和^{1}H，^{1}H COSY NMR谱（右，显示AGU的质子面积）

AGU信号可以完全分配，每个质子只显示一个峰值（5.00，H-3，4.73，H-2，4.33，H-1，6，3.99，H-6′，3.64，H-4，3.48ppm，H-5），分子中乙酰基和丙酰基的存在不会导致这些质子的信号分裂。该区域的^{1}H，^{1}H COSY NMR光谱证实了该分配（图2.57）。因此，通过方程式（2.24）和式（2.25），AGU的质子和丙酰基部分的甲基质子的光谱积分可用于计算乙酸盐的部分和总*DS*值。

$$DS_{\text{Acyl}} = 3 - \frac{7I_{\text{H, 丙酰基}}}{3I_{\text{H, AGU}}} \tag{2.24}$$

$$DS_{\text{Acyl}}(n) = 1 - \frac{7I_{\text{H, 丙酰基}}(n)}{3I_{\text{H, AGU}}} \tag{2.25}$$

式中：I=积分；n=位置2，3或6。

在60~120℃的温度下，二醋酸纤维素的丙酰化实验表明*DS*和取代基的分布没有显著变化。表2.17中总结的结果证实了该方法的准确性，标准偏差为$s^2=1.32\times10^{-4}$。必须指出，该方法可靠性的先决条件是完全去除所有杂质，如在60℃下减压干燥。如果存在水或游离乙酸，则偏差更高。

表2.17　全丙酰化纤维素二醋酸酯^{1}H-NMR计算的*DS*

系列1的*DS*	系列2的*DS*
2.35	2.37
2.35	2.37
2.32	2.38
2.32	2.38

二乙酸纤维素两次丙酰化（系列1和系列2），并四次测量^{1}H-NMR[275]。

从^{1}H-NMR谱图得到的$DS_{乙酰基}$、$DS_{丙酰基}$和总*DS*列于表2.18。总*DS*在2.97~3.01范围内，在该方法的标准差范围内。通过评估上述的丙酸酯信号强度，或根据乙酰基的CH_3基团在1.92ppm（位置3）、1.97ppm（位置2）和2.08ppm（位置6）的三个单独信号，可以分析部分$DS_{乙酰基}$。

表2.18　全丙酰化后^{1}H-NMR光谱测定的具有多种官能化的二醋酸纤维素的*DS*值[275]

序号	摩尔比			羟基位置的$DS_{乙酰基}$			$DS_{丙酰基}$	总*DS*
	AGU	乙酰氯	碱	6	2，3	Σ		
A1	1	1.0	1.2	0.35	0.13	0.48	2.49	2.97
A2	1	2.0	2.4	0.82	0.51	1.33	1.66	2.99
A3	1	3.0	3.6	0.91	0.65	1.56	1.41	2.97
A4	1	4.5	4.5	1.0	1.24	2.24	0.77	3.01
A5	1	5.0	6.0	1.0	1.62	2.62	0.37	2.99

硝基苯甲酰化可作为全乙酰化的替代方法。该技术适用于全丙酰化会导致NMR光谱中信号重叠的衍生物。作为模型开发的二乙酸纤维素与4-硝基苯甲酰氯在DMF中60℃时反应24h，确认游离OH基团完全官能化。产物在$CDCl_3$中溶解良好。图2.58是其标准^{1}H-NMR谱图。乙酰基的CH_3在1.88ppm（位置3），2.02ppm（位置2）和2.14ppm（位置6）出现三个独立峰。与全丙酰化样品一样，

AGU的质子信号在3.46~5.09ppm可以很好地分辨。聚合物中乙酰基和4-硝基苯甲酰基的存在不会导致AGU质子的信号分裂。$DS_{乙酰基}$可由AGU质子和乙酰基部分的甲基质子的光谱积分的比率确定。该方法通过4-硝基苯甲酰基的芳香质子的光谱积分来确定长链取代物的DS非常有用。酰基含量通过$DS_{Acyl}=3-DS_{硝基苯甲酰基}$计算得到。

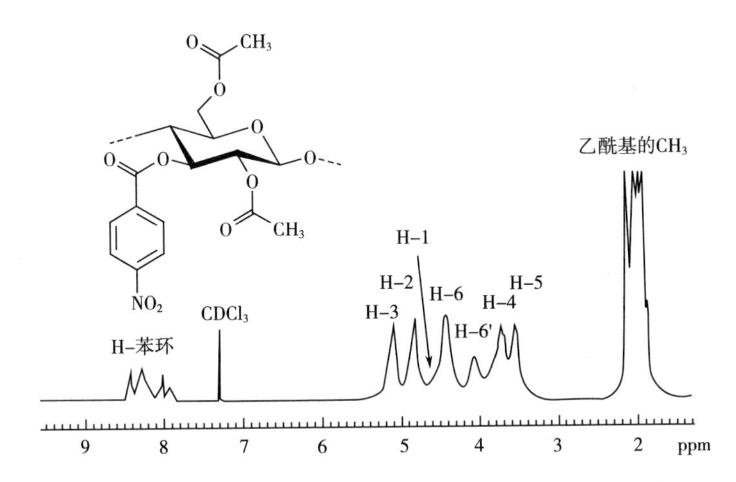

图2.58　对-4-硝基苯甲酰化乙酸纤维素^{1}H-NMR谱图（$CDCl_3$，32次扫描）[275]

如前所述，全乙酰化或全丙酰化经常用于纤维素羟烷基醚的结构测定。随后的官能化也用相应的酸酐在吡啶中进行。可以计算随机衍生化所得的衍生物的MS。这种方法适用于统计修改后的HEC。利用式（2.26）进行计算：

$$MS_{HE}=\frac{1}{4}\frac{9\int a}{\int b-7} \tag{2.26}$$

式中：a为AGU质子信号（5.1~2.9ppm）；b为乙酸酯基信号（2.1~1.9ppm）。

基本上，相同的技术可用于HPC的MS的测定。HPC完全乙酰化后（这通过在3450cm^{-1}处没有OH振动以及相应IR光谱中在1740cm^{-1}处乙酸基团的C═O振动的特征信号来证明），用式（2.27）、式（2.28）利用^{1}H-NMR数据计算MS：

$$MS_{HP}=\frac{1}{3}\frac{9\int a}{\int b-7} \tag{2.27}$$

$$MS_{HP}=3\frac{\int c}{\int b} \tag{2.28}$$

式中：a 为 5.1~2.9ppm 范围的信号；b 为乙酸酯基信号（2.1~1.8ppm）；c 为全乙酰化样品的^{1}H-NMR 光谱的羟丙基取代基（1.3~0.9ppm）的信号。

由于这些全酰化羟烷基纤维素的光谱分辨率相当低，通常无法测定部分 DS 值。相反，NMR 光谱可用于测定羧甲基化纤维素部分 DS 值。先决条件是多糖的降解。为此，CMC 样品在 25%（体积分数）D_2SO_4/D_2O（50mg/mL）混合物中，90℃下水解 5h。通过式（2.29）和式（2.31）计算部分 $DS_{CM(x_i)}$：

$$x_i = \frac{\frac{1}{2} \cdot A[CH_2(O-i)]}{A(H-1\alpha,\ O-2s)+A(H-1\alpha,\ O-2u)+A(H-1\beta,\ O-2s)+A(H-2\beta,\ O-2u)} \tag{2.29}$$

$$DS = \sum x_i \tag{2.30}$$

$$x_i = \frac{A(H-1\alpha,\ O-2s)+A(H-1\beta,\ O-2)}{A(H-1\alpha,\ O-2s)+A(H-1\alpha,\ O-2u)+A(H-1\beta,\ O-2s)+A(H-2\beta,\ O-2u)} \tag{2.31}$$

式中：A 为相应 NMR 光谱中的积分面积。

2.3.4 色谱分析

如 SEC 测量所述（见 2.2.2 节），现代色谱分析使用不同形状和填料的柱将化合物从混合物中分离出来，从而借助检测器系统确定混合物中物质的存在和浓度。SEC 测量利用柱中的凝胶状多孔填料根据相对分子质量分离分子。相反，气相色谱（GC）或 GLC 和高效液相色谱（HPLC）是最广泛应用于多糖衍生物结构分析的方法，使用复杂混合物中分析物与柱壁或柱中填料的特定物理和化学相互作用，根据分子的化学性质进行分离。无论如何，在进行色谱测量之前，必须对多糖衍生物进行处理。这可能包括完全降解或随后的衍生化以保持与聚合物降解相结合的功能化模式，有时还包括第二次衍生化以使葡萄糖衍生物适合所选方法。这是色谱方法的主要缺点之一，因为必须保证所有步骤都是定量的，并且回收率是 100%，这很难实现。

GC 研究的分析物必须蒸发而不降解。然后用惰性载气（通常是氮气或氦气）将其输送通过一个 10~200m 的狭长毛细管状柱。关于 GC 的内容参见[308]。该柱由金属或更常见的石英制成，并且可以在内部具有涂层（聚有机硅氧烷层），被称为固定相。在测量期间整个柱放置在烘箱中并保持在指定温度。当分子通过色谱柱时，根据其流动性和与固定相的相互作用来分离分子。为了测定柱末端分离的化合物，开发了大量检测器，如火焰光度检测器（FPD）、红外探测器（IRD）、放电电离检测器（DID）、光致电离检测器（PID）、脉冲放电电离检测器（PDD）、热离子电离检测器（TID）以及质谱仪（MS）。

如本章将讨论的，与 MS 的组合（GC—MS）经常用于纤维素衍生物的分析。

为了满足可蒸发分析物的先决条件，开发了多种后续官能化步骤，如硅烷化、乙酰化或衍生物或更准确地说，降解衍生物的甲基化。

高效液相色谱法是一种高效和灵敏的技术，即使只有非常少量的样品可用。HPLC 使用填充有小吸附剂颗粒的柱（固定相）。颗粒尺寸约 5μm。密集填料在短柱上提供了更好的分离，但这也是需要高压的原因（历史上，HPLC 被称为高压液相色谱法）。压力可能高达 40MPa。在“超高效液相色谱”系统中，压力可达 100 MPa。常见的流动相（洗脱液）包括水溶液或水与各种有机溶剂（例如乙腈或甲醇）的任何混溶组合，其携带分析物通过色谱柱。对于检测，可以使用折射率（溶质和溶剂之间的差异，RI 检测器）、UV 吸光度（UV 检测器）、手性（手性检测器）或质谱（HPLC—MS）的组合。用于分离纤维素衍生物降解产物的包装材料、洗脱剂和检测系统的组合始终是熟练分析师优化的结果，很难给出此类设置的一般指南。必须提到的是，保留时间，即分子从注射到检测器所需的时间，只能在相同设置的测量中进行比较。关于 HPLC 的基础知识和实际应用，请参见章后参考文献[309-312]。

由于其与纤维素衍生物分析的相关性，必须提及两种密切相关的具体方法；具有脉冲检测的高 pH 值阴离子交换色谱（HPAEC/PAD）和毛细管电泳（CE）。HPAEC/PAD 是一种常见的碳水化合物分析技术，因为在应用的 pH 值（12~13，NaOH 溶液作为洗脱剂）下，碳水化合物分子可以进行脱质子化，从而与固定相发生非常特殊的相互作用，从而实现良好的分离。碳水化合物在这种状态下很容易被氧化，用于检测，无须额外标记碳水化合物。

在 CE 中，毛细管系统与末端的两个电极和高压电源结合用于分离。可以通过电荷、摩擦力和流体动力学半径来分离离子物质。对中性碳水化合物，引入必要电荷的一种有效方法是使用硼酸盐缓冲液将样品转化为相应的硼酸盐。此外，引入发色团或荧光团用于检测。可以通过还原胺化来实现，如图 2.59 所示。

2.3.4.1　降解后纤维素的高效液相色谱分析

HPLC 是测定纤维素样品纯度的快速可靠方法。为了将 HPLC 应用于纤维素检测，需要控制解聚反应。简单的步骤是用硫酸或高氯酸（质量分数为 70%，见实验部分）降解多糖，并用 HPLC（阳离子交换树脂，例如 BioRad Aminex HPX 或 Rezex ROA 柱）在高温（65~80℃）下用稀硫酸作为洗脱剂分离糖。表 2.19 给出了该分析系统中纤维素纸浆中常见的不同糖的保留时间（65℃，用 0.005M 硫酸为洗脱剂）。大多数情况下，RI 检测器是适用的。糖的响应因子应该是已知的或需要确定的。或者，可以使用脉冲安培检测或 UV 检测。如果采用紫外检测，建议对糖进行进一步衍生化（见上文）。

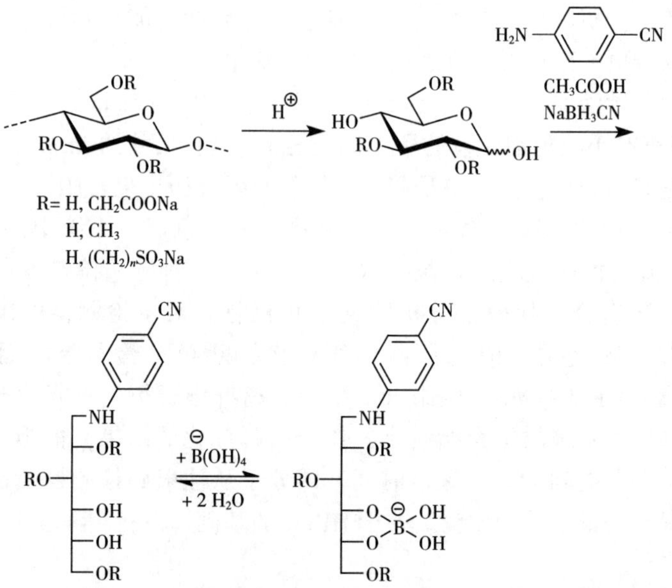

R= H, CH_2COONa
H, CH_3
H, $(CH_2)_nSO_3Na$

图 2.59 纤维素醚（在本例中为羧甲基、甲基或磺基烷基醚）的毛细管电泳（CE）分析的工作原理［包括解聚、还原胺化（标记）和转化为带电硼酸酯[313]］

表 2.19 多糖中不同糖和糖醛酸的保留时间

糖	保留时间/min	糖	保留时间/min
阿拉伯糖	25.2~25.3	甘露糖	23.1~23.3
果糖	23.5	鼠李糖	24.6~24.7
葡萄糖	21.8~22.0	核糖	26.0~26.2
葡萄糖醛酸	19.5~19.7	木糖	23.3~23.5

因此，水解与 HPLC 相结合非常适合于结构特征和杂质的测定和定量研究，例如云杉亚硫酸盐浆中半纤维素的存在，如图 2.60 所示。

2.3.4.2 降解后纤维素衍生物的分析

纤维素衍生物结构分析的一个非常有用的工具是聚合物的完全或部分降解，以及随后的色谱分析[313]。通常用酸水解、甲醇分解以及根据格雷与路易斯酸和三乙基硅烷的还原解聚[314]。没有对纤维素衍生物进行额外衍生化的情况下，该技术只能应用于纤维素醚。原因是其他衍生物（如酯）将在主链和侧基发生水解，这意味着结构信息丢失。相反，在温和、完全解聚的过程中，至少在重复单元的水平上醚取代基保留在葡萄糖单元上并保持取代模式。最常见的，将获得的不同取代的葡萄糖混合物还原成相应的醛糖醇（图 2.61），具有更好的分离度。此外，随

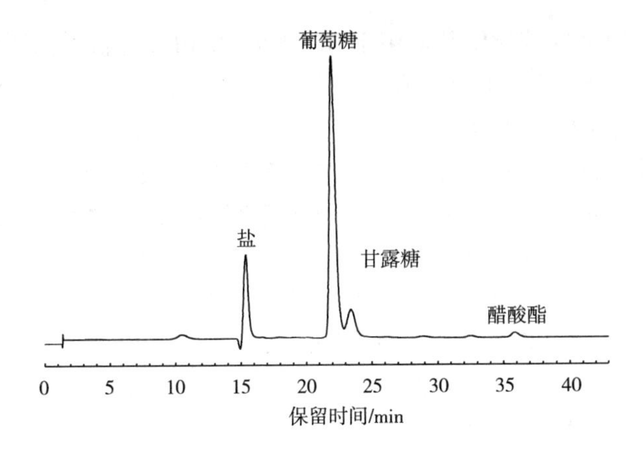

图 2.60　水解云杉亚硫酸盐浆的 HPLC 洗脱图

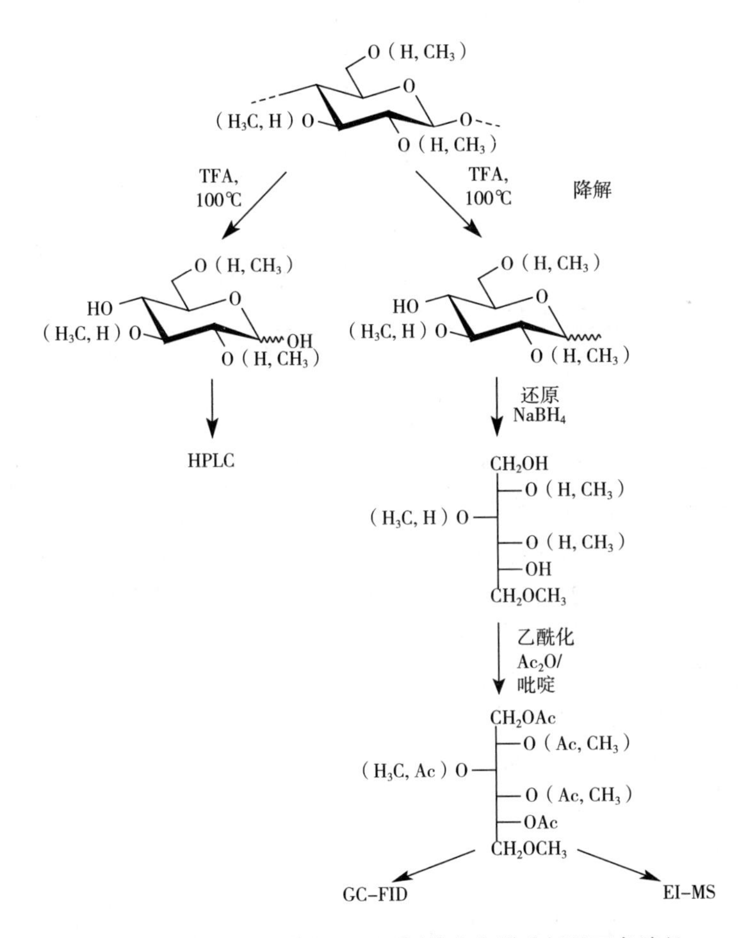

图 2.61　降解和后续修饰的甲基纤维素色谱分析的两条路径
（括号中的取代基表示这些位置可能发生衍生化）

后的乙酰化或三甲基硅烷化使其适用于 GC 测量。HPLC 分析不需要这一额外步骤，但并不能像 GC 那样完全解析所有的取代模式（图 2.62）。按照该路线，用三氟乙酸完全降解后，用 GC—MS 研究了 *DS* 为 1.7 的 MC[315]。完全水解获得的部分甲基化单糖通过还原转化为醛醇。通过 GC—MS 将其鉴定为乙酸酯和三甲基甲硅烷醚，用 GC 进行定量分析，如图 2.62 所示（以木糖醇为标准，数字指取代模式，取代基在 AGU 的位置，un 为未取代的葡萄糖）。所获得的主要葡萄糖甲基醚依次为 2,6-、2,3,6-、2-、6-和 2,3-。2 位和 6 位分别占 70.0%和 61.5%，而 3 位仅占 37.4%。与 NMR 相比，GC—MS 法更准确地测定了甲基纤维素中甲基的分布。应提及的是，HPLC 是一种类似的方法，扩展了酯或甲硅烷基纤维素的全甲基化和甲基醚基团分布模式分析的途径[316-318]。

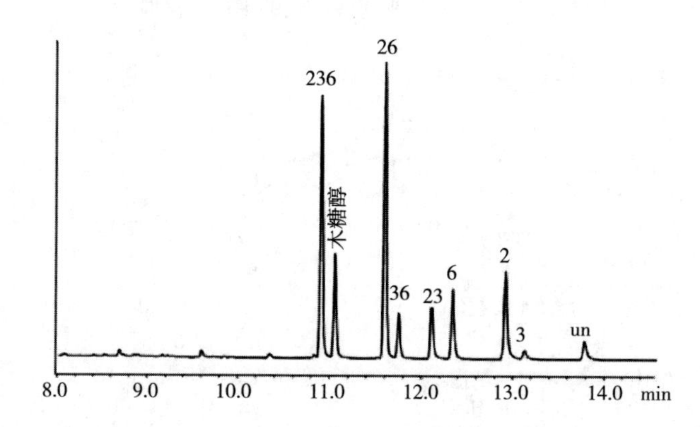

图 2.62　水解、还原和乙酰化后甲基纤维素的 GC（FID）测量结果

开发了一种快速的 CMC 分析方法，使用高氯酸水解，用 HPAEC/PAD 分析羧甲基化葡萄糖残基和葡萄糖的混合物。全三甲基甲硅烷基化后，用 GC—MS 联合测量以确定色谱峰。通过^{1}H-NMR 光谱确定各组成单体的摩尔响应因子。三种 CMC 的 *DS* 通过所提出的方法和标准滴定程序测定，两者的结果非常一致[319]。该技术也非常适用于磺乙基纤维素的表征[320]。

羟烷基纤维素降解后用 GC 和 FAB-MS 进行分析。对纤维素醚，水解的使用受到取代基疏水性的限制，使更高度取代的葡萄糖残基被严重低估，并且 AGU 某些位置的反应基团的分子内反应形成六元环。后者的例子是 2-（2-羟基）烷基（图 2.63）或 2-烯丙基醚，形成分子内缩醛和加成产物，或在 C-6 处具有强亲核功能的衍生物，例如 6-氨基-6-脱氧衍生物，其比葡萄糖本身更容易形成 1，6-无水葡萄糖。

这种情况，优选使用 HCl/干甲醇进行甲醇分解，抑制了所提及的大多数分子内副反应，能够更好地溶解和提高极性较低样品的可及性[321]。所获得的甲基葡萄糖苷对副反应不太敏感，但不能进一步还原为醛醇或通过羰基功能的反应进行

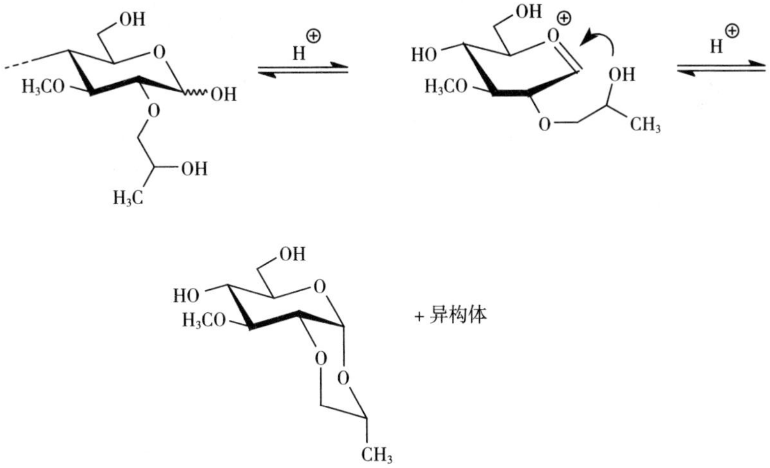

图 2.63　2-*O*-羟烷基纤维素在水解过程中可能发生的分子内副反应[321]

标记。

所讨论的分析方法的结果，给出了基于 AGU 的取代基分布信息，可以与统计计算进行比较，并得到关于醚基团沿链分布的信息[322]。用高氯酸解聚并通过 HPLC 测量分离重复单元后，研究了羧甲基化多糖的 CM 基团沿链的分布[323-325]。

用于分析目的的聚合物的高度特异性相互作用是纤维素酶对纤维素醚的酶降解。在早期的研究中，降解之后进行黏度和还原糖的测量。由于低取代部分纤维素醚的选择性解聚，得出的结论是，酶切断了高取代部分。因此，该分析产生了有关这些区域长度的信息，即关于沿聚合物链的官能团分布的信息[326-327]。通过 ^{13}C-NMR 波谱分析酶降解获得的 HEC 片段[328]。在酶处理基础上，建立了一种有效的 CMC 结构测定方法。该途径包括内切葡聚糖酶催化的多糖片段化，然后采用制备 SEC 测量。随后通过酸水解将每个 SEC 级分的样品转化为单糖单元，然后进行定量 HPLC。这种类型的分析适用于 AGU 内和沿聚合物链具有不同取代模式的很多 CMC 样品[90,329-331]。值得注意的是，一篇 Urbanski 关于分析纤维素醚中取代基的综述[332]。

2.3.4.3　降解和衍生化后应用的色谱技术

对于水解不稳定的纤维素衍生物，特别是有机和无机酯和甲硅烷基醚，聚合物主链的降解通常伴随取代基的部分或完全损失。在随后的衍生化和解聚之后，色谱技术的开发仍然是可能的，如图 2.64 中甲基化步骤所示。然后用色谱法分析水解不稳定多糖酯的反取代模式（甲基模式）。如该方案所示，酸性解聚的替代方法是还原裂解。为此，建议进行乙酰—醚交换，以获得酯分布的正确信息。

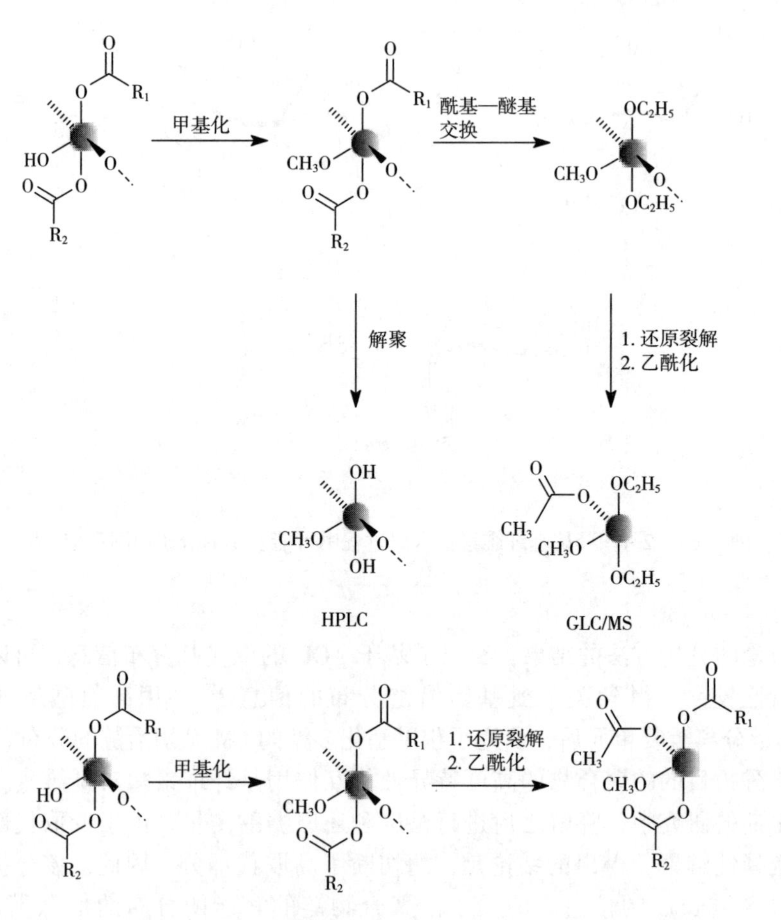

图 2.64　衍生化后的色谱法分析多糖酯[275, p163]

最常用于分析构建单元的色谱技术是 GC—MS。其优点是可以在不合成标准化合物的情况下明确地分配峰。Mischnick 等对这个主题进行了很好的综述[333]。目前已知有尝试使用 HPLC 作为色谱工具。随后的衍生化更容易，不需要衍生物的挥发性。尽管如此，GC 仍然提供了更好的分辨率。

多糖酯的醚化[334-335] 和氨基甲酰化[336] 是后续衍生化常用手段。至关重要的是，后续步骤不涉及在水和强碱存在下进行转化，否则会发生酯水解或酯交换反应，从而导致错误的结果。这方面的尝试是由 Björndal 等开发的[337]。醋酸纤维素与甲基乙烯基醚在 DMF 中以 TsOH 为催化剂下进行的衍生化。用 GC 分离无水二醇醋酸酯[338]。将结果与^{13}C 和^{1}H-NMR 的数据比较，表明商用单醋酸纤维素和二醋酸纤维素具有良好的一致性（表 2.20[221]）。

表 2.20　纤维素单醋酸酯（CMA）和纤维素二醋酸酯（CDA）中酯基分布评估[221]皂化/滴定法化学分析和^{13}C-NMR 波谱法[275, p164]

样品	方法	不同位置羟基酰化 *DS*			总 *DS*
		2	3	6	
CMA	滴定	—	—	—	1.75
	^{13}C-COM[a]	0.60	0.55	0.58	1.73
	^{13}C-NME[b]	0.59	0.56	0.59	1.74
	^{1}H-NMR	0.59	0.56	0.59	1.74
	GC	0.60	0.60	0.59	1.79
CDA	滴定	—	—	—	2.41
	^{13}C-COM	0.84	0.83	0.72	2.39
	^{13}C-NME	0.84	0.84	0.73	2.41
	^{1}H-NMR	0.86	0.82	0.73	2.41
	GC	0.83	0.83	0.71	2.37

a. NOE 的质子解耦模式。

b. 无 NOE 的质子解耦模式，甲基化和降解后的^{1}H-NMR 波谱和 GC。

更可靠和有效的是在中性条件下用三氟甲烷磺酸甲酯（三氟甲磺酸甲酯）/2，6-叔丁基吡啶在磷酸三甲酯中甲基化[339] 或用三甲基氧铵四氟硼酸盐在二氯甲烷中处理[340]。甲基化过程用于 *DS*>2 的衍生物。较低的 *DS* 需要考虑迁移和链降解。甲基化产物可进行酰基—乙基交换和还原裂解[293]。纯乙酸纤维素，用 GC（图 2.65 和表 2.21）确定了 8 种不同取代的重复单元的摩尔比。

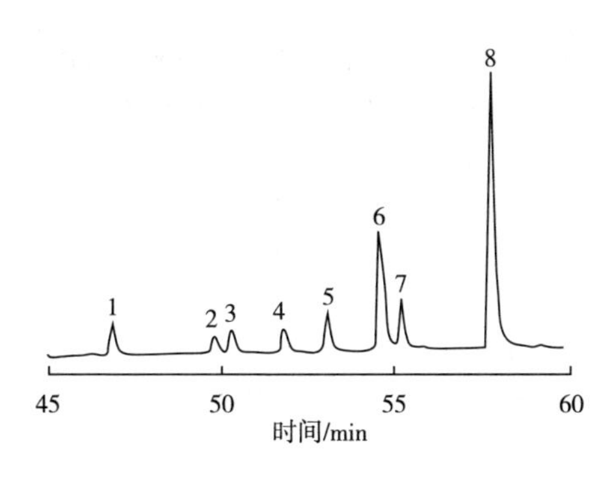

图 2.65　源自醋酸纤维素 *DS*=2.50 的无水醛二醇醋酸酯的 GLC[275]

表 2.21　源自醋酸纤维素 *DS*=2.50 的无水醛二醇醋酸酯 8 种不同取代的重复单元的分配[275]

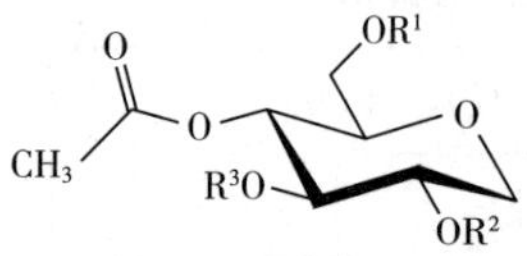	R^1	R^2	R^3
1（图 2.65）	CH_3	CH_3	CH_3
2	CH_3	C_2H_5	CH_3
3	CH_3	CH_3	C_2Hs
4	C_2H_5	CH_3	CH_3
5	CH_3	C_2H_5	C_2Hs
6	C_2H_5	C_2H_5	CH_3
7	C_2H_5	CH_3	C_2Hs
8	C_2H_5	C_2H_5	C_2H_5

和纯纤维素醋酸酯相比，该方法不能用于混合酸酯中每种酯的部分取代度的测定，比如说纤维素醋酸丁酸酯的部分取代度测定。为了分析混合酯，利用过量的路易斯酸和三乙基硅烷对甲基化样品进行还原处理。具体地，在（C_2H_5）$_3$SiH（35mol/mol AGU）、CH_3SO_3Si（CH_3）$_3$（70mol/mol AFU）和 BF_3 · O（C_2H_5）$_2$（17mol/mol AGU）存在下，将甲基化的混合纤维素酯室温下还原裂解 7 天。该过程使酰基残基完全还原为相应的烷基醚。GC 与 CI-MS 和 EI-MS 结合，用乙酸酐/1-甲基咪唑乙酰化样品后进行测试。表 2.22 总结了在 Restek RTx-200 色谱柱上获得的 27 个独立信号的分配，是一种快速方便的一锅分析法，适用于各种衍生物[341-343]。

表 2.22　峰值分配（按保留时间增加排列）通过连续的全甲基化、还原裂解和乙酰化，从醋酸纤维素丙酸酯中衍生出的无水二醇醋酸酯的气—液色谱图[275, p166]

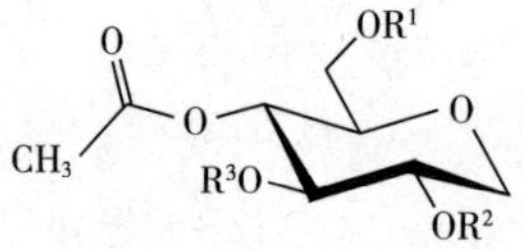	R^2	R^3	R^6	相对分子质量
	CH_3	CH_3	CH_3	248
	CH_3	C_2H_5	CH_3	262
	CH_3	CH_3	C_2H_5	262

续表

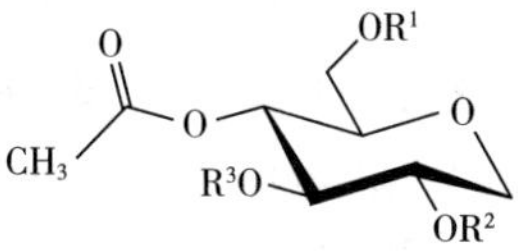	R^2	R^3	R^6	相对分子质量
	C_2H_5	CH_3	CH_3	262
	CH_3	C_2H_5	C_2H_5	276
	C_2H_5	C_2H_5	CH_3	276
	C_2H_5	CH_3	C_2H_5	276
	C_2H_5	C_2H_5	C_2H_5	290
	CH_3	C_3H_7	CH_3	276
	CH_3	CH_3	C_3H_7	276
	C_3H_7	CH_3	CH_3	276
	CH_3	C_3H_7	C_2H_5	290
	CH_3	C_2H_5	C_3H_7	290
	C_2H_5	C_3H_7	CH_3	290
	C_3H_7	C_2H_5	CH_3	290
	C_3H_7	CH_3	C_2H_5	290
	C_2H_5	CH_3	C_3H_7	290
	C_2H_5	C_3H_7	C_2H_5	304
	C_2H_5	C_2H_5	C_3H_7	304
	C_3H_7	C_2H_5	C_2H_5	304
	CH_3	C_3H_7	C_3H_7	304
	C_3H_7	C_3H_7	CH_3	304
	C_3H_7	CH_3	C_3H_7	304
	CH_3	C_3H_7	C_3H_7	318
	C_3H_7	C_3H_7	C_2H_5	318
	C_3H_7	C_2H_5	C_3H_7	318
	C_3H_7	C_3H_7	C_3H_7	332

碱性条件下通过甲基化实现多糖硫酸半酯的结构分析。然而，对于反式-1,2-二醇，需要通过优化反应条件来避免（1→4）连接的葡聚糖分子内亲核置换硫酸盐在环氧乙烷结构作为中间体时存在的结构[316]。由于2-硫酸盐中糖基键的酸不稳定性显著增强，直接还原为葡萄糖醇，应用还原水解来稳定早期释放的葡萄糖残基[344-345]。在完全水解、还原和乙酰化后，得到部分甲基化的葡糖醇乙酸酯，可通过 GC 进行分析。

交替应用纤维素酯的甲基化、控制解聚和 HPLC 来研究其结构。该方法的优点是可以研究衍生糖单元的水溶液，后续的功能化相当容易。用三氟甲磺酸甲酯的全甲基化，然后用 TFA 水解解聚。该途径可用于非常不稳定的纤维素衍生物，如三氟乙酸纤维素的结构分析[346]。为了分离与起始酯具有相反取代模式的甲基葡萄糖，使用 RP-18 柱。将 HPLC 信号分配给不同的替代模式是可行的，但由于分辨率相对较差，色谱图的定量分析受到限制。该方法可用于确定不同取代基（未取代、单取代、二取代和三取代葡萄糖）的量[316]。除了纤维素酯（如乙酸酯[340]和硫酸酯）外，其他水解不稳定的纤维素衍生物（如苄基[347]和甲硅烷基醚[348]）也可以在甲基化衍生化后进行分析。

2.3.5 质谱

质谱（MS）是一种可与色谱技术相结合的方法。一般来说，质谱需要样品的蒸发和成分的电离，例如，用电子束轰击，从而形成离子[349]。然后在分析仪中根据质荷比（m/z 或 m/Q）在电磁场中将它们分离。最后，检测器记录离子经过或撞击表面时产生的电荷或电流，离子信号处理成质谱。在扫描仪器中，检测器在扫描过程中产生的信号将产生质谱，这是离子强度（或相对丰度）作为 m/z 的函数被记录下来。

为了使气体和蒸汽电离，最常用的方法包括电子碰撞（EI）电离和化学电离（CI）。后一种技术是通过分析物与试剂气体（如甲烷或氨）的离子碰撞来实现电离。由于分析物中的化合物必须被蒸发，因此纤维素衍生物的后续功能化和降解对于这类分析是必不可少的。因此，更适合生物材料和大分子的是现代技术，如电喷雾电离（ESI）、快速原子轰击（FAB）和基质辅助激光解吸/电离（MALDI）方法。这些方法是相对较软的电离工具，可以使用固体或液体。FAB-MS 与 MALDI 密切相关。在这里，分析物被嵌入基质中，例如甘油、硫代甘油或 3-硝基苄醇（3-NBA），这些基质可以很容易地蒸发并携带分析物中的化合物。在 FAB-MS 的情况下，分析物/基质混合物在真空下用高能原子束轰击，而 MALDI 通常利用紫外激光束。在激光撞击期间，分析物的分子也以相对低能量的方式电离。这些电离方法大多与飞行时间（TOF）检测器系统相结合。该设置通常称为 MALDI-TOF。

MS 测量非常适合于纤维素衍生物的结构分析，以及在模型实验中基本了解纤维素与其他分子（例如溶剂）的相互作用。这种方法已经在用硼酸处理的纤维低聚物的NMR研究中进行了讨论（见第2.3.3.2节），以深入理解用硼酸活化纤维素在工业上的重要性。

所用的模型化合物主要是甲基糖苷（Me-α-D-Glc *p*）、甲基纤维糖苷（Me-β-D-clb）或纤维低聚物。文献[268]讨论了Me-α-D-Glc *p* 与苯基硼酸及其酸酐三苯基硼酸（TPB）的转化。解释前两个信号的裂变模式如公式中的虚线所示。光谱揭示了七元和六元硼酸环的存在。这通过将受保护的Me-α-D-Glc *p* 转化为甲基-4,6-*O*-亚苄基-2,3-*O*-（二苯基硼硼酸酯）-α-D-吡喃葡萄糖苷（3）得到证实，其中发现了七元环部分 *m/z* 250（Ⅱ）的相同片段。

基于这些测量结果预测的结构如图2.66、表2.23所示，这些结构在非质子有机溶剂或水中用TPB处理Me-β-D-clb形成。采用（EI）电离，*MS* 测量只需将由Me-β-D-clb和TPB组成的反应混合物引入质谱仪即可进行。对于所有Me-β-D-clb，TPB摩尔比高于1∶1的样品再次出现 *m/z* 250的典型碎片离子，表明在C-2

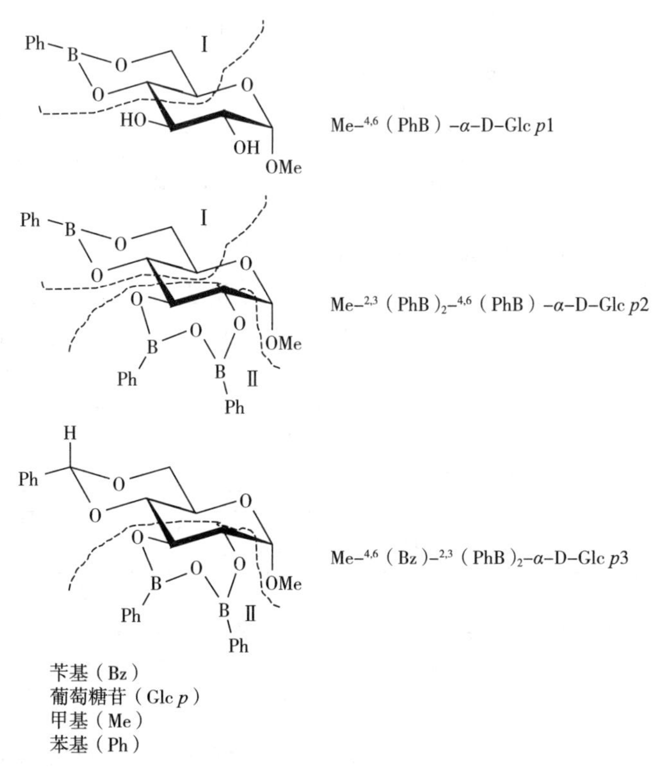

图2.66 Me-α-D-Glc *p* 和受保护的Me-α-D-Glc *p*（3）与苯硼酸转化得到的硼酸酯结构的裂变过程[269]

和 C-3 处的反式-1,2-二醇存在七元二硼酸环[268]。使用化学电离（CI）以水为试剂气体的 MS 实验证实了这一点。在光谱中，在 *m/z* 632 处发现了分子离子峰。该峰归属于衍生化的 Me-*β*-D-clb，其硼化位置为 4′和 6′（六元硼酸盐），在 C-2 和 C-3 或 C-2′和 C-3′处的一个反式-1,2-二醇部分发生硼化（七元二硼酸盐结构，表 2.23 条目 3）。另一个指示是 *m/z* 632 处峰值的同位素，揭示了检测到的苯基硼酸盐结构中存在三个硼原子。由于硼的独特同位素分布（^{10}B : ^{11}B = 1 : 4.2），质量峰的同位素模式对含硼化合物非常重要。

表 2.23　甲基-*β*-D-纤维二苷的苯硼酸盐结构及不同光谱方法的可检测性[268]

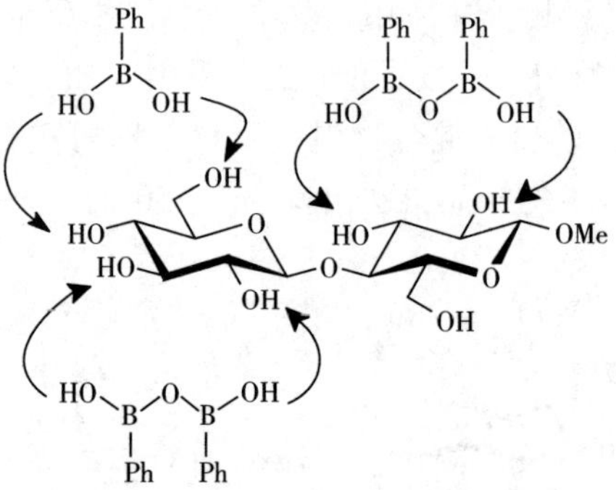

条目	结构缩写	相对分子质量	可检测性
1	Me-$^{4',6'}$（PhB）-*β*-D-clb	442	ESI，MALDI-TOF
2	Me-^{2,3}（PhB)$_2$-*β*-D-clb Me-$^{2',3'}$（PhB)$_2$-*β*-D-clb	546	ESI，FAB，MALDI-TOF
3	Me-^{2,3}（PhB)$_2$-$^{4',6'}$（PhB）-*β*-D-clb Me-$^{2',3'}$（PhB)$_2$-$^{4',6'}$（PhB）-*β*-D-clb	632	FAB，CI，MALDI-TOF
4	Me-^{2,3}（PhB)$_2$-$^{2',3'}$（PhB)$_2$-*β*-D-clb	736	MALDI-TOF

破坏性较小的 FAB-MS 实验证实了 *m/z* 632 处的峰值和另外一个 *m/z* 546 处的信号（表 2.23 条目 2），其对应于反式-1,2-二醇的二苯基硼酸酯结构。通过纳米电喷雾电离质谱（ESI-MS）确定了一个七元二硼酸酯结构（*m/z* 546）和一个六元硼酸酯环（*m/z* 442，cp. 表 2.23 条目 1），但没有提示相邻葡萄糖单元处的两个反式-1,2-二醇的转化。因此，用 MALDI-TOF MS 进行测试。三层的多层点样技术是硼酸糖的合适样品制备方法。可以按如下方式进行：在 MALDI 靶标上点样 THF 中的第一个 2，5-二羟基苯甲酸（DHB）溶液，因为施加丙酮中的第二层碘

化钠溶液，并在有机溶剂蒸发后，将水性样品溶液（Me-β-D-clb 和 TPB 的混合物，浓度为 5~10g/L）添加到顶部作为第三层也是最后一层。干燥加速了水的去除以及羟基与 PBA 单元的酯化。图 2.67 显示了 Me-β-D-clb 和 TPB（摩尔比 1∶0.6）的蒸发水溶液在 DHB 和峰分配上的 MALDI-TOF MS 光谱（反射模式）。

值得注意的是，反复出现的质量差异（$\Delta m/z$ 86 和 $\Delta m/z$ 104）可能来自额外的 PBA 单元。因此，m/z 465、m/z 569、m/z655 和 m/z 759 处的分子离子 $[M+Na]^+$ 与具有不同数量硼酸单元的硼酸盐结构相关（表 2.23，条目 1~4）。检测到的摩尔质量证实了除了 C-4′和 C-6′处预期的六元环外，还有位置 2 和 3 处的仲 OH 基团的转变。此外，m/z 759 处存在分子离子，这与相邻葡萄糖单元处具有两个七元焦硼酸环的酯化产物一致。因此，发现了沿着低聚物或聚合物链具有二硼酸酯部分的多官能化。具有其他摩尔比的 Me-β-D-clb：TPB 和以 α-氰基-4-羟基肉桂酸为基质的样品产生了类似的光谱，证实了在一个 Me-β-D-clb 分子上存在两个七元环。通过将质量峰的模式和强度与计算的同位素模式进行比较，获得了进一步的证据。根据碳和硼的同位素分布，模拟了主要分子离子的模式（图 2.67 的插图和图 2.68）。

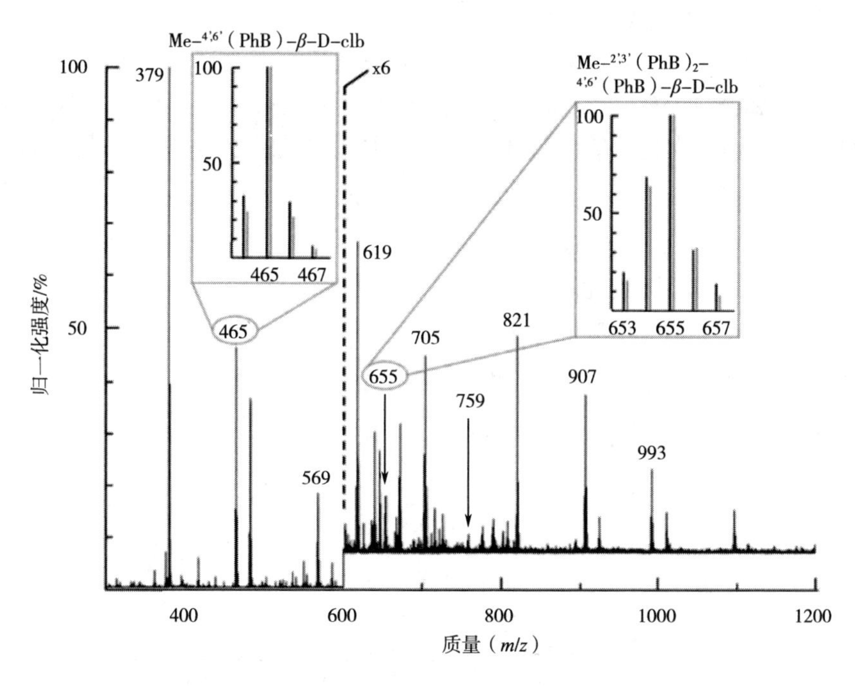

图 2.67 Me-β-D-clb 和 TPB 溶液的 MALDI-TOF MS 谱图

（摩尔比 1∶0.6；基质为 THF 中的 DHB；盐为丙酮中的 NaI）

注：插图是计算出的同位素（灰色）与 Me-4′,6′（PhB）-β-D-clb 和 Me-2,3（PhB）2-4′,6′（PhB）-β-D-clb 分子离子的比较[268]

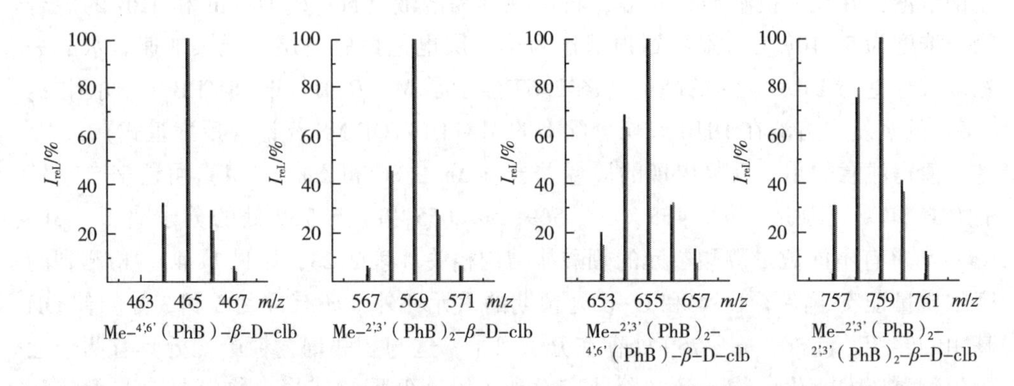

图 2.68 计算出的同位素模式（灰色）与 Me-β-D-clb 的苯硼酸酯分子离子的比较[269]

预测模式与分子离子［M+Na］$^+$的峰的拟合良好。从 m/z 821、m/z 907 和 m/z 993 处的峰推断出两个分子 Me-β-D-clb 与硼酸的二聚。光谱中 m/z 619 和 m/z 705 处的分子离子很可能是由一个或两个 PBA 单元桥接的 Me-β-D-clb DHB 加合物的形成引起的。这些 MS 实验深入了解了纤维素与硼酸可能的相互作用，核磁共振测量证实了这一点（第 2.3.3.2 节）。

原则上 MALDI-TOF-MS 可用于测定相对分子质量，也可用于测定纤维素聚合物的纯度。用磷酸降解纤维素获得的纤维低聚物混合物的典型 MALDI-TOF-MS 如图 2.69 所示。质谱支持该低聚物样品的 GPC 测量结果，大多数低聚物具有 4～10

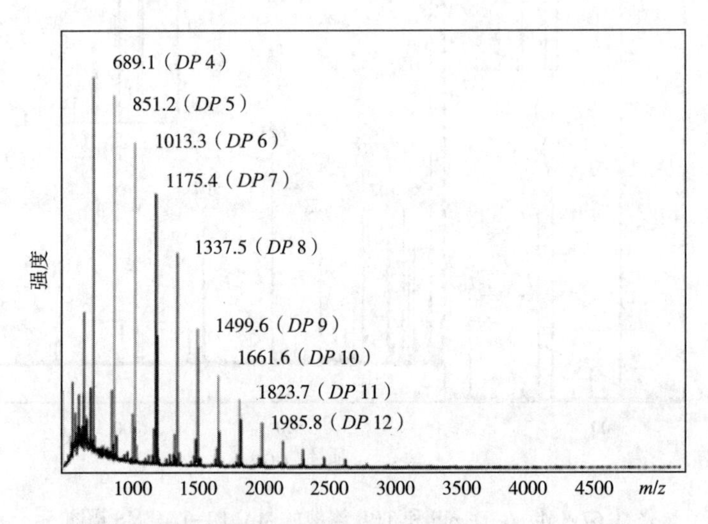

图 2.69 用磷酸降解纤维素获得的纤维低聚物混合物的 MALDI-TOF-MS 相应的 DP_w（根据 m/z 与摩尔质量 AGU 计算）分配在峰值上[350]

个葡萄糖单元[350]。与纯纤维素低聚物或衍生化低聚物的大多数光谱一样，相对分子质量的绝对值高于预期，因为形成阳离子加合物，导致在钠等情况下差异 *m/z* 41。配位点的碱性、数量和取向会影响阳离子形成准分子离子加合物（$[M+Na]^+$、$[M+H]^+$）的竞争。ESI-MS 中的摩尔信号强度通常降低，但 MALDI-MS 中摩尔信号强度在同寡糖相对分子质量（或 *DP*）的一定范围内增加。

例如，二糖的检测灵敏度比单糖高得多，因为额外的配位位点和糖苷键的构象灵活性有利于准分子离子的形成（图 2.70 [351]）。这是定量实验中出现偏差的另一个原因。

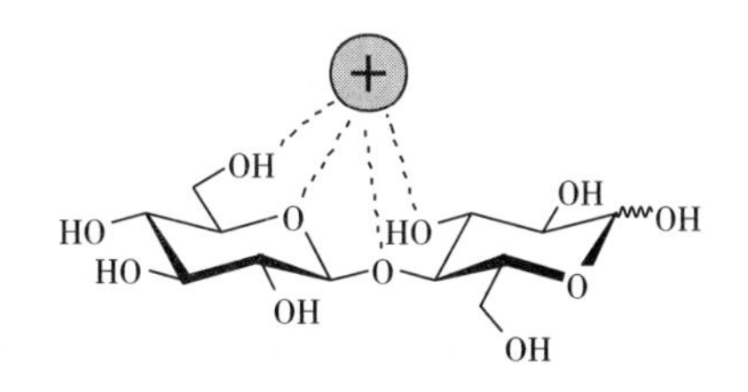

图 2.70　阳离子与二糖络合（Hofmeister[351]）

然而，质谱技术是对纤维素衍生物进行详细分析的合适工具。优点是不需要对基本构建块进行完全降解。ESI 或 MALDI 技术与 GC 和较旧的 MS 方法相比，后续功能化的量是有限的，不需要可蒸发的衍生物。因此，可能的偏差也受到限制。然而，MS 本质上不是一种定量方法。信号强度与化合物浓度的关系由 ESI 和 MALDI 过程中的离子产量、离子稳定性和转移到质量分析仪来确定；这些步骤可能导致偏差。上文讨论了阳离子加合物形成的可能影响。但对于类似的结构和已知的电离和碎裂模式，质谱是一种可靠的方法。

另一个例子是 MS 用于甲基纤维素的结构分析。前已述及，此处无须全部解聚[352]。为了结构的均匀性，部分取代的甲基纤维素必须用这种方法进行全氘甲基化。这保证了 MS 过程中可比较的电离和裂变，并引入适合于确定取代模式的质量差。与 GC 测量相比，Me-d3-I 可能存在氘甲基化[353]。部分水解后，可通过 ESI-MS 检查低聚混合物。二糖的模式给出了分析物的 *m/z* 信号（$[m+Na]^+$），介于 449 和 467 之间，这取决于最初存在的甲基残基的数量和为游离 OH 基团的同位素标记引入的氘甲基的数量（图 2.71）。

通过研究 ESI-MS/碰撞诱导解离（CID）中 2,3,6-*O*-甲基化麦芽低聚糖与氘甲基标记化合物的碎裂模式，评估了该方法的可靠性。根据定义的交叉环断裂机制，发现了可重复的碎片离子模式[354]。可以通过串联 MS（图 2.71 中的 MS2 和 MS3）对取代模式进行详细分析。根据一代、二代和三代光谱可再现相对离子强度（$n=1\sim3$），可以计算出完整的单体组成。数据与 GC 测量结果一致。

正如 NMR 研究所提到的，沿着聚合物链确定纤维素衍生物的官能化模式是一个更复杂的问题。通过 FAB-MS 测定了部分随机水解和氘甲基化后从甲基纤维素获得的三聚体中的取代基分布[322,355]。该模式与理论分布进行了比较，假设相邻重复单元的状态是独立的，则可以计算出理论分布。与模型的偏差给出了取代基分布的信息（见下文）。甲基化也可用于硅烷基醚[333]、纤维素硫酸盐[317,318] 和醋酸

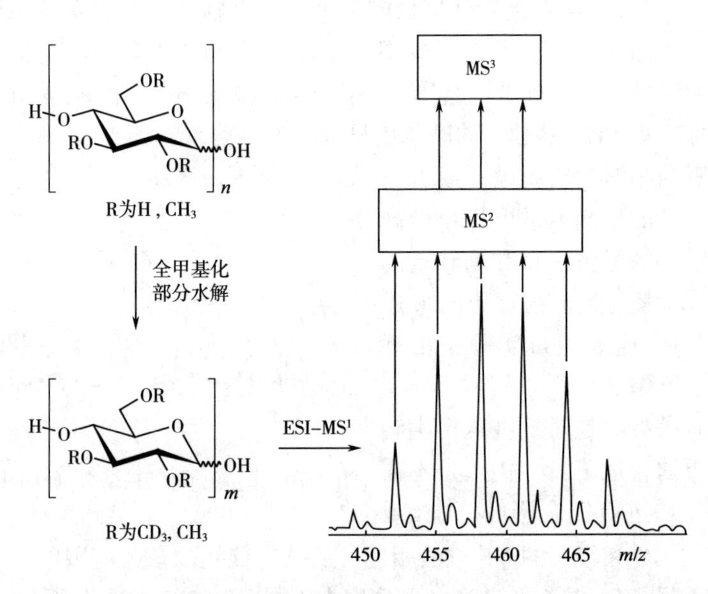

图 2.71 ESI-MS/CID 分析全氘甲基化和部分水解后的甲基化纤维素的单体[352]

盐[356] 的分析。对于此类衍生物的结构测定，进行了多步后续功能化，包括（Ⅰ）全甲基化，（Ⅱ）水解和全氘甲基化与甲基碘-d_3（Ⅲ）甲醇分解，（Ⅳ）非还原官能团的氘甲基化，然后进行 FAB-MS 分析（图 2.72）。第一次甲基化通常用三氟甲

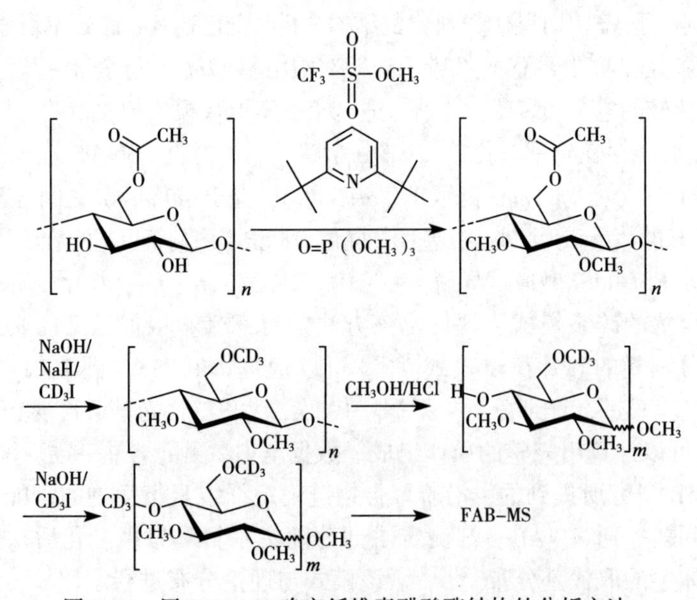

图 2.72 用 FAB-MS 确定纤维素醋酸酯结构的分析方法：
全甲基化、全氘代甲基化和随机劈裂[275]

磺酸甲酯进行[339]。这是必要的，因为在碱性条件下的甲基化会裂解初级取代基。对甲硅烷基醚，必须考虑取代基迁移[348]。

然而，这条路径给出了所述纤维素衍生物中取代基分布的相当完整的图片，因为它提供了基于AGU和沿着聚合物链的分布信息。基于AGU的取代基模式的分析或多或少与用于甲基衍生物的所述方法相同。

该方法也适用于确定沿聚合物链的取代模式。将实验数据与随机分布的官能团的计算数据进行比较，可以得到官能团均匀性的信息。以图2.73中可以看出，以下模式可以分为：同质（与相邻重复单元的反应性无关）、更异质、更规律和双峰式，这取决于反应条件。尽管Arisz等[322,355]计算了模型的标准化总偏差，并将其作为异质性参数 H_n（n 表示所考虑的低聚物分数中单体的效量）引入，但其遵循了更定性的过程。因此，Mischnick等建立了一种新的数学模型，考虑了葡萄糖基残基取代对相邻单体单元取代概率的影响。分析路径的问题可能是甲基化过程中初级官能团的迁移或切割，导致结果不正确[313]。

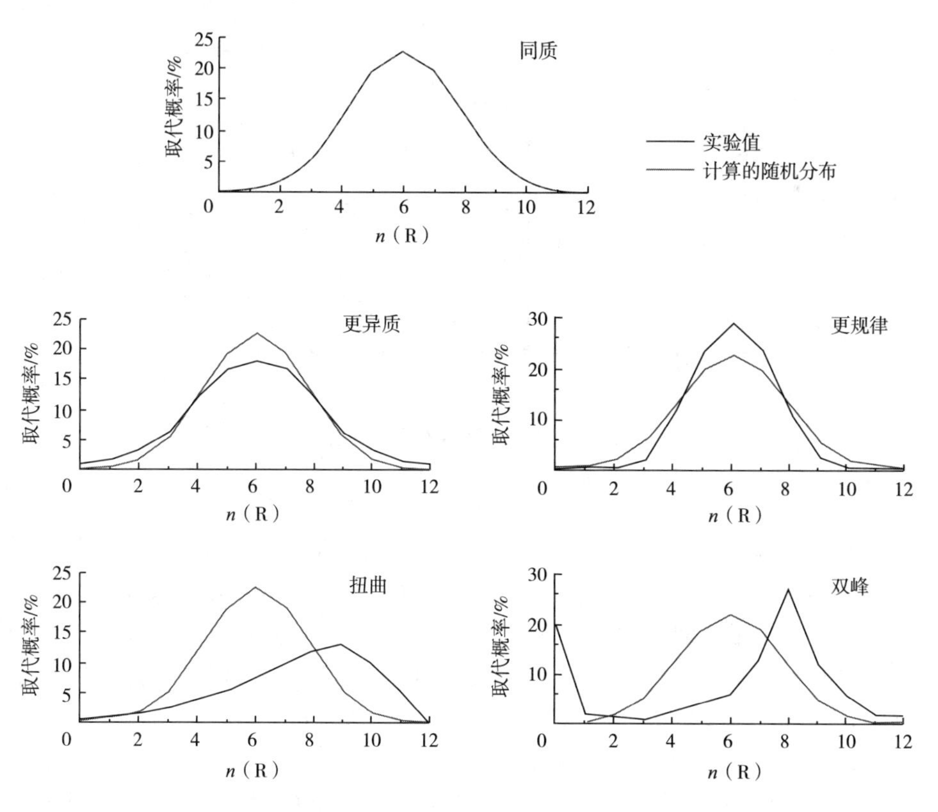

图2.73　取代模式（同质、更异质、更规律、扭曲和双峰）

DS=1.5的样品DP4，n（R）是取代基R的数目，以mol% AGU表示[313]

分析非离子型纤维素醚（如 MC、HEC、HPC 或 HEPC）的一个有趣途径是热解氨化学电离质谱（PyCIMS）[355]。这些纤维素醚的 PyCl 质谱峰可以归属于热解离解产物的离子。获得关于未衍生化纤维素残留量，羟烷基纤维素中取代基的相对链长分布，以及混合纤维素醚中的烷基对羟烷基取代基的封端的结构信息。二次热解产物在 PyCl 质谱中的干扰是次要的，特别是在较低质量区域。然而，通过这种途径，替代的量化是不可能的。应用水解产物（例如 HPMC）的 ESI-MS，其给出了分辨率良好的光谱（图 2.74），这似乎适合量化。但所获得的数据与其他测量结果（如 GC-FID）不一致。一种解释是取代的葡萄糖和低聚物形成钠络合物的不同趋势[357]。

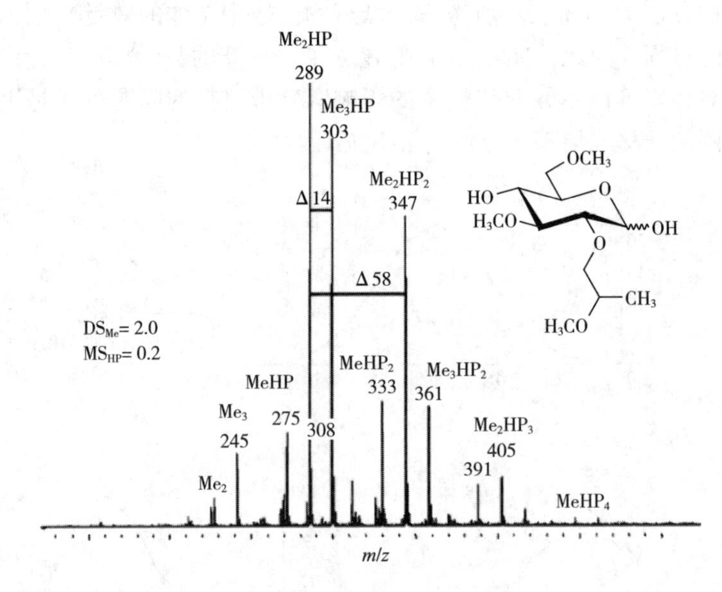

图 2.74　完全水解 HPMC 的 ESI-MS

（根据 Me 和 HP 残基的数量分配信号[357]）

随后的功能化也是必要的。如果纤维素醚在水解后用季铵官能团标记（图 2.75），并用 MALDI-TOF 设备进行测量，可以获得可靠的数据。这在许多 MS 较高的 HEC 中得到了证明。在该多步骤样品制备之后，通过 MALDI-TOF MS 分析衍生物的取代基分布，在葡糖基单元中和沿着聚合物链的串联反应。为了将实验数据与随机模式进行比较，应用扩展的伯努利图来计算非-、单-、二-、三-和高达七取代葡糖基单元的组成的随机分布[358]。

关于质谱技术用于纤维素衍生物结构测定的更详细讨论，请参见文献［313］。

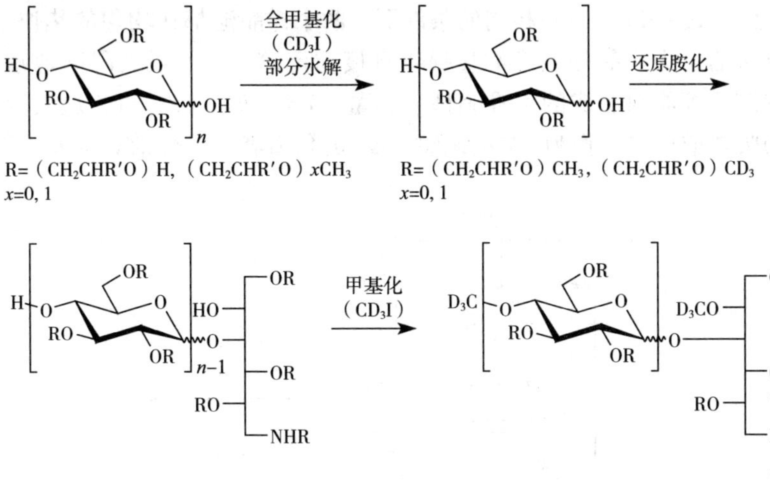

全甲基化
(CD_3I)
部分水解

还原胺化

R= ($CH_2CHR'O$) H, ($CH_2CHR'O$) xCH_3
x=0, 1

R= ($CH_2CHR'O$) CH_3, ($CH_2CHR'O$) CD_3
x=0, 1

甲基化
(CD_3I)

图 2.75　用于 MALDI-TOF-MS 分析的 HEC 样品的制备

2.3.6　热分析

2.3.6.1　理论背景

纤维素和很多合成聚合物不同，因其热不稳定性，故不能通过从熔体中挤出来加工。即使在惰性气氛中，在 190~390℃范围内加热纤维素也导致一系列复杂的平行和连续反应，生成脂肪族、芳香族、羰基化合物、呋喃和羧酸[359]。相反，纤维素衍生物，特别是其简单和混合羧酸酯，可以通过挤出加工成纤维、棒材和板材[360]。这些酯的 T_m 值随酰基长度的增加而降低，对于相同的酰基，T_m 是随着 DS 的增加而降低的函数[361-365]。因此，研究纤维素及其衍生物的加热效果对其热稳定性和潜在应用等具有重要意义。

热分析（TA）是纤维素及其衍生物应用最广泛的技术，包括热重法、TGA（或 TG，用于热重法）、差热分析（DTA）、差示扫描量热法（DSC）和热机械分析（TMA）。专门的文献中详细讨论了这些方法和其他 TA 方法[366-368]。

国际热分析及量热学联合会将 TA 定义为“是在程序控制温度和一定气氛下，监测样品的性质随温度或时间变化的一类技术”[369]。在实践中，连续测量样品时，包含样品的烘箱的温度进行程序控制，监测由于挥发物损失、分解或相变而导致的任何吸热或放热。

（1）DTA

DTA 设备的基本特征如图 2.76 所示。将所研究的物质放置在由铝制成的样品池或“平底锅”中，而参考样品放置在靠近前者的相同样品池中。样品在特定的区域可能具有精确的跃迁，例如萘，熔点 80.5℃，或具有恒定热容，例如铝盘或粉末［897 J/（kg·K）］。在相同的条件下，两个样品池都在均匀的热块中加热。该参比池的目的是为样品的温度测量提供直接的比较，从而最大限度地减少由于设备中的热滞后等原因造成的不准确性。测量 $\Delta T=(T_{样品}-T_{参比})$，这表示样品是否正在经历吸热或放热，作为 ΔT 的函数，ΔT 的负值和正值分别对应吸热和放热。

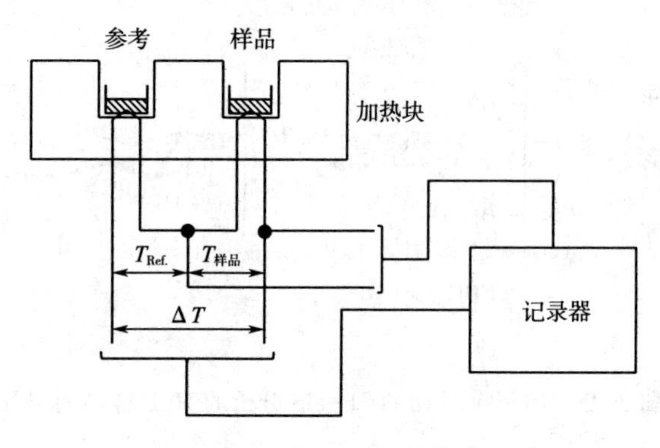

图 2.76　DTA 示意图[367]

（2）DSC

在 DSC 中，样品和参比物具有独立的微加热器，独立提供热块加热，因此微加热器对样品的要求敏感，参比池在程序控制温度 $T_{Prog}(t)$ 下，t 是时间，见图 2.77。连续测量每个样品池的温度，并与瞬时 $T_{Prog}(t)$ 进行比较。电力被输送到任一样品池，以便两个样品池达到相同的 T。每个样品池的功率是偏离 T_{Prog} 的函数，即 $W_{样品}(T_{样品}-T_{Prog})$ 和 $W_{参比}(T_{参比}-T_{Prog})$。差分功率要求为：$\Delta W=\{[W_{样品}(T_{样品}-T_{Prog})]-[W_{参比}(T_{参比}-T_{Prog})]\}$；$\Delta W$ 分别是 $T_{样品}$、$T_{参比}$、T_{Prog} 的函数。

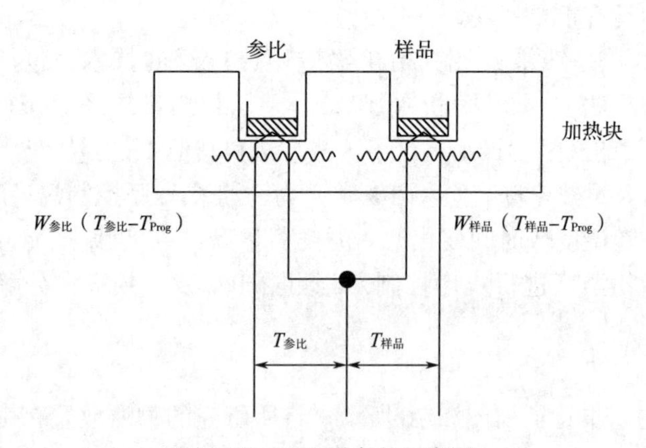

图 2.77　DSC 设备的示意图

DSC 的一个重要应用是测定 T_g。玻璃化转变区的曲线形状取决于加热速率。并非用曲线的这部分来计算 T_g，而是处理（通过外推）转变之前（在玻璃状态）和转变之后（橡胶状态）的数据来计算 T_g[367]。

图 2.78 是在氧化（A）和惰性（B）气氛下，聚合物作为增加 T 的函数的典型转变和反应。每一个转变温度都与所研究聚合物有关，比如弹性体的 T_g 是 0℃，而典型的热塑聚合物 T_g 是室温。从最低温度开始，观察到基线第一次变化对应的是 T_g，其大小与聚合物非晶材料的含量有关。在较高的 T 下，可以观察到冷结晶；在低于 T_m 的固定温度下退火可完成结晶过程，消除冷结晶。下一个峰值是结晶熔化，其面积（退火后）与样品的结晶聚合物含量直接相关。这些物理转变是可逆的，不发生质量变化，因此也不能用 TGA 分析。在较高的 T 下，聚合物可能发生一系列反应，具体取决于分析条件。可能发生降解，导致主链断裂、交联、环化和挥发物损失。惰性气氛下，降解可能是吸热、放热或两者兼而有之；氧化气氛下，分解（氧化和最终燃烧）总是放热的。在氧化气氛中降解发生的 T 低得多[370-371]。

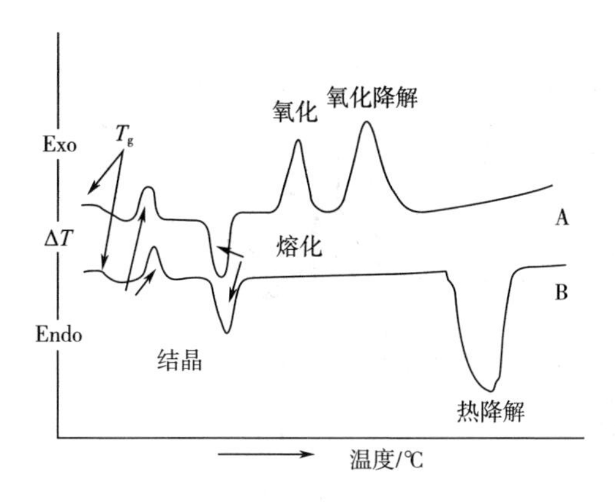

图 2.78　氧化（A）和惰性（B）气氛下，聚合物典型转变和反应的 DSC 是 T 的函数

（3）TGA

在 TGA 中，样品保持在恒定的惰性或氧化性气氛下，以恒定速率升高温度的同时连续记录其质量。作为升温的函数，聚合物吸附的挥发物（例如水）被驱除；在较高的 T 下，由于样品的热分解和氧化，重量进一步损失。图 2.79 是 TGA 仪器组件的典型布置[372]。有三种可能性可以将样品从上方、下方或侧面连接到天平。第一种是最常见的，最后一种是最好的，因为它最大限度地减少了炉子的热效应，并且受炉内和腔室内气体流动模式的影响较小。图 2.80 是 TGA 设备的 Cahn 电子天平示意图。

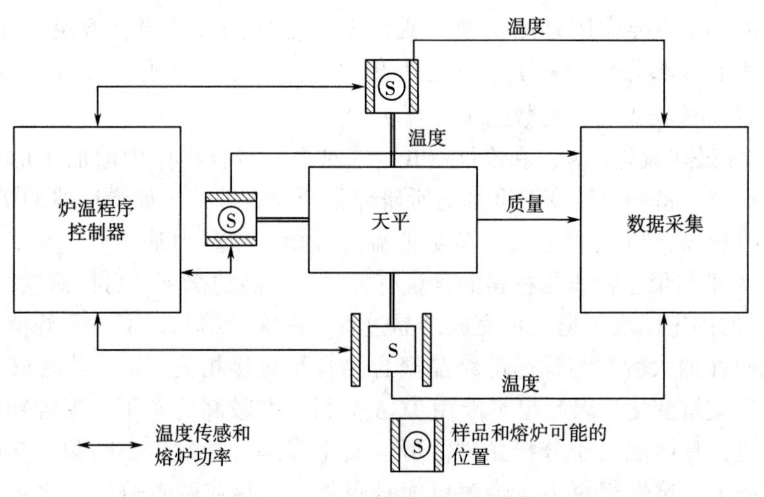

图 2.79　TGA 的典型布置[368,372]

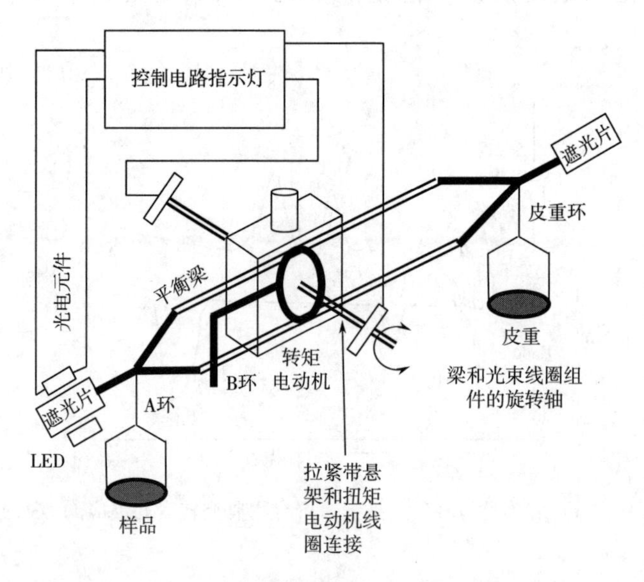

图 2.80　TGA 设备的 Cahn 电子天平示意图[373]

由于草酸钙一水合物（$CaC_2O_4 \cdot H_2O$）热分解的步骤很好解析，通常用作热重法中质量损失校准的参考，如图 2.81 所示。三个失重分别对应失水得到无水盐，分解出 CO_2 生成碳酸钙，继续分解出 CO_2 生成氧化钙。该图展示这些热行为，分别绘制为重量损失 TGA 线及其导数 DTGA 线。TGA 与确定产生气体化学成分的技术（特别是 FTIR、MS 和 GC—MS）耦合，TGA 的信息量大幅增加。

（4）热机械分析（TMA）

TMA 测量与机械探针接触的样品的热膨胀系数作为温度或恒定温度下时间的

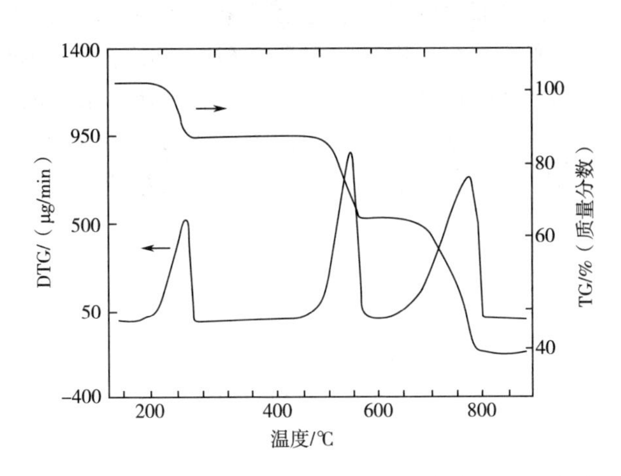

图 2.81　一水合草酸钙的 TGA、DTGA 曲线（Ar 气氛，升温速率 20℃/min）

函数。有时也用于测定 T_g。图 2.82 是典型的 TMA 设备示意图。探针 P 由石英制成，底端是平的，放在样品上，位于样品架底部的平台上。探头的上端连接到线性可变差动变压器（LVDT）上，该变压器准确地监测样本的变化（膨胀或收缩），并将信号传输到显示器上。通常，探针的重量是平衡的，因此 P 刚好浮在样品

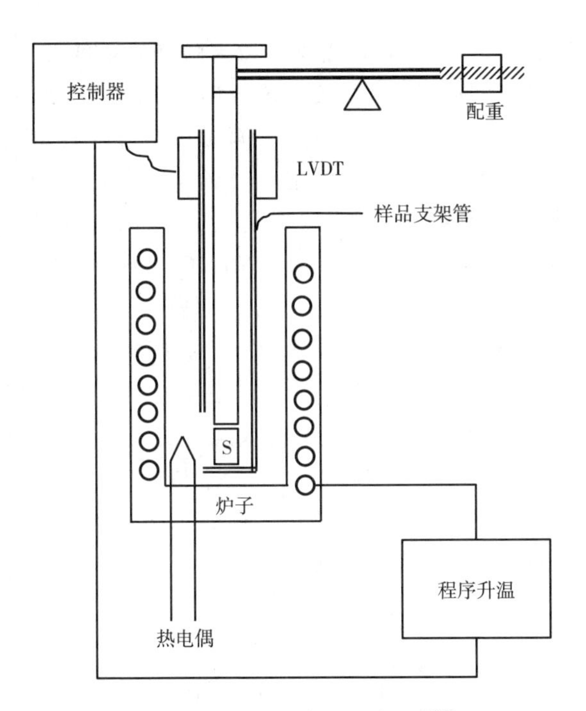

图 2.82　TMA 设备的示意图[367]

表面上方。然后在 P 的顶部添加砝码，使其保持与样品接触。砝码质量足够小，0.5g 或 1g，可以忽略弹性压缩。样品放在恒温箱中，用液氮和加热器控制恒温箱的温度可以在-100～+200℃变化。以 1～10℃/min 的恒定速率加热样品，并绘制 LVDT 信号与 T 的关系图。测量 T_g 时，P 的平坦底部被一个尖端代替，该尖端集中于施加到样品上的载荷。当温度超过 T_g 时，探针开始穿透软化表面，这种变化在 TMA 线上可以检测到，如图 2.83 所示。

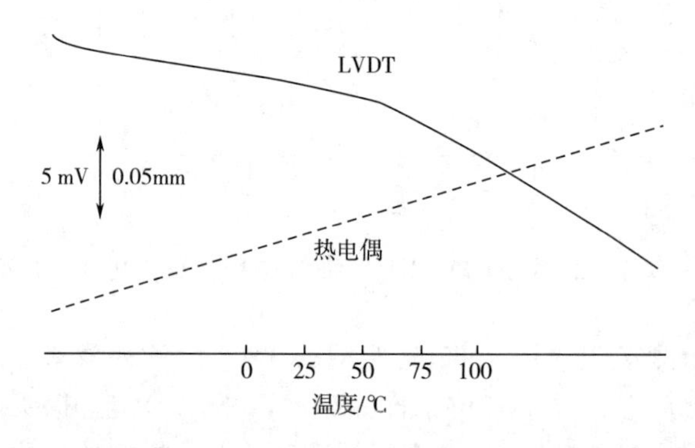

图 2.83　从注塑成型中切割并在厚度方向上测量的玻璃纤维填充聚酰胺 TMA 结果
LVDT（实线）—探头位移（灵敏度 0.05mm）　虚线—热电偶输出（灵敏度 5mV）

2.3.6.2　实际应用：TA 在纤维素及其衍生物中的应用

热对纤维素及其衍生物的影响涉及几个方面。例如，纤维素纤维与水之间的相互作用在排水速率、压榨固体和干燥能方面对造纸过程有重大影响，这种相互作用与纸制品的最终强度有关。加热纤维素会影响其总孔体积和孔体积分布，这两个因素对其可及性至关重要[374-376]。取代基对于纤维素衍生物的 T_g、T_m、T_{Decomp} 值以及介质和添加剂对工业重要溶剂［例如 NMMO（莱赛尔纤维生产）和 ILs］中纤维素溶液热稳定性的影响与最终用途有关，特别是纺织工业中应用[377-379]。

将讨论热分解之前升高温度对纤维素中水分解吸的影响。纤维素中存在的水的性质取决于其与纤维素的相互作用。对于弱相互作用，水的熔融/结晶温度和相应的焓与体相水没有明显差异。这种类型的水被定义为游离冻结水（$W_{F,冻}$）。与纤维素强烈相互作用的水分子分为结合、冻结水（$W_{B,冻}$）和结合、非冻结水（$W_{B,非冻}$）。前一类水显示出熔化/结晶峰值，并显示出相当大的过冷度，加热和冷却循环的峰值面积明显小于体相水的峰值面积。与纤维素相互作用非常强烈的水（$W_{B,非冻}$），通常观察不到结晶放热或熔融吸热。一些文献将（$W_{F,冻}$），$W_{B,冻}$ 和 $W_{B,非冻}$ 分别称为冷冻水，冷冻结合水和非冷冻水[380]。

不同类型/来源的纤维素已经检测到这些不同类型的水，包括 MCC[381-383]、棉花[384-385]、剑麻[386]、黏胶人造丝[387-388] 和各种纤维素粉末[202,389-391]。图 2.84 是检测和分析亲水性聚合物（如纤维素）中水的类型。放出的热量与聚合物中的水总量作图。由图可知，释放的热量随水量增加而变化。DSC 曲线Ⅰ和Ⅱ分别指 $W_{B,非冻}$和 $W_{B,冻}$，Ⅲ和Ⅳ是 $W_{B,冻}$和 $W_{F,冻}$；Ⅴ是体相水[380]。

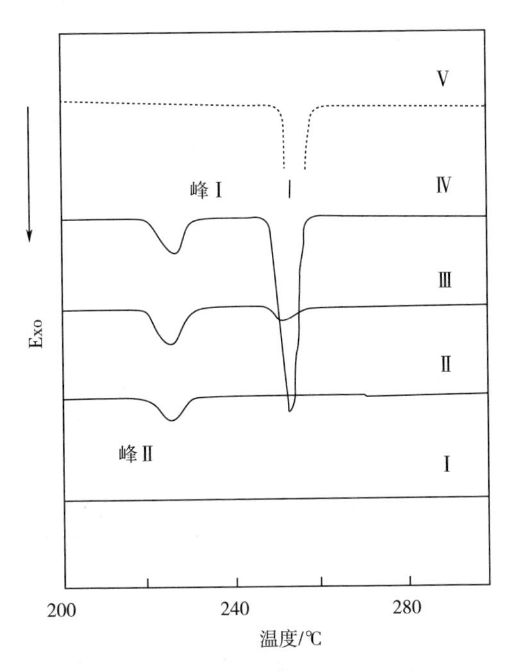

图 2.84　亲水性聚合物（如纤维素）吸附的水的 DSC 冷却曲线示意图

对于低水含量的曲线Ⅰ，所有的水是 $W_{B,非冻}$类型，相应地，未观测到一级转变。吸收更多的水形成 $W_{B,冻}$，且熔点低于 0℃，如曲线Ⅱ。另一个峰，由于 $W_{F,冻}$在更高的吸附水含量下观察到，曲线Ⅲ和Ⅳ，该水的熔点与体相水曲线 V 的熔点非常相似。基于每种类型的水总量和峰面积的比率，每种类型水的相对浓度可以从 TGA 中计算得到[392-394]。

图 2.85（a）是 $W_{B,非冻}$和 $W_{B,冻}$与纤维素 I_c（X 射线）的关系，而图 2.85（b）是每种类型水分子数量（W）与 AGU 的比值。$W_{B,冻}$随 I_c 的增加而降低的事实表明，这种类型的水主要与纤维素的无定形区域相互作用。图 2.85（b）的曲线Ⅱ中，$W_{B,冻}$的数量实际上是恒定的，约 3.4 个分子（即 AGU 的一个水分子/每个 OH 基团）。

用 TA 分析以确定纤维素材料中存在的不同类型水的分布的实例包括：纤维素、纤维素酯和醚[381]、纤维素磺酸酯、CMC[392]、纤维素乙酰邻苯二甲酸酯、纤维素乙酰琥珀酸酯、其他纤维素醚[390, 396]、未经干燥的棉纤维[393] 以及再生纤维素膜[397]。表 2.24 列出了相关性。

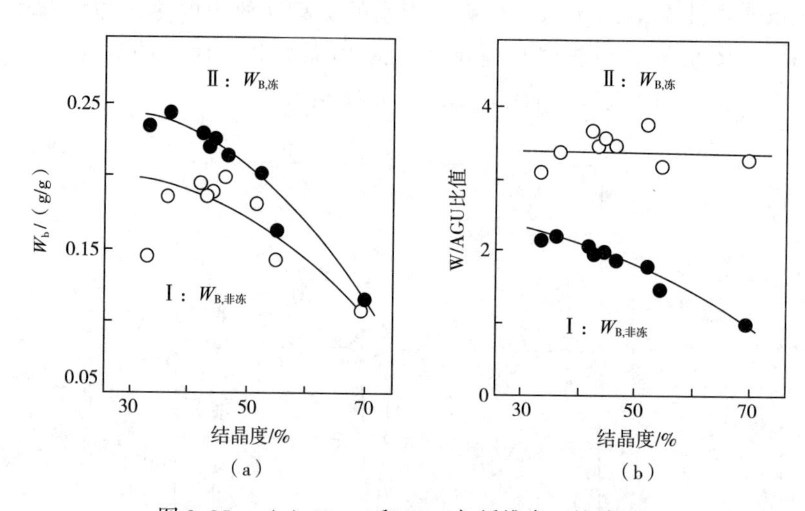

图 2.85 （a）$W_{B,非冻}$和 $W_{B,冻}$与纤维素 I_c的关系；（b）$W_{B,非冻}$/AGU 和 $W_{B,冻}$/AGU 与纤维素 I_c 的关系[395]

表 2.24 纤维素材料中水的种类/性质的 TA 关系

材料	水的类型/性能	相关性	参考文献
纤维素	$W_{B,非冻}$	$W_{B,非冻}=0.355+0.005e^{(RH\%/18.274)}$	[392]
酸形式的 CMC	$W_{B,非冻}$	$W_{B,非冻}=0.451+0.002e^{(RH\%/14.997)}$	[392]
CMC 钠盐	$W_{B,非冻}$	$W_{B,非冻}=0.883+0.210e^{(RH\%/29.064)}$	[392]
纤维素磺酸钠	$W_{B,非冻}$	$W_{B,非冻}=0.003+0.032$（$RH\%$）	[392]
棉，未干燥	$W_{总}$	$W_{总}=120.529-1.832DPA$	[393]
棉，未干燥	$W_{B,非冻}$	$W_{B,非冻}=115.256-1.761DPA$	[393]
纤维素，牛皮纸浆	$W_{B,冻}$的熔点	$T_m=39.519\ e^{(孔直径/3.218)}$	[398]

表 2.24 结果显示，$W_{B,非冻}$与离子纤维素材料相互作用明显依赖于存在的离子，包括阳离子（CMC 的 H^+与 Na^+）和阴离子（羧酸盐与磺酸盐）。未干燥的棉花中所有类型水的浓度（未提供 $W_{B,冻}$数据）随 DPA 的增加线性降低。这对纤维素中离子取代基的依赖性（如 COO^-或 Na^+），可能与这些离子的水合作用有关。初始水与 CMC 发生强烈反应，可能在两个头部离子之间形成氢键，形成 $W_{B,非冻}$，其形成与阳离子的水合作用有关[392]，如图 2.86 所示。

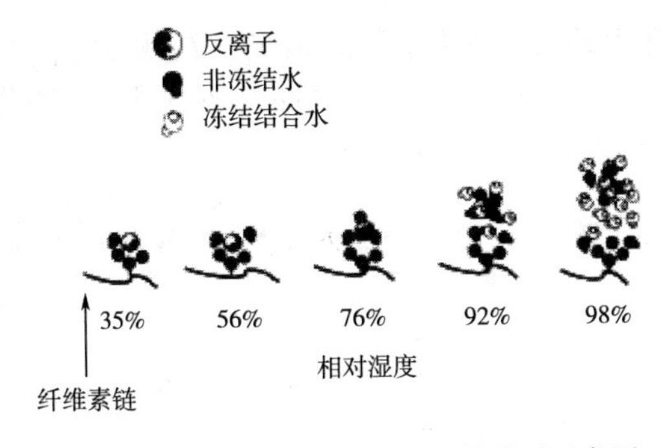

图 2.86　CMC 水合作用与 *RH%* 的关系示意图

表 2.23 的最后一个条目可以解释如下：当水从纤维素的孔中蒸发出来时，孔会由于毛细管力和水的高表面张力而塌陷。哪些孔塌陷取决于它们的大小和孔壁抵抗塌陷的能力。后一个因素似乎更重要，因此较大的孔隙首先塌陷[398]。天丝纤维的 X 射线散射测量证实了该结论，如图 2.87 所示[375]。图 2.87（a）描述了与纤维轴平行的水溶胀天丝纤维的微观结构，而图 2.87（b）显示了伴随纤维干燥的孔隙塌陷。

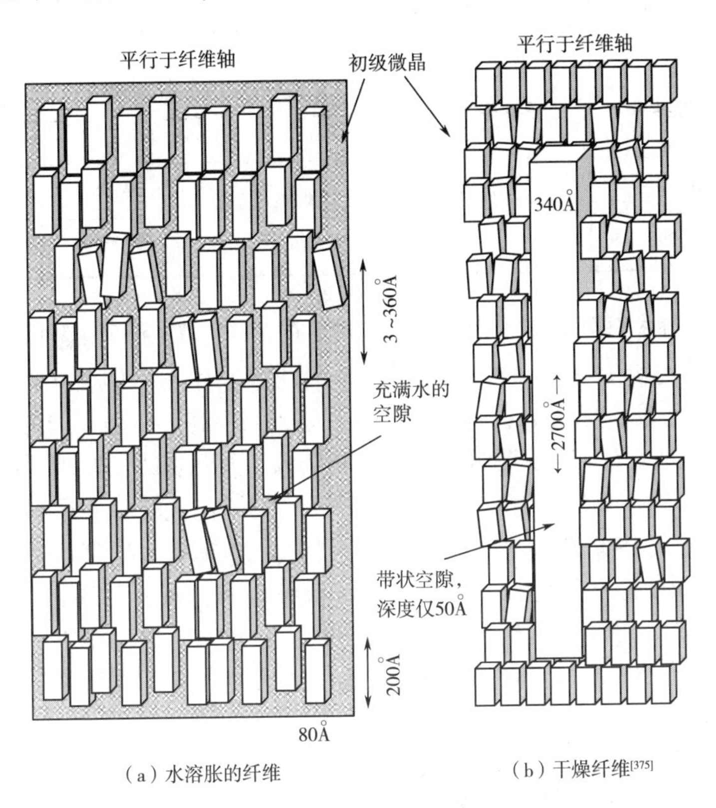

（a）水溶胀的纤维　　（b）干燥纤维[375]

图 2.87　加热对 Tencel 纤维微观结构影响的示意图

通常，TA 分析获得的第二方面的信息是 T_g、T_m 和 T_{Decomp} 的值及其与纤维素衍生物的分子结构的相关性，特别是取代基中的碳原子数 N_c 和分解的活化能。根据公布的数据，计算了表 2.25 所示的相关性。

表 2.25　纤维素衍生物的性质和结构之间基于 TA 的相关性

衍生物	相关性能	相关性	参考文献
三酯	T_g	$T_g=86.084+536.442e^{(-N_c/2.2679)}$	[363, 399]
三酯	T_m	$T_m=195.554+1565.128e^{(-N_c/0.728)}$	[34]
不同 *DS* 醋酸纤维素	T_g	$T_g=523-20.3DS$	[400-401]
不同 *DS* 醋酸纤维素	T_g	$T_g=230.5-19.0DS$ $r^2=0.9939$	[365]
不同 *DS* 醋酸纤维素	T_m	$T_m=600.9-358.0DS+85.53DS^2$ $r^2=0.9839$	[365]
三酯	T_{Decomp}	$T_{Decomp}=192.75+1.25N_c$	[364]
不同 *DS* 醋酸纤维素	T_{Decomp}	$T_{Decomp}=353.7-364.9e^{(-DS/0.831)}$ $r^2=0.9950$	[365]
对甲苯磺酸酯	T_{Decomp}	$T_{Decomp}=137.550+23.004DS$	[384]
醚	T_g	$T_g=79.615+75.659e^{(-DS/0.476)}$	[402]

这些相关性关系到纤维素衍生物的应用，因为 T_g、T_m 和 T_{Decomp} 随 *DS*（对于具有单个取代基的衍生物）和 N_c（对于一系列同源取代基）的变化而增加[361,403]。比较有意思的是混合酯的 T_m。原则上，应观察到与存在的酰基相关的两个 T_m。情况往往不是如此。为了观察到两个 T_m，可能需要进行热退火。纤维素乙酸/丙酸酯（$DS_{总}=2.8$；$DS_{Ac}=1.5$）的 T_m 出现在 159℃和 254℃时，纤维素乙酸/丁酸酯（总 $DS=2.4$，$DS_{Ac}=1.4$）T_m 出现在 160 和 259℃时，纤维素乙酸/戊酸酯和纤维素乙酸酯/己酸酯都只有一个 T_m，分别为 158℃和 143℃[34]。观察到两个 T_m 可能表明存在两种晶体形态，是不同的聚合物段（即嵌段）的结果。出现双 T_m 的精确来源和形态的性质仍有待探索。同样，决定形成单晶形态而不是双晶形态的（部分）*DS* 的值仍然未知[345,404]。

除了纤维素样品在大于 300℃的温度下开始降解外，还使用 TA 分析来确定速率常数，从而确定固态和工业重要溶剂（如 NMMO 和 IL）中这些分解反应的活化能[378-379]。这种使用受到了关注和批评，获得的值取决于实验条件，对固体而言，样品质量和形状、气体流速和加热速率都影响结果[405-406]。计算聚合物分解活化能的方程与纤维素衍生物/淀粉共混物的一些结果参见文献［386，407］。纤维素及其衍生物活化能的计算已有发表[202,384,387,389,391]。

参考文献

1. Payen ACR（1838）Mémoir sur la composition du tissue propre des plantes et du ligneux. Hebd Seances Acad Sci 7:1052
2. Payen ACR（1838）Hebd Seances Acad Sci 7:1125
3. Rao VSR, Sundararajan PR, Ramakrishnan C, Ramachandran GN（1957）In: Ramachandran GN（ed）Conformation of biopolymers, vol 1. Academic Press, New York, p 721
4. Krässig HA（1993）Cellulose: structure, accessibility and reactivity. Gordon and Breach, Yverdon
5. Pérez S, Mazeau K（2005）In: Dumitriu S（ed）Polysaccharides: structural diversity and functional versatility, vol 1. Marcel Dekker, New York, p 41
6. Fardim P, Holmbom B（2003）Fast determination of anionic groups in different pulp ibers by methylene blue sorption. Tappi J 2:28-32
7. Klemm D, Philipp B, Heinze T et al（1998）Comprehensive cellulose chemistry, vol I. Wiley-VCH, Weinheim, p 236
8. Roehrling J, Potthast A, Rosenau T, Lange T, Ebner G, Sixta H, Kosma P（2002）A novel method for the determination of carbonyl groups in cellulosics by fluorescence labeling. 1. Method development. Biomacromolecules 3:959-968
9. Bohrn R, Potthast A, Schiehser S, Rosenau T, Sixta H, Kosma P（2006）The FDAM method: determination of carboxyl profiles in cellulosic materials by combining group-selective fluorescence labeling with GPC. Biomacromolecules 7:1743-1750
10. Kamide K, Okajima K, Kowsaka K, Matsui T（1985）CP/MASS［cross-polarization/magic angle sample spinning］carbon-13 NMR spectra of cellulose solids: an explanation by the intramolecular hydrogen bond concept. Polym J 17:701-706（Tokyo, Japan）
11. Liang CY, Marchessault RH（1959）Infrared spectra of crystalline polysaccharides. I. Hydrogen bonds in native celluloses. J Polym Sci 37:385-395
12. Michell AJ（1988）Second derivative FTIR spectra of celluloses Ⅰ and Ⅱ and related mono-and oligosaccharides. Carbohydr Res 173:185-195
13. Tashiro K, Kobayashi M（1991）Theoretical evaluation of three-dimensional elastic

constants of native and regenerated celluloses: role of hydrogen bonds. Polymer 32: 1516-1526
14. Gardner KH, Blackwell J (1974) Structure of native cellulose. Biopolymers 13: 1975-2001
15. Nishiyama Y, Langan P, Chanzy H (2002) Crystal structure and hydrogen-bonding system in cellulose I_{β} from synchrotron X-ray and neutron fiber diffraction. J Am Chem Soc 124:9074-9082
16. Irklei VM, Kleiner YY, Vavrinyuk OS, Gal'braikh LS (2005) Kinetics of degradation of cellulose in basic medium. Fibre Chem 37:452-458
17. El Seoud OA, Marson GA, Giacco GT, Frollini E (2000) An eficient, one-pot acylation of cellulose under homogeneous reaction conditions. Macromol Chem Phys 201: 882-889
18. Zhang H, Wu J, Zhang J, He J (2005) 1-Allyl-3-methylimidazolium chloride room temperature ionic liquid: a new and powerful nonderivatizing solvent for cellulose. Macromolecules 38:8272-8277
19. Fidale LC, Possidonio S, El Seoud OA (2009) Application of 1-allyl-3-(1-butyl) imidazolium chloride in the synthesis of cellulose esters: properties of the ionic liquid, and comparison with other solvents. Macromol Biosci 9:813-821
20. Heinze T, Dorn S, Schoebitz M, Liebert T, Koehler S, Meister F (2008) Interactions of ionic liquids with polysaccharides—2: cellulose. Macromol Symp 262:8-22
21. Barnes HA, Hutton JF, Walters K (1989) An introduction to rheology. Elsevier, Amsterdam chapter 2
22. Wu C-S (ed) (1995) Handbook of size exclusion chromatography. Marcel Dekker, New York
23. Elias H-G (1997) An introduction to polymer science. VCH, Weinheim
24. Hunt BJ, James MI (eds) (1997) Polymer characterization. Chapman and Hall, London
25. Hiemenz PC, Rajagopalan R (1997) Principles of colloid and surface chemistry, 3rd edn. Marcel Dekker, New York, p 145, 193
26. Mori S, Barth HG (1999) Size exclusion chromatography. Springer, Berlin
27. Campbell D, Pethrick RA, White JR (2000) Polymer characterization: physical techniques, 2nd edn. Stanley Thornes, Cheltenham
28. Wu C (2008) In: Characterization and analysis of polymers. Wiley, New York, p 211
29. Dawkins JV (2008) Characterization and analysis of polymers. Wiley, New York, p

230
30. Rosen MR (1979) Characterization of non-Newtonian flow. Polym-Plast Technol Eng 12: 1-42
31. Aono H, Tatsumi D, Matsumoto T (2006) Scaling analysis of cotton cellulose/LiCl DMAc solution using light scattering and rheological measurements. J Polym Sci Part B Polym Phys 44:2155-2160
32. Kasaai MR (2002) Comparison of various solvents for determination of intrinsic viscosity and viscometric constants for cellulose. J Appl Polym Sci 86:2189-2193
33. Haward SJ, Sharma V, Butts CP, McKinley GH, Rahatekar SS (2012) Shear and extensional rheology of cellulose/ionic liquid solutions. Biomacromolecules 13:1688-1699
34. Possidonio S, Fidale LC, El Seoud OA (2010) Microwave-assisted derivatization of cellulose in an ionic liquid: an eficient, expedient synthesis of simple and mixed carboxylic esters. J Polym Sci Part A Polym Chem 48:134-143
35. Kadla JF, Korehei R (2010) Effect of hydrophilic and hydrophobic interactions on the rheological behavior and microstructure of a ternary cellulose acetate system. Biomacromolecules 11:1074-1081
36. Tamai N, Aono H, Tatsumi D, Matsumoto T (2003) Differences in rheological properties of solutions of plant and bacterial cellulose in LiCl/N, N-dimethylacetamide. J Soc Rheol 31:119-130
37. Kuang Q-L, Zhao J-C, Niu Y-H, Zhang J, Wang Z-H (2008) Celluloses in an ionic liquid: the rheological properties of the solutions spanning the dilute and semidilute regimes. J Phys Chem B 112:10234-10240
38. Gericke M, Schlufter K, Liebert T, Heinze T, Budtova T (2009) Rheological properties of cellulose/ionic liquid solutions: from dilute to concentrated states. Biomacromolecules 10:1188-1194
39. Standard Test Methods for Intrinsics Viscosity of Cellulose (2001) ASTM D1795-94
40. Kamide K, Miyazaki Y, Abe T (1979) Mark-Houwink-Sakurada equations of cellulose triacetate in various solvents. Makromol Chem 180:2801-2805
41. Kuhn W, Kuhn H (1943) The coiling of fiber molecules in flowing solutions. Helv Chim Acta 26:1394-1465
42. Kuhn W, Kuhn H (1945) Signiicance of limited free rotation for the viscosity and flow birefringence of solutions of iber molecules. I Helv Chim Acta 28:1553-1579
43. Kuhn W, Kuhn H (1947) Diffusion, Sedimentation und Viskositat bei Losungen verzweigter Fadenmolekel. Helv Chim Acta 30:1233-1256

44. Jolley LJ (1939) The solution of chemically modiied cotton cellulose in alkaline solutions. V. The solvent action of solutions of cupric hydroxide in aqueous ethylenediamine. J Text Inst 30:T22–T41
45. Lovell EL (1944) Viscometric chain length of wood cellulose in Triton F solution. Ind Eng Chem Anal Ed 16:683–685
46. Henley D (1960) The cellulose solvent Cadoxen, its preparation, and a viscometric relationship with cupriethylenediamine. Sven Papperstidn 63:143–146
47. Claesson S, Bergmann W, Jayme G (1959) Solutions of cellulose in an alkaline iron–tartaric acid–sodium complex. Sven Papperstidn 62:141–155
48. Strlic M, Kolar J, Zigon M, Pihlar B (1998) Evaluation of size–exclusion chromatography and viscometry for the determination of molecular masses of oxidized cellulose. J Chromatogr A 805:93–99
49. Marx–Figini M (1987) Evaluation of the accessibility of celluloses by the intrinsic viscosity ratio [η] cellulose nitrate acetone/[η] unsubstituted cellulose ethylenediamine–copper Ⅱ–complex. Polym Bull 17:225–229
50. Burchard W, Husemann E (1961) A comparative structure analysis of cellulose and amylose tricarbanilates in solution. Makromol Chem 44–46:358–387
51. Philipp B, Linow KJ (1970) Interpretation of the chain length differences in the cuoxam and nitrate degree of polymerization of cellulose on the basis of absolute molecular weight determinations of some cellulose derivatives. Faserforsch Textiltech 21:13–20
52. Danhelka J, Kossler I, Bohackova V (1976) Determination of molecular weight distribution of cellulose by conversion into tricarbanilate and fractionation. J Polym Sci Polym Chem Ed 14:287–298
53. Marx–Figini M (1978) Signiicance of the intrinsic viscosity ratio of unsubstituted and nitrated cellulose in different solvents. Angew Makromol Chem 72:161–171
54. Terbojevich M, Cosani A, Conio G, Ciferri A, Bianchi E (1985) Mesophase formation and chain rigidity in cellulose and derivatives. 3. Aggregation of cellulose in N, N–dimethylacetamide–lithium chloride. Macromolecules 18:640–646
55. Ciacco GT, Morgado DL, Frollini E, Possidonio S, El Seoud OA (2010) Some aspects of acetylation of untreated and mercerized sisal cellulose. J Braz Chem Soc 21:71–77
56. Kuzmina O, Sashina E, Troshenkowa S, Wawro D (2010) Dissolved state of cellulose in ionic liquids—the impact of water. Fibres Text East Eur 18:32–37
57. Ramos LA, Morgado DL, El Seoud OA, da Silva VC, Frollini E (2011) Acetylation

of cellulose in LiCl-N, N-dimethylacetamide: irst report on the correlation between the reaction efficiency and the aggregation number of dissolved cellulose. Cellulose 18:385-392

58. McCormick CL, Callais PA, Hutchinson BH Jr (1985) Solution studies of cellulose in lithium chloride and N, N-dimethylacetamide. Macromolecules 18:2394-2401
59. Terbojevich M, Cosani A, Camilot M, Focher B (1995) Solution studies of cellulose tricarbanilates obtained in homogeneous phase. J Appl Polym Sci 55:1663-1671
60. Röder T, Moslinger R, Mais U, Morgenstern B, Glatter O (2003) Characterization of the solution structure of technical cellulose solutions. Lenzinger Ber 82:118-127
61. Kim SO, Shin WJ, Cho H, Kim BC, Chung IJ (1999) Rheological investigation on the anisotropic phase of cellulose - MMNO/H_2O solution system. Polymer 40: 6443-6450
62. Tswett M (1906) Physicochemical studies over the chlorophyll. The adsorptions. Ber Dtsch Bot Ges 24:316-323
63. Martin AJP (1957) In: Desty DH (ed) Vapour phase chromatography (1956 London symposium) Butterworth, London, p 1
64. Golay MJE (1957) In: Desty DH (ed) Vapour phase chromatography (1956 London Symposium) Butterworth, London, p 36
65. Lathe GH, Ruthven CRJ Jr (1956) Separation of substances and estimation of their relative molecular sizes by the use of columns of starch in water. Biochem J 62:665-674
66. Porath J, Flodin P (1959) Gel filtration: a method for desalting and group separation. Nature 183:1657-1659
67. Moore JC (1964) Gel permeation chromatography. I. New method for molecular-weight distribution of high polymers. J Polym Sci Part B 2:835-843
68. Gallot-Grubisic Z, Rempp P, Benoit H (1967) Universal calibration for gel permeation chromatography. J Polym Sci Polym Lett Ed 5:753-759
69. Dawkins JV (1984) Calibration of separation systems. In: Janca J (ed) Steric exclusion liquid chromatography of polymers. Marcel Dekker, New York, pp 53-116
70. Connor AH (1995) In: Wu C-S (ed) Handbook of size exclusion chromatography. Marcel Dekker, New York, pp 331-352
71. Bikova T, Treimanis A (2002) Problems of the MMD analysis of cellulose by SEC using DMA/LiCl: a review. Carbohydr Polym 48:23-28
72. Eremeeva T (2003) Size-exclusion chromatography of enzymatically treated cellulose and related polysaccharides: a review. J Biochem Biophys Methods 56:253-264 and

references cited therein
73. Sollinger S, Diamantoglou M (1996) Spectroscopical characterization of cellulose deriva-tives. Papier (Darmstadt) 12:691-700
74. Bao YT, Bose A, Ladisch MR, Tsao GT (1980) New approach to aqueous gel permeation chromatography of nonderivatized cellulose. J Appl Polym Sci 25:263-275
75. Sjöholm E, Gustafsson K, Kolar J, Pettersson B (1994) Characterization of chemical pulps by SEC. In: Proceedings of the 3rd European workshop on lignocellulosics and pulp, Stockholm, pp 246-250
76. Hortling B, FärmP, Sundquist J (1994) Investigations of pulp components (polysaccharides, residual lignins) using HP/SEC system with viscometric RI and UV detectors. In: Proceedings of the 3rd European workshop on lignocellulosics and pulp, Stockholm, pp 256-259
77. Rahkamo L, Viikari L, Buchert J, Paakkari T, Suortti T (1998) Enzymic and alkaline treatments of hardwood dissolving pulp. Cellulose 5:79-88
78. Timpa JD (1991) Application of universal calibration in gel permeation chromatography for molecular weight determinations of plant cell wall polymers: cotton iber. J Agric Food Chem 39:270-275
79. Silva AA, Laver ML (1997) Molecular weight characterization of wood pulp cellulose: dissolution and size exclusion chromatographic analysis. Tappi J 80:173-180
80. Kennedy JF, Rivera ZS, White CA, Lloyd LL, Warner FP (1990) Molecular weight characterization of underivatized cellulose by GPC using lithium chloride-dimethylacetamide solvent system. Cellul Chem Technol 24:319-325
81. Sjöholm E, Gustafsson K, Eriksson B, Brown W, Colmsjö A (2000) Aggregation of cellulose in lithium chloride/N, N - dimethylacetamide. Carbohydr Polym 41: 153-161
82. Berthold F, Gustafsson K, Berggren R, Sjöholm E, Lindström M (2004) Dissolution of softwood kraft pulps by direct derivatization in lithium chloride/N, N-dimethylacetamide. J Appl Polym Sci 94:424-431
83. Striegel AM, Timpa JD (1995) Molecular characterization of polysaccharides dissolved in N, N-dimethylacetamide-lithium chloride by gel-permeation chromatography. Carbohydr Res 267:271-290
84. Sjöholm E, Gustafsson K, Berthold F, Colmsjö A (2000) Influence of the carbohydrate composition on the molecular weight distribution of kraft pulps. Carbohydr Polym 41:1-7
85. Brewer RJ, Tanghe LJ, Baily S (1969) Gel-permeation chromatography of cellulose

esters. Effect of average degree of polymerization, degree of substitution, substituent size, and primary hydroxyl content. J Polym Sci Part A-1 Polym Chem 7: 1635-1645

86. Schurz J, Haas J, Kraessig H (1971) Gel permeation chromatography of cellulose trinitrate in tetrahydrofuran. Ⅱ Cellul Chem Technol 5:269-284
87. Kulicke WM, Clasen C, Lohman C (2005) Characterization of water-soluble cellulose derivatives in terms of the molar mass and particle size as well as their distribution. Macromol Symp 223:151-174
88. Ramos L (2005) Correlation between the physic-chemical properties of cellulose and its derivatization in LiCl/DMAc and DMSO/TBAF. 3H2O. Ph. D. thesis, University of São Paulo
89. Saake B, Horner S, Kruse T, Puls J, Liebert T, Heinze T (2000) Detailed investigation on the molecular structure of carboxymethyl cellulose with unusual substitution pattern by means of an enzyme-supported analysis. Macromol Chem Phys 201:1996-2002
90. Brown W, Henely D, Ohman J (1963) Studies on cellulose derivatives. I. The dimensions and coniguration of sodium carboxymethyl cellulose in cadoxene and the influence of the degree of substitution. Makromol Chem 62:164-182
91. Eremeeva TE, Bykova TO (1998) SEC of mono-carboxymethyl cellulose (CMC) in a wide range of pH; Mark-Houwink constants. Carbohydr Polym 36:319-326
92. Rinaudo M, Danhelka J, Milas MA (1993) A new approach to characterizing carboxymethylcelluloses by size-exclusion chromatography. Carbohydr Polym 21:1-5
93. Wittgren B, Wahlund KG (2000) Size characterization of modified celluloses in various solvents using flow FFF-MALS and MB-MALS. Carbohydr Polym 43:63-73
94. Yokoyama W, Renner-Nantz JJ, Shoemaker CF (1998) Starch molecular mass and size by size-exclusion chromatography in DMSO-LiBr coupled with multiple angle laser light scattering. Cereal Chem 75:530-535
95. Berry GC (1966) Thermodynamic and conformational properties of polystyrene. I. Light-scattering studies on dilute solutions of linear polystyrenes. J Chem Phys 44: 4550-4564
96. Andersson M, Wittgren B, Wahlund KG (2001) Ultrahigh molar mass component detected in ethyl hydroxyethyl cellulose by asymmetrical flow field-flow fractionation coupled to multi-angle light scattering. Anal Chem 73:4852-4861
97. Evans DF, Wennerström A (1999) The colloidal domain, 2nd edn. Weinheim, Wiley-VCH

98. Saalwaechter K, Burchard W, Kluefers P, Kettenbach G, Mayer P, Klemm D, Dugarmaa S (2000) Cellulose solutions in water containing metal complexes. Macromolecules 33:4094–4107
99. Röder T, Morgenstern B, Schelosky N, Glatter O (2001) Solutions of cellulose in N, N–dimethylacetamide/lithium chloride studied by light scattering methods. Polymer 42:6765–6773
100. Isogai A, Yanagisawa M (2008) In: Hu TQ (ed) Characterization of lignocellulosic materials. Blackwell Publishing, Oxford, pp 206–226
101. Fink HP, Weigel P, Purz HJ, Ganster J (2001) Structure formation of regenerated cellulose materials from NMMO–solutions. Prog Polym Sci 26:1473–1524 and references cited therein
102. Morgenstern B, Röder T (1998) Investigations on structures in the system cellulose/N–methylmorpholine N–oxide monohydrate by means of light scattering measurements. Papier (Heidelberg) 52:713–717
103. Röder T, Morgenstern B (1999) The influence of activation on the solution state of cellulose dissolved in N–methylmorpholine–N–oxide–monohydrate. Polymer 40:4143–4147
104. Trulove PC, Reichert WM, De Long HC, Kline SR, Rahatekar SS, Gilman JW, Muthukumar M (2009) The structure and dynamics of silk and cellulose dissolved in ionic liquids. ECS Trans 16:111–117
105. El Seoud OA, Heinze T (2005) Organic esters of cellulose: new perspectives for old polymers. Adv Polym Sci 186:103–149
106. Schulz L, Burchard W, Dönges R (1998) Evidence of supramolecular structures of cellulose derivatives in solution. In: Heinze T, Glasser WG (eds) Cellulose derivatives: modification, characterization, and nanostructures, ACS Symposium SERIES 688, Washington DC, pp 218–238
107. Morgenstern B, Kammer H–W (1998) On the particulate structure of cellulose solutions. Polymer 40:1299–1304
108. Menger FM (1993) Enzyme reactivity from an organic perspective. Acc Chem Res 26:206–212
109. Tsunashima Y, Kawanishi H, Horii F (2002) Reorganization of dynamic self–assemblies of cellulose diacetate in solution: dynamical critical–like fluctuations in the lower critical solution temperature system. Biomacromolecules 3:1276–1285
110. Schulz L, Seger B, Burchard W (2000) Structures of cellulose in solution. Macromol Chem Phys 201:2008–2022

111. Nilsson S, Sundeloef L-O, Bedrich Porsch (1995) On the characterization principles of some technically important water-soluble nonionic cellulose derivatives. Carbohydr Polym 28:265-275
112. Wittgren B, Porsch B (2002) Molar mass distribution of hydroxypropyl cellulose by size exclusion chromatography with dual light scattering and refractometric detection. Carbohydr Polym 49:457-469
113. Wittgren B, Stefansson M, Porsch B (2005) Interactions between sodium dodecyl sulphate and non-ionic cellulose derivatives studied by size exclusion chromatography with online multi-angle light scattering and refractometric detection. J Chromatogr A 1082:166-175
114. Dupont A-L, Mortha G (2006) Comparative evaluation of size-exclusion chromatography and viscometry for the characterisation of cellulose. J Chromatogr A 1026:129-141
115. Fukasawa M, Obara S (2004) Molecular weight determination of hypromellose acetate succinate (HPMCAS) using size exclusion chromatography with a multi-angle laser light scattering detector. Chem Pharm Bull 52:1391-1393
116. Schagerlöf H, Richardson S, Momcilovic D, Brinkmalm G, Wittgren B, Tjerneld F (2006) Characterization of chemical substitution of hydroxypropyl cellulose using enzymatic degradation. Biomacromolecules 7:80-85
117. Schittenhelm N, Kulicke W-M (2000) Producing homologous series of molar masses for establishing structure-property relationships with the aid of ultrasonic degradation. Macromol Chem Phys 201:1976-1984
118. Clasen C, Kulicke W-M (2001) Determination of viscoelastic and rheo-optical material functions of water-soluble cellulose derivatives. Prog Polym Sci 26:1839-1919 and references cited therein
119. Elias H-G (1997) An introduction to polymer science. VCH, p 275
120. Scherrer P (1918) Estimation of the size and internal structure of colloidal particles by means of Roentgen rays. Nachr Ges Wiss Gottingen 96-100, CAN 13:13268
121. Watanabe S, Hayashi J, Akahori T (1974) Molecular chain conformation and crystallite structure of cellulose. I. Fine structure of rayon fibers. J Polym Sci Polym Chem Ed 12:1065-1087
122. Hattula T (1987) Crystallization and disordering of cellulose in dissolving pulp during heterogeneous acid hydrolysis. Pap Puu 69:92-95
123. Lenz J, Schurz J (1990) Fibrillar structure and deformation behavior of regenerated cellulose fibers. I. Methods of investigation and crystallite dimensions. Cellul Chem

Technol 24:3-21
124. Lenz J, Schurz J, Wrentschur E, Geymayer W (1986) Dimensions of crystalline regions in regenerated cellulosic fibers. Angew Makromol Chem 138:1-19
125. Ioyelovich MY (1991) Supermolecular structure of native and isolated cellulose. Polym Sci 33:1670-1676
126. Bansal P, Hall M, Realff MJ, Lee JH, Bommarius AS (2010) Multivariate statistical analysis of X-ray data from cellulose: a new method to determine degree of crystallinity and predict hydrolysis rates. Bioresour Technol 101:4461-4471
127. Driemeier C, Calligaris GA (2011) Theoretical and experimental developments for accurate determination of crystallinity of cellulose I materials. J Appl Crystallogr 44:184-192
128. Lenz J, Schurz J, Wrentschur E (1988) The length of the crystalline domains in ibers of regenerated cellulose. Determination of the crystallite length of cellulose Ⅱ by means of wide-angle X-ray diffraction and transmission electron microscopy. Holzforschung 42:117-122
129. Krässig HA (1992) Cellulose: Structure, accessibility, and reactivity. Gordon and Breach, Yverdon, p 66
130. Ruland W (1961) X-ray determination of crystallinity and diffuse disorder scattering. Acta Crystallogr 14:1180-1185
131. Vonk CG (1973) Computerization of Ruland's x-ray method for determination of the crystallinity in polymers. J Appl Crystallogr 6:148-152
132. Segal L, Creely JJ, Markin AE Jr, Conrad CM (1959) An empirical method for estimating the degree of crystallinity of native cellulose using the X-ray diffractometer. Text Res J 29:786-794
133. Ant-Wuorinen O, Visapaa OA (1962) X-ray diffractometric method for determination of the crystallinity of cellulose. Norelco Rep 9:47-52
134. Buschle-Diller G, Zeronian SH (1992) Enhancing the reactivity and strength of cotton ibers. J Appl Polym Sci 45:967-979
135. Krischner H (1980) Einführung in die Röntgenfeinstrukturanalyse, Friedr. Wieweg Sohn, Braunschweig, p 28, 29, 43
136. Hofmann D, Fink HP, Philipp B (1989) Lateral crystallite size and lattice distortions in cellulose Ⅱ samples of different origin. Polymer 30:237-241
137. Kasai K, Kakudo M (2005) X-ray diffraction by macromolcules. Springer, Berlin, p 163
138. Chandrasekaran R (1997) Molecular architecture of polysaccharide helices in orien-

ted fibers. In: Horton D (ed) Advances in carbohydrate chemistry and biochemistry. Academic Press, San Diego, pp 311-439

139. Atalla RH, VanderHart DL (1984) Native cellulose: a composite of two distinct crystalline forms. Science (Washington, DC, United States) 223(4633):283-285
140. VanderHart DL, Atalla RH (1984) Studies of microstructure in native celluloses using solid-state carbon-13 NMR. Macromolecules 17:1465-1472
141. Belton PS, Tanner SF, Cartier N, Chanzy H (1989) High-resolution solid-state carbon-13 nuclear magnetic resonance spectroscopy of tunicin, an animal cellulose. Macromolecules 22:1615-1617
142. Nishiyama Y, Sugiyama J, Chanzy H, Langan P (2003) Crystal structure and hydrogen-bonding system in cellulose Ia from synchrotron X-ray and neutron fiber diffraction. J Am Chem Soc 125:14300-14306
143. Stipanovic A, Sarko A (1976) Packing analysis of carbohydrates and polysaccharides. 6. Molecular and crystal structure of regenerated cellulose Ⅱ. Macromolecules 9:851-857
144. Kolpak FJ, Blackwell J (1976) Determination of the structure of cellulose Ⅱ. Macromolecules 9:273-278
145. Dudley RL, Fyfe CA, Stephenson PJ, Deslandes Y, Hamer GK, Marchessault RH (1983) High-resolution carbon-13 CP/MAS NMR spectra of solid cellulose oligomers and the structure of cellulose Ⅱ. J Am Chem Soc 105:2469-2472
146. Isogai A, Usuda M, Kato T, Uryu T, Atallah RH (1989) Solid-state CP/MAS carbon-13 NMR study of cellulose polymorphs. Macromolecules 22:3168-3172
147. Gessler K, Krauss N, Steiner T, Betzl C, Sarko A, Saenger W (1995) β-D-Cellotetraose hemihydrate as a structural model for cellulose Ⅱ. An X-ray diffraction study. J Am Chem Soc 117:11397-11406
148. Raymond S, Henrissat B, Tran Qui D, Kvick A, Chanzy H (1995) The crystal structure of methyl β-cellotrioside monohydrate 0.25 ethanolate and its relationship to cellulose Ⅱ. Carbohydr Res 277:209-229
149. Langan P, Nishiyama Y, Chanzy H (1999) A revised structure and hydrogen-bonding system in cellulose Ⅱ from neutron iber diffraction analysis. J Am Chem Soc 121:9940-9946
150. Wada M, Heux L, Isogai A, Nishiyama Y, Chanzy H, Sugiyama J (2001) Improved structural data of cellulose Ⅱ Ⅱ prepared in supercritical ammonia. J Am Chem Soc 34:1237-1243
151. Takai M, Fukuda K, Murata M, Hayashi J (1987) Crystalline polymorphism of cel-

lulose triacetate. In: Kennedy JF, Phillips GO, Williams PA (eds) Wood and cellulosics. Ellis Horwood, Chichester, pp 111-117

152. Kuppel A, Husemann E, Seifert E, Zugenmaier P (1973) Transformation of triacetyl cellulose I into triacetyl cellulose Ⅱ and packing of cellulose in native ibers. Kolloid Z Z Polym 251:432-433
153. Zugenmaier P (2004) Characterization and physical properties of cellulose acetates. Macromol Symp 208:81-166
154. El Seoud OA, Fidale LC, Ruiz N, D'Almeida MLO, Frollini E (2008) Cellulose swelling by protic solvents: which properties of the biopolymer and the solvent matter? Cellulose 15:371-392
155. Shinouda HG, Kinawi A, Abdel-Moteleb MM (1978) X-ray diffraction and iodine adsorption of acid modified cellulose fibers. Makromol Chem 179:455-462
156. Revol JF, Dietrich A, Goring DAI (1987) Effect of mercerization on the crystallite size and crystallinity index in cellulose from different sources. Can J Chem 65: 1724-1725
157. Sidiras DK, Koullas DP, Vgenopoulos AG, Koukios EG (1990) Cellulose crystallinity as affected by various technical processes. Cellul Chem Technol 24:309-317
158. Tang L-G, Hon DN-S, Pan S-H, Zhu Y-Q, Wang Z, Wag Z-Z (1996) Evaluation of microcrystalline cellulose. I. Changes in ultrastructural characteristics during preliminary acid hydrolysis. J Appl Polym Sci 59:483-488
159. Awadel-Karim S, Nazhad MM, Paszner L (1999) Factors affecting crystalline structure of cellulose during solvent puriication treatment. Holzforschung 53:1-8
160. Chen Y, StipanovicAJ, Winter WT, Wilson DB, Kim Y-J (2007) Effect of digestion by pure cellulases on crystallinity and average chain length for bacterial and microcrystalline celluloses. Cellulose 14:283-293
161. Liu Y, Hu H (2008) X-ray diffraction study of bamboo fibers treated with NaOH. Fibers Polym 9:735-739
162. Kim J, Chen Y, Kang K-S, Park Y-B, Schwartz M (2008) Magnetic ield effect for cellulose nanoiber alignment. J Appl Phys. 104:096104/1-096104/3
163. Park S, Johnson DK, Ishizawa CI, Parilla PA, Davis MF (2009) Measuring the crystallinity index of cellulose by solid state ^{13}C nuclear magnetic resonance. Cellulose 16:641-647
164. Nishimura H, Sarko A (1987) Mercerization of cellulose. Ⅲ. Changes in crystallite sizes. J Appl Polym Sci 33:855-866
165. Nishimura H, Sarko A (1987) Mercerization of cellulose. Ⅳ. Mechanism of mer-

cerization and crystallite sizes. J Appl Polym Sci 33:867–874

166. Bober HL, Cuculo JA, Tucker PA (1987) Effects of ammonia/ammonium thiocyanate on cotton fabric. J Polym Sci Part A Polym Chem 25:2025–2032
167. Pavlov P, Makaztchieva V, Lozanov E (1992) High reactivity of cellulose after high temperature mercerization. Cellul Chem Technol 26:151–160
168. Fink HP, Philipp B, Zschunke C, Hayn M (1992) Structural changes of LODP cellulose in the original and mercerized state during enzymatic hydrolysis. Acta Polym 43:270–274
169. Sao KP, Samantaray BK, Bhattacherjee S (1996) X-ray line proile analysis in alkali-treated ramie fiber. J Appl Polym Sci 60:919–922
170. Ramos LA, Assaf JM, El Seoud OA, Frollini E (2005) Influence of the supramolecular structure and physicochemical properties of cellulose on its dissolution in a lithium chloride/N, N-dimethylacetamide solvent system. Biomacromolecules 6:2638–2647
171. GünzlerH, Gremlich H-U (2002) IR Spectroscopy: an introduction. Wiley-VCH, New York
172. Wartewig S (2003) IR and Raman spectroscopy: fundamental processing. Wiley-VCH, New York
173. Krasovskii AN, Polyakov DN, Gorodneva EN, Varlamov AV, Mnatsakanov SS, Iskhakov DM (1992) IR spectra and structure of cellulose triacetate with low content of mono- and disubstituted glucopyranose units. Russ J Appl Chem 65:1528–1534
174. Krasovskii AN, Polyakov DN, Mnatsakanov SS (1993) Determination of the degree of substitution in highly substituted cellulose esters (acetates). Russ J Appl Chem 66:918–924
175. Polyakov DN, Krasovskii AN, Gorodneva EN, Varlamov AV, Mnatsakonov SS (1993) Effect of activation and acylation of cellulose on distribution of primary and secondary hydroxyl groups in cellulose triacetate with small content of partially substituted glucopyranose. Russ J Appl Chem 66:1944–1948
176. Krasovskii AN, Plodistyi AB, Polyakov DN (1996) Distribution of primary and secondary functional groups in highly substituted cellulose acetates, acetomaleates, and acetophthalates based IR absorption spectroscopy data. Russ J Appl Chem 69:1048–1054
177. Dominguez de Maria P, Martinsson A (2009) Ionic-liquid-based method to determine the degree of esteriication in cellulose fibers. Analyst 134:493–496

178. Sollinger S, Diamantoglou M (1997) Determination of the degree of sulfonation of sulfonated poly(aryl ether) sulfone. J Raman Spectrosc 28:811-817
179. Robert P, Marquis M, Barron C, Guillon F, Saulnier L (2005) FT-IR investigation of cell wall polysaccharides from cereal grains. Arabinoxylan infrared assignment. J Agric Food Chem 53:7014-7018
180. O'Connor RT, DuPre EF, McCall ER (1957) Infrared spectrophotometric procedure for analysis of cellulose and modiied cellulose. Anal Chem 29:998-1005
181. Fengel D, Ludwig M (1991) Possibilities and limits of FTIR spectroscopy for the characterization of cellulose. Part 1. Comparison of various cellulose ibers and bacterial-cellulose. Papier (Bingen, Germany) 45:45-51
182. Fengel D (1991) Possibilities and limits of FTIR spectroscopy for the characterization of cellulose. Part 2. Comparison of various pulps. Papier (Bingen, Germany) 45:97-102
183. Fengel D (1991) Possibilities and limits of FTIR spectroscopy for the characterization of cellulose. Part 3. Effect of accompanying compounds on the IR spectrum of cellulose. Papier (Bingen, Germany) 46:7-11
184. Richter U, Krause T, Schempp W (1991) Alkali treatment of cellulose ibers. I. Changes in order evaluated by IR spectroscopy and X-ray diffraction. Angew Makromol Chem 185/186:155-167
185. Marson GA, El Seoud OA (1999) Cellulose dissolution in lithium chloride/N, N-dimethylacetamide solvent system: relevance of kinetics of decrystallization to cellulose derivatization under homogeneous solution conditions. J Polym Sci Part A Polym Chem 37:3738-3744
186. Khalil EMA, El-Wakil NA (2001) Infrared absorption spectra of cyanoethylated cellulose ibres. Cellul Chem Technol 34:473-479
187. Xiao D, Hu J, Zhang M, Li M, Wang G, Yao H (2004) Synthesis and characterization of camphorsulfonyl acetate of cellulose. Carbohydr Res 339:1925-1931
188. Oh SY, Yoo DI, Shin Y, Kim HC, Kim HY, Chung YS, Park WH, Youk JH (2005) Crystalline structure analysis of cellulose treated with sodium hydroxide and carbon dioxide by means of X-ray diffraction and FTIR spectroscopy. Carbohydr Res 340:2376-2391
189. Fuller MP, Grifiths PR (1978) Diffuse reflectance measurements by infrared Fourier transform spectrometry. Anal Chem 50:1906-1910
190. Kubelka P (1948) New contributions to the optics of intensely light-scattering materials. J Opt Soc Am 38:448-457

191. Schultz TP, McGinnis GD, Bertran MS (1985) Estimation of cellulose crystallinity using Fourier transform infrared spectroscopy and dynamic thermogravimetry. J Wood Chem Technol 5:543-557
192. Hulleman SHD, van Hazendonk JM, van Dam JEG (1994) Determination of crystallinity in native cellulose from higher plants with diffuse reflectance Fourier-transform infrared spectroscopy. Carbohydr Res 261:163-172
193. Yang CQ, Wang X (1996) Infrared spectroscopy studies of the cyclic anhydride as the intermediate for the ester crosslinking of cotton cellulose by polycarboxylic acids. Ⅱ. Comparison of different polycarboxylic acids. J Polym Sci Part A Polym Chem 34:1573-1580
194. Yang CQ, Wang X (1997) Infrared spectroscopy studies of the cyclic anhydride as the intermediate for the ester crosslinking of cotton cellulose by polycarboxylic acids. Ⅲ. Molecular weight of a crosslinking agent. J Polym Sci Part A Polym Chem 35:557-564
195. Ogawa K, Hirai I, Shimasaki C, Yoshimura T, Ono S, Rengakuji S, Nakamura Y, Yamazaki I (1999) Simple determination method of degree of substitution for starch acetate. Bull Chem Soc Jpn 72:2785-2790
196. Jandura P, Kokta BV, Riedl B (2000) Fibrous long-chain organic acid cellulose esters and their characterization by diffuse reflectance FTIR spectroscopy, solid-state CP/MAS carbon-13 NMR, and x-ray diffraction. J Appl Polym Sci 78:1354-1365
197. Mao Z, Yang CQ (2001) IR spectroscopy study of cyclic anhydride as intermediate for ester crosslinking of cotton cellulose by polycarboxylic acids. Ⅴ. Comparison of 1,2,4-butanetricarboxylic acid and 1,2,3-propanetricarboxylic acid. J Appl Polym Sci 81:2142-2150
198. Casarano R, Fidale LC, Lucheti CM, Heinze T, El Seoud OA (2010) Expedient, accurate methods for the determination of the degree of substitution of cellulose carboxylic esters: application of Uv-vis spectroscopy (dye solvatochromism) and FT-IR. Carbohydr Polym 83:1285-1292
199. Crepy L, Chaveriat L, Banoub J, Martin P, Joly N (2009) Synthesis of cellulose fatty esters as plastics—influence of the degree of substitution and the fatty chain length on mechanical properties. Chemsuschem 2:165-170
200. El-Khouly AS, Kenawy E, Safaan AA, Takahashi Y, Haiz YA, Sonomoto K, Zendo T (2011) Synthesis, characterization and antimicrobial activity of modiied cellulose-graft-polyacrylonitrile with some aromatic aldehyde derivatives. Carbohydr

Polym 83:346-353

201. Cheng HN, Biswas A (2011) Chemical modiication of cotton-based natural materials: products from carboxymethylation. Carbohydr Polym 84:1004-1010
202. Kaur B, Gur IS, Bhatnagar HL (1987) Thermal degradation studies of cellulose phosphates and cellulose thiophosphates. Angew Makromol Chem 147:157-183
203. Pohl M, Heinze T (2008) Novel biopolymer structures synthesized by dendronization of 6 - deoxy - 6 - aminopropargyl cellulose. Macromol Rapid Commun 29: 1739-1745
204. Hasani M, Westman G, Potthast A, Rosenau T (2009) Cationization of cellulose by using N-oxiranylmethyl-N-methylmorpholinium chloride and 2-oxiranylpyridine as etherfication agents. J Appl Polym Sci 114:1449-1456
205. Zhang C, Price LM, Daly WH (2006) Synthesis and characterization of a trifunctional aminoamide cellulose derivative. Biomacromolecules 7:139-145
206. Kostag M, Koehler S, Liebert T, Heinze T (2010) Pure cellulose nanoparticles from trimethylsilyl cellulose. Macromol Symp 294-Ⅱ:96-106
207. Kondo T, Sawatari C (1996) A Fourier transform infrared spectroscopic analysis of the character of hydrogen bonds in amorphous cellulose. Polymer 37:393-399
208. Schwanninger M, Rodrigues JC, Pereira H, Hinterstoisser B (2004) Effects of short-time vibratory ball milling on the shape of FT-IR spectra of wood and cellulose. Vib Spectrosc 36:23-40
209. Gavira JM, Hernanz A, Bratu I (2003) Dehydration of & β-cyclodextrin: an IR & v(OH) band proile analysis. Vib Spectrosc 32:137-146
210. Hurtubise F, Krässig H (1960) Classiication of fine structural characteristics in cellulose by infrared spectroscopy. Anal Chem 32:177-181
211. Nelson ML, O'Connor RT (1964) Relation of certain infrared bands to cellulose crystallinity and crystal lattice type. Ⅱ. A new infrared ratio for estimation of crystallinityin celluloses Ⅰ and Ⅱ. J Appl Polym Sci 8:1325-1341
212. El-Saied H, Hanna AA, Ibrahem AA (1985) Comparative study of various physical methods for the determination of cellulose crystallinity. Indian Pulp Pap 40:7, 9-10, 24
213. Iyer PB, Sreenivasan S, Chidambareswaran PK, Patil NB, Sundaram V (1991) Induced crystallization of cellulose in never-dried cotton ibers. J Appl Polym Sci 42: 1751-1757
214. He J, Cui S, Wang S-Y (2008) Preparation and crystalline analysis of high-grade bamboo dissolving pulp for cellulose acetate. J Appl Polym Sci 107:1029-1038

215. Puleo AC, Paul DR, Kelly SS (1989) The effect of degree of acetylation on gas sorption and transport behavior in cellulose acetate. J Membr Sci 47:301-332
216. Normakhamatov NS, Turaev AS, Burkhanova ND (2009) Cellulose supramolecular structure changes during chemical activation and sulfation. Holzforschung 63:40-46
217. Miyamoto T, Sato Y, Shibata T, Tanahashi M, Inagaki H (1985) Carbon-13 NMR spectral studies on the distribution of substituents in water-soluble cellulose acetate. J Polym Sci Polym Chem Ed 23:1373-1383
218. Krasovskii AN, Polyakov DN, Mnatsakanov SS (1993) Determination of the degree of substitution in highly substituted cellulose esters (acetates). Zh Prikl Khim 66:1118-1126
219. Krasovskii AN, Plodistyi AB, Polyakov DN (1996) Distribution of primary and secondary functional groups in highly substituted cellulose acetates, acetomaleates, and acetophthalates based IR absorption spectroscopy data. Zh Prikl Khim 69:1183-1189
220. Braun S, Kalinowski HO, Berger S (2004) 200 and more basic NMR experiments. Wiley-VCH, Weinheim, p 128
221. Sei T, Ishitani K, Suzuki R, Ikematsu K (1985) Distribution of acetyl group in cellulose acetate as determined by nuclear magnetic resonance analysis. Polym J 17:1065-1069
222. Iyer PB, Iyer KRK, Patil NB (1976) An infrared technique for the quick analysis of cotton-polyester. J Appl Polym Sci 20:591-595
223. Iyer PB, Iyer KRK, Patil NB (1978) Quantitative analysis of wool/cotton blends: an infrared method. J Appl Polym Sci 22:2677-2683
224. Fidale LC, Lima PM Jr, Hortencio LMA, Pires PAR, Heinze T, El Seoud OA (2012) Employing perichromism for probing the properties of carboxymethyl cellulose films: an expedient, accurate method for the determination of the degree of substitution of the biopolymer derivative. Cellulose 19:151-159
225. Becker ED (1999) High resolution NMR, 3rd edn. Academic Press, New York, NY, p 424
226. Ernst RR, Bodenhausen G, Wokaun A (1990) Principles of nuclear magnetic resonance in one and two dimensions. Oxford University Press, USA
227. Günther H (1995) NMR spectroscopy: basic principles, concepts, and applications in chemistry, 2nd edn. Wiley, USA
228. http://www.cis.rit.edu/htbooks/nmr/by Joseph P. Hornak
229. Sternberg U, Koch FT, Prieß W, Witter R (2003) Crystal structure reinements of

cellulose polymorphs using solid state ^{13}C chemical shifts. Cellulose 10:189-199
230. Witter R, Sternberg U, Hesse S, Kondo T, Koch FT, Ulrich AS (2006) 13C chemical shift constrained crystal structure reinement of cellulose Ia and its veriication by NMR anisotropy experiments. Macromolecules 39:6125-6132
231. Unger EW, Fink HP, Philipp B (1995) Morphometric investigation of the swelling dissolution process of cellulose ibers in FeTNa and LiCl/dimethylacetamide. Papier (Darmstadt) 49(6):297-307
232. Evans R, Newman RH, Roick UC, Suckling ID, Wallis AFA (1995) Changes in cellulose crystallinity during kraft pulping. Comparison of infrared, X-ray diffraction and solid state NMR results. Holzforschung 49:498-504
233. Hesse S (2005) Strukturanalyse modifizierter Bakteriencellulosen verschiedener Subspezies des A. xylinum mittels Festkörper-Kernresonanz-Spektroskopie. Ph. D. thesis, University of Jena, Germany
234. Debzi EM, Chanzy H, Sugiyama J, Tekely P, Excofier G (1991) The $I_a \rightarrow I_\beta$ transformation of highly crystalline cellulose by annealing in various mediums. Macromolecules 24:6816-6822
235. Yamamoto H, Horii F (1993) CPMAS carbon-13 NMR analysis of the crystal transformation induced for Valonia cellulose by annealing at high temperatures. Macromolecules 26:1313-1317
236. Yamamoto H, Horii F (1994) In situ crystallization of bacterial cellulose. I. Influences of polymeric additives, stirring and temperature on the formation of celluloses I_α and I_β as revealed by cross polarization/magic angle spinning (CP/MAS) carbon-13 NMR spec-troscopy. Cellulose 1:57-60
237. Larsson PT, Westermark U, Iversen T (1995) Determination of the cellulose I_α allomorph content in a tunicate cellulose by CP/MAS 13C-NMR spectroscopy. Carbohydr Res 278:339-343
238. Newman RH (1999) Estimation of the relative proportions of cellulose I_α and I_β in wood by carbon-13 NMR spectroscopy. Holzforschung 53:335-340
239. Horii F, Yamamoto H, Kitamaru R (1987) Transformation of native cellulose crystals induced by saturated steam at high temperatures. Macromolecules 20:2946-2949
240. Sugiyama J, Okano T, Yamamoto H, Horii F (1990) Transformation of Valonia cellulose crystals by an alkaline hydrothermal treatment. Macromolecules 23:3196-3198
241. Kono H, Erata T, Takai M (2003) Determination of the through-bond carbon-car-

bon and carbon-proton connectivities of the native celluloses in the solid state. Macromolecules 36:5131-5138

242. Kono H, Numata Y (2006) Structural investigation of cellulose I_{α} and I_{β} by two-dimensional RFDR NMR spectroscopy: determination of sequence of magnetically inequivalent d-glucose units along cellulose chain. Cellulose 13:317-326
243. Horii F, Hirai A, Kitamaru R (1982) Solid-state high-resolution carbon-13 NMR studies of regenerated cellulose samples with different crystallinities. Polym Bull 8:163-170
244. Kunze J, Fink HP (1999) Characterization of cellulose and cellulose derivatives by high resolution solid state ^{13}C-NMR spectroscopy. Papier (Bingen, Germany) 53:753-764
245. Atalla RH, VanderHart DL (1999) The role of solid-state carbon-13 NMR spectroscopy in studies of the nature of native celluloses. Solid State Nucl Magn Reson 15:1-19
246. VanderHart DL, Campbell GC (1998) Off-resonance proton decoupling on-resonance and near-resonance. A close look at ^{13}C CPMAS linewidths in solids for rigid, strongly coupled carbons under CW proton decoupling. J Magn Reson 134:88-112
247. Yamamoto H, Horii F, Hirai A (2006) Structural studies of bacterial cellulose through the solid-phase nitration and acetylation by CP/MAS ^{13}C NMR spectroscopy. Cellulose 13:327-342
248. Tokoh C, Takabe K, Sugiyama J, Fujita M (2002) CP/MAS ^{13}C-NMR and electron diffraction study of bacterial cellulose structure affected by cell wall polysaccharides. Cellulose 9:351-360
249. Larsson PT, Wickholm K, Iversen T (1997) A CP/MAS carbon-13 NMR investigation of molecular ordering in celluloses. Carbohydr Res 302:19-25
250. Larsson PT, Hult EL, Wickholm K, Pettersson E, Iversen T (1999) CP/MAS carbon-13 NMR spectroscopy applied to structure and interaction studies on cellulose Ⅰ. Solid State Nucl Magn Reson 15:31-40
251. Newman RH (1999) Estimation of the lateral dimensions of cellulose crystallites using carbon-13 NMR signal strengths. Solid State Nucl Magn Reson 15:21-29
252. Kono H, Erata T, Takai M (2002) CP/MAS ^{13}C NMR study of cellulose and cellulose derivatives. 2. Complete assignment of the ^{13}C resonance for the ring carbons of cellulose triacetate polymorphs. J Am Chem Soc 124:7512-7518
253. Hesse-Ertelt S, Witter R, Ulrich AS, Kondo T, Heinze T (2008) Spectral assign-

ments and anisotropy data of cellulose I_{α}: ^{13}C-NMR chemical shift data of cellulose I_{α} determined by INADEQUATE and RAI techniques applied to uniformly 13C-labeled bacterial celluloses of different Gluconacetobacter xylinus strains. Magn Reson Chem 46:1030-1036

254. Hesse S, Kondo T (2005) Behavior of cellulose production of Acetobacter xylinum in ^{13}C-enriched cultivation media including movements on nematic ordered cellulose templates. Carbohydr Polym 60:457-465

255. Hesse-Ertelt S, Heinze T, Togawa E, Kondo T (2010) Structure elucidation of uniformly 13C-labeled bacterial celluloses from different Gluconacetobacter xylinus strains. Cellulose 17:139-151

256. Fyfe CA, Dudley RL, Stephenson PJ, Deslandes Y, Hamer GK, Marchessault RH (1983) Application of high-resolution solid-state NMR with cross-polarization magic-angle spinning (CP/MAS) techniques to cellulose chemistry. J Macromol Sci Rev Macromol Chem Phys C23:187-216

257. Kono H, Erata T, Takai M (2003) Complete assignment of the CP/MAS ^{13}C NMR spectrum of cellulose IIII. Macromolecules 36:3589-3592

258. Kono H, Numata Y, Erata T, Takai M (2004) ^{13}C and ^{1}H resonance assignment of mercerized cellulose Ⅱ by two-dimensional MAS NMR spectroscopies. Macromolecules 37:5310-5316

259. Wada M, Heux L, Nishiyama Y, Langan P (2009) X-ray crystallographic, scanning microprobe X-ray diffraction, and cross-polarized/magic angle spinning ^{13}C NMR studies of the structure of cellulose $Ⅲ_{Ⅱ}$. Biomacromolecules 10:302-309

260. Heinze T, Dicke R, Koschella A, Kull AH, Klohr E-A, Koch W (2000) Effective preparation of cellulose derivatives in a new simple cellulose solvent. Macromol Chem Phys 201:627-631

261. Heinze T, Schwikal K, Barthel S (2005) Ionic liquids as reaction medium in cellulose functionalization. Macromol Biosci 5:520-525

262. Fischer S, Voigt W, Fischer K (1999) The behavior of cellulose in hydrated melts of the composition LiX. nH_2O ($X = I^-$, NO_3^-, CH_3COO^-, ClO_4^-). Cellulose 6:213-219

263. Nehls I, Wagenknecht W, Philipp B, Stscherbina D (1994) Characterization of cellulose and cellulose derivatives in solution by high resolution carbon-13 NMR spectrometry. Prog Polym Sci 19:29-78

264. Hasegawa M, Isogai A, Onabe F, Usada M (1992) Dissolving states of cellulose and chitosan in trifluoroacetic acid. J Appl Polym Sci 45:1857-1863

265. Yanagisawa M, Shibata I, Isogai A (2004) SEC-MALLS analysis of cellulose using LiCl/1,3-dimethyl-2-imidazolidinone as an eluent. Cellulose 11:169-176
266. Fujimoto T, Takahashi S, Tsuji M, Miyamoto T, Inagaki H (1986) Reaction of cellulose with formic acid and stability of cellulose formate. J Polym Sci Part C Polym Lett 24:495-501
267. Koehler S, Liebert T, Heinze T (2009) Ammonium-based cellulose solvents suitable for homogeneous etheriication. Macromol Biosci 9:836-841
268. Meiland M, Heinze T, Guenther W, Liebert T (2010) Studies on the boronation of methyl-β-D-cellobioside—a cellulose model. Carbohydr Res 345:257-263
269. Meiland M, Heinze T, Guenther W, Liebert T (2009) Seven membered ring boronates at trans-diol moieties of carbohydrates. Tetrahedron Lett 50:469-472
270. Flugge LA, Blank JT, Petillo PA (1999) Isolation, modification, and NMR assignments of a series of cellulose oligomers. J Am Chem Soc 121:7228-7238
271. Jiang N, Pu Y, Ragauskas AJ (2010) Rapid determination of lignin content via direct dissolution and ^{1}H NMR analysis of plant cell. Chemsuschem 3:1285-1289
272. Remsing RC, Swatloski RP, Rogers RD, Moyna G (2006) Mechanism of cellulose dissolution in the ionic liquid 1 N butyl 3 methylimidazolium chloride: a ^{13}C and $^{35/37}Cl$ NMR relaxation study on model systems. Chem Commun 1271-1273
273. www. otto-diels-institut. de/studium/spektroskopie/FDS_2D-NMR1-08. pdf: 2 dimensionale-NMR Spektroskopie F. D. Sönnichsen Mittwoch, 22 Oct 2008
274. Fischer S, Leipner H, Thümmler K, Brendler E, Peters J (2003) Inorganic molten salts as solvents for cellulose. Cellulose 10:227-236
275. Heinze T, Liebert T, Koschella A (2006) Esterification of polysaccharides. Structure analysis of polysaccharide esters
276. Goodlett VW, Dougherty JF, Patton HW(1971) Characterization of cellulose acetates by nuclear magnetic resonance. J Polym Sci Part A-1 Polym Chem 9: 155-161
277. Kamide K, Okajima K (1981) Determination of distribution of O-acetyl group in trihydric alcohol units of cellulose acetate by carbon-13 nuclear magnetic resonance analysis. Polym J (Tokyo) 13:127-133
278. Hikichi K, Kakuta Y, Katoh T (1995) ^{1}H NMR study on substituent distribution of cellulose diacetate. Polym J (Tokyo) 27:659-663
279. Buchanan CM, Hyatt JA, Lowman DW (1987) 2D-NMR of polysaccharides: spectral assignments of cellulose triesters. Macromolecules 20:2750-2754
280. Gagnaire DY, Taravel FR, Vignon MR (1976) Attribution of carbon-13 nuclear

magnetic resonance signals to peracetyl disaccharides in the D-glucose series. Carbohydr Res 51:157-168

281. Gagnaire DY, Taravel FR, Vignon MR (1982) Two-dimensional J spectroscopy: proton NMR of polysaccharides. Application to capsular heteroglycans and labeled cellulose triacetate. Macromolecules 15:126-129
282. Capon B, Rycroft DS, Thomson JW (1979) The carbon-13 NMR spectra of peracetylated cello-oligosaccharides. Carbohydr Res 70:145-149
283. Miyamoto T, Sato Y, Shibata T, Inagaki H, Tanahashi M (1984) Carbon-13 nuclear magnetic resonance studies of cellulose acetate. J Polym Sci Polym Chem Ed 22:2363-2370
284. Kamide K, Okajima K, Kowsaka K, Matsui T (1987) Solubility of cellulose acetate prepared by different methods and its correlationships with average acetyl group distribution on glucopyranose units. Polym J (Tokyo) 19:1405-1412
285. Kowsaka K, Okajima K, Kamide K (1986) Further study on the distribution of substituent group in cellulose acetate by carbon-13 and proton NMR analysis: assignment of carbonyl carbon peaks. Polym J (Tokyo) 18:843-849
286. Kamide K, Saito M (1994) Recent advances in molecular and supermolecular acter-ization of cellulose and cellulose derivatives. Macromol Symp 83:233-271
287. Buchanan CM, Edgar KJ, Hyatt JA, Wilson AK (1991) Preparation of cellulose [1-carbon-13] acetates and determination of monomer composition by NMR spectroscopy. Macromolecules 24:3050-3059
288. Reuben J, Conner HT (1983) Analysis of the carbon-13 NMR spectrum of hydrolyzed O-(carboxymethyl) cellulose: monomer composition and substitution patterns. Carbohydr Res 115:1-13
289. Tezuka Y, Tsuchiya Y, Shiomi T (1996) Proton and carbon-13 NMR structural study on cellulose and polysaccharide derivatives with carbonyl groups as a sensitive probe. Part Ⅱ. Carbon-13 NMR determination of substituent distribution in carboxymethyl cellulose by use of its peresterified derivatives. Carbohydr Res 291:99-108
290. Capitani D, Porro F, Segre AL (2000) High field NMR analysis of the degree of substitution in carboxymethyl cellulose sodium salt. Carbohydr Polym 42:283-286
291. Tezuka Y, Tsuchiya Y (1995) Determination of substituent distribution in cellulose acetate by means of a carbon-13 NMR study on its propanoated derivative. Carbohydr Res 273:83-91
292. Deus C, Friebolin H, Siefert E (1991) Partially acetylated cellulose. Synthesis and

determination of the substituent distribution via proton NMR spectroscopy. Makromol Chem 192:75-83

293. Lee CK, Gray GR (1995) Analysis of positions of substitution of O-acetyl groups in partially O-acetylated cellulose by the reductive-cleavage method. Carbohydr Res 269:167-174
294. Schaller J, Heinze T (2005) Studies on the synthesis of 2,3-O-hydroxyalkyl ethers of cellulose. Macromol Biosci 5:58-63
295. Grote C, Heinze T (2005) Starch derivatives of high degree of functionalization 11: studies on alternative acylation of starch with long-chain fatty acids homogeneously in N, N-dimethyl acetamide/LiCl. Cellulose 12:435-444
296. Hornig S (2005) Selbststrukturierende Funktionspolymere durch chemische Modiizierung von Dextranen. Diploma thesis, University of Jena
297. Hussain MA, Liebert T, Heinze T (2004) Acylation of cellulose with N, N′-carbonyldiimidazole-activated acids in the novel solvent dimethyl sulfoxide/tetrabutylammonium fluoride. Macromol Rapid Commun 25:916-920
298. Liebert T, Hussain MA, Heinze T (2005) Structure determination of cellulose esters via subsequent functionalization and NMR spectroscopy. Macromol Symp 223: 79-92
299. Hedenström M, Wiklund-Lindström S, Öman T, Lu F, Gerber L, Schatz P, Sundberg B, Ralph J (2009) Identification of lignin and polysaccharide modifications in Populus wood by chemometric analysis of 2D NMR spectra from dissolved cell walls. Mol Plant 2(933):942
300. Lu F, Ralph J (2003) Non-degradative dissolution and acetylation of ball-milled plant cell walls: high-resolution solution-state NMR. Plant J 35:535-544
301. Baar A, Kulicke W-M, Szablikowski K, Kiesewetter R (1994) Nuclear magnetic resonance spectroscopic characterization of carboxymethyl cellulose. Macromol Chem Phys 195:1483-1492
302. Buchanan CM, Hyatt JA, Lowman DW (1989) Supramolecular structure and microscopic conformation of cellulose esters. J Am Chem Soc 111:7312-7319
303. Nunes T, Burrows HD, Bastos M, Feio G, Gil MH (1995) ^{13}C nuclear magnetic resonance studies of cellulose ester derivatives in solution, powder and membranes. Polymer 36:479-485
304. Iijima H, Kowsaka K, Kamide K (1992) Determination of sequence distribution of substituted and unsubstituted glucopyranose units in water-soluble cellulose acetate chain as revealed by enzymic degradation. Polym J (Tokyo) 24:1077-1097

305. King AWT, Jalomäki J, Granström M, ArgyropoulosDS, Heikkinen S, Kilpelainen I (2010) A new method for rapid degree of substitution and purity determination of chloroform-soluble cellulose esters, using 31P NMR. Anal Methods 2:1499-1505
306. KulickeW-M Otto M, Baar A (1993) Improved NMR characterization of high-molecular-weight polymers and polyelectrolytes through the use of preliminary ultrasonic degradation. Makromol Chem 194:751-765
307. Iwata T, Azuma J, Okamura K, Muramoto M, Chun B (1992) Preparation and NMR assignments of cellulose mixed esters regioselectively substituted by acetyl and propanoyl groups. Carbohydr Res 224:277-283
308. McNair HM, Miller JM (1997) Basic gas chromatography. Wiley-Interscience, New York. ISBN 0-471-17260-X
309. Snyder LR, Kirkland JJ, Dolan JW (2010) Introduction to modern liquid chromatography, 3rd edn. Wiley. ISBN: 978-0-470-16754-0
310. Snyder LT, Glajch JL, Kirkland JJ (1988) Practical HPLC method development, 2nd edn. Wiley, USA
311. Cunico RL, Gooding KM, Wehr T (1998) Basic HPLC and CE of biomolecules. Bay Bioanalytical Laboratory
312. Dong MW (2006) Modern HPLC for practicing scientists. Wiley. ISBN 978-0-471-72789-7
313. Mischnick P, Momcilovic D (2010) Chemical structure analysis of starch and cellulose derivatives. In: Horton D (ed) Advances in carbohydrate chemistry and biochemistry, vol 64. Elsevier, Oxford, pp 117-210
314. Rolf D, Gray GR (1982) Reductive cleavage of glycosides. J Am Chem Soc 104: 3539-3541
315. Rosell K-G (1988) Distribution of substituents in methylcellulose. J Carbohydr Chem 7:525-536
316. Erler U, Mischnick P, Stein A, Klemm D (1992) Determination of the substitution patterns of cellulose methyl ethers by HPLC and gas-liquid chromatography—comparison of methods. Polym Bull 29:349-356
317. Gohdes M, Mischnick P, Wagenknecht W (1997) Methylation analysis of cellulose sulfates. Carbohydr Polym 33:163-168
318. Gohdes M, Mischnick P (1998) Determination of the substitution pattern in the polymer chain of cellulose sulfates. Carbohydr Res 309:109-115
319. Kragten EA, Kamerling JP, Vliegenthart JFG (1992) Composition analysis of carboxymethylcellulose by high-pH anion-exchange chromatography with pulsed am-

peromet-ric detection. J Chromatogr 623:49-53
320. Kragten EA, Kamerling JP, Vliegenthart JFG, Botter H, Batelaan JG (1992) Composition analysis of sulfoethylcelluloses by high-pH anion exchange chromatography with pulsed amperometric detection. Carbohydr Res 233:81-86
321. LeeDS, Perlin AS(1984)Formation,andstereochemistry, of 1,2-O-(1-methyl-1,2-ethanediyl)-D-glucose acetals formed in the acid-catalyzed hydrolysis of O-(2-hydroxypropyl)cellulose. Carbohydr Res 126:101-114
322. Arisz PW, Kauw HJJ, Boon JJ (1995) Substituent distribution along the cellulose backbone in O-methylcelluloses using GC and FAB-MS for monomer and oligomer analysis. Carbohydr Res 271:1-14
323. Heinze T (1998) Neue Funktionspolymere aus Cellulose: neue Synthesekonzepte, Strukturaufklärung und Eigenschaften. Shaker Verlag, Aachen, Germany. ISBN 3-8265-3300-3
324. Heinze T, Erler U, Nehls I, Klemm D (1994) Determination of the substituent pattern of heterogeneously and homogeneously synthesized carboxymethyl cellulose by using high-performance liquid chromatography. Angew Makromol Chem 215:93-106
325. Heinze T, Pfeiffer K, Liebert T, Heinze U (1999) Effective approaches for estimating the functionalization pattern of carboxymethyl starch of different origin. Starch/Staerke 51:11-16
326. Gelman RA (1982) Characterization of carboxymethylcellulose: distribution of substituent groups along the chain. J Appl Polym Sci 27:2957-2964
327. Ma Z, Zhang W, Li Z (1989) Study on the characterization of distribution of substituents along the chain of carboxymethyl cellulose. Chin J Polym Sci 7:45-53
328. Martinez-Richa A, Munoz-Alarcon H, Joseph-Nathan P (1991) Studies on enzymatic resistance and molecular structure by carbon-13 NMR of cellulosic ethers. J Appl Polym Sci 44:347-352
329. Heinze U, Schaller J, Heinze T, Horner S, Saake B, Puls J (2000) Characterization of regioselectively functionalized 2,3-O-carboxymethyl cellulose by enzymic and chemical methods. Cellulose 7:161-175
330. Horner S, Puls J, Saake B, Klohr E-A, Thielking H (1999) Enzyme-aided characterization of carboxymethyl cellulose. Carbohydr Polym 40:1-7
331. Puls J, Horner S, Kruse T, Saake B, Heinze T (1998) Enzyme-aided characterization of carboxymethyl cellulose with conventional and novel distribution of functional groups. Papier (Heidelberg, Germany) 52:743-748
332. Urbanski J (1992) Analysis and characterization of cellulose and its derivatives.

Appl Polym Anal Charact 2:345-361
333. Mischnick P, Heinrich J, Gohdes M, Wilke O, Rogmann N (2000) Structure analysis of 1,4-glucan derivatives. Macromol Chem Phys 201:1985-1986
334. De Belder AN, Norrman B (1968) The distribution of substituents in partially acetylated dextran. Carbohydr Res 8:1-6
335. Bouveng HO (1961) Arabinogalactoglycans. V. Barry degradation of the arabinogalacto-glycans from Western larch—a kinetic study of the mild acid hydrolysis of arabinogalac-toglycan A. Acta Chem Scand 15:78-86
336. Liebert T, Pfeiffer K, Heinze T (2005) Carbamoylation applied for structure determination of cellulose derivatives. Macromol Symp 223:93-108
337. Bjorndal H, Lindberg B, Rosell KG (1971) Distribution of substituents in partially acetylated cellulose. J Polym Sci Polym Symp 36:523-527
338. Franz G (1991) Polysaccharide. Springer, Berlin
339. Prehm P (1980) Methylation of carbohydrates by methyl trifluoromethanesulfonate in trimethyl phosphate. Carbohydr Res 78:372-374
340. Mischnick P (1991) Determination of the substitution pattern of cellulose acetates. J Carbohydr Chem 10:711-722
341. Yu N, Gray GR (1998) Analysis of the positions of substitution of acetate and propionate groups in cellulose acetate-propionate by the reductive-cleavage method. Carbohydr Res 313:29-36
342. Yu N, Gray GR (1998) Analysis of the positions of substitution of acetate and butyrate groups in cellulose acetate butyrate by the reductive-cleavage method. Carbohydr Res 312:225-231
343. D'Ambra AJ, Rice MJ, Zeller SG, Gruber PR, Gray GR (1988) Analysis of positions of substitution of O-methyl or O-ethyl groups in partially methylated or ethylated cellulose by the reductive-cleavage method. Carbohydr Res 177:111-116
344. Garegg PJ, Lindberg B, Konradsson P, Kvarnstrom I (1988) Hydrolysis of glycosides under reducing conditions. Carbohydr Res 176:145-148
345. Stevenson TT, Furneaux RH (1991) Chemical methods for the analysis of sulfated galactans from red algae. Carbohydr Res 210:277-298
346. Liebert T, Schnabelrauch M, Klemm D, Erler U (1994) Readily hydrolyzable cellulose esters as intermediates for the regioselective derivatization of cellulose. Part Ⅱ Soluble, highly substituted cellulose trifluoroacetates. Cellulose 1:249-258
347. Mischnick-Lubbecke P, König WA (1989) Determination of the substitution pattern of modiied polysaccharides. Part I. Benzyl starches. Carbohydr Res 185:113-

118

348. Mischnick P, Lange M, Gohdes M, Stein A, Petzold K (1995) Trialkylsilyl derivatives of cyclomaltoheptaose, cellulose, and amylose: rearrangement during methylation analysis. Carbohydr Res 277:179-187
349. Gross JH (2004) Mass spectrometry: a textbook. Springer, Heidelberg. ISBN 3-540-40739
350. Liebert T, Seifert M, Heinze T (2008) Eficient method for the preparation of pure, water-soluble cellodextrines. Macromol Symp 262:140-149
351. Hofmeister GE, Zhou Z, Leary JA (1991) Linkage position determination in lithium-cationized disaccharides: tandem mass spectrometry and semiempirical calculations. J Am Chem Soc 113:5964-5970
352. Adden R, Mischnick P (2005) A novel method for the analysis of the substitution pattern of O-methyl-a-and β-1,4-glucans by means of electrospray ionization-mass spectrometry/collision induced dissociation. Int J Mass Spectrom 242:63-73
353. Ciucanu I (2006) Per-O-methylation reaction for structural analysis of carbohydrates by mass spectrometry. Anal Chim Acta 576:147-155
354. Domon B, Costello CE (1988) A systematic nomenclature for carbohydrate fragmentations in FAB-MS/MS spectra of glycoconjugates. Glycoconjugate J 5:397-409
355. Arisz PW, Boon J (1995) Pyrolysis chemical ionization mass spectrometry of cellulose ethers. J Polym Sci Part A Polym Chem 33:2855-2864
356. Heinrich J, Mischnick P (1999) Determination of the substitution pattern in the polymer chain of cellulose acetates. J Polym Sci Part A Polym Chem 37:3011-3016
357. Mischnick P, Niedner W, Adden R (2005) Possibilities of mass spectrometry and tandem-mass spectrometry in the analysis of cellulose ethers. Macromol Symp 223:67-77
358. Adden R, Müller R, Brinkmalm G, Ehrler R, Mischnick P (2006) Comprehensive analysis of the substituent distribution in hydroxyethyl celluloses by quantitative MALDI-ToF-MS. Macromol Biosci 6:435-444
359. Pastorova I, Botto RE, Arisz PW, Boon JJ (1994) Cellulose char structures: a combined analytical Py-GC-MS, FTIR, and NMR study. Carbohydr Res 262:27-47
360. Carollo P, Grospietro B (2004) Plastic materials. Macromol Symp 208:335-351
361. Kamide K, Terakawa T, Miyazaki Y (1979) The viscometric and light-scattering determination of dilute solution properties of cellulose diacetate. Polym J 11:285-298

362. Kamide K, Miyazaki Y, Abe T (1979) Dilute solution properties and unperturbed chain dimension of cellulose triacetate. Polym J 11:523-538
363. Glasser WG, Samaranayake G, Dumay M, Dave V (1995) Novel cellulose derivatives. Ⅲ. Thermal analysis of mixed esters with butyric and hexanois acid. J Polym Sci Part B Polym Phys 33:2045-2054
364. Sealey JS, Samaranayake G, Todd JG, Glasser WG (1996) Novel cellulose derivatives. Ⅳ. Preparation and thermal analysis of waxy esters of cellulose. J Polym Sci Part B PolymPhys 34:1613-1620
365. Fidale LC, Iβbrücker C, Silva PL, Lucheti CM, Heinze T, El Seoud OA (2010) Probing the dependence of the properties of cellulose acetates and their ilms on the degree of biopolymer substitution: use of solvatochromic indicators and thermal analysis. Cellulose 17:937-951
366. Crompton TR (1993) Practical polymer analysis. Plenum Press, New York, pp 595-664
367. Campbell D, Pethrich RA, White JR (2000) Polymer characterization: physical techniques. Stanley Thornes, Cheltenham, pp 362-407
368. ChartoffRP (2008) Thermal analysis of polymers. Characterization and analysis of polmers. Wiley Interscience, Hoboken, pp 805-881
369. Hill JO (1991) For better thermal analysis and calorimetry, ICTA, 3rd edn. CPC Reprographics, Portsmouth
370. Sircar AK (1982) Characterization of elastomers by thermal analysis. J Sci Ind Res 41:536-560
371. Savasci OT, Petkim Baysal SM (1986) Determination of effectivenesses of 2,6-di-tert-butyl-p-catechecol, mixed tri(mono-and dinonylphenyl) phosphite and their mixtures as antioxidants for CBR [cis-butadiene rubber] by DSC. J Appl Polym Sci 31:2157-2169
372. Gallagher PK (1993) Thermal analysis. Adv Anal Geochem 1:211-257
373. Brown ME (1988) Introduction to thermal analysis. Chapman and Hall, London
374. HäggkvistM, Li T-Q, ÖdbergL (1998) Effects of drying and pressing on the pore structure in the cellulose iber wall studied by proton and deuteron NMR relaxation. Cellulose 5:33-49
375. Crawshaw J, Cameron RE (2000) A small X-ray scattering study of pore structure in Tencel cellulose fibres and the effects of physical treatments. Polymer 41:4691-4698
376. Berggren J, Alderborn G (2001) Drying behavior of two sets of microcrystalline cel-

lulose pellets. Int J Pharm 219:113-126
377. Rosenau T, Potthast A, Sixta H, Kosma P (2001) The chemistry of side reactions and byproduct formation in the system NMMO/cellulose (Lyocell process). Progr Polym Sci 26:1763-1837
378. Dorn S, Wendler F, Meister F, Heinze T (2008) Interactions of ionic liquids with polysaccharides—7: Thermal stability of cellulose in ionic liquids and N-methyl-morpholine-N-oxide. Macromol Mater Eng 293:907-913
379. Wendler F, Konkin A, Heinze T (2008) Studies on the stabilization of modiied Lyocell solutions. Macromol Symp 262:72-84
380. Hatakeyama H, Hatakeyama T (1998) Interactions between water and hydrophilic polymers. Thermochim Acta 308:3-22
381. Horbach A (1987) Thermoanalytical possibilities for characterization of cellulose and cellulose derivatives. Papier (Bingen, Germany) 41:652-657
382. Ruseckaite RA, Jiménez A (2003) Thermal degradation of mixtures of polycaprolactone with cellulose derivatives. Polym Degrad Stab 81:353-358
383. Hassan ML, Mooreield CN, Kotta K, Newkome GR (2005) Regioselective combinational-type synthesis, characterization, and physical properties of dendronized cellulose. Polymer 46:8947-8955
384. Heinze T, Rahn K, Jaspers M, Berghmans H (1996) Thermal studies on homogeneously synthesized cellulose p-toluenesulfonates. J Appl Polym Sci 60:1891-1900
385. Gaan S, Rupper P, Salimova V, Heuberger M, Rabe S, Vogel F (2009) Thermal decomposition and burning behavior of cellulose treated with ethyl ester phosphoramidates: effect of alkyl substituent on nitrogen atom. Polym Degrad Stab 94: 1125-1134
386. Alvarez VA, Vásquez A (2004) Thermal degradation of cellulose derivatives/starch blends and sisal biocomposites. Polym Degrad Stab 84:13-21
387. El-Kalyoubi SF, El-Shinnawy NA (1985) Thermogravimetric analysis of some chemically modiied celluloses. J Appl Polym Sci 30:4793-4799
388. Nada AMA, Hassan ML (1999/2000) Thermal behavior of cellulose and some cellulose derivatives. Polym Degrad Stab 67:111-115
389. Jain RK, Lal K, Bhatnagar HL (1989) Thermal degradation of cellulose esters and their tosylated products in air. Polym Degrad Stab 26:101-112
390. Kaloustian J, Pauli AM, Pastor J (1997) Thermal analysis of cellulose and some etheriied and esteriied derivatives. J Therm Anal 48:791-804
391. Jandura P, Riedl B, Kokta BV (2000) Thermal degradation behavior of cellulose fi-

bers partially esterified with some long chain organic acids. Polym Degrad Stab 70: 387–394

392. Berthold J, Rinaudo M, Salmen L (1996) Association of water to polar groups; estimations by an adsorption model for ligno-cellulosic materials. Colloids Surf A 112: 117–129
393. Mizutani C, InagakiH, Bertoniere NR (1999) Water absorbancy of never-dried cotton fibers. Cellulose 6:167–176
394. Hatakeyama T, Nakamura K, Hatakeyama H (2000) Vaporization of bound water associated with cellulose fibers. Thermochim Acta 352–353:233–239
395. Nakamura K, Hatakeyama T, Hatakeyama H (1981) Studies on bound water of cellulose by differential scanning calorimetry. Text Res J 51:607–613
396. Kaloustian J, Pauli AM, Pastor J (1996) Characterization by thermal analysis of lignin, cellulose, and some of its etheriied derivatives. J Therm Anal 46:91–104
397. Ciesla K, Rahier H, Zakrzewska-Trznadel G (2004) Interaction of water with the regenerated cellulose membrane studied by DSC. J Therm Anal Calorim 77: 279–293
398. Park S, Venditti RA, Jameel H, Pawlak JJ (2006) Changes in pore size distribution during the drying of cellulose fibers as measured by differential scanning calorimetry. Carbohydr Polym 66:97–103
399. Edgar KJ, Pecorini TJ, Glasser WG (1998) Long-chain cellulose esters: preparation, properties, and perspective. ACS Symp Ser 688:38–60
400. Takahashi A, Kawaharada T, Kato T (1979) Melting temperature of thermally reversible gel. V. Heat of fusion of cellulose triacetate and the melting of cellulose diacetate-benzyl alcohol gel. Polym J 11:671–675
401. Kamide K, Saito M (1985) Thermal analysis of cellulose acetate solids with total degrees of substitution of 0.49, 1.75, 2.46, and 2.92. Polym J 17:919–928
402. Joly N, Granet R, Krausz P (2004/2005) Olefin metathesis applied to cellulose derivatives: synthesis, analysis, and properties of new cross-linked cellulose plastic ilms. J Polym Chem A 43:407–418
403. Tosh BN, Saikia CN (1998) Thermal degradation of some homogeneously esterified products prepared from different molecular weight fractions of high a-cellulose pulp. J Polym Mater 15:185–195
404. Uryash VF, Rabinovich IB, Mochalov AN, Khlyustova TB (1985) Thermal and calorimetric analysis of cellulose, its derivatives and their mixtures with plasticizers. Termochim Acta 93:409–412

405. Cooney JD, Day M, Wiles DM (1984) Kinetic and thermogravimetric analysis of the thermal oxidative degradation of flame-retardant polyesters. J Appl Polym Sci 29:911-923

406. Cooney JD, Day M, Wiles DM (1983) Thermal degradation of poly (ethylene terephthalate): a kinetic analysis of thermogravimetric data. J Appl Polym Sci 50: 2887-2892

407. Yao F, Wu Q, Lei Y, Guo W, Xu Y (2008) Thermal decomposition kinetics of natural fibers: activation energy with dynamic thermogravimetric analysis. Polym Degrad Stab 93:90-98

第3章　纤维素活化和溶解

3.1　纤维素的活化

3.1.1　概述

众所周知，纤维素的反应控制，如将其转化为酯或醚，并非易事。获得的产品通常有不可预测的、不可重复的取代度。原因可能与AGU羟基的可及性有关。纤维素表面或纤维素无定形区域中的羟基比结晶区域中的羟基更容易被试剂接近，在分子水平上反应具有不均匀性。因此，纤维素进行化学反应之前通常要经过预处理或活化，这种手段在工业和实验室中都得到应用。与未处理纤维素相比，一些经氨或NaOH水溶液处理的丝光纤维素在非均相乙酰化或硝化时反应性相当[1]，甚至反应性降低[2]。尽管天然纤维素样品溶解在SO_2/二乙胺/DMSO混合物中，但再生纤维素却不能溶解[3-4]。活化用于描述任何旨在使纤维素更可及的预处理，如增加其在特定介质（碱溶液、DMAc/LiCl等）中的溶解度和/或增加其在化学反应中的反应性。一些强极性介质活化机理见3.2节。

工业中使用最广泛的活化方法是用碱水溶液处理纤维素。取决于该溶胀剂的浓度，这种处理引起分子间和分子内相互作用的破坏，最终溶解纤维素。在加入烷基卤化物或氯乙酸酯以形成相应的纤维素醚之前，可将纤维素切碎并加入碱浴（最常用的是NaOH溶液）中[5]。

用溶剂处理纤维素使其活化，溶剂破坏包括氢键的分子间相互作用并使纤维素溶胀，但不溶解。溶剂交换（水→丙酮→DMAc）增加软木浆在DMAc/LiCl中的溶解度，但不改变纤维素的晶体结构。另外，研磨不会增强相同纤维素的溶解度，尽管其晶体结构几乎被破坏[6]。另外，用DMAc处理的纤维素样品比用丙酮处理的样品能更快地溶解在DMAc/LiCl中，都比未处理的样品快得多。相对于丙酮处理的样品，经DMAc预溶胀的样品在^{1}H和^{13}C-NMR测量中表现出更大的分形维数和更短的纵向弛豫时间T_1。这表明后者纤维素在100nm尺度上有更大的表面粗糙度，更大的链段迁移率和更大的分子异质性。这种长度对应于纤维素的LODP[7]，是纤维素动态异质性的量度[8]。考虑到纤维素活化的主要目的是增加其羟基的可及性，从而在不同介质中溶解以进行后续再生或化学修饰，下面将讨论可及性及其测定方法。此外，还涉及了不同的活化方法，如机械、晶间溶剂介导的溶胀、晶内溶胀。

3.1.2　可及度及其测定方法

纤维素加工、溶解或衍生化的初始步骤都在非均相（固/液）条件下进行。反应速率和产率（就目标 *DS* 和得到的 *DS* 而言）很大程度上取决于可用性，即纤维素 OH 基团的可及性。形成基本原纤结构的基本微晶参与分子间氢键网络、耦合到偶极和范德瓦耳斯力的相互作用。这些作用足以限制纤维素结晶区域的渗透，即使是像水这样的小分子也是如此。一些例子证明接近结晶区的羟基需要剧烈的条件。为了实现完全 OH/OD 交换，需要用热 D_2O 处理木质纤维素 100 个循环[9]。高温（> 300℃）和高压（> 11MPa）是必要的，以便在亚临界水和超临界水中溶解相对较低聚合度的 MCC[10]。即许多溶剂和化学试剂对结晶区域的可及性被严重限制。位于基本原纤维的表面或在微晶之间的互连区域中的纤维素（无定形）段中的羟基是可及的。对不破坏纤维素分子间氢键的液体，其可及性取决于孔隙和孔隙的可用内表面、超分子有序性以及原纤维结构。表 3.1 总结了测定纤维素可及性的主要方法。

表 3.1　测定纤维素可及性的主要方法

方法		示例
吸附技术	气体吸附	Ar、He、N_2 的吸附
	蒸汽吸附	H_2O 或 D_2O 蒸汽吸附
	溶液吸附	从 I_2/KI 水溶液吸附碘
和液体的纯粹物理作用（仅是液体）	液体溶胀	水，有机溶剂，溶剂混合物
	同位素交换	与 D_2O 作用 H/D 的互换
化学反应	醇解	糖苷键的乙醇分解
	化学衍生化	转化为黄酸酯、甲酸酯、醋酸酯和三氟乙酸酯
	其他化学反应	氧化，如 N_2O_4/CCl_4 和 HIO_4 氧化

· 气体和蒸气吸附

通常采用纤维素吸附 Ar、He、N_2 或水蒸气等气体来确定与可及性相关的基本特性，即总表面积、总孔体积和孔径分布。用 BET 和 BJH 方程来解释实验吸附等温线[11]。

气体的吸收是吸附在基底表面（密封容器内）的气体分子与气相中的气体分子之间的关系。游离气体产生可测量的压力，而吸附的气体不产生压力。因此，样品吸附的气体量可由 p/p° 推导出来，p 为平衡气体压力，p° 为起始气体压力。水蒸气吸附是测试纤维素的水分含量与纤维素上方空气的相对湿度（RH）之间的关系。吸附等温线给出了有关基底表面特性的信息，多孔材料显示特征滞后曲线。后一种行为意味着一旦相对压力（或水蒸气的 *RH*）达到 1.0，压力（或 *RH*）的缓慢降低会产生一条曲线（解吸曲线），因为微孔排空，该曲线与其对应物吸附行为不同。多孔材料特有的五类吸附/解吸曲线如图 3.1 所示。A～E 型曲线为吸附剂冷凝引起的滞后曲线。纤维素会产生 A 型曲线[12]。

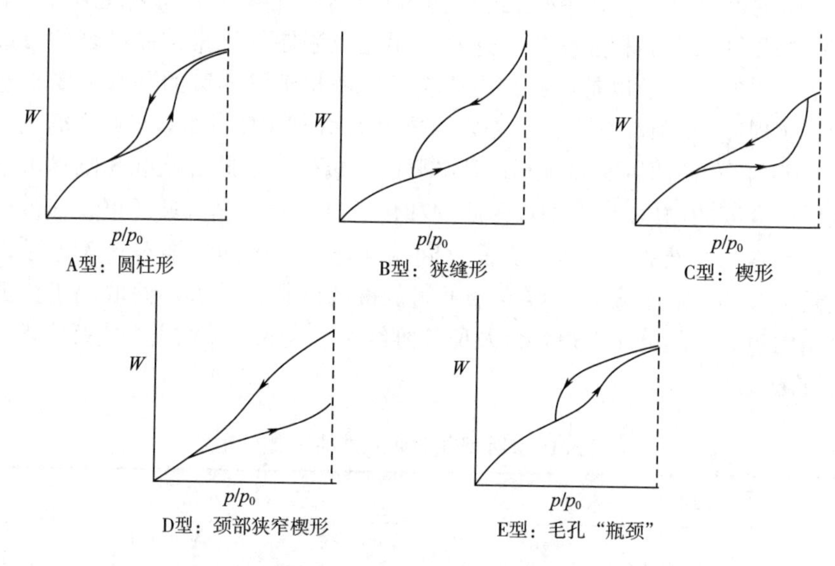

图 3.1　不同孔隙率表面的吸附/解吸曲线类型[11]

研究吸附惰性气体很有意义，与计算表面积有关。为确保适当的吸附，物质表面应是清洁干燥的。清洗需要通过大量加热[13-15]或通过烦琐的溶剂交换去除强的吸附水，如用甲醇置换水、用正戊烷置换甲醇，用 He 气吹扫 1 周除去烷烃[16]。大多数研究人员减压处理干燥样品，由于降解[13-14]或角质化[17]作用，这种处理导致纤维素的吸附率显著降低。角质化意味着纤维素可及性的显著降低，一方面由于表面羟基间形成氢键、原纤维结构发生融合降低反应性[18]；另一方面，干燥不完全可能导致意想不到的结果，如气体解吸曲线领先于而不是滞后于吸附“臂”，至少在吸附等温线的某一部分出现这种情况[19]。后一个问题可以被忽视，因为原则上等温线的吸附“臂”足以计算表面积[20-22]。角质化导致表面积计算偏小，气体在吸附之前解吸的解释尚不明确。因此，不应低估除水程序对纤维素表面积的影响，应确定气体吸附等温线的两臂并加以讨论。

Ⅱ型等温线，BET 模型在较低的相对压力，即 $p/p^{\circ}<0.3$ 范围适用。已有无孔和多孔表面的整个相对压力（或 *RH*）范围的等温线引入。最相关的物理量是过量

表面功（ESW）和最小 ESW 对应的吸附质量 Φ，由式（3.1）定义。

$$\Phi = n_{\mathrm{ads}}\Delta\mu = \left(\frac{M_{\infty}}{M_{\mathrm{mol}}}\right)RT\ln\frac{p}{p^{\circ}} \tag{3.1}$$

式中：n_{ads} 为吸附分子的数量；$\Delta\mu$ 为化学势的变化；M_{∞} 和 M_{mol} 分别为平衡时的吸附物质量和吸附物摩尔质量；R 为摩尔气体常数；T 为绝对温度；$p/p^{\circ} = (RH/100)$ = 蒸汽的平衡分压[23]。

基于物质在纤维素表面的吸附/解吸的相关实验涉及用反相气相色谱法测定生物聚合物表面自由能的分散组分色散分量（London 力）。测定在填充有纤维素的柱子中分子体积增加的烷烃（如正己烷到正癸烷）的保留时间，转换为保留体积，用于计算上述分量，因为烷烃主要通过色散力与纤维素发生相互作用[24]。

确定纤维素比表面积的更简单的方法是从水溶液中吸附染料。获得的信息（湿纤维素的特定区域）具有实际意义，因为纤维素通常是湿法加工的，如染色过程。在指定的实验条件下吸附染料，纤维素的表面积由获得的吸附等温线、染料的表面积和阿伏伽德罗数计算[25-26]。图 3.2 为刚果红在纤维素纤维及其丝光化后吸附的典型曲线，显示出纤维吸附的染料量对浴中染料浓度的依赖性[27]。纤维素符合朗缪尔（Langmuir）型等温吸附。如预期那样丝光样品提高了可及性，比天然样品吸附更多的染料。

处理染料吸附数据时应考虑两个因素：纤维上的染料分布和染料/纤维素接触面积。纤维素/染料（C. I. Reactive Red 2）/水体系的分子模拟表明，尽管不能排除无定形区域中有更强的相互作用[28]，最初染料—纤维素结合过程中没有明显的特异性。因此，只要染料符合 Langmuir 型吸附等温线，染料的优选吸附就不成问题。染料/纤维素接触面积问题的“可操作”解决方案是基于以下事实：纤维素表面的 AFM 图像在 1.07nm 和 0.53 nm 处呈现周期性，分别归因于纤维重复和葡萄糖单元重复[29]。重复形态确保了染料在纤维表面上均匀沉积。大多数实验中使用芳香染料，即它们的结构是刚性的，因此，染料被“平坦”地吸附在纤维表面[30]。然后可以将接触面积视为等于染料分子的表面积。后者易于通过商业软件计算，用于气相中的几何优化，然后在水中溶剂化。通过 AMSOL 程序包（7.0 版），利用 PM3 半经验方法和 SM 5.4 溶剂化模型计算的刚果红染料在水中溶剂化的最小能量构象，如图 3.3 所示。

与染料吸附相关的一个应用是从纤维素中排除体积依赖的溶质，从而得到有关平均孔径、最大孔径以及内表面积的信息。将摩尔体积增加的溶质（作为探针）溶液（从单糖到四糖，单至四乙二醇和商业“Carbowaxes”）与已知含水量的湿纤维素接触，测量与纤维素接触前后溶液中探针的浓度。因此，溶液将被稀释，但不会像完全接触纤维素中的所有水那样稀释。由此产生的质量变化，可以计算出“不可及”的水量。该量将随着探针摩尔体积的增加而增加，直到最大值，所有溶质分子都从纤维素中排除。在这个阶段，不可及的水量与探针摩尔体积或直径之

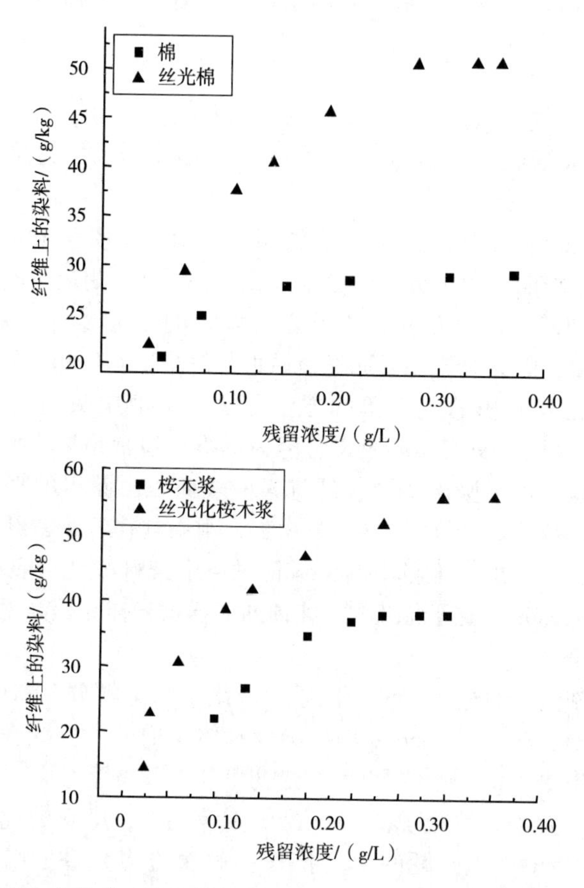

图 3.2 刚果红与棉花、桉木浆纤维及其丝光对应物的相互作用（用 M 标记）

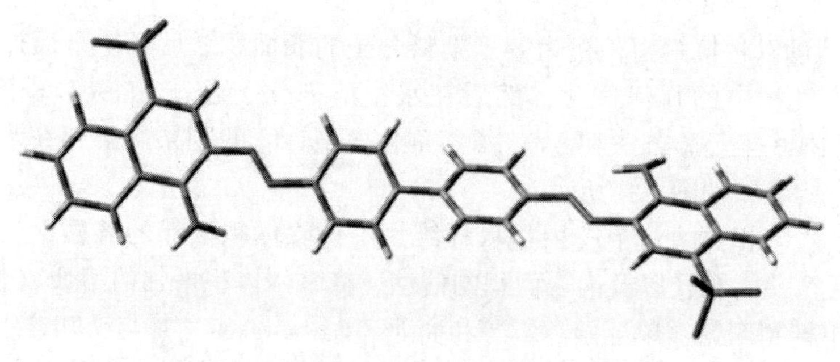

图 3.3 刚果红染料在水中溶剂化的最小能量构象

间的曲线趋于平衡。因此，相对于特定的探针分子，不可及的水量可以通过纤维素中的水总量和探针溶液的稀释度来计算[31]。与已干燥然后重新溶胀的样品相比，从未干燥的纤维素具有更高的可及性。该技术还证明干燥对微孔尺寸的有害影响（由于角质化）[32-34]。

水蒸气的吸附很有意思，因为纤维素样品不必干燥，因此无角质化问题。将纤维素保持在已知相对湿度的气氛中，固定温度下进行实验，直至达到平衡（由样品质量恒定证明）。相对湿度的值可通过静态或动态方法控制。在前者中，纤维素储存在放置过饱和电解质水溶液的密闭容器中，在25℃下，饱和的 LiCl、CH_3COOK、K_2CO_3、NaBr、NaCl 和 KNO_3 溶液的相对湿度值分别为11%、25%、40%、63%、75%和96%[35-36]。尽管该方法方便且广泛使用，但相对较慢，需要几天时间才能达到吸附平衡。在高相对湿度下，这个时间尺度可能导致细菌滋生，使结果无效[37]。

在动态条件下可以更方便地测量水吸附，装置由 Cahn 型微量天平组成，微量天平插入具有受控温度和湿度的腔室中。湿度通过混合干燥氮气流和饱和水蒸气来实现，两者的比例由气流控制器调整。样品质量的变化是时间的函数。静态和动态水蒸气吸附之间的比较表明，只要材料中水蒸气的扩散系数高，如 MCC，两者的结果是一致的。当扩散系数变小时，因为难以达到热力学平衡，静态方法非常慢，因此，动态方法更方便[38]。

采用“部分单指数模型”（部分指数模型）方便地再现了水吸附/解吸的动力学，质量随时间的变化用两个时间域来描述，对应水的快速吸附和慢速吸附，可能与结合水和自由水的形成相关[39]。

水吸附或气体吸附计算的表面积通常大不相同。例如，BET 方法计算的不同纤维素的比表面积通常 $<10m^2/g$[12,19,40]，该数值远小于水蒸气吸附的计算值（$130\sim160\ m^2/g$）[41]。这种差异表明两种情况吸附机理的根本差异。假设氮的吸附发生在纤维素颗粒（尺寸在微米范围内）表面上，这是合理的，而水的吸附同时也发生在颗粒内部。后一种情况，吸附也会发生在纤维素结构单元之间的界面上，其尺寸范围为2~5nm [42-43]或更大，如棉花为7~8nm[7]，也就是说，水吸附发生在纤维素的更大表面积上，如图3.4所示。

如图3.4所示，多层吸附水的存在与以下观察结果一致：水蒸气吸附等温线在50%~60%的相对湿度下几乎是线性的，但在较高的值下增加得更快。后者的增加归因于毛细管凝结、多层吸附、或由于膨胀或温度波动而暴露于水蒸气的纤维素表面的增加[41,45]。

纤维素也可以吸附 D_2O（或 T_2O）。纤维素的低度有序区域的羟基的 H 与 D（或 T）发生交换[46]。测量样品放射性（氚）或测定 D_2O 来研究这种交换，方法包括测定样品质量的变化[47]；测定适当红外波段的面积变化，$3200\sim3500cm^{-1}$（ν_{OH}），$2600\sim2400cm^{-1}$（ν_{OD}）[48]；测定 NIR 峰值区域的变化（$6000\sim7200cm^{-1}$，ν_{OH}）[49] 和测定^{13}C CP/MAS NMR（55~110ppm，AGU 不同碳的化学位移）[50]。

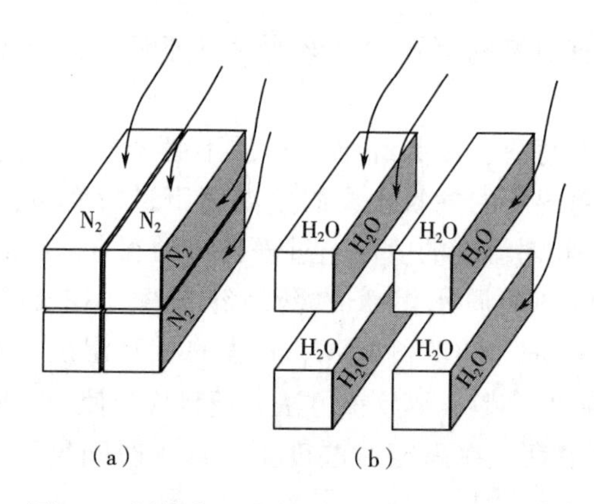

图 3.4 纤维素吸附 N_2 和水蒸气的示意图[19]

原则上，同位素交换法可以测定结晶度，因为可及的 OH 基团反应速率很快。一些（较慢的）交换也发生在有序结晶区域的边缘。D_2O 蒸汽渗入微晶（有序）外层的一个证明是，样品用 H_2O 再水化后，一些 OD 基团持续存在[51]。因此，通过 D/H 交换获得的纤维素 I_c 值总是明显低于 WAXS 测试的 I_c 值。因此，同位素交换实验的结果应被视为可及度，或氢键有序百分比，而不是结晶度[47]。通过 WAXS 和 D_2O 蒸汽吸附分别测量结晶度和可及性之间的差异如图 3.5 所示。图 3.5（a）描述了微晶的横截面，结晶域中由 256 个纤维素分子（16×16）组成（任意），无定形区域中有 64 个纤维素分子，结晶区域被无定形区包围，对应于 25% 可及的 OH 基团。图 3.5（b）中，假设 D/H 交换发生在无定形区域（即 64 个分子）加上结晶区域的外围分子中另外 64 个分子，可及 OH 基团的（表观）百分比从 25%增加到 35%。

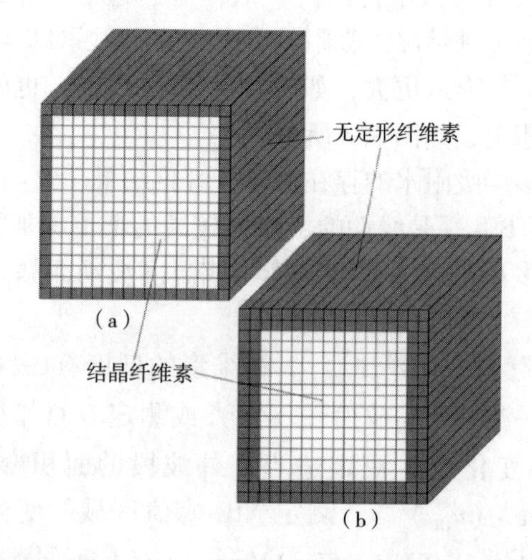

图 3.5 解释纤维素纤维基质的结晶度和可及性之间差异的示意图

通常向已知重量的纤维素中加入浓 I_2/KI 溶液来进行碘吸附测量。3min 后，加入大量饱和 Na_2SO_4 溶液来置换过量的碘。静置和频繁搅拌后，滴定测定水溶液的碘含量。计算的 ISV 是纤维素可及性的量度[52-55]。碘吸附等温线有 Freundlich[56]、Langmuir[57] 和 Fowler-Guggenheim 三种类型[58]。测试过程中小心地控制碘试剂浓度、Na_2SO_4 浓度、碘试剂/纤维素比、混合时间和搅拌等变量，该方法的结果具有可重复性。滴定上清液中的碘或吸附在纤维素上的碘得到相同的 ISV。吸附等温线为 Langmuir 型[59]。

由以上讨论可见，不同实验方法确定的纤维素可及度和结晶度指数之间的一致性是定量的，而不是定性的（表 3. 2）。

表 3. 2　不同测试方法得到的纤维素非晶百分比

技术方法	棉	丝光棉	木浆	再生纤维素
X 射线衍射	27	49	40	65
密度法	36	64	50	65
回潮率（吸附比）	42	62	49	77
氘代	42	59	55	72
酸水解	10	20	14	28
甲酰化	21	35	31	63
高碘酸盐氧化	8	10	8	20
碘吸附	13	32	27	52

应该提到的是可及度受微晶尺寸及其分布的影响，无法通过 X 射线、IR 或拉曼光谱分析结晶度获得可及度信息，因为这些技术仅关注非晶/结晶比[61]。可及度还取决于探针分子的大小，因为微晶的连接区域更容易被相对较小的分子（如水）接近。预处理对纤维素可及度的影响是清楚和一致的。也就是说，纤维素Ⅰ诱导转化纤维素Ⅱ（通过丝光化或从溶解状态再生）增加了可及度，与描述该性质的方法无关。

3. 1. 3　通过晶间溶胀活化

基于所用方法引起纤维素的结构改变，由此来讨论活化的作用是极为常见的。图 3. 6 是活化的一些方案。

研究者对于纤维素晶间膨胀感兴趣的原因包括：从应用的观点来看（如纤维染色），湿纤维素的可及性远比其干燥状态可及性更重要。纤维素的晶间溶胀及其溶解具有许多共同特征，所受相同溶剂—纤维素相互作用的控制。两个过程相似

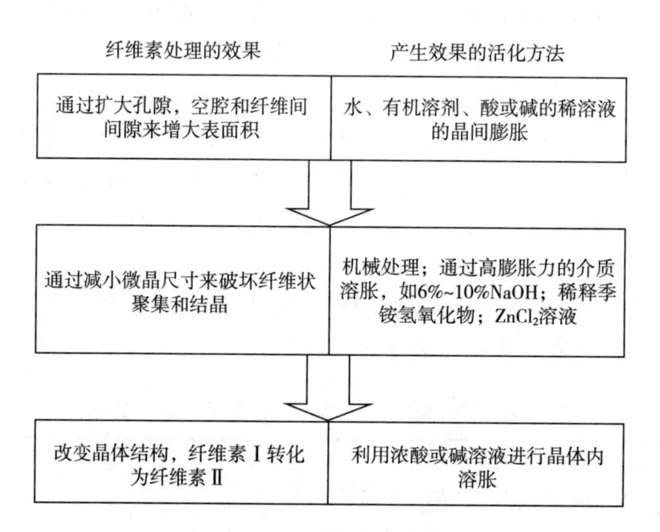

图 3.6　纤维素的活化

性的根本原因是都在不同程度上破坏了强氢键，甚至消除了纤维素超分子结构。纤维素晶间溶胀和溶解之间的紧密关系可以用碱溶液处理的结果来说明，如 $(C_2H_5)_4NOH$ 或 NMMO 溶解在水中或 DMSO 中。当碱浓度高达 1.7mol/L 时，$(C_2H_5)_4NOH$ 溶液会导致云杉浆快速而有限的膨胀。然而，NMMO 溶于 1.8mol/L 碱溶液[62]。20%（质量分数）的 NMMO/DMSO 未经处理的山毛榉纤维素溶胀大约 60%，而用氨预处理纤维素，在 NMMO/DMSO 中完全溶解[63]。NMMO 水溶液对纤维素的影响取决于含水量（见 3.1.4 节）[64]。由于纤维素的物理完整性在晶间溶胀过程中得以保持，因此可以更深入地了解纤维素与介质之间的相互作用机理，从而揭示溶解的控制因素。

产生晶间溶胀的溶剂是水、醇、其他有机溶剂或它们的混合物。类似于水蒸气吸附机理，溶剂将渗透到原纤维结构单元之间的间隙中，并使有序程度较低的表面区域溶胀，并可能使基本原纤维中基本微晶之间有序程度较低的互联区域溶胀。溶胀可以通过在特定实验条件下纤维素质量的增加来测量。该方法简单、准确，广泛用于水[65] 和有机溶剂（包括相对黏稠的溶剂，如 1-辛醇和 DMSO）测定溶胀，前提是调整实验条件，特别是溶胀后离心处理样品的条件，以获得可重复的结果。

溶剂交换可以提高给定溶剂的晶间溶胀程度。纤维素首先被小的偶极溶剂溶胀，然后与所需的溶剂交换。例如，当纤维素分别用水、乙醇、乙醇胺、DMSO 和甲酰胺分别预溶胀时，DMF 对纤维素的溶胀程度分别增加至 61%、45%、81%、65%和 62%[66]。MCC 和纤维素纤维（包括棉花）在经过以下溶剂顺序交换后很容易溶解在 DMAc/LiCl 中：水→甲醇→DMAc[67-70]。DMAc 与水的交换也一步完成，方法是将纤维素悬浮在该溶剂中，然后蒸馏掉溶剂体积的 25%[71]。将溶剂交换对用水润湿然后减压干燥的纤维素进行乙酰化的样品，与通过吡啶或溶剂交换（乙醇→乙醚→环己烷，乙醇→乙醚→CCl_4）置换水的样品进行比较。在所有情况下，溶剂交换的样品，即使在减压下干燥，乙酰基含量也高于未处理的样品或仅用水处理并干燥的样品[72-74]。对于在溶胀处理后保持湿润状态的棉纤维，也报告了类似的结果。优选有机溶剂萃取而不是用水洗涤以去除膨胀剂。棉花晶体结构的最大改变是通过无水甲胺处理，然后用氯仿和吡啶洗涤，发生乙酰化，或者酒精丝光化、乙醇洗涤，然后用吡啶和乙酰化洗涤[75]。

在许多情况下，即使在减压下加热较长时间之后，也不可能从纤维素中完全除去有机溶剂。纤维间隙中的溶剂“滞留”可防止纤维塌陷期间氢键的再生，即防止角化，从而增强反应性。表 3.3 显示了天然棉和 M 棉中的溶剂截留量，以及对产品取代度的影响。将纤维素样品在 100℃ 下加热 2 天，在 13.33Pa（0.1mmHg）下加热并用乙酸酐在吡啶中乙酰化。正如预期的那样，天然纤维素和丝光纤维素的溶剂截留是不同的，后者更具反应性。这里的相关要点是，挥发性弱极性溶剂，如丙酮（沸点为 56℃）或 THF（沸点为 66℃）在经过如此剧烈的处理后不能从纤维素中完全去除，并且微量残留溶剂对乙酰化有重要影响。正己烷、苯和甲苯的截留表明，溶剂极性和氢键能力似乎对纤维素中的溶剂夹杂并不重要。几乎所有使用的溶剂都能渗透到生物聚合物中，前提是纤维素充分溶胀[72-74]。

表 3.3　包埋在纤维素中的溶剂量及其对纤维素乙酰化取代度的影响[a]

截留溶剂	天然棉		丝光棉	
	溶剂/AGU[b]	*DS*[b]	溶剂/AGU[b]	*DS*[b]
水	0	0.16	0	0.02
甲醇	0.04	0.73	0.02	0.09
乙醇	0.06	0.62	0.09	1.45
正丙醇	0.09	0.70	0.10	1.57
丙酮	0.06	0.73	0.07	1.46
吡啶	0.06	0.75	0.14	1.62
THF	0.16	0.60	0.08	1.41
正己烷	0.10	0.79	0.07	1.36
苯	0.06	0.69	0.08	1.31
甲苯	0.05	0.62	0.08	1.39

a. 溶剂置换后，将纤维素样品减压加热，然后进行乙酰化，有关详细信息请参阅文献。

b. 在原始文献中，这些数值分别报告为包埋溶剂的 AGU/摩尔数和 1%的乙酰。为了便于阅读，这些数值分别重新计算为每个 AGU 的溶剂分子数和 *DS*。

溶胀数据通常以溶胀百分比（%*Sw*）表示[76]。当溶胀程度与一系列溶剂的物理化学性质相关时，也采用此物理量。以下简单计算表明，%*Sw* 适用于比较相同溶剂或相对分子质量差异不大的溶剂对不同纤维素样品的溶胀。考虑由于膨胀导致纤维素质量增加 50%（81.026g，就一个 AGU 分子而言）；该质量增加分别对应于甲醇、1-辛醇、乙腈和 HMPA 的溶剂分子/AGU，*nSw*，2.53，0.63，2.0 和 0.45，不同溶剂的摩尔数差别很大。因此，用 *nSw* 而不是%*Sw* 来比较溶剂的效率更合适。原因是前者度量与 AGU 的每个 OH 基团的溶剂分子数直接相关。事实上，*nSw* 的使用解决了两个同源系列结构相关的质子溶剂之间的明显差异，如醇（甲醇至 1-辛醇）和 2-$ROCH_2CH_2OH$（R＝甲基至 1-丁基）[40]。使用 *nSw* 代替%*Sw* 也可以使一系列非质子溶剂的溶胀与它们的物理化学性质之间的相关性更好[27]。

纤维素—溶剂相互作用取决于若干因素，即纤维素本身（如其超分子结构）、溶剂（如 pK_a 和摩尔体积）以及温度等实验变量。人们普遍认为，具有不同 *DP*、I_c、α-纤维素含量和孔体积分布的纤维素会产生不同程度的溶胀[77,78]。具体而言，纤维素的溶胀随着其 I_c、*DP*、α-纤维素含量增加[79] 和其表面积降低而降低[80]。例如，与高 *DP* 的微孔纤维素相比，高结晶 MCC 相对于纤维素纤维的溶剂吸收和溶解的难易程度可以追溯到其低 *DP* 和介孔性质[19,81]。虽然 I_c 在 NaOH 水溶液中低聚合度的非纤维纤维素的溶解中起次要作用[82]，但它与聚合度，用于加工纤维纤维素的微孔总体积和尺寸分布共同决定结构特征[70,75,81,83-84]。

丝光处理和其他处理（如通过其羧酸酯的水解使纤维素再生）导致纤维素溶胀明显增加。以下是两种相关纤维素的 WRV 比例的示例；列出纤维素类型和处理方法，以及对应的 WRV（预处理/风干纤维素）的比例：（云杉亚硫酸盐浆；脱结晶），1.38；（硫酸松浆；从未干燥），1.61；（黏胶短纤维；未干燥），1.12；（棉花；氢氧化钠丝光），2.43；（桉木浆；氢氧化钠丝光），1.73[85]。纤维素丝光对其溶胀的影响可以通过检查从甲醇到 1-辛醇的脂肪醇的 *nSw* 值来说明。*nSw*（水）/*nSw*（质子溶剂）的比例分别根据已发表的 MCC、棉花、丝光化棉、桉木浆纤维素和丝光化桉木桨—桉木浆的数据重新计算[40]。这些比例与醇中的碳原子数具有完美的线性关系，相应的斜率分别为 9.01（$R=0.9954$）、2.49（$R=0.9952$）、11.65（$R=0.9988$）和 3.09（$R=0.9965$）（图 3.7）。

天然纤维素和丝光纤维素斜率之间的差异清楚地表明碱处理对纤维素超分子结构的重要影响，即：

（1）由于表面积增加导致纤维素可及性增加（47%~74%）。

（2）由于孔隙的扩张和相邻孔隙的统一而导致孔隙体积增加[86]。

（3）微晶尺寸减小[87]。

（4）羟甲基的无序程度增加[88]。

超分子结构中的这些修饰倾向于“减弱”丝光纤维素的 *nSw* 对溶剂分子性质

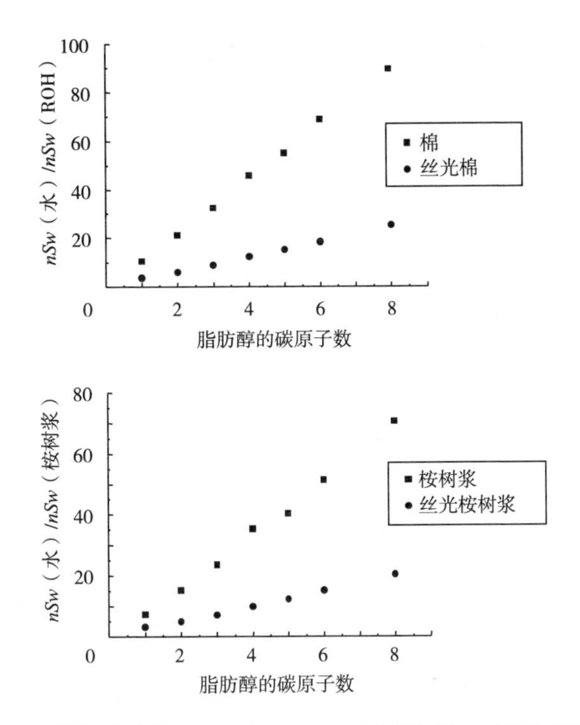

图3.7　基于 *nSw* 数据[40] 计算的 *nSw*（水）/*nSw*（质子溶剂）对脂肪醇碳原子数的依赖性

的依赖性，如醇的摩尔体积。

所采用的溶剂的性质也有影响。首先，介绍了溶剂特性与其溶胀能力之间的相关性，然后讨论了两种特别有效的纤维素溶胀溶剂——水和 DMSO 的影响。已采用几种性质来解释溶剂的溶胀效率，包括摩尔体积（V_S），其中下标（S）是指溶剂[89-90] 和希尔德布兰德（Hildebrand）或汉森的溶解度参数[91-93]。事实上，纤维素和木材的一些膨胀数据与 Hildebrand 的溶解度参数（δ）无关，δ 可分为三个组成部分，即 δ_D（范德瓦耳斯力分散力）、δ_H（氢键）和 δ_P，这一事实促使一些作者除了 V_S 之外还使用后者，以便将溶胀与溶剂的分子性质相关联[77,79-80,94-98]。另一种方法是用 Gutmann 的溶剂的受体数（*AN*）和供体数（*DN*）代替 δ_H[99]。这些数据表明，溶胀是一个复杂的过程，不能与单一溶剂特性相关联，除非其他结构参数保持不变，例如使用同源系列的烷基胺或脂肪醇（几乎恒定的 pK_a）。更合适的方法是使用溶剂属性的线性组合。

适当的统计标准已被应用于研究 MCC、棉花、丝光化棉、桉树纤维素和丝光化桉树在 20 种丙基溶剂和 16 种非质子溶剂中的溶胀[100]。溶剂化变色性质用作溶剂描述符。使用溶剂变色探针可获得，如图 3.8 所示，表现出溶剂敏感分子内电荷转移带（CT）的物质，染料中的电荷转移是从酚酸氧转换到杂环氮[101-102]。图 3.9 显示了亚花青探针 2，6-二溴-4-［（E）-2-（1-甲基吡啶-4-基）乙烯基］

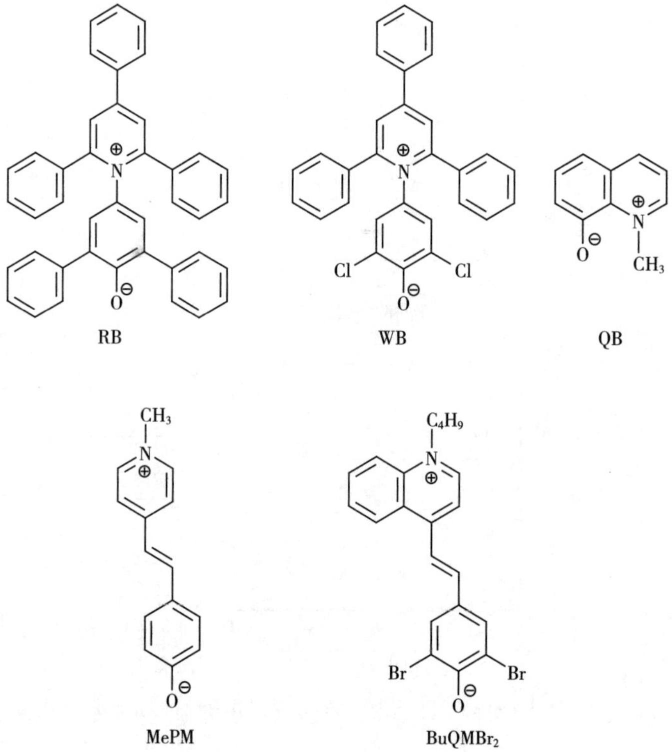

图 3.8　溶剂化变色探针的分子结构

酚酸盐，MePMBr2 的溶剂变色现象[103]，溶剂化变色指示剂 $MePMBr_2$ 在不同溶剂中显示出不同颜色。使用这些探针测定的溶剂性质包括溶剂酸度、α_S、碱度、β_S 和偶极性/极化率、π_s^*。对于两类溶剂（质子和非质子）与溶剂性质的 *nSw* 的回归分析表明，溶胀受纤维素的结构（*DP*）、超分子参数（I_c 和可及性）和形态（总孔体积、孔体积分布）影响。溶剂化变色参数作为描述符的使用优于其他参数，例如希尔德布兰德溶解度参数和 Gutmann 的 *AN*、*DN*[27,40]。

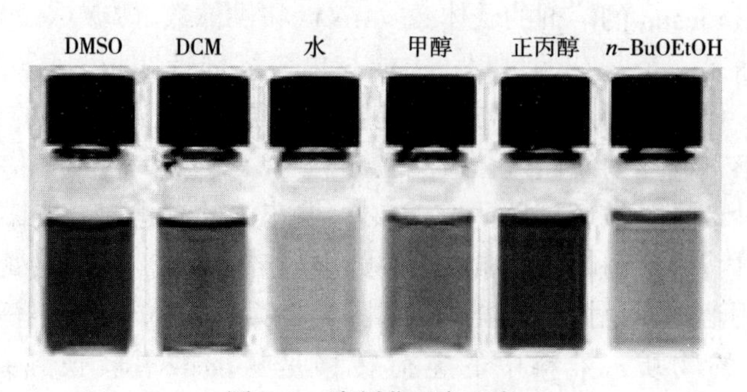

图 3.9　溶剂化显色现象

溶剂的摩尔体积、酸度和偶极性/极化率这三个参数与质子溶剂中的纤维素溶胀密切相关。引入的溶剂碱度也有更好的相关性。如上所述，用脂肪族胺和脂肪醇对纤维素溶胀时，这些结果与纤维素可及性随着溶剂体积的增加而降低的预期一致[89-90]。溶剂酸度和碱度的相关性与醇充当氢键供体和受体的情况一致。*nSw* 与两类溶剂的溶剂变色性质相关性的一个重要结果是，溶剂偶极性/极化率要么具有统计学意义，要么是统计学上最显著的描述符。因此，偶极相互作用以及可能的 London 力对晶间溶胀非常重要[104]。有效溶胀不需要对现有氢键网络进行大规模破坏。

水和 DMSO 对纤维素溶胀的数据不包含在 *nSw* 与质子和非质子溶剂的性质之间的相关性中[27,40]。水的溶胀效率是由于其独特的三维结构、在纤维素内保持其（体积）几何形状的能力以及掺入额外的水分子相互作用的综合效应，而不是直接与纤维素结合。

如分子模拟计算所示，纤维素中存在的水类似于吸附在其他极性表面上的水，它可以被描绘为存在于不同有序度的“层”中。与纤维素结合的水可能通过偶极—偶极相互作用取向[105-106]，可以分为结合水和游离水[28,107-109]。NMR 光谱用于研究不同类型水的存在。测定纤维素（MCC）在水中的悬浮液中的横向弛豫时间 T_2 随着纤维素浓度的变化，显示松弛时间大幅缩短，例如，当纤维素悬浮液浓度从 1%增加 10%（质量分数）时，松弛时间从 0.43s 缩短至 0.045s。通过使用双位点分析（结合水和游离水），25℃，结合水的 T_2 为 0.005 s，远小于游离水的 T_2（3s）显示前者的高稳定性[110]。当测量软和硬木纤维素（含质量分数 4%～19%水）中水的 T_2 时，定性方面获得相似结果。发现 T_2 的值随着水浓度的增加而增加。丝光纤维素的 T_2 值更高[111]。总之，纤维素内的水似乎在很大程度上保持其四面体结构。如图 3.10 所示，水—纤维素和水—水分子形成的网络。结果是 *nSw* 不能简单地与溶剂的物理化学性质相关[40,112]。

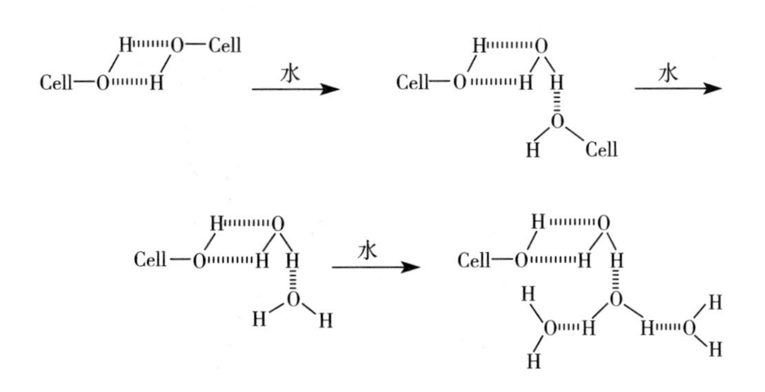

图 3.10　纤维素渐进水化示意图

用%Sw 表示，DMSO 比水更有效；用 nSw 表示，比甲醇更有效。考虑 DMSO 中碳水化合物溶液的数据和充分记录的 DMSO—水二元混合物的数据来解释这种增强的效率。理论计算[113]、红外和核磁共振光谱[114]以及电子喷雾质谱[115]在内的研究结果表明，DMSO—水相互作用强于水—水相互作用，DMSO 与一个或两个水分子形成复合物。同样，IR、NMR 和热化学数据表明 DMSO 与单糖和二糖、低聚物（如低聚糊精）和纤维素形成强氢键。另外，DMSO 可以与相同的糖基形成一个或几个氢键，并且可能与纤维素的几个 AGU 形成氢键[116-120]。因此，高偶极矩和相对较小的体积的共同作用提高了 DMSO 与一个或多个纤维素 AGU 的 OH 基团形成氢键的效率，这导致了其特殊的溶胀能力。

可以同时将溶剂溶胀与非质子和质子溶剂相关联，如图 3.11 所示。后者显示了实验测得的 nSw 与基于溶剂碱度、摩尔体积和偶极性/极化率计算的数据之间的相关性。这些线性相关性非常显著；由于非质子溶剂不起氢键供体作用，因此不会发生溶剂的氢键供给而发生溶胀。良好的线性结果部分源于溶剂偶极性/极化率对纤维素溶胀的影响。

水和甲醇、乙醇、乙腈（50%，质量分数）、1,4-二噁烷（25%、40%，质量分数）的二元溶剂对纤维素和木材进行溶胀的研究及操作已经被采用。来自不同供应商的纤维素（MCC）可以原样使用，或在空气中加热过夜后，或在 80℃ 的 N_2 下处理后使用。纤维素的吸收取决于其预处理和二元溶剂混合物的有机组分。例

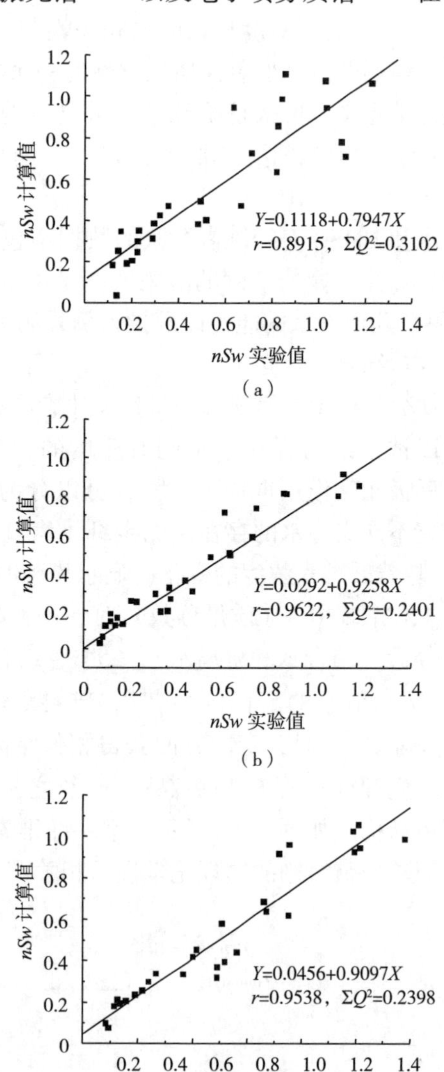

图 3.11　28 种溶剂计算的 nSw 和实验确定的 MCC、棉花和桉树纤维素溶胀之间的相关性（16 个质子试剂和 12 个非质子试剂），基于溶剂的 V_S、$\pi*_S$ 和 β_S 计算 nSw[27]

如，所有样品优先吸收甲醇。除一个样品外，对乙醇观察到相同的行为。乙腈的摩尔体积小和其相对大的偶极矩（4.1*D*，与水的1.76*D*相比）可能解释了该其相对于水的优先溶胀作用。然而，1,4-二噁烷水溶液对纤维素的溶胀没有表现出对有机成分的偏好，可能是因为1,4-二噁烷的分子体积大，极性极小（偶极矩=0.45*D*）[121]。

3.1.4　通过晶内溶胀活化

一方面，纤维素的可及度取决于纤维素分子、超分子和形态结构；另一方面，溶胀剂的物理化学性质（例如，pK_a值、摩尔体积）和实验条件（时间、温度、搅拌）也影响可及度。例如水、酸和碱的稀释溶液使晶间溶胀打开并扩宽已有的微孔。增加溶胀溶液的浓度，如4%~8% NaOH水溶液或季铵氢氧化物水溶液，原纤维聚集体的分散，使纤维素可及性进一步增加。碱性溶液（例如12%NaOH水溶液）或液氨丝光处理引起晶胞结构变化，将纤维素Ⅰ转化为纤维素Ⅱ（再生后）。

溶剂渗透到丝光纤维素中的渗透率将大于天然纤维素中的溶剂渗透率是由于：微晶尺寸减小的综合影响，有利于超分子结构的修饰；孔体积的增加，羟甲基无序性增加；更少的氢键。

纤维素Ⅰ具有不同的羟甲基构象和额外的沿链轴分子内氢键，这在纤维素Ⅱ中不存在（图3.12）[88,122-126]。与天然纤维素相比，丝光化纤维素中溶剂与具有较少分子内氢键（对于纤维素的OH基团）竞争，有助于观察溶胀顺序。

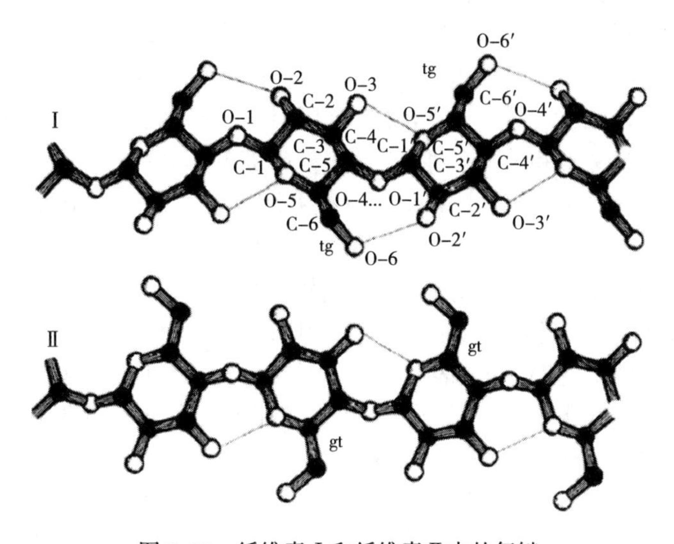

图3.12　纤维素Ⅰ和纤维素Ⅱ中的氢键

3.1.4.1　无机酸溶胀纤维素

浓度为59%的硫酸处理纤维素溶胀程度略高于水溶胀。0~20℃下，62.5%酸处理相对较短时间（约 30min）会达到最佳溶胀，而在酸浓度>71%时会发生快速溶解[127-128]。有人声称，在 62.5%酸处理过程中纤维素Ⅰ转化成纤维素Ⅱ[129]。然而，该酸浓度下的溶胀是在晶间发生的。然而，用较高浓度酸（63%~74%）短时间处理，可诱导纤维素晶体结构转化。转化可能源于溶解的纤维素的再沉淀[130]。

70%浓度的磷酸处理时纤维素发生轻微溶胀。酸浓度为 70%~81%时，溶胀度增加，而在更高浓度下纤维素会发生溶解[127-128]。磷酸溶胀导致 ISV 增加和纤维素Ⅰ部分地转化为纤维素Ⅱ[131-132]。

尽管硝酸的溶胀作用很小，浓度高达 60%时比水的溶胀作用高，但在酸浓度为 59%~69%，纤维素的溶胀作用从晶间溶胀变为晶内溶胀[133]。处理后产物具有高吸附水性、高 ISV 和高染料吸附[134]。69%以上浓度的硝酸与纤维素发生硝化反应，棉花和 M-棉在硝酸浓度>80%时溶解[127]。

浓度<35%的 HCl 与水对棉花的溶胀没有差别。37%~38%的浓度实现最佳溶胀和纤维素Ⅰ向纤维素Ⅱ转化。纤维素可溶于浓度为 40%~42%的 HCl[135-136]。

3.1.4.2 有机碱溶胀纤维素——氨、胺、胺络合物和氧化胺

与传统的丝光织物相比，液氨处理，如在纺织整理工业中使用的氨/干蒸工艺，可提高织物的柔软度、柔韧性、弹性、减少纤维损伤。较高弹性要求免烫整理中使用较少交联剂，从而更好地保持织物强度和耐磨性[137-140]。

氨的孤电子对使其成为纤维素的有效溶胀剂。氨渗透到结晶区域并形成不稳定的氨—纤维素络合物，加热溶胀的纤维素时，或用水、醇、丙酮、THF 洗涤时分解[141]。天然纤维素被 NaOH 水溶液转化为纤维素Ⅱ时，发生不可逆重排，氨处理不会导致氢键的这种重排。水洗纤维除去氨时，液氨处理的棉纤维（纤维素Ⅲ）容易转变成天然纤维素Ⅰ[142]。液氨处理可使纤维素Ⅰ部分或完全转化成纤维素Ⅲ，取决于纤维素种类和处理条件[143]。测量回潮率和纤维素反应性，表明这种处理提高了纤维素的可及度[144]。未处理的松木纤维素在浓度为 10%~15%NaOH 水溶液中发生丝光化，液氨预处理样品在 7%~8%的无机碱下发生丝光化，且在 2.5%NaOH 水溶液中纤维素Ⅰ已大量转化为纤维素Ⅱ（50%）[145]。液氨、氨水或 NH_3—乙醇胺预处理的优点已被证明可用于纤维素的几种反应。例如，它们降低了非均相乙酰化纤维素的 LODP，表明破坏原纤维聚集和反应性的增强。虽然从天然纤维素获得碱溶性和水溶性氰乙基纤维素并不简单，但预处理得到碱溶性氰乙基化产物，可在均相条件下进一步反应转化为水溶性产物（*DS* 值为 0.7~1.0）[146]。

脂族胺是纤维素的有效溶胀剂，形成 1∶1 胺—AGU 络合物。脂肪链的碳原子数与一些性能成函数关系，随胺链长度增加，其分子体积增加，101 晶格距离增加，溶胀效率降低。如 -10℃ 时棉纤维与甲胺的溶胀高于乙胺在 0℃ 时的溶胀[147-148]。只有经过氨或小分子胺预处理纤维素，大体积胺（如戊胺）才能渗透到纤维素内部[149-151]。与未处理的天然纤维素相比，乙胺处理使 LODP 降低[152]。

胺的缓慢蒸发诱导纤维素Ⅰ（但不是纤维素Ⅱ）转化成纤维素Ⅲ[153]。与天然或丝光化纤维素相比，乙胺处理、吡啶提取、未干燥的棉花乙酰化程度大幅提高[154]。如用水抽提溶胀剂乙胺或 NaOH，然后用吡啶溶剂交换，在吡啶中与乙酸酐发生乙酰化的反应性可以进一步提高[155]。

与单胺相比，脂肪族二胺纤维素络合物以更快的速率形成且具有热稳定性。可在不分解纤维素—二胺络合物的情况下蒸发过量的碱[156-157]。脂族胺和二胺的水溶液也能溶胀纤维素。在高碱浓度下，即碱水合度较低时，会发生晶内溶胀[154,156]。

由于氢氧化四烷基铵的高碱性和强的形成水合离子偶极子的能力，其水溶液与纤维素的相互作用与碱金属氢氧化物相似。溶剂化能力取决于季铵化合物的结构和浓度。溶剂化模型基于天然纤维素结晶区域的片状晶格结构。四烷基铵碱的极性部分破坏了片间氢键，而非极性部分渗透到每个片内的纤维素链之间并使它们相互分离[158]。这种空间相互作用解释了几个实验结果。溶解纤维素所需的 R_4NOH 浓度随着 R 基团大小的增加而降低[159-161]。作为棉的溶胀剂，氢氧化四甲基铵比 NaOH（在相当的条件下）更有效，特别是 2mol/L 以上的碱[20]。

金属胺络合物容易溶胀并且溶解纤维素，即使纤维素聚合度较高。所得溶液用于测定黏均摩尔质量。铜与氢氧化铵的配合物，镉、铜、镍和锌与乙二胺的配合物也能溶解纤维素。这些配合物作为纤维素的溶剂化试剂，其结构及作用机理在 3.2 节讨论。

关于氧化胺的溶胀，NMMO 水合物用于 Lyocell 纤维素纤维[162-163]、Alceru[164]、Lyocell[165] 的商业生产和 Tencel 工艺[166]。采用环保工艺生产的 Lyocell 纤维是人造丝纤维的补充，可在一定程度上替代人造丝纤维。生产纤维方便，考虑湿态纤维强度高，易于纺丝和染色[167]。木材蒸汽爆炸纤维在 NMMO 溶液中纺丝获得连续长丝[168-169]。该溶剂已用于合成 CMC 等纤维素衍生物，但效率低[170]，也用于提高苎麻纤维对活性染料吸附能力和提高染料牢度[171]。此外，干纤维素膜的厚度、形态和孔隙率可以在 NMMO—DMSO 溶液中湿纺[172] 或通过用合适的溶剂从 NMMO 纤维素溶液中再生来调节[173]。例如，水、甲醇和乙醇中再生得到致密且高度多孔的膜[174]。与其他天然原料膜（壳聚糖和海藻酸钠）及合成膜（聚乙烯醇、聚酰亚胺和聚醚酰亚胺）相比，这种对纤维素膜性能的控制在其应用上具有优势，例如，非常有效地从异丙醇水溶液中脱水[175]。此外，在进行降解处理之前控制纤维素的溶胀，可以提高纤维素酶水解生成乙醇或其厌氧消化为沼气（甲烷）的效率[176]。

3.1.4.3　碱金属氢氧化物溶胀纤维素

碱金属氢氧化物处理纤维素的研究可追溯到一个多世纪以前，Mercer 和 Lowe 已经证明浓缩 NaOH 水溶液处理松弛或拉伸棉织物的有益效果[177-178]。纺织工业采用丝光处理以提高染料的亲和性、改善光泽和光滑度、实现尺寸稳定性、提高抗拉强度[179-181]。

对纤维素丝光化的系统研究表明，溶胀程度取决于纤维素种类和实验条件，包括溶胀剂的浓度和溶胀温度。首先考虑生物聚合物，当纤维宽度或横截面积增加时，纤维在碱性溶液中会收缩。纤维变化取决于碱浓度[182]。研究了在 5.4mol/L NaOH 水溶液中纤维的尺寸变化，长度大约缩短了 13%，直径约增加 20%，横截面变圆。机械去除纤维的初生壁时，长度收缩增加约 20%，宽度增加约 65%。因此，初生壁对丝光化过程中纤维的溶胀有限制作用；这是纤维周长没有明显变化的原因[183-184]。不是整个纤维发生丝光化时，即不是发生在大量有组织的微纤维集合体上时，而是发生在单独的微纤维上时，会形成一种独特的“结构”。用乙醇钠部分丝光化后，微纤维会发生剧烈的形态变化。碱处理过程中受到影响的纤维素分子链在其下面未受影响的微纤维的顶部重新结晶。显微镜测试时，形成类似于“串晶”的形态，其中重结晶的纤维素Ⅱ薄片（折叠链晶）沉积在纤维素Ⅰ（伸直链晶）的完整微纤维上[185-186]。与来自次生壁的纤维素相比，来自微纤丝初生壁的纤维素对晶内溶胀的高度敏感性可能与两个因素有关：初生壁的松散组织导致微纤丝的自由溶胀[187] 和晶体微纤丝稍窄的横向尺寸（约 3nm），这决定了发生 NaOH 渗透时必须溶胀的晶格单元的数量[186]。

一旦碱浓度达到阈值，纤维素比在水中溶胀得多。溶胀取决于纤维素种类，如图 3.13（a）所示，相同的纤维素，取决于温度，如图 3.13（b）所示。棉花纤维素的溶胀度与 NaOH 浓度的曲线图显示，0℃时，在约 3mol/L 的条件下出现明显的最大值，而在 25 和 100℃下，最大值在约 4mol/L 的碱浓度下出现[130]。

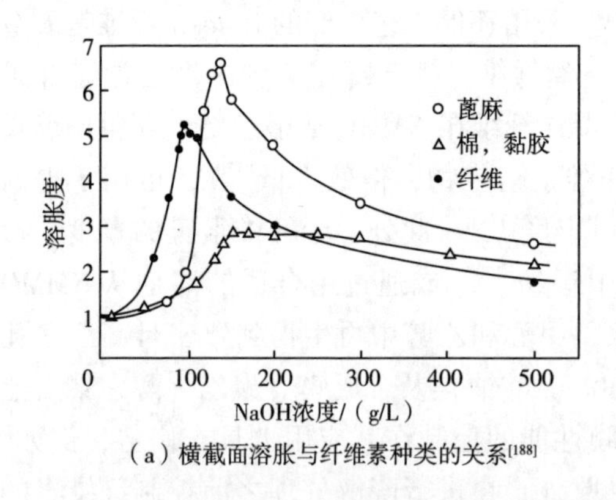

（a）横截面溶胀与纤维素种类的关系[188]

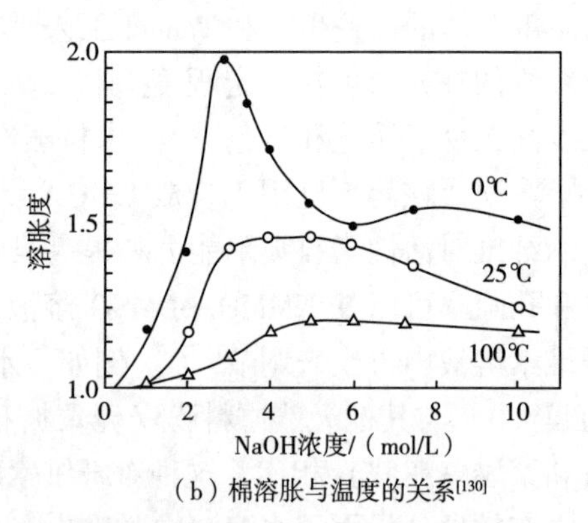

（b）棉溶胀与温度的关系[130]

图 3.13　溶胀度与 NaOH 浓度的关系

鉴于出现这些碱浓度最大值，NaOH 浓度采用>17%的原因尚不清楚，特别是一些 α-纤维素在室温下 NaOH 浓度>17.5%时会溶解[189]。室温下，14%NaOH 水溶液处理 2h 后，纤维素Ⅰ向纤维素Ⅱ的转化似乎已完成[186]。因此，长时间甚至几天的处理是不必要的[190]。

除非有意，否则丝光化可导致聚合度由于氧化降解而急剧降低，氧化降解反应活化能相当低（91.7kJ/mol）[191]。当比较纤维素（起始纤维素和丝光纤维素）在化学反应中的可及度或反应性方面的行为时，这种降解是存在问题的。原因是两种性质都敏感地依赖于纤维素的聚合度。在还原/惰性条件下执行所涉及的步骤（碱处理和洗涤），如用 $NaBH_4$/NaOH 进行丝光化，以及在惰性气氛下进行整个过程（碱处理和随后的洗涤和过滤），可以避免丝光过程的氧化降解。

图 3.14 为基于 X 射线的棉短绒、细菌纤维素中纤维素Ⅰ→纤维素Ⅱ转变机理示意图。棉花和细菌纤维素之间的差在于细菌纤维素的转化比棉短绒慢得多，且

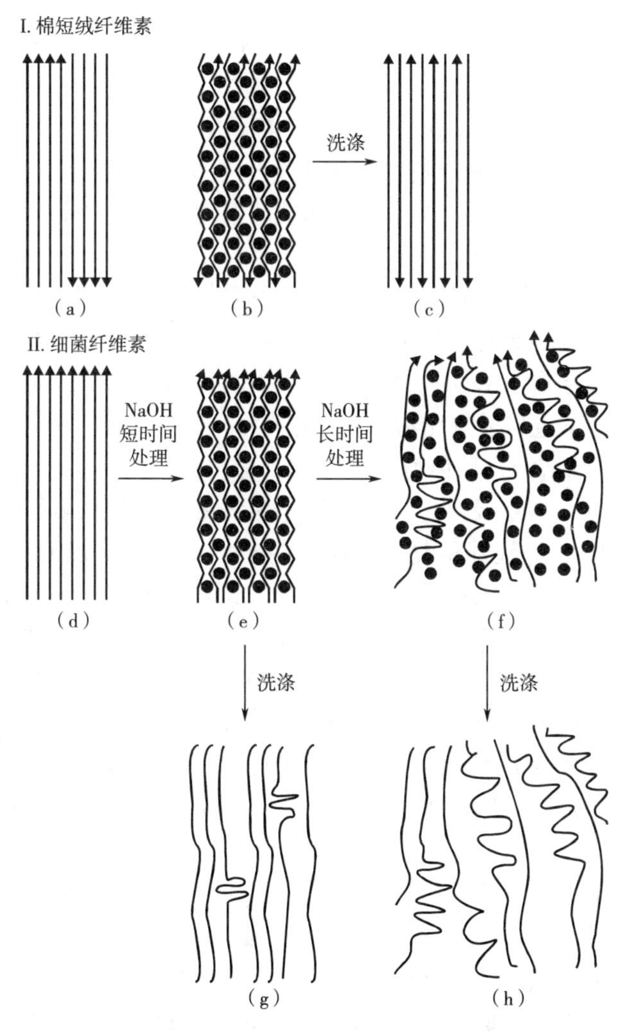

图 3.14　棉短绒纤维素和细菌纤维素丝光化过程中纤维素链分子排列机理[192]

LODP 比棉短绒小得多。当用 NaOH 水溶液处理时，由平行纤维素链组成的微晶［图 3. 14（a）］掺入水合 NaOH，形成高度流动的纤维素状态——“碱纤维素”，保留了其宏观结构［图 3. 14（b）］[193]。平行链向反平行链转变，交错结合而不折叠，相反链极性的相邻微纤维之间必须有紧密接触［图 3. 14（c）］。高等植物纤维素可能满足这种条件，形成具有相反链方向的微纤维组成的片层，由 30~40 个纤维素链组成[194]。相反，细菌纤维素微纤维通常由 1000~2000 个相同极性的单元组成[195-196]。因此，图 3. 14（c）所示的结构不容易实现。如果短暂处理后洗涤样品，则可获得几乎无定形的纤维素［图 3. 14（g）］。然而，如果碱处理持续数天，则发生随机链折叠，形成折叠链微晶［图 3. 14（h）］[192,197]。

溶胀度取决于碱金属氢氧化物。据报道，棉花纤维的溶胀顺序为 LiOH>NaOH>KOH>RbOH>CsOH[198]。21℃，5mol/L 碱，棉的溶胀顺序为 NaOH>LiOH>KOH。效率顺序间的差异归因于所用实验技术和条件差异[199]，最近报道了亚麻纤维素溶胀的顺序为 LiOH>NaOH>KOH[200]，与碱金属离子的水合程度有关。水合 Li^+、Na^+和 K^+离子是四面体结构，初级水合壳层由四个水分子组成。这些离子，静电力作用于第一层壳之外，额外的水分子被束缚在硬度降低的层中。阳离子越大，外层水的结合越少，即结晶半径增加，水合半径减小。LiOH、NaOH 和 KOH 总水合数分别约为 25 个、16 个和 10 个水分子[201]。基于该信息，LiOH、NaOH 和 KOH 溶剂化壳中的水的碱浓度分别约为 2. 2mol/L、3. 5mol/L 和 5. 5mol/L。这些数值与计算的数值相似，LiOH、NaOH 和 KOH 分别为 3. 2mol/L、3. 1mol/L 和 6. 5mol/L，与前述碱金属氢氧化物的丝光化效率顺序一致[200]。

NaOH 在乙醇水溶液、异丙醇水溶液和乙醇/异丙醇/水混合物中处理棉短绒，用 X 射线衍射研究介质组成对纤维素Ⅰ转化为纤维素Ⅱ的重要影响。纤维素Ⅱ的百分比对介质组成的依赖性很复杂，在某些乙醇浓度下出现最大值。正如预期，恒定碱浓度和介质中，纤维素Ⅱ含量随温度升高和丝光化时间的增加而增加。转化率对 NaOH 浓度显示出最大值，因为在碱浓度增加和与之伴随的导致碱沉淀的水浓度降低之间存在平衡[202]。采用 X 射线衍射研究微波加热对棉粉末溶液的影响，微波功率分别为 400 W 和 900W，加热时间在 10~40min。结果表明，微波加热对（纤维素Ⅰ→纤维素Ⅱ）转化机理没有影响，缩短了处理时间和丝光处理所需 NaOH 浓度，两个变量取决于功率[203]。当然需要更全面地评估这种相对能量的处理对纤维素聚合度的影响。

研究人员测量了向溶液中加入一定质量的纤维素引起的碱浓度降低。图 3. 15（a）是碱吸收和原始浓度的关系曲线，清楚地显示两步过程[132,204-205]。基于纤维素和碱之间的化学反应，已经解释了没有明确的吸附等温线（如 Langmuir 吸附等温线）以及这种吸附不可逆的事实。然而，该行为可通过碱溶液组分的优先吸附和位点的不可及性来解释，特别是在初始碱吸收期间。采用实验法将纤维素对水的吸收与对碱的吸收分开，得到图 3.15（b）所示的曲线[206-207]。纤维素吸收水的量存在最大值，但在整个碱浓度范围内吸收 NaOH 的量以近似 S 形的方式增加。这种形状可能是由于最初不可及部位，在发生溶胀后变得可及。然而，此机理对再生纤维素不适用。实际上，后者显示了从低碱浓度到高碱浓度的预期吸附等温线，且该过程是可逆的[208-209]。因此，NaOH 吸收的 S 形部分应针对丝光过程中可及性的变化进行校正，修正为曲线的虚线部分如图 3.15（b）所示，NaOH 曲线的虚线部分是对纤维素初始不可及性的修正[130]。即纤维素对碱金属氢氧化物的吸收不是严格意义上的化学过程；是由 Donnan 平衡控制的吸附现象。然而，不排除吸收碱涉及阳离子和 AGU 的 OH 基团之间形成络合物。

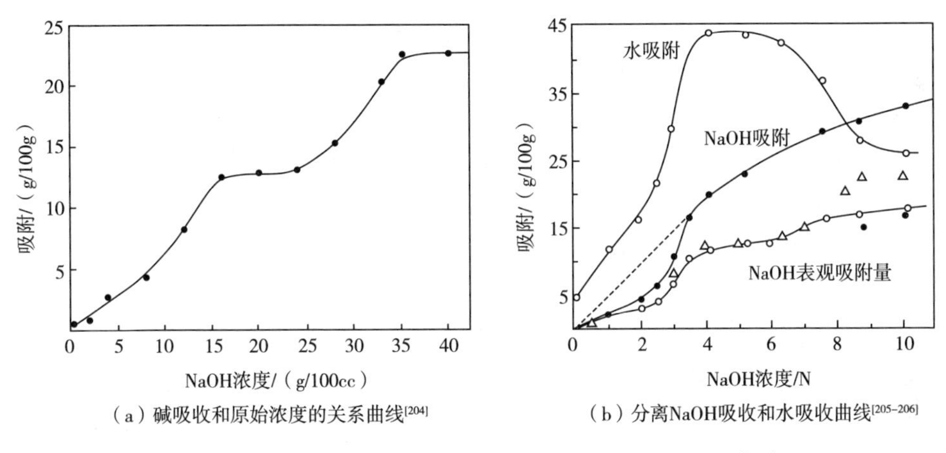

（a）碱吸收和原始浓度的关系曲线[204]　（b）分离NaOH吸收和水吸收曲线[205-206]

图 3.15　“效价变化”法测定棉花对 NaOH 的表观吸收[204]

采用 ^{23}Na 和 ^{13}C-NMR 光谱、电子显微镜、X 射线衍射[189]、IR[210-211] 和拉曼光谱[212] 等技术来研究丝光化。由于样品室内的水蒸气压力与实验室相同，环境扫描电子显微镜是一项很有意思的技术[213]，在没有任何预处理的情况下测试样品（与 SEM 中的极端干燥相比），获得的显微照片代表实际样本，而不是“幽灵”副本。上述研究及菲利普（Philipp）等的研究结果[214-215] 得出了关于 NaOH 水溶液丝光化的结论：由于水溶胀，NaOH 以两种状态与纤维素结合，即紧密和相对自由。较高的碱浓度（15%～25%）下，一个 NaOH 分子和水附着到每个 AGU 上，形成钠—纤维素。观察到游离和结合钠离子之间发生快速交换，表明 NaOH 和纤维素之间形成了加成化合物，而不是醇钠。^{23}Na-NMR 谱线宽度表明存在 Na^+ 离子水合的限定状态；^{13}C-NMR 光谱表明，低碱浓度下，AGU 的 C2 和/或 C3 优先与碱作用。

化学反应中确保纤维素良好反应性所需的条件包括天然纤维素初生壁的弱化；纤维形态中毛细管、空隙或原纤维间隙的加宽。这些变化通过用含有纤维素的惰性化合物来实现；使纤维素保持不干燥的状态；溶胀和/或活化处理（特别是丝光化处理）以增加可及的内表面。最后，很明显，纤维素没有“通用”反应性标度；取决于所进行的反应。因此，由于不同的反应机理，例如酰化、黄化或醚化，期望纤维素在各种反应中显示出相似的反应性是不现实的。同样，由于试剂的性质，如反应性（酰氯与相应的酸酐）、催化剂和分子体积（乙酸与丁酸酐）之间的差异，相同纤维素在相同机理（酰化）的反应中的反应性也可能不同。

3.2 纤维素的溶解

由于强烈的超分子相互作用，特别是大分子内和大分子间的氢键及疏水相互作用，纤维素不溶于水和常见的有机溶剂（见 2.1 节）。纤维素的溶解是以下几项工作的明确先决条件。

表征（如摩尔质量和摩尔质量分布的测定）；成形（如纤维和膜的制备）；均相化学（作为设计基于这种可再生资源的新型功能聚合物和材料的最重要途径之一）纤维素溶剂分为非衍生化和衍生化溶剂[216]。

3.2.1 非衍生化溶剂

3.2.1.1 含水金属配合物溶剂

基于含水金属配合物的纤维素溶剂由来已久。典型的例子是氢氧化铜铵（Cuam）、二亚甲基二胺（Cuen）、三亚甲基二胺（Cadoxen）和铁酒石酸钠盐（FeTNa）[217]。表 3.4 列出了含水纤维素溶剂。

表 3.4 含水纤维素溶剂[216]

化合物的类型	溶剂缩写	活性物质
过渡金属与胺或 NH_3 的配合物	Cadoxen	$[Cd(H_2NCH_2)_2NH_2]_3(OH)_2$
	Cdtren	$[Cd(NH_2(CH_2)_2)_3N](OH)_2$
	Cooxen	$[Co(H_2N(CH_2)_2NH_2)_2](OH)_2$
	Cupren	$[Cu(H_2N(CH_2)_3NH_2)_2](OH)_2$
	Cuam	$[Cu(NH_3)_4](OH)_2$
	Cuen	$[Cu(H_2N(CH_2)NH_2)_2](OH)_2$
	Nioxam	$[Ni(NH_3)_6](OH)_2$
	Nioxen	$[Ni(H_2N(CH_2)_2NH_2)_3](OH)_2$
	Nitren	$[Ni(H_2N(CH_2)_2)_3N](OH)_2$
	Pden	$[Pd(H_2N(CH_2)_2NH_2)](OH)_2$
	Zincoxen	$[Zn(H_2N(CH_2)_2NH_2)_2](OH)_2$

续表

化合物的类型	溶剂缩写	活性物质
过渡金属与酒石酸的配合物	FeTNa	$Na_6[Fe(C_4H_3O_6)_3]$

早在 1857 年人们就发现了纤维素在 $Cu(OH)_2/NH_3$（Cuam，Schweizer 试剂）中形成水溶液，目前仍然在纤维素分析（聚合度的测定）和纤维素加工（如膜形成）中起重要作用。Cuam 溶液再生膜为血液透析提供了高质量产品[218]。

$[Cu(NH_3)_4](OH)_2$ 与聚合物骨架 AGU 的 C2 和 C3 位的羟基强烈相互作用（图 3.16[219]）。铜浓度为 15~30g/L 且氨浓度高于 15%时，高聚合度纤维素也可在短时间内完全溶解。

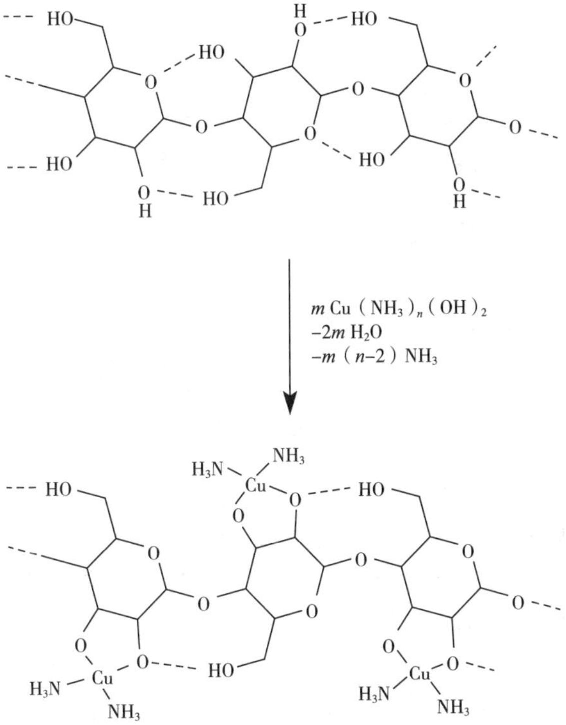

图 3.16　Cuam—纤维素复合物结构示意图

不仅在 Cuam 中形成聚醇络合物，而且乙烯二胺（en）和 1,3-二氨基丙烷（pren）等其他胺也能形成，铜是有效的配体，形成的络合物能溶解纤维素[220]。Cuen，活性物质是 $[Cu(en)_2](OH)_2$，也已经使用了很长时间[221]，和 Cuam 相比不含过量的胺。

Cadoxen，［$Cd(H_2N(CH_2)_2NH_2)_3$］（$OH)_2$，是高溶解能力的无色溶剂。基于^{13}C-和^{113}Cd-NMR 研究发现，Cadoxen 不与纤维素配位，而是类似于氢氧化钠水溶液的酸碱原理与纤维素的相互作用[222-223]。随 Cd 离子浓度的增加和 NaOH 的加入溶解能力增加[224]。

然而，如果溶剂与纤维素 AGU 的 C2 和 C3 羟基的形成二元醇络合物相互作用，或者在体系中由于大量胺络合阳离子作为均聚阳离子络合物存在，酸碱相互作用可能导致额外的链分离，则仍存在争议。

其他金属络合物溶剂是 Nitren，［Ni（tren）$(OH)_2$］［tren＝三（2-氨基乙基）胺］和［Pd（II）（en）］$(OH)_2$ 为活性物质[224-225]。酸碱相互作用似乎适合描述溶液络合物（图 3.17）。纤维素的［Pd（II）（en）］$(OH)_2$ 溶液是无色的，并已采用核磁共振谱和光散射进行了研究[224,226]。

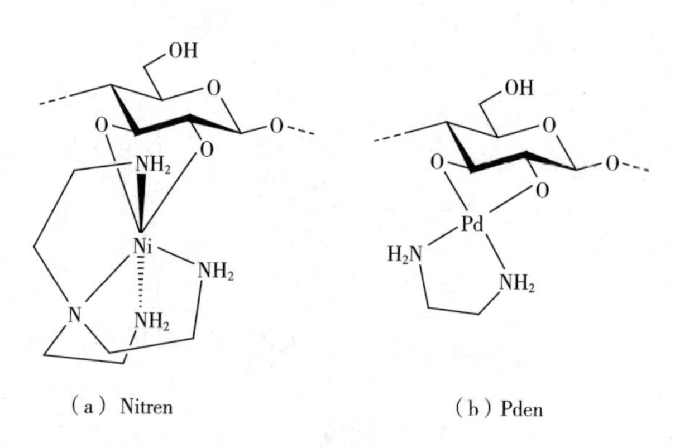

（a）Nitren　　（b）Pden

图 3.17　纤维素单元的结构

3.2.1.2　碱金属氢氧化物水溶液

如上所述，碱金属氢氧化物的水溶液强烈溶胀纤维素。某些条件下，甚至能均匀溶解。氢氧化钠水溶液中，纤维素的溶胀程度取决于碱的浓度、温度、纤维素的结构（可及性），特别是聚合度。降低温度往往导致溶胀程度更高有利于低聚合度纤维素的溶解[227]。约 10℃，将聚合度高达 200 的样品加入 9%～10%NaOH 水溶液中，可获得高达 5%的纤维素溶液，高聚合度的样品仅部分溶解。因此，对于聚合度而言，NaOH 水溶液是一种边界溶剂。

DP、结晶度、结晶形式和木质素含量不同的纤维素样品在 NaOH 水溶液中溶解的研究表明，溶解的最佳条件包括：纤维素在 8%～9%（质量分数）NaOH 水溶液中溶胀，然后在-20℃下将其冷冻成固体，再于室温下解冻，用水稀释至 5%碱水溶液[82]。溶解在 $NaOD/D_2O$ 中的纤维素的^{13}C-NMR 化学位移的变化表明，与 C2 和 C6 处的羟基相比，C3 位的羟基具有最高的解离抗性，这与文献中丝光化处理的 C3 位羟基的反应性最低相一致[228]。为了溶解纤维素，NaOH 分子与 AGU 的比例

至少为4：1[229]。溶解的纤维素在静置时形成连贯的凝胶，阻碍了这种溶剂技术的应用。氧化锌和/或尿素可提高溶液的溶解完全性和稳定性[230]。

NaOH水溶液与尿素或硫脲以及LiOH水溶液与尿素的组合可以溶解纤维素。黏均分子量值为 11.4×10^4g/mol（*DP*=703）和 37.2×10^4g/mol（*DP*=2282）的纤维素，在7%NaOH/12%尿素水溶液或4.2%LiOH/12%尿素冷却至-10℃，在2min内可溶解，而在KOH/尿素水溶液中不溶解[231-232]。尿素水合物可能在NaOH氢键合纤维素的表面自组装[233]。该溶液相当不稳定，对温度、聚合物浓度和储存时间敏感[231,234]。透射电子显微镜（TEM）图像和WAXD提供了形成被尿素包围的蠕虫状纤维素包合物（浓度为 4.0×10^{-4}g/mL）的证据（图3.18）[236]。络合物模型示意图显示通道包含络合物（管）、LiOH—水合物（大球）、尿素水合物（棒）和水（小球）[235]。

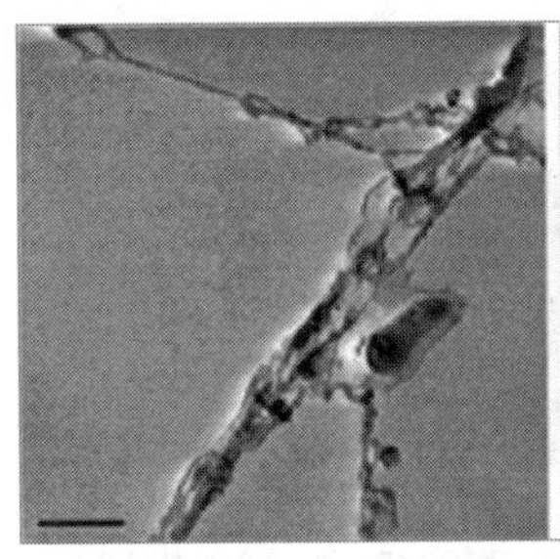
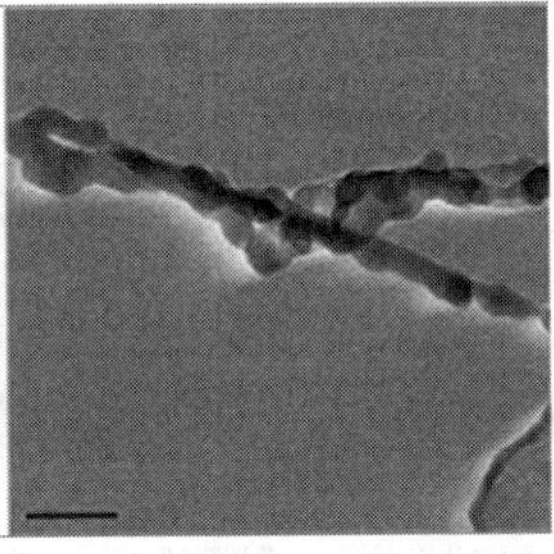
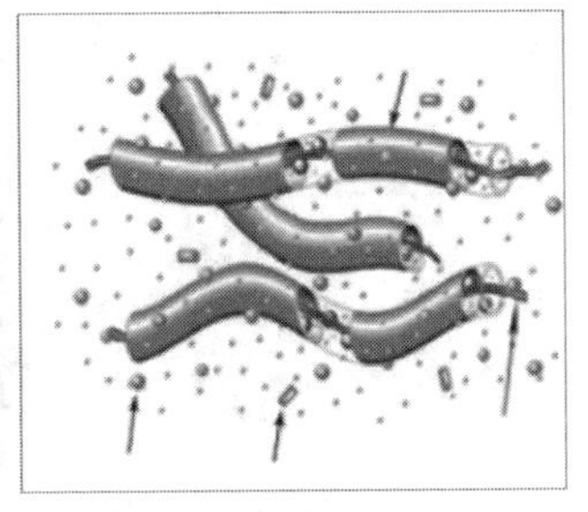

（a）纤维素LiOH/尿素（4.7%/15%，质量分数）水溶液的TEM图　（b）络合物模型示意图

图3.18 纤维素LiOH/尿素水溶液的TEM图和络合物模型示意图

一种气凝胶是一种内表面积非常大的材料，可以从基于NaOH的溶剂中获得。虽然 $NaOH/H_2O$ 只能溶解低结晶度和低聚合度的纤维素，但它可以用于聚合物的指定成型。结果表明，不可逆的凝胶化能制造这种气凝胶。从水中再生得到圆柱形凝胶（图3.19）。

图3.19 5%Avicel纤维素/NaOH/水凝胶中获得的圆柱形气凝胶样品[237]

再生的吸水溶胀纤维素样品在干燥后保持其圆柱形，体积下降非常小，小于10%[237]。用LiOH/尿素作为溶剂，可获得有巨大表面的纤维素材料，根据处理工艺得到不同的形态（图3.20）[238]。用EtOH再生，经过 H_2O［图3.20（a）～（d）］或t-BuOH［图3.20（e）～（h）］冷冻干燥，图3.20（i）～（l）为经 CO_2 干燥。图3.20（a）（e）（i）为气凝胶表面低放大倍率图像；图3.20（b）（f）（j）为气凝胶表面高放大倍率图像；图3.20（c）（g）（k）为气凝胶横截面低放大倍率图像；图3.20（d）（h）（l）为气凝胶横截面高放大倍数图像。图3.20（b）为倾斜样品的SEM图像[238]。

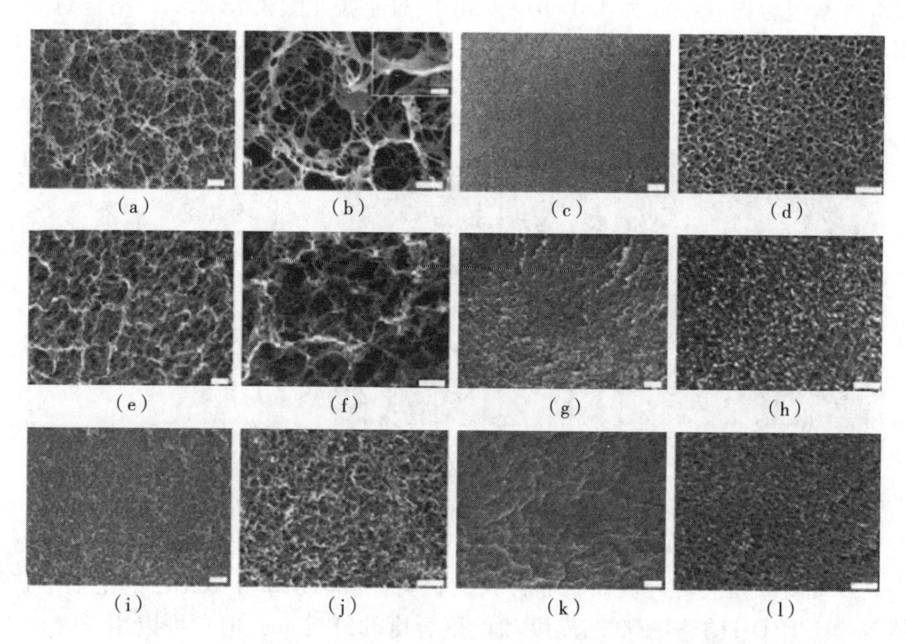

图3.20　LiOH/尿素水溶液中4%（质量分数）纤维素制备的气凝胶的SEM图

必须提及的是，用简单溶剂交换然后用超临界二氧化碳干燥的方式制备气凝胶，干燥后气凝胶的平均密度仅约8mg/m^3，与轻质硅凝胶密度相当[239]。

3.2.1.3　偶极非质子溶剂中的电解质

一方面，许多偶极非质子溶剂能溶胀纤维素，甚至溶胀程度很大，但不能溶解；另一方面，存在几种溶剂，在许多情况下称为“溶剂系统”（如偶极非质子溶剂中的强电解质溶液），不形成共价键，能物理溶解纤维素。正如之前所讨论的（见3.1.4节），纤维素溶胀和溶解是关联的，因为这两个过程都会不同程度地破坏分子间强的氢键，特别是链之间OH（6）-O（3″）的连接和疏溶剂作用，最终消除纤维素超分子结构的相互作用[240]。在给定介质中，纤维素是否仅溶胀或部分溶解、或完全溶解取决于相互作用的程度，以及溶剂能在聚合物超分子结构中的渗透程度。弱的和中等的纤维素—溶剂相互作用以及溶剂有限地进入无定形区域导致溶胀；全部生物聚合物范围的强相互作用导致溶解。

一些强电解质溶液，如 LiCl、LiBr、TBAF · $3H_2O$、TAAF · H_2O、BMAF · $0.1H_2O$，在偶极非质子溶剂中，如 DMF、DMAc、NMP、HMPA、DMSO，即使是高 *DP*、高 I_c 纤维素也可溶解（如细菌纤维素和木材）[84,241-242]。形成的纤维素溶液在纤维的受控再生或纤维素衍生物合成（如无机和有机酯、醚等）[240] 以及纤维素（及其衍生物）的分析中引起了极大的关注[243-245]。

为了将纤维素溶解在 DMAc/LiCl 中，溶解之前尝试对纤维素进行“活化”，即预处理。活化的目的是提高溶剂扩散到纤维素超分子结构的能力，使微晶表面和结晶区域更可及。活化剂在纤维素的晶间和晶内渗透，破坏纤维素链之间强烈的水介导的氢键，得以实现活化[246-247]。如果操作不当，可能获得不一致的结果，从而证明该步骤的相关性。30℃，50%（质量分数）乙酸酐在吡啶中处理纤维素一天，乙酸纤维素的乙酰基含量百分比证实了这种情况：无活化，8.8%；氯仿/吡啶预处理，26.4%；乙醇/氯仿预处理，27.6%[248]。

碱处理已广泛用于活化纤维素。通常的方法是丝光化后，洗涤去除残留的碱。如前所述，该处理使纤维素Ⅰ不可逆转化为有序程度更低（因此更具反应性）的纤维素Ⅱ（再生后）。丝光化处理的另一个结果是增加了 α-纤维素含量，该过程提取了半纤维素和其他残留的非纤维素材料，如蜡。因此，该活化方法通常用于高 I_c 和高 *DP* 的纤维素样品，特别是棉短绒。

另一种活化处理是在室温下溶剂置换。用一系列溶剂处理聚合物，以溶解步骤中使用的溶剂最后置换。在将纤维素溶解于 DMAc/LiCl 之前，按照水→甲醇→DMAc 溶剂序列处理纤维素[67,70,249]。活化 1g MCC 需要 25mL 水、64mL 甲醇和 80mL DMAc，该方法既费力（需要约 1 天）又昂贵。推荐在特殊情况使用，如寻求几乎不降解的纤维素的溶解[250]。

科研人员已经提出了几种热介导的纤维素活化的方法，例如加热固体纤维素或使用溶剂本身作为热转移剂。采用后一种方法的原因在于：在接近沸点或沸点时 DMAc 的蒸气压足够高，足以诱导纤维有效渗透和溶胀[251]。相对于溶剂交换，热活化是可行的，在随后的溶解中需要较少的 LiCl[250]。如上所述，150℃下加热聚合物/DMAc 浆料 1h，然后加热到溶剂沸点，蒸馏后者的 25%体积，可以从纤维素中除去水[71,252]。这种活化虽然方便，但可能存在问题。首先，因为残留的水与纤维素结合紧密，体系不会完全无水[253]。更重要的是，经此处理溶液通常会变成黄色，有时是褐色，说明发生了副反应。纤维素 DMAc/LiCl 溶液中回流可能导致的氧化降解。纤维素降解可以通过两个过程进行：高于约 80℃ 发生第一个过程，涉及 *N*,*N*-二甲基乙酰基乙酰胺，$CH_3CO—CH_2CON(CH_3)_2$，DMAc 的主要自缩合产物：

$$2CH_3CON(CH_3)_2 \longrightarrow CH_3CO—CH_2CON(CH_3)_2+HN(CH_3)_2$$

自缩合产物的形成导致纤维素缓慢热降解，由于其与纤维素的还原端反应，产生呋喃结构，图 3.21 是与葡萄糖的反应[254]。

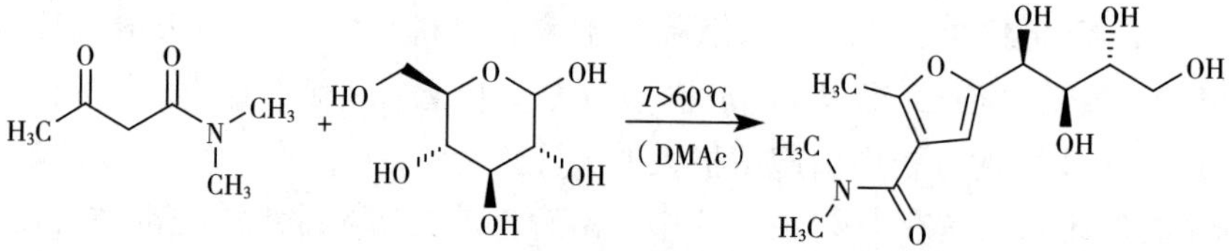

图 3.21 长时间加热 DMAc 葡萄糖生成呋喃衍生物

通过邻近基团参与的末端剥离机理，形成中间产物呋喃，导致纤维素链降解（图 3.22）。

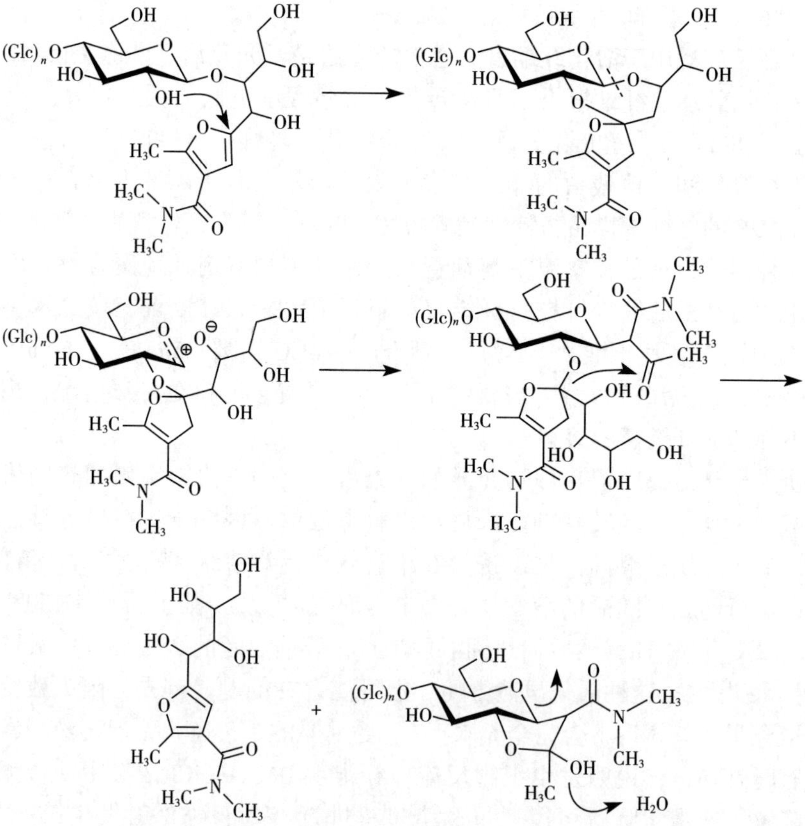

图 3.22 纤维素链降解：邻近基团参与的末端剥离机理[254]

另一（更快）反应涉及 N,N-二甲基乙烯酮亚胺离子［$CH_2=C=N^+(Me)_2$］，其前体是DMAc的烯醇互变异构体，$CH_2=C(OH)N(Me)_2$。Li^+与溶剂C=O基团的氧配位促进后者的形成，在典型的酰化反应中，DMAc烯醇化将由产生的酸催化。

这种溶剂产生的阳离子是一种极具反应性的物质，比乙烯酮更具亲电性，且不像乙烯酮那样二聚[255]。它的形成导致纤维素链的随机裂解，纤维素的摩尔质量分布相当快速地变化（图3.23和图3.24）。

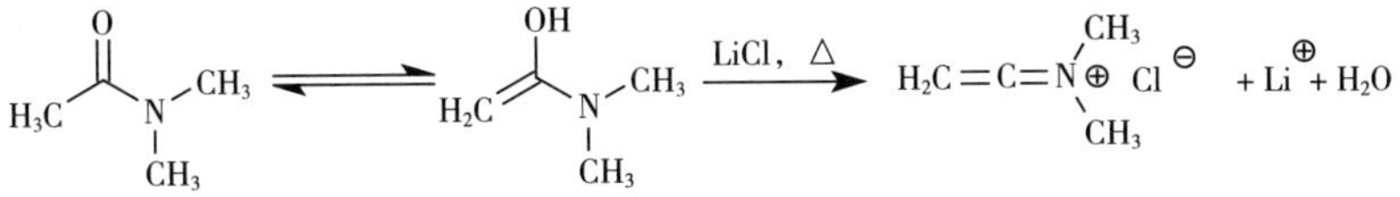

图3.23 烯醇化DMAc形成 N,N-二甲基乙烯酮亚胺离子的机理[254]

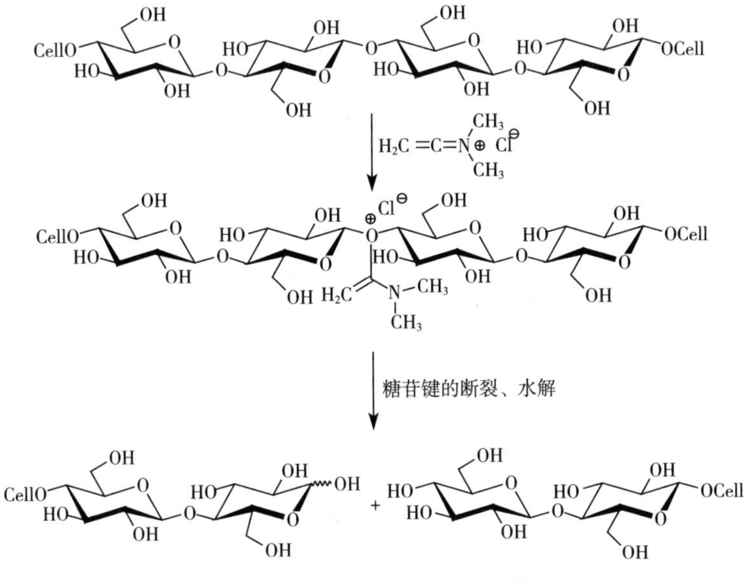

图3.24 N,N-二甲基乙烯酮亚胺离子对纤维素中糖苷键的裂解[254]

为了避免降解，蒸馏溶剂活化可以减压较低温度下进行。然而，这可导致纤维素（例如甘蔗渣和剑麻）溶解不完全[256]。因此，更安全的做法是将纤维素浆液的温度保持在尽可能低的水平，如果溶液的颜色变成深琥珀色或褐色，则怀疑存在大量降解[250]。

110℃下减压加热聚合物和干燥的LiCl，在大气压恢复前加入DMAc来实现纤维素活化[257]。除了避免上述DMAc导致的副反应外，这种溶解过程对微晶纤维素、甘蔗渣和棉短绒的聚合度几乎没有影响，与起始纤维素相比聚合度变化≤6%[258]。一些溶剂，特别是 $R_4NF \times nH_2O$/偶极非质子溶剂，在没有活化预处理的情况下溶解 MCC 和纤维状纤维素[242,259]。

活化之后是纤维素的溶解，溶解依赖于所用的溶剂体系。从以下结果可以清楚地推断出纤维素的结构特征。

锂盐的偶极非质子溶剂能溶解纤维素，相应的钠盐或钾盐不溶解；在相同的偶极非质子溶剂中，LiCl 比 LiBr 更有效。

TBAF · $3H_2O$/DMSO 在室温下溶解纤维素，相应的四甲基氟化铵无效；水合苄基三甲基氟化铵仅部分有效，BMAF · $0.1H_2O$ 至少与 BMAF · $3H_2O$ 一样有效[260-261]。

MCC 比纤维状纤维素更易溶于 DMAc/LiCl，后者的溶解取决于聚合物的 *DP* 和 I_c，丝光化棉可促进其溶解[257-258]。

上述结果提出了关于纤维素溶解的先决条件的问题。首先针对溶剂影响，后续将研究纤维素结构特征的影响。强电解质性质的影响是多种因素的共同作用，包括在介质中的溶解度，离子之间相互作用强度，离子与溶剂之间相互作用的强度，以及离子和纤维素的 AGU 相互作用强度。例如，纤维素溶剂化效率 TBAF · $3H_2O$>水合苄基三甲基氟化铵，与它们在 DMSO 中的溶解度正相关，二者的溶解度分别为 0.94mol/L 和 0.025mol/L；$(CH_3)_4NF$ 几乎不溶于 DMSO，其悬浮液不能溶解纤维素[260]。然而，离子在溶剂中的溶解度是必要条件，但对于纤维素溶解不是充分条件；如四（1-丁基）氯化铵和溴化铵可溶于 DMSO，但不溶解纤维素[259]。

为了量化电解质与偶极非质子溶剂的相互作用，采用测试技术和物理化学性质相结合的方法；碳水化合物溶解在偶极非质子溶剂中，并使溶剂化对电解质和纤维素特性的依赖性合理化。从水到 5%～60%（质量分数）DMSO 的转移自由能（ΔG_{tr}）对 LiCl、NaCl 和 KCl 是正值（不利的转移），后两种电解质的 ΔG_{tr} 约是 LiCl 的两倍[262]。一些阳离子和阴离子在乙腈和 DMSO 中溶剂化的自由能（这些是指将偶极非质子溶剂分子附着到气相中的离子上）是有利的（即负值）；两种溶剂的 ΔG_{so} 顺序为：Li^+>Na^+>K^+；F^->Cl^->Br^-[263]。然而，Li^+、F^-和 Cl^-离子的溶剂化有利于与 AGU 的 OH 有效的相互作用。

通过电喷雾质谱评估了强电解质与偶极非质子溶剂的络合能力。例如，电解质/DMAc，对于 Li^+、Na^+、K^+和 Cs^+，峰强度［碱金属离子+DMAc］的比例分别为 10、4.2、1.0 和 1.2，表明 Li^+比其他碱金属更强地被 DMAc 溶剂化。随着酰基从甲酸到戊酸分子链长度的增加，Li^+与羧酸的 *N*,*N*-二甲基酰胺的络合能力增加。该顺序表明 Li^+基本上与酰胺基团的氧原子配位，对于 DMF 和 *N*,*N*-二甲基戊酰胺，其碱性分别增加（由于连接部分 H 或 R 的诱导作用）从 -0.38e 到 -0.43e[243]。对 LiCl 和 LiBr 在 DMF、DMAc、*N*,*N*-二甲基丙酰胺和 NMP 中的溶液的^{7}Li和^{13}C-NMR的研究中已经得到类似的结论。也就是说，LiCl与偶极溶剂的相互作用比LiBr更强，随着酰胺碱度的增加，LiCl与酰胺羰基的相互作用增加[264]。

已经有几种描述纤维素/溶剂络合物结构的方案，主要区别在于Li^+和Cl^-所起的作用（图3.25）。结构A中，Li^+与溶剂C＝O的氧之间的络合物形成大分子阳离子［Li（DMAc）］$^+$，自由Cl^-与AGU的OH基团形成氢键。形成的大阳离子之间的排斥作用允许溶剂渗透到聚合物链中[67]。或者，Li^+同时与纤维素的OH基团和溶剂结合，后者可与DMAc的C＝O基团结合（结构B[264]），或与C＝O基团和酰胺氮结合（结构C[266]），LiCl也可以以未解离的形式存在，如结构D和E。前者中，电解质与DMAc和纤维素OH基团结合，形成夹心型结构[267-268]。后者中（建议在DMSO/LiCl中溶解），只有Li^+与溶剂的S＝O偶极子和OH基团的氧原子结合，而Cl^-不参与键合[269]。结构F是TBAF-DMSO相互作用的可能性[265]。

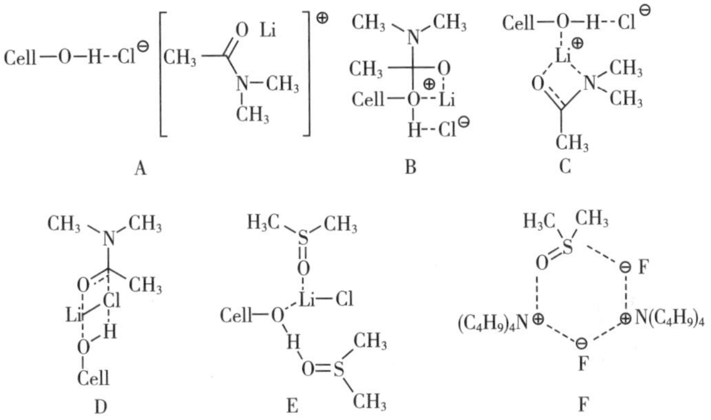

图3.25　建议用于解释纤维素与非质子溶剂/LiCl体系（A~E）和DMSO/TBAF（F）[84,265]的相互作用的结构

现在将对这些结构进行比较。除NMR结果外，酰胺的质子化为Li^+（一种硬酸）与酰胺C＝O基团的氧原子的结合提供了额外的支持，因为检测到非常少的*N*-质子化[270-271]。结构A和C差别不大，如果发生Li^+—N缔合，则可能很弱。结构氯离子在纤维素溶解中起次要作用为结构D或没有起作用为结构E。鉴于偶极非质子溶剂中卤化物离子的亲核性增强[272]，且纤维素溶解取决于阴离子，LiCl比LiBr更有效，即更硬的碱更有效[273]，可以得出结论，氯离子是电解质/DMAc溶剂体系中存在的最强的碱。该结论与结构E不一致，E中纤维素OH基团与溶剂S＝O偶极相互作用，但不与氯离子相互作用。卤化物阴离子—HO—Cell相互作用的相对重要性可以应用溶剂化自由能关系来推断，例如，Taft-Kamlet-Abboud方程适用于纤维素DMAc/LiCl和NMP/LiCl溶液[274]。这些溶液中最重要的因素是纤维素的酸性特征和溶剂体系的碱性特征。因此，最主要的相互作用是Cl^-—OH—

Cell[275]，这一结论与结构 D 和 E 不一致。对称的环状结构 F 过度简化，因为 TBA^+ 阳离子存在空间拥挤。根据纤维二糖/R_4NF/DMSO 量子化学计算推断，可以设想电解质/偶极非质子溶剂的开放结构[276]。

已采用上述技术研究锂盐与纤维素溶液在偶极非质子溶剂中的相互作用。6% 和 11.2%（质量分数）纤维素（$DP=500$）溶液，测量 C ═O 基团的 ^{13}C-NMR 峰的纵向弛豫时间（T_1），表明 LiCl 和 DMAc 间相互作用比与 NMP 强[264]。DMAc 中 LiCl 浓度为 0.4~2.4mol/L，^{7}Li-NMR 峰的化学位移没有变化（表明强电解质-偶极非质子溶剂缔合），纤维素的共溶剂化降低了化学位移，增加了 $^7Li^+$ 峰的线宽，表明其与纤维素的相互作用。结论是，Li^+ 的内部配位区的一个 DMAc 分子被一个纤维素 OH 基团取代，如图 3.26 所示[273,277]。

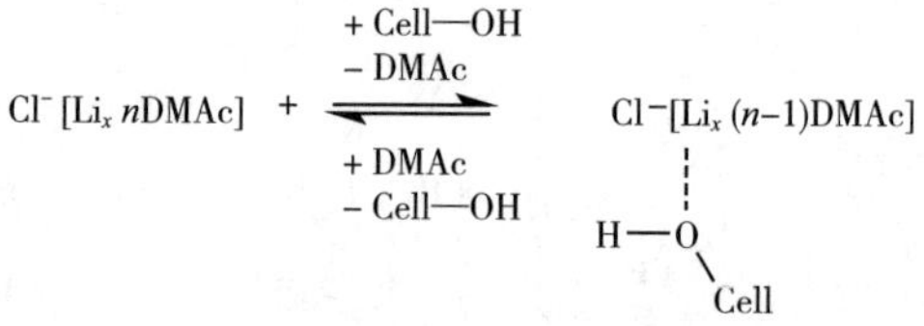

$$Cl^-[Li_x\, n\mathrm{DMAc}] \;+\; \underset{\substack{+\,\mathrm{DMAc}\\ -\,\mathrm{Cell{-}OH}}}{\overset{\substack{+\,\mathrm{Cell{-}OH}\\ -\,\mathrm{DMAc}}}{\rightleftharpoons}} \; Cl^-[Li_x\,(n-1)\mathrm{DMAc}] \cdots O(H)\mathrm{Cell}$$

图 3.26 纤维素（Cell—OH）DMAc/LiCl 混合物溶液中的配体交换反应[273]

电喷雾电离质谱已被用于研究 DMAc 中强电解质（LiF、LiCl、LiBr、NaCl、KCl 和 CsCl）和寡糖（麦芽糖、麦芽四糖、麦芽五糖、麦芽六糖和麦芽庚糖）的（平均）缔合物的结构。LiCl 的特殊效率形成一系列 $[M_x{}^+Li^+ n\mathrm{LiCl}]^+$ 和 $[2M_x{}^+Li^+ n\mathrm{LiCl}]^+$，其中（$M$，$x$，$n$）分别指麦芽糖，及其单元数量 x 和 LiCl 分子（从 1~7）。随着 x 值的增加，附着倾向增加。观测到中性电解质附着 LiCl，附着程度 LiBr 降低，LiF、NaCl、KCl 或 CsCl 不发生附着[278]。

用 ^{19}F 和 ^{1}H-NMR 光谱研究（化学位移和线宽）纤维素（MCC）和 TBAF 在 DMSO 中的相互作用。结果表明，强电负性 F^- 离子充当纤维素 OH 的氢键受体，破坏纤维素分子间氢键，导致溶解。由于高浓度的 F^-，带负电荷的纤维素链之间的静电排斥作用增强了溶解性[279]。FTIR 光谱研究证实了 2，2-双（羟甲基）-1,3-丙二醇（AGU 模型）在 DMSO 中一系列电解质和离子液体（包括 TBAF 和 TMAF）的溶解情况。表明了电解质离子的尺寸和阴离子的电荷密度对有效溶解多元醇的重要性。因此，半径小、离子相互作用强的电解质（例如 TMAF）不是多元醇的良好溶剂，因为阴离子的负电荷转移到阳离子上而不是多元醇的 OH 基团反键轨道[280]。

众所周知，溶解纤维状纤维素比溶解 MCC 需要更多的能量。因此，对纤维状纤维素，通常使用更高的温度、更长的反应时间和更高的衍生剂与 AGU 的摩尔比。对 MCC 和纤维状纤维素而言，消晶化的速率常数和活化参数（其溶解的重要步骤）实际上是相同的[81,281]。纤维素的消晶化不限制其溶解速率。应该考虑如 I_c 和

DP 等其他因素的影响。纤维素样品在 NaOH 水溶液中的溶解取决于它们的 DP 和超分子结构。低 DP 和不存在非纤维结构有助于微晶纤维素的溶解，而 I_c 起着次要作用[82]。关于 DMAc/LiCl 溶液的文献结果表明，纤维素的溶解度和反应性随着 I_c 的降低而增加[70,282]。然而，低结晶度的牛皮纸浆比高度结晶的棉绒溶解得慢[83,283]。只有在溶剂交换活化纤维素后，低结晶度的纤维素才溶解在该溶剂中[284]。

根据前面的讨论，必须考虑影响纤维素溶解的三个因素：超分子结构、DP 和纤维素的物理状态。

关于超分子结构，图 3.27 为 MCC、未处理和丝光化棉短绒、剑麻纤维素的孔径分布。MCC 的孔直径（在 6×10^2nm 和 2×10^3nm 之间）比纤维状纤维素的孔直径

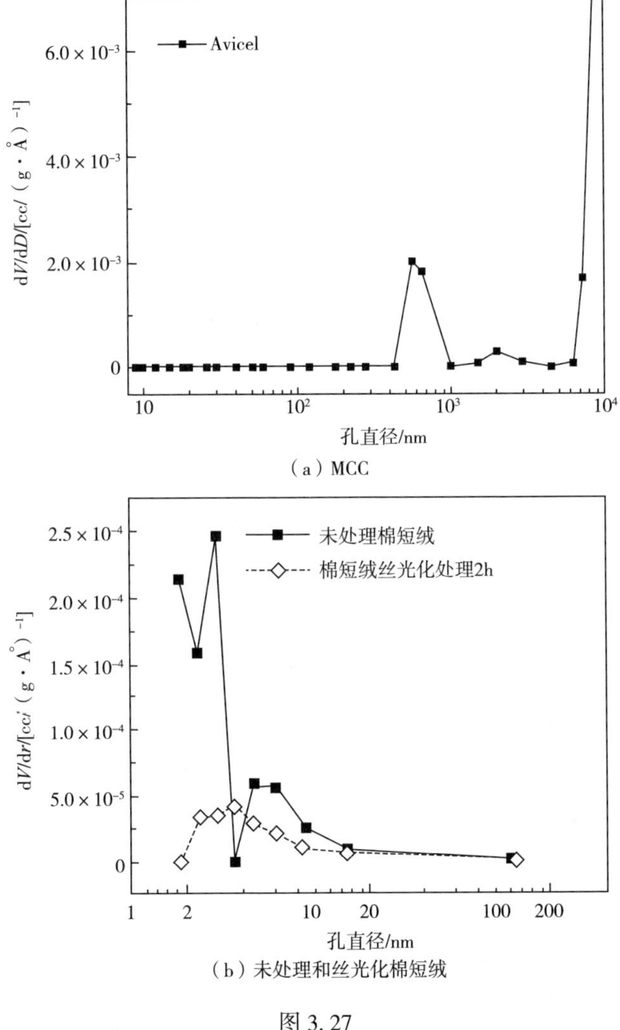

（a）MCC

（b）未处理和丝光化棉短绒

图 3.27

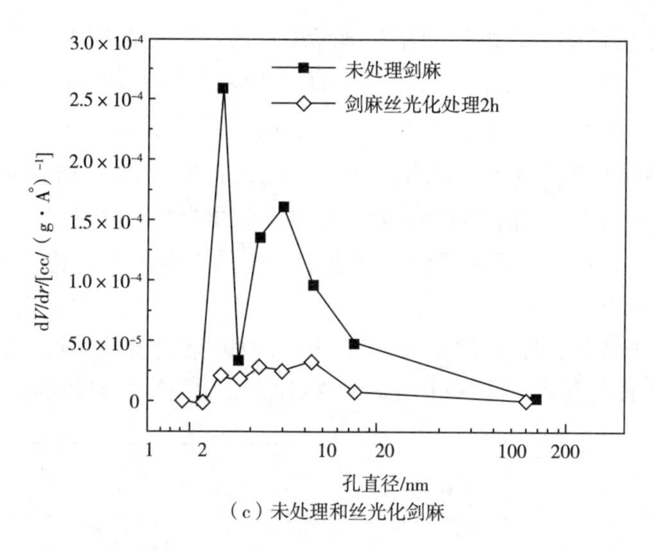

（c）未处理和丝光化剑麻

图 3.27 MCC、未处理和丝光化处理的棉短绒和剑麻纤维素的孔径分布[81]

大得多。后者的丝光化导致孔的体积/半径比降低，且孔径分布更均匀。MCC 大得多的孔径部分地解释了其易溶解性，因为溶剂更容易渗透到其晶体结构。丝光处理对溶解性的影响不能仅根据孔径分布的变化来解释，伴随纤维素Ⅰ向纤维素Ⅱ改变，丝光化诱导的半纤维素去除和其他碱溶性提取物的去除也起作用。

众所周知，透明的纤维素溶液是衍生化成功的必要条件，但不是充分条件。原因是在中等浓度，即衍生化所用浓度，纤维素不是分子分散的，绝大多数含有有序的纤维素分子的聚集体[285-286]。事实上，纤维素的无聚集溶液难以制备[287]。聚集体的状态取决于 LiCl 的浓度和溶液制备的方法[288-289]。

已经用缨状胶束结构描述聚集体的结构。图 3.28（a）为聚集体的示意图，该聚集体由横向排列的链组成，形成一个相当紧凑且可能几何各向异性的核心，周围是无序区域，形成与溶剂分离的“冠状物”。相同浓度下，不同的纤维素，只有缨状胶束核的外表面是可及的，该部分的面积随着 *DP* 的增加而减小。形成缨状胶束结构有理论计算[290] 和实验的支持。增加纤维素浓度会使颗粒摩尔质量显著增加，尽管颗粒尺寸仅略微增加[291]。图 3.28（b）和（c）分别为低 *DP* 和高 *DP* 纤维素的单分散溶液。前一部分表明短纤维素链的长度实际上等于其持久长度，即既没有卷曲，也没有链之间的相互作用。长链聚合物（c）的柔韧性允许形成强的分子内氢键。纤维素的性质，特别是其 *DP* 和浓度影响其溶液状态，因此影响其溶解/衍生化。

LS 数据证明，DMAc/LiCl 中纤维素聚集体的存在，聚集体的大小取决于预处理、*DP*、LiCl 浓度和存在的水。6%~9%（质量分数）LiCl 中[292-293]，软木纤维素的最低浓度为 0.2%~0.3%（质量分数）时，未观察到纤维素溶液中纤维素的分子

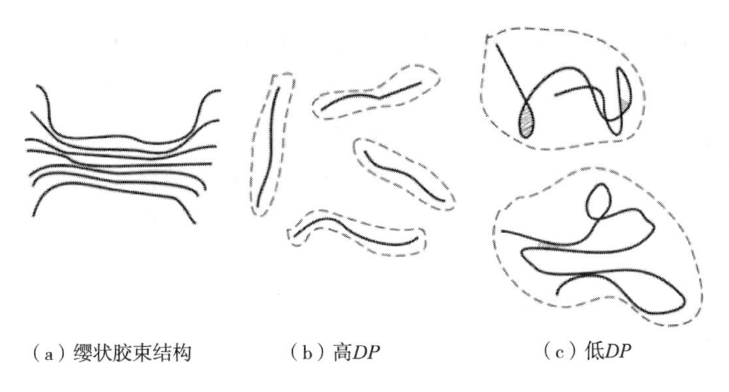

（a）缨状胶束结构 （b）高*DP* （c）低*DP*

图3.28 溶液中纤维素结构示意图

分散。非纤维素材料可能导致进一步聚集。发现硬木牛皮纸浆在这种溶剂中完全可溶，但由于软木牛皮纸浆含有相对高含量的甘露聚糖、木质素和含氮化合物（来自蛋白质降解），不能完全溶解在其中[288]。因此，丝光化促进溶解的原因之一是碱性介质中除去非纤维素材料改变了溶液中纤维素的物理状态。除光散射外，不同纤维素的DMAc/LiCl溶液的SEC实验表明存在大的聚集体[288,294-296]。尽管研究的聚合物浓度［0.4%（质量分数）］小于酯合成中常用的浓度，溶剂1,3-二甲基-2-咪唑烷酮/LiCl溶解纤维素优于DMAc/LiCl[297]。

介质中外来水的存在很关键，因为电解质的效率取决于其水合状态，水合作用是强吸湿性的结果。TBAF具有很强的吸湿性，吸收远超过三水合物的水[298]，LiCl形成稳定的$LiCl \cdot 2H_2O$水合物[299]。分析水对纤维素/DMAc/LiCl的影响表明，H_2O/LiCl摩尔比必须小于2，否则纤维素不能完全溶解[300]。通过^1H和^{19}F-NMR化学位移和线宽研究了水对纤维素/TBAF/DMSO的影响。F^-与纤维素和水强烈相互作用，后者的加入有效地与TBAF竞争，降低了纤维素的溶解度，导致聚合物的相分离（凝胶化），最终形成凝胶，如图3.29所示[279]。因此，合成$R_4NF \cdot H_2O$是有益的，不仅因为一些不可商购（BMAF），而且可以控制强电解质/偶极非质子溶剂溶液的水含量[301]。

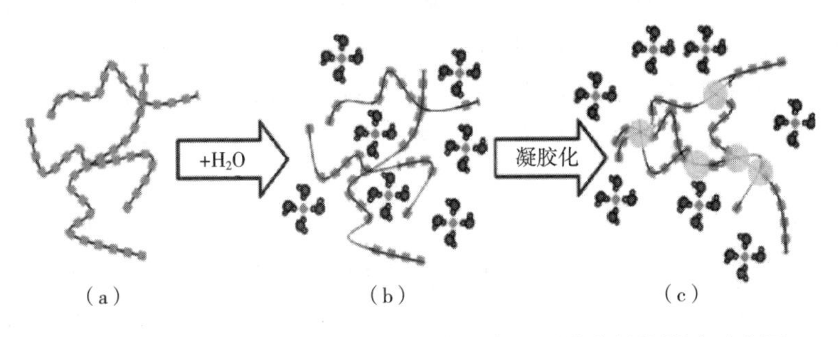

（a） （b） （c）

图3.29 水对溶解在TBAF/DMSO溶液中的纤维素链的影响示意图

从热力学角度来看，纤维素溶解要求该过程自由能是负的，即 $\Delta G_{分解}<0$。这种条件可以通过小的或负的焓变 $\Delta H_{分解}$ 和正熵变 $\Delta S_{分解}$ 的组合来实现，或两者兼而有之[273]。在操作上，纤维素溶解在任何溶剂中所需的基本因素包括：第一，电解质/溶剂复合物的足够稳定性；第二，溶剂化离子对纤维素氢键的协同作用；第三，阴离子的足够碱度（硬度或电荷密度）；第四，足够体积的电解质/溶剂复合物[273,302]。

强电解质/偶极非质子溶剂复合物的足够稳定性是重要的，因为极其稳定或不稳定的复合物不溶解纤维素[277]，例如，较强的 DMAc/LiCl 络合物比较弱的 DMAc/LiBr 和 DMF/LiCl 络合物更有效[303-304]。另外，TMAF 的离子结合非常强烈，不溶于 DMSO，通常不会溶解纤维素或多元醇[280]。溶剂化离子对与氢键发生协同作用，例如，Li^+和 Cl^-分别与纤维素 OH 基团的氧原子和氢原子键合[266,303]。第一和第三点因素确保 $\Delta H_{分解}$ 为负，而第二和第四点因素确保 $\Delta S_{分解}$ 为正。如上所述，由于纤维素链上缩合的阴离子产生静电排斥，有助于纤维素溶解的稳定性。对于 $R_4NF \cdot H_2O$/偶极非质子溶剂，与强碱性和体积小 F^- 相比，阳离子体积较大，与 AGU 羟基相互作用小得多。

总之，包括高 *DP* 和高结晶度的细菌纤维素的纤维素样品可以直接溶解，或者在强电解质/偶极非质子溶剂中活化后溶解；溶解的容易程度取决于电解质/偶极非质子溶剂对、纤维素的结构特征、温度和溶解时间（低温下长达 1 周）[255,288]。一些活化过程可能导致纤维素降解。应尽量减少和控制外来水的存在。由于水相对分子质量仅为 AGU 的 11%，即使少量的水（源自纤维素、电解质或偶极非质子溶剂）也可能损害电解质的效率而对酯化反应结果产生不利影响。特别是由于阴离子水合作用、酰化试剂的水解、参与副反应（参见上文，DMAc）以及由于促进聚集体形成而降低纤维素的可及性。

最近已经证明，具有一个长烷基链的季四烷基氯化铵在各种有机溶剂中的溶液构成了一类新的纤维素溶剂。与公认的溶剂 DMAc/LiCl 相反，纤维素在没有任何预处理的情况下溶解在 DMAc/季铵氯化物中[305]。令人惊讶的是，含四烷基氯化铵的丙酮也是纤维素的有效溶剂。加入摩尔分数为 10%（基于丙酮）的可溶性盐三乙基辛基氯化铵可调节溶剂的性质（增加极性）以促进纤维素溶解。值得注意的是，与非质子溶液相比，丙酮/$Et_3OctNCl$ 纤维素溶液，黏度最低，成为纤维素成型和有前途的均相化学改性的溶液体系[306]。预计将根据这一概念设计出更多的纤维素溶剂。

· 无机盐水合物熔体

无机熔盐水合物或这些化合物的混合物作为纤维素的溶剂受到关注。在 120~140℃的温度内，纤维素在 $Ca(SCN)_2 \cdot 3H_2O$ 中 40min 内发生溶解[307]。报道了纤维素骨架的 O-6 和 O-5 处与 Ca^{2+} 的配位[308-310]。以下顺序列出溶解纤维素的熔融盐水合物的实例：纯盐水合物熔体或混合物。

$ZnCl_2$×（3~4）H_2O；[$LiClO_4 \cdot 3H_2O$ + ≤25%（质量分数）$Mg(ClO_4)_2/H_2O$]

$LiClO_4 \cdot 3H_2O$；[$LiClO_4 \cdot 3H_2O$ + ≤ 10%（质量分数）$NaClO_4/H_2O$]

$FeCl_3$×$6H_2O$；（$LiClO_4 \cdot 3H_2O$ + $MgCl_2 \cdot 6H_2O$）

[NaSCN/KSCN（共晶）+ $LiSCN \cdot 2H_2O$]

$LiCl_2$ 或 $ZnCl_2/H_2O$

$LiClO_4 \cdot 3H_2O$ 是非常有效的，几分钟内形成透明的纤维素溶液。此外，$LiClO_4 \cdot 3H_2O$ 与 $Mg(ClO_4)_2 \cdot H_2O$ 的混合物或 NaSCN/KSCN/H_2O 与不同量的 $LiSCN \cdot 2H_2O$ 的低共熔混合物溶解纤维素。对 $LiI \cdot 2H_2O$，溶解是基于由软极化阴离子和小极化阳离子组成的盐组合物来解释的。在这方面，令人惊讶的是 $LiClO_4 \cdot 3H_2O$ 的结果最好。如 X 射线散射所揭示的，原因是纤维素与水合 Li^+ 的强相互作用和熔融 $LiClO_4 \cdot 3H_2O$ 的结构。可以从这些系统中获得 NMR 光谱并再生获得纤维素Ⅱ[311-313]。

· 离子液体 IL

目前的惯例是将熔化温度低于 100℃的电解质称为离子液体。因此首字母缩写词 RTIL（室温离子液体）不是必要的。IL 又称为离子流体、熔盐或近代溶剂。这些电解质的吉布斯自由能是负的，以液体形式存在。即由于离子的大尺寸和构象灵活性，晶格焓小和熵变大，在热力学上有利于形成液态[314]。图 3.30 是溶解纤维素的 IL 的阴/阳离子的结构[315-320]。用 Me、Et、Pr、Bu、Al、Hx、Oc、Ac、Py 和 Im 分别表示甲基、乙基、1-丙基、1-丁基、烯丙基、1-己基、1-辛基、乙酸根、吡啶和咪唑。除非另有说明，烷基是 1-烷基；阳离子和阴离子的首字母缩写彼此相邻，没有显示相应的电荷。除非另有说明，否则取代发生在咪唑的两个氮原子上，即 1,3-取代。因此，Me_2ImCl、$BuMeImBF_4$、Bu-2,3-Me_2ImCl 和 BuPyAc 分别指 1,3-二甲基咪唑鎓氯化物，1-（1-丁基）-3-甲基咪唑四氟硼酸盐，1-（1-丁基）-2,3-二甲基咪唑鎓氯化物和 *N*-（1-丁基）吡啶乙酸盐。

大多数基于咪唑的 IL 是通过 1-甲基咪唑和烷基卤化物、硫酸二烷基酯或甲磺酸烷基酯的 S_N（Mentsutkin）反应直接合成的，以产生分别具有卤化物、硫酸烷基酯或甲烷磺酸盐为反离子的 IL，被称为“第一代”IL。有两种替代方法可将第一代 IL 转化为含有较大阴离子的“第二代”IL，如 BF^{4-}、PF^{6-}、$C_6H_5CO^{2-}$ 和 $(F_3CSO_2)_2N^-$，第二代 IL 有低熔点、不同的溶解度和低黏度等特点。反离子的复分解可以在单相或双相系统（Finkelstein 反应）中进行，或通过离子交换进行，通常使用 OH 形式的大孔树脂，然后用酸中和（图 3.31）[316]。或者，在电解质（例如 KBF_4）存在下，杂环碱（咪唑、吡啶、*N*-甲基吡咯）与烷基卤直接反应合成第二代 IL。超声和微波的结合有助于反应；1-甲基咪唑产率为 65%~98%，取决于反离子[321]。取决于合成方法，杂质包括水、过量的叔胺、过量的烷基卤化物、硫酸

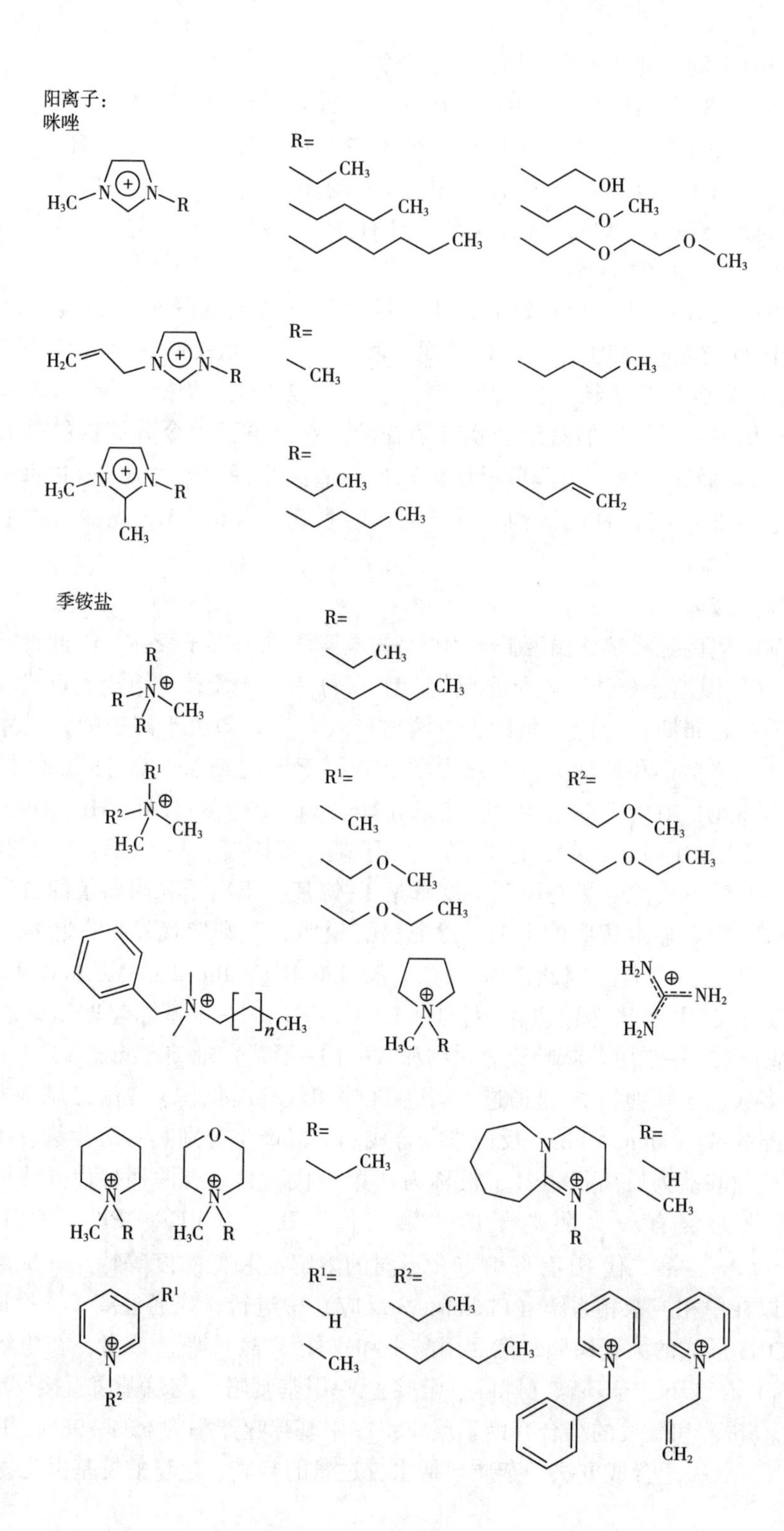
阳离子：
咪唑
R=
H_3C
N
N
R
CH_3
OH
O
H_2C
H_2
季铵盐
R^1=
R^2=
H_2N
NH_2
n
H

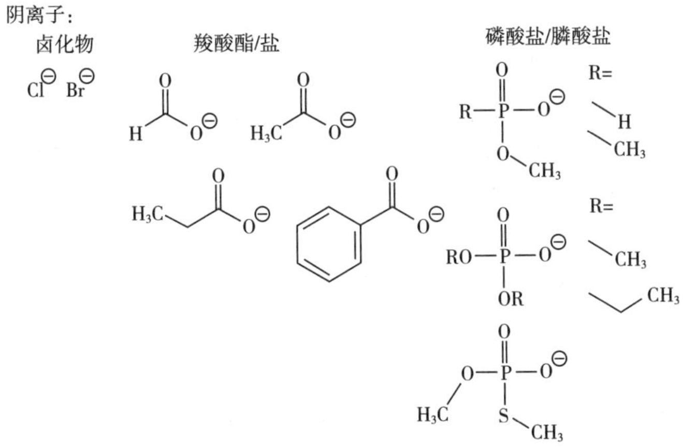

阴离子：
卤化物
羧酸酯/盐
磷酸盐/膦酸盐

图 3.30　溶解纤维素的 IL 的阴/阳离子结构[315]

盐或磺酸盐，并且在复分解后，还有残留的卤化物、RSO_3^- 或 RSO_4。IL 有极低的蒸气压，不能通过纯化有机化合物的技术——分馏纯化，而是通过溶剂萃取或色谱法纯化。

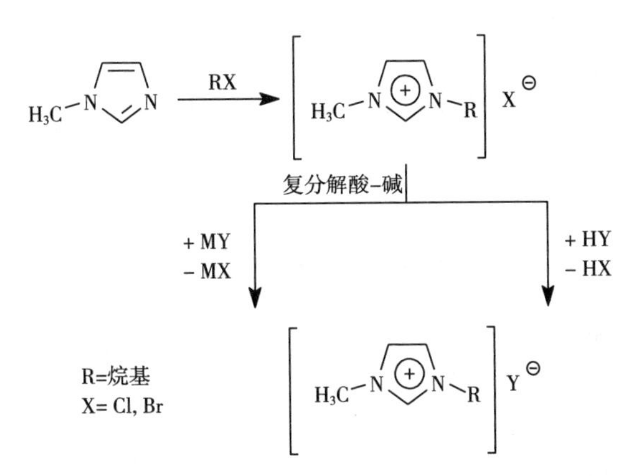

图 3.31　1-甲基咪唑与烷基卤化物 RX 的 S_N 反应合成第一代 IL 的路线和无机化合物（MY）的复分解，或用酸 HY 与 RMeImX 反应合成第二代 IL 的示意图[318]

纤维素化学中使用的 IL 纯度很重要。因为 IL 的纯化很费力，所以最好使用纯度为 95%～98%的商业品。然而，不纯的 IL 可能导致若干实际问题，包括对其应用重要的相互矛盾的物理化学性质。关于熔点的公开数据如下：$EtMeImBF_4$，5.8℃[322]；11℃[323]；12.0～12.5℃[324]；6℃[325] 和 15℃[326]。AlMeImCl，17℃[327]；52～53℃[328]。以 mPa · s 为单位的黏度：$EtMeImBF_4$ 为 37 和 66.5；$OcMeImPF_6$ 为

691 和 866；$BuMeImNO_3$ 为 67 和 222.7；$OcMeImNO_3$[329-332] 为 1238 和 8465。热稳定性参见文献［333］。

水（典型的、难以去除的杂质）的存在与纤维素在 IL 中的溶解度及其后续反应有关。尽管在 BuMeImCl 中可以容易地制备 3%～10%（质量分数）的纤维素溶液，但 1%的水存在下纤维素是不溶的[334]。这种不利影响可以追溯到在水存在下溶剂质量的恶化和水导致纤维素聚集的增加。因此，类似于强电解质/偶极非质子溶剂中的纤维素溶液，纤维素在 IL 中自动聚集，如 SLS、DLS 和 SANS 数据所示[335-336]，甚至已知是聚合物有效溶剂的离子液体，如 BuMeImCl 和 EtMeImAc 中也出现此情况。在后一种 IL 中，纤维素（*DP*=494）形成 21 聚体。如图 3.32（a）所示，聚集数和 R_h 是纤维素浓度的函数。水显著增加了 R_h 的值，约 7%（质量分数）水的存在下，R_h 从约 150nm 增加至 550nm，如图 3.32（b）曲线 1 所示[336]。

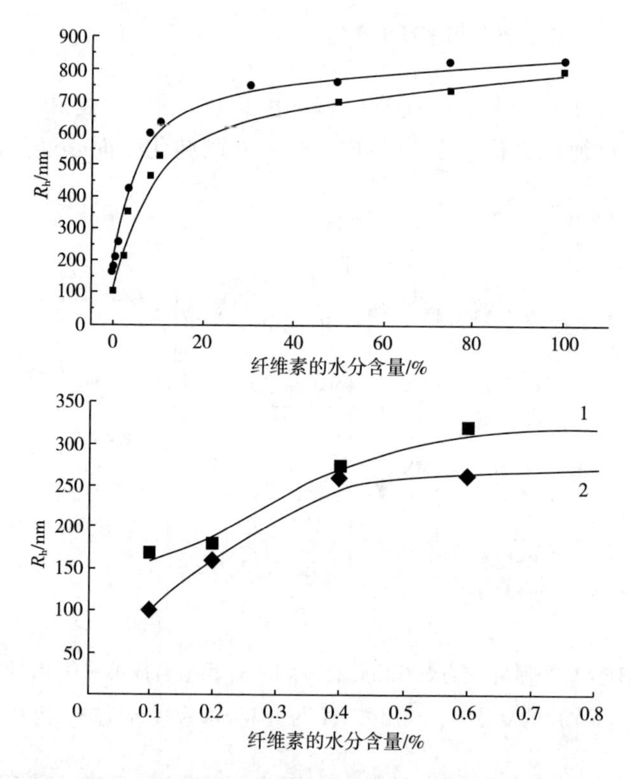

图 3.32 不加水（上）和加水（下）时，纤维素（*DP*=494）在 EtMeImAc（1）和 BuMeImCl（2）溶液中的 SLS 结果（流体动力学半径）

水/IL 混合物中纤维素自发（无添加酸）转化为糖的产率取决于 IL 的纯度。残留的碱性杂质会增加介质的 pH 值，从而降低产率[337]。不完全的离子交换也存在问题，如通过复分解从相应的氯化物合成 HxMeImN（TFMS)$_2$。当阴离子交换的效率从 100%降至 95%时，HxMeImN（TFMS)$_2$ 中典型的碳水化合物反应，环己基甲醇的糖基化的产率从 90%降至 6%；当离子交换为 90%时，不发生反应[338]。另外，最初的碱性杂质和热介导的副反应产生的杂质催化 IL—纤维素发生副反应，如将 IL 阳离子添加到糖或纤维素的还原端（图 3.33～图 3.35)[339]。

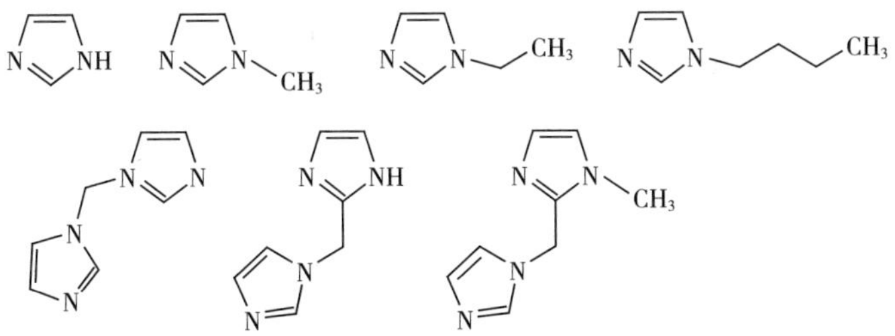

图 3.33　惰性气氛下，200℃加热 IL（3-R-1-MeImX，R=乙基或丁基，X=Cl 或 CH_3CO_2—）24h 后热降解产物[339]

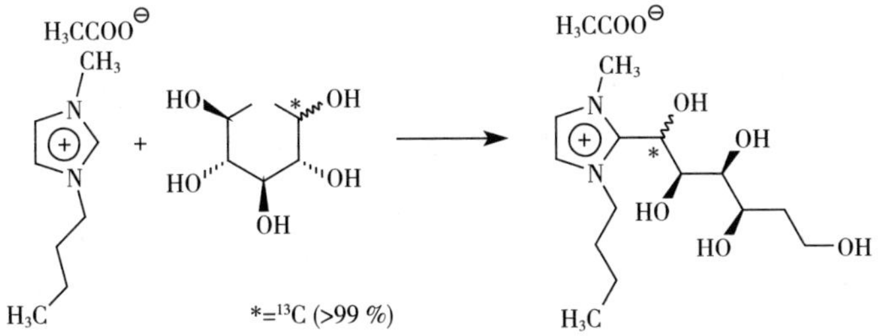

图 3.34　BuMeImAc 与富含^{13}C 的葡萄糖反应导致阳离子与糖的醛基缩合

因此，为获得可重复的纤维素溶解/衍生化结果推荐使用高纯度 IL。可以使用商业 IL，但不能忽视存在的杂质的潜在影响。文献中的一些数据较旧，IL 纯度的影响未得到充分认识，应重新进行评估[340]。

离子液体用于纤维素溶解、再生或衍生化引起了极大的兴趣，因为离子液体破坏了纤维素中的强氢键，使其快速溶解，不需要额外的电解质。然而，最重要的是 IL 的结构多功能性。这意味着与纤维素加工和转化相关的物理化学性质（黏度、与分子溶剂的混溶性等）的范围比分子溶剂宽得多。在最初验证其作为纤维素和其他碳水化合物的溶剂的效率之后，重点已经转移到研究 IL 的分子结构与其溶解纤维素的效率之间的关系以及寻找新的、更方便的 IL。

IL 的结构和溶解纤维素的效率之间的关系影响纤维素的可及度。该结论基于以下事实：IL 的阴离子和阳离子与纤维素相互作用[341]，由于纤维素链分离（熵效

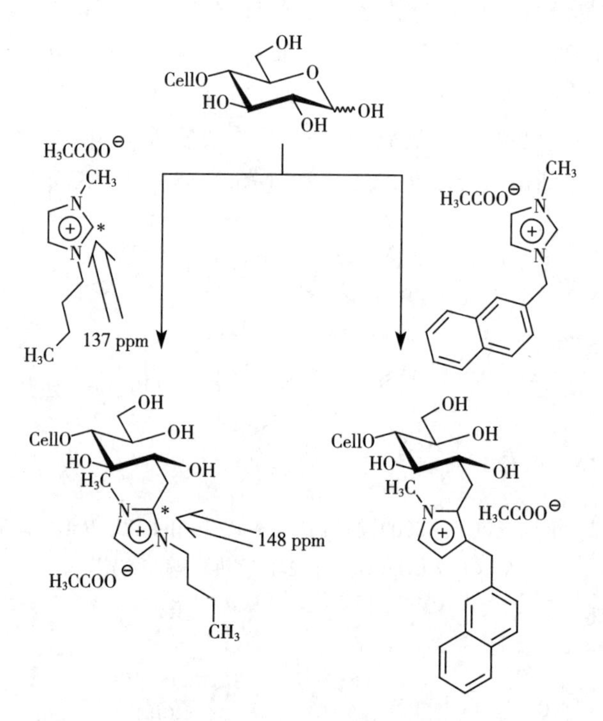

图 3.35 富含^{13}C 的 BuMeImAc 与纤维素（Cell）的反应，IL 阳离子与纤维素还原端缩合

应）使其反应性增强、使 AGU 的 OH 基团的亲核性增加（焓效应）。选择 IL 的系统方法是寻找具有适当物理化学性质的 IL，特别是低熔点和低黏度。收集了 588 个 IL 的物理化学数据（T_g、T_m、T_{Decomp}、密度、黏度、表面张力和极性）。这些数据中，纤维素化学相关的几种性质与 IL 结构的关系变得明显，如图 3.36 所示[342]。

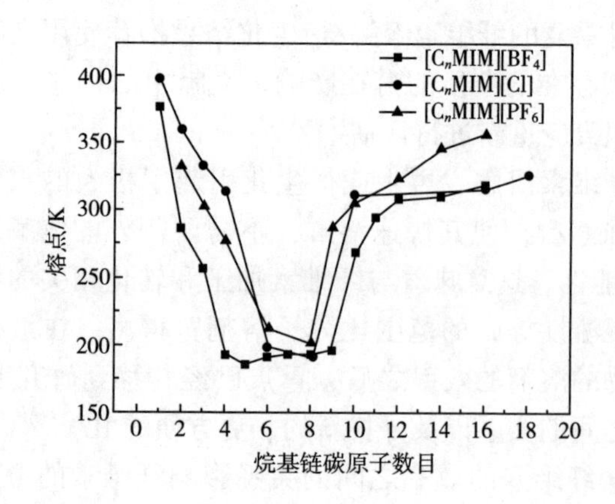

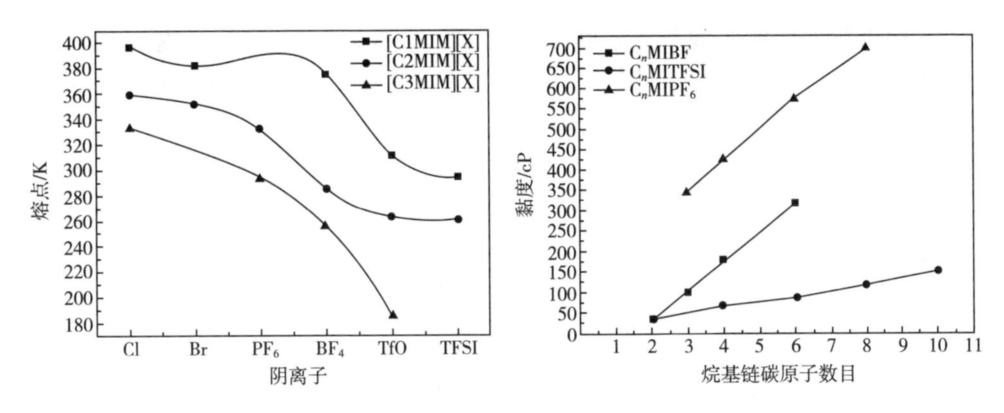

图3.36 离子液体熔点、密度和黏度与其分子结构的关系[342]

根据这些数据，可以确定适合与纤维素共同使用的IL结构。第二步是确定不同纤维素在所选IL中的溶解度，见表3.5[343]。使用平面偏振光显微镜可以目视或更好地判断纤维素溶解性。

表3.5 纤维素在离子液体中的溶解性

离子液体	溶解性
1-丁基-3-甲基咪唑氯化物	溶解[a]
1-烯丙基-3-甲基咪唑氯化物	溶解
1-烯丙基-3-丁基咪唑氯化物	溶解
1,3-二烯丙基咪唑氯化物	溶解
1-丁基-2,3-二甲基咪唑氯化物	缓慢溶解
1-烯丙基-3-丙炔基咪唑氯化物	缓慢溶解
1-丁基-2,3-二甲基咪唑硫氰酸盐	不溶解
1-丁基-3-甲基咪唑鎓糖精酸盐	不溶解
1-丁基-3-甲基咪唑甲苯磺酸盐	不溶解
1-丁基-3-甲基咪唑硫酸氢铵	不溶解
1-烯丙基-3-甲基咪唑二氰基酰胺	不溶解
1-烯丙基-3-丁基咪唑二氰基酰胺	不溶解
1-烯氧基-3-甲基咪唑二氰酰胺	不溶解
1-烯氧基-3-甲基咪唑氯化物	不溶解

a. 如果在给定溶剂中纤维素浓度达到3%，则认为纤维素是可溶的。

了解为什么有些IL是纤维素的有效溶剂，而有些则不能溶解纤维素，需要深入了解IL中阴离子和阳离子的作用。如图3.37所示，BuMeImCl和BuMeImAc，阳离子和阴离子都参与其中。咪唑氯化物的不同烷基侧链长存在奇—偶效应，溴化物不存在此效应[344]。此外，1-乙基-3-甲基咪唑二乙基磷酸酯对纤维素展现出最佳的溶解能力。

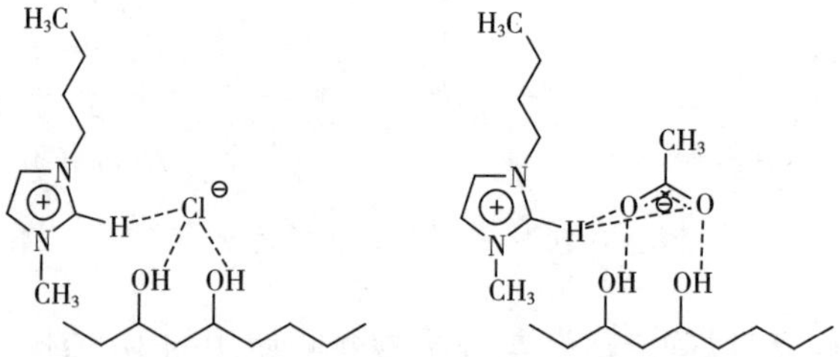

图3.37　纤维素与BuMeImX阳离子和阴离子缔合的示意图（X=氯化物或乙酸盐）

一个有趣的特征是阴离子与AGU的两个羟基同时结合，这解释了IL对氢键的破坏效率。如图3.38所示，AlMeImCl/DMAc中葡萄糖十二聚体（低聚物）的溶解与分子动力学模拟一致。因此，阳离子的结构和阴离子的碱性是纤维素溶解的决定因素，小体积阳离子和碱性阴离子的IL是有效的。

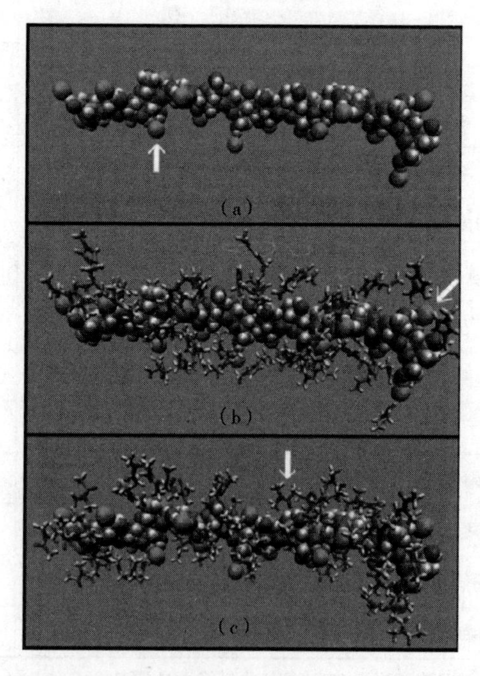

图3.38　纤维素低聚物及其第一个溶剂化壳（0.47nm）MD模拟快照

图3.37和图3.38与NMR光谱的结果一致。图3.38（a）为低聚物加Cl^-。箭头表示该阴离子同时与AGU的两个OH基团形成氢键。（b）为低聚物加Cl^-和Im^{z+}。箭头表示两个Im^{z+}的氢通过C2–H键合到单个Cl^-上。（c）为低聚物加Cl^-和DMAc。箭头表示DMAc的C═O与AGU的OH之间的氢键[345]。记录溶解在BuMeImCl中的纤维素的^{13}C-NMR信号，并将光谱与DMSO/TBAF中相同纤维素的光谱进行比较。AGU碳原子的化学位移的相似性表明IL是纤维素的非衍生溶剂[346]。NMR光谱法已应用于纤维素溶液（DP=400~1000），以及D_2O中和含有DMSO-d_6的BuMeImCl（以降低溶液黏度）的纤维二糖、纤维三糖和纤维六糖（碳水化合物是可溶的）等低聚物。光谱表明纤维素低聚物在IL-DMSO溶液中是无序的。尽管两种介质差异相当大，但结果与相应水溶液的结果相似[347]。确定BuMeImCl的NMR（T_1）和（T_2）弛豫时间，包括阳离子（^{13}C）和阴离子（$^{35/37}Cl$），是纤维二糖（纤维素模型）、葡萄糖和五乙酸葡萄糖浓度的函数，其中后者所有OH乙酰化而缺乏氢键供体。升高温度（从40~90℃）对纯IL的两个核（^{13}C和$^{35/37}Cl$）的T_1和T_2的影响表明离子对相互作用像预期那样弱化。对作为纤维二糖浓度增加函数的弛豫时间的研究表明，与阴离子的相互作用非常强。研究松弛时间对葡萄糖和五乙酸葡萄糖浓度的依赖证实，这些相互作用是由于Cl^-与糖的OH基团的氢键。前者与阴离子强烈相互作用，后者对^{35}Cl的弛豫速率几乎没有影响。一个IL分子/糖OH基团的对应关系如下，纤维二糖和葡萄糖的相互作用的化学计量数分别为7.8和4.9[348]。

原则上，IL结构的影响可以通过式（3.2）的自由能关系来解释：

$$\text{溶剂依赖现象} = a\text{SA} + b\text{SB} + d\text{SD} + p\text{SP} \tag{3.2}$$

其中感兴趣的现象是纤维素溶解。S表示溶剂，SA、SB、SD和SP分别指路易斯酸性、路易斯碱性、偶极性和极化性。如图3.39所示，该方法早期应用于大分子溶解[349]。

正如以前讨论的，由于纤维素的有效溶胀和分子间/分子内氢键的破坏的共同作用，纤维素溶解在强电解质/偶极非质子溶剂中。因此，由于溶剂性质和IL-纤维素特异性相互作用的综合作用，IL有效地溶解纤维素不足为奇。关于第一个准则，由溶剂变色探针测量的IL的总极性与偶极非质子溶剂处于同一范围内，其中溶剂经验极性根据（任意）从0（四甲基硅烷，TMS）到1（水，图3.40）的缩小尺度定义。

根据式（3.2），用经验溶剂极性代替左侧，那些相对碱性和强偶极的离子液体应该是纤维素的有效溶剂。碱性敏感地依赖于反离子，对HeMeImX，$Cl^- > Br^- > MeSO_4^- > BF_4^- > PF_6^-$[351]。该碱度/偶极性组合如图3.41所示。编号10的IL BuMeImCl广泛用于溶解纤维素，在测试的17种IL中具有最大的碱度和偶极/极化率[349]。应注意，由于咪唑环的C2–H相对酸性，ILs显示出一些酸性特征[352]。

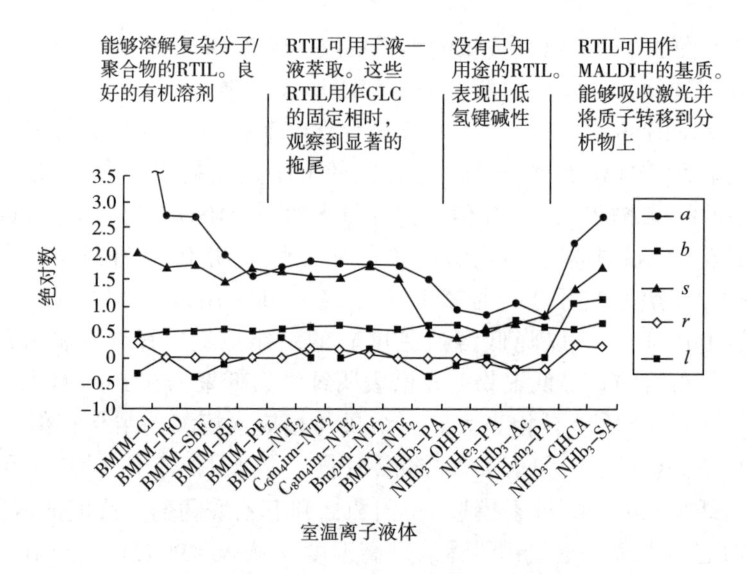

图 3.39　70℃时每个相互作用参数大小的曲线图

a—氢键碱度　b—氢键酸度　r—非键合和 π 电子相互作用　s—偶极性/极化率　l—色散力[349]

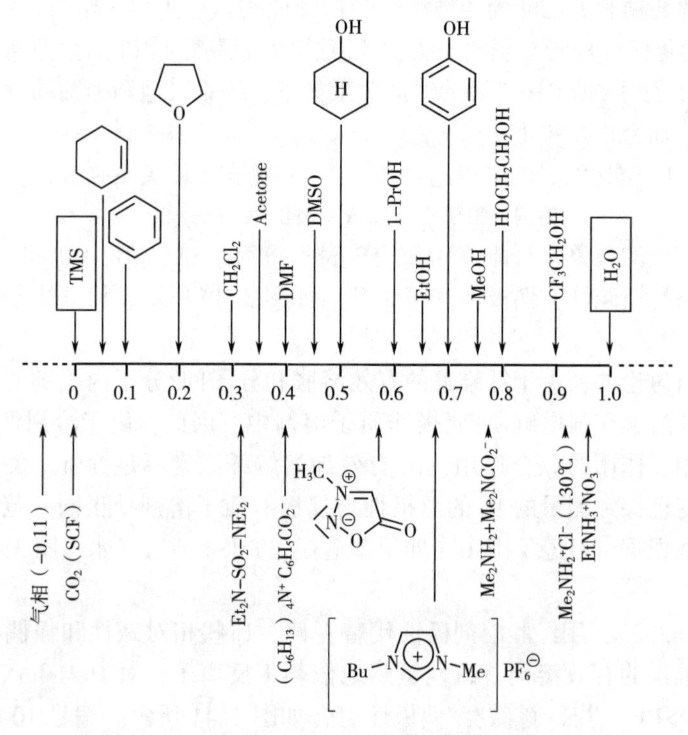

图 3.40　分子溶剂和 IL 的归一化经验溶剂极性[350]

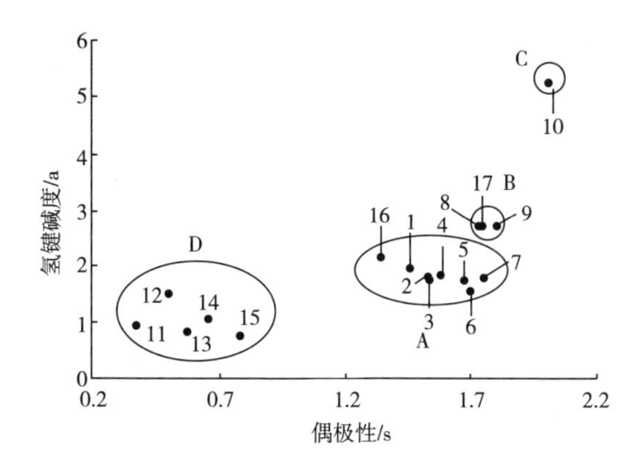

图3.41　由BuMeImX（5）组成的17种IL的碱度和偶极性/极化率间的相关性；其他1,3-dialkylImX（4）；具有不同反离子（X）的alkylammoniumX（8），包括Cl^-、BF_4^-、PF_6^-、羧酸盐等；10号IL是BuMeImCl[349]

上述讨论中的想法已经朝着有效溶解纤维素的离子液体是具有高碱度和低酸度的离子液体的方向进一步发展。图3.42为β-α对β作图。显示纤维素溶解度对纤维素溶剂碱度和酸度的依赖性，包括NMMO、DMAc/LiCl和IL。有大碱度β和小酸度α的溶剂，相对大的β-α对纤维素溶解是有效的[353]。矩形阴影内的化合物是纤维素的有效溶剂[353]。表3.6是代表性纤维素样品在IL中的溶解度[320,354]。

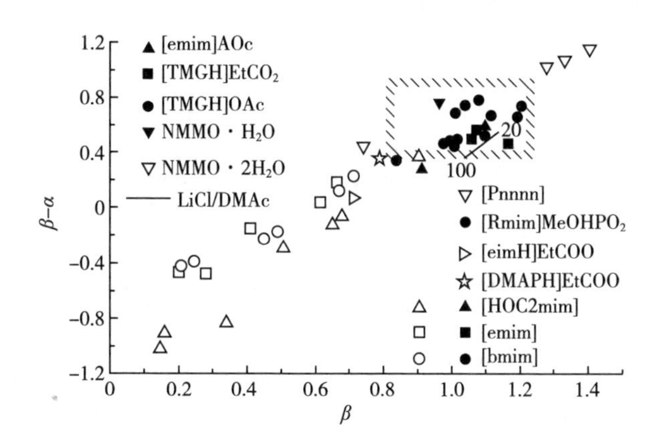

图3.42　纤维素溶解度对纤维素溶剂碱度和酸度的依赖性

表3.6　糖、纤维素、木材和其他碳水化合物在分子溶剂和离子液体中的溶解性

纤维素来源	*DP*	IL	浓度/%（质量分数）	温度/℃
MCC	286	BuMeImCl	18	85
云杉	593	BuMePyCl	13	105

续表

纤维素来源	*DP*	IL	浓度/%（质量分数）	温度/℃
棉短绒	1198	[BMIM]Cl	10	83
挪威云杉	—	[BMIM]Cl	7	130
MCC、云杉、山毛榉、栗树	—	AlMeImCl；BuMeImBr；BuMeImCl	6	90
MCC	220	AMIMCl	14.5	80
溶解浆	1000	BuMeImCl	10	100
		HxMeImCl	5	100
云杉切片	—	EtMeImCl	5	90
黄松	—	EtMeImAc	92.6	110
松树	—	BuMeImCl	67	100
栎树	—	BuMeImCl	56	100

阳离子，特别是咪唑环的相对强酸性 C2-H 的作用[355]，纤维素低聚物（*DP*=6~10）在 EtMeImAc 溶液中的^{13}C-NMR 研究中变得清楚。得出结论，在 AGU 的 C1 和咪唑环的 C2 间形成共价键[356]，如图 3.43 所示。这种共价键的形成可能与乙酸盐介导的咪唑阳离子形成碳烯有关[357]。

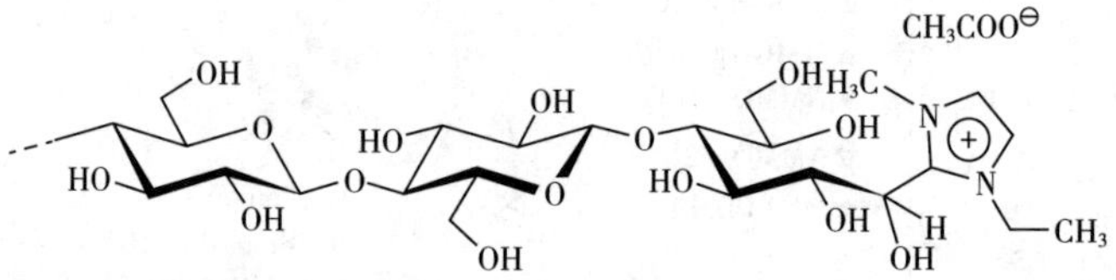

图 3.43　离子液体 EtMelmAc 的阳离子与低聚物还原端基形成的共价键[356]

同时，寻找新的、方便的 IL 作为纤维素、木材和木质纤维素的溶剂仍在继续[358-359]。例如，咪唑类 IL 的中腐蚀性的卤化物阴离子已被羧酸盐、二烷基膦酸盐、二烷基磷酸盐和甲苯磺酸盐取代。1,3-二烷基咪唑鎓离子与纤维素之间的相互作用已通过使用（聚氧）侧链而不是其烷基对应物进行修饰[320]。季铵和季鏻阳离子取代了二烷基咪唑阳离子[305,360-361]，与常规加热（即对流）的反应相比，微波辅助纤维素酯化更快[362-364]。

与用于纤维素的其他非衍生化溶剂一样，纤维素从 IL 溶液中以不同的形式再生。图 3.44（a）为用于从 IL 溶液中再生纤维素纤维的干湿纺丝工艺的示意图，图 3.44（b）为再生纤维素纤维及含有嵌入式多壁碳纳米管的复合纤维[319]。

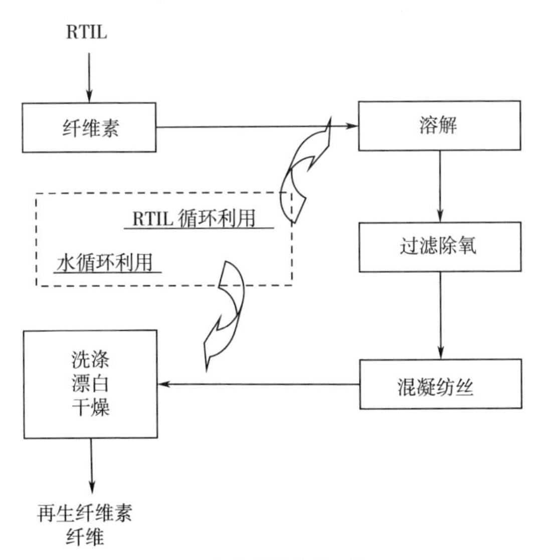

（a）干湿纺丝工艺

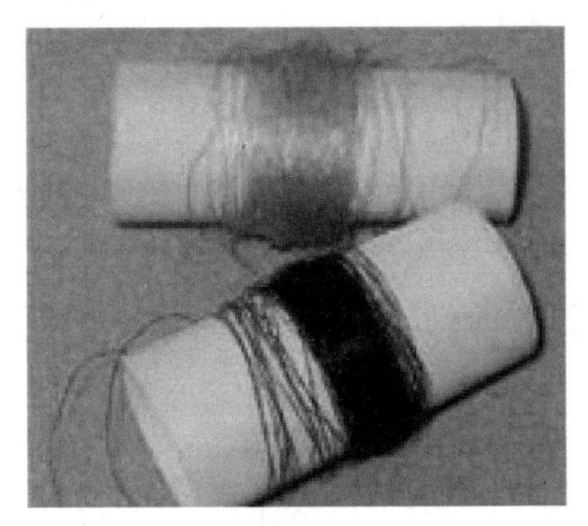

（b）再生纤维素纤维及复合纤维

图 3.44　IL 中再生纤维素纤维的干湿纺丝工艺示意图和 IL 中再生纤维素纤维及复合纤维[319]

这类溶剂的典型结构是叔胺的 *N*-氧化物和 *N*-烷基吡啶卤化物，如图 3.45 所示，其中 NMMO 是最强的溶剂之一。通常，NMMO 一水合物，在约 100℃ 下快速地溶解高聚合度纤维素。^{13}C-NMR 光谱和显微镜表明 NMMO 能够破坏氢键，特别是 O-6 处，因此链聚集体甚至单个链都被充分释放，导致纤维素片的溶解[365]。溶解状态下，纤维素通过离子相互作用叠加的氢键与 NMMO 作用（图 3.46）[366-367]。工业上实现了 Lyocell 工艺，NMMO 因纤维纺丝工艺而在纤维素再生方面获得了极大的关注。

值得一提的是纤维素/NMMO 溶液可以用 DMSO 和 DMF 等有机溶剂稀释至约 1∶1 的比例而纤维素不沉淀[63,368]，可以降低黏度并改善化学改性过程中的混合。

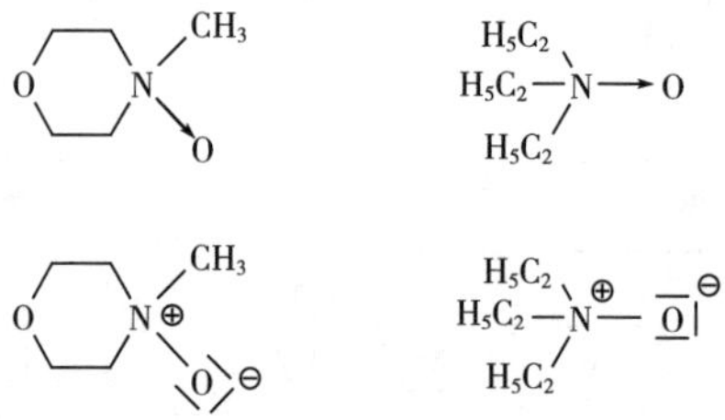

（a）*N*–甲基吗啉–*N*–氧化物　（b）三乙胺–*N*–氧化物

图 3.45　纤维素典型单组分溶剂的结构

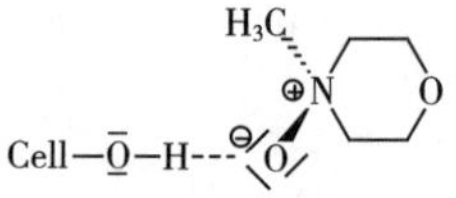

图 3.46　纤维素（Cell）与 NMMO 的相互作用

NMMO 的一个主要缺点是溶剂在高温、水含量低于一水合物以及存在各种化合物（包括重金属离子、聚电解质和木炭）时不稳定[367,369-371]。

· *N*–甲基吗啉–*N*–氧化物

由于 NMMO 在技术应用方面的重要性，有必要详细讨论。NMMO 和纤维素相互作用的强度及溶质—溶剂相互作用的结果（很少相互作用；弱或强溶胀；溶解）取决于三元体系（氧化胺/水/生物聚合物）中的水含量。已经研究了二元体系（NMMO+水）［图 3.47（a），S_1、S_2 和 S_3 分别指固体 NMMO 和其两种水合物］和三元体系（NMMO+水+纤维素）的熔点和组成图［图 3.47（b）］。低含水量和高温下，纤维快速溶解而没有任何预溶胀。NMMO 中水含量为 17%～20%（质量分数），温度为 60～70℃时，纤维溶胀但不溶解。在更高的含水量，任何温度下都没有检测到相互作用[372]。

已经构建了 NMMO/水/纤维素系统（*DP*=96、169、228 和 536）的详细相图。该实验在 80℃下采用特殊程序完成，以确保黏度升高时溶液的均匀性。达到热平衡后，将溶液离心，以便将高黏度的富含纤维素的凝胶相与纤维素的溶胶相分离。然后测定两相的组成（纤维素、NMMO 和水）。结果表明，加入 NMMO 后，子系统 H_2O/纤维素的两相面积持续减少；NMMO 达到 75%（质量分数）时 *DP*=169 的纤维素样品完全溶解。所有实验结果都可以基于成分相关的二元相互作用参数来很好地建模[373]。

从应用角度来看，最有趣的是纤维素在 NMMO 中的溶胀和溶解取决于纤维的来源。例如，亚麻纤维通过“分解”而溶解成一系列纺锤状碎片，而不会溶胀[374]。棉花和木质纤维素纤维显示出所谓的“气球膨胀”效应，这种效应发生在纤维的某些区域，给人以“气球”生长的印象[64]。这种现象解释为沿纤维横向平

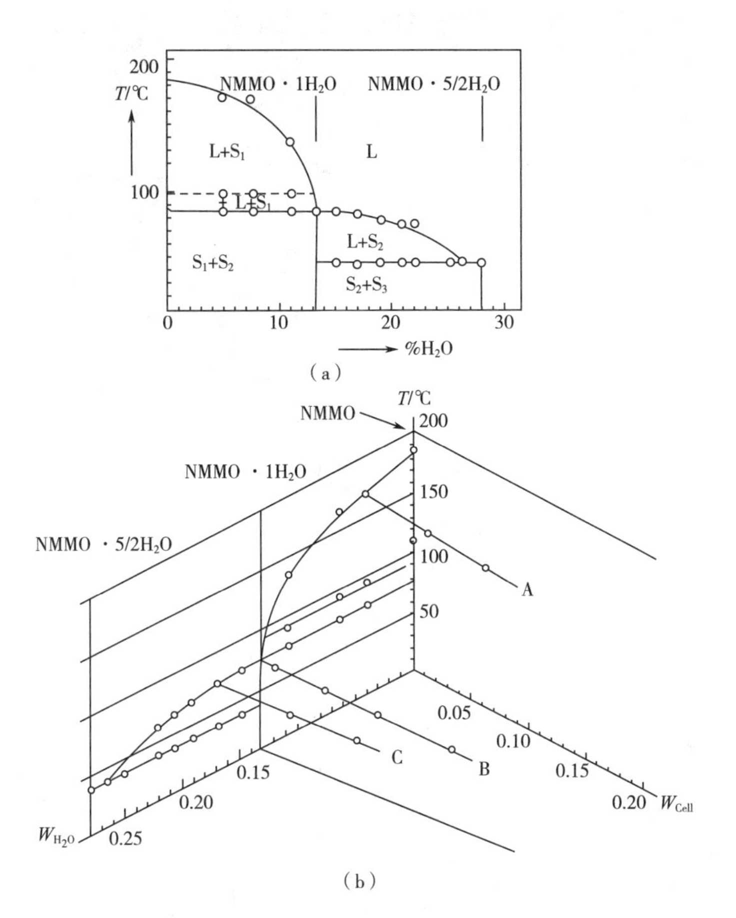

图 3.47　二元体系（NMMO+水）和三元体系（NMMO+水+纤维素）的熔点和组成图

面比其纵向溶胀更多[375]。因此，次生壁纤维素中的径向溶胀导致初生壁破裂。当膨胀的纤维素穿过初生壁中的这些裂口时，后者以套环、环或螺旋的形式向后滚动，限制了纤维的均匀膨胀，形成的结构在显微镜下看起来像气球[376]。

已采用显微镜观察气球的形成并测量尺寸（长度和直径）。当纤维素样品与 NMMO 水溶液接触时，有以下五种模式[64]。

模式一：通过崩解快速溶解成棒状碎片而没有明显溶胀。溶剂效率高时发生，与纤维素相互作用非常强烈，其水含量低，即在 13%（NMMO 一水合物）和 17%（质量分数）之间。参见图 3.48（a）和（b），Valonia 纤维素的溶解。碎裂主要是由于溶剂对非晶区的侵蚀，碎片表面发生溶解。

模式二和模式三：具有共同的特征，即通过气球膨胀溶胀。取决于水含量，这种溶胀导致完全溶解［模式二，水 19%～24%（质量分数）］或仅部分溶解［模式三，水 25%～30%（质量分数）］，如图 3.48（b）所示。

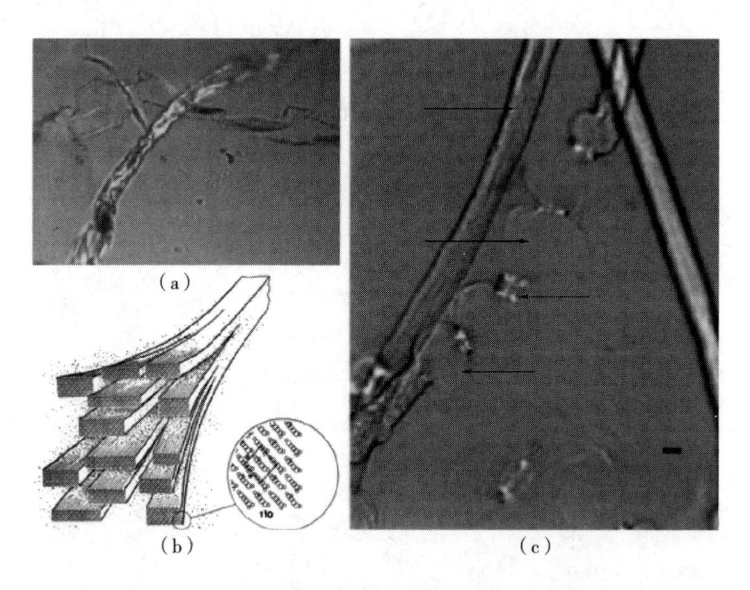

图 3.48 含水量对 Borregard 棉纤维素在 NMMO 中溶胀和溶解的影响（$DP=942$）

（a）含水 17%（质量分数）NMMO 中没有溶胀的棒状碎片的崩解[64]；（b）用相同的方法示意 Valonia 纤维素的溶解[377]；（c）含水 23.5%（质量分数）的 NMMO 中溶胀

模式四：更高的水含量下，纤维仅均匀溶胀而不溶解。

模式五：当加入更多的水时，没有检测到纤维与溶剂的相互作用，这可以通过没有溶胀或溶解来证明，类似于纤维素与非溶剂的接触。有趣的是，NMMO 可作为棉纤维素在 NaOH 溶液中溶解的抑制剂[378]。

溶胀/溶解机理不限于纤维素。几种生物聚合物衍生物（硝酸纤维素、氰乙基纤维素和黄原酸纤维）在 NMMO 水溶液中与棉和木纤维在咪唑基离子液体中显示出相同的模式。观察到气球膨胀的溶胀表明，这种现象与纤维形态有关，纤维形态在衍生化后得以保留[379]。

3.2.2 衍生化溶剂

纤维素可通过形成共价键而溶解。这些衍生化溶剂的实例是（溶剂，形成的纤维素衍生物）：N_2O_4/DMF，亚硝酸酯；HCOOH/H_2SO_4，甲酸酯；F_3CCOOH，三氟乙酸酯；$Cl_2CHCOOH$，二氯乙酸酯；多聚甲醛/DMSO，羟甲基；ClSi（CH_3）$_3$，三甲基甲硅烷基醚。可以从这类溶液中再生具有不同物理化学性质和不同形状的纤维素[380-383]。溶解的纤维素（“第一代”衍生物）可以进一步衍生成几种重要的终产物（“第二代”衍生物）[384-385]，如羧酸酯[386-387]。

相对强的二氯乙酸可用作纤维素的溶剂。因此，该酸和相应的酸酐的混合物与纤维素缓慢反应，生成 *DS* 为 1.6~1.9 的二氯乙酸酯，位置 6 几乎完全功能化。产物可溶于 DMF、DMSO、吡啶和 THF，在高达 280℃时具有热稳定性，但在高于

150℃的温度下不溶[388]。

许多情况下，AGU 的 C6 位优选反应引入增溶取代基。某些条件下（特别是无水有机介质），溶解过程中引入的取代基可在随后的反应中充当保护基团。因此，在水溶液中除去增溶取代基，在后处理程序之后实现了官能化的模式反转。一个例子是硝酸纤维素的形成及其转化为其他衍生物。一方面，可溶性三甲基甲硅烷基纤维素可通过酰化改性，得到具有相反功能化模式（脱硅后）的产物；另一方面，甲硅烷氧基可以作为活化基团，与剩余的 OH 相比具有更高的反应性功能，因此新的取代基仅在甲硅烷氧基所在的位置引入[389]。

图 3.49 是用于纤维素选择性衍生化的衍生化溶剂。关于硝酸纤维素的更多信息见第 4 章。

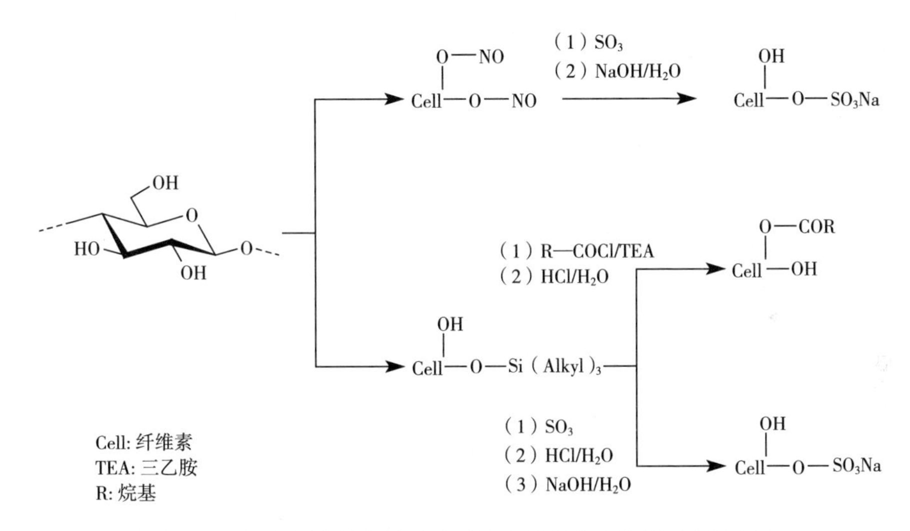

图 3.49 衍生化溶剂中获得的区域选择性取代的纤维素衍生物

3.2.2.1 羟甲基纤维素

多聚甲醛/DMSO 快速溶解纤维素，降解可忽略不计，^{13}C-NMR 研究发现 C6 位形成羟甲基（甲醇）[390-394]。因此，羟甲基残基水解后，容易获得仲碳原子上的纤维素衍生物。此外，可以将新鲜甲醛添加到甲醇基中，从而产生更长的亚甲基氧链。后者可在末端 OH 基团官能化，类似于非离子型环氧乙烷基表面活性剂[395-396]。羟甲基衍生物也可以进一步衍生化，如酯化[397-399]。

3.2.2.2 甲酸纤维素

纤维素甲酸酯是仅将纤维素溶解在甲酸中获得的，或者在无机酸，如硫酸或磷酸作催化剂下更有效地获得的。未催化的反应速率非常慢，需要数小时至数天才能完成，这取决于起始纤维素的 *DP* 和 I_c。磷酸或硫酸存在下可以提高速率（对于桦木纤维素，在 25℃下为 3~18 天）。溶解的甲酸纤维素 *DS* 为 2.5。当 H_3PO_4/

H_2SO_4 混合物存在下反应更快，*DS* 更高，尽管导致降解。

DMF 中 $SOCl_2$ 会产生 Vilsmeier-Haack 加合物［HC（Cl）$=N^+$（CH_3）$_2Cl^-$］。碱存在下，纤维素与该加合物反应形成不稳定的中间体［Cell—O—CH $=N^+$（CH_3）$_2Cl^-$］，中间体水解得到甲酸纤维素[400]。已获得 *DS* 为 1.2~2.5 的产品。基于 ^{13}C-NMR 光谱数据，反应性顺序为 C6>C2>C3。在 100℃下用水加热可以缓慢除去甲酰基，干加热不能完全除去[386]。甲酸纤维素与 SO_3/DMF 反应，转化为硫酸纤维素[387,392-393,401-402]。

3.2.2.3　三氟乙酸纤维素

单独用三氟乙酸或在相应的酸酐存在下处理纤维素形成三氟乙酸纤维素，生物聚合物溶解[403]。反应可在有机溶剂中进行，如氯化溶剂[404]。通过比浊法、光学显微镜和高频电导法研究了 TFA 中加入 H_2SO_4 和 TFAA 中纤维素溶解的速率。动力学受溶剂混合物的电子—受体能力的影响。H_2SO_4 存在下纤维素溶解最大[405]。

高达 250℃时，纤维素三氟乙酸酯是热稳定的，在水中易于水解（几分钟），伯 OH 几乎完全衍生化[387,406-407]。如果溶解过程中不发生严重的聚合物降解，则三氟乙酸纤维素是仲 OH 衍生化的有吸引力的起始材料。另外，它们以相对低的聚合物浓度［4%（质量分数）］形成中间相态，因此可用于再生强力纤维素纤维[404,408]。TFA 可以用作反应介质，例如通过与羧酸酐反应，将高 *DS* 的纤维素三氟乙酸酯（从乙酸酯到癸酸酯）和/或纤维素的混合酯[406]。

3.2.2.4　黏胶

从商业角度看，黏胶法——纤维素在 CS_2/NaOH 中以纤维素黄原酸形式溶解被广泛应用，并且仍然是生产纤维素纤维和其他形状纤维素的最重要的技术方法之一。目前，世界上黏胶年产量为 300 万~400 万吨[162]。

黏胶工艺的第一项专利于 1893 年授予 Cross 和 Bevan[409]。1904 年，德国 Donnersmarck 工厂的科学家开发出一种含有硫酸和盐混合物的纺丝浴，称为 Mueller 纺丝浴[410]。虽然该工艺在过去 100 年中经历了许多改进，但基本的化学反应仍然是相同的。CS_2 和 NaOH 水溶液的组合用于制备碱溶性阴离子纤维素黄原酸（黄原酸酯，图 3.50），其随后在酸性浴中分解，生成再生纤维素。

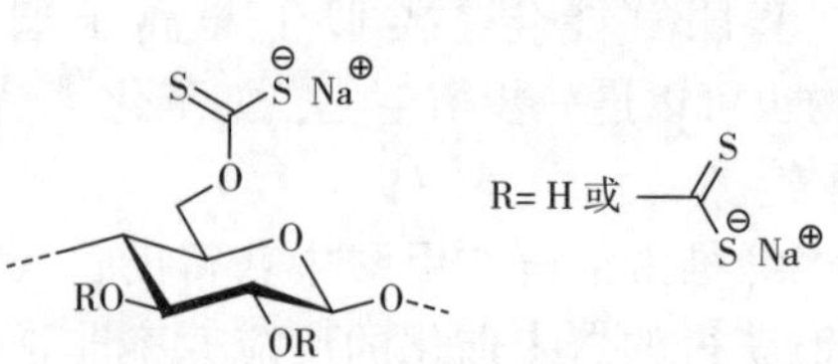

S　$S^{\ominus}$ $Na^{\oplus}$　O　O　RO　OR　O　R= H 或　S　$S^{\ominus}$ $Na^{\oplus}$

图 3.50　黏胶生产过程形成的中间体——纤维素黄原酸酯

纸浆浸泡在 NaOH 水溶液中，纤维素溶胀，形成碱纤维素。按压溶胀的物质以调节碱与纤维素的比例。在与 CS_2 反应之前，控制时间和温度，老化碱纤维素，以调节纤维素的聚合度（$DP=270\sim350$）。出现所谓的熟化现象，即酯交换产生沿聚合物链均匀分布的酯，形成的纤维素黄原酸酯在稀释 NaOH 水溶液中溶解。最后，形成长丝纤维，即黏胶溶液通过喷丝头的小孔（图 3.51）挤出到由 H_2SO_4、Na_2SO_4 和 H_2O 组成的纺丝浴中（图 3.52）。

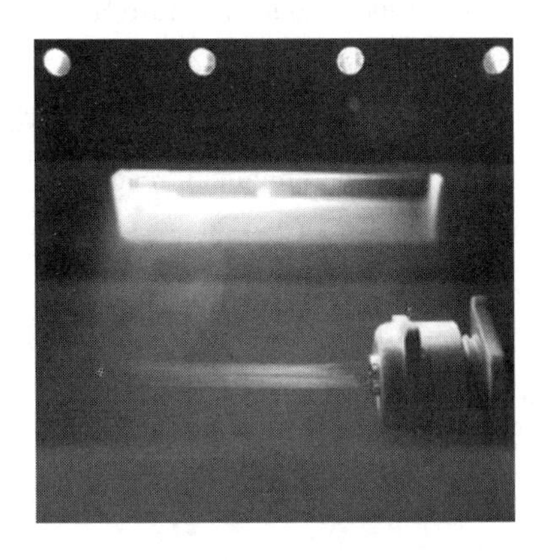

图 3.51　中试设备（带有 120 个孔的喷丝头）挤出黏胶纤维
（由图林根纺织和塑料研究所提供，TITK，德国鲁道尔施塔特）

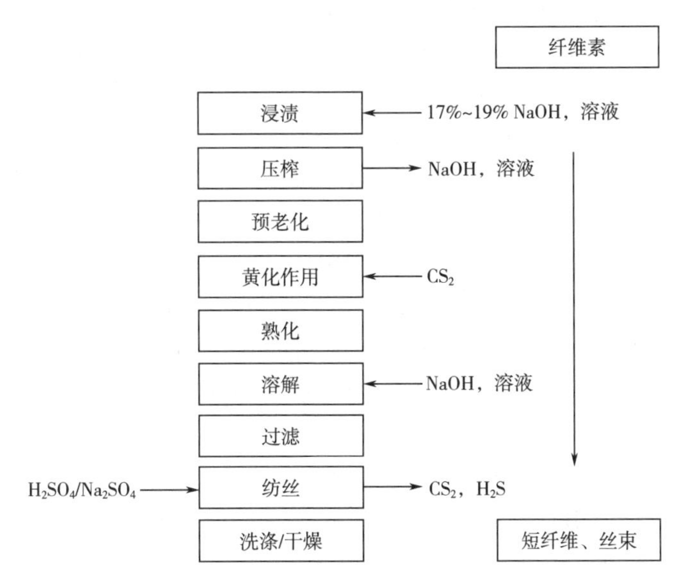

图 3.52　黏胶工艺示意图

在先前加入 $NaHCO_3$ 后，黏胶也可用于将聚合物转化为海绵和腔状形式[411]。黏胶海绵在很大程度上用于清洁，用于化妆品或印刷。此外，它们也适用于组织工程[412]。

参考文献

1. Philipp B (1983) Role of supermolecular structure and morphology in heterogeneous reactions of cellulose. Acta Chim Hung 112:445-459
2. Shimizu Y, Kimura K, Masuda S, Hayashi J (1993) Supermolecular structure of cellulose suggested from the behavior of chemical reactions. In: Kennedy JF, Phillips GO, Williams PA (eds) Cellulosics: Chemical, Biochemical and Material Aspects. Ellis Horwood, Chichester, pp 67-73
3. Yamazaki S, Nakao O (1974) Dissolution of cellulose in organic solvents in the presence of small amounts of amines and sulfur dioxide. Sen'i Gakkaishi 30:T234-T244
4. Kamide K, Okajima K, Matsui T, Kowsaka K (1984) Study on the solubility of cellulose in aqueous alkali solution by deuteration IR and carbon-13 NMR. Polym J 16: 857-866
5. Klemm D, Philipp B, Heinze T, Heinze U, Wagenknecht W (1998) Comprehensive cellulose chemistry, vol 1. Wiley-VCH, Weinheim, p 130
6. Ishii D, Tatsumi D, Matsumoto T (2003) Effect of solvent exchange on the solid structure and dissolution behavior of cellulose. Biomacromol 4:1238-1243
7. Philipp HJ, Nelson ML, Ziifle HM (1947) Crystallinity of cellulose fibers as determined by acid hydrolysis. Text Res J 17:585-596
8. Ishii D, Tatsumi D, Matsumoto T (2008) Effect of solvent exchange on the supramolecular structure, the molecular mobility and the dissolution behavior of cellulose in LiCl/DMAc. Carbohydr Res 343:919-928
9. Sepall O, Mason SG (1961) Hydrogen exchange between cellulose and water. II. Interconversion of accessible and inaccessible regions. Can J Chem 39:1944-1955
10. Ogihara Y, Smith RL Jr, Inomata H, Arai K (2005) Direct observation of cellulose dissolution in subcritical and supercritical water over a wide range of water densities (550-1000 kg/m^3). Cellulose 12:595-606
11. Lowell S, Shields JE (1991) Powder surface area and porosity, 3rd edn. Chapman and Hall, London, p 52
12. Bismarck A, Aranberri-Askargorta I, Springer J, Lampke T, Wielage B, Stamboulis A, Shenderovich I, Limbach HH (2002) Surface characterization of flax, hemp and

cellulose fibers; surface properties and the water uptake behavior. Polym Compos 23: 872-894
13. Jeffries R (1960) The sorption of water by cellulose and eight other textile polymers. I. The sorption of water by celluloses below 100°. J Text Inst 51:T339-T374
14. Jeffries R (1960) Sorption of water by cellulose and eight other textile polymers. Ⅲ. Sorption of water vapor by textile polymers at 120 and 150°. J Text Inst 51: T441-T457
15. Park S, Venditti RA, Jameel H, Pawlak JJ (2006) Hard to remove water in cellulose fibers characterized by high resolution thermogravimetric analysis—methods development. Cellulose 13:23-30
16. Merchant MV (1957) A study of water-swollen cellulose fibers which have been liquid-exchanged and dried from hydrocarbons. Tappi 40:771-781
17. Porter BR, Rollins ML (1972) Changes in porosity of treated lint cotton fibers. I. Puriication and swelling treatments. J Appl Polym Sci 16:217-236
18. Arthur JC Jr (1966) Photooxidation of chemically modiied celluloses and free radical formation. In: Phillips GO (ed) Energy transfer in radiation processes. Elsevier, Amesterdam, pp 29-36
19. Mihranyan A, Llagostera AP, Karmhag R, Stromme M, Ek R (2004) Moisture sorption by cellulose powders of varying crystallinity. Int J Pharm 269:433-442
20. Tanczos I, Borsa J, Sajó I, Lászl6 K, Juhász ZA, Tóth T (2000) Effect of tetramethylam-monium hydroxide on cotton cellulose compared to sodium hydroxide. Macromol Chem Phys 201:2550-2556
21. Strømme M, Mihranyan A, Ek R, Niklasson GA (2003) Fractal dimension of cellulose powders analyzed by multilayer BET adsorption of water and nitrogen. J Phys Chem B 107:14378-14382
22. Kocherbitov V, Ulvenlund S, Kober M, Jarring K, Arnebrant T (2008) Hydration of microcrystalline cellulose and milled cellulose studied by sorption calorimetry. J Phys Chem B 112:3728-3734
23. Adolphs J, Setzer JM (1998) Description of gas adsorption isotherms on porous and dispersed systems with the excess surface work model. J Colloid Interface Sci 207: 349-354
24. Belgacem MN, Blayo A, Gandini A (1996) Surface characterization of polysaccharides, lignins, printing ink pigments, and ink illers by inverse gas chromatography. J Colloid Interface Sci 182:431-436
25. Inglesby MK, Zeronian SH (1996) The accessibility of cellulose as determined by

dye adsorption. Cellulose 3:165–181

26. Inglesby MK, Zeronian SH (2002) Direct dyes as molecular sensors to characterize cellulose substrates. Cellulose 9:19–29
27. Fidale LC, Ruiz N, Heinze T, El Seoud OA (2008) Cellulose swelling by aprotic and protic solvents: what are the similarities and differences? Macromol Chem Phys 209:1240–1254
28. Baird MS, Hamlin JD, O'Sullivan A, Whiting A (2008) An insight into the mechanism of the cellulose dyeing process: molecular modelling and simulations of cellulose and its interactions with water, urea, aromatic azo-dyes andaryl ammonium compounds. Dyes Pigm 76:406–416
29. Hanley SJ, Giasson J, Revol J-F, Gray DG (1992) Atomic force microscopy of cellulose microibrils: comparison with transmission electron microscopy. Polymer 33: 4639–4642
30. Zollinger H (1960) Dyeing mechanisms and molecular shape. Am Dyest Rep 49:29–36
31. Rowland SP (1979) Solid-liquid interactions: inter-and intracrystalline reactions in cellulose ibers. In: Happey F (ed) Applied Fibre Science, vol 2. Academic Press, London, pp 205–237
32. Stone JE, Treiber E, Abrahamson B (1969) Accessibility of regenerated cellulose to solute molecules of a molecular weight of 180 to 2×10^6. Tappi 52:108–110
33. Scallan AM, Carles JE (1972) Correlation of the water retention value with the fiber saturation point. Sven Papperstidn 75:699–703
34. Stone JE, Scallan AM, Donefer E, Ahlgren E (1969) Digestibility as a simple function of a molecule of similar size to a cellulase enzyme. Adv Chem Ser 95:219–241
35. Nyqvist H (1983) Saturated salt solutions for maintaining specified relative humidities. Int J Pharm Technol Prod Manuf 4:47–48
36. ASTM E104—02 (2012) Standard practice for maintaining constant relative humidity by means of aqueous solutions
37. Rahman MS, Matin N, Majid MA, Sheikh MAS (1997) Swelling characteristics of jute iber with water and different organic and inorganic vapors and liquids. Cellul Chem Technol 31:87–92
38. Arlabosse P, Rodier E, Ferrasse JH, Chavez S, Lecomte D (2003) Comparison between static and dynamic methods for sorption isotherm measurements. Drying Technol 21:479–497
39. Kohler R, Alex R, Brielmann R, Ausperger B (2006) A new kinetic model for water

sorption isotherms of cellulosic materials. Macromol Symp 244:89–96

40. El Seoud OA, Fidale LC, Ruiz N, D'Almeida MLO, Frollini E (2008) Cellulose swelling by protic solvents: which properties of the biopolymer and the solvent matter? Cellulose 15:371–392
41. Krässig HA (1993) Cellulose: structure, accessibility and reactivity. Gordon and Breach, Yverdon, p 167
42. O'Sullivan AC (1997) Cellulose: the structure slowly unravels. Cellulose 4:173–207
43. Heux L, Dinand E, Vignon MR (1999) Structural aspects in ultrathin cellulose microibrils followed by 13C CP–MAS NMR. Carbohydr Polym 40:115–124
44. Newman RH (1999) Estimation of the lateral dimensions of cellulose crystallites using carbon–13 NMR signal strengths. Solid State Nucl Magn Reson 15:21–29
45. Zograi G, Kontny MJ, Yang AYS, Brenner GS (1984) Surface area and water vapor sorption of microcrystalline cellulose. Int J Pharm 18:99–116
46. Sepall O, Mason SG (1961) Hydrogen exchange between cellulose and water. I. Measurement of accessibility. Can J Chem 39:1934–1943
47. Jeffries R (1964) The amorphous fraction of cellulose and its relation to moisture sorption. J Appl Polym Sci 8:1213–1220
48. Nishiyama Y, IsogaiA, Okano T, Müller M, Chanzy H (1999) Intracrystalline deuteration of native cellulose. Macromolecules 32:2078–2081
49. Tsuchikawa S, Siesler HW (2003) Near–infrared spectroscopic monitoring of the diffusion process of deuterium–labeled molecules in wood. Part I: Softwood. Appl Spectrosc 57:667–674
50. Wickholm K, Hult E–L, Larsson PT, Iversen T, Lennholm H (2001) Quantification of cellulose forms in complex cellulose materials: a chemometric model. Cellulose 8:139–148
51. Mann J, Marrinan HJ (1956) Reaction between cellulose and heavy water. I. Qualitative study by infrared spectroscopy. Trans Faraday Soc 52:481–487
52. Schwertassek K (1931) Method for determining the degree of mercerization of cotton. Melliand Textilber 12:457–458
53. Bailey AV, Honold E, Skau EL (1958) Topochemical mechanisms involved in the preparation and deacetylation of partially acetylated cottons. Text Res J 28:861–873
54. Hessler LE, Power RE (1954) The use of iodine adsorption as a measure of cellulose fiber crystallinity. Text Res J 24:822–827
55. Nelson ML, MaresT (1965) Accessibility and lateral order distribution of the cellulose in the developing cotton iber1. Text Res J 35:592–603

56. Bréguet A, Chareyron C (1952) Adsorption of iodine from its solutions by viscose rayon. Relation between orientation and crystalline state of the ibers. Meml Serv Chim Etat 37:249-263
57. Tanzawa H (1960) Iodine sorption on cellulose fibers. Sen-I Gakkaishi 16:373-380
58. Doppert HL (1967) Adsorption of iodine from aqueous solutions by samples of tire yarn from regenerated cellulose. J Polym Sci Polym Phys Ed 5:263-270
59. Nelson ML, Rousselle MA, Cangemi SJ, Trouard P (1970) Iodine sorption test. Factors affecting reproducibility and a semimicro adaptation. Text Res J 40:872-880
60. Jeffries R, Jones DM, Roberts JG, Selby K, Simmens SC, Warwicker JO (1969) Current ideas on the structure of cotton. Cellul Chem Technol 3:255-274
61. Röder T, Moosbauer J, Fasching M, Bohn A, Fink H-P, Baldinger T, Sixta H (2006) Crystallinity determination of native cellulose-comparison of analytical methods. Lenzinger Ber 86:85-89
62. Schwabe K, Phillip B (1955) Interaction of cellulose with tetraethylammonium hydroxide. Holzforschung 9:104-109
63. Berger W, Keck M, Kabrelian V, Mun Song U, Phillip B, Zenke I (1989) Solution of cellulose in aprotic mixed solvents. 2. Effect of the physical structure of the cellulose on the dissolution process. Acta Polym 40:351-358
64. Cuissinat C, Navard P (2006) Swelling and dissolution of cellulose part 1: free floating cotton and wood fibers in N-methylmorpholine-N-oxide-water mixtures. Macromol Symp 244:1-18
65. Jayme G, Rothamel L (1948) Development of a standard centrifugal method for determining the swelling values of pulps. Papier (Bingen, Germany) 2:7-18
66. Schleicher H, Philipp B (1980) Effect of activation on the reactivity of cellulose. Papier (Bingen, Germany) 34:550-555
67. McCormick CL, Callais PA, Hutchinson BH (1985) Solution studies of cellulose in lithium chloride and N,N-dimethylacetamide. Macromolecules 18:2394-2401
68. McCormick CL, Callais PA (1986) Derivatization of cellulose in lithium chloride and N, N-dimethylacetamide solutions. Polym Prepr 27:91-92
69. McCormick CL, Callais PA (1987) Derivatization of cellulose in lithium chloride and N, N-dimethylacetamide solutions. Polymer 28:2317-2323
70. Suzuki K, Kurata S, Ikeda I (1992) Homogeneous acetalization of cellulose in lithium chloride and dimethylacetamide. Polym Int 29:1-6
71. Edgar KJ, Arnold KM, Blount WW, Lawniczak JE, Lowman DW (1995) Synthesis and properties of cellulose acetoacetates. Macromolecules 28:4122-4128

72. Staudinger H, Döhle W (1942) Macromolecular compounds. CCCX. Cellulose. 85. Inclusion cellulose. J Prakt Chem (Leipzig, Germany) 161:219–240
73. Staudinger H, Döhle W (1953) The acetylation of inclusion celluloses. Makromol Chem 9:188–189
74. Staudinger H, Eicher T (1953) Macromolecular compounds. CCCLXXXVI. The swelling and inclusion of cellulose with lower fatty acids. Makromol Chem 10: 254–260
75. Buschle–Diller G, Zeronian SH (1992) Enhancing the reactivity and strength of cotton ibers. J Appl Polym Sci 45:967–979
76. ASTM–D3616—95 (2009) Standard test method for rubber–Determination of gel, swelling index, and dilute solution viscosity
77. Mantanis GI, Young RA, Rowell RM (1995) Swelling of compressed cellulose fiber webs in organic liquids. Cellulose 2:1–22
78. Eckelt J, Richardt D, Schuster KC, Wolf BA (2010) Thermodynamic interactions of natural and of man–made cellulose fibers with water. Cellulose 17:1079–1093
79. Philipp B, Schleicher H, Wagenknecht W (1973) The influence of cellulose structure on the swelling of cellulose in organic liquids. J Polym Sci Part C Polym Symp 42:1531–1543
80. Thode EF, Guide RG (1959) A thermodynamic interpretation of the swelling of cellulose in organic liquids: the relations among solubility parameter, swelling, and internal surface. Tappi 42:35–39
81. Ramos LA, Assaf JM, El Seoud OA, Frollini E (2005) Influence of the supra–molecular structure and physico–chemical properties of cellulose on its dissolution in the lithium chloride/N,N–dimethylacetamide solvent system. Biomacromol 6:2638–2647
82. Isogai A, Atalla RH (1998) Dissolution of cellulose in aqueous NaOH solutions. Cellulose 5:309–319
83. Schult T, Hjerde T, Optun OI, Kleppe PJ, Moe S (2002) Characterization of cellulose by SEC–MALLS. Cellulose 9:149–158
84. El Seoud OA, Heinze T (2005) Organic esters of cellulose: new perspectives for old polymers. Adv Polym Sci 186:103–149
85. Koblitz W, Kiessig H (1960) Role of water sorption in the swelling of cellulose ibers. Papier (Bingen, Germany) 14:179–185
86. Stone JE, Scallan AM (1968) Structural model for the cell wall of water–swollen wood pulp fibers based on their accessibility to macromolecules. Cellul Chem Technol 2:343–358

87. Yachi T, Hayashi J, Shimizu Y (1983) Supermolecular structure of cellulose: stepwise decrease in LODP and particle size of cellulose hydrolyzed after chemical treatment. J Appl Polym Sci: Appl Polym Symp 37:325-343
88. Langan P, Nishiyama Y, Chanzy H (2001) X-ray structure of mercerized cellulose II at 1 Å resolution. Biomacromol 2:410-416
89. Davis WE, Barry AJ, Peterson FC, King AJ (1943) X-ray studies of reactions of cellulose in nonaqueous systems. Ⅱ. Interaction of cellulose and primary amines. J Am Chem Soc 65:1294-1299
90. CreelyJJ, Wade RH (1978) Complexes of cellulose with sterically hindered amines. J Polym Sci Polym Lett Ed 16:477-480
91. Barton AFM (1991) Handbook of solubility parameters and other cohesion parameters. CRC Press, Boca Raton
92. Hansen CM, Bjoerkman A (1998) The ultrastructure of wood from a solubility parameter point of view. Holzforschung 52:335-344
93. Hansen CM (2004) 50 Years with solubility parameters-past and future. Prog Org Coat 51:77-84
94. Robertson AA (1970) Interactions of liquids with cellulose. Tappi 53:1331-1339
95. Chitumbo K, Brown W, De Ruvo A (1974) Swelling of cellulosic gels. J Polym Sci Polym Symp 47:261-268
96. Schleicher H (1983) Relation of cellulose swelling to the donor and acceptor numbers of the swelling agent. Acta Polym 34:63-64
97. Mantanis GI, Young RA, Rowell RM (1994) Swelling of wood. Part Ⅰ. Swelling in water. Wood Sci Technol 28:119-134
98. Mantanis GI, Young RA, Rowell RM (1994) Swelling of wood. Part Ⅱ. Swelling in organic liquids. Holzforschung 48:480-490
99. Gutmann V (1978) The donor-acceptor approach to molecular interaction. Plenum Press, New York
100. Hill T, Lewicki P (2006) A comprehensive reference for science, industry and data mining: statics methods and applications. Tulsa, StatSoft
101. Reichardt C (2003) Solvents and solvent effects in organic chemistry, 3rd edn. Wiley-VCH, Weinheim
102. El Seoud OA (2007) Solvation in pure and mixed solvents: some recent developments. Pure Appl Chem 79:1135-1151
103. Martins CT, Lima MS, El Seoud OA (2006) Thermo-solvatochromism of merocyanine polarity indicators in pure and aqueous solvents: relevance of solvent lipophilic-

ity. J Org Chem 71:9068–9079

104. Medronho B, Romano A, Miguel MG, Stigsson L, Lindman B (2012) Rationalizing cellulose (in)solubility: reviewing basic physicochemical aspects and role of hydrophobic interactions. Cellulose 19:581–587
105. Drost–Hansen W (1969) Structure of water near solid interfaces. Ind Eng Chem 61:10–47
106. Hartley ID, Kamke FA, Peemoeller H (1992) Cluster theory for water sorption in wood. Wood Sci Technol 26:83–99
107. Baird MS, O'Sullivan AC, Banks WB (1998) A native cellulose microibril model. Cellulose 5:89–111
108. Despond S, Espuche E, Cartier N, Domard A (2005) Hydration mechanism of polysaccha–rides: a comparative study. J Polym Sci Part B: Polym Phys 43:48–58
109. Humeres E, Mascayano C, Riadi G, Gonzalez–Nilo F (2006) Molecular dynamics simulation of the aqueous solvation shell of cellulose and xanthate ester derivatives. J Phys Org Chem 19:896–901
110. Ono H, Yamada H, Matsuda S, Okajima K, Kawamoto T, Iijima H (1998) Proton–NMR relaxation of water molecules in the aqueous microcrystalline cellulose suspension systems and their viscosity. Cellulose 5:231–247
111. Smirnova LG, Grunin YB, Krasil'nikova SV, Zaverkina MA, Bakieva DR, Smirnov EV (2003) Study of the structure and sorption properties of some types of cellulose. Colloid J 65:778–781
112. Klemm D, Philipp B, Heinze T, Heinze U, Wagenknecht W (1998) Comprehensive cellulose chemistry. Wiley–VCH, Weinheim, p 44
113. Borin IA, Skaf MS (1999) Molecular association between water and dimethyl sulfoxide in solution: a molecular dynamics simulation study. J Chem Phys 110: 6412–6420
114. Mizuno K, Imafuji S, Ochi T, Ohta T, Maeda S (2000) Hydration of the CH groups in dimethyl sulfoxide probed by NMR and IR. J Phys Chem B 104: 11001–11005
115. Shin DN, Wijnen JW, Engberts JBFN, Wakisaka A (2001) On the origin of microhetero–geneity: a mass spectrometric study of dimethyl sulfoxide–water binary mixture. J Phys Chem B 105:6759–6762
116. Rao VSR, Foster JF (1965) Addition complex between carbohydrates and dimethyl sulfoxide as revealed by proton magnetic resonance. J Phys Chem 69:656–658
117. Casu B, Reggiani M, Gallo GG, Vigevani A (1966) Hydrogen bonding and confor-

mation of D-glucose and polyglucoses in dimethyl sulfoxide solution. Tetrahedron 22:3061-3081

118. Basedow AM, Ebert KH, Feigenbutz W (1980) Polymer-solvent interactions: dextrans in water and DMSO. Makromol Chem 181:1071-1080
119. Fernandez-Bertran J, Reguera E, Ortiz P (2001) Spectroscopic study of the interactions of alkali fluorides with D-xylose. Spectrochim Acta, Part A 57A: 2607-2615
120. Ko H, Shim G, Kim Y (2005) Evidences that β-lactose forms hydrogen bonds in DMSO. Bull Korean Chem Soc 26:2001-2006
121. Ardizzone S, Dioguardi FS, Mussini PR, Mussini T, Rondinini S, Vercelli B, Vertova A (1999) Batch effects, water content, and aqueous/organic solvent reactivity of microcrys-talline cellulose samples. Int J Biol Macromol 26:269-277
122. Gardner KH, Blackwell J (1974) Structure of native cellulose. Biopolymers 13: 1975-2001
123. Kolpak FJ, Blackwell J (1976) Determination of the structure of cellulose II. Macromolecules 9:273-278
124. Northolt MG, De Vries H (1985) Tensile deformation of regenerated and native cellulose fibers. Angew Makromol Chem 133:183-203
125. Northolt MG, Hout RVD (1985) Elastic extension of an oriented crystalline fiber. Polymer 26:310-316
126. Kroon-Batenburg LMJ, Kroon J, Northolt MG (1986) Chain modulus and intramolecular hydrogen bonding in native and regenerated cellulose fibers. Polym Commun 27:290-292
127. Kasbekar GS, Neale SM (1947) Swelling of cellulose in aqueous solutions of certain acids and salts with measurements of the vapor pressures, densities, and viscosities of these solutions Trans Faraday Soc 43:517-528
128. Warwicker JO, Clayton JW (1969) Reactivity of cotton after treatment in alkaline and acid swelling agents. J Appl Polym Sci 13:1037-1048
129. Bucher H (1957) Reactions during pulp parchmentization. Papier 11:125-133
130. Warwicker JO (1969) Swelling of cotton in alkalis and acids. J Appl Polym Sci 13: 41-54
131. Champetier G (1933) Addition compounds of cellulose. Ann Chim Appl 20:5-96
132. Warwicker JO (1967) Effect of chemical reagents on the fine structure of cellulose. Ⅳ. Action of caustic soda on the fine structure of cotton and ramie J Polym Sci Part A-1 Polym Chem 5:2579-2593

133. Chedin J, Marsaudon A (1954) Progress in the understanding of liquid reaction mediums, and interpretation of their reactions with cellulosic fibers: mercerization-nitration. Chim Ind (Paris) 71:55-68
134. Knecht E, Lipschitz A (1914) Action of strong nitric acid on cotton cellulose. J Soc Chem Ind (London) 33:116-122
135. Ellefsen Ø, Gjönnes J, Norman N (1959) Changes in the crystalline structure of cellulose caused by treatment of cotton and wood pulps with concentrated hydrochloric acid. Nor Skogind 13:411-421
136. Bartunek R (1953) The reactions, swelling and solution of cellulose in solutions of electrolytes. Papier (Bingen) 7:153-158
137. Danielowski G (1977) Ammonia in yarn processing. Lenzinger Ber 42:90-96
138. Troope WS (1980) Improved ammonia finishing of corduroys. Text Res J 50: 162-165
139. Heap SA (1978) Liquid ammonia treatment of cotton fabrics, especially as a pretreatment for easy-care finishing. Text Inst Ind 16:387-390
140. Cheek L, Struszczyk H (1980) Effect of anhydrous liquid ammonia and sodium hydroxide on viscose fabric. Cellul Chem Technol 14:893-904
141. Hess K, Gundermann J (1937) The influence of liquid ammonia on cellulose fibers (formation of ammonia-cellulose Ⅰ, ammonia-cellulose Ⅱ and cellulose Ⅲ). Ber Dtsch Chem Gesellschaft B 70B:1788-1799
142. Vigo TL (1994) Textile processing and properties. Elsevier, Amsterdam, p 43
143. Calamari TA Jr, Schreiber SP, Cooper AS Jr, Reeves WA (1971) Liquid ammonia modification of cellulose in cotton and polyester/cotton textiles. Text Chem Color 3: 234-238
144. Rousselle MA, Nelson ML (1976) Reactivity and ine structure of cotton mercerized in sodium hydroxide or liquid ammonia. Text Res J 46:648-653
145. Koura A, Schleicher H, Philipp B (1973) Swelling and dissolution of cellulose in amine-containing solvent mixtures. 6. Structural changes of cellulose caused by amines and amine solutions. Faserforsch Textiltech 24:187-194
146. Koura A, Lukanoff B, Philipp B, Schleicher H (1977) Preparation of alkali-soluble cyanoethyl cellulose from preactivated cellulose. Faserforsch Textiltech 28: 63-65
147. Klenkova NI, Matveeva NA, Volkova L (1967) Effect of amines on structure and properties of cellulose fibers. Ⅳ. Effect of amines on hydrated cellulose fibers. J Appl Chem (USSR) 40:121-123

148. Klenkova NI, Matveeva NA, Kulakova OM, Volkova LA (1967) Additional data on the activation of cellulose by amines. J Appl Chem (USSR) 40:2113-2120
149. Zeronian SH (1985) In: Nevell TP, Zeronian SH (eds) Cellulose chemistry and its applications. Ellis Howard, Chichester, p 171
150. Warwicker JO, Wright AC (1976) Function of sheets of cellulose chains in swelling reactions on cellulose. J Appl Polym Sci 11:659-671
151. Creely JJ, Segal L, Loeb L (1959) X-ray study of new cellulose complexes with diamines containing three, five, six, seven, and eight carbon atoms. J Polym Sci 36: 205-214
152. Warwicker JO, Jeffries R, Colbran RL, Robinson RN (1966) A review of the literature on the effect of caustic soda and other swelling agents on the fine structure of cotton. Shirley Institute Pamphlet No. 93, Shirley Institute, Didsbury, Manchester
153. Haydel CH, Seal JF, Janssen HJ, Vix HLE (1958) Decrystallization of cotton cellulose. Ind Eng Chem 50:74-75
154. Loeb L, Segal L (1955) The treatment of cotton cellulose with aqueous solutions of ethylamine. Text Res J 25:516-519
155. Nevell TP, Zeronian SH (1962) Action of ethylamine on cellulose. I. Acetylation of ethylamine-treated cotton. Polymer 3:187-194
156. Segal L, Creely JJ (1961) The ethylenediamine-cellulose complex. III. Factors in the formation of the complex. J Polym Sci 50:451-465
157. Hennige E (1963) The structural change in cotton caused by treatment with diamines and caustic soda. Melliand Textilber 44:1350-1352
158. Pasteka M (1984) Dissolution of cellulose materials in aqueous solutions of benzyltriethy-lammonium hydroxide. Cellul Chem Technol 18:379-387
159. Lieser T, Leckzych E (1936) Constitution of cellulose xanthates Ⅳ. Justus Liebigs Ann Chem 522:56-65
160. Lieser T, Ebert R (1937) Carbohydrates. Ⅷ. Cellulose and its solutions. Justus Liebigs Ann Chem 528:276-295
161. StrepikheevAA, Knunyants IL, Nikolaeva NS, Mogilevskii EM (1957) Solution of cellulose in quaternary ammonium bases. Izv Akad Nauk SSSR Ser Khim 750-753
162. Fink HP, Weigel P, Purz HJ, Ganster J (2001) Structure formation of regenerated cellulose materials from Nmmo solutions. Prog Polym Sci 26:1473-1524
163. Chavan RB, Patra AK (2004) Development and processing of lyocell. Indian J Fibre Text Res 29:483-492
164. Berger W (1994) Possibilities and limits of alternative methods for cellulose dissolu-

tion and regeneration. Lenzinger Ber 74:11-18
165. Eibl M, Eichinger D, Lotz C (1997) Lyocell—the cellulosic fiber chameleon. Lenzinger Ber 76:89-91
166. Taylor J (1998) Tencel—a unique cellulosic fiber. J Soc Dyers Colour 114:191-193
167. Woodings CR (1995) The development of advanced cellulosic fibres. Int J Biol Macromol 17:305-309
168. Chanzy H, Paillet M, Peguy A (1986) Spinning of exploded wood from amine oxide solutions. Polym Commun 27:171-172
169. Chanzy H, Paillet M, PeguyA, Vuong R (1987) Dissolution and spinning of exploded wood in amine oxide systems. In: Kennedy JF, Phillips GO, Williams PA (eds) Wood Cellul 573-579
170. Heinze T, Liebert T, Klüfers P, Meister F (1999) Carboxymethylation of cellulose in unconventional media. Cellulose 6:153-165
171. Gao M, Chen S, Han J, Luo D, Zhao L, Zheng Q (2010) Effects of a pretreatment with N-methylmorpholine-N-oxide on the structures and properties of ramie. J Appl Polym Sci 117:2241-2250
172. Faelt S, Wagberg L, Vesterlind E-L, Larsson PT (2004) Model ilms of cellulose Ⅱ— improved preparation method and characterization of the cellulose film. Cellulose 11:151-162
173. Le Moigne N, Bikard J, Navard P (2010) Rotation and contraction of native and regenerated cellulose ibers upon swelling and dissolution: the role of morphological and stress unbalances. Cellulose 17:507-519
174. Lu Y, Wu Y (2008) Influence of coagulation bath on morphology of cellulose membranes prepared by NMMO method. Front Chem Eng China 2:204-208
175. Mao Z, Cao Y, Jie X, Kang G, Zhou M, Yuan Q (2010) Dehydration of isopropanol-water mixtures using a novel cellulose membrane prepared from cellulose/N-methylmorpholine-N-oxide/H_2O solution. Sep Purif Technol 72:28-33
176. Jeihanipour A, Karimi K, Taherzadeh MJ (2010) Enhancement of ethanol and biogas production from high-crystalline cellulose by different modes of NMO pretreatment. Biotechnol Bioeng 105:469-476
177. Mercer J (1851) Improvement in chemical process for fulling vegetable and other textures. US 8303 A, 19 Aug 1851
178. Gardner WM (1898) Properties of mercerized cotton. J Soc Dyers Colour 14:186-190

179. Bechter D (1981) Mercerization of cotton. Dtsch Faerber-Kal 85:82-100
180. Iyer ND (2000) Cotton—the king of ibres -V. Colourage 47:75-76
181. Saravanan D, Ramachandran T (2007) Forgotten fundamentals of mercerisation. Asian Dyer 4:35-40
182. Warwicker JO (1971) Cellulose swelling. In Bikales NM, Segal L (ed) Cellulose and cellulose derivatives, Part IV. Wiley-Interscience, New York, pp 344-349
183. Tripp VW, Moore AT, Rollins ML (1954) A microscopical study of the effects of some typical chemical environments on the primary wall of the cotton fiber. Text Res J 24:956-970
184. Rollins ML (1954) Some aspects of microscopy in cellulose research. Anal Chem 26:718-724
185. Chanzy HD, Roche EJ (1976) Fibrous transformations of Valonia cellulose I into cellulose II. Appl Polym Symp 28:701-711
186. Dinand E, Vignon M, Chanzy H, Heux L (2002) Mercerization of primary wall cellulose and its implication for the conversion of cellulose Ⅰ→ cellulose Ⅱ. Cellulose 9:7-18
187. Roelofsen PA (1959) The plant cell wall. Gebrüder Bornträger, Berlin-Nikolassee, p 126
188. Saito G (1939) Das Verhalten der Zellulose in Alkalilösungen. 1. Mitteilung. Kolloid-Beih 49:365-454
189. Colom X, Carrillo F (2002) Crystallinity changes in lyocell and viscose-type fibres by caustic treatment. Eur Polym J 38:2225-2230
190. Nishimura H, Sarko A (1987) Mercerization of cellulose. IV. Mechanism of mercerization and crystallite sizes. J Appl Polym Sci 33:867-874
191. Irklei VM, Kleiner YY, Vavrinyuk OS, Gal'braikh LS (2005) Kinetics of degradation of cellulose in basic medium. Fibre Chem 37:452-458
192. Shibazaki H, Kuga S, Okano T (1997) Mercerization and acid hydrolysis of bacterial cellulose. Cellulose 4:75-87
193. Yokota H, Sei T, Horii F, Kitamaru R (1990) Carbon-13 CPMAS NMR study on alkali cellulose. J Appl Polym Sci 41:783-791
194. Dolmetsch H (1970) Regular physical changes of the fibrillar-structure fin spun ibers of cellulose and synthetic polymers. Melliand Textilber 51:182-190
195. Brown RM Jr, Haigler CH, Suttie J, White AR, Roberts E, Smith C, Itoh T, Cooper K (1983) The biosynthesis and degradation of cellulose. J Appl Polym Sci: Appl Polym Symp 37:33-78

196. Haigler CH (1985) The functions and biogenesis of native cellulose. In Nevell TP, Zeronian SH (eds) Cellulose chemistry and its applications. Ellis Horwood, Chichester, UK, pp 30-83
197. Nishiyama Y, Kuga S, Okano T (2000) Mechanism of mercerization revealed by X-ray diffraction. J Wood Sci 46:452-457
198. Heuser E, Bartunek R (1925) Alkali cellulose Ⅱ. Cellul-Chem 6:19-26
199. Zeronian SH, Cabradilla KE (1972) Action of alkali metal hydroxides on cotton. J Appl Polym Sci 16:113-128
200. Voronova MI, Petrova SN, Lebedeva TN, Ivanova ON, Prusov AN, Zakharov AG (2004) Changes in the structure of flax cellulose induced by solutions of lithium, sodium, and potassium hydroxides. Fibre Chem 36:408-412
201. Cotton FA, Wilkenson G, Murillo CA, Bochmann M (1999) Advanced inorganic chemistry, 6th edn. Wiley, New York, p 92
202. Mansikkamaeki P, Lahtinen M, Rissanen K (2007) The conversion from cellulose I to cellulose II in NaOH mercerization performed in alcohol-water systems: an X-ray powder diffraction study. Carbohydr Polym 68:35-43
203. Moharram MA, Mahmoud OM (2007) X-ray diffraction methods in the study of the effect of microwave heating on the transformation of cellulose I into cellulose II during mercerization. J Appl Polym Sci 105:2978-2983
204. Vieweg W (1924) The absorption of sodium hydroxide from solutions by cellulose. Angew Chem 37:1008-1010
205. Leighton A (1916) Adsorption of caustic soda by cellulose. J Phys Chem 20:32-50
206. Coward HF, Spencer L (1923) Eficacy of a centrifuge for removing surface liquids from cotton hairs. J Text Inst 14:28-32T
207. Marsh PB, Barker HD, Kerr T, Butler ML (1950) Wax content as related to surface area of cotton fibers. Text Res J 20:288-297
208. Neale SM (1929) Swelling of cellulose and its afinity relations with aqueous solutions. I. Experiments on the behavior of cotton cellulose and regenerated cellulose in sodium hydroxide solution, and their theoretical interpretation. J Text Inst 20:373-400T
209. Hess K, Trogus C, Schwarzkopf O (1932) Alkali cellulose. II. Phase-theory treatment of gel reactions. Z Phys Chem (Leipzig, Germany) A162:187-215
210. Fengel D (1994) FTIR spectroscopic studies on the heterogeneous transformation of cellulose I into cellulose II. Acta Polym 45:319-324
211. Gilbert RD, Kadla JF (1998) Polysacchrides—Cellulose In: Kaplan DL (ed) Bio-

polymers from renewable resources. Springer, Heidelberg, pp 47–95

212. Schenzel K, Fischer S (2001) NIR FT Raman spectroscopy—a rapid analytical tool for detecting the transformation of cellulose polymorphs. Cellulose 8:49–57
213. Jähn A, Schröder MW, Füting M, Schenzel K, Diepenbrock W (2002) Characterization of alkali treated flax fibres by means of FT Raman spectroscopy and environmental scanning electron microscopy. Spectrochim Acta, Part A 58A:2271–2279
214. Kunze J, Ebert A, Frigge K, Philipp B (1981) Sodium–23 NMR investigation of the sodium bond in the treatment of cotton with aqueous sodium hydroxide. Acta Polym 32:179–181
215. Kunze J, Schröter B, Scheler G, Philipp B (1983) High–resolution solid–state carbon–13 NMR studies of the formation of alkali cellulose from different treated celluloses. Acta Polym 34:248–254
216. Heinze T, Liebert T (2001) Unconventional methods in cellulose functionalization. Prog Polym Sci 26:1689–1762
217. Jayme G (1978) New publications about applicabilities of EWNN and cadoxene in cellulose chemistry. Papier (Bingen, Germany) 32:145–149
218. Hoenich NA, Woffidin C, Stamp S, Roberts SJ, Turnbull J (1997) Synthetically modified cellulose: an alternative to synthetic membranes for use in haemodialysis. Biomaterials 18:1299–1303
219. Burchard W, Habermann N, Kluefers P, Seger B, Wilhelm U (1994) Polyol–metal complexes. 7. Cellulose in Schweizer's reagent: a stable, polymeric metal complex with high chain rigidity. Angew Chem 106:936–939
220. Gadd KF (1982) A new solvent for cellulose. Polymer 23:1867–1869
221. Traube W (1912) Behavior of metallic hydroxides to alkylenediamino solutions. Ber Dtsch Chem Ges 44:3319–3324
222. Bain AD (1980) An NMR–study of the interactions between cadoxen and saccharides. Carbohydr Res 84:1–12
223. Nehls I, Wagenknecht W, Philipp B (1995) Carbon–13 NMR spectroscopic studies of cellulose in various solvent systems. Cellul Chem Technol 29:243–251
224. Burger J, Kettenbach G, Klüfers P (1995) Coordination equilibria in transition–metal based cellulose solvents. Macromol Symp 95:113–126
225. Ahlrichs R, Ballauff M, Eichkorn K, Hanemann O, Kettenbach G, Klufers P (1998) Polyol metal complexes. Part 30. Aqueous ethylenediaminedihydroxo palladium(Ⅱ): A coordinat–ing agent for low–and high–molecular weight carbohydrates. Chem Eur J 4:835–844

226. Saalwächter K, Burchard W, Klüfers P, Kettenbach G, Mayer P, Klemm D, Dugarmaa S (2000) Cellulose solutions in water containing metal complexes. Macromolecules 33:4094-4107

227. Kamide K, Yasuda K, Matsui T, Okajima K, Yamashiki T (1990) Structural change in alkali-soluble cellulose solid during its dissolution into aqueous alkaline solution. Cellul Chem Technol 24:23-31

228. Isogai A (1997) NMR analysis of cellulose dissolved in aqueous NaOH solutions. Cellulose 4:99-107

229. Egal M, Budtova T, Navard P (2007) Structure of aqueous solutions of microcrystalline cellulose/sodium hydroxide below 0 °C and the limit of cellulose dissolution. Biomacromol 8:2282-2287

230. Lang H, Laskowski I (1991) Pulp solubility in sodium hydroxide. Cellul Chem Technol 25:143-153

231. Cai J, Zhang L (2006) Unique gelation behavior of cellulose in NaOH/Urea aqueous solution. Biomacromol 7:183-189

232. Cai J, Zhang L (2005) Rapid dissolution of cellulose in LiOH/urea and NaOH/urea aqueous solutions. Macromol Biosci 5:539-548

233. Cai J, Zhang L, Liu S, Liu Y, Xu X, Chen X, Chu B, Guo X, Xu J, Cheng H (2008) Dynamic self-assembly induced rapid dissolution of cellulose at low temperatures. Macromolecules 41:9345-9351

234. Qi H, Chang C, Zhang L (2008) Effects of temperature and molecular weight on dissolution of cellulose in NaOH/urea aqueous solution. Cellulose 15:779-787

235. Cai J, Zhang L, Chang C, Cheng G, Chen X, Chu B (2007) Hydrogen-bond-induced inclusion complex in aqueous cellulose/LiOH/urea solution at low temperature. ChemPhysChem 8:1572-1579

236. Liu S, Zhang L (2009) Effects of polymer concentration and coagulation temperature on the properties of regenerated cellulose films prepared from LiOH/urea solution. Cellulose 16:189-198

237. Gavillon R, Budtova T (2008) Aerocellulose: new highly porous cellulose prepared from cellulose-NaOH aqueous solutions. Biomacromol 9:269-277

238. Cai J, Kimura S, Wada M, Kuga S, Zhang L (2008) Cellulose aerogels from aqueous alkali hydroxide-urea solution. Chemsuschem 1:149-154

239. Liebner F, Haimer E, Wendland M, Neouze MA, Schlufter K, Miethe P, Heinze T, Potthast A, Rosenau T (2010) Aerogels from unaltered bacterial cellulose: application of $scCO_2$ drying for the preparation of shaped, ultra-lightweight cellulosic

aerogels. Macromol Biosci 10:349-352

240. Philipp B (1993) Organic solvents for cellulose as a biodegradable polymer and their applicability for cellulose spinning and derivatization. J Macromol Sci Pure Appl Chem A30:703-714
241. Wang Z, Yokoyama T, Chang H-M, Matsumoto Y (2009) Dissolution of beech and spruce milled woods in LiCl/DMSO. J Agric Food Chem 57:6167-6170
242. El Seoud OA, Nawaz H, Arêas EPG (2013) Chemistry and applications of polysaccharide solutions in strong electrolytes/dipolar aprotic solvents: an overview. Molecules 18:1270-1313
243. Striegel AM (1997) Theory and applications of DMAC/LICL in the analysis of polysaccharides. Carbohydr Polym 34:267-274
244. Strlic M, Kolar J (2003) Size exclusion chromatography of cellulose in LiCl/N, N-dimethylacetamide. J Biochem Biophys Methods 56:265-279
245. Zugenmaier P (2004) Characterization and physical properties of cellulose acetates. Macromol Symp 208:81-166
246. Callais PA (1986) Derivatzation and characterization of cellulose in lithium chloride and N, N-dimethylacetamide solutions. Ph. D. thesis, University of Southern Mississippi, University Microilms, DA8626439, CAN 106:121612
247. Klemm D, Phillip B, Heinze T, Heinze U, Wagenknecht W (1998) Comprehensive cellulose chemistry, vol 1. Wiley-VCH, Weinheim
248. Krässig H, Schurz J, Steadman RG, Schliefer K, Albrecht W, Mohring M, Schlosser H (2008) Cellulose. Ullmann's fibers, 1. Wiley - VCH, Weinheim, pp 335-389
249. Ibrahim AA, Nada AMA, Hagemann U, El Seoud OA (1996) Preparation of dissolving pulp from sugar cane bagasse, and its acetylation under homogeneous solution condition. Holzforschung 50:221-225
250. Dupont A-L (2003) Cellulose in lithium chloride/N,N-dimethylacetamide, optimization of a dissolution method using paper substrate and stability of the solutions. Polymer 44:4117-4126
251. Ekmanis JL (1987) Gel permeation chromatographic analysis of cellulose. Am Lab News 19:10-11
252. Tosh B, Saikia CN, Dass NN (2000) Homogeneous esteriication of cellulose in the lithium chloride-N,N-dimethylacetamide solvent system: effect of temperature and catalyst. Carbohydr Res 327:345-352
253. Regiani AM, Frollini E, Marson GA, Arantes GM, El Seoud OA (1999) Some as-

pects of acylation of cellulose under homogeneous solution conditions. J Polym Sci Part A: Polym Chem 37:1357-1363

254. Rosenau T, Potthast A, Kosma P (2006) Trapping of reactive intermediates to study reaction mechanisms in cellulose chemistry. Adv Polym Sci 205:153-197
255. Falmagne JB, Escudero J, Taleb-Sahraoui S, Ghosez L (1981) Cyclobutanone and cyclobutenone derivatives by reaction of tertiary amides with alkenes and alkynes. Angew Chem 93:926-931
256. Marson GA (1999) Acylation of cellulose in homogeneous medium, M. Sc. thesis, University of São Paulo, Brazil
257. Marson GA, El Seoud OA (1999) A novel, eficient procedure for acylation of cellulose under homogeneous solution conditions. J Appl Polym Sci 74:1355-1360
258. El Seoud OA, Marson GA, Ciacco GT, Frollini E (2000) An efficient, one-pot acylation of cellulose under homogeneous reaction conditions. Macromol Chem Phys 201:882-889
259. Heinze T, Dicke R, Koschella A, Kull A-H, Klohr E-A, Koch W (2000) Effective preparation of cellulose derivatives in a new simple cellulose solvent. Macromol Chem Phys 201:627-631
260. Köhler S, Heinze T (2007) New solvents for cellulose: Dimethyl sulfoxide/ammonium fluorides. Macromol Biosci 7:307-314
261. Casarano R, Pires PAR, El Seoud OA (2014) Acylation of cellulose in a novel solvent system: solution of dibenzyldimethylammonium fluoride in DMSO. Carbohydr Polym 101:444-450
262. Elsemongy MM, Reicha FM (1986) Absolute electrode potentials in dimethyl sulfoxide-water mixtures and transfer free energies of individual ions. Thermochim Acta 108:115-131
263. Kelly CP, Cramer CJ, Truhlar DG (2007) Single-ion solvation free energies and the normal hydrogen electrode potential in methanol, acetonitrile, and dimethyl sulfoxide. J Phys Chem B 111:408-422
264. El-Kafrawy A (1982) Investigation of the cellulose/lithium chloride/dimethylacetamide and cellulose/lithium chloride/N-methyl-2-pyrrolidinone solutions by 13C NMR spectroscopy. J Appl Polym Sci 27:2435-2443
265. Pinkert A, Marsh KN, Pang S (2010) Reflections on the solubility of cellulose. Ind Eng Chem Res 49:11121-11130
266. Turbak AS (1984) Recent developments in cellulose solvent systems. Tappi J 67: 94-96

267. Gagnaire D, Saint-Germain J, Vincendon M (1983) NMR evidence of hydrogen bonds in cellulose solutions. J Appl Polym Sci: Appl Polym Symp 37:261-275
268. Vincendon M (1985) Proton NMR study of the chitin dissolution mechanism. Makromol Chem 186:1787-1795
269. Petrus L, Gray DG, BeMiller JN (1995) Homogeneous alkylation of cellulose in lithium chloride/dimethyl sulfoxide solvent with dimsyl sodium activation. A proposal for the mechanism of cellulose dissolution in lithium chloride/DMSO. Carbohydr Res 268:319-323
270. Fersht AR (1971) Acyl-transfer reactions of amides and esters with alcohols and thiols. Reference system for the serine and cysteine proteinases. Nitrogen protonation of amides and amide-imidate equilibriums. J Am Chem Soc 93:3504-3515
271. Kresge AJ, Fitzgerald PH, Chiang Y (1974) Position of protonation and mechanism of hydrolysis of simple amides. J Am Chem Soc 96:4698-4699
272. Cary FA, Sundberg RJ (1990) Advanced organic chemistry, 3rd edn. Part A, Plenum Press, New York, p 257
273. Morgenstern B, Kammer H-W (1996) Solvation in cellulose-LiCl-DMAc solutions. Trends Polym Sci 4:87-92
274. El Seoud OA (2009) Understanding solvation. Pure Appl Chem 81:697-707
275. Spange S, Reuter A, Vilsmeier E, Heinze T, Keutel D, Linert W (1998) Determination of empirical polarity parameters of the cellulose solvent N,N-dimethylacetamide/LiCl by means of the solvatochromic technique. J Polym Scie Part A Polym Chem 36:1945-1955
276. Casarano R, Pires PAR, Borin AC, El Seoud OA (2014) Novel solvents for cellulose: use of dibenzyldimethylammonium fluoride/dimethyl sulfoxide (DMSO) as solvent for the etheriication of the biopolymer and comparison with tetra(1-butyl)ammonium fluoride/DMSO. Ind Crops Prod 54:185-191
277. Morgenstern B, Kammer HW, Berger W, Skrabal P (1992) 7Li-NMR study on cellulose/LiCl/N,N-dimethylacetamide solutions. Acta Polym 43:356-357
278. Striegel AM, Timpa JD, Piotrowiak P, Cole RB (1997) Multiple neutral alkali halide attachments onto oligosaccharides in electrospray ionization mass spectrometry. Int J Mass Spectrom Ion Processes 162:45-53
279. Östlund A, Lundberg D, Nordstierna L, Holmberg K, Nydén M (2009) Dissolution and gelation in TBAF/DMSO solutions: the roles of fluoride ions and water. Biomacromol 10:2401-2407
280. Papanyan Z, Roth C, Wittler K, Reimann S, Ludwig R (2013) The dissolution of

polyols in salt solutions and ionic liquids at molecular level: ions, counter ions, and Hofmeister effects. ChemPhysChem 14:3667-3671

281. Marson GA, El Seoud OA (1999) Cellulose dissolution in lithium chloride/N, N-dimethylacetamide solvent system: relevance of kinetics of decrystallization to cellulose derivatization under homogeneous solution conditions. J Polym Sci, Part A: Polym Chem 37:3738-3744
282. Wu J, Zhang J, Zhang H, He J, Ren Q, Guo M (2004) Homogeneous acetylation of cellulose in a new ionic liquid. Biomacromol 5:266-268
283. Silva AA, Laver ML (1997) Molecular weight characterization of wood pulp cellulose: dissolution and size exclusion chromatographic analysis. Tappi J 80:173-180
284. Matsumoto T, Tatsumi D, Tamai N, Takaki T (2001) Solution properties of celluloses from different biological origins in LiCl. DMAc. Cellulose 8:275-282
285. Buchard W (1993) Macromolecular association phenomena. A neglected ield of research? Trends Polym Sci 1:192-198
286. Ramos LA, Morgado DL, El Seoud OA, da Silva VC, Frollini E (2011) Acetylation of cellulose in LiCl-N,N-dimethylacetamide: first report on the correlation between the reaction eficiency and the aggregation number of dissolved cellulose. Cellulose 18:385-392
287. Rinaudo M (1993) Polysaccharide characterization in relation with some original properties. J Appl Polym Sci: Appl Polym Symp 52:11-17
288. SjöholmE, Gustafsson K, Pettersson B, Colmsjö A (1997) Characterization of the cellulosic residues from lithium chloride/N,N-dimethylacetamide dissolution of softwood kraft pulp. Carbohydr Polym 32:57-63
289. Ciacco GT, Morgado DL, Frollini E, Possidonio S, El Seoud OA (2010) Some aspects of acetylation of untreated and mercerized sisal cellulose. J Braz Chem Soc 21: 71-77
290. Morgenstern B, Kammer H-W (1999) On the particulate structure of cellulose solutions. Polymer 40:1299-1304
291. Schulz L, Burchard W, Dönges R (1998) Evidence of supramolecular structures of cellulose derivatives in solution. In: Heinze T, Glasser WG (eds) Cellulose derivatives: modiication, characterization, and nanostructures. ACS Symposium Series 688, Washington, DC, US, pp 218-238
292. Röder T, Morgenstern B, Glatter O (2000) Light-scattering studies on solutions of cellulose in N,N-dimethylacetamide/lithium chloride. Lenzinger Ber 79:97-101
293. Röder T, Morgenstern B, Schelosky N, Glatter O (2001) Solutions of cellulose in

N, N-dimethylacetamide/lithium chloride studied by light scattering methods. Polymer 42:6765-6773

294. Striegel AM, Timpa JD (1995) Molecular characterization of polysaccharides dissolved in N,N-dimethylacetamide-lithium chloride by gel-permeation chromatography. Carbohydr Res 267:271-290
295. Hasegawa M, Isogai A, Onabe F (1993) Size-exclusion chromatography of cellulose and chitin using lithium chloride-N,N-dimethylacetamide as a mobile phase. J Chromatogr 635:334-337
296. Dupont A-L, Harrison G (2004) Conformation and dn/dc determination of cellulose in N, N-dimethylacetamide containing lithium chloride. Carbohydr Polym 58: 233-243
297. Yanagisawa M, Shibata I, Isogai A (2004) SEC-MALLS analysis of cellulose using LiCl/1,3-dimethyl-2-imidazolidinone as an eluent. Cellulose 11:169-176
298. Fidale LC, Köhler S, Prechtl MHG, Heinze T, El Seoud OA (2006) Simple, expedient methods for the determination of water and electrolyte contents of cellulose solvent systems. Cellulose 13:581-592
299. Moran HE Jr (1956) System lithium chloride-water. J Phys Chem 60:1666-1667
300. Chrapava S, Touraud D, Rosenau T, Potthast A, Kunz W (2003) The investigation of the influence of water and temperature on the LiCl/DMAc/cellulose system. Phys Chem Chem Phys 5:1842-1847
301. Casarano R, El Seoud OA (2013) A novel route to obtaining stable quaternary ammonium fluoride solutions in DMSO: application in microwave-assisted acylation of cellulose. Lenzinger Ber 91:112-121
302. Berger W, Keck M, Philipp B (1988) On the mechanism of cellulose dissolution in non-aqueous solvents, especially in O-basic systems. Cellul Chem Technol 22: 387-397
303. Yakimanskii AV, Bochek AM, Zubkov VA, Petropavloskie GA (1993) Quantum-chemical analysis of electronic structure parameters of dimethylacetamide and dimethylformamide complexes with lithium chloride additives. Russ J Appl Chem 66: 2129-2132
304. Morgenstern B, Berger W (1993) Investigations about dissolution of cellulose in the lithium chloride/N,N-dimethylformamide system. Acta Polym 44:100-102
305. Kostag M, Liebert T, El Seoud OA, Heinze T (2013) Eficient cellulose solvent: quaternary ammonium chlorides. Macromol Rapid Commun 34:1580-1584
306. Kostag M, Liebert T, Heinze T (2014) Acetone based cellulose solvent. Macromol

Rapid Commun. https://doi. org/10. 1002/marc. 201400211

307. Kuga S (1980) The porous structure of cellulose gel regenerated from calcium thiocyanate solution. J Colloid Interface Sci 77:413-417
308. Hattori M, Shimaya Y, Saito M (1998) Structural changes in wood pulp treated by 55 wt% aqueous calcium thiocyanate solution. Polym J 30:37-42
309. Hattori M, Koga T, Shimaya Y, Saito M (1998) Aqueous calcium thiocyanate solution as a cellulose solvent. Structure and interactions with cellulose. Polym J 30: 43-48
310. Hattori M, ShimayaY, Saito M (1998) Solubility and dissolved cellulose in aqueous calcium and sodium thiocyanate solution. Polym J 30:49-55
311. Fischer S, Voigt W, Fischer K (1999) The behaviour of cellulose in hydrated melts of the composition LiX . nH_2O ($X^-=I^-$, NO_3^-, CH_3COO^-, ClO_4^-). Cellulose 6: 213-219
312. Fischer S, Leipner H, Brendler E, Voigt W, Fischer K (1999) Molten inorganic salt hydrates as cellulose solvents. In: El-Nokaly MA, Soini HA (eds) Polysaccharide applications, cosmetics and pharmaceuticals. ACS Symposium Series 737, Washington, DC, USA, p 143
313. Leipner H, Fischer S, Brendler E, Voigt W (2000) Structural changes of cellulose dissolved in molten salt hydrates. Macromol Chem Phys 201:2041-2049
314. Krossing I, Slattery JM, Daguenet C, Dyson PJ, Oleinikova A, Weingaertner H (2006) Why are ionic liquids liquid? A simple explanation based on lattice and solvation energies. J Am Chem Soc 128:13427-13434
315. Gericke M, Fardim P, Heinze T (2012) Ionic liquids-promising but challenging solvents for homogeneous derivatization of cellulose. Molecules 17:7458-7502
316. El Seoud OA, Koschella A, Fidale LC, Dorn S, Heinze T (2007) Applications of ionic liquids in carbohydrate chemistry: a window of opportunities. Biomacromol 8: 2629-2647
317. Liebert T, Heinze T (2008) Interactions of ionic liquids with polysaccharides 5. Solvents and reaction media for the modification of cellulose. BioResources 3: 576-601
318. Pinkert A, Marsh KN, Pang S, Staiger MP (2009) Ionic liquids and their interaction with cellulose. Chem Rev 109:6712-6728
319. Cao Y, Wu J, Zhang J, Li H, Zhang Y, He J (2009) Room temperature ionic liquids (RTILs): a new and versatile platform for cellulose processing and derivatization. Chem Eng J 147:13-21

320. Mäki-Arvela P, Anugwom I, Virtanen P, Sjöholm R, Mikkola JP (2010) Dissolution of lignocellulosic materials and its constituents using ionic liquids-a review. Ind Crops Prod 32:175-201
321. Cravotto G, Gaudino EC, BoffaL, Levêque J-M, EstagerJ, Bonrath W (2008) Preparation of second generation ionic liquids by eficient solvent-free alkylation of N-heterocycles with chloroalkanes. Molecules 13:149-156
322. Holbrey JD, Seddon KR (1999) The phase behaviour of 1-alkyl-3-methylimidazolium tetrafluoroborates; ionic liquids and ionic liquid crystals. J Chem Soc Dalton Trans 2133-2140
323. McEwen AB, Ngo EL, LeCompte K, Goldman JL (1999) Electrochemical properties of imidazolium salt electrolytes for electrochemical capacitor applications. J Electrochem Soc 146:1687-1695
324. Fuller J, Carlin RT, Osteryoung RA (1997) The room-temperature ionic liquid 1-ethyl-3-methylimidazolium tetrafluoroborate: electrochemical couples and physical prop-erties. J Electrochem Soc 144:3881-3886
325. Noda A, Watanabe M (2000) Highly conductive polymer electrolytes prepared by in situ polymerization of vinyl monomers in room temperature molten salts. Electrochim Acta 45:1265-1270
326. Wilkes JS, Zaworotko MJ (1992) Air and water stable 1-ethyl-3-methylimidazolium based ionic liquids. J Chem Soc Chem Commun 965-967
327. Zhang H, Wu J, Zhang J, He J (2005) 1-Allyl-3-methylimidazolium chloride room temperature ionic liquid: a new and powerful nonderivatizing solvent for cellulose. Macromolecules 38:8272-8277
328. Fidale LC, Possidonio S, El Seoud OA (2009) Application of 1-allyl-3-(1-butyl)imidazolium chloride in the synthesis of cellulose esters: properties of the ionic liquid, and comparison with other solvents. Macromol Biosci 9:813-821
329. Seddon KR, Stark A, Torres M-J (2000) Influence of chloride, water, and organic solvents on the physical properties of ionic liquids. Pure Appl Chem 72:2275-2287
330. Poole CF (2004) Chromatographic and spectroscopic methods for the determination of solvent properties of room temperature ionic liquids. J Chromatogr A 1037:49-82
331. Nishida T, Tashiro Y, Yamamoto M (2003) Physical and electrochemical properties of 1-alkyl-3-methylimidazolium tetrafluoroborate for electrolyte. J Fluorine Chem 120:135-141
332. Aparicio S, Atilhan M, Karadas F (2010) Thermophysical properties of pure ionic liquids: review of present situation. Ind Eng Chem Res 49:9580-9595

333. Ngo HL, LeCompte K, Hargens L, McEwen AB (2000) Thermal properties of imidazolium ionic liquids. Thermochim Acta 357-358:97-102
334. Swatloski RP, Spear SK, Holbrey JD, Rogers RD (2002) Disolution of cellulose with ionic liquids. J Am Chem Soc 124:4974-4975
335. Trulove PC, Reichert WM, De Long HC, Kline SR, Rahatekar SS, Gilman JW, Muthukumar M (2009) The structure and dynamics of silk and cellulose dissolved in ionic liquids. ECS Trans 16:111-117
336. Kuzmina O, Sashina E, Troshenkowa S, Wawro D (2010) Dissolved state of cellulose in ionic liquids—the impact of water. Fibres Text East Eur 18:32-37
337. Zhang Y, Du H, Qian X, Chen EY-X (2010) Ionic liquid-water mixtures: enhanced Kw for eficient cellulosic biomass conversion. Energy Fuels 24:2410-2417
338. Sasaki K, Nagai H, Matsumura S, Toshima K (2003) A novel greener glycosidation using an acid-ionic liquid containing a protic acid. Tetrahedron Lett 44:5605-5608
339. Liebner F, Patel I, Ebner G, Becker E, Horix M, Potthast A, Rosenau T (2010) Thermal aging of 1-alkyl-3-methylimidazolium ionic liquids and its effect on dissolved cellulose. Holzforschung 64:161-166
340. Stark A, Behrend P, Braun O, Miller A, Ranke J, Ondruschka B, Jastorff B (2008) Purity specification methods for ionic liquids. Green Chem 10:1152-1161
341. Liu H, Sale KL, Holmes BM, Simmons BA, Singh S (2010) Understanding the interactions of cellulose with ionic liquids: a molecular dynamics study. J Phys Chem B 114:4293-4301
342. Zhang S, Sun N, He X, Lu X, Zhang X (2006) Physical properties of ionic liquids: database and evaluation. J Phys Chem Ref Data 35:1475-1517
343. Laus G, Bentivoglio G, Schottenberger H, Kahlenberg V, Kopacka H, Roeder T, Sixta H (2005) Ionic liquids: current developments, potential and drawbacks for industrial applications. Lenzinger Ber 84:71-85
344. Vitz J, Erdmenger T, Haensch C, Schubert US (2009) Extended dissolution studies of cellulose in imidazolium based ionic liquids. Green Chem 11:417-424
345. Nawaz H, Pires PAR, Bioni TA, Areas EPG, El Seoud OA (2014) Mixed solvents for cellulose derivatization under homogeneous conditions: kinetic, spectroscopic, and theoret-ical studies on the acetylation of the biopolymer in binary mixtures of an ionic liquid and molecular solvents. Cellulose 21:1193-1204
346. Heinze T, Schwikal K, Barthel S (2005) Ionic liquids as reaction medium in cellulose functionalization. Macromol Biosci 5:520-525
347. Moulthrop JS, Swatloski RP, Moyna G, Rogers RD (2005) High-resolution ^{13}C

NMR studies of cellulose and cellulose oligomers in ionic liquid solutions. Chem Commun 1557−1559

348. Remsing RC, Swatloski RP, Rogers RD, Moyna G (2006) Mechanism of cellulose dissolution in the ionic liquid 1 nbutyl 3 methylimidazolium chloride: a ^{13}C and $^{35/37}Cl$ NMR relaxation study on model systems. Chem Commun 1271−1273
349. Anderson JL, Ding J, Welton T, Armstrong DW (2002) Characterizing ionic liquids on the basis of multiple solvation interactions. J Am Chem Soc 124: 14247−14254
350. Reichardt C (2004) Pyridinium N−phenoxide betaine dyes and their application to the determination of solvent polarities. Part XXVIII. Pure Appl Chem 76: 1903−1919
351. Oehlke A, Hofmann K, Spange S (2006) New aspects on polarity of 1−alkyl−3−methylimidazolium salts as measured by solvatochromic probes. New J Chem 30: 533−536
352. Fortunato GG, Mancini PM, Bravo MV, Adam CG (2010) New solvents designed on the basis of the molecular−microscopic properties of binary mixtures of the type (protic molecular solvent + 1−butyl−3−methylimidazolium−based ionic liquid). J Phys Chem B 114:11804−11819
353. Hauru LKJ, Hummel M, King AWT, Kilpeläinen I, Sixta H (2012) Role of solvent parameters in the regeneration of cellulose from ionic liquid solutions. Biomacromol 13:2896−2905
354. Zakrzewska ME, Bogel−Lukasik E, Bogel−Lukasik R (2010) Solubility of carbohydrates in ionic liquids. Energy Fuels 24:737−745
355. Novoselov NP, Sashina ES, Kuz,mina OG, Troshenkova SV (2007) Ionic liquids and their use for the dissolution of natural polymers. Russ J Gen Chem 77: 1395−1405
356. Heinze T, Dorn S, Schoebitz M, Liebert T, Koehler S, Meister F (2008) Interactions of ionic liquids with polysaccharides—2: cellulose. Macromol Symp 262:8−22
357. Hollóczki O, Gerhard D, Massone K, Szarvas L, Németh B, VeszprémiT, Nyuliszi L (2010) Carbenes in ionic liquids. New J Chem 34:3004−3009
358. Fort DA, Remsing RC, Swatloski RP, Moyna P, Moyna G, Rogers RD (2007) Can ionic liquids dissolve wood? Processing and analysis of lignocellulosic materials with 1−n−butyl−3−methylimidazolium chloride. Green Chem 9:63−69
359. Han S, Li J, Zhu S, Chen R, Wu Y, Zhang X, Yu Z (2009) Potential applications of ionic liquids in wood related industries. BioResources 4:825−834

360. Chen Z, Liu S, Li Z, Zhang Q, Deng Y (2011) Dialkoxy functionalized quaternary ammonium ionic liquids as potential electrolytes and cellulose solvents. New J Chem 35:1596-1606

361. Kong F, Song J, Cheng B, Zheng Y (2014) Synthesis and characterization of cellulose/quaternary phosphonium salt. Adv Mater Res 842:138-141

362. Ratanakamnuan U, Atong D, Aht-Ong D (2007) Microwave assisted esteriication of waste cotton fabrics for biodegradation ilms preparation. Adv Mater Res 26-28: 457-460

363. Semsarilar M, Perrier S (2009) Solubilization and functionalization of cellulose assisted by microwave irradiation. Aust J Chem 62:223-226

364. Possidonio S, Fidale LC, El Seoud OA (2010) Microwave-assisted derivatization of cellulose in an ionic liquid: An efficient, expedient synthesis of simple and mixed carboxylic esters. J Polym Sci, Part A: Polym Chem 48:134-143

365. Michael M, Ibbett RN, Howarth OW (2000) Interaction of cellulose with amine oxide solvents. Cellulose 7:21-33

366. Maia ER, Perez S (1983) Organic solvents for cellulose. IV. Modeling of the interaction between N-methylmorpholine N-oxide (MMNO) molecules and a cellulose chain. Nov J Chim 7:89-100

367. Rosenau T, Potthast A, Sixta H, Kosma P (2001) The chemistry of side reactions and byproduct formation in the system NMMO/cellulose (Lyocell process). Prog Polym Sci 26:1763-1837

368. Kabrelian V, Berger W, Keck M, Philipp B (1988) Investigation of the dissolution of cellulose in binary aprotic systems. 1. Solubility and decrease in degree of polymerization of a textile pulp in binary systems with N-methylmorpholine N-oxide as one component. Acta Polym 39:710-714

369. Wendler F, Graneß G, Büttner R, Meister F, Heinze T (2006) A novel polymeric stabilizing system for modified Lyocell solutions. J Polym Sci, Part B: Polym Phys 44:1702-1713

370. Wendler F, Graneß G, Heinze T (2005) Characterization of autocatalytic reactions in modiied cellulose/NMMO solutions by thermal analysis and UV/VIS spectroscopy. Cellulose 12:411-422

371. Wendler F, Meister F, Heinze T (2005) Thermostability of Lyocell dopes modiied with surface-active additives. Macromol Mater Eng 290:826-832

372. Chanzy H (1982) Cellulose-amine oxide systems. Carbohydr Polym 2:229-231

373. Eckelt J, Eich T, Röder T, Rüf H, Sixta H, Wolf BA (2009) Phase diagram of the

ternary system NMMO/water/cellulose. Cellulose 16:373-379

374. Chanzy H, Noe P, Paillet M, Smith P (1983) Swelling and dissolution of cellulose in amine oxide/water systems. J Appl Polym Sci: Appl Polym Symp 37:239-259
375. Bushnel F, Baley C, Grohens Y (2004) Composites materials reinforced by flax ibers correlation between adhesion of fiber/matrix and mechanicals properties of laminates according to chemicals treatments of ibers. Proc Am Soc Compos, 19th Technical Conference, MP1/1-MP1/12
376. Otto E, Spurlin HM, Grafflin MW (1954) 'Cellulose and cellulose derivatives (Part 1). Interscience, New York
377. Noé P, Chanzy H (2008) Swelling of *Valonia* cellulose microibrils in amine oxide systems. Can J Chem 86:520-524
378. Cuissinat C, Navard P (2006) Swelling and dissolution of cellulose. Part Ⅱ: free floating cotton and wood ibres in NaOH-water-additives systems. Macromol Symp 244:19-30
379. Cuissinat C, Navard P, Heinze T (2008) Swelling and dissolution of cellulose. Part V: cellulose derivatives ibres in aqueous systems and ionic liquids. Cellulose 15:75-80
380. Hammer RB, O'Shaughnessy ME, Strauch ER, Turbak AF (1979) Process and iber spinning studies for the cellulose/paraformaldehyde/dimethyl sulfoxide system. J Appl Polym Sci 23:485-494
381. Kudlacek L, Kacetl L, Kasparova Z, Krejci F (1982) Production of ibers from cellulose solutions in the dimethyl sulfoxide-paraformaldehyde system. Khim Volokna 3:47-49
382. Yang ZL, Wu GM, Mei CF, Gao G, Lin S, Liu HM, Zou JH (1987) Study on the manufacture of rayon iber from a paraformaldehyde/DMSO solvent system. Cellul Chem Technol 21:493-505
383. Kostag M, Koehler S, Liebert T, Heinze T (2010) Pure cellulose nanoparticles from trimethylsilyl cellulose. Macromol Symp 294:96-106
384. Koura A, Krause T (1985) Effect of weak cyanoethylation of initially wet cellulose on its reactivity after drying. Cellul Chem Technol 19:497-504
385. Volkert B, Wagenknecht W, Mai M (2010) Structure-property relationship of cellulose ethers: influence of the synthestic pathway on cyanoethylation. ACS Symp Ser 1033:319-341
386. Fujimoto T, Takahashi S, Tsuji M, Miyamoto T, Inagaki H (1986) Reaction of cellulose with formic acid and stability of cellulose formate. J Polym Sci, Part C: Polym Lett 24:495-501

387. Liebert T, Klemm D, Heinze T (1996) Synthesis and carboxymethylation of organo-soluble trifluoroacetates and formates of cellulose. J Macromol Sci, Pure Appl Chem A33:613-626
388. Liebert T, Klemm D (1998) A new soluble and hydrolytically cleavable intermediate in cellulose functionalization. Cellulose dichloroacetate (CDCA). Acta Polym 49:124-128
389. Klemm D, Heinze T, Philipp B, Wagenknecht W (1997) New approaches to advanced polymers by selective cellulose functionalization. Acta Polym 48:277-297
390. Aaltonen O, Alkio M (1983) Pulp solubility in DMSO/PF [DMSO/paraformaldehyde] solvent. Effect of pulp pH. Cellul Chem Technol 17:695-698
391. Schroeder LR, Gentile VM, Atalla RH (1986) Nondegradative preparation of amorphous cellulose. J Wood Chem Technol 6:1-14
392. Schnabelrauch M, Vogt S, Klemm D, Nehls I, Philipp B (1992) Readily hydrolyzable cellulose esters as intermediates for the regioselective derivatization of cellulose. 1-Synthesis and characterization of soluble, low-substituted cellulose formates. Angew Makromol Chem 198:155-164
393. Philipp B, Wagenknecht W, Nehls I, Ludwig J, Schnabelrauch M, Kim HR, Klemm D (1990) Comparison of cellulose formate and cellulose acetate under homogeneous reaction conditions. Cellul Chem Technol 24:667-678
394. Bosso C, Defaye J, Gadelle A, Wong CC, Pedersen C (1982) Homopolysaccharides interaction with the dimethyl sulphoxide-paraformaldehyde cellulose solvent system. Selective oxidation of amylose and cellulose at secondary alcohol groups. J Chem Soc Perkin Trans 1579-1585
395. Gagnaire D, Mancier D, Vincendon M (1980) Cellulose organic solutions: a nuclear magnetic resonance investigation. J Polym Sci Polym Chem Ed 18:13-25
396. Hiemenz PC, Rajagopalan R (1997) Principles of colloid and surface chemistry, 3rd edn. Marcel Dekker, New York, p 297, 355
397. Kinstle JF, Irving NM (1981) Selected chemical modiications, including grafting, on cellulosics. Org Coat Appl Polym Sci Proc 46:262-265
398. Morooka T, Norimoto M, Yamada T (1986) Cyanoethylated cellulose prepared by homogeneous reaction in paraformaldehyde-DMSO system. J Appl Polym Sci 32:3575-3587
399. Tosh B, Saikia CN (1999) Homogeneous esteriication of fractionated cellulose in dimethyl sulfoxide/paraformaldehyde solvent system: characterization of esteriied products. Trends Carbohydr Chem 4:55-67

400. Vigo TL, Daigle DJ (1972) Preparation ofibrous cellulose formate by the action of thionyl chloride in N,N-dimethylformamide. Carbohydr Res 21:369-377
401. Vigo TL, Daigle DJ, Welch CM (1972) Reaction of cellulose with chlorodimethyl-formi-minium chloride and subsequent reaction with halide ions. J Polym Sci Polym Lett Ed 10:397-406
402. Wagenknecht W, Philipp B, Schleicher H (1979) The esteriication and dissolution of cellulose with sulfur and phosphorous acid anhydrides and acid chlorides. Acta Polym 30:108-112
403. Liebert T, Schnabelrauch M, Klemm D, Erler U (1994) Readily hydrolyzable cellulose esters as intermediates for the regioselective derivatization of cellulose. Part II Soluble, highly substituted cellulose trifluoroacetates. Cellulose 1:249-258
404. Hawkinson DE, Kohout E, Fornes RE, Gilbert RD (1991) Some further observations on the systems cellulose/trifluoroacetic acid/dichloromethane and cellulose triacetate/trifluoroacetic acid/dichloromethane. J Polym Sci B Polym Phys 29:1599-1605
405. Cemeris M, Mus'ko NP, Cemeris N (1986) Mechanism of cellulose dissolution in trifluoroacetic acid. 2. Interaction of cellulose with trifluoroacetic acid. Koksnes Kim 29-33
406. Salin BN, Cemeris M, Mironov DP, Zatsepin AG (1991) Trifluoroacetic acid as solvent for the synthesis of cellulose esters. 1. Synthesis of triesters of cellulose and aliphatic carboxylic acids. Koksnes Kim 65-69
407. Salin BN, Chemeris MM, Malikova OL (1993) Trifluoroacetic acid as a solvent for the synthesis of cellulose esters. 3. Synthesis of mixed cellulose esters. Koksnes Kim 3-7
408. Hong YK, Hawkinson DE, Kohout E, Garrard A, Fornes RE, Gilbert RD (1989) Cellulose and cellulose triacetate mesophases. Ternary mixtures with polyesters in trifluoroacetic acid-methylene chloride solutions. ACS Symp Ser 384:184-203
409. Cross CF, Bevan EJ, Beadle C (1892) Improvements in the dissolution of cellulose. British Patent 8,700
410. Mueller M (1906) British Patent 10094
411. Askew GJ, Bahia HS, Foxall CW, Law SJ, Street H (1998) Cellulose sponges. WO 9828360 A1
412. Pajulo O, Viljanto J, Lönnberg B, Hurme T, Lonnqvist K, Saukko P (1996) Viscose cellulose sponge as an implantable matrix: changes in the structure increase the production of granulation tissue. J Biomed Mater Res 32:439-446

第 4 章　纤维素衍生化原理

原则上，有机化学中的反应适用于有相同官能团的聚合物的反应。但是，应牢记以下几点：

一是反应完整性和产品纯度的局限性，形成的副产物嵌入目标聚合物中不易去除。

二是聚合物反应过程中分子间和分子内相互作用的高度相关性。

三是反应过程中的相数。反应可以在一相中发生，或者相数可改变。例如，从两相系统变为单相系统。

反应相体系对产物结构和反应效率的影响是纤维素化学中非常重要的问题。分别考虑从溶解的纤维素开始的化学反应和涉及处于溶胀状态的固体纤维素的化学反应是有益的。在后一种情况中，超分子结构和形态对反应速率及其产率有决定性作用。然而，多数情况下，反应中相数可能发生变化，这种现象存在于工业生产和实验室反应。对作者而言，区分均相反应和非均相反应非常重要。

纤维素可以转化为众多功能不同的衍生物。一些市售纤维素衍生物如图 4.1 所示，包括无机酸（如硝酸纤维素）、有机酸（如乙酸酯）以及离子和非离子醚（如 CMC、烷基、2-羟乙基和 2-羟丙基纤维素）。还包括具有相同化学类别（如乙酸酯/丙酸酯和乙酸酯/丁酸酯）的“混合”官能团的产品，或具有不同类基团（如醚和酯、羧甲基醋酸丁酸纤维素）的产品。

获得的众多衍生物不是最终产品。也就是说，引入的衍生化基团要么被取代，要么被移除（保护基团）。因此，将良好的离去基团引入 AGU，特别是磺酸盐（对甲苯磺酸酯、溴磺酸酯、甲磺酸酯、三氟甲磺酸酯），然后进行 S_N 置换反应，得

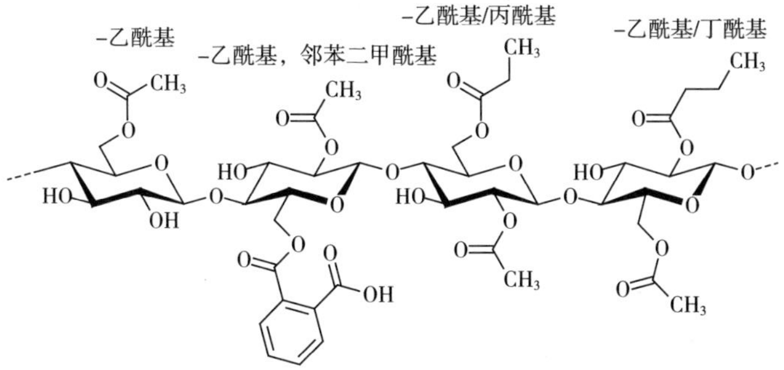

图 4.1

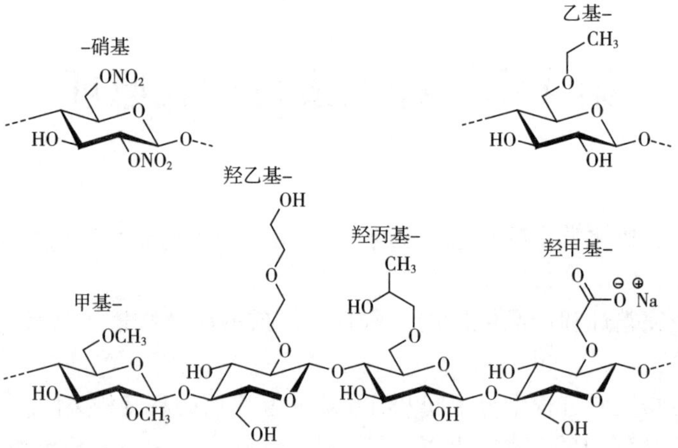

图 4.1　纤维素衍生物商品

到具有性质和用途独特的可溶性脱氧纤维素衍生物[1-2]。一方面，对甲苯磺酸纤维素通常与一些脱氧氯衍生物联系在一起，因为纤维素和 TsCl/碱反应中对甲苯磺酸盐基团与 Cl^- 发生 S_N 置换[3]；另一方面，(易于裂解的）二甲基硅基和三苯甲基已被用于产品区域选择性控制，如在 AGU 一个或两个位置高度取代或指定取代的纤维素醚和酯[4-5]。

4.1　非均相反应与均相反应：优势和局限性

纤维素可在均相中发生反应，或者在其衍生化过程中发生相转变。例如，溶解在 DMAc/LiCl 或 $R_4NF \times H_2O$/DMSO 中的纤维素的反应，纤维素与羧酸酐或酰氯与叔胺一起反应之前溶解并保持均相直至反应结束。另一极端情况是完全非均相反应，例如，淤浆介质中制备三乙酸纤维素。纤维素可用乙酸酐和催化剂（通常是硫酸）反应，加入不溶解纤维素、中间衍生物和产物的溶剂，如乙酸和石油醚或甲苯等有机溶剂。得到纤维状态的三醋酸酯薄片。CMC 也用非均相工艺制备，纤维素分散在含碱的醇（如异丙醇）水溶液中，与氯乙酸钠反应[6]。

许多情况下，反应过程中伴随相变化。工业上酰化纤维素，用乙酸、乙酸酐、无机酸催化剂混合物处理纤维素，加入能溶解产物的有机溶剂。随着反应进程的推进，由于产物三醋酸纤维素酯溶解在介质中，纤维素、酰化淤浆逐渐变成均相体系[7]。同样，溶胀的固体碱纤维素与 CS_2 非均相反应，添加额外的碱液溶解，形成碱溶性纤维素黄原酸酯[8]。即使是电解质/偶极非质子溶剂和 IL 等溶剂中的纤维素溶液也由于多种原因而存在相分离问题，如图4.2所示[9-10]。图4.2（b）为将固体SO_3/吡啶（用于纤维素硫酸酯化反应）和黏稠的纤维素/IL溶液［图4.2（a），10%（质量分数）纤维素，25℃］混合，黏糊状的混合物很难处理。图4.2（d）和（e）表明，纤维素在亲水溶液EtMeImAc（d）中与疏水性硅烷化试剂六甲基二硅氮烷（e）不相容。图4.2（c）和（f）为添加分子共溶剂DMF、CH_2Cl_2[11]。

图4.2　纤维素溶解在BuMeImCl中反应的不均匀性和相数变化

如果反应从开始到得到产物一直处于一个相，反应为均相反应。纤维素均相化学反应是指在化学反应前，纤维素溶解在非衍生化或衍生化溶剂中，纤维素转化为衍生物溶解在衍生化试剂。衍生化溶剂法包括纤维素转化为其衍生物溶解及中间体原位改性，或分离、重新溶解于有机溶剂（DMSO、DMF）中再改性。相反，对可溶但“稳定”的纤维素衍生物（如二甲基亚砜中的醋酸纤维素）进行化学改性以及对由于转化而形成的纤维素衍生物溶解后进行的化学改性，不包括在纤维素均相化学的范围内。

如果反应中相数（至少两个）没有变化，则视为非均相反应。在适当的情况下，将说明在其过程中相数发生变化的反应。

4.2　纤维素酯化

工业上仅通过非均相工艺生产纤维素酯和混合酯，或采用将反应中形成的酯溶解在介质中的工艺生产。由于纤维素的半结晶性质，商业上中等平均 *DS* 的酯（即 *DS*<2.9 的酯）不能直接生产。原因是这些产物取代不均匀，无论是单个 AGU，还是沿着聚合物骨架，无定形区域的平均 *DS* 高于结晶区域。取代的不均匀性会产生以下问题，一是产品性质不可重现（如衍生物溶液的黏度），二是在溶剂中形成凝胶颗粒。凝胶化在生产醋酸纤维素纤维和过滤丝束时存在问题，因为纤维沉淀易导致喷嘴堵塞[12-13]。

对于易水解的纤维素酯，特别是羧酸酯，解决办法是几乎完全衍生化纤维素，再（非均相）部分水解以获得所需平均取代度的产物。由于 AGU 三个 OH 基团的反应性差异，水解优先发生在 C6（与 C2 或 C3 相比，C6 羟基的反应性为两者的 4±1 倍），产物在某种程度上具有“均匀性”[14-16]。

用二甲基甲酰胺（DMAc）和二甲基咪唑（DMI）等溶剂，在催化剂（特别是磺化聚苯乙烯树脂和异丙醇钛）存在下，非均相直接合成部分取代的纤维素酯和混合酯，包括长链酸酯（CAP、CA/己酸、壬酸和月桂酸酯）。然而，纤维素酯含有催化剂的成分，例如，会存在 1000ppm 的 Ti 和 200~300ppm 的硫。杂质对产物的性能没有影响。硫元素来自纤维素硫酸盐，用硫酸硫酸化纤维素，高反应温度（120~160℃）下催化剂部分脱硫而形成[17]。醋酸纤维素在非均相条件下以固体超强酸为催化剂（SO_4^{2-}/ZrO_2）、球磨活化纤维素来制备（图 4.3）[18]。

尽管仅限于以羧酸酐为试剂的某些类型产物（不同总取代度的 CA、CAP、CAB、CAPh），纤维素酯的商业生产是一种成熟的方法。其他羧酸酐反应活性不足，是限制纤维素酯产品的重要问题之一。由于长期的工艺开发（例如，醋酸纤维素的快速乙酰化/快速水解工艺），这些工艺具有成本效益，厂房不需要重大改造。反应中聚合度的（不可避免的）降低（由于酸或碱催化的降解）可以控制。某些情况下，为了降低产品的溶液黏度而有意降解。多个批次的产品混合，使产品性能具有可重复性。一个明显的限制是，商业上非均相反应不能用于制备 4 个以上碳原子的羧酸酯。长链酸的纤维素酯的 T_m 较低（挤出条件温和），在普通有机溶剂中的溶解性良好以及与疏水性聚合物的相容性良好，是重要的纤维素衍生物[19-21]。纤维素与乙酸酐和丁酸酐的同时酰化，非均相条件下控制此两种竞争试剂的反应性存在困难。

另一个问题是均相反应方案（HRS），其中纤维素溶解在非衍生溶剂中，然后与试剂（羧酸酐、酰氯/碱、TsCl/碱和其他试剂）反应。原则上，纤维素在溶剂化过程中解晶，很大程度上 HRS 不受纤维素半结晶性质对反应性的影响[22]。因此，产物在 AGU 和沿纤维素主链均匀地取代。HRS 的其他优势包括：聚合物的降解轻微，产物性能重现性高，更好地控制两种竞争试剂的反应（如乙酸酐和丁酸酐），至少在一定程度上控制区域选择性[23]。

虽然可忽略的纤维素降解与工业应用的相关性可能受到质疑，但 HRS 在更好地控制产品性能方面有特殊优势，是寻求均相纤维素化学的动力。

均相反应中，溶液的（视觉）均一性并不一定意味着生物聚合物链分散良好。如3.2节所述，纤维素，甚至是MCC，溶解于电解质/偶极非质子溶剂中，或在合成浓度范围的IL中的溶液［1%~10%（质量分数）纤维素］，可能含有纤维素聚集体[24-26]。因此，可及性问题没有完全消除，这可以从观察到的MCC相对于纤维状纤维素的高反应性推断出来；丝光化纤维素更容易反应，产率更高，取代度依赖于起始纤维素的特性，尤其是聚合度、α-纤维素含量和在溶液中的聚集程度[26]。然而，许多例子表明，纤维素的均相化学改性可产生一致的结果，特别是取代度的可重复性及取代基在AGU、纤维素链上分布两个方面。这表明形成的纤维素聚集体高度溶胀，与非均相酯化反应中溶剂溶胀纤维素相比，均相体系中聚集体AGU的羟基更可及。

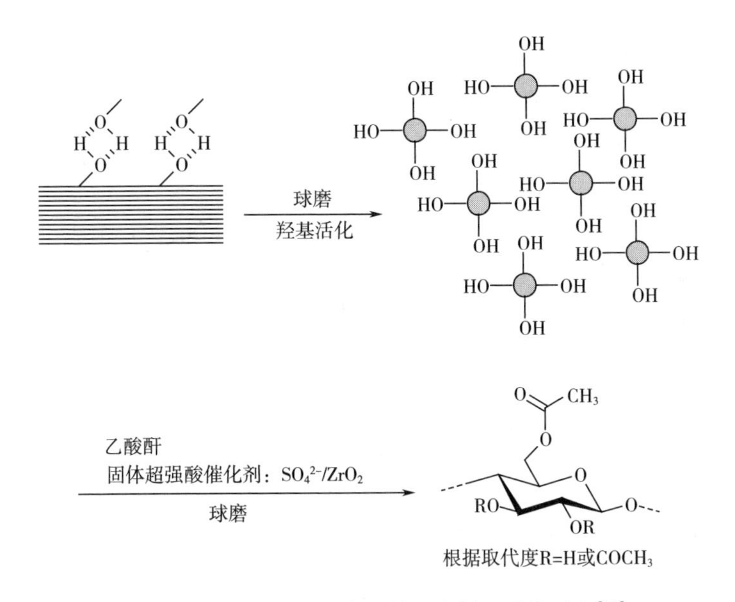

图4.3　球磨活化纤维素及其无溶剂乙酰化反应[18]

HRS的主要局限是反应中纤维素比例较低［各向同性溶液约为10%（质量分数）］，高浓度纤维素可能出现各向异性溶液和溶剂成本较高。前者在某些IL中尤其严重，溶液随着纤维素浓度增加经历以下转变：黏稠/各向同性转变成非常黏稠/各向异性再转变成凝胶。发生这些转化的纤维素的含量取决于所用纤维素的特性，尤其是聚合度、IL结构、温度和剪切效果（溶液搅拌）。例如，相同阳离子，如1,3-二烷基咪唑，其醋酸盐比氯盐的黏度更低；相同的IL中不同种类纤维素的溶液，黏度顺序相同[27-28]。而温度升高导致（预期）溶液黏度、Arrhenius型黏流活化能降低，因此溶液黏度（在零剪切时）与温度的依赖性取决于纤维素和IL的分子结构。关于剪切的影响，低温时许多纤维素溶液在离子液体中呈现牛顿流体行为，即黏度与剪切速率无关[29]。然而，在较高的温度下，它们通常表现出剪切变稀，尽管在已知的情况下，其行为仍然是牛顿型[30]。因此，高温和施加强而稳定的剪切，可以在该过程中使用更高浓度的纤维素。然而，当纤维素/IL 溶液是中等或高度黏稠和各向异性时，HRS 的上述优点在多大程度上得以保持，目前知之甚少。考虑这方面影响，加入如氯化溶剂、DMSO 或 DMAc 等分子溶剂作为溶液的稀释剂，以解决溶液黏度高的问题，促使在溶液中能更好地传热、传质[10]。然而，稀释剂对纤维素溶解度的影响，对产物的取代度以及取代基在 AGU 和纤维素主链上的分布的影响，还需要深入研究。图 4.4 为溶解度、纤维素溶液电导率与摩尔比的关系（R_{DMSO}=DMSO/BuMeImAc）。这两条曲线均不是 R_{DMSO} 的线性函数，可能由于两种溶剂组分之间、组分与纤维素之间的相互作用导致。

为了避免反应试剂或产物在纤维素/IL 溶液中出现相分离，常使用稀释剂[10]。酰化反应的速率取决于偶极非质子溶剂。AlMeImCl/偶极非质子溶剂的速率常数顺序为：IL/DMAc>DMAc/LiCl>IL/MeCN。反应顺序归因于活化焓和熵的差异[32]。

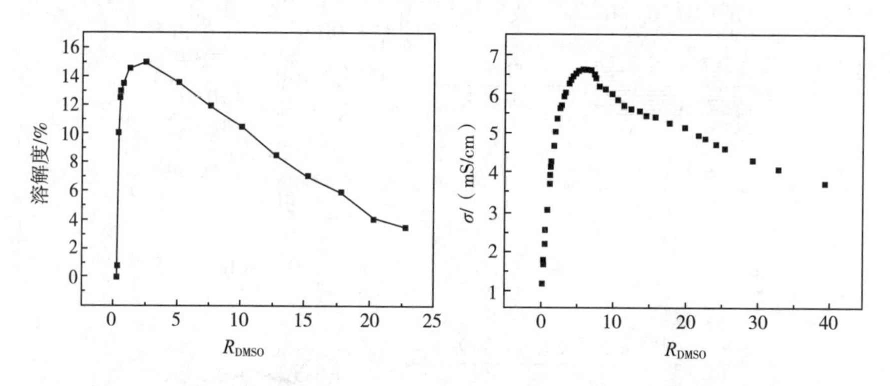

图 4.4　纤维素溶解度和纤维素溶液电导率与摩尔比（R_{DMSO}=DMSO/BuMeImAc）的关系[31]

成本问题需要考虑几个方面。首先，再生相对简单。例如，DMAc、未反应的乙酸酐和生成的乙酸已通过减压分馏从反应混合物中回收，基本上是纯的[33]。LiCl 可以通过加入极性较低的溶剂来沉淀。大多数 IL 化学稳定性、热稳定性好、蒸气压极低，反应完成后蒸发挥发物（如乙醇、羧酸、烷基或苄基卤等）可以很容易地回收。一种能耗较低的方法是盐析（添加无机电解质，如磷酸盐），将 IL 从水性混合物中分离出来。分离的 IL 已成功循环到该过程中数次，效率不会降低[34]。尽管 IL 比分子溶剂昂贵得多，但由于其制备规模越来越大，这种价格劣势可能会降低。此外，IL 溶解纤维素无须额外的电解质如 LiCl 或 R_4NF 等存在。关于 IL 作纤维素衍生化反应溶剂的优点和局限性已有报道[35]。

HRS 在纤维素衍生化中的应用研究主要集中在以下方面：

（1）溶解前纤维素的活化。

（2）再生纤维素的特性。

（3）衍生化试剂的性质及其与 AGU 的比例。

（4）产物的特性。

除了 3.2 节的讨论外，纤维素活化可通过溶剂交换实现，以纤维素衍生化所用的溶剂最后交换，例如水→甲醇→DMAc；蒸馏一部分反应溶剂除去水分；常规（即对流）减压加热和 MW 加热[36-37]。在 DMSO/R_4NCl[38] 和 IL[5] 等溶剂中衍生化纤维素不需要预处理。在 AlBuimCl 中，用乙酸酐对未活化和预活化（110℃下减压 2h）的 MCC 进行乙酰化获得相同 *DS* 的醋酸纤维素[34]。有例子表明，除水对反应的成功也非必不可少的，因为 IL 中水的活性大幅降低[39]。

关于纤维素溶解对其物理化学性质影响的报道显示，纤维素 *DP* 的降低相对较小，在 DMAc/LiCl 或 IL 的聚合度降低不超过 8%[33,40-41]，也有降解更大的报道[42]。用 X 射线散射分析从 DMAc/LiCl、$R_4NF \times H_2O$/DMSO 和 BuMeImCl 中再生的纤维素，I_c 出现较大的降低。正如预期的那样，SEM 图表明起始纤维素和再生纤维素之间的质构差异很大，结构中“微孔”分布不同，包括常规加热和 MW 加热溶解的纤维素（图 4.5）。

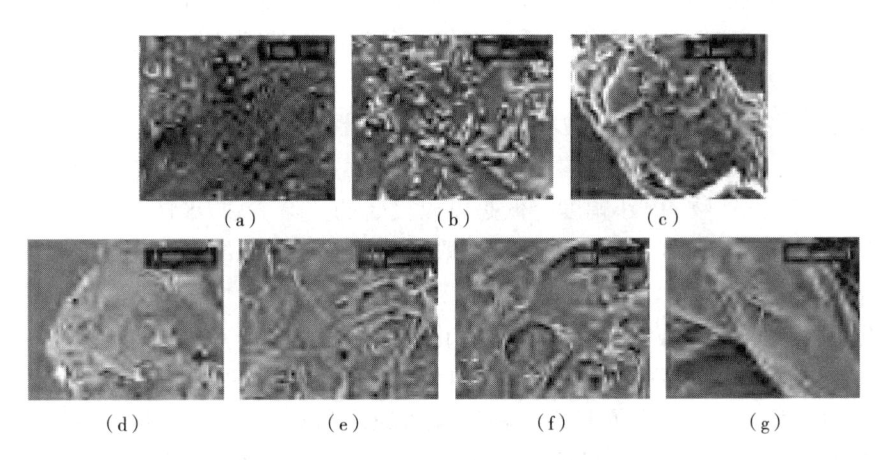

图 4.5 处理诱导 MCC 形态变化的 SEM 图

图 4.5（a）～（c）是 80℃（常规加热）时，分别在（×100）、（×300）和（×5000）下用水溶胀 10min 后 MCC 的 SEM 图（参见相关文献[34]）。图 4.5（d）～（f）分别是用 MW 辅助溶解在 AlBulmCl（10 min、30W、8℃）中，在×100、×300 和×1000）中后再生 MCC 的 SEM 图。图 4.5（g）（×1000）是在 AlBulmCI 中常规加热溶解后再生的 MCC 的 SEM 图（1h，80℃，见参考文献［41］）

为制备纤维素酯，使用了多种试剂。产物取代度依赖于反应试剂与 AGU 的比值。例如，羧酸酯可以通过溶解的纤维素单独与酸酐反应或在叔碱（吡啶或三乙胺）存在下与酸酐反应、与酰氯/叔碱反应、与多种试剂（如 N,N'-羰基二咪唑）

活化羧酸反应、与羧酸的乙烯基酯反应而制备。纤维素（看作醇）与羧酸乙烯酯的酯交换反应取代了乙烯醇。通过乙醛（产生的乙烯醇的酮互变异构体）的挥发，平衡向生成产物的方向移动（纤维素酯）。纤维素与TsCl/叔碱反应获得纤维素对甲苯磺酸酯，脱氧纤维素衍生物如氯脱氧纤维素是从甲苯磺酸纤维素发生 S_N 反应获得。包括对甲苯磺酰纤维素与卤化物（脱氧卤代纤维素）的反应，与氨（交联的，因此是水不溶性脱氧氨基纤维素）或胺（水溶性脱氧氨纤维素）反应，与叠氮化物反应，以及叠氮化物（脱氧叠氮化物→脱氧氨基纤维素）还原。

HRS符合绿色化学原理，可在有/无催化剂的情况下，衍生剂与AGU的羟基基本等摩尔或准等摩尔进行反应。在电解质/偶极非质子溶剂和IL中，通常可接受过量的酸酐（酸酐：AGU的羟基摩尔比为1.5）用于纤维状纤维素、棉短绒的酰化，与非均相条件下乙酰化的比值相比，如剑麻纤维 Ac_2O/AGU的羟基摩尔比为3.8[44] 和竹纤维素AcOH/AGU的羟基、Ac_2O/AGU的羟基的摩尔比分别为3.3、2.3[45]，这个比值要小得多，具有节省物料的优势。HRS中的酰化剂/AGU的羟基准等摩尔意味着不需要回收衍生化试剂。相对于某些电解质/偶极非质子溶剂，纤维素在IL中溶解速度更快、反应时间更短，特别是在微波加热的情况下[41]。因此，在电解质/偶极非质子溶剂和IL中合成纤维素衍生物对能量的要求低于非均相反应。这些特征曾经是努力优化纤维素均相化学改性的部分原因，这种优化工作目前仍在持续。

关于产物的性质，重点是*DP*、总*DS*的再现性、AGU中C2、C3和C6处的部分*DS*，以及AGU内和沿纤维素主链的取代规律。相对于非均相反应的条件，HRS中的能量较少，产物*DP*小幅度降低是可以接受的。除了总*DS*的高再现性外，反应性顺序通常为：C6>C2和C3。C6上取代偏好与许多纤维素酯观察到的结果相似。对环己基甲醇（AGU的OH模型）和反式-1,2-环己烷二醇（C2和C3处的OH模型）以及MCC在DMAc/LiCl中酰化反应的动力学研究表明，衍生化对C6-OH的偏好是活化焓和活化熵共同作用的结果。同样的因素也解释了*DS*对酸酐酰基长度的依赖性[46]。尽管预计取代顺序为C6>C2和C3，但如果反应条件“平衡”了羟基之间的差异，例如，当纤维素与大量过量的衍生化剂反应很长时间（通常是过夜）时，这种差异可能不明显[33]。

上述讨论中可以看出，HRS适用于特殊产品的合成，分子结构（取代基类型、取代度、取代规律性、选择性）对于控制产品性能非常重要，因此对其应用也非常重要。一个经典的例子是血液透析膜，其与血液的生物相容性取决于总取代度和取代模式[46]。HRS的潜在工业用途是工艺的优化，特别是溶剂的回收和循环使用。

纤维素的酯化很广泛，可以根据特定用途以不同的方式实现。尽管所有衍生化都是将AGU的OH基团转换为其他官能团，但所采用的方法差异很大。因此，首先讨论了纤维素羧酸酯的工业生产，然后是实验室中采用的方法，以便高效地获得这些衍生物、获得具有受控取代模式的衍生物和新型纤维素产品。除了热性能，包括 T_g、T_m 和 T_{Decomp}，产物在不同溶剂中的溶解性对加工非常重要，都会测试产物的溶解性。在某些溶剂中不溶解可能是在 AGU 和纤维素主链上不规则取代所导致的。CA 的取代度与其在普通溶剂中的溶解性的关系见表 4.1。

表 4.1　乙酸纤维素（水解三乙酸纤维素得到）的溶解度与取代度的关系[47]

DS	溶剂			
	氯仿	丙酮	2-甲氧基乙醇	水
2.8~3.0	+	-	-	-
2.2~2.7	-	+	-	-
1.2~1.8	-	-	+	-
0.6~0.9	-	-	-	+
<0.6	-	-	-	-

注　-表示不溶性，+表示可溶性。

4.3　纤维素醚化概述

大多数商业纤维素醚溶于水且无毒。因此，它们被用作保护胶体、增稠剂、悬浮助剂、流动控制剂、水黏合剂、液晶、成膜剂或胶水。纤维素醚用于食品、油漆、石油回收、纸张、化妆品、制药、黏合剂、印刷、农业、陶瓷、纺织品和建筑材料等多种行业（表 4.2）。据估计，全球纤维素醚的产量约为 650000t。

表 4.2　非离子纤维素醚的应用

用于	作用与用途
陶瓷	保水性、润滑性
建筑产品	保水性、加工性
化妆品	流变控制、乳化、泡沫稳定
食品	增稠剂、黏合剂、乳化剂
油漆	保护胶体、增稠剂、助悬浮剂
纸张	成膜、黏合剂
药品	黏合剂、造粒剂、成膜剂、稳定剂

续表

用于	作用与用途
聚合（HEC）	用于醋酸乙烯酯和氯乙烯聚合的保护胶体
印刷油墨	增稠剂、悬浮剂
纺织品	黏合剂、施胶剂、涂料
烟草	增稠剂、成膜剂、黏合剂

此外，制备了具有少量官能团的纤维素醚，这类醚在普通有机溶剂和水中溶胀。制备了阳离子衍生物（如二乙氨基乙基纤维素、DEAE 纤维素）用作离子交换剂。许多衍生物经常被开发出来，例如，在纤维素区域化学中应用保护基团技术（见 4.4.1 节和 4.4.2 节）。

商业纤维素醚的合成是经典的有机反应，即纤维素在碱性条件下与试剂的亲核反应（图 4.6）：烷基或芳基卤化物（醚的威廉姆逊合成，A）、环氧化物（开环反应，B）、活化的双键（迈克尔加成反应，C）。

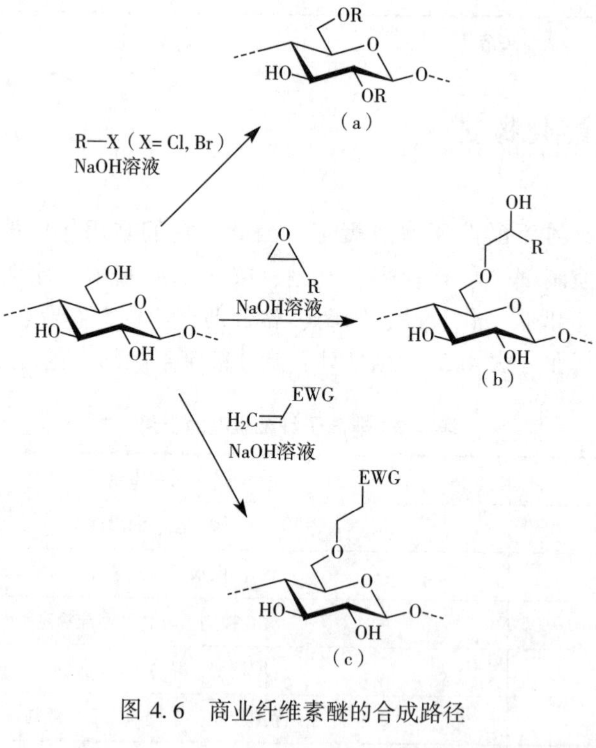

图 4.6　商业纤维素醚的合成路径

烷基化可在均相或非均相体系中进行。商业上，非均相过程具有相关性。合成醚有两条路径，区别是所使用的介质有所不同。一种是间歇或连续操作的无稀释剂工艺。另一种是有机稀释剂介导的方法。整个反应过程中，纤维素醚保持纤维状态或颗粒状态。

为了促进均匀反应，必须在与醚化试剂反应之前对纤维素原位活化。大多数情况下，用不同浓度的 NaOH（15%~50%）水溶液活化纤维素，由于纤维素强烈的溶胀而破坏存在的氢键（图 4.7）。实验室规模的反应中，不仅使用碱金属氢氧化物溶液，还使用液氨、胺、二烷基甲酰胺、二甲基亚砜、强羧酸和氢氧化铵水溶液活化纤维素。

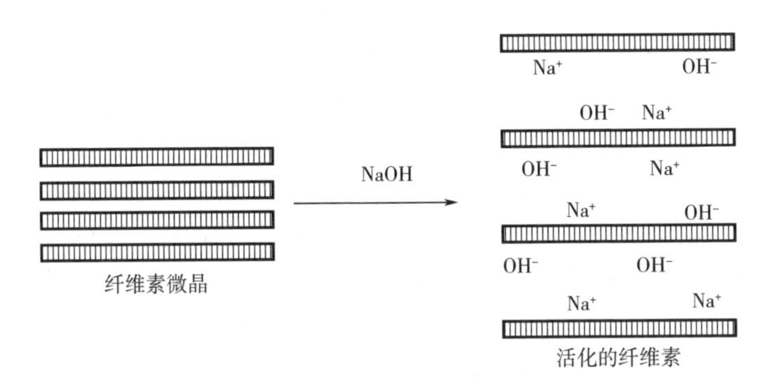

图 4.7　用 NaOH 水溶液转化纤维素微晶活化纤维素

第二种工艺在活化步骤中采用有机稀释剂，首先应用于制备高级羧甲基纤维素[48]。如今，是制造 CMC、HEC、EHEC 和 MC 的主要工艺。纤维素经切碎或研磨后，加入含有氢氧化钠水溶液的有机稀释剂中。

有机稀释剂有许多显著的优点：有效地悬浮和分散聚合物；促进传质，减小工作量；充当传热介质，是反应控制所必需的；使反应产物的回收更容易。

至关重要的是，有机稀释剂在烷基化反应中不发生反应，即仅聚合物发生反应，且此过程中介质不溶解纤维素醚。形成碱纤维素并加入烷化剂后，加热引发反应。以下变量对于控制反应很重要：水含量、氢氧化钠浓度、温度、浆料浓度、搅拌和所用有机稀释剂类型。目前，常用的稀释剂是异丙醇或叔丁醇、丙酮、甲苯和二甲氧基乙烷[48-50]。通过商业获得的纤维素醚的出色溶解性来证明非均相过程中形成碱纤维素的均匀性。

关于实验室规模的合成，均相醚化并不像纤维素衍生物行业过去和现在都在考虑的均相酯化那样重要。均相醚化最重要问题之一是活化剂（例如 NaOH 或 NaH）的溶解度，这是增加羟基亲核性所必需的。此外，烷基、芳烷基和芳基的醚化过程中，极性聚合物纤维素转化成极性较低的产物。因此，通常用于溶解纤维素的极性溶剂（DMAc/LiC 或 IL）不能与聚合物骨架充分相互作用，因此发生凝胶化甚至产生沉淀。然而，一些均相醚化的例子表明了均相途径的有效性。

因此，溶解在 DMSO/SO_2/DEA 中的纤维素与固体 NaOH 以及烷基卤化物和芳烷基卤化物反应，可以实现非离子纤维素醚的均相制备[51-54]。可以获得具有烷基和芳基取代基以及含有双键的各种完全官能化的纤维素醚。三-*O*-异戊基纤维素能够形成超薄膜和超分子结构[55-57]。

溶解在 DMSO/LiCl 中的纤维素（活化后）用 NaH 处理，形成二甲基钠[58]。碘甲烷、碘乙烷、溴乙烷、1-溴丙烷和 1-溴丁烷用作醚化剂。完全甲基化的另一种途径是纤维素在 DMI/LiCl 中的反应[59]。一步法转换得到三-*O*-甲基纤维素。溶解在 DMAc/LiCl 中的纤维素，在 NaOH 粉末存在下，与烯丙基氯化物、巴豆基氯化物反应制备三-*O*-烯丙基纤维素和三-*O*-巴豆基纤维素，是比较有意思的一种方法。然而，添加 NaOH 粉末，反应体系变成非均相。

不同纤维素醚（如 MC）的选择性合成表现出不同的官能化模式，在 DMAc/LiCl 中用硫酸二甲酯或碘甲烷烷基化纤维素，起始原料为乙酸纤维素，经萘化钠处理然后脱酰化[60]。区域选择性合成了 6-单-*O*-甲基纤维素、2,3-二-*O*-甲基纤维素、2,3-双-*O*-苄基纤维素和 6-单-*O* 苄基纤维素[61-64]。后续对三苯基化纤维素改性，得到 6-单-*O*-三丁基-2,3-二-*O*-丁基-纤维素、6-单-*O*-三丁基-2，2-二-*O*-戊基纤维素和 6-单-*O*-*O*-三乙基-2,3-二-*O*-己基纤维素（见 4.4.1 节）[65]。

除了具有一种官能度（如甲基、乙基或羟乙基）的纤维素醚外，还应用上述合成路线制备了混合的非离子醚以调整产物性能，如 MHEC、EHEC。

水溶性纤维素衍生物的后续改性引起了相当多的关注。将剩余的羟基与具有反应性功能的长链脂肪族化合物（如环氧化物、氯化物、异氰酸酯、酰氯和酸酐）反应来修饰 HE、HP 和 MC[66-67]。与起始纤维素醚相比，疏水改性纤维素醚的溶液具有更高的黏度效率、更好的剪切稳定性和盐稳定性以及剪切增稠流变性[68-73]。

可在不同的介质中用不同的试剂进行纤维素硅烷化反应。因此，由纤维素、THF、吡啶和三甲基甲硅烷氯化物组成的混合物制备三甲基甲硅烷基纤维素（TMSC）。该反应以非均相开始，从 *DS* 值约为 2 开始成为均相。用六甲基二硅氮烷在 DMAc/LiCl 溶液中均匀合成，产物几乎完全硅烷化（$DS = 2.7 \sim 2.9$）[74]，或得到可溶性、较宽范围 *DS* 值的三甲基硅醚。反应开始均相，因为产物不溶于体系，一定时间后体系成为非均相。得到的 TMSC 被广泛研究，TMSC 仅通过酸处理就有可能得到再生纤维素，由此获得纤维素纤维、薄膜、微米颗粒和纳米颗粒[75] 以及应用 Langmuir-Blodgett（LB）技术得到超薄膜[76]。迄今为止，纤维素与大体积基团试剂的醚化反应是最重要的区域化学途径之一。

4.4　利用保护基区域选择性合成纤维素衍生物

常规条件下制备的纤维素衍生物可由多达8种不同重复单元组成：非官能化的AGU和2,3,6-三-*O*-官能化AGU，以及在2、3或6位具有一个取代基的3种修饰的AGU，和在2，3、2，6和3，6位具有两个取代基3种修饰的AGU。重复单元如图4.8所示。文献列于括号中，2,3-二-*O*-取代纤维素衍生物采用6-*O*-三苯甲基纤维素或6-*O*-TDMS醚（甲硅烷基）合成。

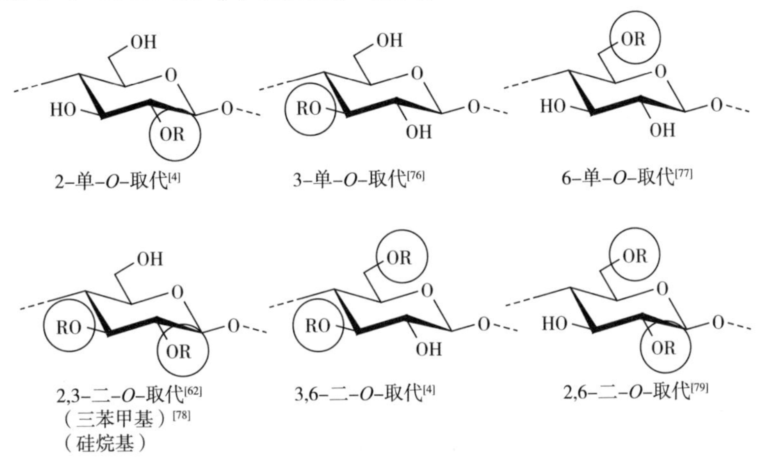

图4.8　纤维素衍生物可能出现的不同功能化重复单元（未衍生化及三-*O*-衍生化物未列出）

通常认为，纤维素衍生物的性质不仅取决于取代基的类型及取代度，还取决于重复单元内和聚合物链的官能化模式。这些因素是建立结构—性能关系的先决条件。由于纤维素醚（如作增稠剂）在水溶液中的流变和热性质（热可逆絮凝），因此，可通过改变官能化模式来提高其性能。

关于区域选择性官能化纤维素衍生物的合成，应区分具有区域控制官能化模式的糖单元自下而上聚合的合成和类似聚合物的反应。尽管具有高选择性和多官能性，葡萄糖衍生物的开环聚合可生成低*DP*的产物，需要包括糖苷键的区域特异性和立体特异性形成等多个反应步骤[77-81]。

区域选择性官能化纤维素醚的制备仍然是聚多糖化学中具有挑战性的工作。目前，合成具有受控官能化模式的纤维素衍生物的重要方法是应用保护基团［图4.9（a）］。为了确保高选择性的引入，保护基团试剂必须由至少一个大体积（即支链）烷基或芳基组成，常用的是三苯基甲基和三烷基甲硅烷基醚[82]。与此方法中的常见情况一样，保护基团必须满足选择性引入、后续反应期间稳定性以及在不损失其他取代基情况下的可移除的要求[83]。

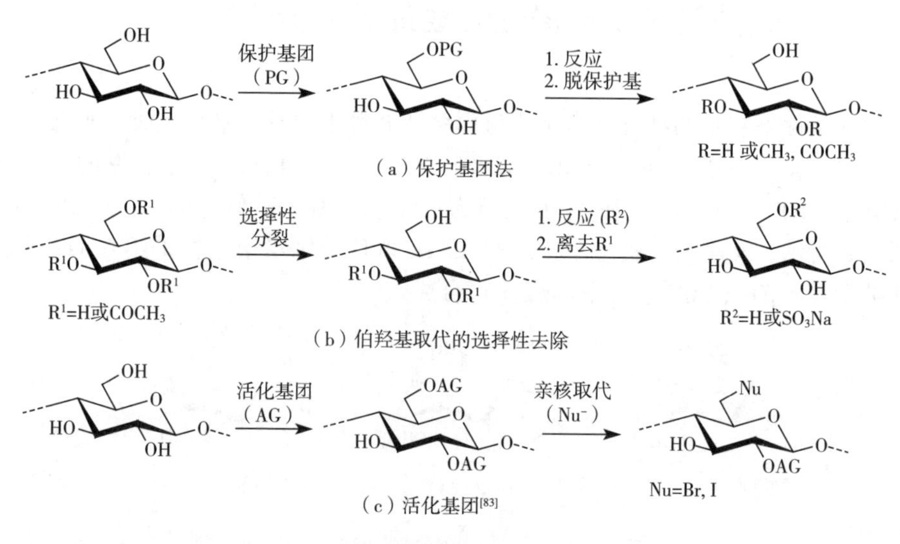

图 4.9　区域选择性官能化纤维素的路径

包括伯羟基选择性裂解在内的其他方法起次要作用。例如，醋酸纤维素在酸性水溶液或碱性水溶液或在胺存在下脱乙酰［图 4.9（b）］[84-85]。酶对醋酸纤维素脱乙酰也有一定区域选择性[86]。

最近，发现四丁基氟化铵可以催化纤维素酯的脱酰化。一方面，脱酰化反应有高度区域选择性；另一方面，与纤维素及其衍生物对 C6 位的其他反应的区域选择性相反，这种脱乙酰化对从仲位酯中去除酰基具有显著的选择性，不采用保护基，一步法制备具有高区域选择性的纤维素-6-*O*-酯[87]。此外，已发现四烷基铵氢氧化物使纤维素酯发生区域选择性脱酰化。这种脱乙酰化选择性地发生在 C2 和 C3，通过简单、有效的一步工艺得到纤维素-6-*O*-酯[88]。

此外，活化基团也可用于选择性反应，如图 4.9（c）所示。引入磺酸酯基可能是合适的途径。伯羟基发生对甲苯磺酰化反应更快，因此，具有一定的区域选择性。

区域选择性官能化纤维素衍生物在解释反应机理和意外副反应方面更有价值。例如，亲核置换反应中，已经观察到 *DS* 约为 1 的纤维素对 NO_2-苯基碳酸酯的交联。为了阐明副反应的原因，进行了 6-*O*-三苯基甲基（三苯甲基）对纤维素 6 位伯羟基的保护，获得了伯位不含任何碳酸酯的低 *DS* 的可溶性纤维素芳基碳酸酯。随后与胺发生 S_N 反应获得可溶产物，即不发生交联。因此，伯碳酸酯主要负责纤维素链的交联[89]。

最重要的纤维素保护基是基于三苯甲基和三烷基甲硅烷基（至少一个大体积

基团）的基团。相反，非常庞大的羧酸不适合用于选择性保护。原因是，对于酯，大体积基团和保护位置之间的距离较大（由于—CO—基团的“插入”），允许伯羟基和仲羟基酯化。用大体积酰基（包括新戊酸酯、金刚酸酯和 2,4,6-三甲基苯甲酸酯）制备的纤维素酯，当 $DS<1$ 时，不仅 C6 处被取代，C2 和 C3 处也被取代[90]。

4.4.1　三苯基甲基醚

由于其在非均相[63] 和均相反应条件[91] 下的空间需求，大体积三苯甲基氯化物优选与纤维素的伯羟基反应，通常，DMAc/LiCl 为溶剂，三乙胺为碱，加入三苯甲基氯后，在 70℃下反应 48～72h（表 4.3）。聚合物保留在溶液中，用甲醇或乙醇沉淀、洗涤。可以溶解于 THF 溶液中再用甲醇沉淀来进一步纯化，以去除痕量的三苯甲醇。已经发现，连接到苯环上的甲氧基可加快三苯醚的形成和提高裂解速率。就反应速率、有效性和价格而言，三苯甲基氯化物和单甲氧基三苯甲基氯化物可用作封端试剂。

表 4.3　纤维素与不同三苯甲基氯化物的三苯甲基化（3mol/mol AGU，70℃，DMAc/LiCl）和脱三苯甲基（37%HCl 水溶液，THF，体积比 1∶25）[91]

取代基	保护			脱保护速率
	时间/h	DS	比率	
三苯基甲基	4	0.41	1	1
	24	0.92		
	48	1.05		
4-单甲氧基三苯甲基	4	0.96	2	18
	24	0.92		
	48	0.89		
4,4′-二甲氧基三苯甲基	4	0.97	2×10^5	100
4,4′,4″-三甲氧基三苯甲基	4	0.96	6×10^6	590

由于 6-O-三苯甲基纤维素在碱性条件下稳定，被广泛用于制备 2,3-O-官能化纤维素衍生物。6-O-三苯甲基纤维素与乙酸酐或丙酸酐的反应制备相应的 2,3-O-官能化的乙酸酯或丙酸酯。用含 HBr 的乙酸处理，得到脱三苯甲基的聚合物[92]。Kadla 等制备了 2,3-O-乙酰纤维素，并与随机官能化衍生物相比，研究了醋酸纤维素/DMAc/水三元混合物中凝胶的黏弹性，指出相分离是氢键和疏水相互

作用引起的。与随机官能化酯相比，C6保留了—OH的2,3-*O*-纤维素醋酸酯，具有更高的弹性模量。换言之，区域选择性衍生物表现出相分离，而随机衍生物在相同浓度的非溶剂溶液中保持溶解[93]。以一种可比较的方式实现了纤维素硫酸半酯（硫酸纤维素）的制备，其仲—OH优先官能化[94]。以三氧化硫吡啶配合物为试剂，然后进行脱三苯基甲基反应，产物最高*DS*值为0.99。

通过6-*O*-三苯甲基纤维素制备区域选择性官能化的2,3-*O*-甲基纤维素和2,3-*O*-乙基纤维素[63]。选择适当的反应条件，可以通过保持区域选择性来控制DS_{Me}（表4.4）[95]。

表4.4　6-*O*-三苯甲基纤维素甲基化条件与部分取代度（*DS*）和重复单元数量

试样	工艺[a]	部分*DS*		*DS*	甲基化重复单元的数量/%[b]		
		2	3		未取代	2-/3-单-*O*-	二-*O*-
4a	A	0.10	0.24	0.40	62	36	2
4b	A	0.25	0.25	0.50	45	42	4
4c	A	0.39	0.28	0.67	63	47	10
4d	A	0.69	0.22	0.91	31	47	22
4e	B	0.56	0.31	0.87	34	45	21
4f	B	0.49	0.23	0.72	43	42	15
4g	B	0.56	0.37	0.93	33	41	23
4h	B	0.78	0.34	1.12	22	44	34
4i	C	0.51	0.26	0.77	41	41	18
4j	C	0.36	0.18	0.54	56	34	10
4k	C	0.54	0.37	0.91	28	53	19
4l	D	0.46	0.35	0.81	34	51	15
4m	D	0.45	0.38	0.83	32	53	15
4n	D	0.20	0.19	0.39	64	33	3
4o	D	0.38	0.32	0.70	42	46	12
4p	D	0.30	0.24	0.54	55	36	9
4q	D	0.39	0.08	0.47	61	31	8
4r	D	0.26	0.22	0.48	60	32	8
4s	D	0.31	0.33	0.64	45	46	9
4t	D	0.35	0.16	0.51	61	27	12

a. A：纤维素三苯甲基醚溶解于DMSO，加入NaOH粉末；B：纤维素三苯甲基醚溶解于含1.6%水的DMSO，加入NaOH粉末；C：纤维素三苯甲基醚溶解于含1.6%水的DMSO，加入KOH粉末；D：纤维素三苯甲基醚分散于异丙醇、NaOH水溶液。

b. 样品全丙酰化后产物的^{1}H-NMR，并进行线性分析后计算的结果。

2,3-O-烯丙基纤维素可以以类似的方式制备。与本书中描述的其他纤维素醚相比，烯丙基醚可以被选择性地分裂，因此，也可以作为保护基团[96]。更多细节在4.4.5节中讨论。

以6-O-三苯基甲基纤维素为原料，一氯乙酸钠为醚化剂，以固体氢氧化钠为碱，在二甲基亚砜溶液中合成了离子型2,3-O-羧甲基纤维素[97-98]。反应时间为29h，反应温度为70℃，产物在0℃下用气态盐酸在二氯甲烷中脱三苯基甲基45min。另一种方法是在含有盐酸的乙醇浆料中进行去三苯基甲基化。合成的2,3-O-CMC的DS达到1.91，该聚合物DS从0.3开始可溶于水性[99]。

以6-O-单甲氧基三苯甲基纤维素为起始原料制备纤维素的2,3-O-羟基烷基醚[100]。由于环氧化物在NaOH存在下与DMSO反应，该反应不能在均相反应条件下进行。其他反应介质，如适用于羧甲基化反应的醇水溶液在本反应中不适用，因为不能有效地润湿疏水性单甲氧基三苯甲基纤维素。研究表明，表面活性剂，特别是非离子和阴离子的混合物，能够调整转化。单甲氧基三苯甲基纤维素与环氧乙烷和环氧丙烷在含有十二烷基硫酸钠和聚乙二醇$C_{11}\sim C_{15}$醚（IMBENTIN AGS-35）的异丙醇/水混合物中反应得到2,3-O-羟基烷基纤维素，脱三苯基后MS高达2.0。有趣的是，聚合物从$MS=0.25$（羟乙基纤维素）和0.5（羟丙基纤维素，HPC）开始溶于水，而传统的HPC从$MS>4$开始溶于水。^{13}C-NMR波谱揭示了AGU仲羟基的醚化。如图4.10所示，对于C6的CH_2基团，只能观察到一个信号。此外，C2和C3位置醚化的峰值出现在80~83ppm。

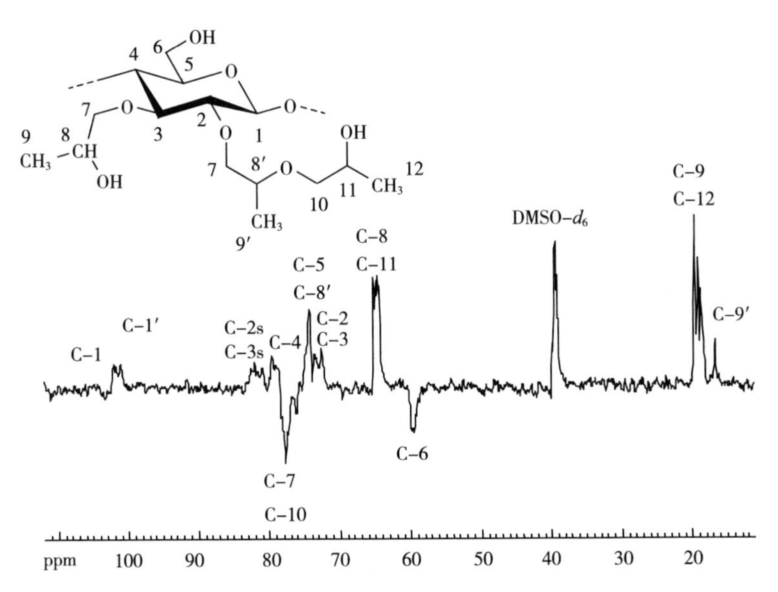

图4.10 摩尔取代度为0.33的2,3-O-羟丙基纤维素在40℃下，DMSO-d_6中的^{13}C DEPT ^{13}C-NMR谱图[100]

纤维素衍生物与环氧化物的转化可能产生氧烷基侧链。这些样品的核磁共振研究揭示了不同类型的水化行为。因此，2,3-*O*-HPC 的二聚侧链比单体单元更难水合[101]。

6-*O*-单甲氧基三苯甲基纤维素转化为甲基丙烯酸-2-异氰酸乙酯，然后脱除三苯甲基，得到 2,3-*O*-官能化纤维素衍生物[102]。

纤维素的 4-烷氧基三乙基醚具有 C_4～C_{18} 烷基链，可溶于不同极性的溶剂中，这取决于烷基链的长度。这些衍生物及其醋酸酯在熔融温度以上表现出独特的各向异性光学性质[103]。

4.4.2 三烷基硅基醚

三甲基氯硅烷是最简单的三烷基氯硅烷，容易与醇羟基反应，但不具备区域选择性。可通过接上一个庞大的烷基来确保足够的区域选择性。因此，三烷基硅基氯化物，如叔丁基和二甲基硅基（TDMS）氯化物是有价值的保护基团。就其性能而言，TDMS 醚是最通用的保护基团。可用于制备两种不同类型的受保护纤维素衍生物，因为硅烷化的区域选择性取决于纤维素在反应混合物中的分散状态，选择性受介质控制（图 4.11）。以在氨和非质子偶极溶剂的混合物中溶胀的纤维素为原料，尤其是用-25～-15℃的 NMP 溶胀，与 TDMS-Cl 反应实现伯—OH 的独特甲硅烷化[104-105]。

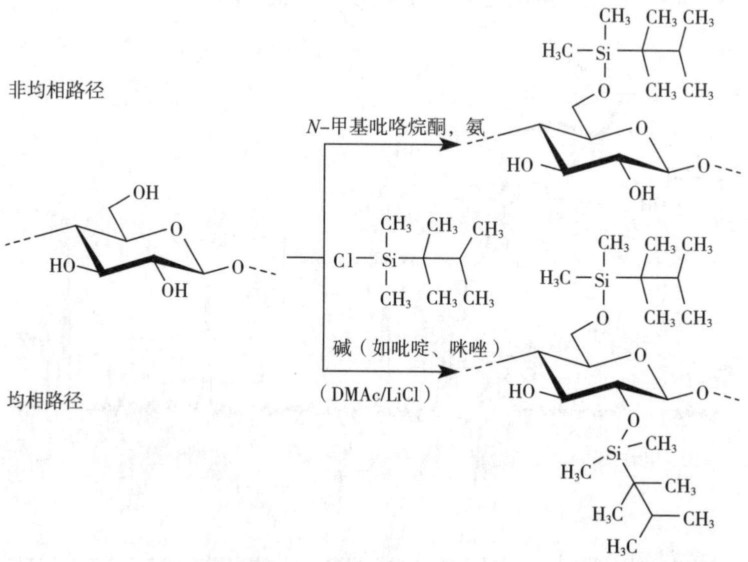

非均相路径

N-甲基吡咯烷酮，氨

碱（如吡啶、咪唑）

（DMAc/LiCl）

均相路径

图 4.11 纤维素在 C6 和 C2/C6 选择性保护的硅烷化的非均相/均相路径

相关人员研究了 *DP*=1433 的棉短绒在 DMAc/LiCl 中的 2,6-二-*O*-硅烷化反应[106]。溶解之前对棉短绒进行丝光化处理，确保形成光学透明的纤维素溶液。结果发现，反应 4h 后已经达到最大 *DS*［图 4.12（a）］。如果反应时间延长至 24h，AGU：TDMS-Cl 摩尔比可从 1：4 变为 1：3［图 4.12（b）］。C3 羟基甲基化、脱硅烷和乙酰化处理后的聚合物的核磁共振研究表明，形成均匀结构的 2,6-二-*O*-TDMS 纤维素。

虽然在 1987 年已经合成了 *DS*=0.7 的 TBDMS 纤维素[107]，但是这种衍生物在区域选择性纤维素化学中并没有得到足够关注。后来合成了 *DS*=0.97 的 TBDMS 纤维素[108]，C6 选择性甲硅烷化得到验证。*DS* 高达 2 的 TBDM 甲硅烷化纤维素也成功制备[109]。经甲基化、脱硅烷化和乙酰化后的衍生物核磁共振研究揭示了这种聚合物的结构均匀性。此外，发现在 100℃的温度下进行反应是不合适的，因为会发生副反应，选择性发生变化；检测到 6-单-*O*-TBDMS 纤维素、3,6-二-*O*-TBDMS 纤维素和 2,3,6-三-*O*-TBDMS 纤维素。

用 3-*O*-烯丙基纤维素为保护的前体来制备具有高度区域选择性的纤维素-2,6-*O*-二酯和纤维素-2,6-A-*O*-3-B-*O*-三酯，而 3-*O*-苄基纤维素则不合适。区域选择性功能化纤维素酯的合成甚至比醚化反应更加困难，因为在纤维素酯存在的情况下，难以接上和脱除保护基团而不除去酯基团[110]。

4.4.3　3-*O*-纤维素醚

3-单-*O*-纤维素醚的常规制备遵循 2,6-二-*O*-保护、3-*O*-烷基化和 2,6-二-*O*-脱出保护基的方法。烷基化试剂通常是烷基碘化物，而烷基氯化物、溴化物和硫酸酯很少采用。往往在无水情况下用氢化钠为碱催化剂。尽管以 NaOH 为碱容易控制反应条件，但是无水条件很难达到，而痕量的水诱导硅烷基团脱除，导致产物结构不均匀，因此不采用它作为碱。使用 TBAF · $3H_2O$ 作为含氟离子试剂将甲硅烷基醚裂解掉。目前，已知的 3-*O*-烷基纤维素及其典型溶解性总结于表 4.5。

表 4.5　目前已知的 3-*O*-烷基纤维素及其溶解性

烷基	溶剂中溶解性					文献
	乙醇	DMSO	DMA	H_2O（<20℃）	H_2O（室温）	
甲基	−	−	−	−	−	[111]
乙基	−	+	+	+	+	[112]
羟乙基	−	+	+	+	+	[113]
甲氧基乙基	−	+	+	+	+	[114]
3′-羟丙基	−	+	+	+	+	[115]
烯丙基	−	+	+	−	−	[111]

续表

烷基	溶剂中溶解性					文献
	乙醇	DMSO	DMA	H_2O（<20℃）	H_2O（室温）	
丙基	+	+	+	+	–	[116]
炔丙基	–	+		–	–	[117]
丁基	+	+	+	–	–	[118]
正戊基	+	+	+	–	–	[119]
异戊基	+	+	+	–	–	[119]
十二烷基	–	–	–	–	–	[9，119]
低聚物（乙二醇）	–	–	–	–	–	[10，120]

注 +表示溶解，–表示不溶解。

3-单-*O*-炔丙基纤维素的合成具有挑战性[117]。尽管三键的质子呈酸性，但没有迹象表明通过 C—C 键的形成而延长链，即能够获得纯的 3-单-*O*-炔丙基纤维素。然而，氢键的存在阻碍了通过 2D NMR 进行详细的结构表征。

表 4.5 表明不仅能制备短链的醚。有趣的是，咪唑[121] 存在下，2,6-二-*O*-TDMS 纤维素与甲氧基聚（乙二醇）甲苯磺酸酯反应，可以获得带有 3~16 个乙二醇的长链甲氧基聚（乙二醇）醚的 3-*O*-醚。氢化钠存在下，用甲氧基聚（乙二醇）碘化物为烷化剂，得到 *DS* 高达 0.8 的产物[120]。该合成概念也被用于合成 3-*O*-叠氮基丙氧基聚乙二醇-2,6-二-*O*-己基二甲基甲硅烷基纤维素，其表面形成蜂窝结构。叠氮基可用于点击反应，如与炔丙基化生物素衍生物反应[122]。

图 4.12 显示咪唑存在下，TDMSCl 与 AGU 的摩尔比和反应时间与取代度的关系[106]。

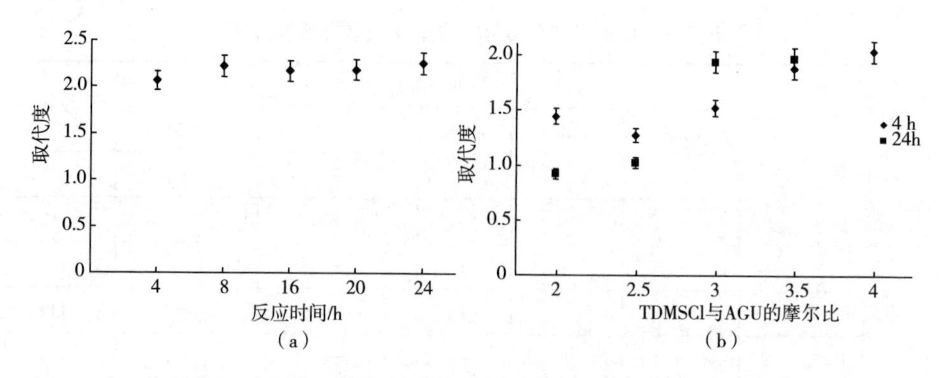

图 4.12　TDMSCl 与 AGU 的摩尔比和反应时间与取代度的关系

4.4.4　水溶液中的热性能

乙基纤维素聚集行为受到官能化模式的影响。取代度相当的 3-单-O-乙基纤维素和随机官能化的乙基纤维素在水中有较好溶解性。然而，随机取代的乙基纤维素的 LCST 是 30℃，而区域选择性取代的乙基纤维素在 60℃失去溶解性。这种行为通过不同的技术进行了检测，如肉眼观察、显微 DSC、振荡剪切模式下的流变学和 NMR 光谱[123]。

显然，此处讨论的 3-O-醚的 LCST 取决于烷基链长（表 4.5），LCST 也可能低于室温。后续又混合两种不同 3-O-烷基纤维素来尝试调整 LCST 的报道[124]。然而，不同 LCST 的聚合物的物理混合不会改变 LCST。在任何情况下，溶解行为都由具有最低 LCST 的化合物所决定，如图 4.13（b）所示。然而，在同一聚合物链的 C3 位连接不同的烷基显著影响产物的 LCST。用两种不同烷基碘的混合物代替单一烷化剂，制备混合 3-O-烷基化产物。由于烷基化试剂的反应活性差别非常大，为了得到预期比例的取代度，需要控制烷基化试剂的投料量比例。然而，产物具有一个明确的 LCST，介于单独取代的聚合物 LCST 之间，如图 4.13（a）所示。对混合纤维素醚的进一步研究揭示了在加热水溶液时会形成网络。该网络的强度随着 3-单-O-乙基/丙基纤维素衍生物中丙基含量的增加而增加。这种聚集伴随相分离，混合物变得不透明[125]。

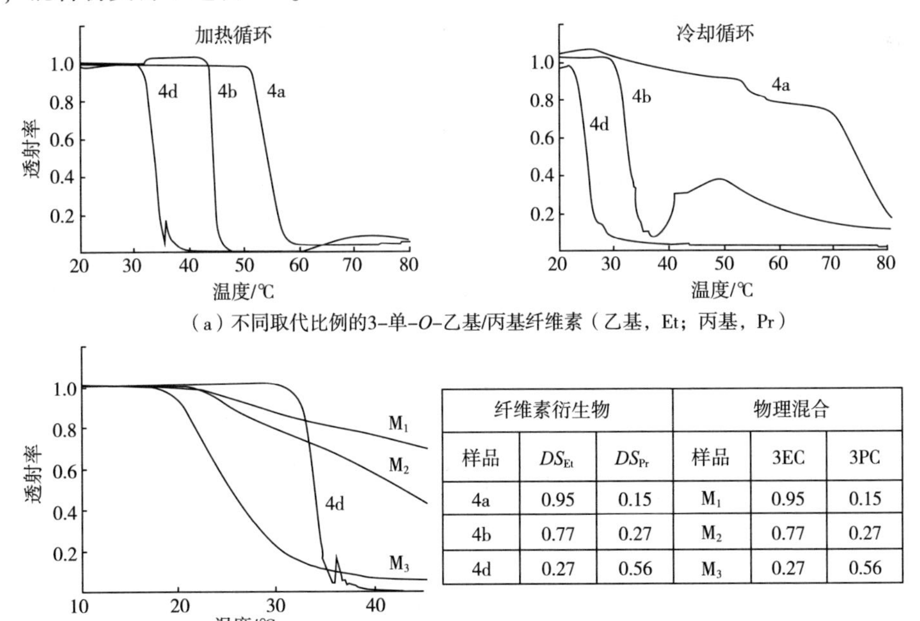

纤维素衍生物			物理混合		
样品	DS_{Et}	DS_{Pr}	样品	3EC	3PC
4a	0.95	0.15	M_1	0.95	0.15
4b	0.77	0.27	M_2	0.77	0.27
4d	0.27	0.56	M_3	0.27	0.56

（a）不同取代比例的3-单-O-乙基/丙基纤维素（乙基，Et；丙基，Pr）

（b）3-单-O-乙基纤维素（3EC）、3-单-O-丙基纤维素（3PC）的物理混合[124]

图 4.13　3-单-O-烷基纤维素衍生物水溶液中的温度与透射率的关系

4.4.5 正交保护基团的应用

使用正交保护基策略可以制备那些不能使用单个保护基团直接获得纤维素醚。Kondo 描述的 6-*O*-烷基纤维素合成是第一个例子[96]（图 4.14），制备方案中包含两种不同保护基方法。首先，6-*O*-三苯甲基纤维素在 NaOH 存在下与烯丙基氯在 C2 位和 C3 位发生烯丙基化。脱除三苯甲基化后，用叔丁醇钾将 2,3-*O*-烯丙基纤维素异构化为 2,3-*O*-（1-丙烯基）纤维素。C6 位发生烷基化后，在甲醇中用 HCl 脱除仲羟基上的 1-丙烯基。

另外一个重要应用是选择性合成羟烷基化纤维素醚。工业上，羟烷基纤维素由纤维素与环氧烷的转化制备，可能在一定程度上存在侧链。例如羟乙基纤维素，采用环氧乙烷和 2-溴乙醇都不会得到均一的产物。使用正交保护基方法合成 2,3-*O*-HEC[126]、3-*O*-HEC[113] 可以避免此类情况（图 4.15）。

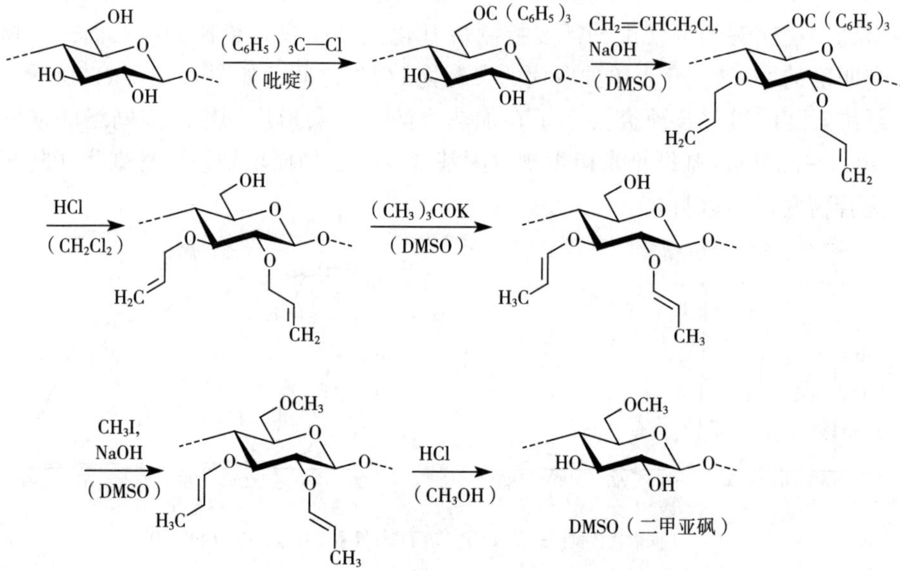

图 4.14　6-*O*-甲基纤维素的制备[96]

对甲苯磺酸为催化剂，2-溴乙醇能与 3，4-二氢-2H-吡喃反应生成 2-（2-溴甲氧基）四氢吡喃，后者可作为烷基化试剂[127]。烷基化的 2,6-二-*O*-TDMS 纤维素脱除保护基的顺序至关重要，例如，必须先脱除 TDMS 基团，然后用酸处理脱除四氢呋喃基团[113]。显然，非极性 TDMS 基团可阻止质子诱导的水解。

在 C3 位区域选择性引入的醚本身可用作保护基。尽管烷基醚稳定，但烯丙基醚可以很容易地去除，烯丙基醚异构化为 1-丙烯基醚，然后进行酸裂解[96] 或钯

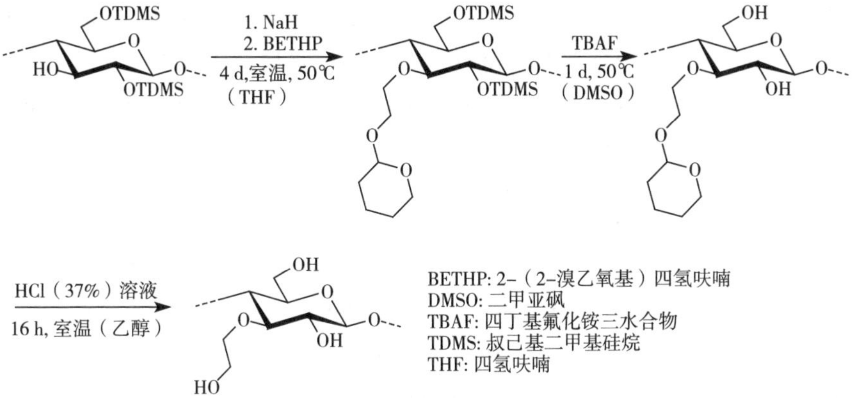
OTDMS
HO
O
O
OTDMS
1. NaH
2. BETHP
4 d,室温, 50℃
（THF）
TBAF
1 d, 50℃
（DMSO）
OH
HCl（37%）溶液
16 h, 室温（乙醇）
HO
BETHP: 2-（2-溴乙氧基）四氢呋喃
DMSO: 二甲亚砜
TBAF: 四丁基氟化铵三水合物
TDMS: 叔己基二甲基硅烷
THF: 四氢呋喃

图 4.15　2,6-二-*O*-己基二甲基甲硅烷基纤维素正交保护基团法制备 3-单-*O*-羟乙基纤维素[113]

催化的氢解反应[128]。这使烯丙基醚成为一种有价值的保护基。3-单-*O*-烯丙基纤维素的甲基化、脱烯丙基化制备了相应的 2,6-二-*O*-甲基纤维素，这是其他聚合物类似反应无法获得的。这种衍生物在有机溶剂、水中不溶解，可能与其高度结晶性有关。2-单-*O*-和 3,6-二-*O*-纤维素醚的合成需要应用多个保护基团的复杂合成策略[4]。2,6-二-*O*-TDMS 纤维素制备的 3-单-*O*-烯丙基纤维素是制备 2-单-*O*-甲基纤维素的关键中间体。在裂解掉三苯甲基和烯丙基前，烯丙基醚在 C6 位三苯甲基化，并在 C2 位甲基化。3,6-二-*O*-甲基纤维素的合成起始于作为关键中间体的 3-单-*O*-甲基纤维素，其在 C6 位三苯甲基化，C2 位烯丙基化，然后 C6 位脱除三苯甲基。该产物在 C6 位甲基化，然后脱烯丙基。

基于易于获得的 3-单-*O*-烯丙基纤维素，Edgar 等应用该方案制备区域选择性官能化的纤维素酯[110]。纤维素醚全酰化反应，再通过钯催化去烯丙基化。然而，至今尚未实现制备 3-*O*-纤维素酯的可行合成路线。显然，该反应的瓶颈是保护基的裂解，裂解过程会影响 C3 位的酰基。

参考文献

1. Siegmund G, Klemm D (2002) Cellulose sulfonates: preparation, properties, subsequent reactions. Polym News 27:84-90
2. Heinze T (2009) Hot topics in polysaccharide chemistry—selected examples. Macromol Symp 280:15-27
3. Heinze T, Koschella A, Brackhagen M, Engelhardt J, Nachtkamp K (2006) Studies on non-natural deoxyammonium cellulose. Macromol Symp 244:74-82

4. Nakagawa A, Ishizu C, Sarbova V, Koschella A, Takano T, Heinze T, Kamitakahara H (2012) 2-O-methyl-and 3,6-di-O-methyl-celluloses from natural cellulose: synthesis and structure characterization. Biomacromol 13:2760-2768
5. Fox SC, Li B, Xu D, Edgar KJ (2011) Regioselective esterification and etheriication of cellulose: a review. Biomacromol 12:1956-1972
6. Heinze T, Koschella A (2005) Carboxymethyl ethers of cellulose and starch-A review. Macromol Symp 223:13-39
7. Steinmeier H (2004) Chemistry of cellulose acetylation. Macromol Symp 208:49-60
8. Philipp B, Schempp W (2009) Progress in cellulose research in the reflection of the Zellcheming cellulose symposium. Macromol Symp 280:4-14
9. Petzold K, Koschella A, Klemm D, Heublein B (2003) Silylation of cellulose and starch-selectivity, structure analysis, and subsequent reactions. Cellulose 10:251-269
10. Gericke M, Liebert T, El Seoud OA, Heinze T (2011) Tailored media for homogeneous cellulose chemistry: ionic liquid/co-solvent mixtures. Macromol Mater Eng 296:483-493
11. Heinze T, Gericke M (2013) Ionic liquids as solvents for homogeneous derivatization of cellulose: challenges and opportunities. In: Fang Z, Smith RL, Qi X (eds) Production of biofuels and chemicals with ionic liquids. Springer, Berlin, pp 107-144
12. Heinze T, Liebert T (2004) Chemical characteristics of cellulose acetate. Macromol Symp 208:167-237
13. Law RC (2004) Cellulose acetate in textile application. Macromol Symp 208:255-265
14. Malm CJ, Tanghe LO, Laird BC, Smith GD (1953) Relative rates of acetylation of the hydroxyl groups in cellulose acetate. J Am Chem Soc 75:80-84
15. Jain RK, Agnish SL, Lal K, Bhatnagar HL (1985) Reactivity of hydroxyl groups in cellulose towards chloro(p-tolyl)methane. Makromol Chem 186:2501-2512
16. Kwatra HS, Caruthers JM, Tao BY (1992) Synthesis of long chain fatty acids esteriied onto cellulose via the vacuum-acid chloride process. Ind Eng Chem Res 31:2647-2651
17. Edgar KJ (2009) Direct synthesis of partially substituted cellulose esters. In: Edgar KJ, Heinze T, Buchanan CM (eds) Polysaccharide materials: performance by design, ACS Symp Ser 1017:213-229
18. Yan L, Li W, Qi Z, Liu S (2006) Solvent-free synthesis of cellulose acetate by solid superacid catalysis. J Polym Res 13:375-378

19. Edgar KJ, Pecorini TJ, Glasser WG (1998) Long-chain cellulose esters: preparation, properties, and perspective. ACS Symp Ser 688:38-60
20. Heinze T, Liebert TF, Pfeiffer KS, Hussain MA (2003) Unconventional cellulose esters: synthesis, characterization and structure - property relations. Cellulose 10: 283-296
21. Ratanakamnuan U, Atong D, Aht-Ong D (2012) Cellulose esters from waste cotton fabric via conventional and microwave heating. Carbohydr Polym 87:84-94
22. Ramos LA, Assaf JM, El Seoud OA, Frollini E (2005) Influence of the supra-molecular structure and physico-chemical properties of cellulose on its dissolution in the lithium chloride/N,N-dimethylacetamide solvent system. Biomacromol 6:2638-2647
23. El Seoud OA, Heinze T (2005) Organic esters of cellulose: new perspectives for old polymers. Adv Polym Sci 186:103-149
24. Trulove PC, Reichert WM, De Long HC, Kline SR, Rahatekar SS, Gilman JW, Muthukumar M (2009) The structure and dynamics of silk and cellulose dissolved in ionic liquids. ECS Trans 16:111-117
25. Kuzmina O, Sashina E, Troshenkowa S, Wawro D (2010) Dissolved state of cellulose in ionic liquids: the impact of water. Fibres Text East Eur 18:32-37
26. Ramos LA, Morgado DL, El Seoud AO, da Silva VC, Frollini E (2011) Acetylation of cellulose in LiCl-N, N-dimethylacetamide: irst report on the correlation between the reaction eficiency and the aggregation number of dissolved cellulose. Cellulose 18:385-392
27. Sescousse R, Le KA, Ries ME, Budtova T (2010) Viscosity of cellulose imidazolium-based ionic liquid solutions. J Phys Chem B 114:7222-7228
28. Parviainen A, King AWT, Mutikainen I, Hummel M, Selg C, Hauru LKJ, Sixta H, Kilpeläinen I (2013) Predicting cellulose solvating capabilities of acid-base conjugate ionic liquids. Chemsuschem 6:2161-2169
29. Olsson C, Westman G (2013) Wet spinning of cellulose from ionic liquid solutions-viscometry and mechanical performance. J Appl Polym Sci 127:4542-4548
30. Gericke M, Schlufter K, Liebert T, Heinze T, Budtova T (2009) Rheological properties of cellulose/ionic liquid solutions: from dilute to concentrated states. Biomacromol 10:1188-1194
31. Xu A, Zhang Y, Zhao Y, Wang J (2013) Cellulose dissolution at ambient temperature: role of preferential solvation of cations of ionic liquids by a cosolvent. Carbohydr Polym 92:540-544
32. Nawaz H, Pires PAR, Bioni TA, Arêas EPG, El Seoud OA (2014) Mixed solvents

for cellulose derivatization under homogeneous conditions: kinetic, spectroscopic, and theoret-ical studies on the acetylation of the biopolymer in binary mixtures of an ionic liquid and molecular solvents. Cellulose 21:1193-1204

33. Marson GA, El Seoud OA (1999) A Novel, efficient procedure for acylation of cellulose under homogeneous solution conditions. J Appl Polym Sci 74:1355-1360
34. Fidale LC, Possidonio S, El Seoud OA (2009) Application of 1-allyl-3-(1-butyl) imidazolium chloride in the synthesis of cellulose esters: properties of the ionic liquid, and comparison with other solvents. Macromol Biosci 9:813-821
35. Gericke M, Fardim P, Heinze T (2012) Ionic liquids—Promising but challenging solvents for homogeneous derivatization of cellulose. Molecules 17:7458-7502
36. Strlic M, Kolar J (2003) Size exclusion chromatography of cellulose in LiCl/N,N-dimethylacetamide. J Biochem Biophys Methods 56:265-279
37. Wang Z, Yokoyama T, Chang H-M, Matsumoto Y (2009) Dissolution of beech and spruce milled woods in LiCl/DMSO. J Agric Food Chem 57:6167-6170
38. Kostag M, Liebert T, El Seoud OA, Heinze T (2013) Eficient cellulose solvent: quaternary ammonium chlorides. Macromol Rapid Commun 34:1580-1584
39. Amigues E, Hardacre C, Keane G, Migaud M, O'Neill M (2006) Ionic liquids—media for unique phosphorus chemistry. Chem Commun 1:72-74
40. Regiani AM, Frollini E, Marson GA, Arantes GM, El Seoud OA (1999) Some aspects of acylation of cellulose under homogeneous solution conditions. J Polym Sci Part A 37:1357-1363
41. Possidonio S, Fidale LC, El Seoud AO (2010) Microwave-assisted derivatization of cellulose in an ionic liquid: an eficient, expedient synthesis of simple and mixed carboxylic esters. J Polym Sci Part A 48:134-143
42. Koehler S, Heinze T (2007) New solvents for cellulose: dimethyl sulfoxide/ammonium fluorides. Macromol Biosci 7:307-314
43. Duchemin BJ-CZ, Newman RH, Staiger MP (2007) Phase transformations in microcrys-talline cellulose due to partial dissolution. Cellulose 14:311-320
44. Peres de Paula M, Lacerda TM, Frollini E (2008) Sisal cellulose acetates obtained from heterogeneous reactions. Express Polym Lett 2:423-428
45. Yang Z, Xu S, Ma X, Wang S (2008) Characterization and acetylation behavior of bamboo pulp. Wood Sci Technol 42:621-632
46. Diamantoglou M, Lemke HD, Vienken J (1994) Cellulose-ester as membrane materials for hemodialysis. Int J Artif Org 17:385-391
47. Heinze T, Liebert T, Koschella A (2006) Esteriication of polysaccharides. Springer,

Berlin, p 43
48. Klug ED, Tinsley JS (1950) Carboxyalkyl ethers of cellulose. US Patent 2,517, 577, 08 Aug 1950
49. Broderick AE (1954) Hydroxyalkylation of polysaccharides. US Patent 2,682,535, 29 June 1954
50. Felcht UH, Perplies E (1983) Cellulose ethers with dimethoxyethane as a dispersing adjuvant. DE Patent 3,147,434 A1, 09 June 1983
51. Isogai A, Ishizu A, Nakano J (1984) Preparation of tri-*O*-benzylcellulose by the use of nonaqueous cellulose solvents. J Appl Polym Sci 29:2097-2109
52. Isogai A, Ishizu A, Nakano J (1984) Preparation of tri-*O*-substituted cellulose ethers by the use of a nonaqueous cellulose solvent. J Appl Polym Sci 29:3873-3882
53. Isogai A, Ishizu A, Nakano J (1986) Preparation of tri-*O*-alkylcelluloses by the use of a nonaqueous cellulose solvent and their physical characteristics. J Appl Polym Sci 31:341-352
54. Isogai A, Ishizu A, Nakano J (1987) Dissolution mechanism of cellulose in sulfur dioxide-amine-dimethyl sulfoxide. J Appl Polym Sci 33:1283-1290
55. Schaub M, Fakirov C, Schmidt A, Lieser G, Wenz G, Wegner G, Albouy PA, Wu H, Foster MD, Majrkzak C et al (1995) Ultrathin layers and supramolecular architecture of isopentylcellulose. Macromolecules 28:1221-1228
56. Fakirov C, Lieser G, Wegner G (1997) Chain conformation and packing of isopentyl cellulose in thin films. Macromol Chem Phys 198:3407-3424
57. D'Aprano G, Henry C, Godt A, Wegner G (1998) Design, characterization, and processing of cellulose-S-acetyl: a precursor to an electroactive cellulose. Macromol Chem Phys 199:2777-2783
58. Petrus L, Gray DG, BeMiller JN (1995) Homogeneous alkylation of cellulose in lithium chloride/dimethyl sulfoxide solvent with dimsyl sodium activation. A proposal for the mechanism of cellulose dissolution in lithium chloride/DMSO. Carbohydr Res 268:319-323
59. Takaragi A, Minoda M, Miyamoto T, Liu HQ, Zhang LN (1999) Reaction characteristics of cellulose in the lithium chloride/1,3-dimethyl-2-imidazolidinone solvent system. Cellulose 6:93-102
60. Takahashi S, Fujimoto T, Miyamoto T, Inagaki H (1987) Relationship between distribution of substituents and water solubility of O-methyl cellulose. J Polym Sci Part A Polym Chem 25:987-994
61. Nojiri M, Kondo T (1996) Application of regioselectively substituted methylcelluloses

to characterize the reaction mechanism of cellulase. Macromolecules 29:2392-2395

62. Itagaki H, Takahashi I, Natsume M, Kondo T (1994) Gelation of cellulose whose hydroxyl groups are speciically substituted by the fluorescent groups. Polym Bull 32: 77-81
63. Kondo T, Grey DG (1991) The preparation of O-methyl-and O-ethylcelluloses having controlled distribution of substituents. Carbohydr Res 220:173-183
64. Kern H, Choi S, Wenz G (1998) New functional derivatives from 2,3-di-O-alkylcelluloses. Polym Prepr (Am Chem Soc Div Polym Chem) 39:80-81
65. Harkness BR, Gray DG (1990) Left-and right-handed chiral nematic mesophase of (trityl) (alkyl) cellulose derivatives. Can J Chem 68:1135-1139
66. Landoll LM (1982) Nonionic polymer surfactants. J Polym Sci Polym Chem Ed 20: 443-455
67. Schulz DN, Block J, Valint PL Jr (1994) Synthesis and characterization of hydrophobically associating water-soluble polymers. In: Dubin P, Bock J, Davis R, Schulz DN, Thies C (eds) Macromolecular Complexes in Chemistry and Biology. Springer, Heidelberg, pp 3-13
68. Tanaka R, Meadows J, Williams PA, Philips GO (1992) Interaction of hydrophobically modiied hydroxyethyl cellulose with various added surfactants. Macromolecules 25:1304-1310
69. Tanaka R, Meadows J, Phillips GO, Williams PA (1990) Viscometric and spectroscopic studies on the solution behavior of hydrophobically modiied cellulosic polymers. Carbohydr Polym 12:443-459
70. Landoll LM (1979) Cellulose derivatives. US Patent 4,228,277 (Hercules)
71. Sau AC, Landoll LM (1989) Synthesis and solution properties of hydrophobically modiied (hydroxyethyl) cellulose. In: Glass JE (ed) Polymers in Aqueous Media, vol 223. American Chemical Society, Washington, DC, pp 343-364
72. Höfer R, Schulte HG, Schmitz J (2007) In Kittel H, Ortelt M (eds) Rheologie in Farben und Lacken, 2nd ed. Lehrbuch der Lacke und Beschichtungen, Bd. 4. S. Hirzel Verlag, Stuttgart
73. Um S-U, Poptoshev E, Pugh RJ (1997) Aqueous solutions of ethyl (hydroxyethyl) cellulose and hydrophobic modiied ethyl (hydroxyethyl) cellulose polymer: dynamic surface tension measurements. J Colloid Interface Sci 193:41-49
74. Schempp W, Krause T, Seifried U, Koura A (1984) Production of highly substituted trimethylsilyl celluloses in the system dimethylacetamide/lithium chloride. Papier (Darmstadt) 38:607-610

75. Weigel P, Gensrich J, Wagenknecht W (1996) Model investigations on the effect of an intermediate derivatization on structure and properties of regenerated cellulose ilaments. Papier (Darmstadt) 50:483-490
76. Nicholson MD, Merritt FM (1985) Cellulose ethers. In: Nevell TP, Zeronian SH (eds) Cellulose Chemistry, its application. Horwood Publ., Chichester, pp 363-383
77. Nishio N, Takano T, Kamitakahara H, Nakatsubo F (2005) Preparation of high regioselectively mono-substituted carboxymethyl celluloses. Cellul Chem Technol 39: 377-387
78. Karakawa M, Nakai S, Kamitakahara H, Takano T, Nakatsubo F (2007) Preparation of highly regioregular O-methylcelluloses and their water solubility. Cellul Chem Technol 41:569-573
79. Kamitakahara H, Funakoshi T, Nakai S, Takano T, Nakatsubo F (2009) Syntheses of 6-O-ethyl/methyl-celluloses via ring-opening copolymerization of 3-O-benzyl-6-O-ethyl/methyl-a-D-glucopyranose 1,2,4-orthopivalates and their structure-property relationships. Cellulose 16:1179-1185
80. Kamitakahara H, Funakoshi T, Takano T, Nakatsubo F (2009) Syntheses of 2,6-O-alkyl celluloses: influence of methyl and ethyl groups regioselectively introduced at O-2 and O-6 positions on their solubility. Cellulose 16:1167-1178
81. Kamitakahara H, Funakoshi T, Nakai S, Takano T, Nakatsubo F (2010) Synthesis and structure/property relationships of regioselective 2-O-, 3-O-and 6-O-ethyl celluloses. Macromol Biosci 10:638-647
82. Philipp B, Wagenknecht W, Wagenknecht M, Nehls I, Klemm D, Stein A, Heinze T, Heinze U, Helbig K (1995) Regioselective esteriication and etheriication of cellulose and cellulose derivatives. 1. Problems and description of the reaction systems. Papier (Bingen) 49:3-7
83. Koschella A, Fenn D, Illy N, Heinze T (2006) Regioselectively functionalized cellulose derivatives: a mini review. Macromol Symp 244:59-73
84. Deus C, Friebolin H, Siefert E (1991) Partially acetylated cellulose. Synthesis and determination of the substituent distribution via proton NMR spectroscopy. Makromol Chem 192:75-83
85. Wagenknecht W (1996) Regioselectively substituted cellulose derivatives by modiication of commercial cellulose acetates. Papier (Darmstadt) 50:712-720
86. Altaner C, SaakeB, Tenkanen M,Eyzaguirre J, Faulds CB, Biely P, Viikari L, Siika-ahoM, Puls J (2003) Regioselective deacetylation of cellulose acetates by acetyl

xylan esterases of different CE-families. J Biotechnol 105:95-104
87. Xu D, Edgar KJ (2012) TBAF and cellulose esters: unexpected deacylation with unexpected regioselectivity. Biomacromol 13:299-303
88. Zheng X, Gandour RD, Edgar KJ (2014) Remarkably regioselective deacylation of cellulose esters using tetraalkylammonium salts of the strongly basic hydroxide ion. Carbohydr Polym 111:25-32
89. Elschner T, Ganske K, Heinze T (2013) Synthesis and aminolysis of polysaccharide carbonates. Cellulose 20:339-353
90. Xu D, Li B, Tate C, Edgar KJ (2011) Studies on regioselective acylation of cellulose with bulky acid chlorides. Cellulose 18:405-419
91. Camacho Gomez JA, Erler UW, Klemm DO (1996) 4-methoxy substituted trityl groups in 6-O protection of cellulose: homogeneous synthesis, characterization, detritylation. Macromol Chem Phys 197:953-964
92. Iwata T, Azuma J, Okamura K, Muramoto M, Chun B (1992) Preparation and N. M. R. assignments of cellulose mixed esters regioselectively substituted by acetyl and propanoyl groups. Carbohydr Res 224:277-283
93. Hsieh C-WC, Kadla JF (2012) Effect of regiochemistry on the viscoelastic properties of cellulose acetate gels. Cellulose 19:1567-1581
94. Heinze T, Vieira M, Heinze U (2000) New polymers based on cellulose. Lenzinger Ber 79:39-44
95. Petzold-Welcke K, Kotteritzsch M, Heinze T (2010) 2,3-O-Methyl cellulose: studies on synthesis and structure characterization. Cellulose 17:449-457
96. Kondo T (1993) Preparation of 6-O-alkylcelluloses. Carbohydr Res 238:231-240
97. Heinze T, Röttig K, Nehls I (1994) Synthesis of 2,3-O-carboxymethylcellulose. Macromol Rapid Comm 15:311-317
98. Heinze U, Heinze T, Klemm D (1999) Synthesis and structure characterization of 2, 3-O-carboxymethylcellulose. Macromol Chem Phys 200:896-902
99. Liu H-Q, Zhang L-N, Takaragi A, Miyamoto T (1997) Water solubility of regioselectively 2,3-O-substituted carboxymethylcellulose. Macromol Rapid Comm 18: 921-925
100. Schaller J, Heinze T (2005) Studies on the synthesis of 2,3-O-hydroxyalkyl ethers of cellulose. Macromol Biosci 5:58-63
101. Larsen FH, Schobitz M, Schaller J (2012) Hydration properties of regioselectively etheriied celluloses monitored by 2H and 13C solid-state MAS NMR spectroscopy. Carbohydr Polym 89:640-647

102. Halake KS, Choi S-Y, Hong SM, Seo SY, Lee J (2013) Regioselective substitution of 2-isocyanatoethyl methacrylate onto cellulose. J Appl Polym Sci 128: 2056-2062
103. Ifuku S, Kamitakahara H, Takano T, Tanaka F, Nakatsubo F (2004) Preparation of 6-O-(4-alkoxytrityl) celluloses and their properties. Org Biomol Chem 2: 402-407
104. Klemm D, Stein A (1995) Silylated cellulose materials in design of supramolecular structures of ultrathin cellulose ilms. J Macromol Sci Part A Pure Appl Chem A32: 899-904
105. Koschella A, Klemm D (1997) Silylation of cellulose regiocontrolled by bulky reagents and dispersity in the reaction media. Macromol Symp 120:115-125
106. Fenn D, Pfeifer A, Heinze T (2007) Studies on the synthesis of 2,6-di-O-thexyldimethylsilyl cellulose. Cellul Chem Technol 41:87-91
107. Pawlowski WP, Sankar SS, Gilbert RD, Fornes RE (1987) Synthesis and solid state 13C-NMR studies of some cellulose derivatives. J Polym Sci Part A Polym Chem 25:3355-3362
108. Klemm D, Schnabelrauch M, Stein A, Philipp B, Wagenknecht W, Nehls I (1990) Recent results from homogeneous esteriication of cellulose using soluble intermediate compounds. Papier (Bingen) 44:624-632
109. Heinze T, Pfeifer A, Petzold K (2008) Functionalization pattern of tert-butyldimethylsilyl cellulose evaluated by NMR spectroscopy. BioResources 3:79-90
110. Xu D, Voiges K, Elder T, Mischnick P, Edgar KJ (2012) Regioselective synthesis of cellulose ester homopolymers. Biomacromolecules 13:2195-2201
111. Koschella A, Heinze T, Klemm D (2001) First synthesis of 3-O-functionalized cellulose ethers via 2,6-di-O-protected silyl cellulose. Macromol Biosci 1:49-54
112. Koschella A, Fenn D, Heinze T (2006) Water soluble 3-mono-O-ethyl cellulose: synthesis and characterization. Polym Bull 57:33-41
113. Fenn D, Heinze T (2009) Novel 3-mono-O-hydroxyethyl cellulose: synthesis and structure characterization. Cellulose 16:853-861
114. Heinze T, Koschella A (2008) Water-soluble 3-O-methoxyethyl cellulose: synthesis and characterization. Carbohydr Res 343:668-673
115. Schumann K, Pfeifer A, Heinze T (2009) Novel cellulose ethers: synthesis and structure characterization of 3-mono-O-(3'-hydroxypropyl) cellulose. Macromol Symp 280:86-94
116. Heinze T, Pfeifer A, Sarbova V, Koschella A (2011) 3-O-Propyl cellulose: cellu-

lose ether with exceptionally low flocculation temperature. Polym Bull 66: 1219-1229

117. Fenn D, Pohl M, Heinze T (2009) Novel 3-O-propargyl cellulose as a precursor for regioselective functionalization of cellulose. React Funct Polym 69:347-352
118. Illy N (2006) Regioselective cellulose functionalization: characterization and properties of 3-O-cellulose ethers. Diploma Thesis, Friedrich Schiller University of Jena
119. Petzold K, Klemm D, Heublein B, Burchard W, Savin G (2004) Investigations on structure of regioselectively functionalized celluloses in solution exempliied by using 3-O-alkyl ethers and light scattering. Cellulose 11:177-193
120. Bar-Nir BB, Kadla JF (2009) Synthesis and structural characterization of 3-O-ethylene glycol functionalized cellulose derivatives. Carbohydr Polym 76:60-67
121. Kadla JF, Asfour FH, Bar-Nir B (2007) Micropatterned thin ilm honeycomb materials from regiospeciically modiied cellulose. Biomacromol 8:161-165
122. Xu WZ, Zhang X, Kadla JF (2012) Design of functionalized cellulosic honeycomb ilms: site-speciic biomolecule modiication via "click chemistry". Biomacromol 13: 350-357
123. Sun S, Foster TJ, MacNaughtan W, Mitchell JR, Fenn D, Koschella A, Heinze Th (2009) Self-association of cellulose ethers with random and regioselective distribution of substitution. J Polym Sci Part B Polym Phys 47:1743-1752
124. Heinze T, Wang Y, Koschella A, Sullo A, Foster TJ (2012) Mixed 3-mono-O-alkyl cellulose: synthesis, structure characterization and thermal properties. Carbohydr Polym 90:380-386
125. Sullo A, Wang Y, Mitchell JR, Koschella A, Heinze Z, Foster TJ (2012) New regioselective substituted cellulose ethers: thermo-rheological study. Special publication—Royal Society of Chemistry 335 (Gums Stab Food Ind 16:45-57)
126. Petzold-Welcke K, Koetteritzsch M, Fenn D, Koschella A, Heinze T (2010) Study on synthesis and NMR characterization of 2,3-O-hydroxyethyl cellulose depending on synthesis conditions. Macromol Symp 294:133-140
127. Arisawa M, Kato C, Kaneko H, Nishida A, Nakagawa M (2000) Concise synthesis of azacycloundecenes using ring-closing metathesis (RCM). J Chem Soc Perkin Trans 1:1873-1876
128. Kamitakahara H, Koschella A, Mikawa Y, Nakatsubo F, Heinze T, Klemm D (2008) Syntheses and comparison of 2,6-Di-O-methyl celluloses from natural and synthetic celluloses. Macromol Biosci 8:690-700

第5章　纤维素酯

5.1　羧酸酯

5.1.1　纤维素酯的工业制备

催化剂（无机酸）存在下，用酸酐对纤维素进行酯化的商业方法仅能在非均相反应条件下进行。工业上，用乙酸或如二氯甲烷等有机溶剂为介质制备乙酸纤维素（CA）。两种方法中，纤维素需干燥至含水量为4%~7%。较低含水量导致纤维素反应性降低，较高的含量水导致乙酸消耗增加，并且由于反应开始反应快速和高度放热而导致产物降解。干燥后，通常用乙酸或其与低浓度硫酸的混合物对纤维素预处理。预处理使纤维素一定程度地溶胀，可及度得到提高。工艺条件，特别是温度，对反应有重要影响，反应需要一至几小时，所用的乙酸/纤维素比为0.3~1。

"乙酸法过程"中，纤维素用乙酸/无机酸催化剂（纤维素量的2%~15%）溶胀，然后与乙酸酐（对纤维素过量10%~40%）反应。一部分酸酐与纤维素中含有的水首先反应，然后发生纤维素的酯化反应。乙酰化混合物均匀饱和的半液体物质形成纤维浆（温度升高至约50℃），并最终形成高黏度体系。可接受的机理是形成混合的乙酸—硫酸酐（所谓的乙酰—硫酸，图5.1）。纤维素与后者或与其解离形成的酰基离子反应，得到产物。这种机理解释了硫酸纤维素的形成，该官能团主要由乙酸酯取代或在产物后处理中水解[1-4]。

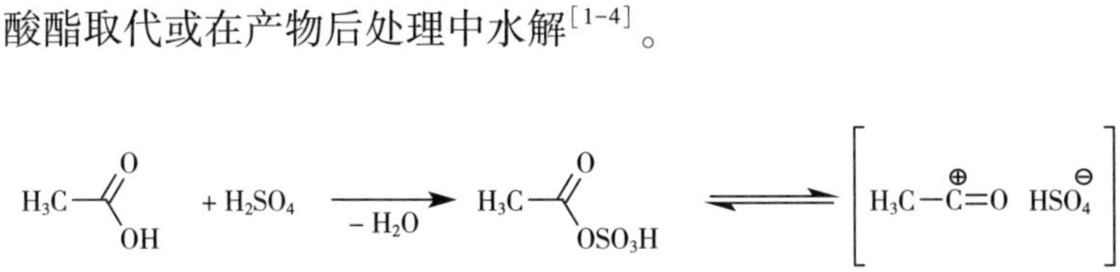

$$H_3C-C(=O)OH + H_2SO_4 \xrightarrow{-H_2O} H_3C-C(=O)OSO_3H \rightleftharpoons \left[H_3C-\overset{\oplus}{C}=O\ \ HSO_4^{\ominus}\right]$$

图5.1　乙酸—硫酸混合酐的形成和部分解离

反应变量是硫酸浓度、反应时间和反应温度。中（4%~8%）、高（11%~15%）催化剂用量方法中，硫酸充当溶剂化试剂，并增强三乙酸纤维素的溶解性。然而，与低催化剂（<2%）相比，高催化剂浓度引起纤维素降解，需要更低的温度（通过冷却反应容器控制）。该反应是拓扑化学反应，其中纤维素纤维逐层反

应，由于其在介质中的溶解性，所产生的酯被溶解“剥离”。高氯酸也用作反应催化剂，不与羧酸形成混合酸酐，因此产物不含无机酯基团。

反应结束时溶液不含纤维。纤维素酯降解继续进行，直到所需黏度（商业 CA 的 *DP* 在 100~360 范围），加入水以终止反应，水含量调节至 5%~10%（质量分数），使除了乙酸酐水解之外，产物摩尔质量不进一步降低。同时，结合的硫酸几乎完全水解。水解速度取决于温度，温度范围为 40~80℃，以及硫酸和水的浓度。

在二氯甲烷（Dormagen）工艺中，氯化溶剂取代乙酸。DCM 是三乙酸纤维素的溶剂，选用 DCM 有以下优点：较低的催化剂浓度（硫酸约 1%）；其沸点（41℃）低，溶剂回流，一部分反应热被传导出去。因此可以更好地控制高度黏稠溶液的反应。最后，与冰醋酸工艺相比，只有三分之一到一半的稀醋酸需要回收。

乙酰化过程中，向三乙酸酯中加入足够量的非溶剂，纤维素也能被酯化，同时保持其纤维结构。工业上已经不再使用完全非均相（非溶剂）工艺。

一锅法中，高 *DS*（约 2.9）的乙酸纤维素部分水解，获得可溶于丙酮的用于纺丝或成型的“二乙酸酯”（乙酸酯含量约 40%，*DS*＝2.4~2.6）。第 4 章讨论了不在非均相工艺中直接合成 CA 的原因。

不同酰基基团、不同 *DS* 的混合酯，特别是纤维素乙酸/丙酸酯、纤维素乙酸/丁酸酯，与简单对应物相比，混合酯具有特殊的性质，尤其是热性能和溶解性。商业上，混合酯可以采用类似于制备 CA 的方法，即纤维素与两种酸酐同时反应。然而，均相反应条件[7] 中定性[5-6] 和定量的研究表明，酸酐与纤维素的反应顺序是乙酸酐>丙酸酐>丁酸酐。与增加丙酸酐或丁酸酐浓度对相应的混合酯与乙酸酯的组成的影响一致（图 5.2）。

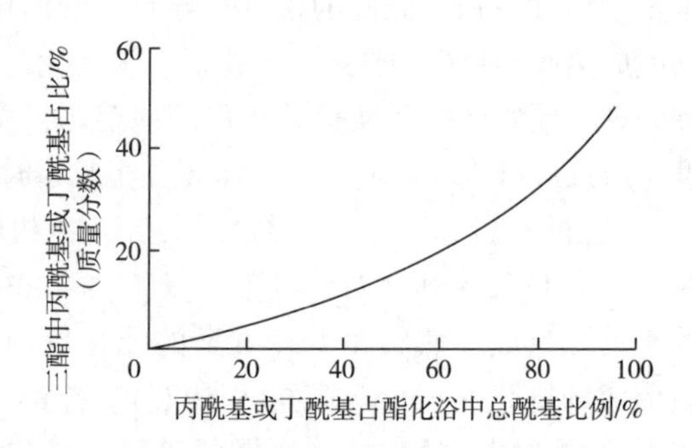

图 5.2　纤维素乙酸丁酸酯（丙酸酯）与酯化浴中丁酰基（丙酰基）含量的关系

5.1.2　纤维素羧酸酯的实验室合成

5.1.2.1　非均相过程

最简单的方法是在没有任何溶剂的情况下纤维素与酰化剂反应。尽管用羧酸直接酯化效率不高，但酰氯被用来酯化丝光化棉，减压下以除去产生的 HCl。获得 *DS* 高达 2.5 的棕榈酸酯[8]。虽然简单，但该方法受到生成的 HCl 会引起纤维素链降解趋势的限制。此外，除非使用 10 倍当量的酰氯，否则产物 *DS* 不到 1.5，纤维素酯不溶于有机溶剂[9]。

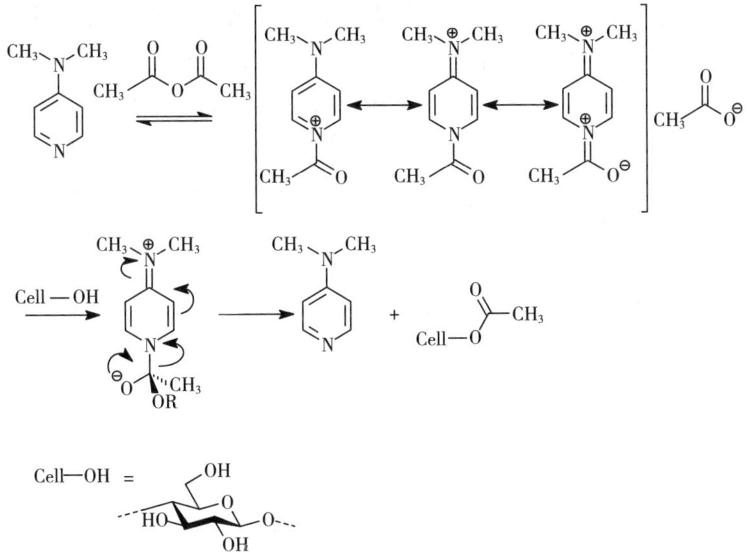

图5.3　乙酰基（4-*N*,*N*-二甲基氨基）吡啶鎓乙酸盐的
形成和共振稳定化以及由此得到的纤维素醋酸酯

在如Py、DMAP或TEA等叔胺碱存在下，进行酯化反应。使用有机碱有以下几个目的：碱介质的溶胀作用而增加纤维素的反应性，中和形成的羧酸（酸酐）或HCl（酰氯）而抑制纤维素的降解。此外，通过亲核催化机理将酰化剂转化为更具反应性的酰基离子来提高反应效率，如图5.3所示。DMAP相对于Py，有更高效率是由于酰基离子的额外共振稳定[10]。反应条件影响反应结果，如Py存在下，在100℃，纤维素与丙酰氯的酰化反应的*DS*和溶解性见表5.1。

表5.1　100℃下，不同摩尔比的吡啶与丙酰氯酰化纤维素4h的*DS*和溶解性[11]

摩尔比			产物	
AGU	吡啶	丙酰氯	*DS*	四氯乙烷的溶解性
1	27.6	4.5	1.86	
1	18.9	6.0	2.66	+
1	12.0	6.0	2.80	+
1	12.0	4.5	2.70	+
1	9.9	9.0	2.13	+
1	7.5	6.0	2.89	+
1	6.0	4.5	2.81	+
1	4.8	4.5	2.86	+
1	3.0	4.5	2.89	+
1	1.5	4.5	2.84	+

由于酰化剂的成本高、有腐蚀性，需要纯化产物（如除去氯化吡啶鎓）等原因，酰氯/吡啶混合物酯化纤维素在工业上不可行。Py 是浆料介质（溶胀纤维素）和酰化催化剂。Py/RCOCl 比例高于 1，其提高不会影响由 *DS* 值确定的反应效率。如图 5.3 所示，乙酰基（4-*N*,*N*-二甲基氨基）吡啶鎓乙酸盐作催化剂，前提是 Py/RCOCl 比例略高于 1。然而，Py 在中和所形成的酸（HCl）时被消耗。由于多种原因，过量碱的存在可能存在问题。在水存在下，形成的酯可能发生脱酰基化，例如，通过一般碱催化的水对酯酰基的攻击机理。而且，碱介导的酯基可能发生烯醇化，形成的烯醇化物可能添加到酰基离子，导致形成 β-酮酯，如图 5.4 所示。

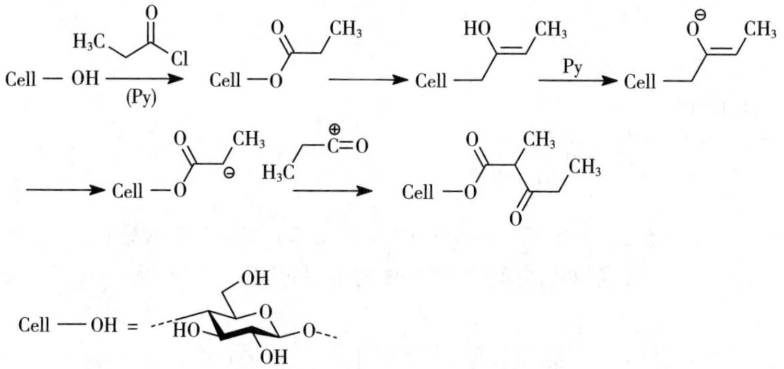

图 5.4　碱介导的 β-酮酯的形成

表 5.2 和表 5.3 显示，就 *DS* 而言，额外的有机介质对合成短链、长链羧基酯是有效的。

表 5.2　100℃下，1.5mol 丙酰氯/mol AGU，不同稀释剂和叔胺丙酰化纤维素的 *DS*[12]

反应条件			产物
介质	碱	时间/h	*DS*
二噁烷	吡啶	4	2.81
二噁烷	β-甲基吡啶	4	2.70
二噁烷	喹啉	4	2.18
二噁烷	二甲基苯胺	48	1.57
二噁烷	γ-甲基吡啶	24	可忽略
氯苯	吡啶	4	2.86
甲苯	吡啶	4	2.30

续表

反应条件			产物
介质	碱	时间/h	*DS*
四氯乙烷	吡啶	24	2.23
丙酸乙酯	吡啶	5	2.16
异佛尔酮	吡啶	4	1.89
乙烯甲醛	吡啶	22	0.34
丙酸	吡啶	5	0.20
二丁醚	吡啶	22	可忽略

表5.3　惰性有机溶剂和吡啶存在下用酰氯合成多糖酯

聚多糖	脂肪酸基团	摩尔比			有机液体	时间/h	温度/℃	*DS*	参考文献
		AGU	酰氯	吡啶					
纤维素	戊酸酯	1	4.5	1.0	二噁烷	17	80	2.1	[13]
纤维素	己酸酯	1	4.5	1.0	二噁烷	17	80	2.5	[13]
纤维素	辛酸酯	1	4.5	1.0	二噁烷	17	80	2.4	[13]
纤维素	壬酸酯	1	4.5	1.0	二噁烷	17	80	2.4	[13]
右旋糖酐	棕榈酸酯	1	3.0	8.0	甲苯	1.5	105	2.9	[14]

在甲苯磺酸和*N*-甲基咪唑存在下采用羧酸酐进行酯化反应。如图5.5所示，另一种转化包括酸酐与*N*-溴代琥珀酰亚胺反应，形成*N*-酰基琥珀酰亚胺，酰基琥珀酰亚胺与纤维素反应，催化剂两步再生。

有几个实例，混合酸酐的两部分的离去能力明显不同，导致有效合成单一纤维素羧酸酯。羧酸与活性酸酐（例如氯乙酰基、甲氧基乙酰基，更重要的是三氟乙酰基）反应产生不对称酸酐，其中一个基团的离去能力明显优于另一个基团，基本上生成一种酯（推进剂法）。以下例子是纤维素与中间体丁酸—三氟乙酸酐反应生产丁酸纤维素[5-6]（图5.6）。尽管纤维素对不对称酸酐的两个酰基的攻击是可能的，四面体中间体的分解与TFA的脱除（$pK_a = 0.23$）比脱除丁酸（$pK_a = 4.82$）的反应途径更有利。

通过使干燥的纤维素与预先形成的RCO—O—$COCF_3$溶液反应，得到短链羧酸和长链羧酸的高*DS*的纤维素酯，结果见表5.4[15]。

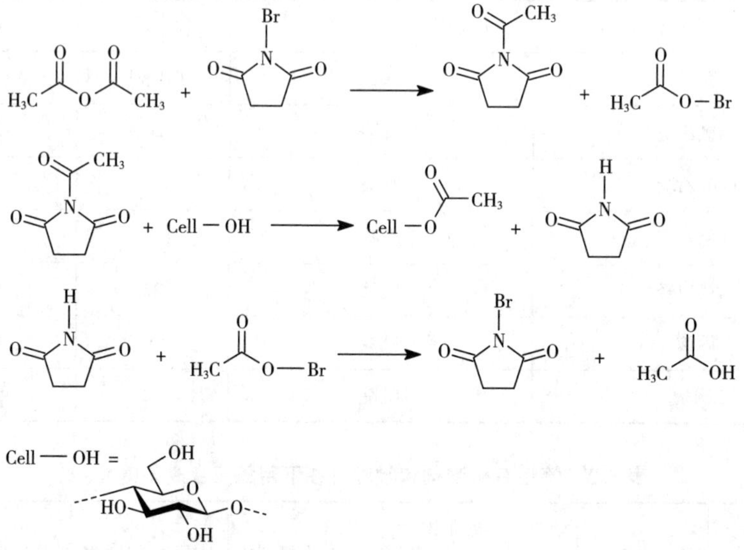

图 5.5 *N*-溴代琥珀酰亚胺作为催化剂乙酰化多糖的机理

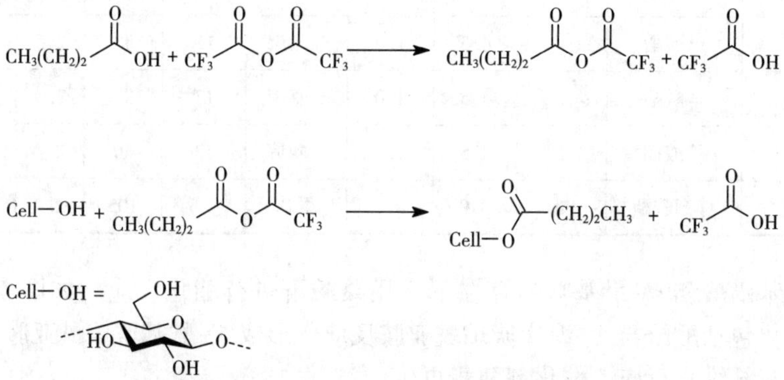

图 5.6 反应性混合酸酐酰化多糖（推进剂法）

表 5.4 TFAA 的推进剂法获得的纤维素长链脂肪酸酯的 *DS* 和 M_w 值[15]

酯基	碳原子数	*DS*	$M_w \times 10^5$ g/mol
醋酸酯	2	2.8	—
丙酸酯	3	3.0	1.48
丁酸酯	4	2.8	1.77
戊酸酯	5	2.8	2.15

续表

酯基	碳原子数	DS	$M_w \times 10^5$ g/mol
己酸酯	6	2.8	2.15
庚酸盐	7	3.0	2.07
辛酸酯	8	2.8	2.03
壬酸酯	9	2.9	3.54
癸酸酯	10	2.9	2.32
月桂酸酯	12	2.9	2.18
肉豆蔻酸酯	14	2.9	2.87
棕榈酸酯	16	2.9	3.98
硬脂酸酯	18	2.9	6.91

下一节将讨论迄今为止实验室规模的将酯引入纤维素的均相反应途径。这些途径从溶解的纤维素开始。

5.1.2.2　应用衍生化溶剂合成纤维素酯

纤维素衍生化的一种方法是将其溶解在衍生化溶剂中，引入所需的官能团，再除去负责溶解纤维素的（溶剂基）官能团。如前所述（见3.2节），某些溶剂溶解纤维素，源自溶剂的基团通过空间位阻作用和OH数量减少共同破坏纤维素的氢键。实例如下（溶剂体系，形成纤维素衍生物）：N_2O_4/DMF，硝酸盐；HCO_2H/H_2SO_4，甲酸酯；F_3CCOOH，三氟乙酸酯；多聚甲醛/DMSO，羟甲基；$ClSi(CH_3)_3$，三甲基甲硅烷基。

·纤维素三氟乙酸酯和纤维素甲酸酯

纤维素溶解在甲酸或三氟乙酸中的重要性在于，如需要特殊的反应条件，它就可用于获得具有反向功能化模式的产物。大多数情况下，因为在纤维素溶解过程中，反应性更强的伯羟基转化为酯，仲OH基团可能被官能化。例如，纤维素通过AGU的C6位OH与TFA/TFAA酯化而溶解，形成的产物在TFA中与4-硝基苯甲酰氯反应，反应发生在仲羟基（图5.7）。混合酯的水解除去（更不稳定的）三氟乙酸基团，得到在AGU（反应性较低的）仲羟基的酯化。从NMR谱可以得出结论，也发生了C6-OH的轻微改性。

纤维素在TFA中溶解时，纤维素经历部分三氟乙酰化至DS达1.5，伯羟基完全衍生化[17,18]。用TFA和TFAA处理纤维素，并使其与羧酸酐，即乙酸酐、丙酸酐和3-硝基邻苯二甲酸酐反应物反应。或者，用酰氯处理三氟乙酸纤维素的溶液，例如乙酰氯、丙酰氯、肉桂酰氯、苯甲酰氯和4-硝基苯甲酰氯。产物的IR光谱

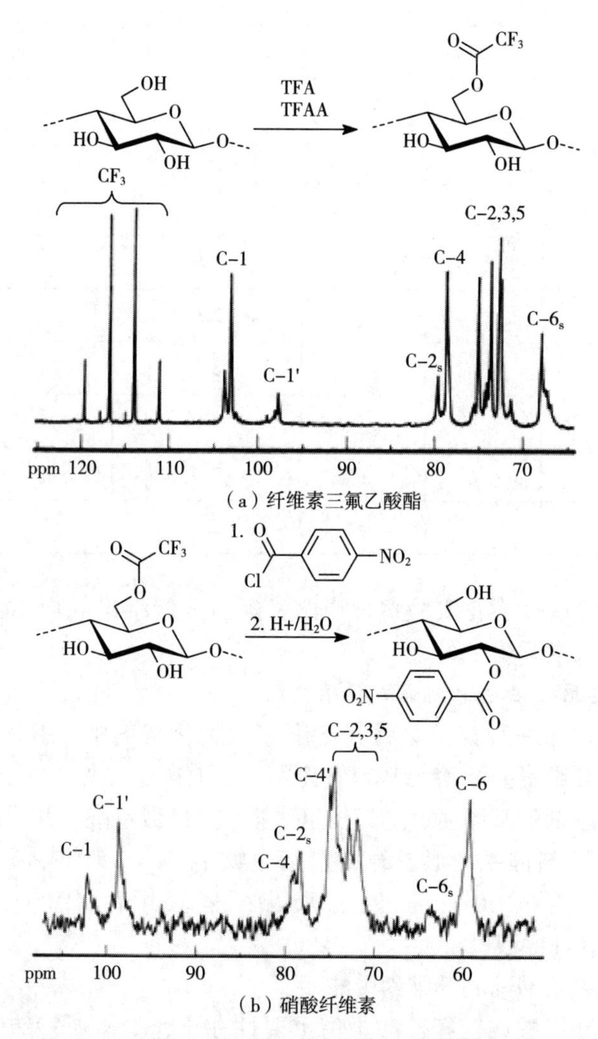

（a）纤维素三氟乙酸酯

（b）硝酸纤维素

图 5.7　衍生化试剂中酯化反应获得的纤维素三氟乙酸酯（*DS*=1.50）和硝酸纤维素（*DS*=0.76）的^{13}C-NMR 光谱显示功能化的逆模式[16]

表明发生部分酯交换。也就是说，存在的 CF_3CO 基团已被（更碱性的）RCO 基团取代。产品的 *DS* 值约为 1.4（F_3CCO^-），其他 RCO 的 *DS* 值为 0.5~1.6[19]。

另一种衍生化溶剂是甲酸。无机酸为催化剂，纤维素溶解更快，链会发生一些降解[20]。甲酸酯的^{13}C-NMR 研究显示出纤维素的伯 OH 的酯化明显偏好[21-23]。

· 羟甲基纤维素

纤维素溶于多聚甲醛/偶极非质子溶剂，包括 DMSO、DMAc 和 DMF，形成羟甲基基团，可与甲醛进一步反应，导致纤维素链交联[24-26]（图 5.8）。纤维素与氯醛/DMF/Py 的反应产生类似的半缩醛结构。产物与 Ac_2O 反应，得到含有乙酸酯和 CH（OH）CCl_3 改性的 CA，其用丙酮溶解浇铸成薄膜。DCM 代替 DMF、$HClO_4$ 或 H_2SO_4 代替 Py 获得不同基团比例的产物[27]。

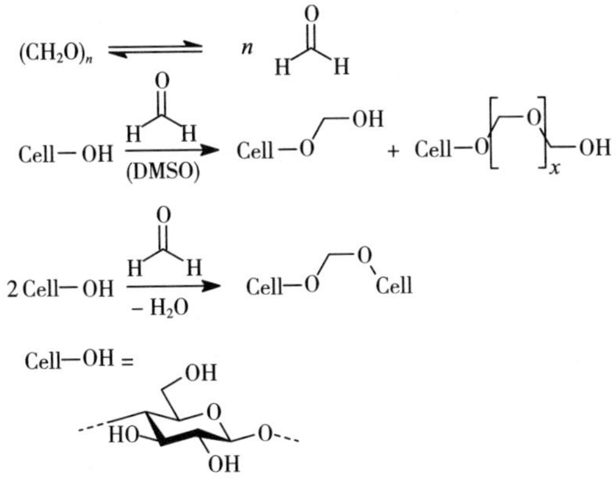

图 5.8　纤维素在多聚甲醛/DMSO 中的溶解和进一步反应

Py 或碱金属乙酸盐存在下，羟甲基纤维素用乙酸酸酐、丁酸酸酐和邻苯二甲酸酐以及不饱和甲基丙烯酸和马来酸酐进行酯化。获得 *DS* 值 0.2~2.0，CA 更高的 *DS* 为 2.5。^{1}H-和^{13}C-NMR 光谱数据表明羟甲基链的羟基优先与酸酐酯化。90℃下在该溶剂体系中溶解纤维素并在乙酸钾存在下用亚甲基二乙酸酯或乙烯二乙酸酯处理得到 *DS* 为 1.5 的 CA。DMAc 或 DMF 可代替 DMSO[28-32]。

溶解在多聚甲醛/DMSO 中的纤维素与三甲基乙酸酐反应：1,2,4-苯三甲酸酐、偏苯三酸酐和邻苯二甲酸酐在吡啶存在下、80~100℃下、反应 8h 或在室温下（偏苯三酸酐）反应 1h。该产品是多功能化合物，具有弹性和热塑性，可以作为铸造薄膜和膜材料[33]。

比较乙酸、乙酰氯和 Ac_2O 作为乙酰化剂，溶解在 DMSO/多聚甲醛中的纤维素的反应。AcOH 和乙酰氯不能反应，然而，Ac_2O/Py 混合物迅速反应，得到丙酮可溶的 CA，其中 CA 部分氧化。所得热塑性树脂表现出与天然纤维素类似的热稳定性。$DS_{乙酸酯}$是反应时间的函数，范围为 0.1~2.0[31]。

· 纤维素硝酸盐

衍生化溶剂 N_2O_4/DMF 已用于制备纤维素有机酯（也是硫酸盐，见 5.3.3 节），吡啶的存在下，通过溶解过程中形成的纤维素硝酸盐与酰氯或酸酐反应得到。因此，已经成功实现酯交换。在压力下，乙酸酐/Py 与纤维素反应，生成 *DS* 为 2.0 的 CA。^{13}C-NMR 光谱表明，当保持在低 *DS*（约 0.5）[34-36] 时，发生 O-2 酯化。

上面讨论的反应是一锅法工艺，即纤维素溶解后进行（进一步）衍生化。另一种更好的控制反应的方法是分离中间体，然后使其在惰性（相对于衍生化）有机溶剂中进一步反应。该方法抑制了由于纤维素与衍生溶剂的长时间接触引起的、不可避免的副反应（链降解、羟甲基缩合）。此外，这种方法可以更好地控制立体选择性[37-38]。例如，无水条件下分离甲酸纤维素后，酯化可以在有机溶剂中均相进行。*DS* 约为 1 的纤维素甲酸酯基本上在 AGU 的 C6 位处进行修饰。因此，可以进行 C2 和 C3 的改性，随后通过水解容易地除去甲酸酯，得到逆功能化模式的产物[37]。

5.1.2.3 非衍生溶剂中纤维素的酯化反应

· 电解质/偶极非质子溶剂

纤维素的羟基的 pK_a（13.3~13.5）[39] 意味着如果尝试用羧酸直接酰化需要能量条件（170~200℃）[40]。因此，纤维素酰化通常使用活性羧酸衍生物，如酸酐和酰卤进行。或者，羧酸可以先活化再使用，或者酯化反应期间同时活化使用。羧酸可以通过转化成酸酐、混合（即不对称）酸酐和 *N*-酰基-二唑或 *N*-酰基-三唑来实现活化。尽管所用的试剂不依赖于溶剂，但后者可显著影响产率、*DS*、取代基分布，并可引发副反应。表 5.5 总结了以下将讨论的纤维素羧酸酯合成路线的实例。包括 IL 在内的非衍生化溶剂中均相酯化纤维素是可行的[49,51]。

表 5.5 用于纤维素均相乙酰化的溶剂和试剂

溶液	乙酰化试剂	DS_{max}	文献
N-乙基氯化吡啶	乙酸酐	3	[41]
1-烯丙基-3-甲基咪唑啉氯化物	乙酸酐	2.7	[42]
N-甲基吗啉-*N*-氧化物	醋酸乙烯酯	0.3	[43]
DMAc/LiCl	乙酸酐	3	[44-45]
	乙酰氯	3	
LiCl/DMI	乙酸酐	1.4	[46]
$TBAF\times3H_2O$/DMSO	醋酸乙烯酯	2.7	[47-48]
	乙酸酐	1.2	

· DMAc/LiCl

DMAc/LiCl 能溶解不同的纤维素，甚至是高 *DP*、高 I_c 的样品，如棉短绒和细菌纤维素，DMAc/LiCl 仍然是最广泛使用的纤维素酯化均相溶剂体系之一。羧酸酐和酰氯对 DMAc/LiCl 中的纤维素进行均相酯化是聚多糖均相化学改性的首次尝试[52-53]。DMAc/LiCl 中均相酰化的优点包括对 *DS* 的有效控制和官能团沿聚合物链的均匀分布。此外，可以观察到 AGU 内的官能化反应的选择性。因此，Py 存在下纤维素与乙酰氯的反应使 CA 的 *DS* 从 1.6 开始时，伯羟基完全官能化。

乙酸酐与长链羧酸（从辛酸到十八烷酸，油酸）的反应（无机酸催化）生成与纤维素反应的混合乙酸/长链羧酸酐（图 5.9）。混合酸酐溶解于反应介质，与纤维素反应生成混合酯。混合酸酐（CH_3CO—和 RCO—）的两个基团具有相似的效率，生成纤维素混合的乙酸酯/长链羧酸酯，$DS_{乙酸酯}/DS_{长链羧酸酯}$ 约为 3[54-56]。

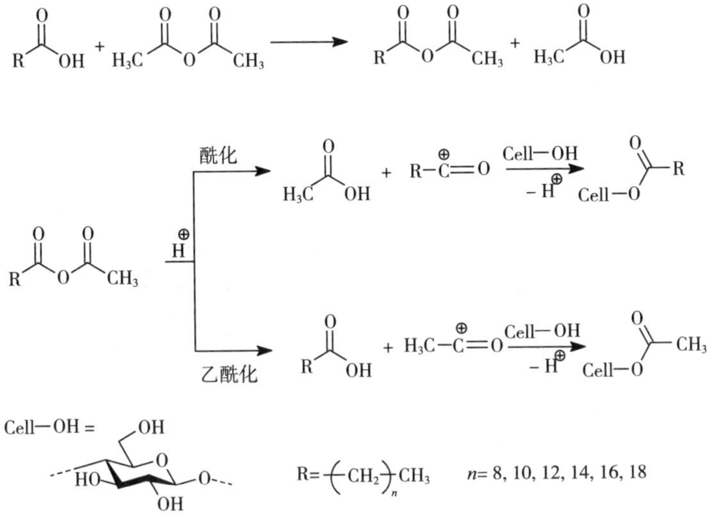

图 5.9 纤维素与原位形成的混合羧酸酐反应合成纤维素酯

DMAc/LiCl 中可能发生副反应，导致酯的 *DS* 降低。110℃下，在 DMAc/LiCl 中乙酰化丝光化剑麻，前 5h *DS* 值增加，然后降低。这归因于 LiCl 介导的脱乙酰化和产物降解的综合作用，例如，源自溶剂的 *N*,*N*-二甲基酮亚胺离子［CH_2 ═ C ═N^+（CH_3）$_2$］[57]。

· 原位活化羧酸

一种重要的，实验上简单的方法是用 DMAc/LiCl 为反应介质，纤维素与羧酸和 TsCl 混合物的反应。这是原位活化羧酸的典型实例。通过^{1}H-NMR 光谱法评价，形成羧酸/磺酸混合酸酐并进一步反应生成乙酰氯和乙酸酐（图 5.10），三种活性物质能够酯化纤维素[59]。对硫的亲核攻击缓慢，纤维素对 C ═O 基团优先攻击，并且对甲苯磺酸酯是比羧酸盐更容易离去的基团（4-甲苯磺酸的 pK_a 为-2.8）。

用 TsCl 来活化 DMAc/LiCl 中的羧酸，已经制备几种羧酸的纤维素脂肪酸酯，从十二烷酸酯到二十烷酸酯，*DS* 值高达 2.8~2.9[60-61]。羧酸/磺酸混合酸酐的形成，建议用羧酸酐和 TsCl 混合物来酰化纤维素[62]。然而，最近的研究表明，没有形成此中间体[63]。

目前为止，有效的原位活化羧酸的方法是将羧酸转化成相应的 *N*-酰基衍生物

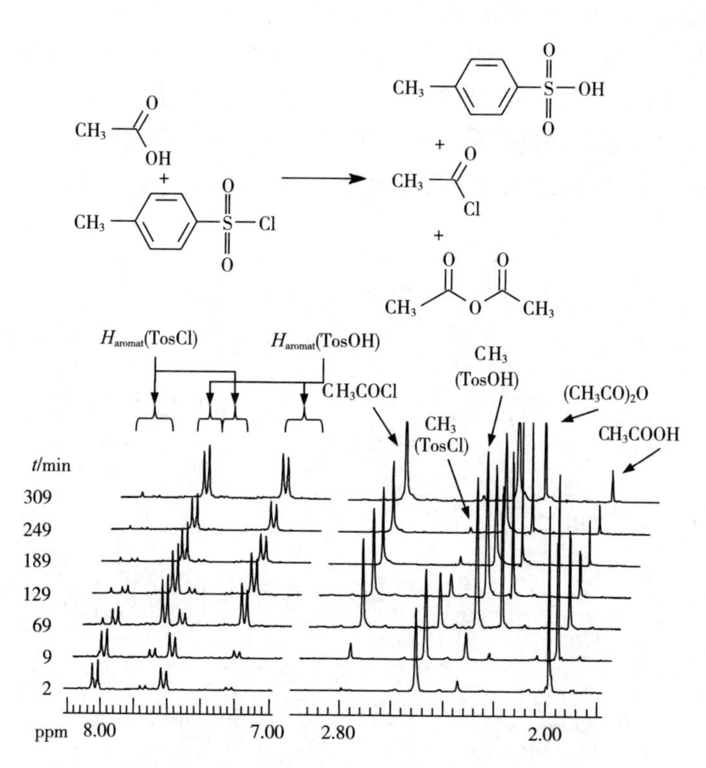

图 5.10　乙酸加 TsCl 混合物的 ^{1}H-NMR 谱随时间变化的演变，显示 $(CH_3CO)_2O+CH_3COCl$ 混合物的形成[58]

(图 5.11)。*N*,*N*-羰基二咪唑（CDI）是用于酸活化的、非常有前景的 DCC 替代物。酰化剂是 *N*-酰基咪唑，其易于与纤维素反应生成酯并再生咪唑。

DCC 可单独使用，也可与强亲核试剂（如 4-吡咯烷吡啶）结合使用，生成酸酐（图 5.12)。首先，游离酸与 DCC 反应得到酸酐。4-吡咯烷吡啶在酸酐上的亲核攻击生成相应的高反应性 *N*-酰基吡啶鎓羧酸盐，导致纤维素酯和羧酸阴离子的形成。后者与另一分子酸进行 DCC 介导的缩合反应，产生第二个酸酐分子。因此，这种转化比单独使用 DCC 更具原子效率，DCC 只有一半的酸酐转化为纤维素酯。

该方法的另一种变体是使用酰基-1H-1，2,3-苯并三唑，使杂环化合物与 $SOCl_2$ 反应，然后使形成的加合物与羧酸反应得到酸酐（图 5.13)，反应条件温和。*N*-酰基苯并三唑与纤维素反应，得到 CA、纤维素丁酸酯、纤维素己酸酯、纤维素苯甲酸酯、纤维素肉豆蔻酸酯和纤维素硬脂酸酯，*DS* 值在 1.07~1.89。用 *N*-酰基苯并三唑为酰化剂，在 DMSO/TBAF 中完全均相进行反应[64]。

已经研究了包括 4-（4,6-二甲氧基-1,3,5-三嗪-2-基）-4-甲基-吗啉氯化物、*N*-甲基-2-溴吡啶碘化物、*N*-甲基-2-氯吡啶碘化物、甲苯磺酸 *N*-甲基-2-

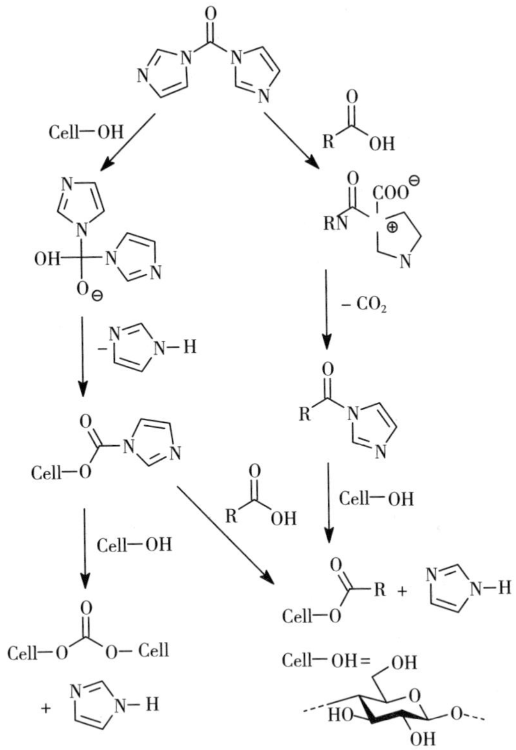

图5.11 用CDI活化羧酸并将其转化为相应的酸酐

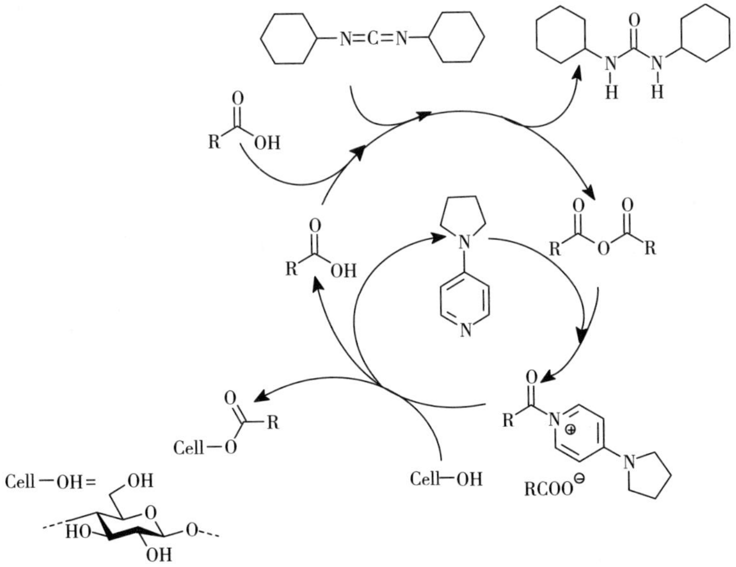

图5.12 DCC加4-吡咯烷吡啶反应，原位活化羧酸转化成相应的酸酐

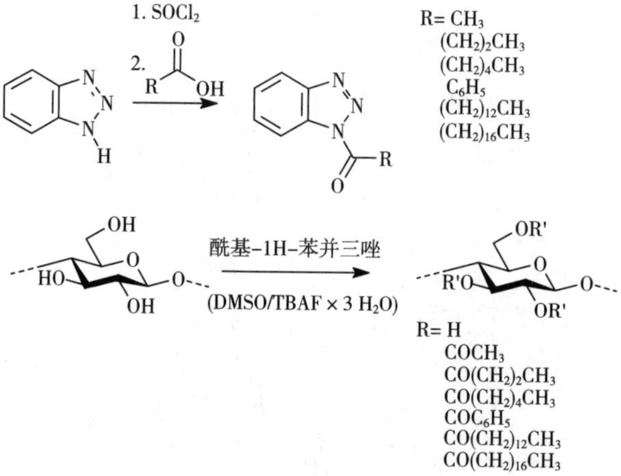

图 5.13　1H-苯并三唑介导的纤维素酯合成的反应

溴吡啶鎓等其他偶联剂的纤维素均相酯化。就所得酯的 *DS* 而言，它们的有效性远远低于原位活化试剂 *N*,*N'*-羰基二咪唑（表 5.6）[65]。

表 5.6　5 种酯化试剂均相条件下酯化纤维素的结果[65]

酯化试剂		*DS*
4-（4,6-二甲氧基-1,3,5-三嗪-2-基）-4-甲基氯化吗啉	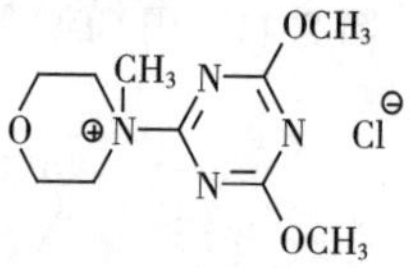	0.67
N-甲基-2-溴吡啶碘化物	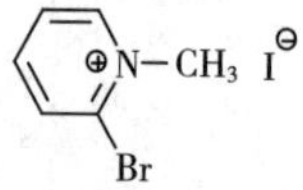	0.90
N-甲基-2-氯吡啶碘化物	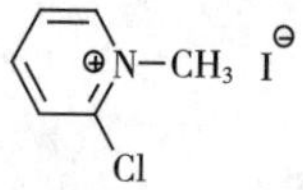	0.43
N-甲基-2-溴吡啶甲苯磺酸酯	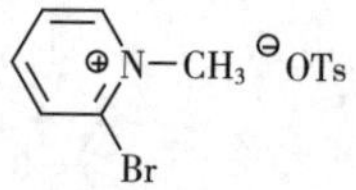	0.67
N，*N'*-羰基二咪唑	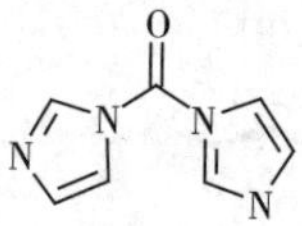	1.00

采用了类似的方法用正丙基膦酸酐（T3P©）活化羧酸（图 5.14）。在 LiCl/NMP 中的一锅法均相酯化反应，在几小时内得到羧酸酯（乙酸酯、丁酸酯、癸酸酯、肉豆蔻酸酯、硬脂酸酯）/膦酸酯混合的纤维素酯（$DS_{羧酸酯}/DS_{膦酸酯}=1.8\sim2.8$）[66]。因此，正丙基磷酸酸酐在反应过程中起到羧酸活化剂和酯化试剂的双重作用，能够快速获得含有新型烷基膦酸酯的纤维素混合酯，而没有发生交联。通过改变反应条件可以得到纯的酰化物[66]。

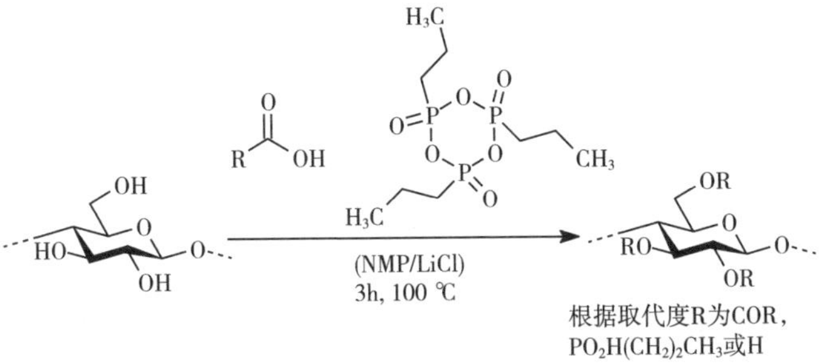
H₃C
O
R OH
CH₃
H₃C
OH
O
HO
OH
OR
RO
OR
(NMP/LiCl)
3h, 100 ℃
根据取代度R为COR,
PO₂H(CH₂)₂CH₃或H

图 5.14　羧酸和正丙基膦酸酐（T3P©）在 LiCl/N-甲基-2-吡咯烷酮中酰化纤维素的反应示意图

· 季铵氟化物/DMSO

TBAF · $3H_2O$ 在 DMSO 中的溶液非常有效地溶解纤维素而无须任何预处理，因为氟离子是比氯离子（溶剂 DMAc/LiCl）更硬的碱。此外，大量阳离子充当各个纤维素链之间的“间隔物”，防止它们重新附着[47,67]。市售稳定的 TBAF 含有 3mol 水。由于试剂（酰基酐或酰氯）的水解，水可能影响溶解的纤维素的化学改性。但是，在加入试剂如乙酸酐之前，可以通过蒸馏掉约 30%的溶剂使纤维素溶液部分脱水。酯化反应得到更高 *DS* 的产物（从 0.3 增加到 1.15）[48]。更有效的是使用能够耐水并通过酯交换与纤维素反应的羧酸乙烯基酯。羧酸乙烯酯甚至可以在水体系中有效地酯化醇[68]。

一方面，TBAF · $3H_2O$ 在无水电解质中的完全脱水是不可能的，因为无水 TBAF 不稳定，经历快速 E2 消除，生成二氟化氢阴离子[69]；另一方面，有人描述了无水 TBAF 可以通过氰化四正丁基铵与六氟苯在无水 DMSO 中反应而原位制备[70]。即使在副产物六氰基苯的存在下，新制备的无水 DMSO/TBAF 溶液也容易地溶解纤维素。

TBAF · $3H_2O$/DMSO 中的酰化得到的酯通过碱催化反应发生水解[71]，或通过质子消除形成乙烯酮而发生水解（图 5.15）。有趣的是，由水合电解质水引发的水解被用于合成具有特殊取代基分布的纤维素酯，因为它在去除 C2 和 C3 处的酰基有很大的选择性，通过一步反应获得纤维素-6-*O*-酯[72]。电解质/DMSO 作为纤维素溶剂，用酰氯酰化时，DMSO 可能与酰氯发生类 Swern 氧化反应。成功用于纤维素衍生化的其他季铵氟化物是四烯丙基铵和二苄基二甲基铵阳离子。这些电解质在

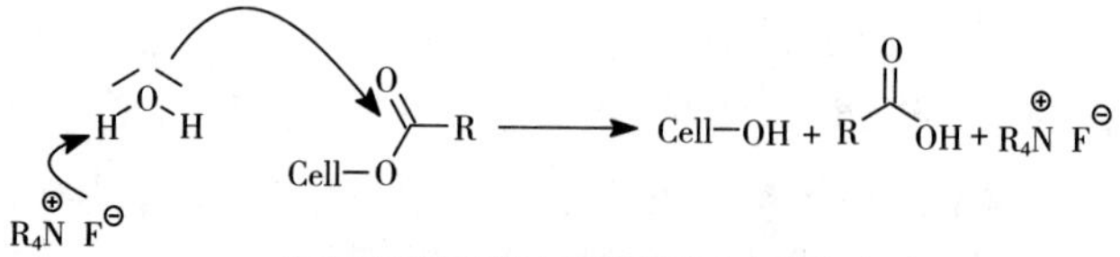

(a) 氟离子充当水对酯酰基攻击的基础

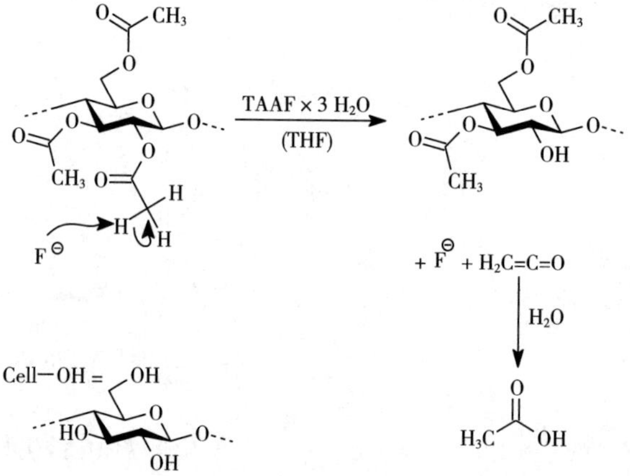

(b) 氟离子通过质子消除起作用

图 5.15 TBAF 在 DMSO 中水解酯的机理

实验室中合成，含水量较低，通常每个电解质分子分别结合 1 和 0.1 个水分子[71,73]。

· 离子液体 IL

当前，IL 中的均相酯化被认为是商业上制备 CA、CAP 和 CAB 有吸引力的替代方案。已经公开了各种专利，如 Eastman Chemical Company，描述了在基于咪唑的 IL 和铵的 IL 中制备纤维素酯和混合酯的方法[74-75]。高温（80℃）下，证明纤维素与羧酸酰氯和酸酐在 IL 中均相进行的反应是有效的。因此，纤维素/IL 溶液的高黏度影响不太明显。纤维素的酯化均匀地进行，甚至可完全反应（*DS* = 3）。表 5.7 显示了不同条件下，在 IL 中均相乙酰化纤维素制 CA 的 *DS* 和溶解性。

表 5.7 不同条件下，在 IL 中均相乙酰化纤维素制备 CA 的 *DS* 和溶解性

反应条件						产物			文献
IL[a]	纤维素种类[b]	温度/℃	时间/h	试剂		*DS*	溶解度[c]		
				类型[d]	摩尔比[e]		DMSO	$CHCl_3$	
AlMeImCl	DIP	100	3	酸酐	3 : 1	1.99	+	-	[42]
AlMeImCl	DIP	100	3	酸酐	4 : 1	2.09	+	-	[42]

续表

反应条件						产物			文献
IL[a]	纤维素种类[b]	温度/℃	时间/h	试剂		DS	溶解度[c]		
				类型[d]	摩尔比[e]		DMSO	$CHCl_3$	
AlMeImCl	DIP	100	3	酸酐	5:1	2.30	+	+	[42]
AlMeImCl	CH	100	1	酸酐	5:1	2.16	+	-	[76]
AlMeImCl	CH	100	4	酸酐	5:1	2.49	+	+	[76]
AlMeImCl	CH	100	8	酸酐	5:1	2.63	+	+	[76]
BuMeImCl	MCC	80	2	酸酐	3:1	1.87	+	-	[77]
BuMeImCl	MCC	80	2	酸酐	3:1[f]	2.56	+	-	[77]
BuMeImCl	MCC	80	2	酸酐	5:1	2.72	+	-	[77]
BuMeImCl	MCC	80	2	酸酐	5:1[f]	2.94	+	+	[77]
BuMeImCl	MCC	80	2	酸酐	10:1[f]	3.0	+	+	[77]
BuMeImCl	MCC	80	2	酰氯	3:1	2.81	+	-	[77]
BuMeImCl	MCC	80	0.25	酰氯	5:1	2.93	+	+	[77]
BuMeImCl	MCC	80	0.5	酰氯	5:1	3.0	+	+	[77]
BuMeImCl	MCC	80	2	酰氯	5:1	3.0	+	+	[77]
BuMeImCl	MCC	80	2	酰氯	5:1[f]	2.93	+	-	[77]
BuMeImCl	BC	80	2	酸酐	1:1	0.69	+	N. A.	[78]
BuMeImCl	BC	80	2	酸酐	2:1	1.66	+	N. A	[78]
BuMeImCl	BC	80	2	酸酐	3:1	2.25	+	N. A	[78]
BuMeImCl	BC	80	2	酸酐	5:1	2.50	+	N. A	[78]
BuMeImCl	BC	80	2	酸酐	10:1	3.0	+	N. A	[78]

a. AlMeImCl 为 1-烯丙基-3-甲基咪唑氯化物，BuMeImC 为 1-丁基-3-甲基咪唑氯化物。

b. BC 为细菌纤维素（$DP=6493$），CH 为玉米芯纤维素（$DP=530$），DIP 为溶解纸浆（$DP\approx650$），MCC 为微晶纤维素（$DP=286$）。

c. +表示溶解，-表示不溶解，N. A. 表示未测试。

d. 乙酸衍生物。

e. 酰化试剂/AGU 摩尔比。

f. 额外加入 2.5mol 当量的吡啶。

已经使用相应的酸酐，从丙酸酯到己酸酯，在各种 IL 中制备高级羧酸的纤维素酯[79-82]。发现纤维素酯的 *DS* 值随着酰基中碳原子数从 2 增加到 4 而平稳地减少，但酰基链长度进一步增加至 6 个碳原子后而再次增加[80]。添加吡啶（化学计量）或 DMAP（催化用量）可以提高纤维素酯化在 IL 中的反应效率[77,83]。此外，与常规加热制备的产品相比，微波辅助酯化可以产生具有更高 *DS* 的产物[80,84-85]。

用两种不同的羧酸酐同时与溶解在 IL 中的纤维素反应，得到混合纤维素酯（表 5.8）[79-80]。可以通过酯基的变化、部分 *DS* 值和与纤维素主链连接的取代基的总量来调整产物性质（如疏水/亲水特性）。正如已经指出的，羧酸酐的反应性取决于烷基链的长度[80]。除了反应温度、时间和酰化试剂的量，两种不同酸酐的添加顺序（同时加入或逐步加入）非常重要。

表 5.8　离子液体 AlBuImCl 制备不同取代度的混合纤维素酯

取代基 1		取代基 2		总 *DS*	文献
类型	*DS*	类型	*DS*		
乙酰基	1.50	丙酰基	1.30	2.80	[80]
乙酰基	1.40~2.50	丁酰基	0.40~0.90	2.20~2.90	[79-80]
乙酰基	1.40	戊酰基	1.10	2.50	[80]
乙酰基	1.40	己酰基	1.10	2.50	[80]

使用不同的酰化催化剂（例如 DMAP、*N*-溴代琥珀酰亚胺或碘[85-89]）在 AlMeImCl 或 BuMeImCl 中均相衍生化而获得纤维素琥珀酸酯和邻苯二甲酸酯。DMSO 已被用作分子助溶剂以确保均相反应。IL 部分与 DMF 一起作为共溶剂，已被用于制备 2-溴-羧酸纤维素酯和 2-氯-羧酸纤维素酯，其可用作聚多糖骨架接枝聚甲基丙烯酸酯和聚苯乙烯链的高分子引发剂[90-93]。

溶解在 AlMeImCl 中的纤维素可转化为 4-甲苯基纤维素、氯苯甲酰基纤维素和 4-硝基苯甲酰纤维素，*DS* 值高达 1.0~3.0[94]。此外，通过用相应的酰氯逐步反应，在 IL 中制备了带有苯甲酸酯基团（优先在伯羟基上）和 4-硝基苯甲酸酯（优先在仲羟基上）的混合纤维素衍生物。通常，即使在高 *DS* 值下，纤维素酯也很好地溶于 IL，这意味着完全均匀的酯化是可行的。然而，在具有长链烷基的脂肪酸酯的情况下，纤维素衍生物在取代后变得越来越疏水，使产物不溶于反应混合物。纤维素月桂酸酯可以在 IL 中获得，但衍生物在聚多糖衍生化后迅速沉淀出来[77]。

5.1.2.4　影响纤维素酯取代度的因素

关于这一特定主题的文献非常丰富，最近一些综述文章涉及电解质/偶极非质子溶剂和 IL 中纤维素酯化的不同方面[49,51,95]。因此，这里考虑了这些例子的最显著特征，并列于表5.9中。总结影响纤维素酯化的重要因素，重点是产物 *DS* 与五点影响因素的关系：一是纤维素的理化性质；二是需要纤维素活化；三是溶剂的性质；四是酰化剂；五是所得产物的性质（溶解度和取代基分布）。

表5.9　合成纤维素亚磷酸酯和磷酸酯路径的典型示例

序号	纤维素种类	衍生化试剂	溶剂	产物	*DS*	文献
1	MCC	酸/DCC/叔胺催化剂	DMAc/LiCl	巴豆酸、乙烯基乙酸、甲基丙烯酸、富马酸和肉桂酸的酯	0.84~1.65	[96]
2	MCC	脂肪酸/Ac_2O	DMAc/LiCl	乙酸/长链脂肪酸混合酯	总 *DS* 为 2.95~3.0	[54]
3	MCC	酸/TsCl	DMAc/LiCl	纤维素己酸酯、辛酸酯、癸酸酯、月桂酸酯、棕榈酸酯、硬脂酸酯	0.36~2.56	[45]
4	MCC、云杉、棉	酸 CDI	DMSO/TBAF	焦谷氨酸、呋喃-2-羧酸纤维素酯	0.54~2.4	[97]
5	MCC	Acid/$SOCl_2$/苯并三唑	DMSO/TBAF	乙酸、苯甲酸、丁酸、己酸、肉豆蔻酸和硬脂酸酯	0.79~1.07	[64]
6	棉、蔗渣、剑麻	羧酸酐	DMAc/LiCl	乙酸、丙酸、丁酸酯	1.5~3.0	[98]
7	MCC、桉树纤维素、棉纤维素	羧酸酐	TAAF/DMSO	乙酸、丁酸、己酸混合酯	1.4~2.4	[71]
8	细菌纤维素	羧酸酐	BuMeIMCl	CAs	0.69~3.0	[78]
9	MCC	羧酸酐	AlMeImCl	乙酸、丙酸、丁酸、戊酸和己酸的纤维素酯和混合酯	1.5~2.9	[80]
10	蔗渣	羧酸酐/碱	BuMeImCl	琥珀酸纤维素	0.24~2.34	[85]
11	MCC	羧酸酐/Lewis 酸	氯化胆碱/$ZnCl_2$	CAs	0.45~1.41	[99]
12	MCC	酰氯/碱	DMAc/LiCl	辛酸、月桂酸和棕榈酸酯	0.12~1.75	[100]
13	云杉纸浆	酰氯/碱	BuMeIMCl；AlMeImCl	CAs	2.40~2.70	[101]
14	MCC	酰氯/碱	DMAc/LiCl；DMSO/TBAF；AlMeImCl	特戊酸、金刚烷羧酸、2,4,6-三甲基苯甲酸的纤维素酯	0.34~2.72	[102]

续表

序号	纤维素种类	衍生化试剂	溶剂	产物	DS	文献
15	MCC	乙烯酯	DMSO/TBAF	乙酸、苯甲酸、丁酸和月桂酸酯	0.3~2.72	[45]
16	MCC	内酯	DMAc/LiCl	L-丙交酯和 ε-己内酯基纤维素酯	0.5~0.7	[103]
17	MCC、云杉亚硫酸纸浆、棉	内酰胺	LiCl/NMP；BuMeImCl	氨基纤维素酯	0.12~1.15	[104]
18	硬木纸浆、MCC	乙烯酮二聚体、乙酰乙酸叔丁酯	DMAc/LiCl	乙酰乙酸纤维素	0.34~1.34	[105]
19	MCC	C8、C10、C12、C14、C16、C18的烷基二乙烯酮二聚体，C8、C10、C12、C14、C16、C18 酸酐/MeIm	LiCl/1，3-二甲基-2-咪唑啉酮	纤维素酯	2.5~2.9	[106]
				脂肪酸-β-酮酯	1.9~2.9	

关于第一点影响因素，DP 和 α-纤维素、半纤维素和木质素的含量是非常重要的性质。因此，当测试新的实验工艺或试剂时，MCC 是优选的起始材料，因为其 DP 低，通常为 150~250。MCC 具有相对高的 I_c 不会明显影响其反应性，因为对于纤维素溶解后的均相反应，该实验变量的重要性基本上被消除。另外，消晶化速率常数和活化参数仅略微与起始纤维素的物理化学性质有关。纤维状纤维素有更高的摩尔质量，其反应比 MCC 更慢。因此，对纤维状纤维素，为了获得与 MCC 相当的 DS，通常采用更长的反应时间、更高的温度和更大的比例（酰化剂/AGU 的 OH 摩尔比）。纤维纤维素的较低反应性可以追溯到其（溶解的）链的持久长度短于生物聚合物延伸链长度的事实，这导致卷曲（图 3.28），即由于空间拥挤而降低纤维素的可及度。相同的纤维素含量，纤维状纤维素的溶液更黏稠，并且形成的纤维素聚集体比 MCC 聚集体更大。这些因素减缓了反应，因为它们对纤维素链和酰化剂的扩散产生不利影响。对于环戊二烯与丙烯酸甲酯在一系列衍生自 1-R-3-$MeImBF_4$（R=C2~C8）的 IL 中的 Diels-Alder 反应，已经证明了溶液黏度对反应速率的影响。随着 IL 黏度的增加，反应速率常数几乎呈线性下降[107]。

如果纤维素未经丝光化处理，则高摩尔质量和高 I_c 的纤维状纤维素，特别是棉短绒可能反应缓慢。如前所示，在大多数情况下，这种碱处理会增加表面上“针孔”的平均直径，并将这些针孔连接在一起以减小 I_c 并增大其表面积。这加速了纤维素溶解，并且增加了形成的聚集体的可及度。原则上，其他纤维素，例如剑麻、松树和桦树纤维素，未经丝光化处理也能以适当的速率反应。然而，由于 I_c 的适度减少和纤维素表面积的增加（加速溶解）和一部分半纤维素的消除，丝光化处理确实产生了有益效果；后者影响纤维素聚集，因此影响可及度（图 3.27）[57,108]。即因为加快溶解速度和可能影响形成的聚集体的尺寸，纤维素丝光化处理加速纤维状纤维素的衍生化反应。

关于第二点影响因素，如前所述，一方面，在 DMAc/LiCl 中溶解纤维素需要经过纤维素的活化；另一方面，MCC 和纤维状纤维素易溶于 $R_4NF \cdot H_2O$/DMSO 和 IL。事实上，热活化不会影响 BuMeImCl 中纤维素酰化产物的 *DS*。上面讨论的纤维素活化方案中，热活化是最简单的，而溶剂置换方案更烦琐和昂贵。如果纤维素需要活化，则会增加合成成本和能量需求。

关于第三点影响因素，存在各种纤维素的非衍生溶剂，可以是单组分，如 NMMO 和 IL，或多组分，如电解质/偶极非质子溶剂。很少有研究比较这些溶剂的效率。已经比较了各种酰化剂在 DMAc/LiCl 和 $TBAF \cdot 3H_2O$/DMSO 中纤维素衍生化。包括羧酸酐，用 CDI 和 1H-苯并三唑活化的饱和酸、不饱和酸和芳族羧酸。一般的结论是在 DMAc/LiCl 中的酰化需要比在 $TBAF \cdot 3H_2O$/DMSO 中反应更多的时间和更高的温度[109]。在可比较的反应条件下，发现纤维素乙酰化的速率常数具有以下关系：AlMeImCl-DMAc>LiCl-DMAc>AlMeImCl-乙腈[110]。

很少有在 NMP/LiCl 中酯化纤维素的例子，其结果与在 DMAc/LiCl 反应相当，NMMO 也被采用。然而，NMMO 不耐试剂，转化为非均相体系[43,111-112]。

关于第四点影响因素，对称羧酸酐具有反应性，可以非均相（商业生产）和均相地将纤维素转化为酯。纤维素与乙酸酐/丙酸酐和乙酸酐/丁酸酐混合物的反应中，因为乙酰基的亲电性较高，乙酸酐体积较小，$DS_{乙酸酯}$ 通常大于 $DS_{丙酸酯}$ 或 $DS_{丁酸酯}$[79]。纤维素乙酰化的效率，由 *DS* 与 $(RCO)_2O$/AGU 摩尔比关系表示，用指数衰减方程描述：

$$DS = DS_0 + Ae^{-\frac{\frac{(RCO)_2O}{AGU}}{B}} \tag{5.1}$$

式中：*A* 和 *B* 为回归系数。*B* 值与溶解的纤维素链的聚集数 N_{agg} 线性相关[113]：

$$B = 1.709 + 0.034N_{agg} \tag{5.2}$$

不同的纤维素在不同的反应条件下，*DS* 与酸酐的碳原子数（N_c）不是线性的。*DS* 从乙酸酐到丁酸酐减小，从戊酸酐到已酸酐增大（图 5.16）。

该关系与溶剂（电解质/偶极非质子溶剂或离子液体）、纤维素种类（MCC 或纤维）、加热方法（常规方法，如通过对流或微波）无关。这由 N_c 与 ΔH 和 $T\Delta S$ 的复杂关系决定[7]。关于 IL 侧链的性质，如果氢键和偶极相互作用是主要的相互作用，有杂原子的侧链（如有醚键的侧链）在纤维素溶解和随后的酰化中更有效。对于较长的侧链，疏水相互作用似乎占主导地位；烷基 IL 比醚基 IL 更有效[84]，

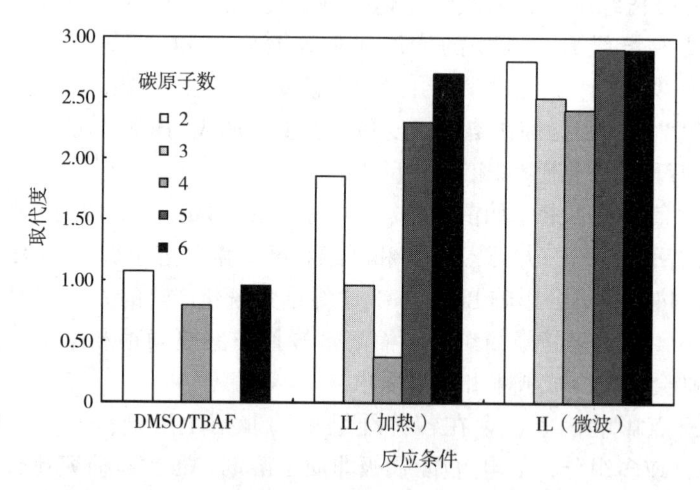

图 5.16　不同实验条件下 DS 与 N_c 的关系，包括非衍生化溶剂（加热方式：对流和微波[7,64,80,82]）

这与当前关于（纤维素溶剂）疏溶剂相互作用的溶解相关性的观点一致[114-115]。

5.1.3　羧酸纤维素酯的性质及应用

5.1.3.1　性质

目前为止，纤维素乙酸酯（CA）是最重要的纤维素酯之一，无臭、无味、无毒，储存稳定。然而，炎热、潮湿条件下，CA 可能自催化水解，产生醋酸气味。因此，研究中使用商品 CA 前，建议在温乙醇中反复悬浮进一步纯化样品，然后测定 *DS* 并储存在冰箱中。乙酰化程度通常以 *DS*，以乙酰基百分含量或乙酸百分含量表示。这些量之间的关系如下：

$$\text{乙酰基含量}(\%) = 3.771 + 19.270DS - 1.864DS^2 \tag{5.3}$$

$$\text{乙酸含量}(\%) = 4.513 + 27.690DS - 2.791DS^2 \tag{5.4}$$

所谓的纤维素二乙酯的平均 *DS* 约为 2.5；纤维素三乙酯（CTA）指的是 $DS>2.7$ 的酯。后者以 CTA-Ⅰ和 CTA-Ⅱ同素异形体存在，分别指平行主链构象和反平行主链构象[116-117]。CA 的热性质（T_g、T_m、T_{Decomp}）与 *DS* 的关系见 2.3.6.2；结果列于表 2.25。

纤维素二乙酸酯（$T_g=160℃$，$T_m=225\sim250℃$ 分解）[118] 和 CTA（$T_g=156℃$，$T_m=306℃$）[119] 是高熔点、高强度、不导电的材料，具有优异的 UV/vis 稳定性、透明度和低可燃性。T_m 值随酰基链长的增加而降低，丙酸、丁酸、戊酸、己酸盐和庚酸的纤维素三酯 T_m 分别为 234℃、183℃、122℃、94℃和 88℃。因此，预期乙酸酯/高级羧酸酯的纤维素混合酯具有较低的 T_g 和 T_m，如以下实例所示：CAP（$DS_{丙酸酯}=2.65$，$DS_{Ac}=0.1$）$T_g=136℃$ 和 $T_m=178℃$[120]，CAB（$DS_{丁酸酯}=1.6$，

$DS_{乙酸酯}=1.0$）$T_g=125℃$和$T_m=165℃$[121]。

纤维素羧酸酯的吸水性取决于取代基的性质、*DS*和取代的规律性，但不取决于酯基团的摩尔质量（MM）。吸水性随材料所处的*RH*值增加而增加，恒定*RH*下，随着酰基（例如从乙酸酯到庚酸酯）疏水性的增加而降低[122-123]。CA纤维吸水的结果是纤维长度和横截面增加，如CTA两者的值分别为1.5%和4%。

已经研究了纤维素酯各向异性溶液的形成，因为从溶致液晶溶液［纤维素衍生物>30%（质量分数）］中纺丝预计会得到强力纤维。通常，纤维素主链是手性的，纤维素酯形成手性向列相。因此，CTA在TFA、TFA与氯化溶剂（DCM、DCE和$CHCl_3$）的混合物和二氯乙酸[124]中形成液晶溶液。已经研究了$DS=2.45$的CA溶剂组成、聚合物浓度、温度和时间对开始形成各向异性相的影响。结果是酸越强，形成的各向异性溶液起始浓度越低，顺序如下：TFA-DCM>TFA-DCE>TFA>TFA-$CHCl_3$。注意，TFA在DCE中形成二聚体，是比单体TFA更强的酸，但TFA与$CHCl_3$相互作用不明显，与上述氯化溶剂效应一致[125]。尽管从这些各向异性掺杂剂获得的纤维显示出高韧性，但由于所用化学品的高成本、腐蚀性和环境问题，该方法未实现商业化。

CA在不同溶剂中的溶解性是具有重要工业和科学意义的性质。一般溶解性趋势（*DS*，溶剂）如下：2.8~3，氯仿；2.2~2.7，丙酮；1.2~1.8,2-甲氧基乙醇；0.6~0.9，水。纤维素高级脂肪酸酯（从丙酸酯到十六烷酸酯）也可溶于DCM、丙酮、乙酸乙酯和甲苯（从己酸酯开始适用于甲苯）。溶解性不仅取决于总（平均）*DS*，还取决于AGU内区域选择性取代和沿聚合物链的取代分布[126-127]。取代规律性解释了不同制造商商业化产品的溶解性间的差异。因此，浊度测量评估七种商业纤维素乙酸酯（$DS=2.5$）样品［1%（质量分数）］的溶解性。只有一种样品可溶于乙酸乙酯；DCM：甲醇［4：1（体积比）］、乙酸乙酯：甲醇［5.7：1（体积比）］的溶解度因子分别为7和11.2[128]。AGU的C6位的*DS*在各种溶剂中的溶解性起决定性作用。例如，CA中O-6的*DS*很低的样品，低*DS*（<0.8）时水中可溶解。CTA的O-2和O-3区域选择性脱乙酰化产生相同低*DS*的CA不溶于水。商业纤维素乙酸酯（$DS=2.5$）不溶于干燥的丙酮，但溶解于含1%水的丙酮，见表5.10。

表5.10 CTA部分脱乙酰化得到CA在某些溶剂中溶解性[127,129]

溶剂	醋酸纤维素在不同位置部分脱乙酰的*DS*范围	
	O-2/O-3/O-6	O-2/O-3
水	0.8~1.0	不溶
DMF	1.8~2.7	1.3~2.8

续表

溶剂	醋酸纤维素在不同位置部分脱乙酰的 *DS* 范围	
	O-2/O-3/O-6	O-2/O-3
丙酮（<0.01%水）	不溶	不溶
丙酮（1%水）	2.3~2.6	2.5~2.6
吡啶	0.8~2.7	1.2~2.8
吡啶/水（1∶1，体积比）	0.6~2.0	1.2~2.6
乙酸乙酯	1.6~2.7	2.6~2.8

5.1.3.2 应用

CTA 因其良好的加工性，多用于纺织工业。羧酸纤维素酯单独使用或与其他纤维一起使用，用于机织织物、针织物和编织物。应用于医用纱布、缎带、家居装饰、经编针织物和衣服衬里等。

CA 的主要应用领域（DS=2.35~2.55）是制造过滤丝束，用于选择性去除小颗粒、酚类、亚硝胺、喹诺酮类和香烟烟雾的其他有害成分。与纤维素本身相比，酯中偶极和疏水基团的存在导致更有效地去除酚类。在少量二氧化钛（作为增白剂添加）的存在下，用（过滤的）CA 溶液在丙酮中纺丝[130]。纤维素二乙酯仍然是制造许多与人类直接、长期接触的塑料产品（通过挤出和吹塑）的首选聚合物，包括时尚配饰、服装饰品、梳子、纽扣、包装材料和玩具[131]。

纤维素酯的药物应用是固体药物、颗粒、丸剂、片剂和胶囊的肠溶包衣。肠溶衣是一种应用于口服药物的聚合物屏障（图 5.17）[132]。大多数肠溶包衣的工作原理是呈现在胃中相对较低 pH 值下稳定的表面（约 3），但在小肠中的碱性 pH 值环境中会迅速分解（pH 值为 7~9）。最常用的 pH 值敏感性肠溶聚合物包括纤维素醋酸-邻苯二甲酸酯，纤维素醋酸-偏苯三酸酯，以及改性纤维素醚（如羟丙基甲基纤维素邻苯二甲酸酯）。该应用的典型实例是用于那些对胃具有刺激作用的药物的包覆，如乙酰水杨酸。同样，唑类药物（埃索美拉唑、奥美拉唑、pan 和所有唑类组合）是酸激活的，此类药物添加到制剂中的肠溶包衣中，可避免药物在口腔和食道中激活。

羧酸纤维素酯的另一个主要应用领域是涂料工业。商业混合酯，如 CAP 和 CAB，具有单酰基酯（即 CA、CP 和 CB）所不具有的性能，可能是因为同一 AGU 中两种酰基基团的共同存在所导致的。其应用包括薄板、模塑塑料、薄膜产品、漆涂层和熔浸涂层等。预期的应用取决于不同取代基的 DS。例如，具有 $DS_{乙酸酯}$ = 1.4~2.1 和 $DS_{丁酸酯}$ = 1.1~0.7 的产品用作油漆，而具有 $DS_{乙酸酯}$ = 0.5 和 $DS_{丁酸酯}$ = 2.3 的产品用于熔融涂覆，因为其 T_m 较低。CAP 和 CAB 是热塑性塑料，可以通过

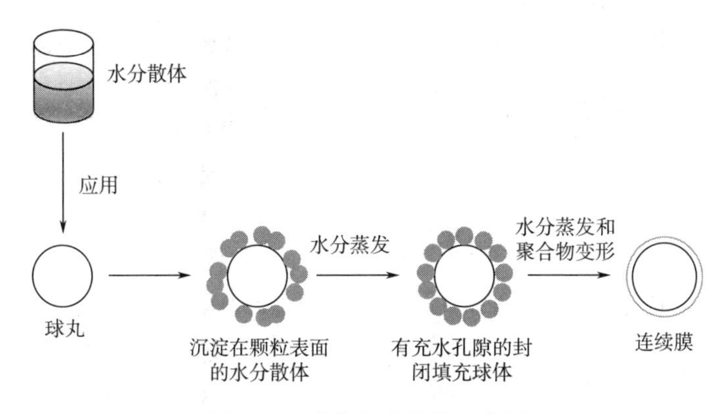

图5.17　药物肠溶衣的示意图

注塑和挤出加工，可以溶解、浇铸成薄膜。CAB与聚酯、丙烯酸树脂、乙烯基树脂和醇酸树脂相容。在廉价溶剂中具有高丁酰基含量的CAB溶液的低黏度使其适用于漆涂层，可用于木制家具和汽车工业。许多汽车的金属外观是通过使用含有定向金属薄片的底涂层实现的，涂层外层透明，金属光泽由透明涂层下面的金属薄片（通常是铝）产生（图5.18）。纤维素混合酯改善了底涂层中的金属纤维取向，因为它们在干燥过程中增加了薄膜的黏度。黏度增加基本上冻结了金属薄片的取向，然后在干燥过程中通过薄膜收缩将金属薄片平行排列于表面[133]。

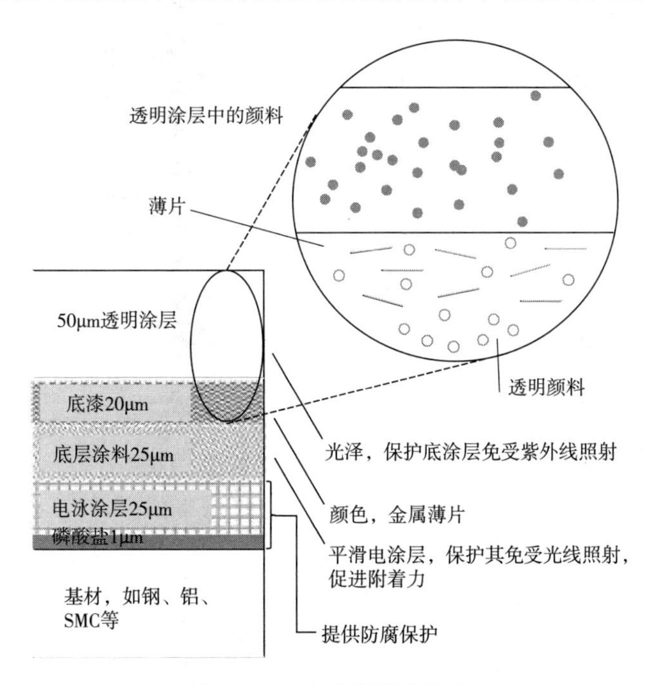

图5.18　车身涂层示意图

5.2 磺酸酯及其用于 S_N 反应

5.2.1 概述

纤维素化学中使用的磺酸酯的典型结构见表 5.11，广泛研究的衍生物是纤维素甲苯磺酸酯（CT）[134]。尽管比纤维素羧酸酯研究得少，但在纤维素磺酸酯通过亲核取代（S_N）反应制备纤维素衍生物中有许多应用，产物具有独特的结构和性质。

表 5.11 纤维素化学中常用的磺酸酯

酯来源	结构	缩写
苯磺酸	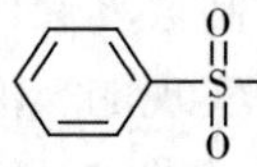 O, S, O	
对甲苯磺酸	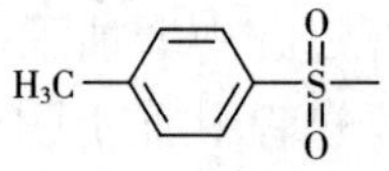 H_3C, O, S, O	Tosyl，Ts
对硝基苯磺酸	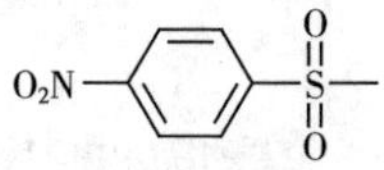 O_2N, O, S, O	
2,4-二硝基苯磺酸	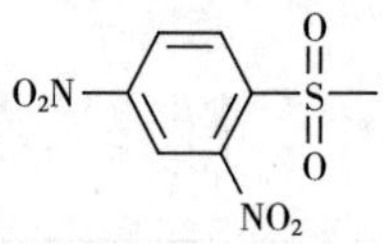 O_2N, O, S, O, NO_2	
对溴苯磺酸	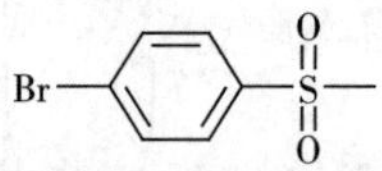 Br, O, S, O	Brosyl
对氯苯磺酸	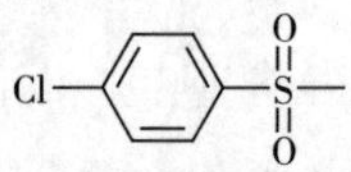 Cl, O, S, O	
2,4,6-三甲基苯磺酸	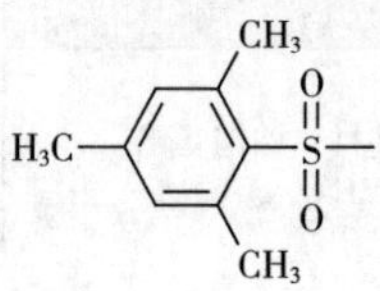 CH_3, H_3C, O, S, O, CH_3	

续表

酯来源	结构	缩写
5-N,N-二甲氨基萘磺酸	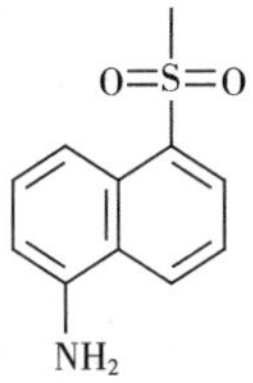 O=S=O（萘环，NH$_2$）	
甲磺酸	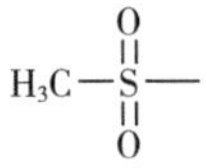 H_3C-SO_2-	Mesyl
三氟甲磺酸	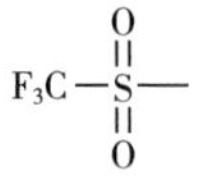 F_3C-SO_2-	Triflate
三氟乙烷磺酸	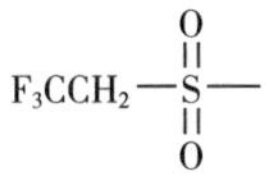 $F_3CCH_2-SO_2-$	Tresyl，Tresylate

因此，纤维素磺酸酯为合成脱氧纤维素衍生物提供了直接而有效的途径，包括一些完全不同的新衍生物。通过引入磺酸酯，随后良好的离去基团（磺酸基团）被多种亲核试剂亲核取代是可能的。因此，纤维素磺酸酯的合成与它们的进一步化学转化密切相关。这类应用最重要的是纤维素对甲苯磺酸酯（CT）。

5.2.2 纤维素磺酸酯的合成

纤维素磺酸酯可以通过叔有机碱（如吡啶）存在下纤维素与磺酰氯反应非均相进行合成。也可以在含水碱性介质中通过 Schotten-Baumann 反应合成。非均相合成方法的主要缺点是反应时间长，需要高过量试剂。这些反应条件可能形成交联，得到不溶产物。对 CT 的详细研究表明，对甲苯磺酰基可被氯和吡啶部分取代，得到不规则官能化产物。典型的例子是在吡啶中使用大量过量的 TsCl，反应2~4天，合成获得 CT，$DS_{Ts}=0.08\sim1.36$[135]。

磺酸纤维素酯也可以有效地进行均相合成。溶剂主要是与偶极非质子溶剂（如 DMAc/LiCl）结合的强电解质，最近使用阴离子为氯化物的 IL。

McCormick 的开创性工作中，从 DMAc/LiCl 中获得 CTs，DS_{Ts} 高达2.4，对反应混合物进一步加热，几乎完全转化为氯脱氧纤维素（$DS=2.3$）[136]。已经证明，使用叔碱催化剂，如 TEA 或4-N,N-二甲氨基吡啶和低反应温度（10℃），可以抑制氯脱氧纤维素的形成[137]。均相条件下，用 TsCl/TEA 在 DMAc/LiCl 中制备了一系列 CT。发现 DS_{Ts} 的值是 TsCl 与 AGU 的摩尔比的函数。CT 的溶解度取决于 DS_{Ts}。例如，DS_{Ts} 高于 0.46，CTs 可溶于 DMAc 和 DMSO，$DS_{Ts}=1.43$ 可溶于二噁烷或丙酮，$DS_{Ts}=2.02$ 可溶于 THF[138]。

在 EtMeImAc 中尝试合成 CT，却得到纯 CA（图 5.19）。EtMeImAc 中的乙酸根离子与对甲苯磺酰氯的反应形成乙酸/甲苯磺酸混合酐（通过 NMR 证实）。因为对甲苯磺酰基是更好的离去基团，发生纤维素对该中间体的攻击发生在乙酰基。然而，可能发生 CT 与乙酸根阴离子的 S_N 反应[139]。

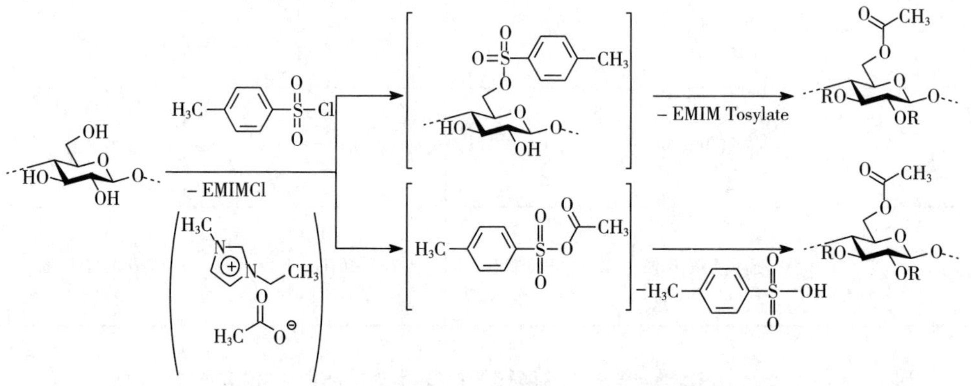

图 5.19 EtMeImAc 中纤维素与 TsCl 反应形成醋酸纤维素的反应机理[139]

用较弱碱性/亲核性阴离子的 IL 可以合成 CTs。例如，纤维素与 TsCl/碱在 IL［AlMeImCl，EtMeIm $(EtO)_2PO_2^-$］中和有机溶剂（包括吡啶、DMF 和 1,3-二甲基-2-咪唑啉酮）的混合物反应，得到 DS_{CTs} 为 0.71～1.08 的 CTs。获得具有 $DS_{Ts}\leqslant1.14$ 和 $DS_{Cl}\leqslant0.16$ 的产物，并且如同均相反应所预期的那样，对甲苯磺酰化主要发生在 AGU 的 C6 位。叠氮化物进一步与对甲苯磺酸酯基团和氯脱氧产物的氯发生 S_N 反应[140]。

最近，CTs 已经在水性介质中制备。通过搅拌和冷却得到 5%NaOH 纤维素水溶液，然后用 TsCl/TEA（室温，24h）进行甲苯磺酰化得到 DS_{Ts} 为 0.1～1.7 的产物[141]。FTIR 和 NMR 光谱表征所得样品。^{1}H-NMR 光谱（在 LiCl/DMSO-d6 中）测定 DS_{Ts}，并与 X 射线衍射进行比较。LiCl/DMSO 为溶剂，产物不能很好地溶解。DMAc/LiCl 中合成的 CTs 在有机溶剂中溶解良好，并且不必加入盐。

剧烈搅拌和冷却后，纤维素在 NaOH/尿素水溶液中得到透明溶液。非离子表面活性剂存在下，溶解的纤维素的对甲苯磺酰化得到 DS_{Ts} 为 0.43～0.95 的溶解良好的产物。产物可通过典型的 S_N 反应转化为各种衍生物 6-脱氧-6-（ω-氨基乙基）氨基纤维素（乙二胺、DMSO，100℃，6h），6-脱氧-6-叠氮基纤维素（NaN_3、DMF，100℃，24h）和 6-脱氧-6-硫代硫酸纤维素（$Na_2S_2O_3$、DMSO，

80℃，20h)[142]。

5.2.3　纤维素磺酸酯剩余羟基的改性

在 S_N 反应之前，纤维素磺酸酯的剩余羟基可以修饰。磺酸酯基团在通常的酯化反应条件下可能是稳定的，对甲苯磺酸酯尤其如此（图 5.20）。因此，CTs 被转化为混合酯（对甲苯磺酸酯/羧酸盐[143]、对甲苯磺酸酯/氨基甲酸盐[144]、对甲苯磺酸酯/硫酸酯[145]）。具有令人感兴趣的结构和性质的纤维素衍生物，特别是它们在有机溶剂中的溶解性，是通过剩余羟基的均相酰化获得的，从 CTs 的 DS_{Ts} 为 0.5~2.0 开始。乙酸钠为催化剂，在吡啶中与各种脂族、芳族和不饱和羧酸酐以及异氰酸酯进行酰化反应。反应均相进行，得到高 DS_{Acyl} 产物。乙酸酐和丙酸酐存

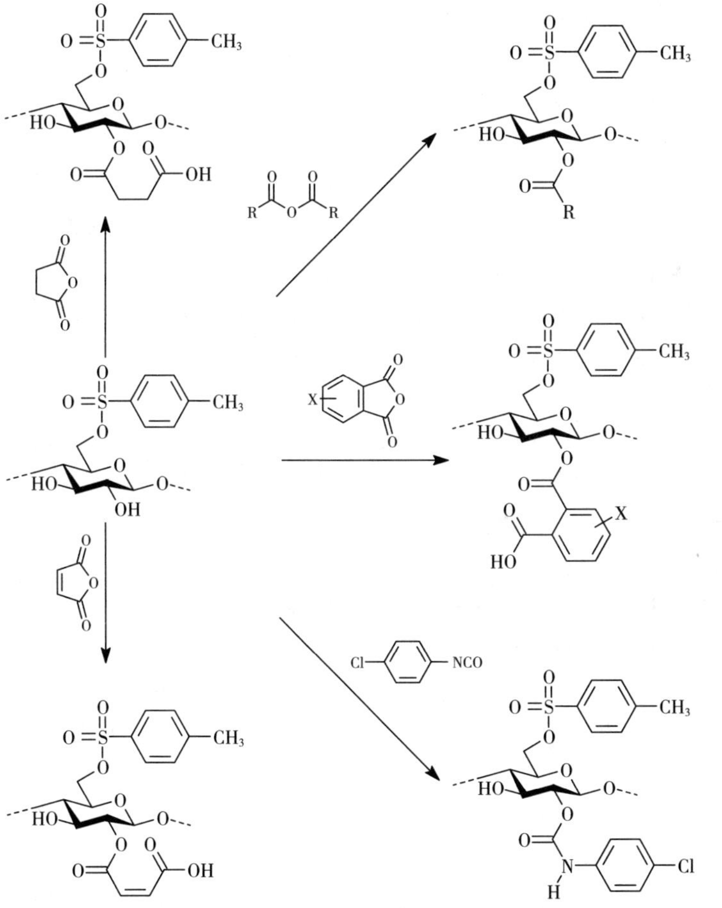

图 5.20　甲苯磺酸纤维素残留羟基的修饰实例[143]

在下，所有剩余羟基的完全官能化。产物易溶于偶极非质子溶剂，如丙酮、DMSO、DMAc 和 THF。产物通过溶液浇铸制成薄膜。羧酸含有多于一个羧基，与 CTs 形成单酯，混合酯可溶于 NaOH 水溶液甚至水，这取决于 DS_{Ts} 和 DS_{Acyl} 的值。

CTs 的 T_{Decomp} 和相应的具有相同 DS_{Ts} 的混合酯的值相当，混合酯可以通过熔体挤出加工[143]。与 SO_3/吡啶反应，甚至将 CTs 转化为相应的水溶性纤维素对甲苯磺酸酯硫酸盐，得到在水中自聚集的 $DS_{硫酸酯}$ 为 0.57 的产物[146]。

5.2.4 纤维素甲苯磺酸酯的亲核取代反应

纤维素与 TsCl/TEA 在 DMAc/LiCl 中反应的产物能与甲胺、二甲胺和 2-半胱胺反应。CTs 与半胱胺的反应生成完全不溶、不溶胀的产物，与之相反，与甲胺、二甲胺反应生成在水中高度溶胀的产物[147]。

详细研究了用甲氨基取代 CTs 的对甲苯磺酸盐基团。发现基团交换程度是反应温度和时间的函数，如下所示（温度，时间，基团交换率）：室温，24h，50%；40℃，24h，76%；60℃，24h，100%和 90℃，9h，98%。结果表明，对甲苯磺酸酯基团几乎没有水解，这与羧酸酯相比对甲苯磺酸酯的稳定性更好的结果一致[148]。所有产物在乙醇、甲醇、氯仿、吡啶、丙酮、乙酸或 NaOH 水溶液中的溶解性均较差。然而，当完全取代时，观察到样品在水中高度溶胀[149]。

脱氧纤维素衍生物的区域选择性问题仍然是这一研究领域的核心。因此，6-氨基-6-脱氧纤维素的区域选择性合成，C6 位 *DS* 为 1.0，通过优化反应条件实现 6-*N*-磺化及其 6-*N*-羧甲基化衍生物的合成[150]。

选择 DS_{Ts} 为 2.02 的样品，C6 位羟基完全被对甲苯磺酰化。受控条件下（NaN_3 过量的 5mol，50℃，38h），该样品与 NaN_3 在 DMSO 中反应，AGU 的 C6 位上 100%叠氮化物/甲苯磺酸酯交换。在完全还原并除去 AGU 其他位置处的对甲苯磺酰基的条件下，用 $LiAlH_4$ 在二噁烷中还原叠氮基团（$LiAlH_4$ 过量的 5 倍，54℃，24h）。进一步发生 6-脱氧氨基纤维素衍生化反应，如图 5.21 所示。这些纤维素衍生物是合成混合酯和研究结构—性能关系候选物。

叠氮基团很有意义，因为它能还原为可进一步官能化的氨基，如季铵化得到纤维素聚电解质。此外，叠氮基可用于 Sharpless 等引入的点击化学[151]（见第 7 章）。

原则上，基于纤维素的阴离子聚电解质可以进一步季铵化以得到两性离子产物，这些都是起始于 CTs。如图 5.22 所示，CTs 与 SO_3/吡啶反应硫酸化，然后用乙二胺或三-（2-氨基乙基）胺取代磺酸酯基团（S_N），得到水溶性产物，前提是氨基不被质子化。例如，这些产品在 pH=11.5 时是水溶性的，在 pH=9.5 下形成胶体溶液。在 pH<9 时，由于氨基的质子化和它们与硫酸盐基团的强烈结合，形成

沉淀[152]。

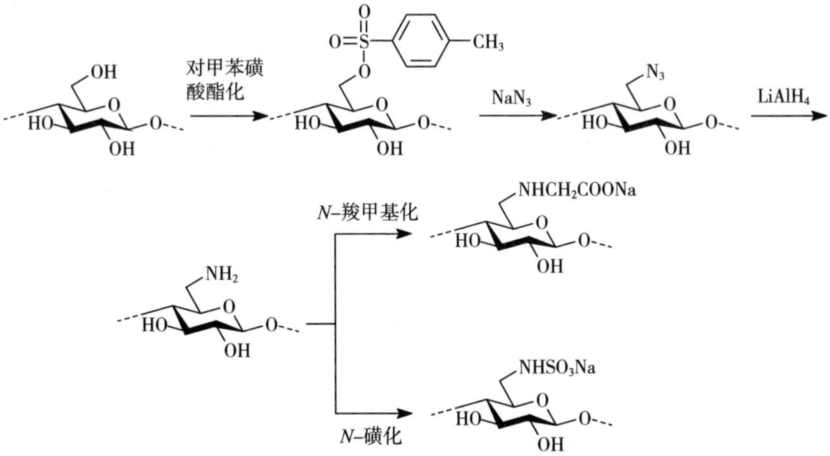

图5.21 区域选择性合成6-氨基-6-脱氧-纤维素及其N-磺化和N-羧甲基化衍生物[150]

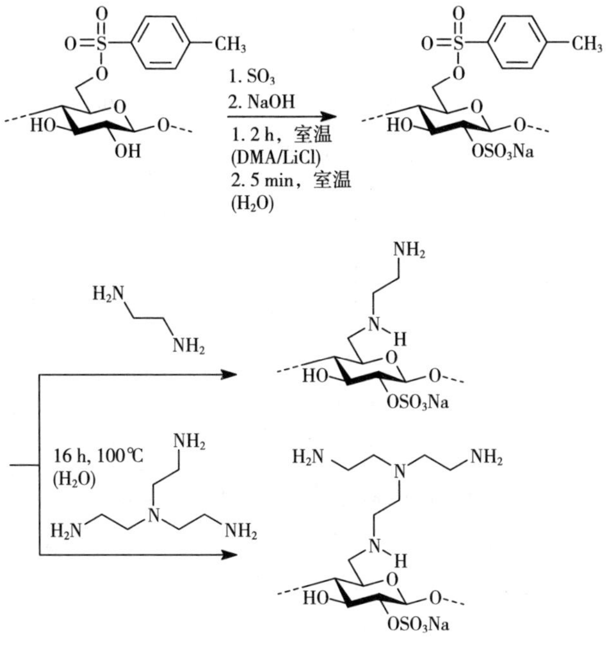

图5.22 合成6-脱氧-（ω-氨基乙基）氨基纤维素-2,3（6）-O-硫酸酯和6-脱氧-6-（双-N′,N′-氨基乙基）氨基纤维素-2,3（6）-O-硫酸盐，原料是纤维素对甲苯磺酸硫酸酯[152]

纤维素纤维的交联形成三维网络，可增强纸张强度。叠氮脱氧纤维素和炔丙基纤维素之间能实现这种交联。第一种衍生物是通过 MW 辅助 S_N 反应（DMF，100℃）用 CT 在 DMAc/LiCl 中和 NaN_3 反应制备获得，后一种化合物是通过碱性纤维素与炔丙基溴在 DMAc/LiCl 中的 MW 辅助反应获得的。Cu（CuAAC）催化的 Huisgen 1,3-偶极叠氮化物-炔烃环加成进行交联，是点击化学反应[153]。铜催化的 Huisgen 反应已用于生产基于纤维素的树枝状结构衍生物。CTs（*DS*=0.58）与炔丙胺的亲核置换反应合成具有区域选择性官能化模式的炔丙基纤维素。得到的 6-脱氧-6-氨基炔丙基纤维素通过 CuAAC 反应用作 AGUC6 位纤维素的化学选择性树枝状化的起始原料，得到第一代（*DS*=0.33，图 5.23）和第二代（*DS*=0.25）6-脱氧-6-氨基-［4-甲基-（1,2,3-三唑基）1-丙基-聚酰胺基胺］纤维素衍生物。这些产物是纯的（无交联）且可溶于极性非质子溶剂[154]。有关纤维素点击化学的更多信息请参阅第 7 章。

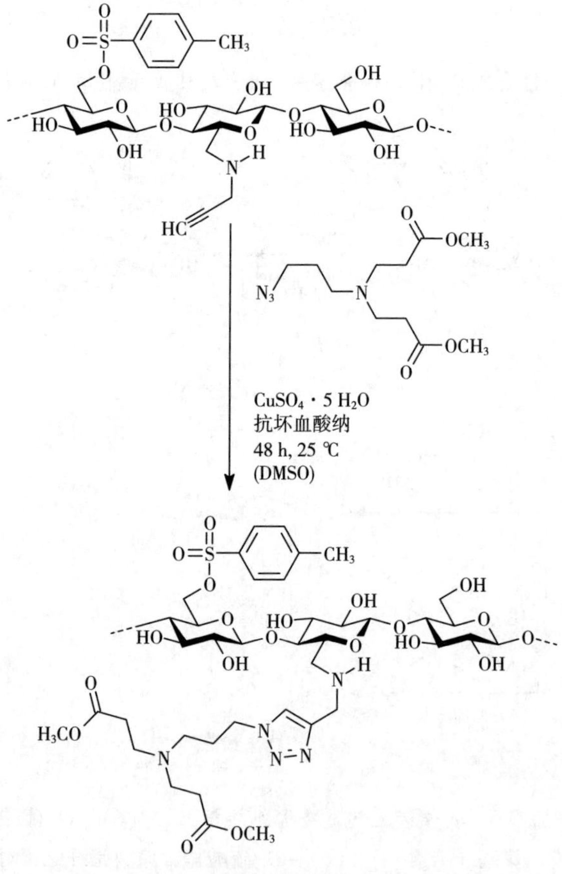

$CuSO_4 \cdot 5H_2O$
抗坏血酸钠
48 h, 25 ℃
(DMSO)

图 5.23 6-脱氧-6-氨基炔丙基纤维素（*DS*=0.48）与第一代偶氮丙基-聚酰胺树枝状大分子的均相合成[154]

为了探究纤维素主链的手性是否影响对甲苯磺酸酯在 S_N 反应中的反应性，在 DMAc/LiCl 中（TEA，24h，8℃）合成了 DS_{Ts} 为 0.74 和 1.29 的衍生物，然后在 DMF 和水（100℃，16h）中均相条件下与 R（+）-、S（-）-和外消旋 1-苯乙胺反应。所制备的脱氧氨基纤维素衍生物的 CD 光谱的曲线显示出明显的正负 Cotten 效应，与起始胺相似。因此，在所采用的反应条件下，手性纤维素主链不会影响甲苯磺酰基化 C6 位处的 S_N 反应[155]。

5.2.5 6-脱氧-6-氨基纤维素衍生物的合成与性质

可溶性 6-脱氧-6-氨基纤维素衍生物是一类有前景的新型纤维素衍生物。如上所述，DMAc/LiCl 中纤维素的对甲苯磺酰化主要发生在 C6 位（$DS_{Ts}<1$），剩余羟基可以与乙酸酐、苯甲酸酐或异氰酸苯酯进行反应。有机可溶产物的 DS_{Ts} 在 0.50~1.95，第二取代基 *DS* 为 0.8~2.4。这些纤维素衍生物与苯二胺反应（对甲苯磺酸酯基团的 S_N 反应）得到氨基纤维素衍生物，其可用于固定酶，如葡糖氧化酶。在 H_2O_2 和过氧化物酶的存在下，通过典型试剂（如苯酚和喹啉衍生物）与纤维素衍生物的苯二胺基团的氧化偶联反应证明了氧化还原显色性质（图 5.24）[144]。

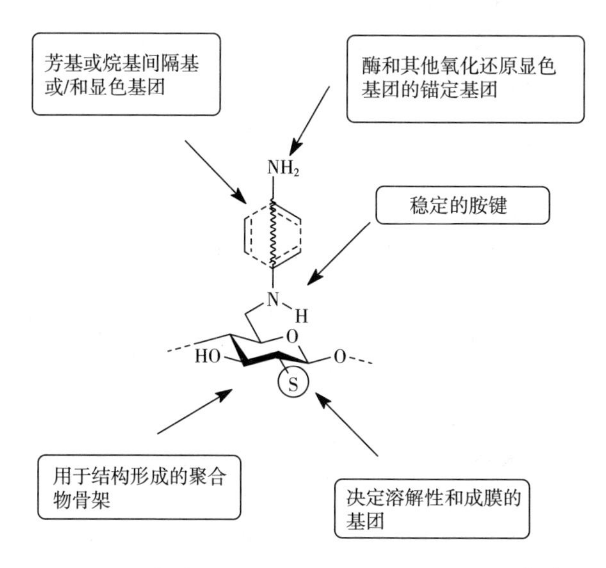

图 5.24 传感器酶固定化支持物要求的示意图[144]

应用这种方法，已经进行了各种酶的固定，例如葡萄糖氧化酶、乳酸氧化酶和过氧化物酶对从 CT 羧酸酯获得的脱氧氨基纤维素衍生物的固定。对甲苯磺酸酯基团不仅被苯二胺取代，还被双（4-氨基苯基）甲烷和乙烷及其 *N*,*N*-二甲基氨基类似物取代。几种偶联剂（如戊二醛和 L-抗坏血酸）固定酶，评价了它们的催化活性和稳定性[156]。

通常，氨基纤维素可根据间隔物类型分为四组（X 如图 5.25~图 5.28 所示）[157-159]。

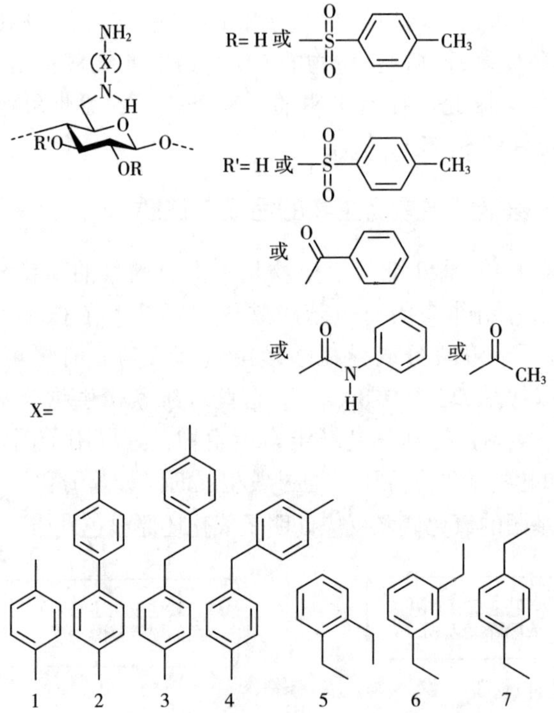

图 5.25　可溶性氨基纤维素衍生物与对苯二胺（1）、联苯胺（2）和 C6 位亚芳烷残基（3）~（7）

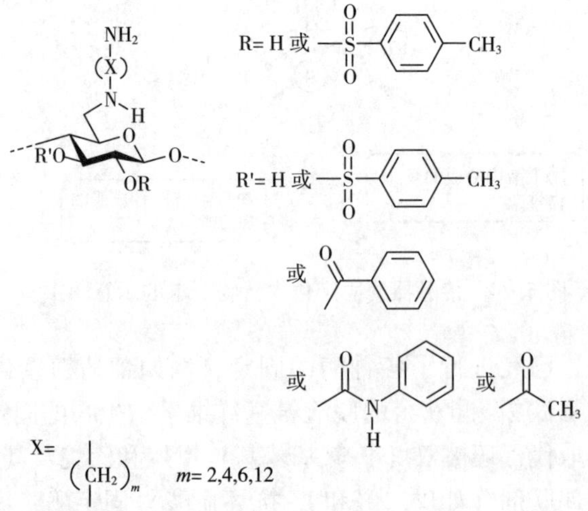

图 5.26　C6 位可溶性亚烷基二胺（ADA）纤维素衍生物的实例

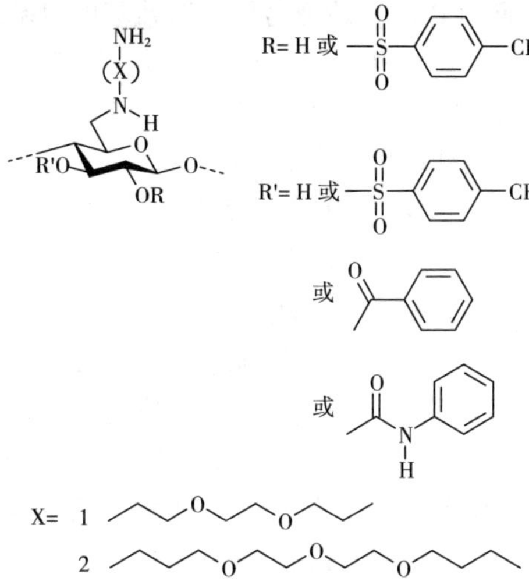

图5.27 位置C6处有邻亚烷基二胺残基的可溶性氨基纤维素衍生物实例
1—1，8-二氨基-3,6-二氧杂环己烷（DADO）纤维素衍生物
2—4,7,10-三氧杂-1,13-十三烷二胺纤维素衍生物

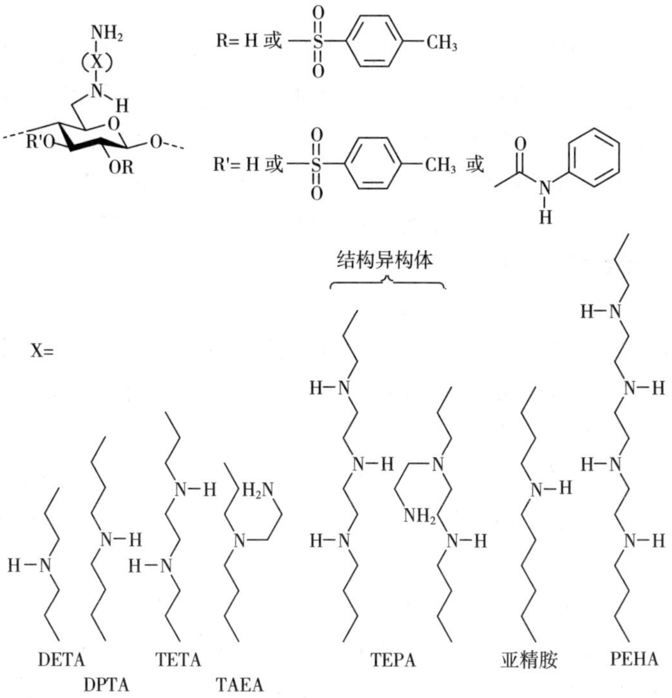

图5.28 可溶性氨基纤维素酯在C6位具有低聚胺残基的实例

（1）有1,4-对苯二胺（PDA）或亚芳烷二胺残基的氨基纤维素（图5.25）。

（2）有亚烷基二胺（ADA）残基的氨基纤维素（图5.26）。

（3）有*O*-亚烷基二胺残基的氨基纤维素（图5.27）。

（4）有寡胺残基的氨基纤维素（图5.28）。

5.2.5.1 亚烷基二胺（ADA）纤维素衍生物

DS_{ADA}值取决于反应温度。例如，在100℃（3h），获得最大DS_{EDA}的EDA（氨基甲酸纤维素），即使反应时间为24h，在较低的反应温度（70℃）下也不能达到这个取代度，在不引入胺的情况下裂解对甲苯磺酸酯。显然，对甲苯磺酸酯和氨基甲酸酯被ADA氨解而裂解（图5.26），形成对甲苯磺酰胺和苯脲基团。观察到对甲苯磺酰纤维素与其他ADA（m=4，6，8，12）类似的转化行为。然而，增溶酯基团的裂解速率随着ADA链长的增加而降低。羧酸酯和苯甲酸酯基团的裂解速率几乎相当[156,160]。显然反应活性与二胺残基的亚烷基链长度没有函数关系。

5.2.5.2 含有寡胺残基的氨基纤维素衍生物

C6位含有寡胺的、可能来源于生物的氨基纤维素酯，其生物功能应用包括具有免疫亲和特性的生物芯片和生物功能纳米颗粒[161-163]。将对甲苯磺酰纤维素（DS_{Ts}=0.80）与寡胺（图5.28）在100℃反应6h，确保$DS_{胺}$达到最大值，得到水溶性产物[162]。

低*DS*的具有间隔结构的氨基纤维素在pH值为10~11时可溶于水，前提是C2位和C3位有羟基。由于可用含水酸如HCl水溶液滴定来调节最佳pH值，这些氨基纤维素特别适合作为酶的支持基质。与相应的低聚胺类似，氨基纤维素的另一个特征是与Cu^{2+}形成蓝色的螯合物（λ_{max}值为560~630nm）[162]。因此，它们对于生物氧化还原系统，特别是与Cu蛋白的偶联具有特别重要的意义。

5.2.5.3 氨基纤维素的超分子聚集

纤维素衍生物6-脱氧-6-氨基纤维素形成多种低聚物质，已通过分析超速离心的流体动力学技术进行了研究。发现，6-脱氧-6-氨基纤维素同系物中，会发生完全可逆的自缔合（形成四聚体）（图5.29）。值得注意的是，这些四聚体确实以规则的方式进一步结合成超分子络合物[164]。

图5.29所示的结构对应于聚合度约10，C6的$DS_{胺}$=0.83和C2的DS_{Ts}=0.2，相当于摩尔质量~3250g/mol和s~0.5s。中间的对应于M~13000g/mol和s~1.7s的四聚体。下图是不同浓度（从黑色到浅灰色）AEA纤维素的沉降系数分布2.0mg/mL、1.0mg/mL、0.75mg/mL、0.25mg/mL、0.125mg/mL[167]。

基于$s \sim M^{2/3}$比例关系，超级单体结合成超三聚体、超六聚体和超九聚体，也有超二聚体的证据，尽管超二聚体在最高负载浓度下并不明显。超级单体的比例相对于高聚体下降，即使具有高阶关联，也显示出部分可逆性。

这种行为在多肽和蛋白质（如血红蛋白及其镰状细胞突变）中已众所周知，

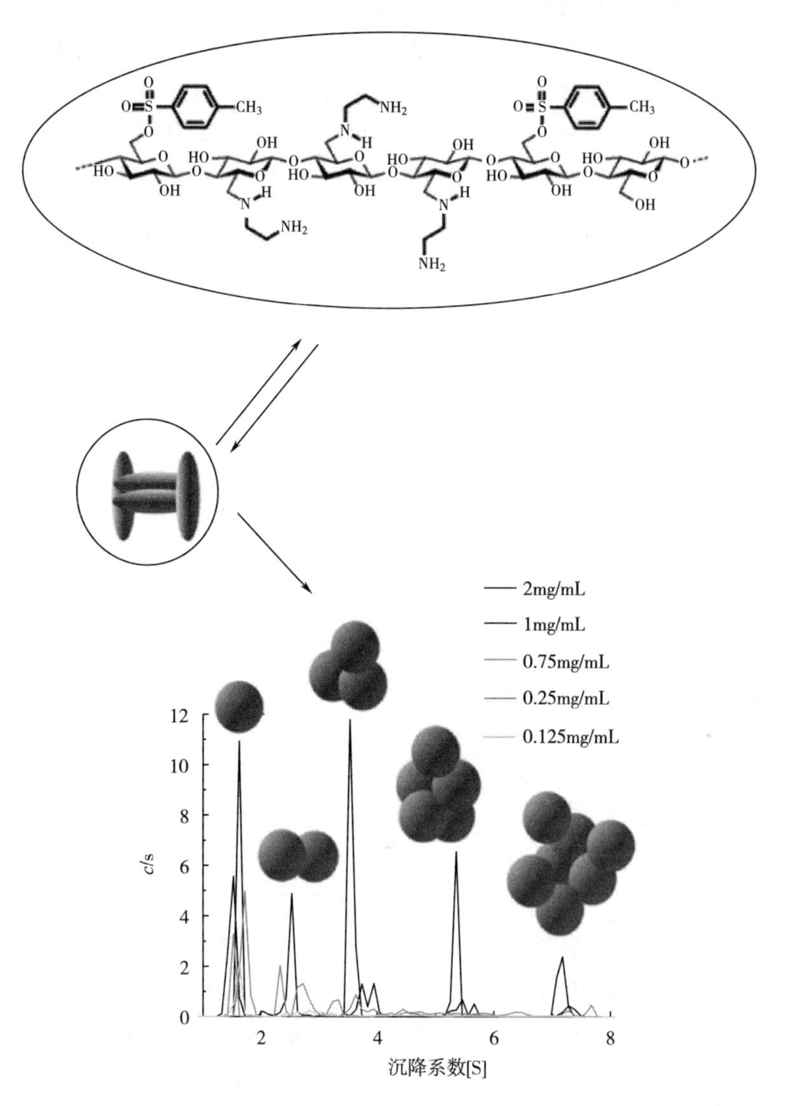

图5.29　多糖6-脱氧-6-（ω-氨基乙基）氨基纤维素（AEA纤维素）的可逆四聚体形成和高级缔合

却是首次在碳水化合物中观察到[165]。自组装使它们模仿组蛋白的特性，可用作基于DNA的疗法中的缩合剂或包装剂[166]。

然而，最重要的是，关于什么是“类蛋白质”和什么是“类碳水化合物”行为的传统观念可能需要重新考虑[167]。

氨基纤维素可以在玻璃、金和硅晶片等各种基材上形成超薄、透明、多层或单层薄膜（SAMs）。从5%氨基纤维素溶液（在水或有机溶剂中）开始，通过倾倒、喷涂和旋涂形成纳米级形貌[168-170]。

氨基纤维素可能是生物相容的，是因为它们显示出与某些 ECM 相似的结构（如聚-L-赖氨酸和聚鸟氨酸）。另一个主要优点是氨基纤维素可以通过单层复合牢固地固定在各种化学材料表面。各种氧化还原酶的偶联表明该方法的有用性，获得具有高特异性活性的产物（表 5.12）。

表 5.12 不同偶联剂对选定的氧化还原酶（葡萄糖氧化酶 GOD、辣根过氧化物酶 HRP、乳酸氧化酶 LOD）与 PDA 纤维素膜的共价偶联

偶联剂	活性/（μ/cm^2）		
	GOD	HRP	LOD
重氮偶联剂	194	135	220
戊二醛	187	206	100
L-抗坏血酸	185	200	192
苯-1,3-二磺酰氯	168	48	—
4,4′-联苯二磺酰氯	27	35	—
苯-1,3-二羧酸二氯	34	121	286
苯-1,4-二羧酸二氯	60	27	131
三聚氯氰	33	59	119
苯-1,3-二醛	94	58	61
苯-1,4-二醛	56	48	21
1,3-二乙酰基苯	51	76	123
1,4-二乙酰基苯	70	104	52

通过高度官能化的有机溶剂可溶的 6-脱氧-6-（ω-氨基烷基）氨基纤维素氨基甲酸酯的自组装，甚至可以获得尺寸在 80~200nm 范围内的球形纳米颗粒。这些颗粒非常稳定、无毒，并且具有可进一步修饰的伯氨基（图 5.30）。可用罗丹明 B 异硫氰酸酯标记颗粒，而不改变其大小、稳定性和形状（图 5.31）。纳米颗粒可以掺入原代人包皮成纤维细胞和乳腺癌 MCF-7 等细胞中，无须任何转染试剂[171]。

建立了一种在有机介质中通过基于溶液形成磁性纳米颗粒（MNP）和随后用氨基纤维素包覆的组合来制备分散良好的杂化颗粒的策略。杂化颗粒的平均直径约为 8nm。利用氨基纤维素@ MNP 杂化颗粒在 DMAc 等极性有机溶剂中的稳定性，将其作为非均相配体，通过苯乙烯的原子转移自由基聚合（ATRP），可以制备窄相对分子质量分布（PDIs < 1.3）和低 Cu 含量（5mg/kg）的 PS（图 5.32 和图 5.33）。氨基纤维素@ MNP 杂化颗粒可以通过外部磁场从反应混合物中分离，并可再次用于苯乙烯的聚合[172]。

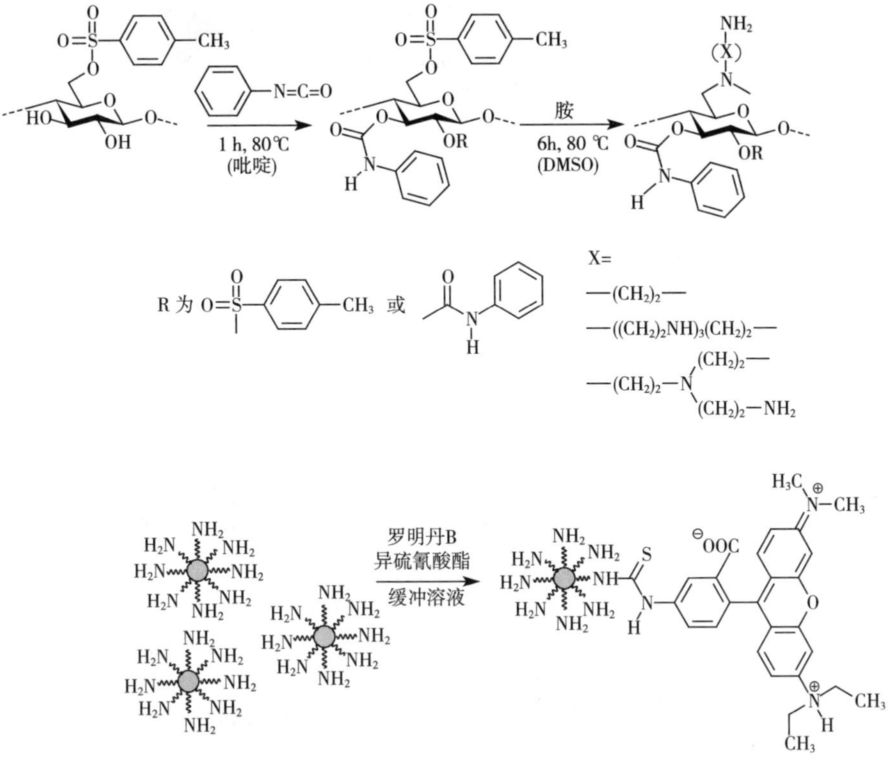

N=C=O

1 h, 80℃
(吡啶)

胺

6h, 80 ℃
(DMSO)

R 为 —SO_2—C_6H_4—CH_3 或 —C(=O)—NH—C_6H_5

X=
—$(CH_2)_2$—
—$((CH_2)_2NH)_3(CH_2)_2$—
—$(CH_2)_2$—N[$(CH_2)_2$—][$(CH_2)_2$—NH_2]

罗明丹B
异硫氰酸酯
缓冲溶液

图 5.30 不同 6-脱氧-6-（ω-氨基烷基）氨基纤维素氨基甲酸酯的合成示意图[171]

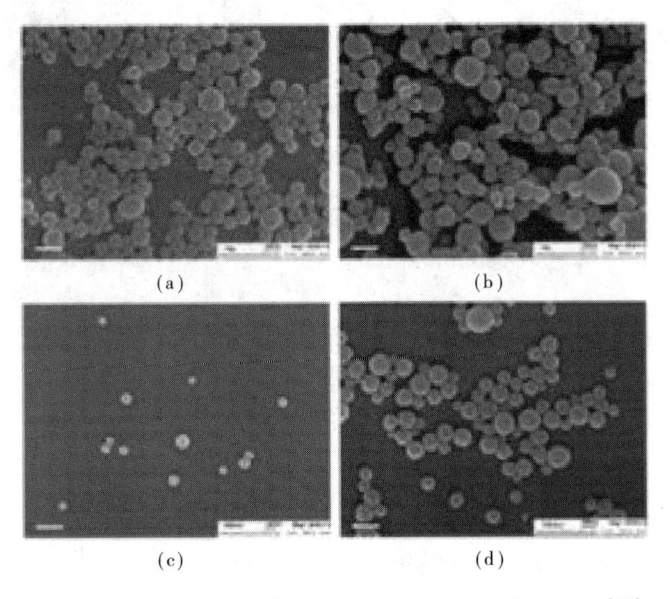

图 5.31 通过罗丹明 B 透析修饰得到的颗粒及其 SEM 图[171]

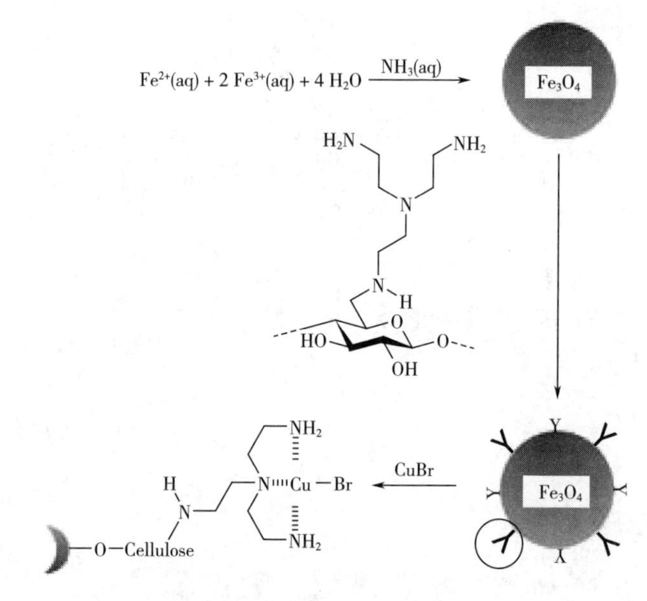

图 5.32 Fe_3O_4 纳米粒子的合成

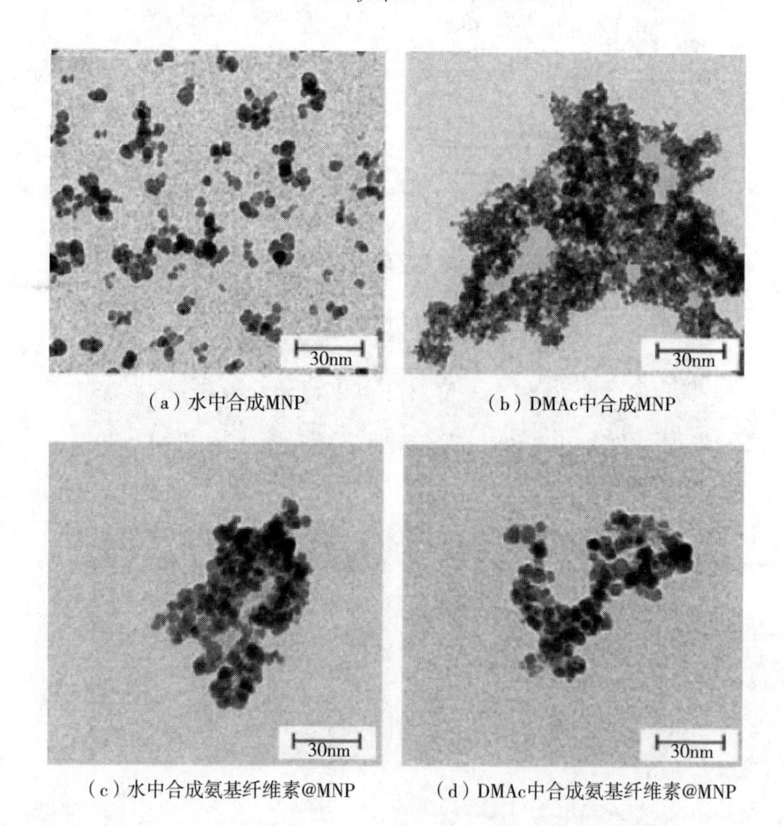

（a）水中合成MNP （b）DMAc中合成MNP

（c）水中合成氨基纤维素@MNP （d）DMAc中合成氨基纤维素@MNP

图 5.33 氨基纤维素涂层、非均相 ATRP 与 CuBr 的络合及 MNP 和氨基纤维素@ MNP 的 TEM 图[172]

从 CT 获得的高级纤维素衍生物的典型实例见表 5.13。

表 5.13 合成对甲苯磺酸纤维素及其衍生物的实例

纤维素种类	衍生化试剂	溶剂	产物	DS	文献
MCC、棉短绒	TsCl、SO_3/吡啶	DMAc/LiCl	纤维素对甲苯磺酸硫酸酯	$DS_{Ts}=0.46\sim2.02$ $DS_{sulf}=0.34\sim0.85$	[146]
棉短绒	TsCl、TEA、醋酸酐、丙酸酐、己酸酐硬脂酸酐，邻苯二甲酸酐、偏苯三酸酐、琥珀酸酐、马来酸酐	DMAc/LiCl、吡啶	纤维素对甲苯磺酸硫酸酯	$DS_{Ts}=0.93\sim2.02$ $DS_{Ester}=1.61\sim2.07$	[145]
MCC	先加入 TsCl/TEA，然后加入 NaI、NaN_3 和 $LiAlH_4$	DMAc/LiCl、乙酰丙酮、DMSO、二噁烷	6-脱氧纤维素	DS_{Deoxy} 最高到 1	[150]
MCC	先加入 TsCl/TEA，然后加入 NaN_3、NaH，最后加入溴炔丙基	DMAc/LiCl、DMF、NaOH 水溶液	6-脱氧纤维素	$DS_{Azido}=1.5$ $DS_{Prop}=0.4$	[153]
MCC	先加入 TsCl/吡啶或 TEA，然后加入 NaN_3	AlMeIMCl 或 EtMeIm $(EtO)_2PO_2^-$ 与吡啶的混合物、DMF、DMI	6-脱氧纤维素	$DS_{Cl}=0.16$ $DS_{Ts}=0.02$ $DS_{Azido}=0.90$ $DS_{Cl}=0.02$	[140]

5.3 无机酸酯

除了大规模生产的硝酸纤维素，目前用于印刷油墨、木漆、箔和薄膜漆、汽车修补漆、指甲胶和皮革饰面，与纤维素有机酸酯相比，纤维素无机酸酯在商业上的重要性要低一些。

5.3.1 硝酸纤维素

5.3.1.1 概述

硝酸纤维素（CN），通常称为硝化纤维素，1832 年由 Braconnot 制得[173]，是第一个工业制备的纤维素衍生物，后来由 Schönbein 开发使用硝化混合物 HNO_3/

H_2SO_4/H_2O[174]。赛璐珞是 CN 与樟脑的混合物，是第一种工业生产的热塑性材料[175]；枪棉是高度硝化的纤维素衍生物，在战争期间曾用于大规模杀伤性武器[176]。

5.3.1.2 硝酸纤维素化学

以下酯化反应是平衡的：

$$\text{Cell—OH} + HNO_3 \rightleftharpoons \text{Cell—O—}NO_2 + H_2O \tag{5.5}$$

酯化反应在非均相条件下进行。实际的硝化剂是硝酸离子，通过硝酸（含有约 3%NO_2^+）的自动热解或由硫酸质子化的酸形成[177]：

$$2HNO_3 \rightleftharpoons NO_2^+ + H_2O \tag{5.6}$$

$$HNO_3 + H_2SO_4 \rightleftharpoons NO_2^+ + HSO_4^- + H_2O \tag{5.7}$$

NO_2^+可认为是实际硝化剂已被类似于亲电芳族取代所证明。例如，恒定硝酸浓度（25%）下，硝化混合物中硫酸浓度从 55.8% 增加到 66.5%，一方面将 $DS_{硝酸酯}$从 1.95 增加到 2.70；另一方面，将水浓度从 8.5% 增加到 18.4% 会使 $DS_{硝酸酯}$从 2.70 降低到 2.05，因为这些组成变化会使平衡发生变化[178]。另外，纤维素可以通过含有/产生 NO_2^+离子的其他试剂硝化，例如环丁砜中的 $NO_2^+BF_4^-$、98%H_2SO_4 中的 KNO_3[178-180]、N_2O_4/DMF[181-182]、HNO_3/DCM、$HNO_3/H_3PO_4/P_2O_5$ 和 HNO_3/乙酸/乙酸酐[183]。N_2O_4 与纤维素反应形成亚硝酸纤维素，与通常存在于 N_2O_4/DMF 溶液中的 HNO_3 相互作用，形成 Knecht 加成化合物[36]。后一种化合物也存在于浓度<75%的硝酸溶液中。不稳定的亚硝酸纤维素在 HNO_3 存在下转化成相应的硝酸纤维素，见式（5.8）[184-185]：

$$\text{Cell—ONO} + HNO_3 \rightleftharpoons \text{Cell—O—}NO_2 + HNO_2 \tag{5.8}$$

尽管纤维素具有异质性，但硝化进行得很快，室温下完全分散的纤维状纤维素 10min 内达到平衡氮含量[186]。反应过程取决于纤维素溶胀的程度和均匀性，即取决于样品的宏观和微观形态。因此，在 105℃下干燥的纤维素（可能发生角质化）的反应速率是在 20℃减压干燥的样品的一半[187]。硝化反应伴随着纤维素超分子结构的显著变化，其结果取决于试剂的硝化和对纤维素的溶胀能力。WAXS 被用于跟踪纤维素的晶体结构变化，是硝化程度的函数。$DS_{硝酸酯}$为 1.14 时，可以检测到纤维素Ⅱ衍射图，但不能检测硝酸纤维素衍射图。$DS_{硝酸酯}$达到 1.80 时，无定形衍射图案持续存在。$DS_{硝酸酯}$为 2.50 时，硝酸纤维素衍射图完全形成[178]。

此外，图 5.34 所示硝化 5s 和 30s 拍摄的 SEM 图证实了这种纤维重组。图片表明，纤维表面的“开裂”发生在 5~30s，即伴随硝化作用纤维表面出现破坏。据设想，纤维素表面区域的硝化应力导致纤维开裂[188]。

关于该反应的其他相关要点如下：

（1）该反应显示出区域选择性，直至相当高的氮含量。取代顺序是 O-6>O-2>O-3。因此，假设 NOE 对于 AGU 的所有碳原子是相同的，通过 $HNO_3/H_2SO_4/$

（a）5s （b）30s

图 5.34 $HNO_3/H_2SO_4/H_2O$（22.5/75/2.5）硝化纤维素纤维 5s 和 30s 后的 SEM 图[188]

H_2O 硝化不同碳原子上的羟基，对^{13}C-NMR 峰的各位置面积积分计算平衡常数。O-2、O-3、O-6 和 O-3 及 O-6 处官能化的 CN 的峰面积（在 C2 位通过羟胺/吡啶选择性脱硝）后，计算平衡常数分别为 5.8（O-6）、1.8（O-2）和 1（O-3）[189]。用反应性较低（更具选择性）的 HNO_3/H_2O 作硝化介质时，O-6 上酯化反应的区域选择性更大，平衡常数分别为 12.6（O-6）、0.26（O-2）和 0.12（O-3）[186]。与位置 C3 相比，水含量的增加有利于位置 C2 的硝化[195]。

（2）取代基分布取决于所用的硝化反应系统（表 5.14）。

表 5.14 ^{13}C-NMR 光谱法测定 AGU 不同碳的硝酸根基团分布与硝化剂性质的关系[179-180]

硝化反应体系	$DS_{硝酸酯}$	AGU 不同碳的硝化百分比			
		O-2,3,6	O-2,6	O-3,6	O-6
$HNO_3/H_2SO_4/H_2O$	1.80	36	22.5	15.5	9.5
$HNO_3/H_2SO_4/H_2O$	2.10	49	18	10	6.0
HNO_3/DCM	1.95	23	38.5	19	15.5
HNO_3/DCM	2.19	32	39	16	13.0

由表 5.14 可知，HNO_3/DCM 明显有利于 O-6 的选择性酯化和反应程度的提高。

由于硝化混合物中存在高浓度 H_2SO_4，因此与硝酸酯一起形成纤维素硫酸酯。硫酸酯的浓度随产物的氮含量增加而降低，$DS_{硝酸酯}<2$ 时为 3%，较高 $DS_{硝酸酯}$ 时为 0.2%~0.5%。生产硝酸纤维素时，在“稳定化”步骤通过酸催化水解除去硫酸酯。

高功能化的硝酸纤维素可通过纤维素与 HNO_3（90%）/H_3PO_4/P_4O_{10}[190] 或硝酸（90%）/乙酸酐[191] 的混合物反应获得。为避免形成硫酸纤维素，不用硫酸作催化剂。在氯化溶剂（二氯甲烷、氯仿）中用纯 HNO_3（100%）制备高稳定性、

DS 为 2.87~2.94 的硝酸纤维素[177]。

由于强酸性条件和水的存在，起始材料（糖苷键）和产物都通过酸催化的脱硝化发生水解。由于衍生化混合物不含水，硝化反应不影响纤维素的聚合度。硝酸酯基团在温和条件下稳定，在强酸性条件下不稳定。硝基可通过碱水解除去，作为离去基团可以被 Na_2S/乙醇有效地除去。

5.3.1.3 硝酸纤维素的工业生产

高纯度的材料保证了高品质的 CN。因此，工业制备 CN 的原料是棉短绒和精制的硬木或软木浆，其 α-纤维素含量在 92%~96%，半纤维素和灰分含量低，特别是 Ca^{2+} 含量低（为了防止 $CaSO_4$ 沉淀）。由于反应时间短和反应不均匀，纤维素形貌、孔隙度、I_c 和 *DP* 是重要的因素，不仅决定了硝化速率，也决定了硝化的均匀性[192]。表 5.15 为 $DS_{硝酸酯}$ 与硝化溶液组成的关系。

表 5.15　硝酸纤维素 *DS* 对 H_2SO_4/HNO_3 混合物组成的依赖性

硝化酸的组成			硝酸纤维素	
H_2O	HNO_3	H_2SO_4	氮含量/%	*DS*
12.0	22.0	66.0	13.2	2.6
16.0	20.0	64.0	12.5	2.4
20.0	20.0	60.0	10.6	1.9

注　改编自[193] 转载自多糖酯化，第 7 章，2006，Heinze T，Liebert T，Koschella A，p141，经 Springer 许可。

图 5.35 为工业生产 CN 的示意图。硝化反应主要用硝化混合物 $HNO_3/H_2SO_4/H_2O$ 以间歇、连续方式进行。因为反应介质中含水，所以在使用时无须干燥纤维素（如纤维、碎片或片状）。在间歇方法中，纤维素在不锈钢管反应器中与硝化混合物在 10~35℃ 下以（1∶20）~（1∶50）的固/液比反应。生产氮含量高的产品采用较低的温度。然后将反应混合物离心，得到含有硝酸盐混合物［100%~300%（质量分

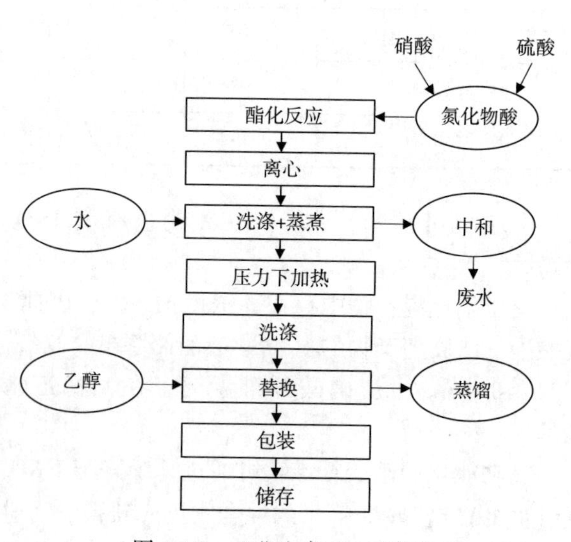

图 5.35　工业生产 CN 示意图

数）］的CN，并进行下述处理。

20世纪60年代开发的连续工艺（图5.36）在经济性和产品均匀性方面有突出优势。将反应成分同时加入反应器中，驻留30~55min。最近的进展是使用连续回路压力反应器，将驻留时间缩短到6~12min。

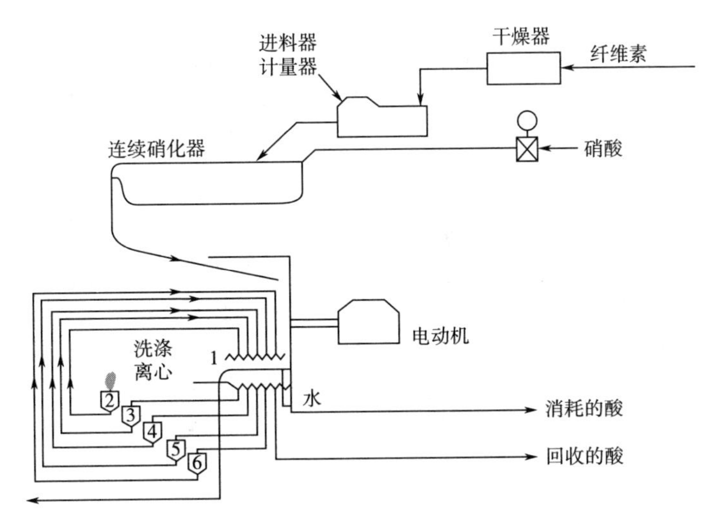

图5.36　Hercules连续法硝化纤维素流程图

如上所述，生成的CN含有硫酸酯基团，其存在导致粗CN不稳定。在产品“稳定化”步骤用一系列水洗涤以消除CS。首先，130~150℃，在一定压力下，用稀硝酸溶液（0.1%~1%）对离心的物质进行“蒸煮”，然后水洗涤直至产物为中性。添加如柠檬酸、酒石酸、硬脂酸或草酸和二苯胺等稳定剂以保护CN免受热、光化学降解和变色。氮含量下限范围为10.6%~11.2%，产物是醇溶性的；高端的产品氮含量11.8%~12.3%，可溶于乙酸乙酯（所谓的酯溶性硝酸纤维素，见表5.16）。

表5.16　市售硝酸纤维素的溶解度和应用

N含量	*DS*	溶解性	应用
10.9~11.2	1.94~2.02	乙醇、异丙醇	塑料箔、柔版印刷油墨
11.8~12.2	2.20~2.32	酯、酮、醚/乙醇混合物	工业涂料
12.6~3.8	2.45~2.87	酯	炸药

5.3.1.4　硝酸纤维素的性质

硝酸纤维素是无臭无味的白色物质，其性质和应用取决于其氮含量或$DS_{硝酸酯}$。

纤维素单、二和三硝酸酯的氮含量分别为6.75%、11.11%和14.14%。两个标度间的关系由下式给出：

$$N\% = 1.060 + 6.355DS_{硝酸酯} - 0.665DS_{硝酸酯}^2 \tag{5.9}$$

表5.16总结了CN溶解度与其$DS_{硝酸酯}$的关系及产品的应用。有关合成示例见表5.17。

表5.17　硝酸纤维素的合成示例

纤维素		衍生化试剂	溶剂	*DS*	文献
类型	*DP*				
棉短绒	1145~4580	HNO_3/有机溶剂	二氯乙烷、二氯甲烷以及与乙醚的混合物	1.25~2.94	[177]
木纤维素	855~1040	HNO_3/P_4O_{10}	硝化混合物	3.0	[190]
滤纸（Whatman No.1）		$HNO_3/H_2SO_4/H_2O$ (22.5/75/2.5)	硝化混合物	2.30~2.40	[188]
滤纸（Whatman No.1）		HNO_3/H_2SO_4	二氯甲烷	1.80~2.67	[199]
滤纸（Whatman No.1）		$NO_2^+BF_4^-$	环丁砜	1.10~2.70	[179]

固体CN或溶液中CN如与强酸（降解）、碱（脱硝）或胺（分解）接触，将被破坏。CN在$T>130℃$下热分解，形成NO_2自由基导致爆燃。

$$Cell—O—NO_2 \longrightarrow Cell—O + NO_2 \tag{5.10}$$

这引发强烈放热的自由基链式反应，最终生成CO_2、NO_2、N_2和CH_2O。这种热不稳定性由$O—NO_2$的弱键能引起，脂肪族硝酸酯的键能在33.0~39.2kcal/mol[194]。CN的热稳定性用Bergmann-Junk法测定，该测试基于样品保持在120℃或132℃热分解产生氮氧化物的量。产生的氮氧化物被水吸收并通过酸度分析进行定量分析；进而测量样品的化学稳定性。出于安全原因，市售的CN用至少25%的水或脂肪醇润湿，特别是用乙醇、异丙醇和1-丁醇润湿。

5.3.1.5　硝酸纤维素的应用

CN溶解在有机溶剂（醇或酯）中，日常用作硝基漆。CN溶液与漆配方中的物质相容，例如醇酸树脂、马来酸酐、酮树脂、尿素树脂以及聚丙烯酸酯。许多软化剂，例如己二酸酯、邻苯二甲酸酯、磷酸酯和植物油等生物基材料与CN相容。CN基漆的最重要用途是用于木材、金属、纸张、箔（也用作玻璃纸、塑料和金属箔的热封漆）、皮革、胶黏水泥和印刷油墨（用于凹版印刷）。CN也用作炸药（枪支、引爆剂和点火剂），有以下区别：一元粉末，仅含有硝酸纤维素；二元粉末，含有更多富含能量的物质，例如硝酸甘油或硝酸乙二醇；三元粉末，还含有硝基胍等第三种成分。

5.3.2 纤维素磷酸酯和亚磷酸酯

5.3.2.1 概述

原则上，纤维素与含磷化合物反应产生下列酸衍生物或中和后得到相应盐：磷酸［Cell—O—PO（OH)$_2$］、亚磷酸［Cell—O—P（OH)$_2$］和膦酸［Cell—PO（OH)$_2$］。这些衍生物中重要的是纤维素磷酸酯（CPhos），它具有热稳定性（阻燃性），有益的生物医学性质，如生物相容性和血液相容性以及作为绿色离子交换聚合物。

通常在非均相条件下磷酸化纤维素。与硫酸纤维素相比，由于聚合物链交联，获得水溶性 CPhos 是例外而非常规合成。在衍生化溶剂或 IL 中进行纤维素的均相条件下磷酸化，以及用纤维素酯或醚衍生物为起始原料均相反应。这些方法通常制备水溶性产物并具有控制区域选择性。

5.3.2.2 非均相条件下纤维素磷酸酯的合成

合成纤维素磷酸酯常用的试剂是五价磷、单独使用 H_3PO_4 或与 P_4O_{10}/尿素同时使用和有机溶剂 $POCl_3$。与六价硫（如 H_2SO_4）相比，磷酸化物反应性较低，纤维素链降解较少，有形成交联低聚磷酸盐的趋势，生成前文提及的水不溶性产物。

正磷酸的 pK_{a1} 为 2.15，相对较小，所以 CPhos 可通过直接酯化纤维素来合成。纤维素在市售的正磷酸（85%，质量分数）中溶胀，而不生成 CPhos。实际上，这种处理多用于纤维状纤维素样品的消晶[196]。催化剂和有机溶剂的存在下，无水正磷酸已用于制备水溶性和水不溶性的 CPhos。因此，用 H_3PO_4/P_4O_{10}/2-PrOH 的混合物进行磷酸化，得到 $DS_{磷酸酯}$为 0.1~1.0 的产物。离心分离并中和得到目标化合物[197]。采用相同的方法，用 C4~C8 醇或 DMSO 为溶剂，得到 $DS<0.2$ 且具有明显降解的产物[198]，见表 5.18。

表 5.18 合成纤维素磷酸酯和亚磷酸酯的代表性实例

纤维素及其衍生物	衍生化试剂	溶剂	产物/DS 范围	文献
MCC	H_3PO_4/P_4O_{10}	磷酸三乙酯/1-己醇	CPhos，$DS_{磷酸酯}$=0.14~2.50	[199]
MCC、云杉亚硫酸盐、CMC、2-羟乙基纤维素	H_3PO_4	尿素/水	CPhos 和含磷酸酯/羧甲基的混合产物及 2-羟乙基基团	[202]
棉纱	$POCl_3$	DMF，DMF—$CHCl_3$	CPhos（P 含量 0.49%~4.73%）和氯脱氧纤维素（Cl 含量 0.07%~0.78%）	[207]

续表

纤维素及其衍生物	衍生化试剂	溶剂	产物/*DS* 范围	文献
MCC	1,3-二甲基咪唑甲基亚磷酸盐	1,3-二甲基咪唑甲基亚磷酸盐	纤维素二甲基咪唑甲基亚磷酸酯，$DS_{甲基亚磷酸酯}=0.4\sim1.3$	[216]
MCC	1-丙基膦酸酐	LiCl/NMP	1-膦酸丙酯和羧酸酯（乙酸酯、丁酸酯、辛酸酯、肉豆蔻酸酯和硬脂酸酯）	[66]

除脂族醇外，磷酸三乙酯也被用作有机溶剂。MCC 首先在 1-己醇、DMF 或 85%H_3PO_4 中溶胀，然后在优化条件下（溶胀程度和反应时间/温度）用 H_3PO_4/P_4O_{10}/Et_3PO_4/正己醇磷酸化。得到 $DS_{磷酸酯}$为 1.35~2.50 的产物是水溶性的，或在水中强烈溶胀，首次获得取代度为 2.5 的产物[199]。应用类似的工艺，针对不同来源的纤维素样品的磷酸化条件（反应时间和温度）进行了优化，包括来自油棕空果实的 MCC（30~50℃，酯化主要发生在 O-2 和 O-3，$DS_{磷酸酯}=0.21\sim2.0$）。用小波神经模型预测产品的磷酸含量（偏差为 0.14%~6.68%）、反应产率（偏差为 0.47%~4.07%）和产品的水溶胀能力（偏差为 0.03%~6.07%），如图 5.37 所示[200]。

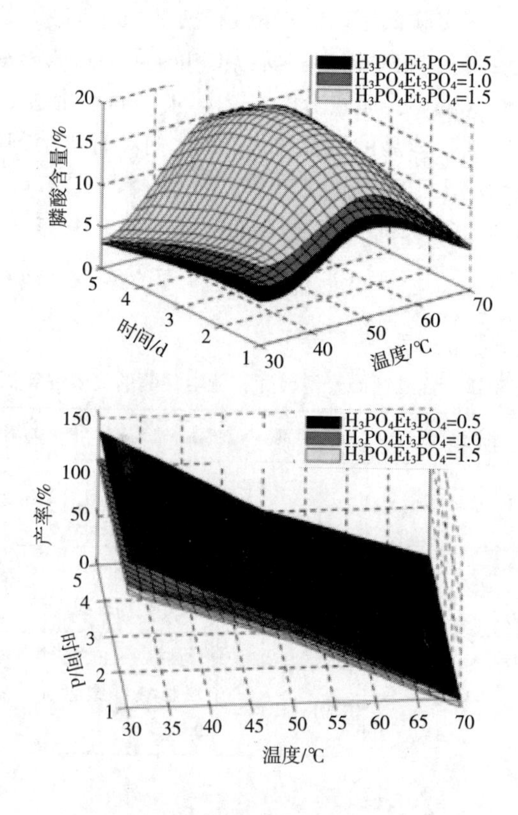

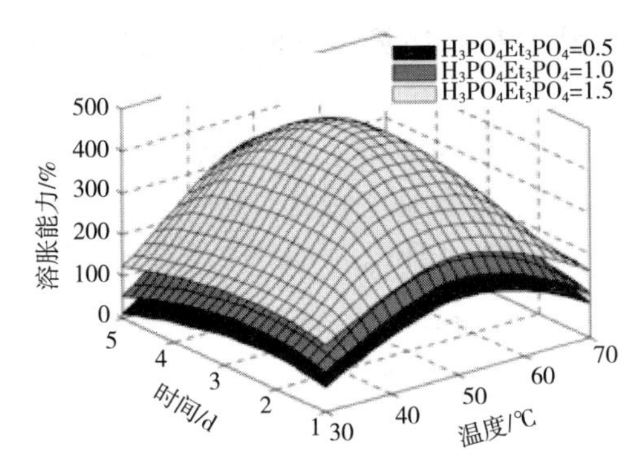

图 5.37　从油棕空果提取的 MCC 制备 CPhos 的小波神经模型表面图预测磷酸含量、反应温度和时间及产物溶胀能力[201]

另一种催化剂是尿素。因此，H_3PO_4/尿素/水的摩尔比为 0.1：0.3：（1~2），磷酸化云杉硫酸盐纸浆、MCC 和纤维素珠粒，得到高度溶胀但不溶于水的 CPhos（由于交联），$DS_{磷酸酯}$ = 0.28 ~ 0.43，N 含量 0.12% ~ 0.22%。如图 5.38 所示，H_3PO_4 与尿素的相互作用解释了尿素的催化作用。部分质子转移形成六元氢键络合物（图 5.39）[202]。

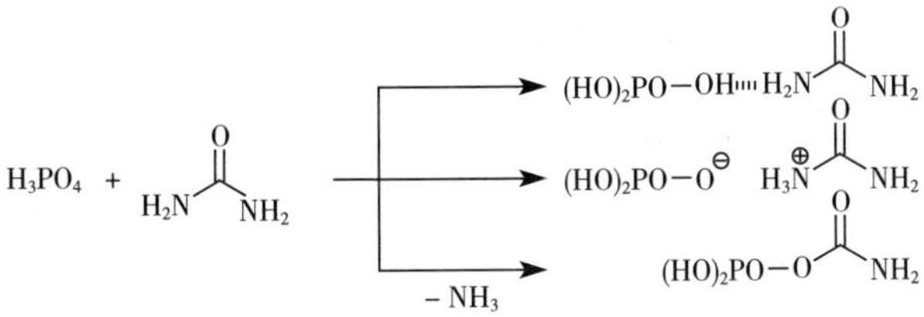

图 5.38　正磷酸与尿素的相互作用

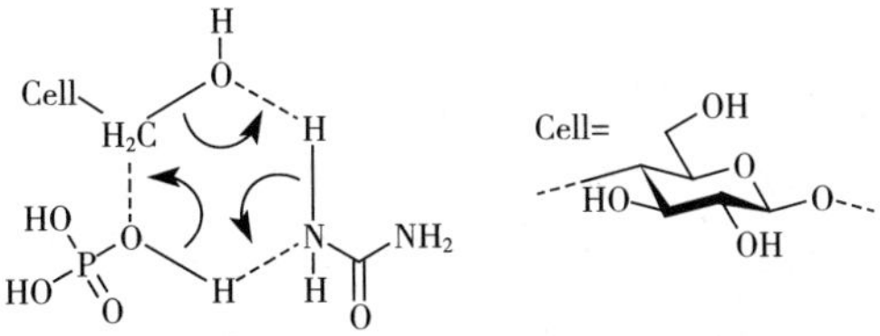

图 5.39　尿素作为质子转移剂在 H_3PO_4/尿素/水混合物磷酸化纤维素中的催化作用[202]

完全质子化和尿素中的氨损失促使磷酸/氨基甲酸混合酐的形成（图 5.38 的最下边线），进而生成纤维素氨基甲酸酯。因此，由该途径制备的 CPhos 通常含有氮（用凯氏定氮法量化）。H_3PO_4/尿素/水混合物用于合成 CPhos，纤维素包括 MCC（P 含量 7.54%~7.71%，N 含量 2.41%~4.19%）[203-204] 和黏胶纤维（$DS_{磷酸酯}$ = 0.22 ~ 0.43，N 含量 0.1%~1.1%）[205]。来自稻草和甘蔗渣的纤维素用 NaOH 预处理、浸入 DMF、洗涤、干燥，然后常规加热和微波加热进行磷酸化（$DS_{磷酸酯}=0.12\sim0.51$，水不溶性产物）[206]。

PCl_3、PCl_5 和 $POCl_3$ 已用于在 DMF、吡啶等偶极非质子溶剂中合成亚磷酸纤维素和纤维素磷酸酯。通常，该反应生成部分溶于水的降解产物，含有脱氧氯纤维素。棉纱与 PCl_3/DMF 和 PCl_3/$CHCl_3$ 反应产生纤维素亚磷酸酯和脱氧氯纤维素，机理如图 5.40 所示[207]。

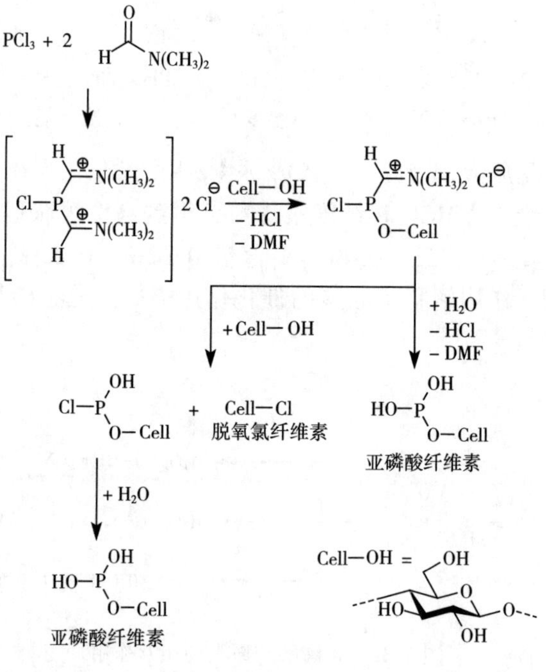

图 5.40　与 PCl_3/DMF 反应合成亚磷酸纤维素并产生脱氧氯纤维素的机理[208]

棉纱与 $POCl_3$/Py 的反应处理后，得到磷酸纤维素（P 含量 8.09%~9.48%）和脱氧氯纤维素（Cl 含量 2.08%~7.37%）。纱线对磷和氯的吸收对实验条件敏感。因此，在 24h 反应时间内，未干燥的丝光纱线（最有效的预处理）对两种元素的吸收更高；干燥导致反应性最小[209]。同样，棉纱与 $POCl_3$/DMF 反应得到 $DS_{磷酸酯}=0.02\sim0.13$、$DS_{氯}=0.01\sim0.55$ 的产物[210]。$POCl_3$/Py 磷酸化的机理如图 5.41 所示[211]。

纤维素衍生物已用 $POCl_3$ 磷酸化。将 $DS_{CMC}=1.28$ 的 CMC 分散在 DMAc 中，用甲苯磺酸活化，与部分失活的 $POCl_3$（水）反应，防止产物交联，中和后得到 $DS_{磷酸酯}=0.32\sim0.95$ 的产物，在水中可溶或可溶胀[212]。

5.3.2.3　均相条件下纤维素磷酸酯的合成

纤维素磷酸化可在均相条件下反应，以纤维素或其酯、醚衍生物为起始原料，

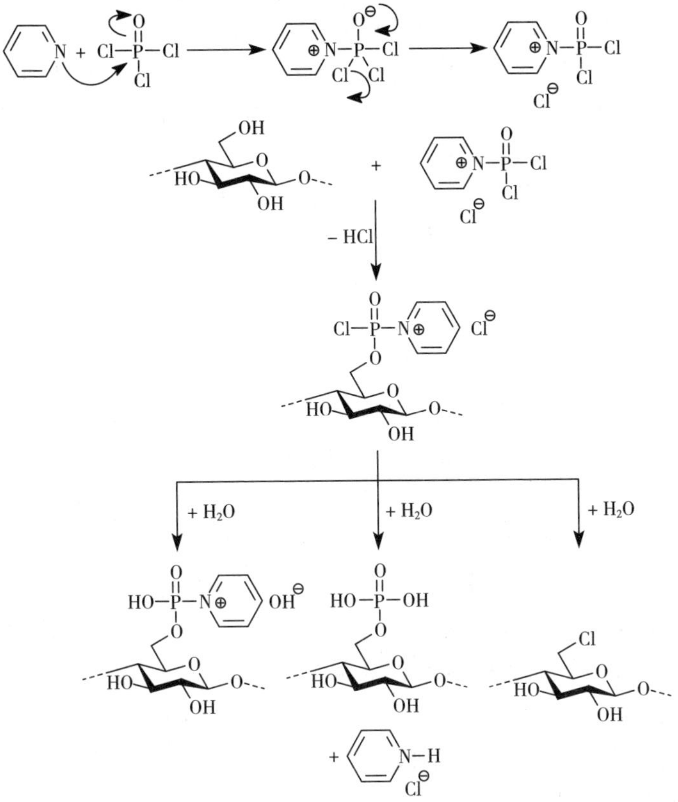

图5.41 与 $POCl_3$/Py 反应合成磷酸纤维素并产生脱氧氯纤维素的机理[211]

主要得到水溶性产物。某些基团，如羧甲基和乙酰基，在非水介质中稳定，允许剩余的 OH 发生衍生化反应。纤维素均相磷酸化反应可在衍生化试剂或非衍生化溶剂中进行。将纤维素溶解在 N_2O_4/DMF 中生成亚硝酸酯，再与五价磷化合物（例如 $POCl_3$）进行酯交换，合成相应的磷酸酯。为降低交联产物的形成，$POCl_3$ 部分“失活”，或转化为不能交联的单氯化衍生物。这通过添加水来实现，形成 $Cl_2PO(OH)$ 和 $ClPO(OH)_2$，或加入过量的 N_2O_4，形成 $ClPO(NO_2)_2$。另外，用 TEA 作碱催化剂，用乙酸水溶液处理产物以水解部分交联产物。产物的 $DS_{磷酸酯}$（0.05~1.24）对反应试剂（$POCl_3$）和碱（TEA）与 AGU 的摩尔比非常敏感。该产物可溶于 NaOH 溶液，在水中溶解/溶胀[213]。这种反应途径可以控制区域选择性；用 P_2O_5 处理纤维素亚硝酸酯在 C6 位实现官能化，而与 $ClPO(OH)_2$/TEA 的反应在 C2 位和 C3 位实现官能化[214]。

也可在 IL 中进行纤维素磷酸化。AlMeImCl 中，溶解的 MCC 与氯磷酸二苯酯和氯磷酸二苯酯/乙酰氯反应，纤维素分别转化为纤维素磷酸二苯酯和纤维素乙酸酯/二苯基磷酸酯。实验条件不同，相应的 $DS_{磷酸二苯酯}$ 为 0.21~1.23，$DS_{磷酸二苯酯}/DS_{乙酸酯}$ 为 0.08/2.77~1.23/1.49。大多数产物可溶于 DMSO、DMF 和 Py[215]。1-甲基咪唑与二甲基亚磷酸酯反应获得特定用途的 IL（1,3-二甲基咪唑甲基亚磷酸酯）。MCC 溶解于 IL 中，然后加热直接生成水溶性纤维素二甲基咪唑甲基亚磷酸酯，$DS_{甲基亚磷酸酯}$ 为 0.4~1.3[216]。

在 LiCl/NMP 中，纤维素与 1-丙基膦酸酐、脂肪酸反应，均相一锅法合成含有（1-丙基）磷酸酯和羧酸酯（乙酸酯、丁酸酯、辛酸酯、肉豆蔻酸酯和硬脂酸酯）的纤维素混合酯。后一种酸作为羧酸和磷酸化试剂的活化剂（图 5.41）。得到纤维素混合酯，DS_{Acyl} 为 1.4~1.8，$DS_{磷酸酯}$ 为 0.7。研究了产物在 $CHCl_3$、DMAc、DMF、NMP 和 Py 中的溶解性[66]。

另一种方法是以溶于介质的纤维素酯或醚作反应的起始原料。H_3PO_4/尿素/水体系已被用于 CMC 和 2-羟乙基纤维素的均相磷酸化，得到 $DS_{磷酸酯}$ 为 0.3、0.6 的混合醚/磷酸酯产物。2-羟乙基/磷酸酯衍生物的较高磷含量是由于 2-羟乙基的—OH 的进一步磷酸酯化。^{13}C-NMR 光谱表明，酯化反应主要发生在 C6 位[202]。TEA 存在下，用 $POCl_3$、Cl_2PO（OH）磷酸化 C6 位完全取代、C2 位部分取代的三甲基甲硅烷基纤维素，得到最大 $DS_{磷酸酯}=0.6$ 的不溶于水和 NaOH 的产物，形成脱氧氯纤维素（$DS_{氯}=0.3$）；当磷酸化试剂和 TEA 过量时，得到水溶性产物。CA 与 DMF 中 Cl_2PO（OH）或四聚磷酸（$H_6P_4O_{13}$）均相反应也得到水溶性和水不溶性产物[214,217]。

在磷酸化反应过程中也会发生相分离问题（在第 4 章中提到），例如四氯化二磷酸发生凝胶化，并且尽管它们的 $DS_{磷酸酯}$ 高达 0.5~1.0，但所得产物的水溶性差[214]。不同 DS 的 CA 与四聚磷酸/（1-丁基）$_3$N/DMF 的反应保持均相，在除去乙酸酯后得到磷酸酯，主要产物是水溶性的和碱溶性的，见表 5.19[218]。

表 5.19　用四聚磷酸/（1-丁基）$_3$N/DMF 均相磷酸化 CA 的结果[218]

CA 的 DS_{Ac}	$DS_{磷酸酯}$（NMR）	取代模式		去除乙酸基后磷酸纤维素的溶解性	
		O-2,3	O-6	水	NaOH 水溶液
2.40[a]	0.25	0.05	0.20	溶胀	溶解
1.90[a]	0.75	0.50	0.25	溶解	溶解
2.60[b]	0.1	0.1	0	溶胀	溶解
1.74[b]	0.65	0.55	0.1	不溶	溶胀

a. 统计取代的 CA 样本。

b. 区域选择性取代。

5.3.2.4 纤维素磷酸酯的应用

将纤维素转化为含磷衍生物是因为这些产物有高的热稳定性、可生物降解性和生物相容性，并且由于存在可电离基团，可用作“绿色”阳离子交换剂。它们的结晶度低于母体纤维素，I_c 值随 $DS_{磷酸酯}$ 的变化而降低[199]。

普遍接受的机理是磷阻燃性主要发生在凝聚相。CPhos 降解的第一步产生的磷酸加速了纤维素的脱羟基，并在链中形成共轭双键。由于碳化链有热稳定性，可燃气体的逸出受到抑制，纤维素变得具有自熄特性。加热时，磷酸聚合成多聚磷酸，多聚磷酸是有效的脱羟基反应催化剂。多聚磷酸在基质表面形成玻璃状薄膜，保护下面的织物免于与氧气接触，从而熄灭火焰。氯化五价磷化合物制备的 CPhos 含有氯脱氧纤维素，可增强阻燃性，因为释放的卤素原子在气相中起自由基清除剂的作用[211]。

因为在有机溶剂中的溶解性和有相对低的 T_m，取代的纤维素磷酸酯可成形为薄膜和纤维。因此，许多纤维素二苯基磷酸酯和 CA/二苯基磷酸酯混合酯可溶于 DMSO、DMF、Py、$CHCl_3$、THF、丙酮和乙酸乙酯中，并浇铸成薄膜。如图 5.42 所示[215]，T_m 依赖于 *DS*（磷酸酯或乙酸酯/磷酸酯），T_m 为 195℃±15℃，可通过熔体挤出加工。

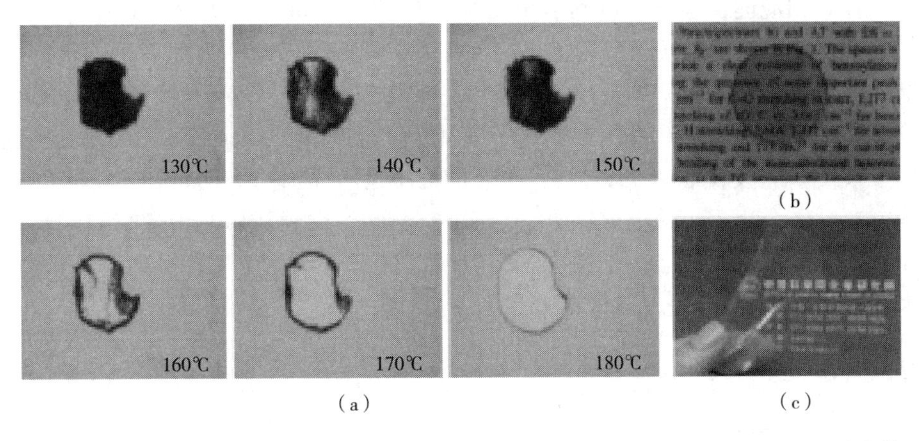

图 5.42 (a) 不同温度下纤维素醋酸/磷酸二苯酯的光学显微照片；(b) 180℃注塑的圆盘照片；(c) 热压薄膜[215]

生物医学用途的重要方面是该材料对灭菌稳定，CPhos 在 γ 辐射下是稳定的[199]。将未修饰的和磷酸化的纤维素水凝胶植入兔子体内并研究骨骼的再生，组织学观察显示植入后没有炎症反应，存在骨海绵内细胞再生以及未修饰和磷酸化纤维素植入物的整合。组织学观察和 ^{45}Ca 的测量结果表明，CPhos 的骨整合度稍好一些[219]。

骨科材料的成功植入与生物材料/骨组织界面的两个主要问题密切相关：磷灰

石层的形成以及骨细胞锚定、附着、扩散和生长。表面化学结构对这两个问题影响重大。再生纤维素水凝胶通过磷酸化实现表面修饰。在培养的人骨髓基质细胞中，评估未修饰和磷酸化纤维素在不同磷酸化程度的体外生物相容性，包括细胞毒性、细胞附着动力学、增殖速率和免疫组织化学。CPhos 钙没有细胞毒性，与磷酸盐含量无关。一方面，相对亲水的，未改性的纤维素水凝胶显示出与上述细胞良好的附着速率和增殖；另一方面，强亲水性 CPhos 钙表面显示出差的附着和增殖，以及差的碱性磷酸酶特异性活性。这些结果与表面亲水性和细胞黏附之间已知的反比关系一致[220]。

CPhos 的重要应用是作为相对价廉的离子交换聚合物，特别是因为农业废物可作纤维素来源。因此，研究了野胡萝卜（*Armeniaca vulgaris* Lam.）、扁桃（*Amygdalus* L.）、杨属（*Populus* L.）、稻（*Oryza* L.）和棉属（*Gossypium* L.）的废弃物 H_3PO_4 磷酸化，并评估了它们的离子交换能力。产物的离子选择性顺序为 $Zn^{2+}>Ca^{2+}>Co^{2+}$，交换容量为 4~12mg-eq/g[221]。

CPhos 已用于薄膜扩散梯度技术（DGT），其中聚丙烯酰胺水凝胶（扩散凝胶）覆盖于保留分析物的结合相。商业 CPhos 薄膜（Whatman P81）用作结合相，以有效地保留 Cu^{2+}、Cd^{2+}、Zn^{2+}、Mn^{2+}、Ni^{2+}、Ca^{2+}、Mg^{2+}、K^+和 Na^+。基于 Cu^{2+}的吸收值计算相应的容量比，得到以下结果：分别为 1.000、0.953、1.310、0.848、0.801、0.543、0.599、0.425 和 0.345，与离子和膜之间亲和力随着化合价的增加而增加的预期一致[222]。单体 1-乙烯基-2-吡咯烷酮通过 γ 辐射接枝到 CPhos 上，评价接枝共聚物吸附碘和保留金属离子的能力。相对于 CPhos，1-乙烯基-2-吡咯烷酮接枝使碘的吸收增加 50%，Fe^{2+}和 Cu^{2+}的保留分别增加 36%和 1090%[223]。类似的方法已经应用于松针提取纤维素合成的 CPhos。单独用甲基丙烯酸缩水甘油酯和几种共聚物（丙烯酸、丙烯酰胺和丙烯腈）进行自由基接枝，得到阴离子产物，在水和 DMF 中明显溶胀，并保留 Cr^{6+}、Fe^{2+}和 Cu^{2+}[224]。

5.3.3 硫酸酯

5.3.3.1 概述

纤维素的硫酸化类似于其他含羟基化合物的硫酸化，见式（5.11）和式（5.12）：

$$\text{Cell—OH}+SO_2 \longrightarrow \text{Cell—OSO}_3\text{H} \tag{5.11}$$

$$\text{Cell—OH}+XSO_3H \longrightarrow \text{Cell—OSO}_3\text{H}+XH \tag{5.12}$$

其中：X=H_2N、HO、Cl。尽管该产物是硫酸半酯（形成的二酯可忽略不计），但书中使用通用名硫酸纤维素（CS）。水中的溶解性是 CS 的重要特性，取决于 AGU 内和沿生物聚合物主链的硫酸基团取代的规律性，C6 位置取代有利于溶解性。因此，硫酸酯基团的分布是核心问题。

合成 CS 的途径包括：非均相条件下纤维素羟基的直接硫酸化；纤维素醚或酯

中部分羟基的硫酸化（主要是均相的）。最初存在的基团，如乙酸酯，在硫酸化反应过程中不被除去。它可以在后续反应中消除，如通过碱性水解；通过部分/完全置换纤维素衍生物的不稳定基团，通常是酯（如亚硝酸盐）或醚（如 TMS）[225]在分子溶剂中进行反应来实现均相硫酸化。

第二和第三种方法允许控制产品的区域选择性。反应示意图如图 5.43 所示，反应条件（非均相、准均相或凝胶和均相）：IL（Ⅰ）中的直接硫酸化，纤维素三硝酸酯衍生物转化（Ⅱa），取代不稳定衍生物导致硫酸化（Ⅱb）；丙醇（Ⅲ），DMF 或吡啶（Ⅳ）中的非均相硫酸化、乙酸纤维素（Ⅴa）的硫酸化；纤维素的竞争性乙酰化/硫酸化（乙酰硫酸化）（Ⅴb）和纤维素三甲基甲硅烷基醚的硫酸化（Ⅵ）。

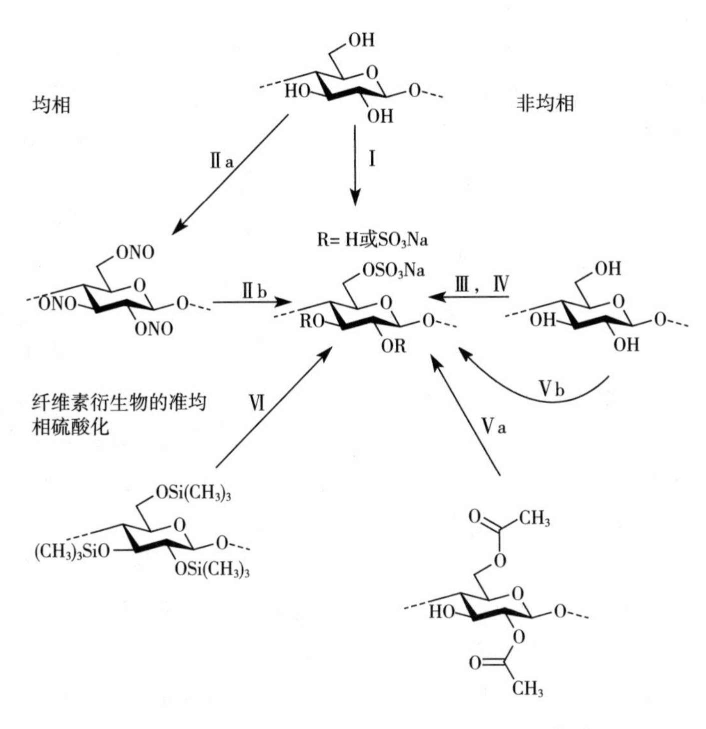

图 5.43 合成纤维素硫酸盐的路线示意图[226]

5.3.3.2 纤维素的直接硫酸化

如醇的反应一样，用 H_2SO_4、SO_3/叔碱配合物和 $ClSO_3H$ 进行纤维素的硫酸化。其他试剂包括 $SOCl_2$（产生被氧化成硫酸盐的亚硫酸盐）、SO_2Cl_2 和 FSO_3H。反应在非均相条件下进行，或者用单一的硫酸化试剂，例如 H_2SO_4，或在不同极性的稀释剂中进行。有少数例子，利用这种反应路径生成区域选择性取代产物。

CS 有两个重要的应用——产物相对于母体纤维素的 *DP* 及在水中的溶解性。非均相途径获得降解小和易于水溶的产物并不简单。例如，用硫酸/乙硫酸化制得

$DS_{硫酸酯}$为 0.3 的 CS，可能因为硫酸酯基团的非均相取代模式，产物不溶于水[227]。通过增加溶剂的极性，如使用 H_2SO_4/异丙醇/甲苯，$DS_{硫酸酯}$增大至 0.7。将反应混合物保持在-10℃，以降低聚合物降解程度。至少在未对纤维素进行预活化情况下，得到不均匀取代的 CS，可以分离成水溶性和水不溶性两部分产物。延长反应时间、提高温度或提高 H_2SO_4 浓度，产物总 DS 增加，水不溶性部分较少。然而，这导致聚合物相当大程度的降解，如产物水溶液的低黏度所证明的[228]。溶剂极性的进一步增大具有明显的有益效果。因此，在 DMF 存在下，纤维素与 $SOCl_2$ 或 SO_2Cl_2 的反应产率较高，酰胺溶剂更好地溶胀纤维素，加上形成 Vilsmeier-Haack 型加合物，该加合物与纤维素反应，水解后产生氯脱氧纤维素和亚硫酸纤维素（$SOCl_2$，氧化成硫酸酯）或硫酸酯（SO_2Cl_2）[208]。

在一些情况下，所产生的半酯在反应介质中溶解，非均相反应变成均相反应。用 SO_3 络合物在 DMF 中对纤维素进行硫酸化，$DS \geq 1.5$ 会出现此种情况。硫酸化主要发生在纤维素纤维的高度溶胀的、无定形部分的表面，而结晶区域几乎保持不变。因此，减少 SO_3 复合物的量仅增加不溶性部分的比例，可溶性部分的 DS 保持在 2 左右。微晶纤维素（MCC）具有相当高的结晶度，即使使用过量的硫酸化试剂，硫酸化也会进行得相当缓慢[229]。

尽管如此，已经证明，直接硫酸酯化可以得到令人满意的 $DS_{硫酸酯}$和水溶液黏度的产物。SO_3/DMF 硫酸酯化 MCC 得到 $DS_{硫酸酯}$为 0.77~2.87 的产物；除一个样品外，其余产物反应顺序为 O-6>O-2；在 O-3 没有发生取代[230]。在 0℃下，从龙舌兰（*lechuguilla*）和四叶龙舌兰（*henequen*）（78%±1%纤维素、5%±2%半纤维素、14.3%±1%木质素）中分离的纤维素，在吡啶中以凝胶态，用 $ClSO_3H$ 硫酸化 16h，得到部分或完全水溶性产物，$DS_{硫酸酯}$为 0.68~1.15[231]。另外，从富含木质纤维素材料的杂草马缨丹（*Lantana camara*）中提取的α-纤维素已经被硫酸和含有硫酸铵的正丁醇的共沸物硫酸化。研究并优化了硫酸浓度和反应温度等变量对 CS 的影响（图 5.44）。得到 $DS_{硫酸酯}$为 0.24~0.39 的产物，$DS_{硫酸酯}$ = 0.25 的产物在冷水中显示出优异的溶解性。25℃下，2%CS 的水溶液黏度为 625mPa · s[232]。

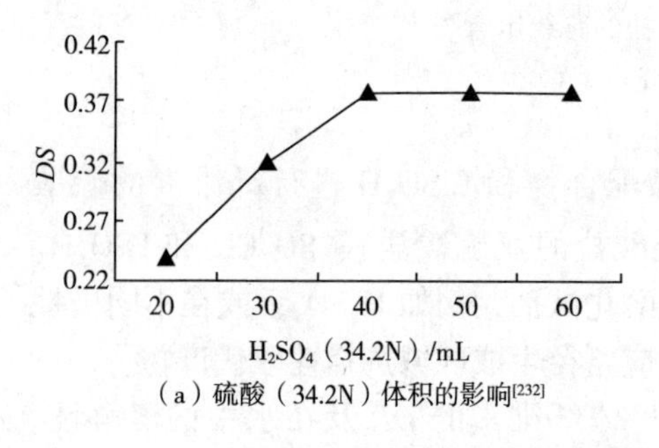

（a）硫酸（34.2N）体积的影响[232]

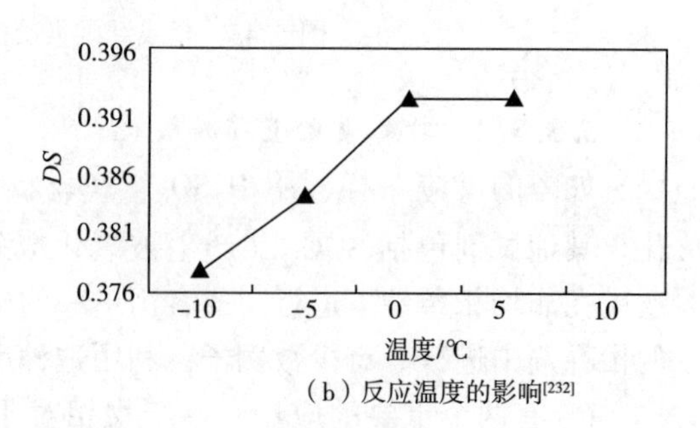

（b）反应温度的影响[232]

图 5.44 实验变量对从马缨丹中提取 α-纤维素 $DS_{硫酸酯}$的影响

不同 $DS_{硫酸酯}$（0.34~0.92）和区域选择性分布的 CS（O-6 处 $DS_{硫酸酯}$为 0.33~0.77，O-2 处 $DS_{硫酸酯}$为 0.03~0.05，O-3 处 $DS_{硫酸酯}$为痕量）已使用 $ClSO_3H$ 或乙酰硫酸酐与悬浮于 DMF 中的 MCC 反应获得。用 TEMPO/NaBr/NaClO 氧化，或用 NaOH（$DS_{硫酸酯}$为 0.33，$DS_{羧酸酯}$为 0.42 和 0.67）处理后，用氯乙酸进行羧甲基化，将这些 CS 转化为羧酸盐/硫酸盐；发现所有 CS 和 CS/羧酸盐都是水溶性的[233]。

另一种直接硫酸化纤维素的方法，是在均相条件下非衍生溶剂中进行。因为均相反应中羟基更容易被衍生化试剂接近，通常克服了不规则修饰的问题。均相制备的 CS 硫酸酯基团在聚合物链分布更均匀，特别是在 $DS<0.8$ 时，$DS>0.3$ 时可溶于水[234]。为此目的已经测试了几种溶剂，包括有/无 TEA 情况下的 NMMO/DMF、DMAc/LiCl 和 LiCl/HMPA。在所有情况下，存在 TEA（0.14~0.70）比其不存在时的 $DS_{硫酸酯}$（0.06~0.64）更高。反应介质 NMMO/DMF 在整个反应中是均相的，LiCl/HMPA 显示凝胶然后变成非均相，或者 DMAc/LiCl 完全凝固。反应混合物的凝固导致硫酸酯取代不均匀，因此 CS 的水溶性差[235]。纤维素与 $ClSO_3H$ 在溶剂体系 TEA/SO_2/甲酰胺中反应获得更高的 $DS_{硫酸酯}$，在 20℃下为 0.4，50℃下为 1.05。同样，可能是因为反应混合物是凝胶，产物仅部分溶于水[227]。$ClSO_3H$ 在 NMMO 中均相硫酸化，产物在水中溶解性差[235]。因此，在电解质/偶极非质子溶剂中直接硫酸化是可行的，但是可能得到不溶性产物。

IL 已成功用作获得纤维素有机酯的溶剂，也用于直接硫酸化。在 BuMeImCl 中用 $ClSO_3H$/DMF 硫酸化从蔗渣分离的纤维素，得到 $DS_{硫酸酯}$为 0.52~2.95 的 CS，硫酸酯基团的分布为 O-6>O-2>O-3。$DS_{硫酸酯}$为 0.61 的样品中没有发现 O-3 取代[236]。在 EtMeImAc（有效溶解纤维素的 IL）中用 SO_3/吡啶或 SO_3/DMF 复合物硫酸化纤维素得到低硫含量（<1%）的、水不溶的 CS。然而，IR 和 ^{13}C-NMR 光谱数据均表明产物中存在酯基。这归因于硫酸酯被乙酸基团取代，类似于在同一 IL 中合成甲苯磺酸纤维素的结果（见 5.2.2 节）。由于混合物在室温下固化，用含有比乙酸盐弱得多的亲核试剂的阴离子的 BuMeImCl 不能解决产物水溶性问题。在 60℃下，IL 溶解的 SO_3/吡啶或 SO_3/DMF 硫酸化，导致纤维素降解或产品不溶于水，或两者兼而有之。通过用偶极非质子溶剂为 IL 的稀释剂解决了该问题。25℃下，利用 SO_3/吡啶、SO_3/DMF 和 $ClSO_3H$ 在 4.5∶7（体积比）BuMeImCl/DMF 混合物中硫酸化纤维素，得到 $DS_{硫酸酯}$为 0.14~0.81 的产物，产物大多是水溶性的，水溶液黏度为 93.1~374.6 mPa·s，表明反应中纤维素降解很少[237]。

几乎没有链降解，无须额外添加化学品，没有产生与辅助取代基相关的废物，因此用 IL/共溶剂混合物硫酸化纤维素是商业生产 CS 的具有实际意义的方法。IL 和共溶剂的回收是必须考虑的问题。可以通过调整每摩尔 AGU 的硫酸化试剂的量来调整产物的 DS（表 5.20）。

表 5.20 BuMeImCl/DMF 中硫酸化纤维素得到的纤维素硫酸酯的取代度（*DS*）和水溶性（25℃）[238]

硫酸化试剂		产物	
类型	摩尔比[a]	*DS*	水中溶解性
SO_3-吡啶	0.6	0.16	-
SO_3-吡啶	0.8	0.25	+
SO_3-吡啶	0.9	0.48	+
SO_3-吡啶	1.1	0.58	+
SO_3-吡啶	1.2	0.62	+
SO_3-吡啶	1.4	0.81	+
SO_3-吡啶	1.5	0.87	+
SO_3-吡啶	2.0	1.04	+
SO_3-吡啶	4.0	1.66	+
SO_3-DMF	1.0	0.34	+
SO_3-DMF	1.4	0.64	+
SO_3-DMF	1.5	0.78	+
$ClSO_3H$	1.0	0.49	+

a. 每摩尔 AGU 对应 4mol 硫酸化剂。

5.3.3.3 部分取代纤维素衍生物的硫酸化

用部分取代的纤维素衍生物，例如纤维素酯和醚作为硫酸化的起始原料是有利的，与纤维素相比，这些衍生物更容易溶于反应介质，消除了凝胶化问题。然而，同样重要的是，这种途径可用于区域选择性硫酸化，条件是最初存在的基团在硫酸化反应条件下稳定，并且可以通过特定的简单程序除去，即不会除去硫酸基团。与不稳定的甲酰基或亚硝酸盐基团相反，乙酰基在无水酸性条件下（含水量<0.05%）稳定[239]。另外，该酯基可以通过碱水解（NaOH/乙醇）除去而不影响硫酸根。获得具有双重功能产物的另一种简单方法是，在广泛溶剂溶胀纤维素的同时，非均相地进行乙酰化/硫酸化，然后除去乙酸酯。不利因素是后处理程序复杂，需要额外的化学试剂，产生更多的废弃物。使用 $ClSO_3H$/乙酸酐/H_2SO_4 或 $ClSO_3H$/乙酰氯与预先用 DMAc、DMF、NMP 和 DMSO 溶胀的棉短绒反应来进行硫酸化。在随后的步骤中，在 NaOH 醇溶液中水解除去乙酰基。DMSO 不是一种方便的溶剂。获得的大多数 CS 是水溶性的，$DS_{硫酸酯}$为 0.31~2.21，O-6 区域选择性取代，O-3 没有取代，O-2 没有或可忽略不计的取代，除一个样品（$DS_{硫酸酯}$的结果为 0.31~1.04）使用硫酸作为催化剂时，会发生较严重的降解[240-241]。^{13}C-NMR 光

谱研究揭示了通过这些技术获得的 CS 中 AGU 内硫酸根基团分布的差异（图 5.45 和图 5.46）。这些不同的取代模式可以产生不同活性的 CS，如用作抗凝血剂。

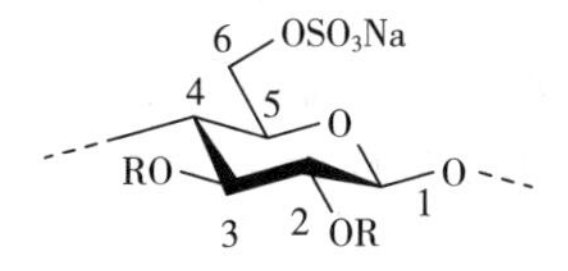

根据取代度，R为H或SO_3Na

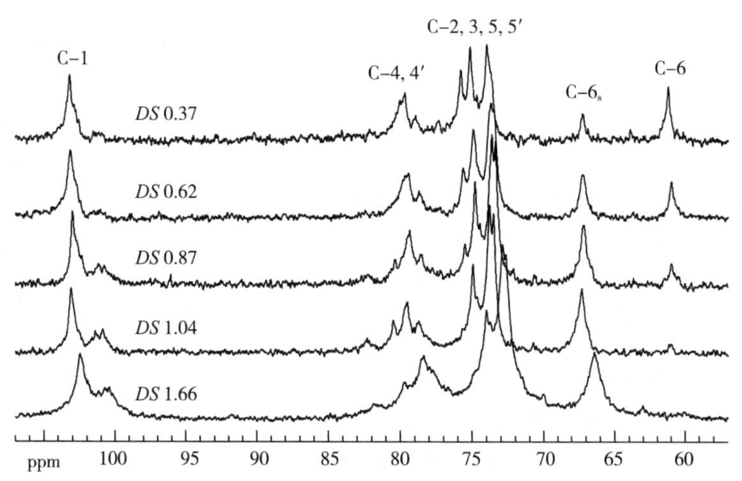

图 5.45　具有不同取代度的纤维素硫酸盐的^{13}C-NMR 光谱，离子液体/共溶剂混合物硫酸化纤维素[238]［s 表示替代位置，（′）表示受相邻位置取代基的影响］

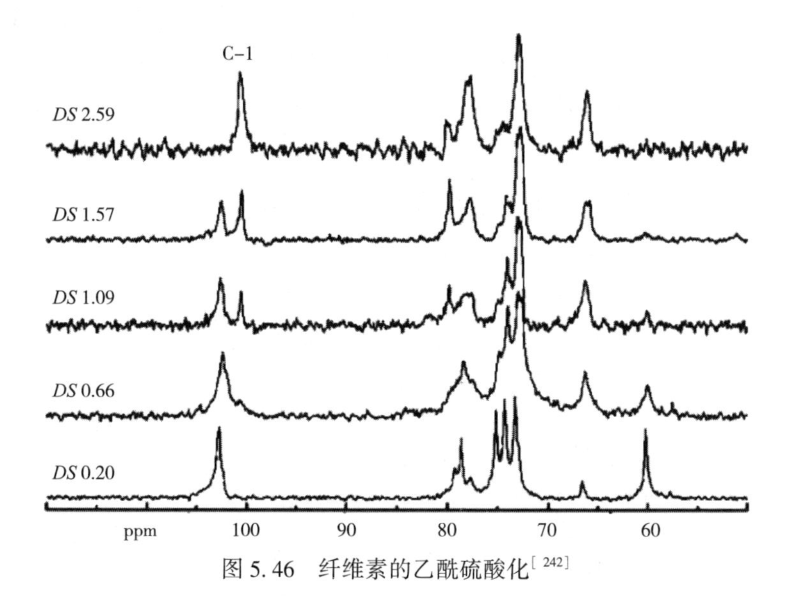

图 5.46　纤维素的乙酰硫酸化[242]

在DMF中用不同的硫酸化剂对$DS_{乙酸脂}$为0.80~2.5的CA均相地进行硫酸化反应，观察到反应性顺序如下：SO_3>发烟硫酸>$ClSO_3H$>SO_2Cl_2>乙酸—硫酸酐（CH_3CO_2—SO_3H）>H_2NSO_3H。反应速率和产物中硫酸基团的均匀分布之间存在折中。与反应性更高的$ClSO_3H$相比，优选使用反应性较低的乙酰基—硫酸酐或氨基磺酸。在用$ClSO_3H$或酰氨基磺酸在DMF中硫酸化CA（$DS_{乙酸脂}$为0.5和2.5）的4h中，证明乙酸基的稳定性。此外，已经证明了NaOH醇水解乙酸基团期间硫酸基团的稳定性[239]。

从MCC（$DP=162$）、桦木纤维素（$DP=650$）和棉短绒（$DP=1400$）制备乙酸纤维素（$DS=2.5$）和甲酸酯（$DS=2.5$），并用SO_3/DMF和$ClSO_3H$/DMF在室温或低于室温中进行均相硫酸化。产物的部分DS，如$DS_{硫酸酯}/DS_{甲酸酯}$，是反应时间和SO_3/AGU比例的函数。由于这些酰基的体积不同，羧酸酯的反应性顺序是甲酸酯>乙酸酯。对于纤维素甲酸酯和乙酸酯，分别获得最大$DS_{硫酸酯}$为0.88和0.29的CS。发现甲酸纤维素的$DS_{硫酸酯}$高于最初残余OH官能团量，表明甲酸酯部分被硫酸盐基团取代。相反，CA的硫酸化过程中没有发生酯交换反应[21]。

在DMAc、DMF和DMSO中也用$CH_3CO_2SO_3H$、SO_3/吡啶络合物或$ClSO_3H$进行纤维素醚的硫酸化。当醚未活化时，$ClSO_3H$与CMC的反应可忽略不计（$DS_{硫酸酯}=0.09$）。用4-甲苯磺酸活化CMC，使之溶胀，然后冷却至室温，硫酸化形成的凝胶，产率为64%~88%，$DS_{硫酸酯}$为0.25~1.48[243]。

5.3.3.4 通过替换不稳定基团硫酸化纤维素衍生物

在该方法中，可以采用衍生溶剂或非衍生溶剂。衍生化溶剂的例子是纤维素溶解在N_2O_4/DMF中，见3.2.2节，形成相应的纤维素亚硝酸盐。用几种硫酸化试剂将所得溶液在20~30℃下处理2~4h，生成$DS_{硫酸酯}$在0.1（H_2SO_4）和1.56（SO_2Cl_2）之间的CS。类似实验条件下，发现$DS_{硫酸酯}$的顺序为SO_2Cl_2>SO_3>$ClSO_3H$>SO_2>$NOSO_4H$≫H_2SO_4，C6位的硫酸化明显优先（图5.47）。采用含有过量N_2O_4和硝酸的亚硝酸纤维素溶液[36]。

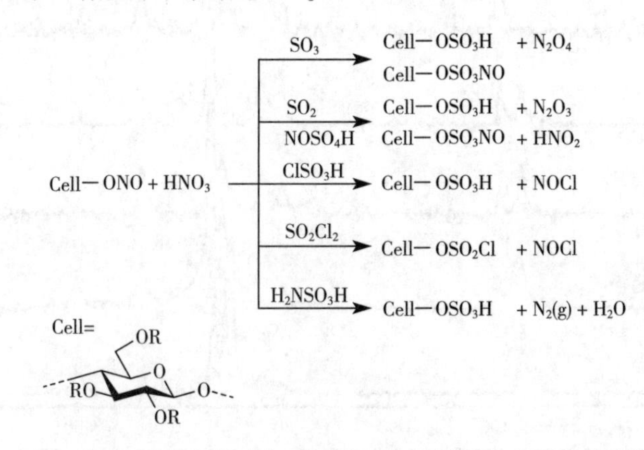

图5.47 亚硝酸纤维素与不同硫酸化试剂反应中可能的取代

尽管这种酯交换反应纤维素几乎没有降解，并且可以通过反应条件来控制其区域选择性，但由于 N_2O_4 是一种毒性很大且具有腐蚀性的气体（沸点 21.7℃），因此它没有得到普及。尤其用于生物医学的 CS 可能不被接受[36]。

易于发生酯交换反应的其他纤维素衍生物的典型实例是 TMS 纤维素，其具有如下优势：

用六甲基二硅氮烷合成相对简单，如在电解质/偶极非质子溶剂或 IL 中都能实现；它易溶于偶极非质子溶剂，如 DMF 和 THF[244-245]；它与 SO_3/吡啶或 SO_3/DMF 反应；不需要分离中间体化合物，即整个反应“一锅”实现。

因此，TMS 纤维素与 SO_3 或 $ClSO_3H$ 在 DMF 或 THF 中反应制备了 $DS_{硫酸酯}$ 为 0.2~2.5 之间的 CS。纤维素降解小，获得的 CS 具有良好的水溶性。通过 $DS_{甲硅烷基}$（硫酸化剂的类型和浓度）控制 AGU 内硫酸酯基团的分布。TMS 纤维素的均相硫酸化表明甲硅烷基醚基团的反应性为 O-6>O-2≫O-3[246]。

类似于亚硝酸纤维素的硫酸化，TMS 充当离去基团。第一步包括将 SO_3 插入甲硅烷基醚的 Si—O 键（图 5.48）。形成的中间体不稳定，且通常不用分离。随后用 NaOH 水溶液处理，TMS 基团裂解，形成 CS[247]。关于这些反应的区域选择性的更多细节可以参见章后参考文献[226]。表 5.21 为合成实例。

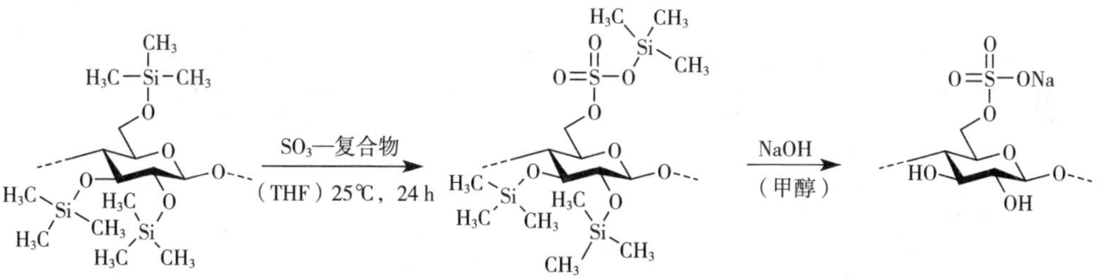

图 5.48　TMS 纤维素合成硫酸纤维素的示意图[247]

表 5.21　合成硫酸纤维素的代表性路线

纤维素种类	*DP*	衍生化试剂	溶剂	产物 *DS* 范围	参考文献
棉短绒	1090	$ClSO_3H/Ac_2O$	DMAc、DMF、NMP、DMSO	0.31~2.21	[241]
α-纤维素	430	H_2SO_4	1-丁醇	0.13~0.39	[232]
MCC	160	先加入 N_2O_4/DMF，然后加入 SO_2、SO_3，$ClSO_3H$，SO_2Cl_2，H_2NSO_3H；$NOSO_4H$	DMF	0.35~1.91	[36]
棉短绒	800	先加入 HMDS，然后加入 SO_3/DMF、TEA	DMF	1.01~1.88	[247]
MCC	180	SO_3/DMF、SO_3/吡啶、$ClSO_3H$	BuMelmCl	0.14~0.81	[237]

5.3.3.5 硫酸纤维素的性质

酸式 CS（H—CS）可以分离为白色吸湿产物，且 $DS_{硫酸脂}>0.2\sim0.3$ 时可溶于水和偶极分子溶剂。然而，该产物在溶液中不稳定并且即使在固态下也会自催化水解。因此，用碱中和 H—CS，最常见的是 NaOH，得到水溶性的 Na—CS 衍生物，$DS_{硫酸酯}$为 0.2~0.3。

CS 的性质，例如水溶性、生物活性和形成超结构的能力，取决于总 *DS*、MM 以及在 AGU 内和聚合物链内取代基的分布。这些参数受反应条件影响，例如，硫酸化试剂的类型和用量、反应时间、反应温度和反应过程（非均相、非均相变成均相)。实验变量，例如试剂加入速率、反应混合物的搅拌和反应过程中的相转变，对产物组成有显著影响。多糖的硫酸化非常迅速，在 0.5~2h 内已经获得了最终 *DS* 值的重要部分，反应混合物中的传质可能很慢，特别是在高溶液黏度和温度≤25℃的情况下。硫酸酯基团的分布取决于 $DS_{乙酸酯}$ 和所使用的硫酸盐化剂(表 5.22)[129,214]。

表 5.22 统计学（S）和区域选择性（R）脱乙酰纤维素硫酸化样品

序号	类型	*DS*Ac	试剂	摩尔比[a]	$DS_{硫酸酯}$	不同碳原子羟基位置的 $DS_{硫酸酯}$		
1	S	2.38	SO_3	0.4	0.35	0.2	0	0.15
2	S	2.38	$ClSO_3H$	0.5	0.22	0.04	0	0.18
3	S	2.38	H_2NSO_3H	0.5	0.35	0.11	0.04	0.2
4	S	2.38	H_2NSO_3H	1	0.52	0.17	0.15	0.2
5	R	2.64	H_2NSO_3H	1	0.25	0.17	0.08	0
6	R	1.86	H_2NSO_3H	2	0.95	0.55	0.2	0.2
7	R	1.48	H_2NSO_3H	3	1.15	0.74	0.15	0.26

a. 每摩尔 AGU 对应 4mol 硫酸化剂。

除表 5.22 的条目 5 和 6 外，发现 AGU 的 O-2 和 O-6 偏爱硫酸盐化。在 O-6 进行优先或排他性硫酸酯化的一个便捷途径是使用乙酸酐和 SO_3 或 $ClSO_3H$ 在 DMF 中生成的混合物，硫酸化试剂在等摩尔浓度基础上均过量 40%[214]。

CS 的水溶性与取代的规律性和其他取代基的存在密切相关（纤维素乙酰硫酸酯比 CS 的水溶性低)。对 $DS_{硫酸酯}$ 在 0.2~0.4 之间的 Na—CS，Mark-Houwink 方程为:

$$[\eta]=(0.01356M)^{0.94} \tag{5.13}$$

据报道，通过亚硝酸纤维素（溶解在 DMF/N_2O_4 中的纤维素）合成的 Na—

CS，1%浓度水溶液有非常高的黏度（1000~5000mPa·s），纤维素降解可忽略[248]。Na—CS的水溶液表现出剪切稀化（触变）行为，强度随着$DS_{硫酸酯}$减小而增加。它们还表现出显著的抗热降解和剪切降解的稳定性。因此，在100℃下加热Na—CS水溶液25h，黏度仅降低25%[248]。与其他烷基硫酸酯，如十二烷基硫酸钠一样，Na—CS对二价和三价阳离子显示出良好的耐受性，可用于含醇的水溶液中。

5.3.3.6 硫酸纤维素的应用

CS具有抗凝血活性，与肝素相比，通过体外和体内凝血试验以及酰胺分解试验来研究其有效性和可能的机理。标准凝血试验可测定Na—CS的抗凝血潜力。$DS_{硫酸酯}$>1的产品具有明显的抗凝血活性，$DS_{硫酸酯}$达到1.5时达到最大值，在硫酸化程度更高时降低。O-2的取代产物有明显的活性（主要是由于抗凝血酶活性）[240]。与肝素相比，Na—CS（包括甘蔗渣基纤维素样品）的抗凝血活性更高，这一点已被基于活化部分凝血活酶时间测定的研究所证实。未检测到凝血酶原时间的影响。小鼠皮下注射Na—CS以中度剂量依赖的方式增加凝血时间。抗凝活性主要通过加速抗凝血酶Ⅲ对凝血因子FⅡa和FⅩa的抑制而发生[236,249]。

聚对苯二甲酸乙二醇酯（PET）表面经过等离子体处理或吸附肝素修饰后，用于合成血管移植物。增加PET生物相容性更方便的方法是吸附半合成覆盖物，如Na—CS。为增强PET表面上Na—CS的吸附，采用了逐层技术。首先，用阳离子聚合物（质子化壳聚糖或几种6-脱氧-6-氨基纤维素）涂覆PET，顶层施加Na—CS。与未处理的材料相比，涂覆的PET显示提高的血液相容性[250]。通过成纤维细胞生长因子（b-FGF）的结合测定，评估Na—CS和硫酸羧甲基纤维素的生物活性。发现在C6位有最大硫酸化作用且在C2位有中等到高度硫酸化的Na—CS，能够结合与天然肝素相当的b-FGF。硫酸化，随后AGU所有三个位置进行羧甲基化的产物也能够结合大量的b-FGF。用HIV感染的MT-4细胞可以证明高$DS_{硫酸酯}$的硫酸化（合成）支链纤维素具有高抗HIV活性[230]。

另一个应用领域是基于CS的络合物。静电自组装膜通常是模糊材料，因为组装机制主要由熵驱动。新吸附的链倾向于渗透到底层薄膜中，从而阻止形成真正的多层膜。这些络合物通常通过在聚电解质络合物的固体表面上逐层沉积来组装（PEC，图5.49）[251]。每个聚电解质层的沉积之间，洗掉过量（先前沉积的）电解质[251]。

然而，已经表明，Na—CS/聚DADMAC形成具有优异机械性能的薄壁PEC[252]。PEC的强度取决于所用CS的电荷密度以及带电基团的分布[253]。因此，由不溶于水的CS（$DS_{硫酸酯}$=0.16，溶于EtMeImAc）和聚DADMAC（溶于0.9% NaCl溶液）制备具有增强机械性能的球形PEC胶囊（超声处理24h证明稳定性），如图5.50所示[254]。

这些不同物理形式的PEC可能用于细胞、蛋白质和药物的封装[252,255]。嵌入

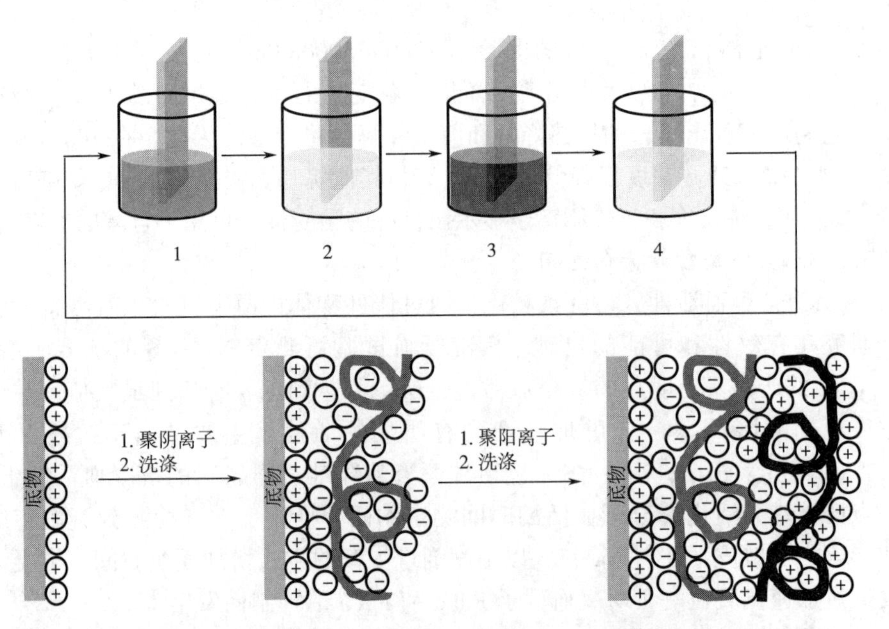

图 5.49　硫酸纤维素和聚 DADMAC 在载玻片表面上逐层沉积 PEC 示意图

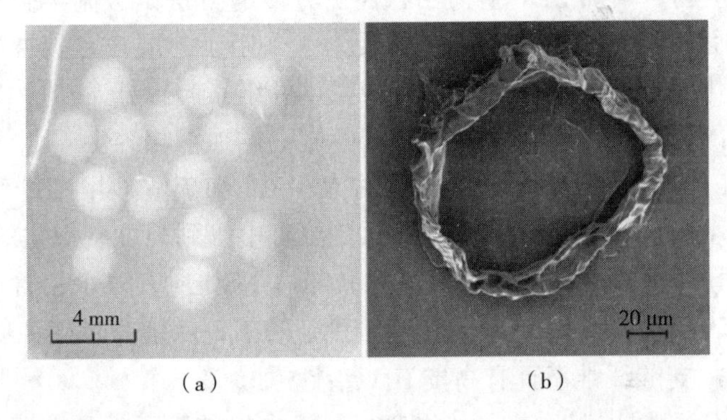

（a）　（b）

图 5.50　水不溶性硫酸纤维素制备的 PEC 胶囊和一个胶囊中间切片干燥的 SEM 图[254]

PEC 内的细胞可以很好地防止免疫系统的检测和攻击，因此预计适用于异种移植，例如糖尿病治疗[256]。封装不影响细胞生长和葡萄糖依赖性胰岛素的产生[257]。与游离酶相比，包埋在 PEC 胶囊中的酶显示出更高的稳定性和可重复使用性，并且可以容易地从溶液中除去并在每次反应后再循环[258-260]。

以下是 CS 和/或其 PEC 封装的生物医学应用可能性的示例：在壳聚糖和 CS 的 PEC 中包封具有抗氧化、抗癌、抗病毒和抗炎特性的乳铁蛋白（一种铁转运蛋白）[261]；用聚（亚甲基—共胍）盐酸盐将蛋清白蛋白、牛血清白蛋白和酵母醇脱氢酶包封在藻酸盐和 Na—CS 的 PEC 中[262]；藻酸盐/钠—壳聚糖/壳聚糖微球中胰岛素的包封[263]；Na—CS/聚 DADMAC 的 PEC 中牛精子的微囊化，用于牛人工授精中的控释（图 5.51）[264]；葡萄糖氧化酶在 Na—CS/polyDADMAC 中的微胶囊化以及随后用于将葡萄糖氧化成右旋葡萄糖酸内酯（水解成葡萄糖酸）[237]。总之，由于 CS 的生物相容性、生物活性（单独或作为 PEC）以及其化学稳定性（使回收变得简单可行），其区域选择性合成已建立，预计 CS 的应用领域将大幅扩展。

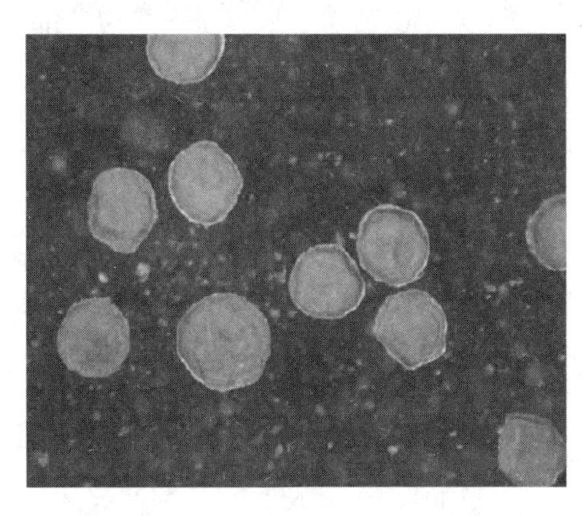

图 5.51　冷冻保存和解冻后含有牛精子的 Na—CS/聚 DADMAC 微胶囊[264]

5.3.3.7　有机合成中的非均相催化剂

CS 有几种新颖的应用引起人们的兴趣。H—CS 用作催化剂，特别是用于酸催化的杂环化合物的一锅法合成。该催化剂是纤维素与 $ClSO_3H$ 在低极性溶剂中（氯仿）、低温（0℃）下、非均相反应制备的。酸碱滴定计算（0.5~0.68 meq/g）H—CS 的酸度。图 5.52 为 Ugi 反应中 CS 为催化剂的实例[265]，更多实例参见章后参考文献[265-274]。

用 H—CS 作非均相固体酸催化剂的优点：易于合成、低成本、生物降解性和通过简单洗涤（用 DCM）回收的可能性。与其他固体酸催化剂相比，H—CS 已被证明非常有效，以下数据所示：化合物通用名称，以 H—CS 为催化剂的产率%，其他酸催化剂的产率范围%，包括液体、固体或固体负载的液体，例如离子交换树脂、$AlCl_3$、H_2SO_4 和 H_2SO_4/SiO_2[266]；3，4-二氢嘧啶-2（1H）-酮[269]；2，4，5-三芳基咪唑[270-271]；取代的吡咯[274]；和 Ugi 反应的产物[265]。

5.3.4　硼酸纤维素和硼酸酯

含硼化合物，如硼砂、硼酸和烷基硼酸，常用作碳水化合物的活化剂、保护剂和交联剂[275-278]。如图 5.53 所示，硼酸与碳水化合物等多元醇（包括不同的环状酯）的反应具有多种假设的相互作用[275]。

众所周知，含硼化合物的水性介质中处理纤维素导致聚合物活化，可以提高改性反应中的试剂效率。活化过程中形成多种结构，几乎不了解与多糖的羟基部

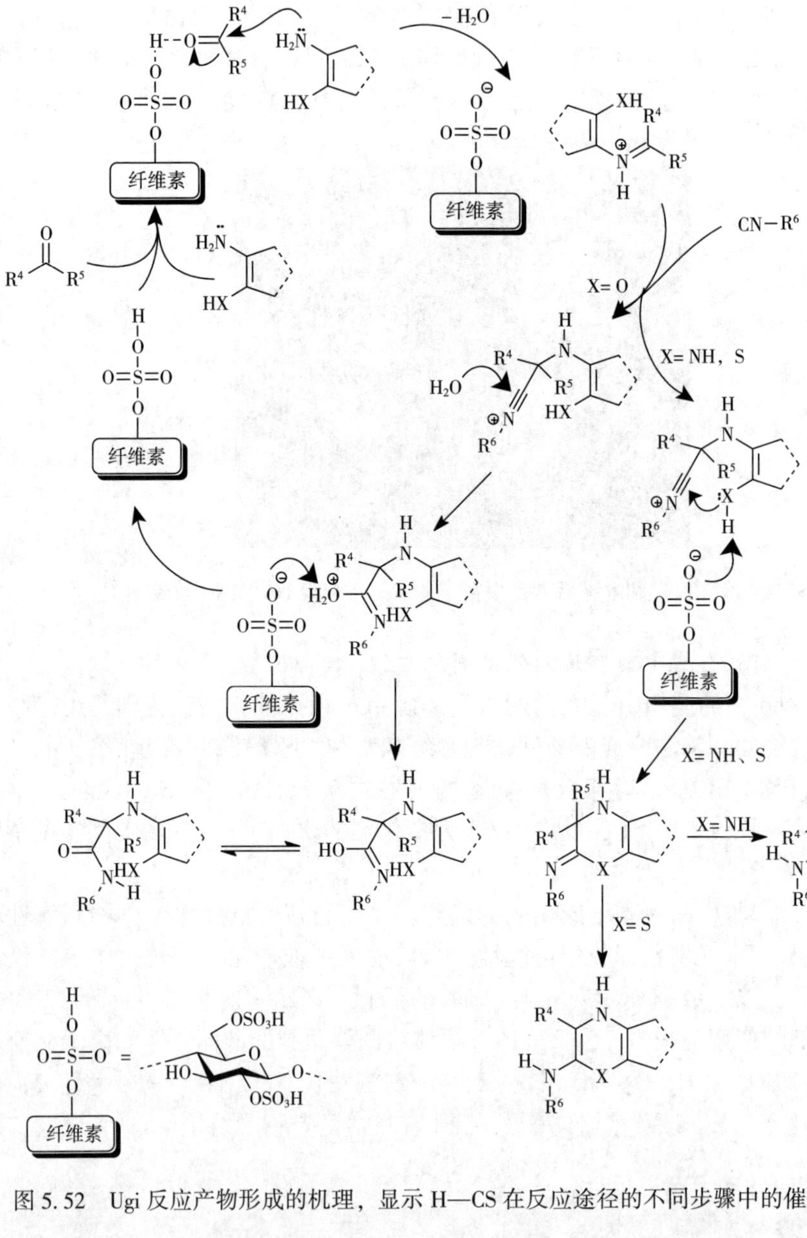

图 5.52 Ugi 反应产物形成的机理，显示 H—CS 在反应途径的不同步骤中的催化作用[265]

分的相互作用。因此，开发有前景的方法，特别是在这种相互作用的基础上开发新的纤维素衍生溶剂是有限的。为了基本理解葡萄糖基多糖和含硼化合物之间的相互作用，已经进行了许多尝试。在碱性水性介质中，已知葡萄糖优先以呋喃糖形式反应，得到 α-D-呋喃葡萄糖-1,2:3,5,6-双（硼酸盐/硼酸盐）络合

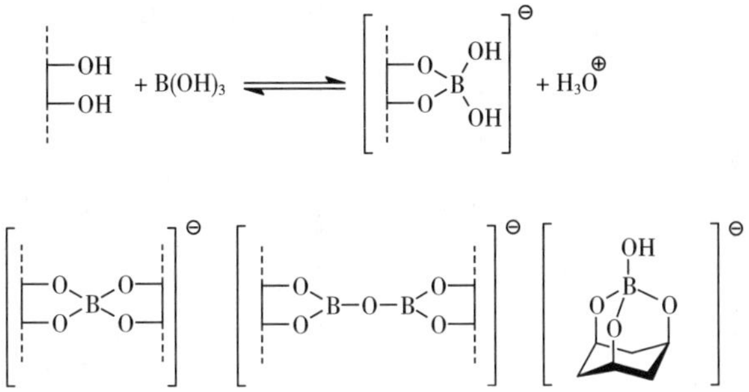

图 5.53　假定的硼酸与多元醇（如碳水化合物）反应的环状酯结构

物[279-280]。然而，重排为呋喃糖形式，提供了形成环状配合物所需的二醇共面性，这对于基于葡萄糖的低聚物和聚合物是不可想象的。纤维素与硼酸或硼酸类化合物的相互作用仅限于 O-2 和 O-3 处的反式-1,2-二醇体系以及 C6 位的伯羟基的反应。因此，研究试图理解这种相互作用是用模型进行的，如苯基硼酸（PBA）与甲基-α-D-吡喃葡萄糖苷（Me-α-D-Glcp）的反应[281-283]。在 NMR 实验中得出在 C4 和 C6 处快速形成六元环并且在 C2 和 C3 的反式-1,2-二醇部分存在七元二硼酸环（见第 2 章）。此外，MS 研究了 Me-α-D-Glcp 与 PBA 的反应。预期的过程如图 2.66 所示。等摩尔反应产生甲基-4,6-O-苯基硼酸-α-D-吡喃葡萄糖苷（结构 1，图 2.66），其由 *m/z* 280 处的分子离子峰和 *m/z* 160 处的 1 个片段离子 I（1，3，2-二氧杂硼烷结构）证实。如 PBA 过量，则应形成甲基-2,3-*O*-（二苯基吡咯烷酸）-4,6-*O*-苯基硼酸-α-D-吡喃葡萄糖苷（2）。

MS 数据显示，*m/z* 160（Ⅰ）和 *m/z* 250（Ⅱ）处的碎片离子以及 *m/z* 470 处的分子离子峰，确认存在七元和六元硼酸环。碳水化合物与 PBA 反应过程中七元环结构的形成已通过甲基-4,6-*O*-亚苄基-2,3-*O*-（二苯基吡咯烷酮）-α-D-吡喃葡萄糖苷的实验得到验证（结构 3，图 2.66）。发现 *m/z* 250（Ⅱ）处的碎片离子，且 *m/z* 472 处检测到分子离子。发现预测模式与 1，3，5，2,4-三氧杂二硼烷结构的离子Ⅱ的片段峰和分子离子 2 的信号完美匹配（图 2.66）。此外，硼同位素模式符合 MS 数据（比较图 5.54 中的灰色计算数据和黑色实验数据）。

支持 MS 数据的一项技术是^{11}B-NMR 谱分析，为假定环的形成提供了最终证据（见 2.3.3.2 节）。在数据的基础上，可以揭示^{13}C-NMR 光谱的配位诱导位移（CIS），即可以评估由于与 PBA 酯化而在^{13}C-NMR 光谱中的信号位移趋势（图 5.55，与第 2 章比较）。

图 5.55 描绘了 DMSO-d_6 中的 Me-4,6（PhB）-α-D-Glc*p*（1）和 Me-2,3（PhB）2-4,6（PhB）-α-D-Glc*p*（2）配位诱导位移（箭头）（灰色：Me-α-D-Glc*p*，黑色：苯基硼酸盐）[283]。

Me-α-D-Glc*p* 与苯基硼酸酯（图 2.66）的信号分布的比较显示结合位点碳

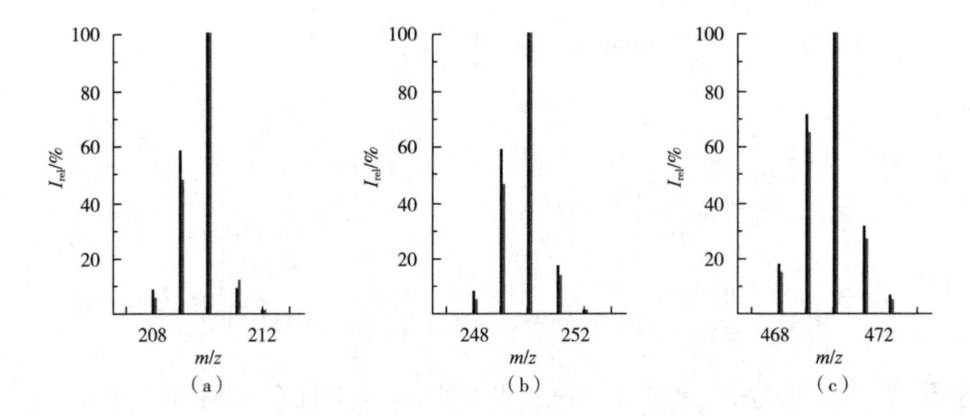

图 5.54　计算的同位素（灰色）与碎片峰的比较[283]

（a）甲基-2,3-*O*-（二丁基吡咯烷酸）-4,6-*O*-丁基硼酸-α-D-吡喃葡萄糖苷（2a）

（b）Me-2,3（PhB）2-4,6（PhB）-α-D-Glcp（2）

（c）Me-2,3（PhB）2-4,6（PhB）-α-D-Glcp（2）

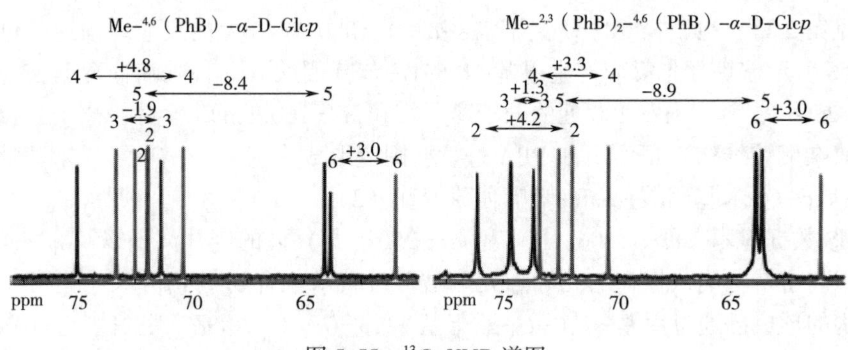

图 5.55　^{13}C-NMR 谱图

（例如化合物 3 中的 C-2/3）向低场移动 2~5ppm，而其他环碳（化合物 1 中的 C-5 或 C-3）向高场移动 1~9ppm。由于这些确定的配位诱导位移，观察到苯硼酸盐 2 的所有羟基的转化（图 2.66）。除 C-5 和 C-1 的信号外，所有碳峰都向低场移动。基于这些结果，可以建立标准的^{13}C-NMR 光谱作为快速和灵敏的工具，用于研究纤维素—低聚物和最终纤维素与硼酸衍生物的相互作用。在后一种情况下，必须考虑相当多的相互作用，如图 2.32 所示（第 2 章）。

这种结构多样性的增加从二聚体甲基-β-D-纤维二糖苷（Me-β-D-clb）开始。核磁共振分析表明，在第一步中，PBA 与非还原葡萄糖残基的 O-4 和 O-6 结合，形成六元环[284]，D-纤维二糖在碱性四硼酸钠水溶液中的转化过程也观察到了这种情况[285]。如果反应混合物中的 PBA 含量增加，则产生反式-1,2-二醇基团的七元吡咯烷酸环。用摩尔比 1∶5.5 硼化 Me-β-D-clb，所有仲羟基被酯化，存在一个六元和两个七元环（图 2.34）。过量的试剂导致 Me-β-D-clb 通过"PBA-桥"二聚化，由 DOSY-NMR 证实。

图 2.67 是 Me-β-D-clb 和三苯基硼氧烷（TPB）的类似相互作用获得的产物的 MALDI-TOF MS 谱。值得注意的是反复出现的质量差异（Dm/z 86 和 Dm/z 104），其来源于额外的 PBA 单元。因此，m/z 465、m/z 569、m/z 655 和 m/z 759 处的分子离子 $[M+Na]^+$ 与具有不同数量的硼酸单元的硼酸酯结构相关。除了在 O-4 和 O-6 处预期的六元环外，检测到的摩尔质量还证实了位置 2 和 3 中的仲羟基的转化。此外，存在 m/z 759 处的分子离子，其与在相邻葡萄糖单元处具有两个七元焦硼酸环的酯化产物一致。这是沿着低聚物或聚合物链的二硼酸盐的多官能化的证据，见表 2.23。^{13}C-NMR 光谱中 CIS 的分析通过在 78.7ppm 处出现尖锐信号来证实反式-1,2-二醇结构的官能化（参见第 2 章）。

所讨论的模型反应得出结论，根据硼酸或其活性衍生物的浓度，发生酯化或络合。第一步中，在非还原端基处观察到，下一步骤（增加的浓度）中，在位置 2 和 3 处形成七元环，且在较高浓度下，倾向于发生交联。

溶解在 IL 中的纤维素—低聚物的流变学实验在用硼酸转化时显示出相同的趋势。体系中的硼酸达 1%（质量分数），黏度不受影响，意味着不发生交联。在 1%~5%（质量分数）的浓度范围内，黏度随硼酸量的增加而增加。在约 8%（质量分数）时，其急剧下降并观察到沉淀。显然，快速交联是其原因。

基于这些结果，开发了含有 NaOH 和硼酸的纤维素的水性溶剂体系。在 -12℃，冷却 3~5h 至可以获得含 2%纤维素、7%NaOH 和 0.6%硼酸的均相溶液（图 5.56）。

图 5.56　溶解于 7%NaOH 和 0.6%硼酸的含水混合物中的纤维素（2%）

溶解过程可以通过光学显微镜观察。冷却前和冷却至-12℃后纤维素的悬浮液如图 5.57 所示。

（a）未经处理的悬浮液

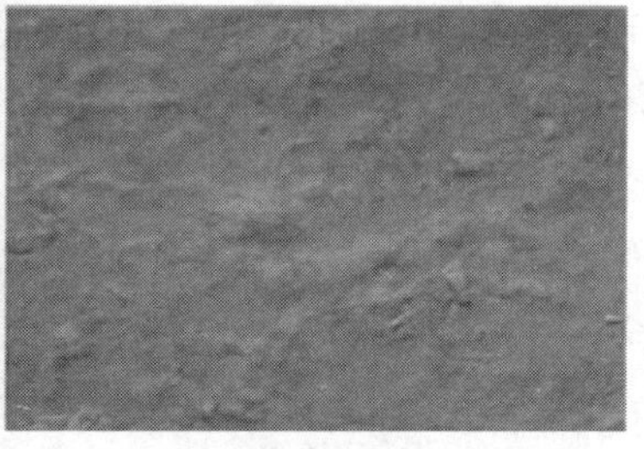

（b）冷却至-12℃后

图 5.57 溶解在 7%NaOH 和 0.6%硼酸的含水混合物中的纤维素（2%）的显微图

溶解在这些溶液中的纤维素的易分辨的 ^{13}C-NMR 谱证明，有利于明确定义的结构（图 5.58）。在光谱中，两个小信号在 C-1 和 C-4 的峰上可见肩峰，向高场移动为 2ppm。这些信号是由位置 2 和 3 处的 OH 基团处的相互作用引起的。与所描述的模型反应和 CIS 测量相比，可以得出结论，形成七元硼酸酯环。该环系统具有高反应性，并且在质子介质存在下不稳定。因此，可以假设环形成和开环之间的动态平衡。这种快速过程是信号强度低的原因。然而，这些结果导致该溶剂体系是衍生化介质的结论。

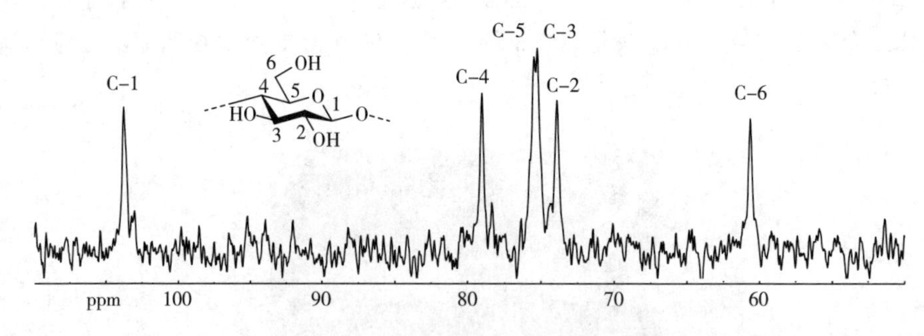

图 5.58 纤维素（2%，质量分数）溶于 7%NaOH 和 0.6%硼酸 D_2O 溶液中的 ^{13}C-NMR 谱图

除了对含硼酸的纤维素水性溶剂的开发和基本理解的研究外，还研究了稳定的含硼纤维素衍生物的形成。一个严重的问题是硼酸及其衍生物对交联的强烈倾向，产生难以分析的不溶性产物。纤维素与硼酸在 150~200℃的尿素熔体中的直接转化导致最大 *DS* 值为 0.7[286]。更方便的方法是脂族醇的硼酸酯如乙醇硼和异丙醇硼与纤维素的酯交换，可以在硼醇盐中或在溶剂中进行，例如母体醇、苯、吡啶或乙二胺[287]。从元素分析得出所有 OH 基团完全转化[288]。该方法用于增加聚合

物的反应性并制备抗粉剂产品。三烷基硼烷也可用于制备纤维素硼酸酯。因此，实现了全 *O*-二乙基硼酰化纤维素的合成[289]。硼砂在含水介质中与纤维素和羟乙基纤维素反应。在后一种情况下，假定形成五元环[290]。同样可以获得相对于天然纤维素热稳定性更佳的产品[291]。此外，含硼衍生物具有显著的抗菌活性[292]。由于可及度的增加，硼酸酯的结合使纤维素的吸附水能力提高 2.5~3 倍[293]。

5.3.5 碳酸纤维素酯及其衍生物

碳酸（H_2CO_3）及其衍生物和许多相应的含硫化合物与醇形成酯。在纤维素化学中，相关的酯包括碳酸（见 5.3.5.1 节）、氨基甲酸（见 5.3.5.2 节）、黄原酸（见 5.3.5.3 节）和硫代碳酸酰胺（见 5.3.5.4 节），如图 5.59 所示。

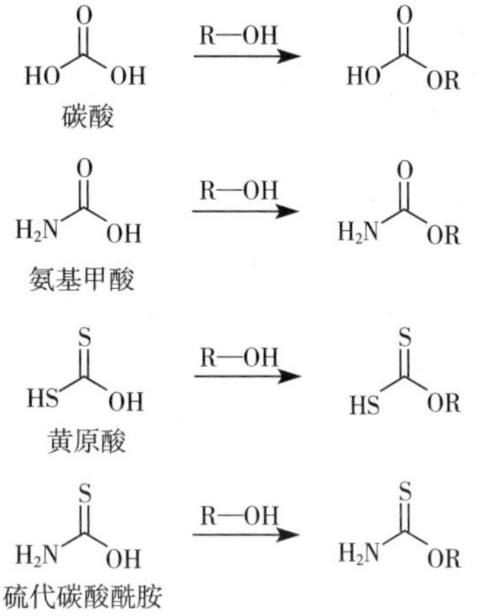

酸本身通常是难以捉摸的，尝试室温下将其隔离在自由状态下仅导致分解产物[294]。然而，这些酸的质子化对应物非常稳定，低温下在超强酸介质中检测到[295]。

图 5.59 碳酸及其衍生物与醇反应

以下纤维素衍生物很重要：碳酸的不对称二酯、未取代的和 *N*-取代的氨基甲酸酯和硫代氨基甲酸酯、未取代的黄原酸酯。这些衍生物的一般结构如图 5.60 所示，为简单起见，仅在 AGU 的 C6 位显示单一取代。

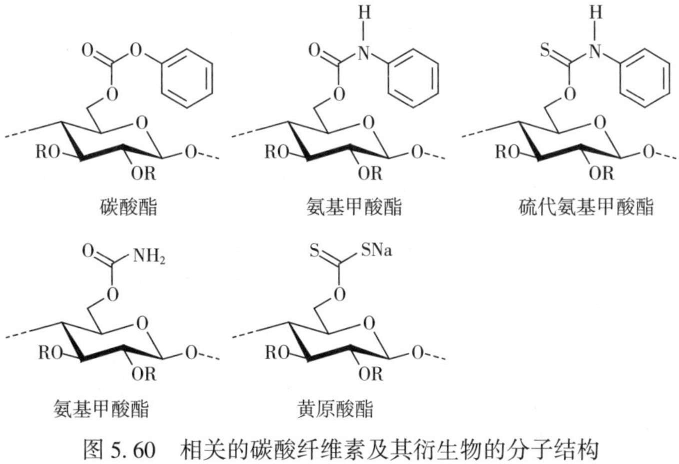

图 5.60 相关的碳酸纤维素及其衍生物的分子结构

通常用烷基或芳基氯甲酸酯制备碳酸纤维素。这些化合物应用于各种后续反应中（见 5.3.5.1 节）。纤维素与尿素反应产生相应的氮原子上未取代的氨基甲酸酯，纤维素可通过酸水解再生（见 5.3.5.2 节）。这是获得纤维素纤维的黏胶工艺的潜在替代技术。*N*-取代衍生物是纤维素氨基甲酸酯的一个重要类别。脂肪族和芳香族酯可以通过纤维素与异氰酸酯的反应来制备。这些衍生物在化学分析和生物化学中得到应用。纤维素的 *N*-苯基氨基甲酸酯可用作色谱固定相。核磁共振波谱或色谱法测定纤维素衍生物结构是基于异氰酸苯酯化作用。另外，氨基甲酸酯的形成是用于标记纤维素的现有技术，例如用荧光染料。一种有价值的方法是纤维素与异硫氰酸酯的反应，形成异硫代氨基甲酸酯，称为硫代氨基甲酸酰胺的 *N*-取代酯。黄原酸纤维素的钠盐是在黏胶工艺中形成的（见 5.3.5.3 节），它在纤维素的转化过程中作为中间体，在 NaOH 存在下与 CS_2 一起获得，CS_2 被认为是黄原酸的酸酐。

5.3.5.1 碳酸纤维素酯

· 碳酸的简单酯类

虽然室温下碳酸不稳定，但它已在低温下分离并通过 FTIR[296] 和 ^{13}C-NMR 光谱检测[297]。式（5.14）和式（5.15）显示了碳酸二酯 pH 值的非依赖性，即催化水解，其中 R 是脂肪族或芳香族基团：

$$(RO)_2C{=}O+H_2O \longrightarrow ROH+ROCOOH \tag{5.14}$$

$$ROCOOH \longrightarrow ROH+CO_2 \tag{5.15}$$

式（5.15）中，碳酸单酯不稳定并分解成 CO_2 和相应的醇或酚[298]。碳酸、脂肪族、芳香族、丙烯酸或环状二酯稳定。在有机碳酸盐中，最简单的是碳酸二甲酯，一种“绿色”反应性溶剂，可用作甲基化剂（甲基卤化物或硫酸二甲酯的方便替代品）或用于亲核取代制备碳酸衍生物，如图 5.61 所示，其中 Nu 是亲核试剂[299]。

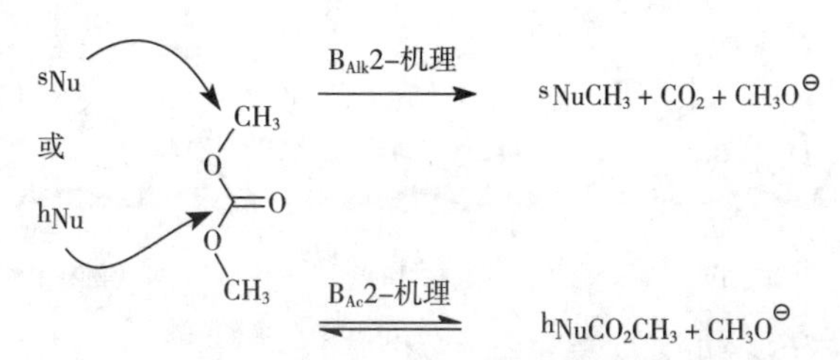

图 5.61 碳酸二甲酯用作甲基化剂（上）和亲核取代合成碳酸衍生物（下）[299]

已知氯甲酸乙酯在三乙胺存在下与含有邻近二季羟基的吡喃类化合物反应得到反式五元环状衍生物。因此，甲基 4,6-*O*-亚苄基-*α*-D-吡喃葡萄糖苷得到 4,6-*O*-亚苄基-*α*-D-吡喃葡萄糖苷-2,3-碳酸甲酯和 2,6-二-*O*-（甲基磺酰基）-*α*-D-吡喃葡萄糖苷甲基化得到 3，4-环酯。反应条件不同，4,6-*O*-亚苄基-*α*-D-吡喃葡萄糖苷甲酯可以得到 2,3-二-*O*-乙氧基羰基或 2-单酯和 3-单酯[300-301]。

图 5.62 是这些碳酸酯环酯在合成糖衍生物中的应用[302]。

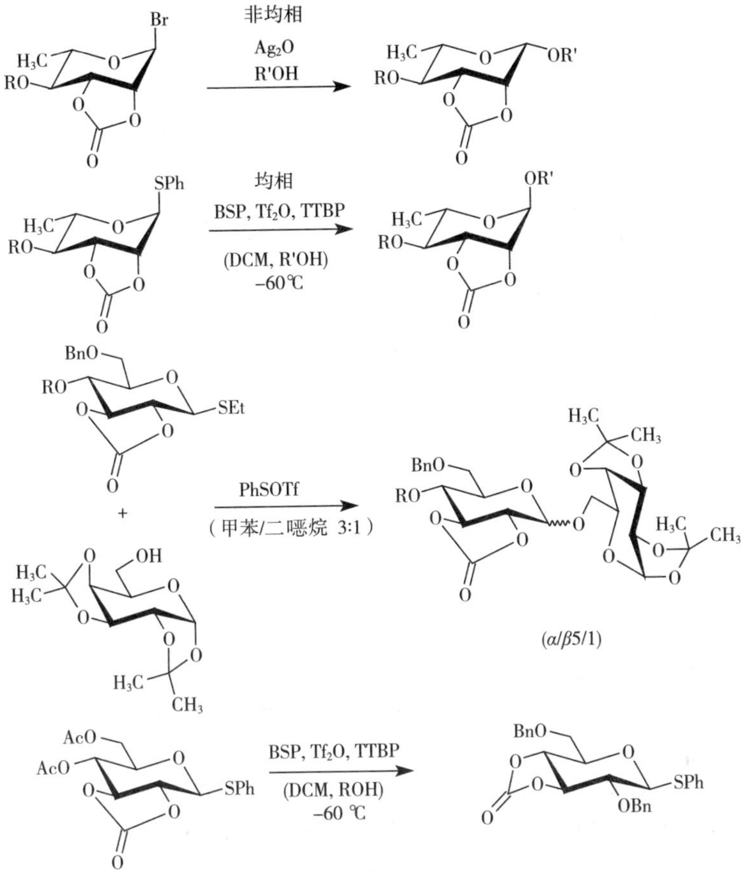

非均相
Ag_2O
R'OH
均相
BSP, Tf_2O, TTBP
(DCM, R'OH)
-60℃
PhSOTf
（甲苯/二噁烷 3:1）
(α/β5/1)
BSP, Tf_2O, TTBP
(DCM, ROH)
-60 ℃

图 5.62　单糖环状碳酸酯在合成糖衍生物中的应用[302]

· 碳酸纤维素酯

与糖碳酸酯类似，在无水条件下通过偶极非质子溶剂（DAS）/碱中的纤维素与反应性酯（特别是氯甲酸酯和碳酸酯）反应制备纤维素衍生物。该反应应小心控制，在生成环状和线型碳酸酯同时避免产生交联产物[303-304]。另外，可能发生图 5.63 中所示的一个或多个副反应，反应（a）是主产物，而反应（b）~（e）是副反应。反应（b）中的氯甲酸酯可能被消耗，（c）为水解反应，（d）为与溶剂的副反应，（e）为 Cl 介质的分解反应[305]。

碳酸纤维素的分子结构可通过 NMR、UV、FTIR 光谱、滴定和元素分析来测定。全乙酰化脂肪族或芳香族纤维素碳酸酯的^{1}H－NMR 光谱用来计算 $DS_{碳酸酯}$[305-306]。芳香族酯，如 4-硝基苯基碳酸纤维素，可以在碱水解和测量释放的苯酚之后从 UV—Vis 光谱图中计算得出 $DS_{碳酸酯}$[307]。

FTIR 光谱可以检测不同类型的碳酸酯。在 1810~1835cm^{-1}（$\nu_{C=O}$）出现环状

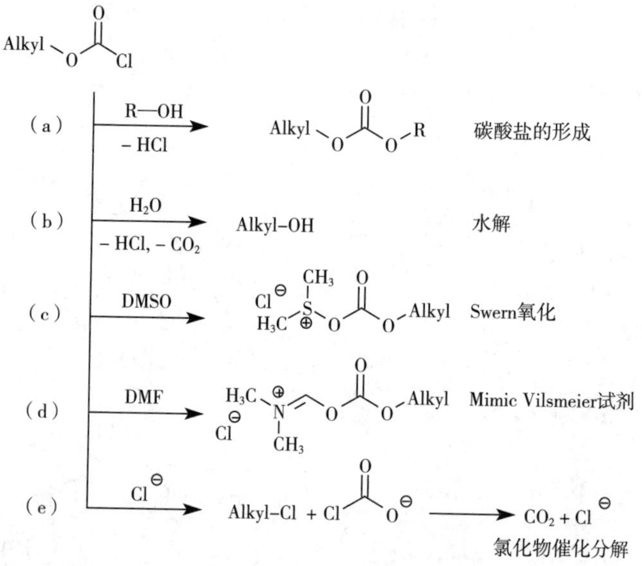

图 5.63 碳水化合物与氯甲酸酯碳酸化过程中可能发生的副反应[305]

碳酸酯的吸收峰。由无环芳烃或脂肪族纤维素碳酸酯产生的信号分别为 1770cm^{-1} 和 1750cm^{-1}[308]。使用葡聚糖碳酸酯作为参考化合物，红外光谱可用于测定环状与非环状碳酸纤维素。用氢氧化钡溶液碱性水解后，滴定法测定可溶性右旋糖酐碳酸酯的碳酸盐含量。此外，用氨水或苄胺的环状碳酸酯部分的氨解和元素分析（氮含量）计算 $DS_{碳酸酯}$值，由于水的非特定性开环而较小[308]。

· 非均相条件下的合成

以三甲胺为催化剂，悬浮在 DMSO 或 DMF 中的纤维素与氯甲酸乙酯反应合成碳酸纤维素。由于反式环状碳酸酯，产物在 1835 cm^{-1} 和 1810cm^{-1} 处显示红外谱带，由于 *O*-乙氧羰基纤维素，在 1750cm^{-1} 处显示红外谱带[308]。类似于纤维素黄原化的方法，如图 5.64 所示，碳酸纤维素是通过苏打—纤维素与 CO_2 在 $ZnCl_2$ 和丙酮或乙酸乙酯存在下，在压力为 3～5MPa（30～50bar）的条件下反应制备的（有机溶剂增加了 CO_2 的溶解度）。这种处理纤维素的降解可忽略不计，生成的碳酸酯可完全或部分溶于 ZnO/NaOH 或 ZnO/尿素/NaOH 溶液中，通过酸化作用再生得到纤维素Ⅱ[309-310]。

· 均相条件下的合成

在均相条件下，纤维素与反应性酯（特别是烷基和/或苯基氯甲酸酯、氟甲酸酯和碳酸酯）在各种催化剂存在下转化而合成纤维素环状碳酸酯和碳酸单酯。将纤维素溶解在 DMAc/LiCl 中，二月桂酸二丁基锡作为催化剂，在 100℃ 下与碳酸二苯酯反应 4 天。环状碳酸酯（1810cm^{-1} 和 1835cm^{-1}）以及苯基碳酸纤维素（1767cm^{-1}）的形成，产物显示出相应的红外谱带[311]。同样，三乙酸纤维素在熔

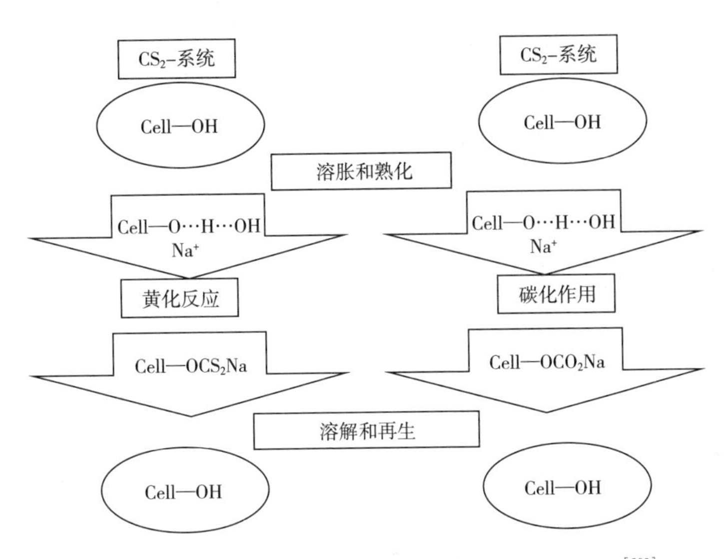

图5.64　苏打—纤维素的黄原化和碳酸化的反应步骤[309]

融碳酸二苯酯中的酯交换反应和溶解在DMAc/LiCl中的纤维素与（PhO）$_2$CO的酯化反应产生纤维素苯基碳酸酯[312]。然而，在这些反应中，有毒的月桂酸二丁基锡作为催化剂，这对于产品的生物应用是不可接受的。

不同的多糖，包括水溶性葡聚糖、纤维素、淀粉和支链淀粉，与多种反应性酯（包括苯基氯甲酸酯、4-硝基苯基氯甲酸酯以及氟甲酸苯酯）反应转化为单碳酸酯[313]。由于碳酸盐基团的分子间交联，纤维素与4-硝基苯基氯甲酸酯（摩尔比为1∶3）的反应生成$DS_{碳酸酯}$为1.34的产物在有机溶剂中会发生凝胶化。低$DS_{碳酸酯}$的纤维素苯基碳酸酯也观察到类似的现象。尽管交联的原因尚不清楚，但4-硝基苯基具有足够的反应性，可以进一步酯交换，例如，通过另一个纤维素链的AGU的羟基进行酯交换反应。低*DS*的纤维素苯基碳酸酯的交联可以用大量非衍生化羟基来解释，这些羟基可在分子内和分子间形成碳酸酯。图5.65是在DMAc/LiCl中用氯甲酸苯酯合成苯基碳酸纤维素（$DS=0.84$）的^{13}C-NMR谱图。相关信息是，光谱在153ppm处仅显示一个C═O信号，表明在位置6处区域选择性取代，与AGU的2位和3位碳的共振没有取代的一致[314]。

如图5.66所示，用6-*O*-三苯甲基醚实现了纤维素的区域选择性反应和位置2处的进一步转化[314]。这种合成路线，即纤维素与氯甲酸烷基酯在碱（吡啶或NaH）存在下于DMF/LiCl或DMSO/LiCl中反应，已被应用于从相应的氯甲酸烷基酯和氟甲酸酯合成葡聚糖乙基碳酸酯、1-丁基碳酸酯和叔丁基碳酸酯。通过元素分析和^{13}C-NMR谱（1D和HETCOR）对产物进行研究，其$DS_{碳酸酯}$范围为0.20~2.85[315]。与碳酸二苯酯在吡啶/1-（1-丁基）-3-甲基氯化咪唑中于室温反应1~

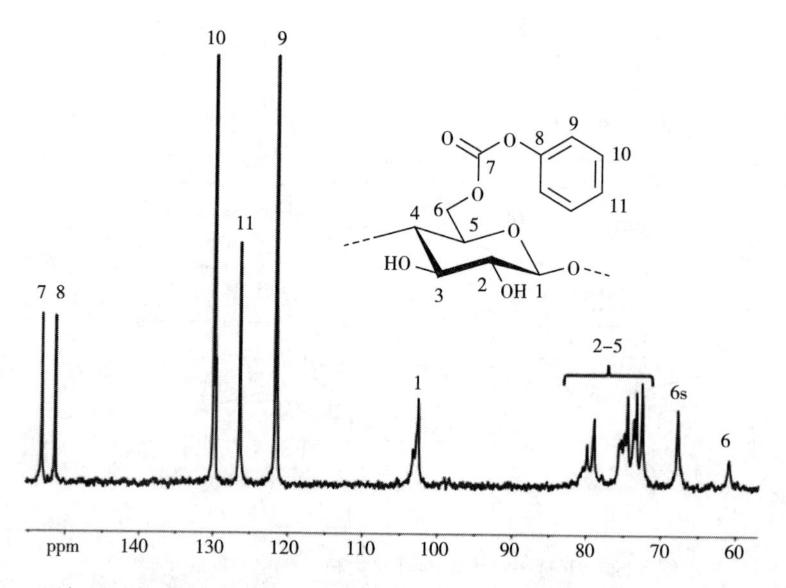

图 5.65　用氯甲酸苯酯合成苯基碳酸纤维素（DS=0.84）的^{13}C-NMR 谱图（DMSO-d6）

24h，得到 $DS_{碳酸酯}$ 为 0.44~3.0 的碳酸纤维素，通过^{1}H-NMR、^{13}C-NMR 波谱以及 COSY 和 HETCOR 实验对产物进行研究[316]。

$(C_6H_5)_3CCl$
$(C_2H_5)_2N$
(DMAc/LiCl)
72h, 70℃

Pyridine
(DMAc)
24h, 60℃

HCl
(CH_2Cl_2)
45min, 0℃

(DMF)
24h, 60℃

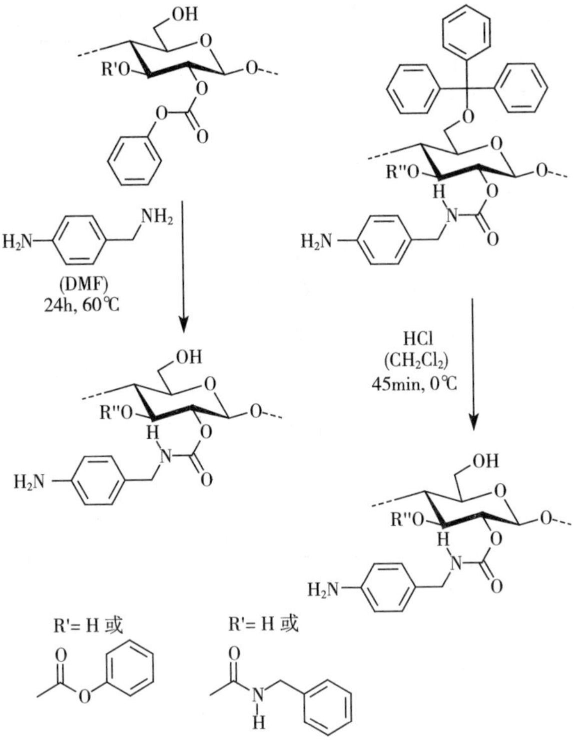

图 5.66　纤维素碳酸酯的区域选择性合成（三苯甲基纤维素）
和在 2 位进行酯氨解产生氨基甲酸纤维素[314]

· 碳酸纤维素的性质和应用

研究碳酸纤维素的理化性质结果表明，碳酸纤维素的拉伸强度随烷基链长的增加而降低，而拉伸伸长率增大。此外，随着烷基链长度的增加，熔点变低（表 5.23）[312]。与广泛使用的羧酸酯相比，纤维素的碳酸酯具有独有的特征。环状碳酸纤维素对生物大分子的固定化有突出优势，包括酶[306,317-319]、抗生素[320]以及氨基、巯基化合物[321]。碳酸纤维素也用于抗体的分离和纯化领域[322-326]。除了环状碳酸纤维素与胺、醇或硫醇的偶联外，还开发了丙烯酸纤维素苯基碳酸酯的均相氨解[314,327]，形成的相应纤维素氨基甲酸酯用于催化领域，是基因络合和递送的有发展前景的化合物。

表 5.23　碳酸纤维素的物理化学性质[312]

R 基团	拉伸强度/（kg/m^2）	伸长率/%	熔点/℃	分解温度/℃
丙基	780	66	245～255	332
丁基	490	85	200～216	332

续表

R基团	拉伸强度/（kg/m^2）	伸长率/%	熔点/℃	分解温度/℃
2-乙基己基	250	110	177~184	332
苯基	470	42	200~210	339

碳酸纤维素较有前景的应用是纤维再生。由于 CO_2 以惊人的速度在大气中积累，因此对使用 CO_2 作为生产化学品的起始材料的需求强烈，见表 5.24。例如，其浓度从 1958~1975 年的 315~330ppm 增加到 2002~2010 年的 370~388ppm，相当于每年增加 0.9~2.25ppm[328]。已经描述了碱纤维素与氯甲酸乙酯/DAS 反应及在 $ZnCl_2$/醇的存在下通过碱纤维素与 CO_2 反应合成碳酸纤维素[329]。后一种情况下，获得的碳酸酯溶解在 ZnO/NaOH 浴中，在酸浴中挤出得到再生纤维素Ⅱ[330]。

表 5.24　合成碳酸纤维素的实例

纤维素	*DP*	衍生化试剂	介质/催化剂，反应条件	$DS_{碳酸酯}$	文献
MCC		RCOX（$R=C_1\sim C_4$，Ph），X=Cl，F	DMSO/二噁烷/TEA，0℃/10~240min	0.03~3.0	[308]
人造丝纤维	850	CO_2	乙酸乙酯/$ZnCl_2$，（30~40bar）、-5~0℃、2h	—	[309]
MCC		碳酸二苯酯	DMAc/LiCl/二丁基锡二月桂酸酯，100℃、4d		[311]
MCC	330	苯基氯、氟甲酸酯	DMAc/LiCl/吡啶，0℃，4h	1.69	[314]
MCC	330	氯甲酸苯酯	BuMeImCl/吡啶，室温、1~24h	0.44~3.0	[316]

5.3.5.2　硫代碳酸纤维素酯

碳酸的含硫衍生物包括一硫代碳酸（HS—CO—OH ⇌ HO—CS—OH）、二硫代碳酸（HOCS—SH）和三硫代碳酸 H_2CS_3。酸本身尚未在室温下分离[331-333]，但它们的单酯是已知的。例如，一硫代碳酸的酸酐羰基硫醚（COS）具有中等稳定性[334-335]，与碱纤维素反应得到单硫代碳酸的烷基单酯[336]。这种纤维素单酯仅在低温（0℃）下稳定，在较高温度下，分解成硫化钠和碳酸盐及再生纤维素。反应式如下所示，COS 是黏胶过程中形成的副产品之一，单硫代碳酸纤维素在黏胶过程中作为纤维素黄原化中间体发挥作用。

$$\text{Cell—O—H—}^{-}\text{OHNa}^{+}+\text{CS}_2 \longrightarrow \text{Cell—O—C (S)—S Na} \tag{5.16}$$

黏胶工艺制备纤维素纤维的黄原化步骤中，碱纤维素与 CS_2（二硫代碳酸的酸酐）反应产生二硫代碳酸钠[337-338]。该过程中的主要副反应是 CS_2 的多步碱催化水解，见式（5.17）~式（5.20）。

$$CS_2+NaOH \longrightarrow NaCS_2OH \tag{5.17}$$

$$NaCS_2OH \rightleftharpoons COS+NaSH \tag{5.18}$$

$$COS+4NaOH \longrightarrow Na_2S+Na_2CO_3+2H_2O \tag{5.19}$$

$$NaSH+NaOH \rightarrow Na_2S+H_2O \tag{5.20}$$

产生的硫化钠与 CS_2 发生不可逆反应，形成全硫代碳酸钠[339]。

$$Na_2SH+CS_2 \longrightarrow Na_2CS_4 \tag{5.21}$$

与此讨论相关的是，在10℃下，Cell-O—H—OH Na 与 CS_2［式（5.16）］反应的速率常数比 HO—与 CS_2 反应的限速步骤快约522倍，这是由于有利的焓和活化熵[340]。因此，黏胶工艺制备过程中 CS_2 水解消耗并不是一个严重问题。酸性溶液中，黄原酸纤维素快速分解成再生纤维素。也就是说，黏胶工艺相当于碱纤维素溶解在衍生化溶剂 CS_2 中，然后通过分解形成的黄原酸酯（弱酸的酯）将纤维素再生为纤维。

· 硫代碳酸酯的应用：黏胶工艺和人造丝纤维

1893年发现，用 NaOH 和 CS_2 处理纤维素时，纤维素会转化为可溶性化合物（黏胶纤维），这已发展成为再生纤维素纤维（人造丝纤维）的商业方法[341]。到1908年，由黏胶原液纺制而成的纤维已成为纺织工业的主要产品。由于工艺的创新及采用纸浆的多样性，黏胶工艺仍然有独特的地位，是所有人造纤维中最通用的。因此，人造丝纤维的产量持续增加，2012年占所有纤维的6.2%，而棉花、羊毛和合成纤维分别为31.6%、1.3%和60.9%[342]。工业黏胶生产工艺示意图如图5.67（来自 Acordis）所示，后续将简要讨论每个步骤。

· 纸浆

使用的木浆（牛皮纸或亚硫酸盐）是来自桉树、金合欢、云杉、桦树、山毛榉和其他木材品种的木浆。与该工艺相关的纸浆特性是 DP、I_c 以及半纤维素和非纤维素含量、木质素和无机物的含量。使用的纸浆通常表示为具有高纤维素含量和纯度的溶解级纸浆（溶解浆）。

· 浸泡步骤

浸泡是指将某些东西浸泡在液体中，以便使其彻底湿润来清洁或软化它。在黏胶工艺中，此步骤的目标是将生物聚合物［通常在 NaOH 水溶液中为6%（质量分数）纤维素］转化为碱纤维素，并提取低分子量的半纤维素和 γ-纤维素。提取这些成分很重要，因为它们的黄原化除了增加 CS_2 的消耗外，还降低纤维质量。变量包括温度（45~55℃）、NaOH 浓度（17%~19%，质量分数）和时间（15~30min）。这种处理的一种变化是双重浸泡，纤维素浸泡在17%~19%（质量分数）NaOH 溶液中，以将其转化为纤维素钠；在较低的碱液浓度下浸泡，在11%~13%（质量分数）NaOH 溶液中纤维素会进一步溶胀，去除额外的半纤维素，并降低纸浆中的 NaOH 含量。然后将浆料通常压榨成含30%~36%（质量分数）纤维素和

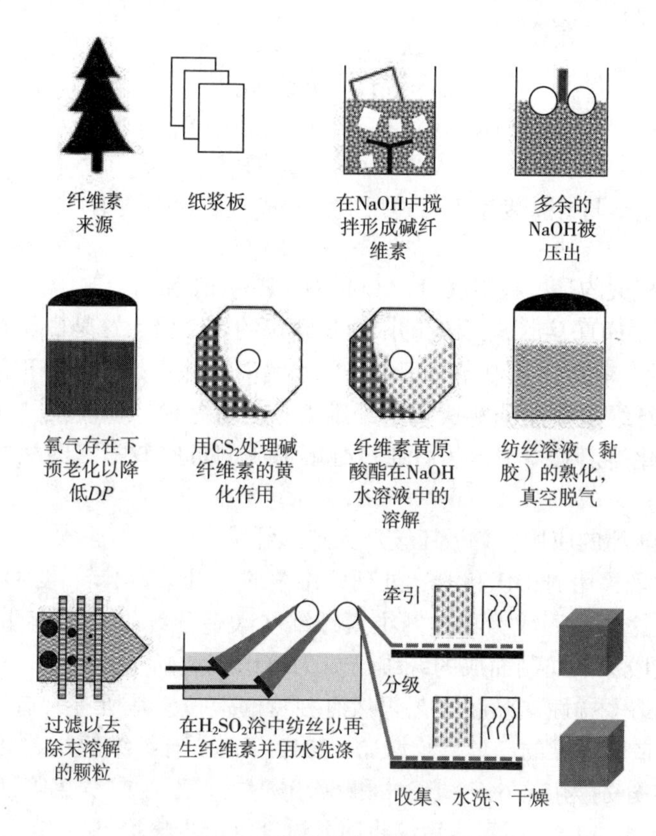

图 5.67　工业黏胶生产工艺示意图[338]

13%~17%（质量分数）NaOH，再进行粉碎。

· 降低聚合度：预老化或丝光

常规的短纤维生产，碱纤维素的聚合度从其原始值降低至 270~350。通常，在受控温度（40~60℃）和湿度下，将碱纤维素储存一段时间（0.5~5h）来完成。因此，聚合度通过氧化降解而降低。该反应要么发生在链端（蚕食），此时聚合度的总体减小不多；或者发生在反应点位，如链骨架上的羰基。后者天然存在于纤维素中，或在纸浆漂白过程中形成。因此，铜值高（纤维素中羰基数的量度）的纸浆的聚合度比铜数较低的纸浆下降得更快。提高纤维素反应性和这种特性的定量对黏胶工艺至关重要。一种方法是由 Fock 提出的，其中纤维素反应性的计算基于转化为黄原酸盐的纤维素量的测定。因此，在标准化条件下制备纤维素黄原酸酯，过滤，纤维素在硫酸溶液中沉淀再生。然后将获得的纤维素用 $K_2Cr_2O_7$ 溶液氧化，反滴定未反应的 Cr^{6+}[343]。

· 黄原化

碱纤维素与 CS_2 反应生成碱溶性纤维素黄原酸钠。纯 CS_2 的沸点为 46.2℃，闻起来像氯仿。由于存在微量的强烈气味的有机硫化合物，商业产品通常具有强烈的令人不快的恶臭气味。二硫化碳具有剧毒和易燃性，在空气中的爆炸范围为1.25%~50%（体积分数）。其闪点为-30℃，在100℃自燃，在某些条件下甚至更低。已有工业事故的报道[344]。

CS_2 的低沸点在所谓的纤维黄原化中被工业利用，碱纤维素在减压下与 CS_2 蒸汽反应，这一过程传质效率很高。这种非均相（固体/气体）反应以间歇或连续模式进行，反应时间为30~90min。对于碱纤维素的均相和异相黄原化，位置2（动力学产物）优于位置6和3，主要是空间位阻的原因[345]。然而，与仲羟基相比，AGU伯羟基O-6的黄原化在热力学上是有利的[346]，$DS_{黄原酸酯}$为0.9~1.0。

基于上述 CS_2 与碱纤维素和氢氧根离子的反应速率常数的巨大差异，黄原酸化反应也在实验室中通过所谓的乳液黄原酸在液相中进行。在此过程中，在低温（如20℃）下，将液体 CS_2 与生物聚合物在碱的水悬浮液中一起搅拌，直到完全形成黏胶[347-349]。根据IUPAC对乳化液、悬浮液和胶体分散液的定义[350]，将黄原酸反应命名为乳化液是一种误称；合适的术语是悬浮黄原酸，即使存在松香或非离子表面活性剂[351-353]。

$DS_{黄原酸酯}$=0.5~1.0的纤维素黄原酸酯是一种黄色纤维物质，易溶于稀碱水溶液（图5.68）。它可以通过添加与水混溶的有机溶剂或通过用电解质盐析来沉淀。水性介质中，它在整个pH值范围内不稳定。在室温下被酸分解，在约100℃的水中被热分解，这两种情况都会产生 CS_2。表5.25是黄原酸化的实例。

图5.68 溶于稀碱水溶液中的纤维素黄原酸酯

表5.25 CS_2 转化和加热合成黄原酸纤维素的实例

序号	纤维素/*DP*	反应相/类型，黄原酸化的条件	$DS_{黄原酸酯}$	参考文献
1	棉短绒/1950，甘蔗渣/764	液相，悬浮黄原酸化5h，20℃	0.43~0.54	[349]
2	桉树、云杉和松木纸浆/244~656	固体/气体，150min，室温	0.31~0.42	[361]
3	硫酸盐和亚硫酸盐浆	固体/气体，150min，28~32℃	0.44~0.53	[362]
4	桦木亚硫酸盐纤维素/480	液相，悬浮黄原酸化3h，8~28℃	0.10~0.95	[363]
5	棉短绒/1135	液相，悬浮黄原酸化6h，20℃	0.4~1.0	[364]

· 黏胶老化

获得的黏胶原液经过老化，使酯均匀分布在纤维素链中，这是实现良好纺纱和纤维质量的关键步骤。在该步骤中，产生反式黄原酸，位置6处热力学更稳定的黄原酸酯的浓度增加，O-2和O-3处的黄原酸酯浓度减小。该反应可以通过几种方法进行检测，例如，通过剩余羟基烯丙基化后的^{1}H-NMR 光谱[354] 或根据 C 数，后者可以容易地通过溶液 303nm 处的 UV—Vis 吸光度计算[355]。C 数定义为每 100 AGU 中黄原酸酯基团的量，即 $DS_{黄原酸酯}$的度量；C 数最大值是 300。作为时间的函数，发现 C 数的值在 O-2 和 O-3 处减小，在位置 6 处增大，并通过最大值[356]。

· 纺纱

黏胶原液通过烧结的金属筛网（孔径 10~20μm）过滤以去除颗粒。在减压下脱气，否则当黏胶纤维通过喷嘴挤出成细丝时，气体会产生小气泡。如果需要在纺纱之前添加添加剂、表面活性剂，如乙氧基化脂肪酸或脂肪胺以及 TiO_2。

传统的黏胶纺丝工艺包括将原液通过耐腐蚀喷丝头压入含有 H_2SO_4 和 Na_2SO_4 的酸浴中，温度约为 40℃，并将形成的纤维素Ⅱ的线输送到线轴上。

此外，进行拉伸以增加纤维的排列和强度。喷丝头孔径为 50~100μm，孔数在 100（人造丝）至数千（人造丝短纤维）之间。图 5.69 是喷丝头和黏胶喷射器。

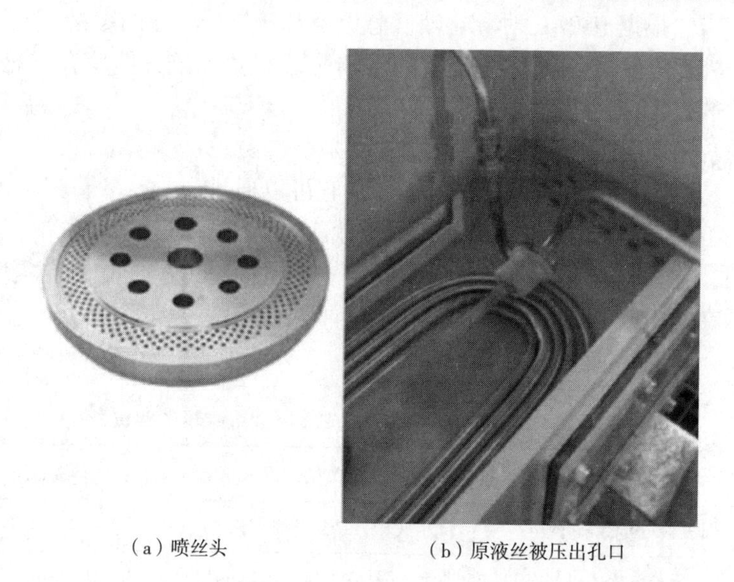

（a）喷丝头　（b）原液丝被压出孔口

图 5.69　喷丝头（https：//www.tradeindia.com/fp1246480/Spinneret-For-Staple-Fibre-Yarn.html，2017 年 9 月 29 日）和黏胶喷射器（由图林根纺织和塑料研究所提供，TITK，德国鲁多尔施塔特）

酸浴中主要反应为：

$$2Cell—OCS_2Na+H_2SO_4 \longrightarrow 2Cell—OH+Na_2SO_4+2CS_2 \quad (5.22)$$

纤维素再生浴还可能含有硫酸锌和表面活性剂，特别是乙氧基化的脂肪醇和脂肪胺，用于生产皮—芯细丝，外皮和内芯中纤维结构不同，在某些应用中具有出色的性能[357-358]。由于 H_3O^+扩散到其纤维结构内部中受阻，纤维素纤维缓慢再生形成细丝。在细丝外部区域最初形成锌纤维素黄原酸酯（随后迅速再生为纤维素)，如 Zn（OH)$_2$ 和 ZnS 等其他锌化物的形成会减慢酸渗透，纤维素Ⅱ的再生速度变慢。与熔体纺丝中的传热相比，湿法纺丝中的传质是一个缓慢的过程（这解释了皮—芯核效应)。皮层包含许多小的微晶，芯层具有较少但较大的微晶。

与所有纤维一样，整理是生产的最后一步。因为当原生纤维在金属圆柱体等表面上高速移动时，摩擦力会很高，这将磨损纤维并最终折断细丝，因此需要表面润滑。人造丝纤维最常用的润滑剂是脂肪酸及其盐、乙氧基化脂肪酸和脂肪醇的混合物。选择的抗静电剂是脂肪酸的磷酸盐或季盐。图 5.70 为人造丝纤维的 SEM 图。

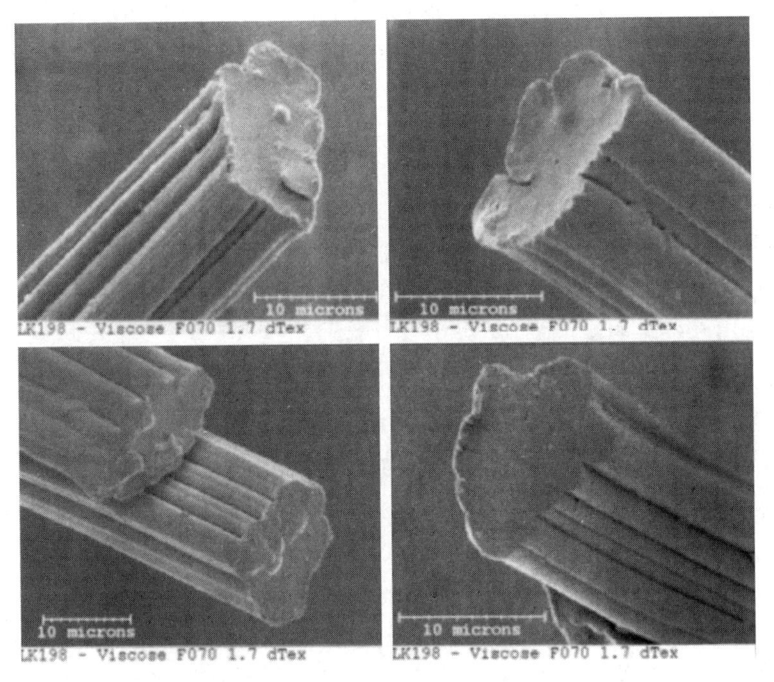

图 5.70　人造丝纤维的 SEM 图[338]

· 人造丝纤维的性能与应用[359-360]

人造丝制造过程中的工艺变化为纤维提供了多种特性，包括厚度、线密度 1.7~5.0dtex（dtex 是纤维、纱线线性质量密度的单位，指 10000m 纤维的克数)、韧性［干态 2.0~2.6g/旦和湿态 1.0~1.5g/旦（旦是纤维的线性质量密度，指 9000m 纤维的克数）］、断裂伸长率（干态 10%~30%和湿态 15%~40%)。纤维伸长率随着人造丝结晶度和取向度的增加而降低。人造丝纤维比棉花吸收更多的水分，柔软、舒适，悬垂良好，并且易于染色。纤维在 150℃ 以上失去强度，在 177~204℃时烧焦并分解而不熔化。在化学性质方面，人造丝耐碱，不耐热稀酸。浓缩漂白剂和长时间暴露在阳光下导致纤维降解。人造丝的折痕恢复和折痕保持性都很差。其主要应用领域有服装，包括配饰、衬衫、连衣裙、夹克、内衣、衬里、帽类、休闲裤、运动衬衫、运动服、西装、领带和工作服。家居用品包括床罩、毯子、窗帘、帏帐、床单、拖鞋、桌布、室内装潢。工业用途包括工业产品、医疗外科产品、非织造布产品和轮胎帘子布。

5.3.5.3 氨基甲酸酯及其N–取代衍生物

在低温下超临界二氧化碳（SC–CO_2）[365] 和富含 CO_2 的有机溶剂[366] 中检测到氨基甲酸。氨基甲酸的脂肪族和芳香族酯以及相应的 *N*–取代和 *N*,*N*–二取代化合物是稳定的。氨基甲酸酯可以由胺类生成，例如，通过与氯甲酸酯或二烷基碳酸酯反应[367] 以及醇和醇盐，包括纤维素和碱纤维素，与脂肪族或芳香族异氰酸酯［式（5.23）］或异氰酸，通过尿素在其熔点（132.7℃）以上分解产生，如140℃［式（5.24）和式（5.25）］。

$$\text{Cell—OH} + \text{R—N}=\text{C}=\text{O} \longrightarrow \text{Cell—O—CO—N—HR} \tag{5.23}$$

$$(\text{H}_2\text{N})_2\text{C}=\text{O}/\Delta \longrightarrow \text{HN}=\text{C}=\text{O}+\text{NH}_3 \tag{5.24}$$

$$\text{Cell—OH}+\text{HN}=\text{C}=\text{O} \longrightarrow \text{Cell—O—CO—NH}_2+\text{NH}_3 \tag{5.25}$$

无溶剂或在非均相和均相条件下，常规加热或MW加热方式，进行了各种纤维素异氰酸苯酯化的探讨。

· 氨基甲酸纤维素酯的合成

①无溶剂的非均相反应。无溶剂异氰酸苯酯化反应是在烘箱或油浴中，尿素/纤维素质量比为（1.5~4.0）：1，将尿素和MCC或碱溶胀棉短绒加热至110~185℃，反应3~9h；纯化后，得到产物纤维素氨基甲酸酯（CC）。红外光谱1710cm^{-1}（$\nu_{C=O}$，氨基甲酸酯）/1620cm^{-1}（天然纤维素）强度比值、I_c 和 T_m 是其氮含量的函数。N含量低于3.6%，IR强度比与N含量之间的相关性呈线性[368-370]。如图5.71所示，氨基甲酸酯的合成也可在无溶剂、无催化剂的条件下非均相地进行，用脉冲MW加热可缩短反应时间[371]。典型的例子中，棉短绒、木材、甘蔗渣和芦苇纤维素样品（*DP*=392~1158）悬浮在30%尿素溶液中24h，过滤包埋尿素的纤维素，减压干燥，用脉冲MW加热诱导反应，于225W功率下加热5min[371]。研究N%对反应变量的依赖性表明，产量随纤维素吸收尿素增加［10%~50%（质量分数）］、反应规模（10~50g）和施加的MW脉冲数（1~5个脉冲/3min）而增加。表征产物CC手段包括：FTIR、^{13}C–CP/MAS NMR、X射线衍射、SEM和TGA[372]。

②溶剂中非均相反应。天然纤维素或其碱活化对应物进行异氰酸苯酯化。许多反应以非均相（悬浮液）开始逐渐转变成均相。将棉短绒在吡啶中回流的悬浮液与异氰酸酯或α–萘基异氰酸酯反应，得到相应的三甲酸酯，反应混合物分别在36h和40h后成为均相[373]。三乙烯二胺作为催化剂，95~100℃下纤维素悬浮在DMF中与苯基异氰酸酯反应获得三氨基甲酸纤维素。悬浮液在30~60min内转变为

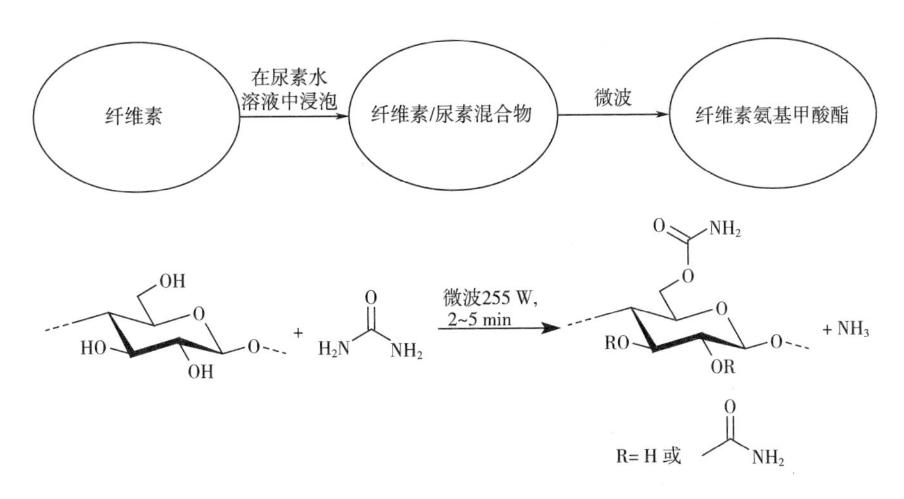

图 5.71　无溶剂、MW 辅助合成 CC 的方案

均相，直接用反应混合物浇铸成 CC 薄膜[374]。纤维素与苯基异氰酸酯在吡啶中反应，80℃下反应 2d，产生澄清溶液（MCC）或不完全溶解浆（α-浆）。用 SEC 研究了产物沉淀的介质对 CC 的 MM 分布的影响。用甲醇沉淀导致低 MM 部分的 CC 损失（5%~26%，质量分数），用水/甲醇混合物沉淀（体积比 30/70）产物较少[375]或没有产物[376]。液氨预处理（活化）纤维素可避免纤维纤维素（亚硫酸氢盐浆，86.3%~97.1% α-纤维素，脱结晶棉短绒）的不完全异氰酸苯酯化。在吡啶、DMF 或 DMSO 中 80℃下反应 2 天。在所有情况下均获得三氨基甲酸纤维素的澄清溶液；用 SEC 和 LALLS 研究了摩尔质量的分布[377]。将洋麻芯纤维素悬浮在尿素溶液（0.9%~4.5%，质量分数）中，常压搅拌混合物，然后减压搅拌，后者用于增强尿素在生物聚合物纤维内的渗透。通过 MW 加热（380W 功率）诱导反应 10~30min，分离、纯化 CC，用 FTIR、X 射线衍射和 SEM 表征。CC 中的 N 含量随着溶液中尿素浓度和反应时间的增加而增加[378]。

如果使用活化的纤维素，纤维素衍生化可以更好地控制，在溶剂存在下进行异氰酸苯酯化，反应温度降低至 100~130℃[379-380]。通常的方法是在单独的步骤中活化纤维素，然后将所得的碱纤维素与尿素溶液反应。或者，活化和衍生化步骤同时进行，由于协同作用，这种方法是有利的。^{13}C-CP/MAS NMR 波谱表明纤维素/NaOH/尿素络合物的形成，与碱纤维素的结构相当，只是它是在低得多的碱浓度（7%NaOH 水溶液加 30%尿素）下形成。$DS_{氨基甲酸酯}$的形成结果（0.35）高于在 18%NaOH 水溶液中单独形成碱纤维素，用水或甲醇洗涤，然后与 30%尿素水溶液反应时获得的复合物（$DS_{氨基甲酸酯}$分别为 0.16 和 0.15）[381]。

如图 5.72 所示，非均相条件下获得 CC 的另一种方法是以 SC-CO_2 为溶剂将尿素引入纤维素中。通常，乙醇放置在压力反应器底部，以提高尿素在 SC-CO_2 中的

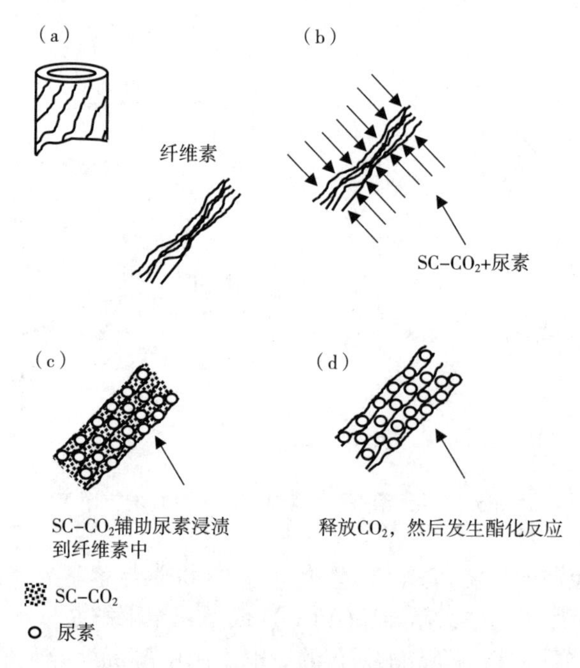

图 5.72 用尿素在 SC-CO_2 中浸渍纤维素纤维[382]

溶解度。然而，乙醇不会接触钢桶中的固体（纤维素和尿素）。在压力反应器中引入棉纤维素和尿素的混合物，随后充入 CO_2。用尿素在 50℃下、18 MPa 气体压力下浸渍纤维素 6h。释放 CO_2 后，将尿素包埋的纤维素加热至 140℃，以诱导异氰酸苯酯化反应。研究了产物 N 含量与浸渍压力和反应时间（用尿素浸渍后，在 140℃下）的关系。采用 TGA、^{13}C-NMR 波谱、X 射线衍射、傅里叶变换红外光谱和扫描电镜对制备的 CC 进行了表征。产物在 NaOH 水溶液中表现出良好的溶解性，碱性溶液的流变性显示出牛顿行为或剪切稀化，具体取决于 CC 浓度[382-383]。

该方案进一步改善，SC-CO_2 作为纤维素尿素浸渍和异氰酸苯酯化反应的溶剂。将针叶木浆放置在不锈钢笼外，尿素放置在笼内，两种反应物没有直接接触。将笼放入压力反应器，引入 CO_2，在 150~170℃和 17.9~22.1MPa 压力下加热 2~10h。在 150℃和 20.7MPa 下，8h 后达到最高 N 含量（4.41%），用 FTIR 光谱、X 射线衍射、TGA 和 SEM 对产物进行了表征[384]。

③均相反应。在均相条件下制备 CC 的最简单方法是衍生纤维素衍生物（如可溶于介质中的 CA）AGU 的剩余羟基。DS_{Ac} 为 0.75~2.33 的 CA 与甲基、乙基、苯基异氰酸酯在吡啶中反应，得到 $DS_{氨基甲酸酯}$ 为 0.67~2.25 的产物。所有产物都溶于吡啶，大部分也溶于 1,4-二噁烷。酸水解（硫酸）混合乙酸酯/氨基甲酸酯获得纯纤维素苯基氨基甲酸酯[373,385]。均相条件下，将溶于 DMAc/LiCl 中的 MCC 与苯基

异氰酸酯或4-乙基苯基异氰酸酯，催化剂吡啶的存在下反应12h（室温），以高收率（89%~92%）获得了纤维素苯基氨基甲酸酯。产物（*DS*分别为2.6和1.0）显示出预期的FTIR特征峰（$\nu_{C=O}$，1730~1740cm^{-1}）和^{13}C-NMR（$\delta_{C=O}$，162.4~165ppm）[386]。

MCC、棉短绒、硫酸盐浆和通过蒸汽爆破从麦秸和硬木中获得的纤维素中获得的三氨基苯甲酸纤维素是通过苯基异氰酸酯与溶解在DMAc/LiCl中的纤维素于60~80℃，在有或无吡啶催化剂下反应2~3h获得的。在THF中通过黏度和光散射测量对所制备的三氨基苯甲酸化样品进行表征。得到的数据以及文献中均相合成CC的数据共计40个样品，表明THF中的黏度随样品的MM线性增加（从110000~1300000g/mol，相应的$DP_{纤维素}$为212~2505）。

LS测量表明，用甲醇而不是水/甲醇沉淀CC可以得到更均匀的样品，具有更低的多分散性[376]。

均相条件下，溶解在DMAc/LiCl中的纤维素与*N*-羰基-α-氨基酸酯在100℃下，反应3h，合成了具有α-氨基酸基团的纤维素氨基甲酸酯，包括*N*-羰基-*L*-亮氨酸乙酯和2-丙酯、*N*-羰基-*L*-苯丙氨酸乙酯和*N*-羰基-*L*-天冬氨酸乙酯。高产率（>90%）得到产物，$DS_{氨基甲酸酯}$为1.0~3.0。元素分析、FTIR及NMR表征产物，产物溶解于DMSO，大多在$CHCl_3$和THF中有一定溶解性[387]。

图5.73所示为均相纤维素碳苯胺化所采用的条件下可能生成的副产物。副产物包括氨基甲酸烷基酯（化合物4，通过与醇的反应淬灭产生）、苯基异氰酸酯二聚体（化合物3）和三聚体（化合物2）以及1,3-二苯基脲（化合物5，水解形成）[388-389]。

使用无水反应条件、低反应温度60~70℃、长时间24~48h以及催化剂二月桂酸二（1-丁基）锡为催化剂、控制异氰酸酯（苯基和1-丁基）的量以及不包括用醇淬灭的产物后处理，避免了副产物的生成。MCC、棉短绒或部分硅烷化纤维素在DMAc中的反应开始时是非均相的，然后是均相的。IR和NMR（^{1}H和^{13}C）表征产物，较高产率（65%~94%）获得$DS_{苯基氨基甲酸酯}$从1.74~3.0的产物[390]。

二月桂酸二（1-丁基）锡是合成高取代脂肪族氨基甲酸酯的有效催化剂。一方面，纤维素与芳香族异氰酸酯（如苯基、4-甲氧基苯基和2,4-二甲基苯基异氰酸酯）在热吡啶（90℃）中的反应以非均相方式开始，在一段时间后转变为均相，生成CC，$DS_{苯基氨基甲酸酯}$约为3.0（反应时间3~24h）；另一方面，纤维素在相同条件下与1-己基、环己基、1-辛基和十一烷基异氰酸酯的反应没有转变为均相，不成功。在热DMAc（90℃）中，二月桂酸二（1-丁基）锡存在下反应24h后，生成*DS*为3的CC。FTIR、$^{1}H/^{13}C$-NMR、DSC、TGA、GPC和SEM用来表征产物[391]。

· 纤维素氨基甲酸酯的应用

纤维素氨基甲酸酯已经使用了几十年，因其特性，特别是结晶度和在不同溶

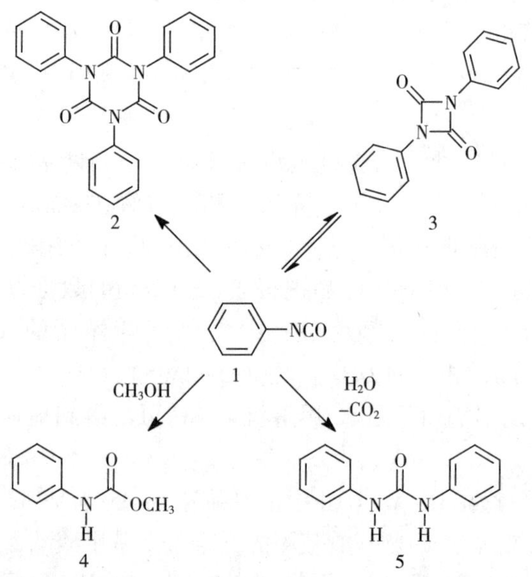

图 5.73　均相纤维素碳苯胺化所采用的条件下可能形成副产物的分子结构[388]

剂中的溶胀/溶解性能可以相对容易地控制。如果在衍生化过程中没有出现聚集，具有高 *DS* 的氨基甲酸酯在溶液中不会聚集，可用于测定纤维素的 MM 及其分布。当碳化反应在 DMSO 中进行时，这些可能包括二甲基硫离子引起的纤维素氧化降解及其衍生产物[392]。另一个潜在的问题是在 CC 沉淀过程中溶剂引起的低 MM 产物损失[375]。尽管如此，现在已经确定，甲酸化反应，然后进行 MM 测定，如通过黏度、光散射或 SEC 是可靠方法。纤维素在温和的条件下被苯基异氰酸酯/吡啶完全官能化。然后将其溶解在适当的溶剂（例如丙酮或 THF）中，并用于通过黏度、光散射[376,393] 和 SEC[394-395] 测定母体聚合物的 MM。

另一个应用是纤维素酯的氨甲酰化和使用所得混合酯的 NMR 光谱（^{1}H 和^{13}C）测定部分 *DS* 值；该应用与全丙酰化方法相当。该方法的一个实例如图 5.74 所示，CA 转化为混合酯，然后分析二维^{1}H-NMR 光谱。该衍生物可以脱酰基和高氯酸水解解聚。产生的单糖氨基甲酸酯的 HPLC 可用于计算聚合物的基本构建单元（未取代、单取代、二取代和三取代葡萄糖）的摩尔分数[396]。

纤维素衍生物已被用作手性固定相，用于分离对映体混合物；三苯甲酸纤维素[397-398] 和三氨基甲酸酯[399-400] 已经作为 CSPs 在商业上使用。为了制备改进性能的新衍生物，扩大其适用性，这方面的工作持续进行。以 4,4′-二苯基甲烷二异氰酸酯为间隔物，制备了与 3-氨基丙基硅胶化学键合的直链淀粉和纤维素-3，5-二甲基苯基氨基甲酸酯衍生物，在 HPLC 中作为 CSP 评估了它们的效率。如图 5.75 所示，碳水化合物 AGU 在 6 位或为 2，3 位处连接。作为 CSP 进行外消旋

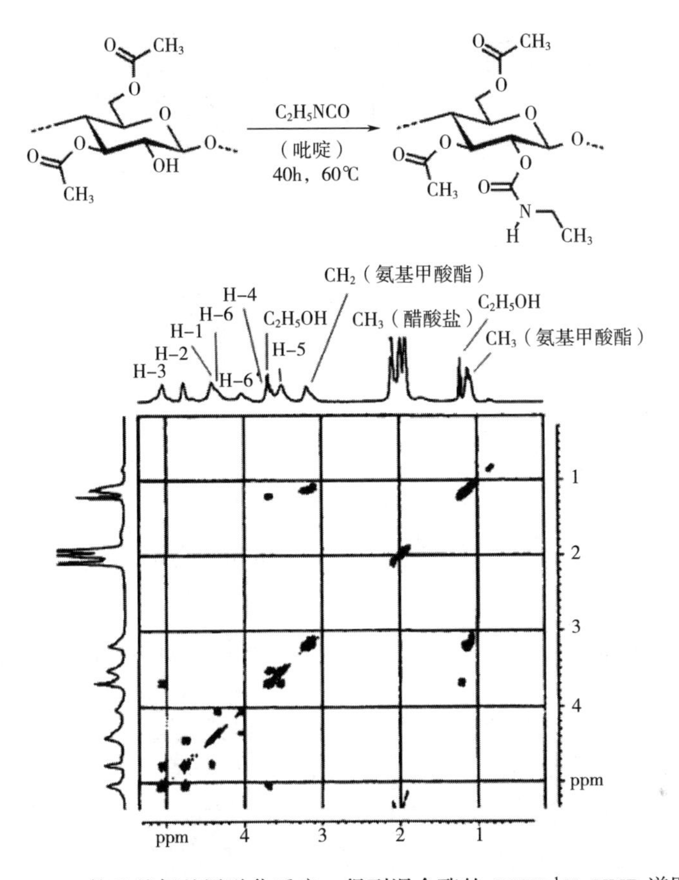

图5.74　CA的乙基氨基甲酰化反应，得到混合酯的COSY ^{1}H-NMR谱图[396]

体分离测试，如图5.76所示。

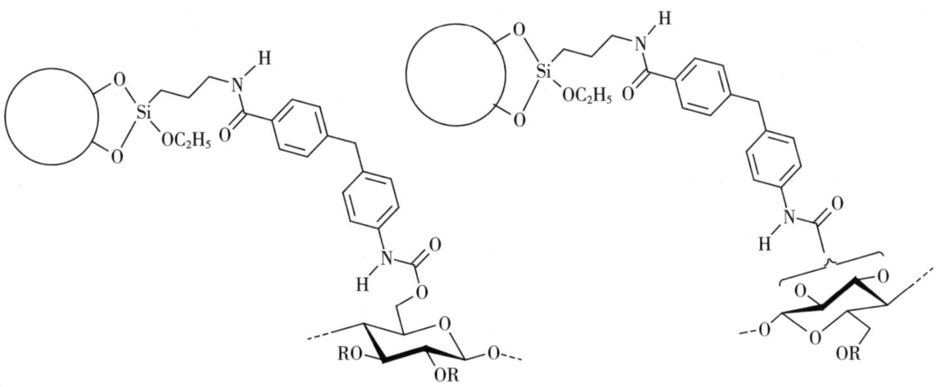

图5.75　直链淀粉氨基甲酸酯与二氧化硅表面区域选择性键合［AGU的6位（上）和2，3位（下）］

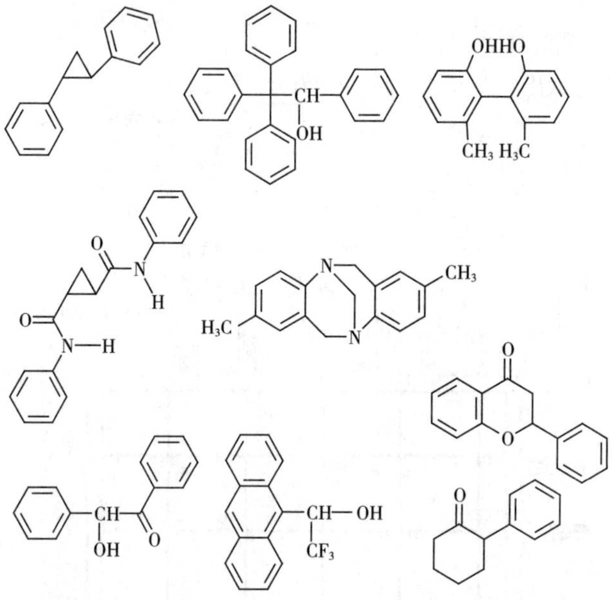

图 5.76　在直链淀粉和纤维素 CSPs 衍生物上测试分离的外消旋体的分子结构[401]

在 6 位键合到硅胶上的直链淀粉衍生物显示出比在 2，3 位键合的直链糖衍生物更高的光学分辨率。纤维素 CSP 没有显示与衍生 AGU 连接位置的依赖性。这些 CSP 可与溶解或溶胀 CC 的溶剂（如 $CHCl_3$）一起使用。事实上，流动相含有氯仿时，可更好地分离一些外消旋体[401]。后来，采用了几种策略将纤维素-3，5-二甲基苯基氨基甲酸酯衍生物固定在二氧化硅上：氨基甲酸酯通过部分官能化纤维素（2 和 3 位的 3，5-二甲基苯基氨基甲酸酯）与 4-乙烯基苯基氨基甲酸盐或 2-甲基丙烯酰氧基乙基氨基甲酸酯的反应在 6 位含有乙烯基；通过与 2-甲基丙烯酰氧基乙基异氰酸酯反应，将乙烯基引入硅胶表面。在少量苯乙烯的存在下，通过自由基共聚固定 CSP。硅胶或纤维素衍生物表面的乙烯基单体含量不同。为了进行比较，硅胶样品简单地涂上 3，5-二甲基苯基氨基甲酸酯。对这些 CSP 进行了分离（图 5.73）相同外消旋体的测试。在二氧化硅表面引入乙烯基导致纤维素苯基氨基甲酸酯衍生物的更有效的固定化。这些固定化的 CSP 可以与含有 10%氯仿的洗脱液一起使用，该溶剂不能与通过将 3，5-二甲基苯基氨基甲酸酯简单吸附到硅胶表面上制备的 CSP 一起使用[402]。通过 3-氨基丙基三乙氧基硅烷连接剂将携带 α-氨基酸部分的 CSP 固定在大孔硅胶表面。发现含有 L-亮氨酸的 CSP 的手性识别能力高于具有 L-苯丙氨酸和 L-天冬氨酸部分的纤维素氨基甲酸酯[387]。如上所述，三苯甲酸纤维素和三氨基甲酸酯已经用作 CSP。因此，已经合成了含有两个基团的纤维素衍生物，以评估两个官能团的组合（如果存在）对外消旋体分离效率的影响，如图 5.77 所示。在这些衍生物中，2,3-双-O-（3，5-二甲基苯基氨基甲酸酯）-6-邻苯甲酸酯纤维素和2,3-二-*O*-（苯甲酸酯）-6-*O*-（3，5-二氯苯基氨基甲酸）纤维素显示出测试外消旋体的最佳分离。

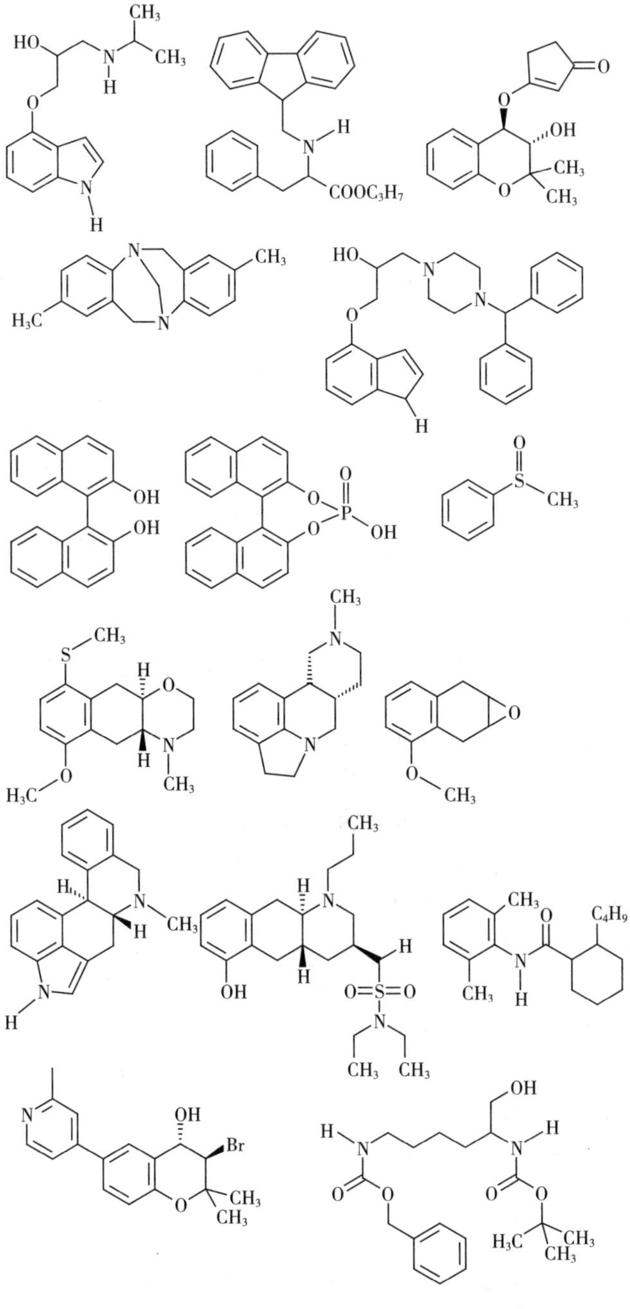

图5.77 区域选择性取代纤维素酯/氨基甲酸酯分离的外消旋体[403]

·氨基甲酸酯纤维素纤维纺丝工艺

制造纤维素纤维的黏胶工艺有超过 100 年的历史，依然是当前主要的再生纤维素纤维的制造工艺。该工艺有如下缺点：纺丝液的制备耗费人力，用于碱纤维素黄原酸酯所使用的 CS_2 有毒、易燃。另外，CS_2 转化成 H_2S，后者有毒、易爆炸[404]。黏胶人造丝中残留硫酸盐（8mg/100g 复丝）的存在限制了它在某些领域的应用[405]。因此，人们一直努力探索用更环保的替代方案来替代黏胶工艺；使用 NMMO 物理溶解纤维素的 Lyocell 工艺已投入商业运营约 25 年[406]。图 5. 78 为用于再生纤维素纤维的衍生化、非衍生化的工艺流程图[407]。

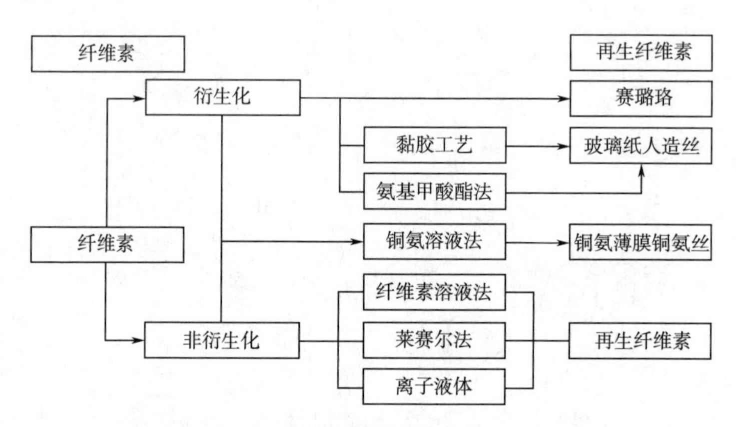

图 5. 78　衍生化或非衍生化纤维素成型的工艺流程图

其中，所谓的 CarbaCell 工艺越来越重要，其通过水解 CC 得到再生纤维素。获得专利的 CarbaCell 技术首先将高反应性溶解纸浆（*DP* 约 300）于室温在尿素水溶液（40%，质量分数）中溶胀数小时。将包埋尿素的物质过滤、干燥，并以空气或二甲苯为传热/传质液体在 140～150℃ 下加热 1～2h。生成的淡黄色 CC 的 $DS_{氨基甲酸酯}$ 为 0. 25～0. 3，用水提取并溶解在 10%～11%（质量分数）NaOH/ZnO 溶液中。在酸性浴中湿纺之前，纺丝溶液经过滤和脱气，以水解氨基甲酸酯基团，即用于纤维素纤维再生[408-410]。上述处理过程中纤维素结构变化在 ^{13}C-CP/MAS NMR 谱图中清晰可见（图 5. 79）。

图 5. 80 为中试规模的工艺流程图，通过 MW 加热（如在 450W 下加热 12min）快速完成嵌入尿素的纤维素的碳化反应，并将 CC 溶解在 NaOH/ZnO[411]。ZnO 的加入提高 CC 在碱性溶液中的溶解性和稳定性。图 5. 81 为中试试验机上从氨基甲酸纤维素获得的纤维素纤维的照片[412]。

如图 5. 78 所示，CarbaCell 工艺步骤和黏胶工艺相似。除了使用环保型尿素（与 CS_2 相比）外，CarbaCell 工艺的优势在于纤维素衍生物室温下相对稳定，可以在不损失质量的情况下储存一年以上。因此，氨基甲酸纤维素的合成可以在中央设

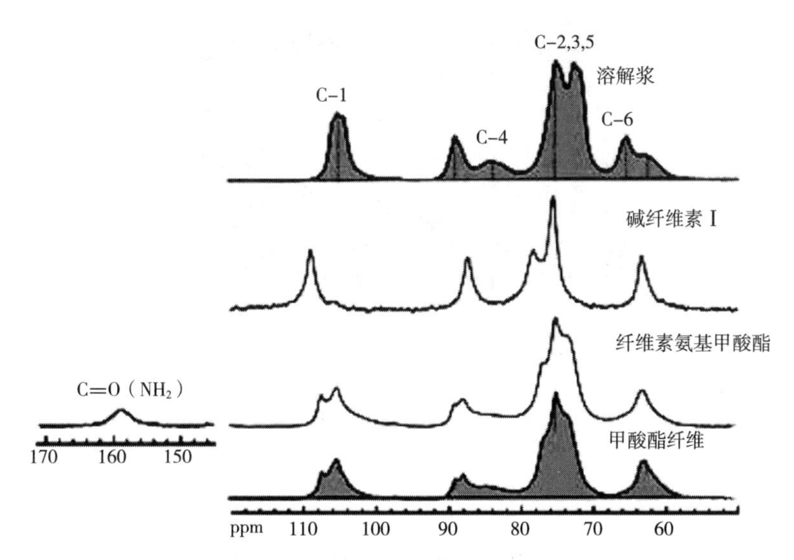

图 5.79　^{13}C-CP/MAS NMR 波谱显示的水解氨基甲酸酯过程中纤维素的结构变化[404]

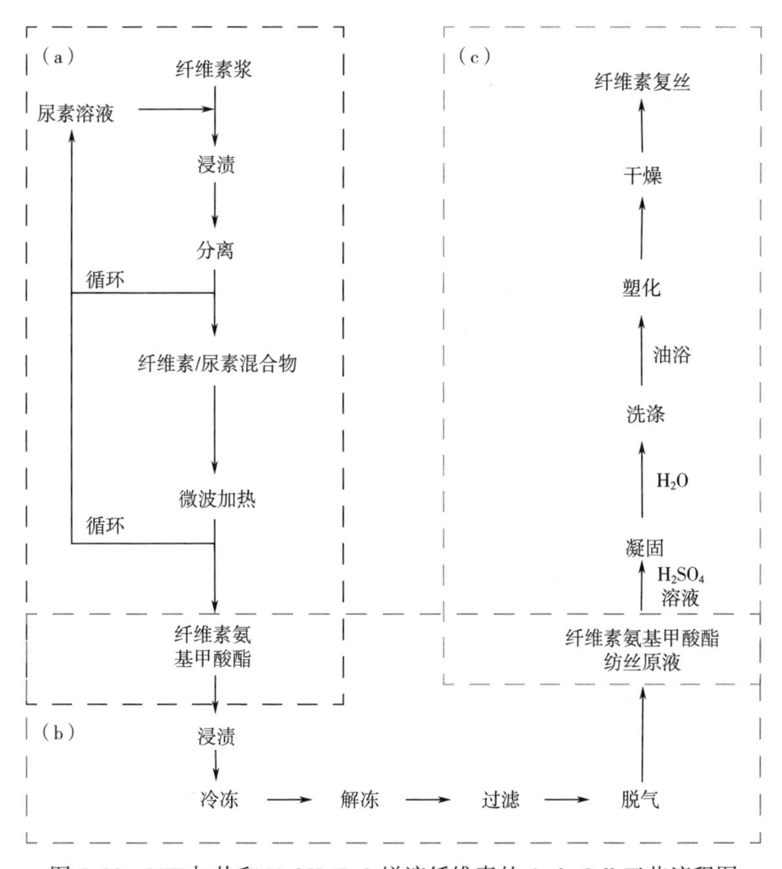

图 5.80　MW 加热和 NaOH/ZnO 增溶纤维素的 CarbaCell 工艺流程图

图 5.81　纤维素纤维工厂中试生产的氨基甲酸纤维素[412]

施中大规模进行，而纤维纺丝可以分散在不同的较小工厂中。工业试验表明，氨基甲酸纤维素可以在黏胶纺丝机上方便地加工[404]。这些优势可能会在不久的将来将 CarbaCell 工艺从试点转变为工业生产（表 5.26）。

表 5.26　纤维素氨基甲酸酯的合成

序号	纤维素种类	衍生化试剂	反应相/溶剂/加热（常规、MW）	产物 N% 或 $DS_{氨基甲酸酯}$	参考文献
1	棉短绒（*DP* 900）	尿素	固体/常规/140℃	*N%* 1.3~1.8	[369]
2	棉短绒（*DP* 550）	尿素	固体/MW/255W，5min	*N%* 0.65~2.43	[371]
3	洋麻芯纤维素（*DP* 3416）	尿素	液体/MW/380W，10~30min	*N%* 0.3~5.7	[378]
4	MCC	异氰酸苯酯	液体/LiCl-DMAc-吡啶/室温，12h	*DS* 2.6	[386]
5	棉短绒（*DP* 565）	异氰酸苯酯，1-异氰酸丁酯	液体/DMAc/二（1-丁基）二月桂酸锡	*DS* 1.3~3.0	[390]

参考文献

1. Malm CJ, Tanghe LJ (1955) Chemical reactions in the making of cellulose acetate. Ind Eng Chem 47:995-999
2. Bogan RT, Brewer RJ (1985) Cellulose esters, organic. In: Kroschwitz JI, Bickford M, Klingsberg A, Muldoon J, Salvatore A (eds) Encyclopedia of polymer science and engineering. Wiley, NY, pp 158-181
3. Treece LC, Johnson GI (1993) Cellulose acetate. Chem Ind 49:241-256
4. Heinze T, Liebert T (2012) Cellulose and polyoses/hemicelluloses. In: Matyjaszewski K, Moeller M (eds) Polymer science: a comprehensive reference, vol 10. Elsevier,

Amsterdam, pp 83-152

5. Iwata T, Fukushima A, Okamura K, Azuma JI (1997) DSC study on regioselectively substituted cellulose heteroesters. J Appl Polym Sci 65:1511-1515
6. Mueller F (1985) Organic cellulose esters. Papier (Bingen, Germany) 39:591-600
7. Nawaz H, Casarano R, El Seoud OA (2012) First report on the kinetics of the uncatalyzed esteriication of cellulose under homogeneous reaction conditions: a rationale for the effect of carboxylic acid anhydride chain-length on the degree of biopolymer substitution. Cellulose 19:199-207
8. Kwatra HS, Caruthers JM, Tao BY (1992) Synthesis of long chain fatty acids esteriied onto cellulose via the vacuum - acid chloride process. Ind Eng Chem Res 31: 2647-2651
9. Edgar KJ, Pecorini TJ, Glasser WG (1998) Long-chain cellulose esters: preparation, properties, and perspective. In: Heinze TJ, Glasser WG (eds) Cellulose derivatives: modiication, characterization, and nanostructures. ACS, Washington, pp 38-60
10. Hoefle G, Steglich W, Vorbrueggen H (1978) New synthetic methods. 25. 4-dialkylaminopyridines as acylation catalysts. 4. Puridine syntheses. 1. 4-dialkylaminopuridines as highly active acylation catalysts. Angew Chem 90:602-615
11. Malm CJ, Mench JW, Kendall DL, Hiatt GD (1951) Aliphatic acid esters of cellulose. Preparation by acid chloride-pyridine procedure. Ind Eng Chem (Seoul) 43: 684-688
12. Heinze T, Liebert T, Koschella A (2006) Esteriication of polysaccharides. Springer, Table 4.6, p 50
13. Riemschneider R, Sickfeld J (1964) Cellulose esters. Monatsh Chem 95:194-202
14. Novac LJ, Tyree JT (1956) Water-resistant textiles. US 2734005, CAN 50:46838
15. Morooka T, Norimoto M, Yamada T, Shiraishi N (1984) Dielectric properties of cellulose acylates. J Appl Polym Sci 29:3981-3990
16. Heinze T, Liebert T, Koschella A (2006) Esteriication of polysaccharides. Springer, Fig. 5.12, p 73
17. Nehls I, Wagenknecht W, Philipp B, Stscherbina D (1994) Characterization of cellulose and cellulose derivatives in solution by high resolution carbon-13 NMR spectrometry. Prog Polym Sci 19:29-78
18. Hasegawa M, Isogai A, Onabe F, Usuda M (1992) Dissolving states of cellulose and chitosan in trifluoroacetic acid. J Appl Polym Sci 45:1857-1863
19. Emel'yanov YG, Grinshpan DD, Kaputskii FN (1988) Homogeneous synthesis of cellulose esters in nonaqueous cellulose solutions. 3. Low-substituted cellulose triflu-

oroacetate acylation in trifluoroacetic acid and dimethylformamide. Koksnes Kim 1: 23-28

20. Fujimoto T, Takahashi S, Tsuji M, Miyamoto T, Inagaki H (1986) Reaction of cellulose with formic acid and stability of cellulose formate. J Polym Sci C: Polym Lett 24:495-501
21. Philipp B, Wagenknecht W, Nehls I, Ludwig J, Schnabelrauch M, Kim HR, Klemm D (1990) Comparison of cellulose formate and cellulose acetate under homogeneous reaction conditions. Cellul Chem Technol 24:667-678
22. Schnabelrauch M, Vogt S, Klemm D, Nehls I, Philipp B (1992) Readily hydrolyzable cellulose esters as intermediates for the regioselective derivatization of cellulose. 1. Synthesis and characterization of soluble, low-substituted cellulose formats. Angew Makromol Chem 198:155-164
23. Liebert T, Klemm D, Heinze T (1996) Synthesis and carboxymethylation of organo-soluble trifluoroacetates and formates of cellulose. J Macromol Sci, Pure Appl Chem A33:613-626
24. Shigemasa Y, Kishimoto Y, Sashiwa H, Saimoto H (1990) Dissolution of cellulose in dimethyl sulfoxide. Effect of thiamine hydrochloride. Polym J 22:1101-1103
25. Masson JF, Manley RSJ (1991) Cellulose/poly(4-vinylpyridine) blends. Macromolecules 24:5914-5921
26. Masson JF, Manley RSJ (1991) Miscible blends of cellulose and poly(vinylpyrrolidone). Macromolecules 24:6670-6679
27. Clermont LP, Manery N (1974) Modiied cellulose acetate prepared from acetic anhydride reacted with cellulose dissolved in a chloral-dimethylformamide mixture. J Appl Polym Sci 18:2773-2784
28. Arai K, Ogiwara Y (1980) Homogeneous butyration of cellulose dissolved in dimethyl sulfoxide-formaldehyde system. Sen'i Gakkaishi 36:T82-T84
29. Morooka T, Norimoto M, Yamada T, Shiraishi N (1982) Viscoelastic properties of (cellulose oligo-oxymethylene ether) acrylates. J Appl Polym Sci 27:4409-4419
30. Miyagi Y, Shiraishi N, Yokota T, Yamashita S, Hayashi Y (1983) Preparation and thermal properties of acetates derived from cellulose dissolved in DMSO-PF. J Wood Chem Technol 3:59-78
31. Seymour RB, Johnson EL (1978) Acetylation of DMSO:PF solutions of cellulose. J Polym Sci Polym Chem Ed 16:1-11
32. Leoni R, Baldini A (1982) The acetylation of cellulose in the dimethylacetamide-paraformaldehyde system. Carbohydr Polym 2:298-301

33. Saikia CN, Dutta NN, Borah M (1993) Thermal behavior of some homogeneously esteriied products of high a-cellulose pulps of fast growing plant species. Thermochim Acta 219:191-203
34. Mansson P, Westfelt L (1980) Homogeneous acetylation of cellulose via the nitrite ester. Cellul Chem Technol 14:13-17
35. Shimizu Y, Nakayama A, Hayashi J (1993) Preparation of cellulose esters with aromatic carboxylic acids. Sen'i Gakkaishi 49:352-356
36. Wagenknecht W, Nehls I, Philipp B (1993) Studies on the regioselectivity of cellulose sulfation in a nitrogen oxide (N2O4)-N, N-dimethylformamide-cellulose system. Carbohydr Res 240:245-252
37. Liebert T (1995) Cellulose esters as hydrolytically instable intermediates and pH-sensitive carriers. PhD Thesis, University of Jena, Germany
38. Stein A, Klemm D (1988) Syntheses of cellulose derivatives via O-triorganosilyl celluloses. 1. Effective synthesis of organic cellulose esters by acylation of trimethylsilyl celluloses. Makromol Chem, Rapid Commun 9:569-573
39. Saric SP, Schoield RK (1946) The dissociation constants of the carboxyl and hydroxyl groups in some insoluble and sol-forming polysaccharides. Proc R Soc London Ser A 185:431-447
40. Thomas R (1970) New process for the partial esteriication of cellulose with carboxylic acids under practice conditions. Textilveredlung 5:361-368
41. Husemann E, Siefert E (1969) N-Ethylpyridinium chloride as solvent and reaction medium for cellulose. Makromol Chem 128:288-291
42. Wu J, Zhang J, Zhang H, He J, Ren Q, Guo M (2004) Homogeneous acetylation of cellulose in a new ionic liquid. Biomacromol 5:266-268
43. Klohr EA, Koch W, Klemm D, Dicke R (2000) Manufacture of regioselectively substituted esters of oligo-and polysaccharides. DE 19951734, CAN 133:224521
44. Ibrahim AA, Nada AMA, Hagemann U, El Seoud OA (1996) Preparation of dissolving pulp from sugarcane bagasse, and its acetylation under homogeneous solution condition. Holzforschung 50:221-225
45. Heinze T, Liebert T, Pfeiffer KS, Hussain MA (2003) Unconventional cellulose esters: synthesis, characterization and structure-property relations. Cellulose 10: 283-296
46. Takaragi A, Minoda M, Miyamoto T, Liu HQ, Zhang LN (1999) Reaction characteristics of cellulose in the lithium chloride/1,3-dimethyl-2-imidazolidinone solvent system. Cellulose 6:93-102

47. Heinze T, Dicke R, Koschella A, Kull AH, Klohr E-A, Koch W (2000) Effective Preparation of cellulose derivatives in a new simple cellulose solvent. Macromol Chem Phys 201:627-631
48. Ciacco GT, Liebert TF, Frollini E, Heinze TJ (2003) Application of the solvent dimethyl sulfoxide/tetrabutylammonium fluoride trihydrate as reaction medium for the homogeneous acylation of Sisal cellulose. Cellulose 10:125-132
49. El Seoud OA, Nawaz H, Arêas EPG (2013) Chemistry and applications of polysaccharide solutions in strong electrolytes/dipolar aprotic solvents: An overview. Molecules 18:1270-1313
50. Heinze T, Petzold K (2008) Cellulose Chemistry: Novel products and synthesis paths. In Belgacem MN, Gandini A (eds) Monomers, polymers and composites from renewable resources, Elsevier, pp 343-367
51. Gericke M, Fardim P, Heinze T (2012) Ionic liquids-promising but challenging solvents for homogeneous derivatization of cellulose. Molecules 17:7458-7502
52. McCormick CL, Dawsey TR (1990) Preparation of cellulose derivatives via ring-opening reactions with cyclic reagents in lithium chloride/N, N-dimethylacetamide. Macromolecules 23:3606-3610
53. McCormick CL, Lichatowich DK (1979) Homogeneous solution reactions of cellulose, chitin, and other polysaccharides to produce controlled-activity pesticide systems. J Polym Sci Polym Lett Ed 17:479-484
54. Vaca-Garcia C, Thiebaud S, Borredon ME, Gozzelino G (1998) Cellulose esteriication with fatty acids in lithium chloride/N, N-dimethylacetamide medium. J Am Oil Chem Soc 75:315-319
55. Vaca-Garcia C, Borredon ME (1999) Solvent-free fatty acylation of cellulose and lignocellulosic wastes. Part 2: reactions with fatty acids. Bioresour Technol 70:135-142
56. Peydecastaing J, Vaca-Garcia C, Borredon E (2009) Consecutive reactions in an oleic acid and acetic anhydride reaction medium. Eur J Lipid Sci Technol 111:723-729
57. Ciacco GT, Morgado DL, Frollini E, Possidonio S, El Seoud OA (2010) Some aspects of acetylation of untreated and mercerized sisal cellulose. J Braz Chem Soc 21:71-77
58. Heinze T, Liebert T, Koschella A (2006) Esteriication of polysaccharides. Springer, Figure 5. 14, p 77
59. Heinze T, Liebert T (2001) Unconventional methods in cellulose functionalization.

Prog Polym Sci 26:1689-1762

60. Sealey JE, Samaranayake G, Todd JG, Glasser WG (1996) Novel cellulose derivatives. IV. Preparation and thermal analysis of waxy esters of cellulose. J Polym Sci, Part B: Polym Phys 34:1613-1620
61. Gräbner D, Liebert T, Heinze T (2002) Synthesis of novel adamantoyl cellulose using differently activated carboxylic acid derivatives. Cellulose 9:193-201
62. Tosh B, Saikia CN, Dass NN (2000) Homogeneous esteriication of cellulose in the lithium chloride-N, N-dimethylacetamide solvent system: effect of temperature and catalyst. Carbohydr Res 327:345-352
63. Nawaz H, Pires PAR, El Seoud OA (2012) Kinetics and mechanism of imidazole-catalyzed acylation of cellulose in LiCl/N, N-dimethylacetamide. Carbohydr Polym 92:997-1005
64. Nagel MCV, Heinze T (2010) Esteriication of cellulose with acyl-1H-benzotriazole. Polym Bull 65:873-881
65. Hasani MM, Westman G (2007) New coupling reagents for homogeneous esteriication of cellulose. Cellulose 14:347-356
66. Heinze T, Sarbova V, Nagel MCV (2012) Simple synthesis of mixed cellulose acylate phosphonates applying n-propyl phosphonic acid anhydride. Cellulose 19:523-531
67. Berger W, Keck M, Philipp B (1988) On the mechanism of cellulose dissolution in nonaqueous solvents, especially in O-basic systems. Cellul Chem Technol 22:387-397
68. Yang K, Wang Y-J (2003) Lipase-catalyzed cellulose acetylation in aqueous and organic media. Biotechnol Prog 19:1664-1671
69. Sharma RK, Fry JL (1983) Instability of anhydrous tetra-n-alkylammonium fluorides. J Org Chem 48:2112-2114
70. Sun H, DiMagno SG (2005) Anhydrous tetrabutylammonium fluoride. J Am Chem Soc 127:2050-2051
71. Casarano R, Nawaz H, Possidonio S, da Silva VC, El Seoud OA (2011) A convenient solvent system for cellulose dissolution and derivatization: mechanistic aspects of the acylation of the biopolymer in tetraallylammonium fluoride/dimethyl sulfoxide. Carbohydr Polym 86:1395-1402
72. Xu D, Edgar KJ (2012) TBAF and cellulose esters: unexpected deacylation with unexpected regioselectivity. Biomacromol 13:299-303
73. Casarano R, Pires PAR, El Seoud OA (2014) Acylation of cellulose in a novel sol-

vent system: solution of dibenzyldimethylammonium fluoride in DMSO. Carbohydr Polym 101:444-450

74. Buchanan CM, Buchanan NL (2008) Reformation of ionic liquids in cellulose esteriication. WO 2008100569 A1 20080821, CAN149:269762
75. Buchanan CM, Buchanan NL (2008) Process and apparatus for production of ionic liquids in cellulose esteriication. WO 2008100577 A1 20080821, CAN149:269760
76. Cao Y, Wu J, Meng T, Zhang J, He J, Li H, Zhang Y (2007) Acetone-soluble cellulose acetates prepared by one-step homogeneous acetylation of cornhusk cellulose in an ionic liquid 1-allyl-3-methylimidazolium chloride (AmimCl). Carbohydr Polym 69:665-672
77. Barthel S, Heinze T (2006) Acylation and carbanilation of cellulose in ionic liquids. Green Chem 8:301-306
78. Schlufter K, Schmauder H-P, Dorn S, Heinze T (2006) Eficient homogeneous chemical modiication of bacterial cellulose in the ionic liquid 1-N-butyl-3-methylimidazolium chloride. Macromol Rapid Commun 27:1670-1676
79. Fidale LC, Possidonio S, El Seoud OA (2009) (1-butyl) imidazolium chloride in the synthesis of cellulose esters: properties of the ionic liquid, and comparison with other solvents. Macromol Biosci 9:813-821
80. Possidonio S, Fidale LC, El Seoud OA (2010) Microwave-assisted derivatization of cellulose in an ionic liquid: an eficient, expedient synthesis of simple and mixed carboxylic esters. J Polym Sci, Part A: Polym Chem 48:134-143
81. Dorn S, Schöbitz M, Schlufter K, Heinze Z (2010) Novel cellulose products prepared by homogeneous functionalization of cellulose in ionic liquids. ACS Symp Ser 1033:275-285
82. Heinze T, Dorn S, Schöbitz M, Liebert T, Köhler S, Meister F (2008) Interactions of Ionic Liquids with Polysaccharides—2: cellulose. Macromol Symp 262:8-22
83. Luan Y, Zhang J, Zhan M, Wu J, Zhang J, He J (2013) Highly eficient propionylation and butyralation of cellulose in an ionic liquid catalyzed by 4-dimethylminopyridine. Carbohydr Polym 2:307-311
84. El Seoud OA, da Silva VC, Possidonio S, Casarano R, Arêas EPG, Gimenes P (2011) Microwave-assisted derivatization of cellulose: 2—the surprising effect of the structure of ionic liquids on the dissolution and acylation of the biopolymer. Macromol Chem Phys 212:2541-2550
85. Li WY, Jin AX, Liu CF, Sun RC, Zhang AP, Kennedy JF (2009) Homogeneous modiication of cellulose with succinic anhydride in ionic liquid using 4-dimethylamin-

opyridine as a catalyst. Carbohydr Polym 78:389-395
86. Liu CF, Zhang AP, Li WY, Yue FX, Sun RC (2009) Homogeneous modiication of cellulose in ionic liquid with succinic anhydride using N-bromosuccinimide as a catalyst. J Agric Food Chem 57:1814-1820
87. Liu CF, Zhang AP, Li WY, Yue FX, Sun RC (2010) Succinoylation of cellulose catalyzed with iodine in ionic liquid. Ind Crops Prod 31:363-369
88. Liu CF, Sun RC, Zhang AP, Ren JL (2007) Preparation of sugarcane bagasse cellulosic phthalate using an ionic liquid as reaction medium. Carbohydr Polym 68:17-25
89. Granström M, Kavakka J, King A, Majoinen J, Mäkelä V, Helaja J, Hietala S, Virtanen T, Maunu S-L, Argyropoulos D, Kilpeläinen I (2008) Tosylation and acylation of cellulose in 1-allyl-3-methylimidazolium chloride. Cellulose 15:481-488
90. Sui X, Yuan J, Zhou M, Zhang J, Yang H, Yuan W, Wei Y, Pan C (2008) Synthesis of cellulose-graft-poly (N, N-dimethylamino-2-ethyl methacrylate) copolymers via homoge-neous ATRP and their aggregates in aqueous media. Biomacromol 9:2615-2620
91. MengT, Gao X, Zhang J, Yuan J, Zhang Y, He J (2009) Graft copolymers prepared by atom transfer radical polymerization (ATRP) from cellulose. Polymer 50: 447-454
92. Xin T-T, Yuan T, Xiao S, He J (2011) Synthesis of cellulose-graft-poly(methyl methacrylate) via homogeneous ATRP. BioResources 6:2941-2953
93. Lin C-X, Zhan H-Y, Liu M-H, Fu S-Y, Zhang J-J (2009) Preparation of cellulose graft poly (methyl methacrylate) copolymersby atom transfer radical polymerization in an ionic liquid. Carbohydr Polym 78:432-438
94. Zhang J, Wu J, Cao Y, Sang S, Zhang J, He J (2009) Synthesis of cellulose benzoates under homogeneous conditions in an ionic liquid. Cellulose 16:299-308
95. Mäki-Arvela P, Anugwom I, Virtanen P, Sjöholm R, Mikkola JP (2010) Dissolution of lignocellulosic materials and its constituents using ionic liquids—a review. Ind Crops Prod 32:175-201
96. Zhang ZB, McCormick CL (1997) Structopendant unsaturated cellulose esters via acylation in homogeneous lithium chloride/N, N-dimethylacetamide solutions. J Appl Polym Sci 66:293-305
97. Köhler S, Heinze T (2007) New solvents for cellulose: dimethyl sulfoxide/ammonium fluorides. Macromol Biosci 7:307-314
98. El Seoud OA, Marson GA, Ciacco GT, Frollini E (2000) An eficient, one-pot acylation of cellulose under homogeneous reaction conditions. Macromol Chem Phys 201:

882-889

99. Abbott AP, Bell TJ, Handa S, Stoddart B (2005) O-Acetylation of cellulose and monosaccharides using a zinc based ionic liquid. Green Chem 7:705-707

100. Guo Y, Wang X, Li D, Du H, Wang X, Sun R (2012) Synthesis and characterization of hydrophobic long-chain fatty acylated cellulose and its self-assembled nanoparticles. Polym Bull 69:389-403

101. Xie H, King A, Kilpelainen I, Granstrom M, Argyropoulos DS (2007) Thorough chemical modiication of wood-based lignocellulosic materials in ionic liquids. Biomacromol 8:3740-3748

102. Xu D, Li B, Tate C, Edgar KJ (2011) Studies on regioselective acylation of cellulose with bulky acid chlorides. Cellulose 18:405-419

103. Mayumi A, Kitaoka T, Wariishi H (2006) Partial substitution of cellulose by ring-opening esteriication of cyclic esters in a homogeneous system. J Appl Polym Sci 102:4358-4364

104. Zarth CSP, Koschella A, Pfeifer A, Dorn S, Heinze T (2011) Synthesis and characterization of novel amino cellulose esters. Cellulose 18:1315-1325

105. Edgar KJ, Arnold KM, Blount WW, Lawniczak JE, Lowman DW (1995) Synthesis and properties of cellulose acetoacetates. Macromolecules 28:4122-4128

106. Yoshida Y, Isogai A (2005) Preparation and characterization of cellulose β-ketoesters prepared by homogeneous reaction with alkylketene dimers: comparison with cellulose/fatty acid esters. Cellulose 14:481-488

107. Singh G, Kumar A (2008) Ionic liquids: physicochemical, solvent properties and their applications in chemical processes. Indian J Chem Sect A Inorg Bioinorg Phys Theor Anal Chem 47A:495-503

108. Henniges U, Schiehser S, Rosenau T, Potthast A (2010) Cellulose solubility: dissolution and analysis of "problematic" cellulose pulps in the solvent system DMAc/LiCl. ACS Symp Ser 1033:165-177

109. Nagel MCV, Heinze T (2012) Study about the eficiency of esteriication of cellulose under homogeneous condition: dependence on the chain length and solvent. Lenzinger Ber 90:85-92

110. Nawaz H, Pires PAR, Bioni TA, Arêas EPG, El Seoud OA (2014) Mixed solvents for cellulose derivatization under homogeneous conditions: kinetic, spectroscopic, and theoret-ical studies on the acetylation of the biopolymer in binary mixtures of an ionic liquid and molecular solvents. Cellulose 21:1193-1204

111. Johnson DL (1969) Cyclic amine oxide as solvents for natural and synthetic poly-

mers. GB 1144048 19690305, CAN70:106537

112. Uschanov P, Johansson L-S, Maunu SL, Laine J (2011) Heterogeneous modiication of various celluloses with fatty acids. Cellulose 18:393-404
113. Ramos LA, Morgado DL, El Seoud OA, da Silva VC, Frollini E (2011) Acetylation of cellulose in LiCl-N, N-dimethylacetamide: irst report on the correlation between the reaction eficiency and the aggregation number of dissolved cellulose. Cellulose 18:385-392
114. Liu H, Sale KL, Holmes BM, Simmons BA, Singh S (2010) Understanding the interactions of cellulose with ionic liquids: a molecular dynamics study. J Phys Chem B 114:4293-4301
115. Medronho B, Romano A, Miguel MG, Stigsson L, Lindman B (2012) Rationalizing cellulose (in)solubility: reviewing basic physicochemical aspects and role of hydrophobic interactions. Cellulose 19:581-587
116. Hess K, Trogus C (1928) X-ray investigations on cellulose derivatives. Ⅲ. Reversible and irreversible lattice changes of cellulose triacetate. Z physik Chem B5: 161-176
117. Hess K, Trogus C (1930) Higher orientations of cellulose materials. Naturwissenschaften 18:437-441
118. Yin J, Xue C, Alfonso GC, Turturro A, Pedemonte E (1997) Study of the miscibility and thermodynamics of cellulose diacetate-poly(vinyl pyrrolidone) blends. Polymer 38:2127-2133
119. Buchanan CM, Hyatt JA, Kelley SS, Little JL (1990) α-D-cellooligosaccharide acetates: physical and spectroscopic characterization and evaluation as models for cellulose triacetate. Macromolecules 23:3747-3755
120. Buchanan CM, Gedon SC, White AW, Wood MD (1993) Cellulose acetate propionate and poly(tetramethylene glutarate) blends. Macromolecules 26:2963-2967
121. Buchanan CM, Gedon SC, White AW, Wood MD (1992) Cellulose acetate butyrate and poly(hydroxybutyrate-co-valerate) copolymer blends. Macromolecules 25: 7373-7381
122. Serad GA (1990) Cellulose esters, organic ibers. In: Kroschwitz JI (ed) Polymers: ibers and textiles. A compendium, Wiley, pp 55-81
123. Sheppard SE, Newsome PT (1935) Some properties of cellulose esters of homologous fatty acids. J Phys Chem 39:143-152
124. Patel DL, Gilbert RD (1983) Mesomorphic solutions of cellulose triacetate in trifluoroacetic acid halogenated solvent mixtures: phase separations and factors affecting

the cholesteric pitch. J Polm Sci Polym Phys Ed 21:1079-1090

125. Aharoni SM (1980) Rigid backbone polymers. XIII. Effects of the nature of the solvent on the lyotropic mesomorphicity of cellulose acetate. Mol Cryst Liq Cryst 56: 237-241
126. Miyamoto T, Sato Y, Shibata T, Tanahashi M, Inagaki H (1985) Carbon-13 NMR spectral studies on the distribution of substituents in water-soluble cellulose acetate. J Polym Sci Polym Chem Ed 23:1373-1381
127. Deus C, Friebolin H, Siefert E (1991) Partially acetylated cellulose. Synthesis and determination of the substituent distribution via proton NMR spectroscopy. Makromol Chem 192:75-83
128. Fischer S, Thuemmler K, Volkert B, Hettrich K, Schmidt I, Fischer K (2008) Properties and applications of cellulose acetate. Macromol Symp 262:89-96
129. Philipp B, Klemm D, Wagenknecht W, Wagenknecht M, Nehls I, Stein A, Heinze T, Heinze U, Helbig K, Camacho J (1995) Regioselective esteriication and etheriication of cellulose and cellulose derivatives. Part 1. Problems and description of the reaction systems. Papier (Darmstadt) 49:3-7
130. Rustemeyer P (2004) CA ilter Tow for cigarette ilters. Macromol Symp 208: 267-291
131. Carollo P, Grospietro B (2004) Plastic materials. Macromol Symp 208:335-351
132. Ahuja N, Bhandari A (2012) Review on development of HPMCP based aqueous enteric coating polymer. Int J Res Pharm Chem 2:570-574
133. Edgar KJ, Buchanan CM, Debenham JS, Rundquist PA, Seiler BD, Shelton MC, Tindall D (2001) Advances in cellulose ester performance and application. Prog Polym Sci 26:1605-1688
134. Petzold-Welcke K, Michaelis N, Heinze T (2009) Unconventional cellulose products through nucleophilic displacement reactions. Macromol Symp 280:72-85
135. Honeyman J (1947) Reactions of cellulose I. J Chem Soc 168-173
136. McCormick CL, Callais PA (1987) Derivatization of cellulose in lithium chloride and N, N-dimethylacetamide solutions. Polymer 28:2317-2323
137. McCormick CL, Dawsey TR, Newman JK (1990) Competitive formation of cellulose *p*-toluenesulfonate and chlorodeoxycellulose during homogeneous reation of *p*-toluenesulfonyl chloride with cellulose in N,N-dimethylacetamide-lithium chloride. Carbohydr Res 208:183-191
138. Rahn K, Diamantoglou M, Klemm D, Berghmans H, Heinze T (1996) Homogeneous synthesis of cellulose p-toluenesulfonates in N, N-dimethylacetamide/LiCl sol-

vent system. Angew Makromol Chem 238:143–163

139. Köhler S, Liebert T, Schöbitz M, Schaller J, Meister F, Günther W, Heinze T (2007) Interactions –of ionic liquids with polysaccharides 1. unexpected acetylation of cellulose with 1–ethyl–3–methylimidazolium acetate. Macromol Rapid Commun 28:2311–2317
140. Gericke M, Schaller J, Liebert T, Fardim P, Meister F, Heinze T (2012) Studies on the tosylation of cellulose in mixtures of ionic liquids and a co–solvent. Carbohydr Polym 89:526–536
141. Elchinger P–H, Faugeras P–A, Zerrouki C, Montplaisir D, Brouillette F, Zerrouki R (2012) Tosylcellulose synthesis in aqueous medium. Green Chem 14:3126–3131
142. Schmidt S, Liebert T, Heinze T (2014) Synthesis of soluble cellulose tosylates in an eco–friendly medium. Green Chem 16:1941–1946
143. Heinze T, Rahn K, Jaspers M, Berghmans H (1996) p–Toluenesulfonyl esters in cellulose modiications: acylation of remaining hydroxyl groups. Macromol Chem Phys 197:4207–4224
144. Tiller J, Berlin P, Klemm D (2000) Novel matrices for biosensor applications by structural design of redox–chromogenic aminocellulose esters. J Appl Polym Sci 75: 904–915
145. Heinze T, Rahn K (1997) Cellulose p–toluenesulfonates: a valuable intermediate in cellulose chemistry. Macromol Symp 120:103–113
146. Heinze T, Rahn K (1996) The irst report on a convenient synthesis of novel reactive amphiphilic polysaccharides. Macromol Rapid Commun 17:675–681
147. Mais U, Knaus S, Binder WH, Gruber H (2000) Functionalization of cellulose. Lenzinger Ber 79:71–76
148. Gordon IM, Maskill H, Ruasse MF (1989) Sulfonyl transfer reactions. Chem Soc Rev 18:123–151
149. Knaus S, Mais U, Binder WH (2003) Synthesis, characterization and properties of methylaminocellulose. Cellulose 10:139–150
150. Liu C, Baumann H (2002) Exclusive and complete introduction of amino groups and their N–sulfo and N–carboxymethyl groups into the 6–position of cellulose without the use of protecting groups. Carbohydr Res 337:1297–1307
151. Lewis WG, Green LG, Grynszpan F, Radic Z, Carlier PR, Taylor P, Finn MG, Sharpless KB (2002) Click chemistry In situ: Acetylcholinesterase as a reaction vessel for the selective assembly of a femtomolar inhibitor from an array of building blocks. Angew Chem Int Ed 41:1053–1057

152. Heinze T, Genco T, Petzold-Welcke K, Wondraczek H (2012) Synthesis and characteri-zation of aminocellulose sulfates as novel ampholytic polymers. Cellulose 19:1305-1313
153. Faugers P-A, Brouilette F, Zerrouki R (2012) Crosslinked cellulose developed by CuAAC, a route to new materials. Carbohydr Res 356:247-251
154. Pohl M, Heinze T (2008) Novel biopolymer structures synthesized by dendronization of 6-deoxy-6-aminopropargyl Cellulose. Macromol Rapid Commun 29: 1739-1745
155. Heinze T, Koschella A, Magdaleno-Maiza L, Ulrich AS (2001) Nucleophilic displacement reactions on tosyl cellulose by chiral amines. Polym Bull 46:7-13
156. Berlin P, Klemm D, Tiller J, Rieseler R (2000) A novel soluble aminocellulose derivative type: its transparent ilm-forming properties and itseficient coupling with enzyme proteins for biosensors. Macromol Chem Phys 201:2070-2082
157. Heinze T, Siebert M, Berlin P, Koschella A (2016) Biofunctional materials based on amino cellulose derivatives a nanobiotechnological concept. Macromol Biosci 16: 10-42
158. Tiller J, Berlin P, Klemm D (1999) Soluble and ilm-forming cellulose derivatives with redox-chromogenic and enzyme-immobilizing 1,4-phenylenediamine groups. Macromol Chem Phys 200:1-9
159. Berlin P, Rieseler R, Tiller J, Klemm D (1998) Cellulose-based supramolecular recognition structures. Papier (Heidelberg) 52:737-742
160. Tiller J, Klemm D, Berlin P (2001) Designed aliphatic aminocellulose derivatives as transparent and functionalized coatings for enzyme immobilization. Des Monomers Polym 4:315-328
161. Nikolajski M (2014) Multifunktionale Nanopartikel aus 6-Desoxy-6-ω-aminoalkyl-aminocellulosen. PhD Thesis, Friedrich Schiller University Jena
162. Jung A, Berlin P (2005) New water-soluble and film-forming aminocellulose tosylates as enzyme support matrices with Cu^{2+}-chelating properties. Cellulose 12: 67-84
163. Miethe P, Scholz F, Heinze T, Berlin P, Pietraszczyk M (2011) Immunoiltration assays based on aminocellulose modiied sintered polyethylene. Abstr Pap Am Chem Soc CELL-4
164. Heinze T, Nikolajski M, Daus S, Besong TMD, Michaelis N, Berlin P, Morris GA, Rowe AJ, Harding SE (2011) Protein-like oligomerisation of carbohydrates. Angew Chem Int Ed 50:8602-8604

165. Ferrone FA, Hofrichter J, Eaton WA (1985) Kinetics of sickle hemoglobin polymerization. II. A double nucleation mechanism. J Mol Biol 183:611-631
166. Teif VB, Bohinc K (2011) Condensed DNA: condensing the concepts. Prog Biophys Mol Biol 105:208-222
167. Nikolajski M, Adams GG, Gillis RB, Besong DTabot Rowe AJ, Heinze T, Harding SE (2014) Protein-like fully reversible tetramerisation and super-association of an aminocel-lulose. Sci Rep 4:3861/1-3861/5
168. Berlin P, Klemm D, Jung A, Liebegott H, Rieseler R, Tiller J (2003) Film-forming aminocellulose derivatives as enzyme-compatible support matrices for biosensor developments. Cellulose 10:343-367
169. Jung A, Berlin P, Wolters B (2004) Biomolecule-compatible support structures for biomolecule coupling to physical measuring principle surfaces. IEE Proc Nanobiotechnol 151:87-94
170. Jung A, Wolters B, Berlin P (2007) (Bio)functional surface structural design of substrate materials based on self-assembled monolayers from aminocellulose derivatives and amino (organo)polysiloxanes. Thin Solid Films 515:6867-6877
171. Nikolajski M, Wotschadlo J, Clement JH, Heinze T (2012) Amino-functionalized cellulose nanoparticles: preparation, characterization, and interactions with living cells. Macromol Biosci 12:920-925
172. Fidale LC, Nikolajski M, Rudolph T, Dutz S, Schacher FH, Heinze T (2013) Hybrid Fe3O4@ amino cellulose nanoparticles in organic media—heterogeneous ligands for atom transfer radical polymerizations. J Colloid Interface Sci 390:25-33
173. Braconnot H (1833) Ueber einige Eigenschaften der Salpetersäure. Ann Pharm (Lemgo, Ger.) 1:242-245
174. Schönbein CF (1847) Philos Mag 31:7
175. Hyatt JW, Hyatt IS (1870) Improvement in treating and molding pyroxyline. US 105388 A CAN0:127772
176. Fengl R (1993) Cellulose esters (inorganic). In: Kroschwitz JI, Howe-Grant M (eds) Kirk-Othmer encyclopedia of chemical technology, vol 5. Wiley, New York, Chichester, Brisbane, Toronto, Singapore
177. Thinius K, Thuemmler W (1966) Analytical chemistry of plastics. XXX. Polymer-like conversion of cellulose to cellulose nitrate. Makromol Chem 99:117-125
178. Miles FD (1955) Cellulose nitrate, the physical chemistry of nitrocellulose, its formation and use. Oliver and Boyd, London
179. Short RD, Munro HS (1989) Nitration of cellulose by nitronium ion salt. Polym

Commun 30:366-368

180. Short RD, Munro HS (1990) Some conclusions drawn from a study of cellulose nitration in technical mixed acids by x-ray photoelectron spectroscopy [XPS] and carbon-13 nuclear magnetic resonance [NMR]. In Kennedy JF, Phillips GO, Williams PA (eds) Cellul Sour Exploit 263-268
181. Clermont LP, Bender F (1972) Water-soluble cellulose derivatives prepared by the action of solutions of nitrogen dioxide in dimethylformamide. J Polym Sci Part A-1 Polym Chem 10:1669-1677
182. Schweiger RG (1974) Anhydrous solvent systems for cellulose processing. Tappi 57:86-90
183. Balser K, Hoppe L, Eichler T, Wandel M, Astheimer H-J (1986) Cellulose esters. In Gerhartz W, Yamamoto YS, Campbell FT, Pfefferkorn R, Rounsaville JF (eds) Ulmann's encyclopedia of industrial chemistry, VCH Weinheim, A5, pp 419-459
184. Urbanski T, Zyszczynski S (1965) Structure of cellulose-Nitric acid Knecht compounds. I. Spectroscopic examination. Bull Acad Pol Sci Ser Sci Chim 13:377-382
185. Gert EV (1997) Labile products of interaction of cellulose with nitrogen oxide compounds. Russ Chem Rev 66:73-92
186. Klemm D, Philipp P, Heinze T, Heinze U, Wagenknecht W (1998) Comprehensive cellulose chemistry. Wiley, pp 101-114
187. Philipp B (1958) Effect of cellulosic materials on the rate of cellulose nitrate formation. Faserforsch Textiltech 9:520-526
188. Munro HS, Short RD (1990) A study of the low temperature nitration of cellulose in mixed acids. J Appl Polym Sci 39:539-551
189. Wu TK (1980) Carbon-13 and proton magnetic resonance studies of cellulose nitrates. Macromolecules 13:74-79
190. Alexander WJ, Mitchell RL (1949) Rapid measurement of cellulose viscosity by the nitration methods. Anal Chem 21:1497-1500
191. Bennett CF, Timell TE (1955) Preparation of cellulose trinitrate. Sven Papperstidn 58:281-286
192. Kassenbeck P (1983) Faktoren, die das Nitrierverhalten von Baumwoll-Linters und Holzzellstoffen beschreiben. Report 3/83, ICT-Fraunhofer-Institut für Treib- und Explosivstoffe, Pinztal-Berghausen
193. Green JW (1963) Nitration with mixtures of nitric and sulfuric acids. In: Whistler RL (ed) Methods in carbohydrate chemistry, vol Ⅲ. Academic Press, New York,

p 213

194. Khrapkovskii GM, Shamsutdinov TF, Chachkov DV, Shamov AG (2004) Energy of the O-NO2 bond dissociation and the mechanism of the gas-phase monomolecular decomposition of aliphatic alcohol nitroesters. J Mol Struct Theochem 686:185-192
195. Short RD, Munro HS, Matthews R, Pritchard T (1989) Carbon-13 NMR study of cellulose nitrates: a comparison between nitration in nitric acid-dichloromethane mixes and technical mixed acids. Polym Comm 30:217-220
196. Bansal P, Hall M, Realff MJ, Lee JH, Bommarius AS (2010) Multivariate statistical analysis of X-ray data from cellulose: A new method to determine degree of crystallinity and predict hydrolysis rates. Bio-resour Technol 101:4461-4471
197. Touey GP (1956) Cellulose phosphates. US 2759924 19560821, CAN51:3440
198. Nuessle AC, Ford FM, Hall WP, Lippert AL (1956) Some aspects of the cellulose phosphate-urea reaction. Text Res J 26:32-39
199. Granja PL, Pouysegu L, Petraud M, De Jeso B, Baquey C, Barbosa MA (2001) Cellulose phosphates as biomaterials. I. Synthesis and characterization of highly phosphorylated cellulose gels. J Appl Polym Sci 82:3341-3353
200. Wanrosli WD, Rohaizu R, Ghazali A (2011) Synthesis and characterization of cellulose phosphate from oil palm empty fruit bunches microcrystalline cellulose. Carbohydr Polym 84:262-267
201. Wanrosli WD, Zainuddin Z, Ong P, Rohaizu R (2013) Optimization of cellulose phosphate synthesis from oil palm lignocellulosics using wavelet neural networks. Ind Crops Prod 50:611-617
202. Nehls I, Loth F (1991) Carbon-13 NMR spectroscopic investigations on phosphorylation of cellulose products in the system orthophosphoric acid/urea. Acta Polym 42:233-235
203. Pan Z-W, Shang Y-L, Li J-R, Gao S, Shang Y-L, Huang R-L, Wang J, Zhang S-H, Zhang Y-J (2006) A new class of electrorheological material: synthesis and electrorheological performance of rare earth complexes of phosphate cellulose. J Mater Sci 41:355-362
204. Kaputskii FN, Yurkshtovich NK, Yurkshtovich TL, Golub NV, Kosterova RI (2007) Preparation and physicochemical and mechanical properties of low-substituted cellulose phosphate ibers. Russ J Appl Chem 80:1135-1139
205. Yurkshtovich NK, Yurkshtovich TL, Kaputskii FN, Golub NV, Kosterova RI (2007) Esteriication of viscose ibers with orthophosphoric acid and study of their physicochemical properties. Fibre Chem 39:31-36

206. Rungrodnimitchai S (2014) Rapid preparation of biosorbents with high ion exchange capacity from rice straw and bagasse for removal of heavy metals. Sci World J 634837/1-634837/10
207. Vigo TL, Collins AM, Welch CM (1973) Flame-retardant cotton fabrics by reaction of cellulose with phosphorus trichloride-DMF [N, N-dimethylformamide] adduct. J Appl Polym Sci 17:571-584
208. Wagenknecht W, Philipp B, Schleicher H (1979) The esteriication and dissolution of cellulose with sulfur and phospho-rous acid anhydrides and chlorides. Acta Polym 30:108-112
209. Zeronian SH, Adams S, Alger K, Lipska AE (1980) Phosphorylation of cellulose: effect of the reactivity of the starting polymer on the properties of the phosphorylated product. J Appl Polym Sci 25:519-528
210. Vigo TL, Welch CM (1974) Chlorination and phosphorylation of cotton cellulose by reaction with phosphoryl chloride in N, N-dimethylformamide. Carbohydr Polym 32:331-338
211. Kaur B, Gur IS, Bhatnagar HL (1987) Thermal degradation studies of cellulose phosphates and cellulose thiophosphates. Angew Makromolekul Chem 147:157-183
212. Vogt S, Klemm D, Heinze T (1996) Effective esteriication of carboxymethyl cellulose (CMC) in a new nonaqueous swelling system. Polym Bull 36:549-555
213. Philipp B, Wagenknecht W, Nehls I, Schnabelrauch M, Klemm D (1989) Synthesis of soluble cellulose phosphate and sulfate esters by homogeneous reaction in non-aqueous system. Papier (Bingen) 43:700-706
214. Philipp B, Klemm D, Wagenknecht W (1995) Regioselective esteriication and etheriication of cellulose and cellulose derivatives Part 2. Synthesis of regioselective cellulose esters. Papier (Bingen) 49:58-64
215. Xiao P, Zhang J, Feng Y, Wu J, He J, Zhang J (2014) Synthesis, characterization and properties of novel cellulose derivatives containing phosphorus: cellulose diphenyl phosphate and its mixed esters. Cellulose 21:2369-2378
216. Vo HT, Kim YJ, Jeon EH, Kim CS, Kim HS, Lee H (2012) Ionic-liquid-derived, water-soluble ionic cellulose. Chem Eur J 18:9019-9023
217. Whistler RL, Towle GA (1969) Preparation and characterization of polysaccharide phosphates. Arch Biochem Biophys 135:396-401
218. Wagenknecht W (1996) Regioselectively substituted cellulose derivatives by modiication of commercial cellulose acetates. Papier (Darmstadt) 50:712-720
219. Fricain JC, Granja PL, Barbosa MA, De Jéso B, Barthe N, Baquey C (2002) Cel-

lulose phosphates as biomaterials. In vivo biocompatibility studies. Biomaterials 23:971-980

220. GranjaPL, De Jéso Bernard, Bareille R, Rouais F, Baquey C, Barbosa MA (2006) Cellulose phosphates as biomaterials. In vitro biocompatibility studies. React Funct Polym 66:728-739
221. Ubaidullaev BKh, Kudratov AM, Salimov ZS (2004) Preparation and ion-exchange properties of P-containing cellulose derivatives from certain plant species. Chem Nat Compd 40:410-411
222. Li W, Zhao H, Teasdale PR, John R, Zhang S (2002) Application of a cellulose phosphate ion exchange membrane as a binding phase in the diffusive gradients in thin ilms technique for measurement of trace metals. Anal Chim Acta 464:331-339
223. Chauhan GS, Singh B, Kumar S (2005) Synthesis and characterization of N-vinyl pyrrolidone and cellulosics based functional graft copolymers for use as metal ions and iodine sorbents. J Appl Polym Sci 98:373-382
224. Chauhan GS, Guleria L, Sharma R (2005) Synthesis, characterization and metal ion sorption studies of graft copolymers of cellulose with glycidyl methacrylate and some comonomers. Cellulose 12:97-110
225. Klemm D, Phillip B, Heinze T, Heinze U, Wagenknecht W (1998) Comprehensive cellulose chemistry, vol 2. Wiley-VCH, Weinheim, pp 115-133
226. Heinze T, Daus S, Gericke M, Liebert T (2010) Semi-synthetic sulfated polysaccharides— promising materials for biomedical applications and supramolecular architecture. In: Tiwari A (ed) Polysaccharides: deveoplment, properties and applications. Nova Science, NY, pp 213-259
227. Philipp B, Wagenknecht W (1983) Cellulose sulfate half-ester. synthesis, structure, and properties. Cellul Chem Technol 17:443-459
228. Lukanoff B, Dautzenberg H (1994) Sodium cellulose sulfate as a component in the creation of microcapsules through forming polyelectrolyte. Part 1. Heterogeneous sulfation of cellulose by the use of sulfuric acid/propanol as reaction medium and sulfating agent. Papier (Darmstadt) 48:287-298
229. Schweiger RG (1972) Polysaccharide Sulfates. 1. Cellulose sulfate with a high degree of substitution. Carbohydr Res 21:219-228
230. Yamamoto I, Takayama K, Honma K, Gonda T, Matsuzaki K, Hatanaka K, Uryu T, Yoshida O, Nakashima H, Yamamoto N, Kaneko Y, Mimura T (1991) Synthesis, structure and antiviral activity of sulfates of cellulose and its branched derivatives. Carbohydr Polym 14:53-63

231. Vieira MC, Heinze T, Antonio-Cruz R, Mendoza-Martinez AM (2002) Cellulose derivatives from cellulosic material isolated from Agave lechuguilla and fourcroydes. Cellulose 9:203-212

232. Bhatt N, Gupta PK, Naithan S (2008) Preparation of cellulose sulfate from a-cellulose isolated from Lantana camara by the direct esteriication method. J Appl Polym Sci 108:2895-2901

233. Zhang K, Peschel D, Brendler E, Groth T, Fischer S (2009) Synthesis and bioactivity of cellulose derivatives. Macromol Symp 280:28-35

234. Saake B, Puls J, Wagenknecht W (2002) Endoglucanase fragmentation of cellulose sulfates derived from different synthesis concepts. Carbohydr Polym 48:7-14

235. Wagenknecht W, Philipp B, Keck M (1985) Acylation of cellulose dissolved in O-base solvent systems. Acta Polym 36:697-698

236. Wang Z-M, Li L, Xiao K-J, Wu J-Y (2009) Homogeneous sulfation of bagasse cellulose in an ionic liquid and anticoagulation activity. Bioresour Technol 100:1687-1690

237. Liebert T, Wotschadlo J, Gericke M, Köhler S, Laudeley P, Heinze T (2009) Modiication of cellulose in ionic liquids towards biomedical applications. ACS Symp Ser 1017:115-132

238. Gericke M (2011) Cellulose sulfates prepared in ionic liquids—from challenging synthesis to promising biomedical applications. Der Andere Verlag, Uelvesbüll, pp 22-29

239. Wagenknecht W, Nehls I, Koetz J, Philipp B, Ludwig J (1991) Sulfonation of partially substituted cellulose acetate under homogeneous reaction conditions. Cellul Chem Technol 25:343-354

240. Groth T, Wagenknecht W (2001) Anticoagulant potential of regioselective derivatized cellulose. Biomaterials 22:2719-2729

241. Hettrich K, Wagenknecht W, Volkert B, Fischer S (2008) New possibilities of the acetosulfation of cellulose. Macromol Symp 262:162-169

242. Zhang K, Brendler E, Geissler A, Fischer S (2011) Synthesis and spectroscopic analysis of cellulose sulfates with regulable total degrees of substitution and sulfation patterns via 13C NMR and FT Raman spectroscopy. Polymer 52:26-32

243. Vogt S, Heinze T, Roettig K, Klemm D (1995) Preparation of carboxymethylcellulose sulfate of high degree of substitution. Carbohydr Res 266:315-320

244. Heinze T (1998) New ionic polymers by cellulose functionalization. Macromol Chem Phys 199:2341-2364

245. Koehler S, Liebert T, Heinze T (2008) Interactions of ionic liquids with polysaccharides. VI. Pure cellulose nanoparticles from trimethylsilyl cellulose synthesized in ionic liquids. J Polym Sci, Part A: Polym Chem 46:4070-4080
246. Wagenknecht W, Nehls I, Stein A, Klemm D, Philipp B (1992) Synthesis and substituent distribution of sodium cellulose sulfates via trimethylsilyl cellulose as intermediate. Acta Polym 43:266-269
247. Richter A, Klemm D (2003) Regioselective sulfation of trimethylsilyl cellulose using different SO3-complexes. Cellulose 10:133-138
248. Schweiger RG (1979) New cellulose sulfate derivatives and applications. Carbohydr Res 70:185-198
249. Wang Z-M, Li L, Zheng BS, Normakhamatov N, Guo SY (2007) Preparation and anticoagulation activity of sodium cellulose sulfate. Int J Biol Macromol 41:376-382
250. Gericke M, Ales Doliska, Stana J, Liebert T, Heinze T, Stana-Kleinschek K (2011) Semi-synthetic polysaccharide sulfates as anticoagulant coating for PET, 1-cellulose sulfate. Macromol Biosci 11:549-556
251. Decher G (1997) Fuzzy nanoassemblies: toward layered polymeric multicomposites. Science 277:1232-1237
252. Dautzenberg H, Schuldt U, Grasnick G, Karle P, Mueller P, Löhr M, Pelegrin M, Piechaczyk M, Rombs KV, Günzburg WH, Salmons B, Saller RM (1999) Development of cellulose sulfate-based polyelectrolyte complex microcapsules for medical applications. Ann N Y Acad Sci 875:46-63
253. Koetse M, Laschewsky A, Jonas AM, Wagenknecht W (2002) Influence of charge density and distribution on the internal structure of electrostatically self-assembled polyelectrolyte ilms. Langmuir 18:1655-1660
254. Gericke M, Liebert T, Heinze T (2009) Polyelectrolyte synthesis and in situ complex formation in ionic liquids. J Am Chem Soc 131:13220-13221
255. de Vos P, Lazarjani HA, Poncelet D, Faas MM (2014) Polymers in cell encapsulation from an enveloped cell perspective. Adv Drug Delivery Rev 67-68:15-34
256. Löhr M, Müller P, Karle P, Stange J, Mitzner S, Jesnowski R, Nizze H, Nebe B, Liebe S, Salmons B, Günzburg WH (1998) Targeted chemotherapy by intratumor injection of encapsulated cells engineered to produce CYP2B1, an ifosfamide activating cytochrome P450. Gene Ther 5:1070-1078
257. Schaffellner S, Stadlbauer V, Stiegler P, Hauser O, Halwachs G, Lackner C, Iberer F, Tscheliessnigg KH (2005) Porcine islet cells microencapsulated in sodium cellulose sulfate. Transplant Proc 37:248-252

258. Mansfeld J, Förster M, Schellenberger A, Dautzenberg H (1991) Immobilization of invertase by encapsulation in polyelectrolyte complexes. Enzyme Microb Technol 13:240-244

259. Gemeiner P, Stefuca V, Bales V (1993) Biochemical engineering of biocatalysts immobilized on cellulosic materials. Enzyme Microb Technol 15:551-566

260. Vikartovska A, Bucko M, Mislovicova D, Paetoprsty V, Lacik I, Gemeiner P (2007) Improvement of the stability of glucose oxidase via encapsulation in sodium alginate-cellulose sulfate-poly(methylene-co-guanidine) capsules. Enzyme Microb Technol 41:748-755

261. Wu QX, Zhang QL, Lin DQ, Yao SJ (2013) Characterization of novel lactoferrin loaded capsules prepared with polyelectrolyte complexes. Int J Pharm 455:124-131

262. Nurdin N, CanapleL, Bartkowiak A, Desvergne B, Hunkeler D (2000) Capsule permeability via polymer and protein ingress/egress. J Appl Polym Sci 75: 1165-1175

263. Silva CM, Ribeiro AJ, Ferreira D, Veiga F (2006) Insulin encapsulation in reinforced alginate microspheres prepared by internal gelation. Eur J Pharm Sci 29: 148-159

264. Weber W, Rimann M, Schafroth T, Witschi U, Fussenegger M (2006) Design of high-throughput-compatible protocols for microencapsulation, cryopreservation and release of bovine spermatozoa. J Biotechnol 123:155-163

265. Mofakham H, Hezarkhani Z, Shaabani A (2012) Cellulose-SO_3H as a biodegradable solid acid catalyzed one-pot three-component Ugi reaction: Synthesis of a-amino amide, 3,4-dihydroquinoxalin-2-amine, 4H-benzo[b][1, 4]thiazin-2-amine and 1,6-dihydropyrazine-2,3-dicarbonitrile derivatives. J Mol Cat A: Chem 360:26-34

266. Shaabani A, Maleki A, Rad JM, Soleimani E (2007) Cellulose sulfuric acid catalyzed one-pot three-component synthesis of imidazoazines. Chem Pharm Bull 55: 957-958

267. Shaabani A, Maleki A (2007) Cellulose sulfuric acid as a bio-supported and recyclable solid acid catalyst for the one-pot three-component synthesis of a-aminonitriles. Appl Catal A 331:149-151

268. Shaabani A, Rezayan AH, Behnam M, Heidary M (2009) Green chemistry approaches for the synthesis of quinoxaline derivatives: comparison of ethano and water in the presence of the reusable catalyst cellulose sulfuric acid. C R Chim 12: 1249-1252

269. Reddy PN, Reddy YT, Reddy MN, Rajitha B, Crooks PA (2009) Cellulose sulfuric acid: an eficient biodegradable and recyclable solid acid catalyst for the one-pot synthesis of 3,4-dihydropyrimidine-2(1H)-ones. Synth Commun 39:1257-1263

270. Shelke KF, Sapkal SB, Kakade GK, Shingate BB, Shingare MS (2010) Cellulose sulfuric acid as a bio-supported and recyclable solid acid catalyst for the one-pot synthesis of 2,4,5-triarylimidazoles under microwave irradiation. Green Chem Lett Rev 3:27-32

271. Subba Reddy BV, Venkateswarlu A, Madan Ch, Vinu A (2011) Cellulose-SO3H: an eficient and biodegradable solid acid catalyst for the synthesis of quinazolin-4(1H)-ones. Tetrahedron Lett 52:1891-1894

272. Shaterian HR, Rigi F, Arman M (2012) Cellulose sulfuric acid: an eficient and recyclable solid acid catalyst for the protection of hydroxyl groups using HMDS under mild conditions. Chem Sci Trans 1:155-161

273. Alinezhad H, Haghighi AH, Salehian F (2010) A green method for the synthesis of bis-indolylmethanes and 3,3′-indolyloxindole derivatives using cellulose sulfuric acid under solvent-free conditions. Chin Chem Lett 21:183-186

274. Rahmatpour A (2011) Cellulose sulfuric acid as a bioderadable and recoverable solid acid catalyst for one pot synthesis of substituted pyrroles under solvent-free conditions at room temperature. React Funct Polym 71:80-83

275. Lehmann J, Redlich HG (1996) Kohlenhydrate: chemie und biologie, 2nd edn. Stuttgart and New York, Thieme

276. Majewicz TG (1981) Carboxymethyl cellulose with improved substituent uniformity using borax. US 4306061 A, CAN96:54146

277. Huybrechts S, Detemmerman A, De Pooter J, Blyweertt RE (1988) WO 8807059 A1, CAN110:2927

278. Bishop M, Shahid N, Yang J, Barron AR (2004) Determination of the mode and eficacy of the crosslinking of guar by borate using MAS 11B NMR of borate crosslinked guar in combination with solution 11B NMR of model systems. Dalton Trans 17:2621-2634

279. Norrild JC, Eggert H (1995) Evidence for mono-and bisdentate boronate complexes of glucose in the furanose form. Application of 1JC-C coupling constants as a structural probe. J Am Chem Soc 117:1479-1484

280. Bielecki M, Eggert H, Norrild JC (1999) A fluorescent glucose sensor binding covalently to all ive hydroxy groups of a-D-glucofuranose. A reinvestigation. J Chem Soc Perkin Trans 3:449-456

281. Ferrier RJ (1961) Interaction of phenylboronic acid with hexosides. J Chem Soc 2325–2330
282. Ferrier RJ (1978) Carbohydrate boronates. Adv Carbohydr Chem Biochem 35:31–80
283. Meiland M, Heinze T, Guenther W, Liebert T (2009) Seven–membered ring boronates at trans–diol moieties of carbohydrates. Tetrahedron Lett 50:469–472
284. Meiland M, Heinze T, Guenther W, Liebert T (2010) Studies on the boronation of methyl–β–D–cellobioside –a cellulose model. Carbohydr Res 345:257–263
285. Nicholls MP, Paul PKC (2004) Structures of carbohydrate–boronic acid complexes determined by NMR and molecular modeling in aqueous alkaline media. Org Biomol Chem 2:1434–1441
286. Ermolenko IN, Vorob'eva NK, Kofman AE, Zonov YuG (1071) Reaction of cellulose acetate with boric acid. Vestsi Akademii Navuk BSSR, Seryya Khimichnykh Navuk 6:59–62
287. Arthur JC, Bains MS (1974) Methyl cellulose–boron alkoxide compounds. US 3790562 A, CAN81:39285
288. Gertsev VV, Nesterenko LYa, Romanov YaA (1990) Boric cellulose, a modiied polymer having antiseptic, antifungal, and hemostatic properties. Khim–Farm Zh 24:36–38
289. Dahlhoff WV, Imre J, Köster R (1988) Poly(1,4–anhydro–D–glucitols) by regioselective reductions of amylose or cellulose. Macromolecules 21:3342–3343
290. Sato T, Tsujii Y, Fukuda T, Miyamoto T (1992) Reversible gelation of short–chain O–(2,3–dihydroxypropyl) cellulose/borax solutions. 1. A 11B–NMR study on polymer–ion interactions. Macromolecules 25:3890–3895
291. Arthur JC, Bains MS (1975) Carbohydrate–boron alkoxide compounds. US 3891621 (CAN83):114817
292. Ermolenko IN, Luneva NK (1977) New group of cellulose derivatives produced by the interaction of cellulose with inorganic poly acids. Cellul Chem Technol 11:647–653
293. Ermolenko IN, Luneva NK, Shukurov T, Abbosov B (1990) Spectroscopic control of boration of cotton ibers from wilted plants. Zh Prikl Spektrosk 53:812–815
294. Bailar JC, Emelius HJ, Nyholm R, Trotman–Dickenson AF (eds) (1973) Comprehensive Inorganic chemistry. Pergamon Press, Oxford
295. Olah GA, HeinerT, Rasul G, Prakash GKS (1998) 1H, 13C, 15N NMR and theoretical study of protonated carbamic acids and related compounds. J Org Chem 63:

7993–7998
296. Hage W, Hallbrucker A, Mayer E (1993) Carbonic acid: synthesis by protonation of bicarbonate and FTIR spectroscopic characterization via a new cryogenic technique. J Am Chem Soc 115:8427–8431
297. Rasul G, Reddy VP, Zdunek LZ, Prakash GKS, Olah GA (1993) Carbonic acid and Its mono-and diprotonation: 12. NMR, ab Initio, and IGLO investigation. J Am Chem Soc 115:2236–2238
298. Possidonio S, Siviero F, El Seoud OA (1999) Kinetics of the pH-independent hydrolysis of 4-nitrophenyl chloroformate in aqueous micellar solutions: Effects of the charge and structure of the surfactant. J Phys Org Chem 12:325–332
299. Aricò F, Tundo P (2010) Dimethyl carbonate as a modern green reagent and solvent. Russ Chem Rev 79:479–489
300. Doane WM, Shasha BS, Stout EI, Russell CR, Rist CE (1967) A facile route to trans cyclic carbonates of sugars. CarbohydrRes 4:445–451
301. Shasha BS, Doane WM, Russell CR, Rist CE (1967) Novel method for preparation os some sugar carbonates. Carbohydr Res 5:346–348
302. Litjens REJN, van den Bos LJ, Codée JDC, Overkleeft HS, van der Marel GA (2007) The use of cyclic bifunctional protecting groups in oligosaccharide synthesis—an overview. Carbohydr Res 342:419–429
303. Sanches Chaves M, Arranz F (1985) Water-insoluble dextrans by grafting 2: reaction of dextrans with n-alkyl chloroformates—chemical and enzymatic hydrolysis. Macromol Chem 186:17–29
304. Rudel M, Gabert A, Möbius G (1978) Carbonate group-containing crosslinked dextran as a support material for covalent immobilization of trypsin. Z Chem 18: 178–179
305. Wondraczek H, Elschner T, Heinze T (2011) Synthesis of highly functionalized dextran alkyl carbonates showing nanosphere formation. Carbohydr Polym 83:1112–1118
306. Kennedy JF, Rosevear A (1974) Improvement of enzyme immobilisation characteristics of macroporous cellulose trans-2,3-carbonate by preswelling in dimethyl-sulfoxide. J Chem Soc, Perkin Trans 1(1972–1999):757–762
307. Vandoorne F, Vercauteren R, Permentier D, Schacht E (1985) Reinvestigation of the 4-nitrophenyl chloroformate activation of dextran—evidence for the formation of different types of carbonate moieties. Makromol Chem 186:2455–2460
308. Barker SA, Tun HC, Doss SH, Gray CJ, Kennedy JF (1971) Preparation of cellu-

lose carbonate. Carbohydr Res 17:471-474

309. Oh SY, Yoo DI, Shin Y, Lee WS, Jo SM (2002) Preparation of regenerated cellulose iber via carbonation. I. Carbonation and dissolution in an aqueous NaOH solution. Fibers Polym 3:1-7
310. Oh SY, Yoo DI, Shin Y, Kim HY, Kim HC, Chung YS, Park WH, Youk JH (2005) Preparation of regenerated cellulose iber via carbonation (Ⅱ)—spinning and characteriza-tion. Fibers Polym 6:95-102
311. Fleischer M, Blattmann H, Mülhaupt R (2013) Glycerol-, pentaerythritol- and trimethylolpropane-based polyurethanes and their cellulose carbonate composites prepared via the non-isocyanate route with catalytic carbon dioxide ixation. Green Chem 15:934-942
312. Hayashi S (2002) Synthesis and properties of cellulose carbonate derivatives. Kobunshi Ronbunshu 59:1-7
313. Dang VA, Olofson RA (1990) Advantages of fluoroformates as carboalkoxylating reagents for polar reactants. J Org Chem 55:1851-1854
314. Elschner T, Ganske K, Heinze T (2013) Synthesis and aminolysis of polysaccharide carbonates. Cellulose 20:339-353
315. Elschner T, Wondraczek H, Heinze T (2013) Synthesis and detailed structure character-ization of dextran carbonate. Carbohydr Polym 93:216-223
316. Elschner T, Koetteritzsch M, Heinze T (2014) Synthesis of cellulose tricarbonate in 1-butyl-3-methylimidazolium chloride/pyridine. Macromol Biosci 14:161-165
317. Barker SA, Doss JH, Gray CJ, Kennedy JF, Stacey M, Yeo TH (1971) Beta-D-Glucosidase chemically bound to microcrystalline cellulose. Carbohydr Res 20:1-7
318. Kennedy JF, Zamir A (1973) Use of cellulose carbonate for insolubilization of enzymes. Carbohydr Res 29:497-501
319. Kennedy JF, Barker SA, Rosevear A (1973) Preparation of a water-insoluble trans-2,3-cyclic carbonate derivative of macroporous cellulose and its use as a matrix for enzyme immobilisation. J Chem Soc Perkin Trans 1 (1972-1999): 2293-2299
320. Kennedy JF, Tun HC (1973) Active insolubilized antibiotics based on cellulose and cellulose carbonate. Antimicrob Agents Chemother 3:575-579
321. Kennedy JF, Tun HC (1973) Reaction of cellulose carbonate with amino and mercapto compounds. Carbohydr Res 29:246-251
322. Kennedy JF, Tun HC (1973) Use of cellulose carbonate for preparation of immunosorbents. Radioimmunoassay of follicle-stimulating hormone. Carbohydr Res 30:

11-19
323. Kennedy JF, Keep PA, Catty D (1982) The use of cellulose carbonate-based immunoad-sorbents in the isolation of minor allotypic components of rabbit immunoglobulin populations. J Immunol Methods 50:57-75
324. Kennedy JF, Keep PA, Catty D (1976) Separation of rabbit allotypic B4 immunoglobulin from B4-negativ immunoglobulin by afinity chromatogaphy on immunoadsorbents prepared from cellulose trans-2,3-carbonate. Biochem Soc Trans 4:135-137
325. Kennedy JF, Catty D, Keep PA (1980) Production of immunoadsorbents based on cellulose carbonates and their application to the isolation of speciic immunoglobulin light chains. Int J Biol Macromol 2:137-142
326. Catty D, Kennedy JF, Drew RL, Tun HC (1973) Application of cellulose carbonate to preparation of water-insoluble immunoadsorbents used in puriication of antibodies to immunoglobulins. J Immunol Methods 2:353-369
327. Pourjavadi A, Seidi F, Afjeh SS, Nikoseresht N, Salimi H, Nemati N (2011) Synthesis of soluble N-functionalized polysaccharide derivatives using phenyl carbonate precursor and their application as catalysts. Starch/Staerke 63:820-820
328. Omae I (2012) Recent developments in carbon dioxide utilization for the production of organic chemicals. Coord Chem Rev 256:1384-1405
329. Barker SA, Kennedy JF, Gray CJ (1972) Cellulose carbonates. US 3705890 A 19721212, CAN78:59964
330. Yoo DI, Oh SY, Park KH, Oh YS, Park WH, Choi CN, Yang KS (2000) Regenerated cellulose ibers from cellulose carbonate derivatives and manufacture thereof WO 2000012790 A1 20000309, CAN132:181986
331. Bhasu VCJ, Sathyanarayana DN (1980) A PPP and CNDO study of dithiocarbonic anionic derivatives. Phosphorus Sulfur Relat Elem 8:171-175
332. Krebs B, Henkel G, Dinglinger HJ, Stehmeier G (1980) New determination of the crystal structure of trithiocarbonic acid $\alpha-H_2CS_3$ at 140 K. Z Kristallogr 153:285-296
333. Krebs B, Henkel G (1987) Sulfur-hydrogen-sulfur hydrogen bridges: the crystal structure of a new modiication of trithiocarbonic acid. Z Kristallogr 179:373-382
334. Neels J, Meisel M, Moll R (1984) Synthesis of carbonyl sulide from phosphorous sulide and urea. Z Chem 24:389-390
335. Erben MF, Boese R, Della Védova CO, Oberhammer H, Willner H (2006) Toward an intimate understanding of the structural properties and conformational preference

of oxoesters and thioesters: Gas and crystal structure and conformational analysis of dimethyl monothiocarbonate, $CH_3OC(O)SCH_3$. J Org Chem 71:616-622

336. Kalashnikov SM, Imashev UB (1996) Synthesis, reactions and characteristics of organic thiocarbonates. Bashk Khim Zh 3:50-59
337. Klemm D, Philipp B, Heinze T, Heinze U, Wagenknecht W (1998) Comprehensive cellulose chemistry, vol 2. Wiley, pp 145-161
338. Wilkes AG (2001) The viscose process. In: Woodings C (ed) Regenerated cellulose ibers. Woodhead Publishing Series in Textiles, Elsevier, New York, pp 37-61
339. Kipershlak EZ, Pakshver AB (1976) New trends in the study of viscose. (Review). Khim Volokna 5:42-48
340. Dautzenberg H, Philipp B (1971) Interaction of alkaline cellulose with carbon disulide. Khim Volokna 5:23-29
341. Kauffman GB (1993) Rayon: the irst semi-synthetic iber product. J Chem Educ 70:887-893
342. https://www.google.com.br/? gfe_rd=cr&ei=o6auVJ3IKoOX8QfTh4GwDw&gws_rd= ssl#q=LENZING+INVESTOR+PRESENTATION+%E2%80%93+INVESTOR+CONFERENCE+STEGERSBACH. Accessed 8 Jan 2015
343. Fock W (1959) A modiied method for determining the reactivity of viscose-grade dissolving pulps. Papier (Bingen, Germany) 13:92-95
344. Hall DS, Losee LA (1997) Carbon disulide incidents during viscose rayon processing. Process Saf Prog 16:251-254
345. Nevell TP (1985) Oxidation of cellulose. In Nevell TP, Zeronian SH (eds) Cellulose chemistry and its applications, Ellis Horwood Ltd., Chichester, UK, pp 243-265
346. Dunbrant S, Samuelson O (1965) Determination of primary and secondary xanthate groups in cellulose xanthate. J Appl Polym Sci 9:2489-2499
347. Fahmy YA, Fadl MH (1964) Emulsion xanthation of cellulose. I. Xanthation in the presence of sodium hydroxide and potassium hydroxide solutions. Sven Papperstidn 67:101-109
348. Fahmy YA, Fadl MH (1964) Emulsion xanthation of cellulose. Ⅱ. Aspects of the reaction mechanism and acceleration of cellulose emulsion xanthation by inclusion or occlusion with CS_2 in ibers. Sven Papperstidn 67:279-285
349. Abou-State MA, Abd El-Megeid FF, Michael MG (1984) Emulsion xanthation of cotton and bagasse celluloses in presence of sodium and potassium hydroxides. Angew Makromol Chem 127:59-66

350. Everett DH (1972) Manual of symbols for physicochemical quantities and units. Appendix II, deinitions, terminology and symbols in colloid and surface chemistry. Pure Appl Chem 31:577-638
351. Jayme G, Rosenstock KH (1957) Determination of the degree of polymerization (D. P.) of cellulose by the Jayme-Wellm emulsion xanthation technique. Papier (Bingen, Germany) 11:77-82
352. Lindström M, Ödberg L, Stenius P (1988) Resin and fatty acids in kraft pulp washing. Physical state, colloid stability and washability. Nord Pulp Pap Res J 3: 100-106
353. Claus W, Schmiedeknecht H (1966) Heterogeneous reaction between aqueous sodium hydroxide, carbon disulide, and cellulose. V. Influence of wetting agents on the xanthation in emulsion. Faserforsch Textiltech 17:571-576
354. Schwaighofer A, Zuckerstätter G, Schlagnitweit J, Sixta H, Müller N (2011) Determination of the xanthate group distribution on viscose by liquid-state 1H NMR spectroscopy. Anal Bioanal Chem 400:2449-2456
355. Lanieri DB, Olmos GV, Alberini IC, Maximino MG (2014) Rapid estimation of gamma number of viscose by UV spectroscopy. Papel 75:60-65
356. Koutu BB, Bhagwat VW (1999) Study of xanthate group distribution during ripening of viscose. Indian J Chem Technol 6:172-175
357. Bockno GC (1980) Viscose rayon and method of making same. US 4242405 A, CAN94:85590
358. Bockno GC (1981) Method of making viscose rayon. US 4388260 A
359. http://www.engr.utk.edu/mse/Textiles/Rayon%20ibers.htm. Accessed 10 Jan 2015
360. http://www.ibersource.com/f-tutor/rayon.htm. accessed. Accessed 10 Jan 2015
361. Strunk P, Lindberg Å, Eliasson B, Agnemo R (2012) Chemical changes of cellulose pulps in the processing of viscose dope. Cellul Chem Technol 46:559-569
362. Östberg L, Haakansson H, Germgaard U (2012) Some aspects of the reactivity of pulp intended for high-viscosity viscose. BioResources 7:743-755
363. Philipp B, Liu K-T (1959) On the group distribution in ibrous cellulose xanthate and viscoses. Faserforsch Textiltech 10:555-562
364. Cornell RH (1961) Uniformity of substitution during the emulsion xanthation of cellulose. J Appl Polym Sci 5:364-369
365. Khanna RK, Moore MH (1999) Carbamic acid: molecular structure and IR spectra. Spectrochim Acta, Part A 55A:961-967
366. Dijkstra ZJ, Doornbos AR, Weyten H, Ernsting JM, Elsevier CJ, Keurentjes JTF

(2007) Formation of carbamic acid in organic solvents and in supercritical carbon dioxide. J Supercrit Fluids 41:109–114

367. Sima T, Guo S, Shi F, Deng Y (2002) The syntheses of carbamates from reactions of primary and secondary aliphatic amines with dimethyl carbonate in ionic liquids. Tetrahedron Lett 43:8145–8147
368. Nozawa Y, Higashide F (1981) Partially carbamate reaction of cellulose with urea. J Appl Polym Sci 26:2103–2107
369. Nada AMA, Kamel S, El-Sakhawy M (2000) Thermal behavior and infrared spectroscopy of cellulose carbamates. Polym Degrad Stab 70:347–355
370. Chen G-M (2001) Study on nitrogen content of cellulose carbamates by Fourier transform infrared spectroscopy. Asian J Chem 13:93–98
371. Guo Y, Zhou J, Song Y, Zhang L (2009) An eficient and environmentally friendly method for the synthesis of cellulose carbamate by microwave heating. Macromol Rapid Commun 30:1504–1508
372. Guo Y, Zhou J, Wang Y, Zhang L, Lin X (2010) An eficient transformation of cellulose into cellulose carbamates assisted by microwave irradiation. Cellulose 17:1115–1125
373. Hearon WM, Hiatt GD, Fordyce CR (1943) Carbamates of cellulose and cellulose acetate. I. Preparation. J Am Chem Soc 65:829–833
374. Hall DM, Horne JR (1973) Preparation of cellulose triacetate and cellulose tricarbanilate by nondegradative methods. J Appl Polym Sci 17:3729–3734
375. Wood BF, Conner AH, Hill CG (1986) The effect of precipitation on the molecular weight distribution of cellulose tricarbanilate. J Appl Polym Sci 32:3703–3712
376. Terbojevich M, Cosani A, Camilot M, Focher B (1995) Solution studies of cellulose tricarbanilates obtained in homogeneous phase. J Appl Polym Sci 55:1663–1671
377. Evans R, Wearne RH, Wallis AFA (1989) Molecular weight distribution of cellulose as its tricarbanilate by high performance size exclusion chromatography. J Appl Polym Sci 37:3291–3303
378. Gan S, Zakaria S, Chia CH, Kaco H, Padzil FNM (2014) Synthesis of Kenaf cellulose carbamate using microwave irradiation for preparation of cellulose membrane. Carbohydr Polym 106:160–165
379. Valta K, Sivonen E (2005) Method for manufacturing cellulose carbamate. US 2005/0054848 A1
380. Valta K, Sivonen E (2010) Method for manufacturing cellulose carbamate, US 7,

662,953 B2

381. Kunze J, Fink H-P (2005) Structural changes and activation by caustic soda with urea. Macromol Symp 223:175-187
382. Yin C, Li J, Xu Q, Peng Q, Liu Y, Shen X (2007) Chemical modiication of cotton cellulose in supercritical carbon dioxide: synthesis and characterization of cellulose carbamate. Carbohydr Polym 67:147-154
383. Yin C, Shen X (2007) Synthesis of cellulose carbamate by supercritical CO_2-assisted impregnation: structure andrheological properties. Eur Polym J 43:2111-2116
384. Zhang Y, Yin C, Zhang Y, Wu H (2013) Synthesis and characterization of cellulose carbamate from wood pulp, assisted by supercritical carbon dioxide. BioResources 8:1398-1408
385. Hearon WM, Hiatt GD, Fordyce CR (1943) Carbamates of cellulose and cellulose acetates. II Stability towards hydrolysis. J Am Chem Soc 65:833-836
386. Williamson SL, McCormick CL (1998) Cellulose derivatives synthesized via isocyanate and activated ester pathways in homogeneous solutions of lithium chloride/N, N-dimethylacetamide. J Macromol Sci Part A Pure Appl Chem A35:1915-1927
387. Shen X, Sugie N, Duan Q, Kitajyo Y, Satoh T, Kakuchi T (2005) Synthesis and characterization of cellulose carbamateshaving a-amino acid moieties. Polym Bull 55:317-322
388. Wallis AFA, Wearne RH (1990) Side reactions of phenylisocyanate during amine-catalyzed carabanilation of cellulose. Eur Polym J 26:1217-1220
389. Evans R, Wearne RH, Wallis AFA (1991) Effect of amines on the carbanilation of cellulose with phenyl isocyanate. J Appl Polym Sci 42:813-820
390. Mormann W, Michel U (2002) Improved synthesis of cellulose carbamates without by-products. Carbohydr Polym 50:201-208
391. Labafzadeh SR, Kavakka JS, Vyavaharkar K, Sievänen K, Kilpeläinen I (2014) Preparation of cellulose and pulp carbamates through a reactive dissolution approach. RSC Adv 4:22434-22441
392. Henniges U, Kloser E, Patel A, Potthast A, Kosma P, Fischer M, Fischer K, Rosenau T (2007) Studies on DMSO-containing carbanilation mixtures: chemistry, oxidations and cellulose integrity. Cellulose 14:497-511
393. Burchard W, Husemann E (1961) A comparative structure analysis of cellulose and amylose tricarbanilates in solution. Makromol Chem 44-46:358-387
394. Saake B, Patt R, Puls J, Philipp B (1991) Molecular weight distribution of cellulose. Papier (Bingen, Germany) 45:727-735

395. Stol R, Pedersoli JL Jr, Poppe H, Kok WT (2002) Application of size exclusion electrochromatography to the microanalytical determination of the molecular mass distribution of celluloses from objects of cultural and historical value. Anal Chem 74:2314-2320
396. Liebert T, Pfeiffer K, Heinze T (2005) Carbamoylation applied for structure determination of cellulose derivatives. Macromol Symp 223:93-108
397. Okamoto Y, Aburatani R, Hatada K (1987) Chromatographic chiral resolution. XIV. Cellulose tribenzoate derivatives as chiral stationary phases for high-performance liquid chromatography. J Chromatogr 389:95-102
398. Francotte E, Wolf RM (1992) Chromatographic resolution on methylbenzoylcellulose beads. Modulation of the chiral recognition by variation of the position of the methyl group on the aromatic ring. J Chromatogr 595:63-75
399. Okamoto Y, Kawashima M, Hatada K (1986) Controlled chiral recognition of cellulose triphenylcarbamate derivatives supported on silica gel. Controlled chiral recognition of cellulose triphenylcarbamate derivatives supported on silica gel. J Chromatogr 363:173-186
400. Okamoto Y, Kaida Y (1990) Polysaccharide derivatives as chiral stationary phases in HPLC. J High Resolut Chromatogr 13:708-712
401. Yashima E, Fukaya H, Okamoto Y (1994) (3,5-Dimethylphenyl) carbamates of cellulose and amylose regioselectively bonded to silica gel as chiral stationary phases for high-performance liquid chromatography. J Chromatogr A 677:11-19
402. Kubota T, Yamamoto C, Okamoto Y (2003) Preparation of chiral stationary phase for HPLC based on immobilization of cellulose 3,5-dimethylphenylcarbamate derivatives on silica gel. Chirality 15:77-82
403. Acemoglu M, Küsters E, Baumann J, Hernandez I, Mak CP (1998) Synthesis of regioselectively substituted cellulose derivatives and applications in chiral chromatography. Chirality 10:294-306
404. Klemm D, Heublein B, Fink H-P, Bohn A (2005) Cellulose: Fascinating biopolymer and sustainable raw material. Angew Chem Int Ed 44:3358-3393
405. Cai J, Zhang L, Zhou J, Qi H, Chen H, Kondo T, Chen X, Chu B (2007) Multiilament ibers based on dissolution of cellulose in NaOH/urea aqueous solution: structure and properties. Adv Mater 19:821-825
406. Borbély É (2008) Lyocell, the new generation of regenerated cellulose. Acta Polytech Hung 5:11-18
407. Rose M, Palkovits R (2011) Cellulose-based sustainable polymers: state of the art

and future trends. Macromol Rapid Commun 32:1299–1311

408. Huttunen JI, Turunen O, Mandel L, Eklund V, Ekman K (1982) Alkali–soluble cellulose derivative. EP 57105 A2 19820804, CAN97:146443
409. Voges M, Brück M, Fink H–P, Gensrich J (2000) The CarbaCell process—an environmen–tally friendly alternative for cellulose man–made iber production. In: Proceedings of the Akzo–Nobel Cellulosic Man–made Fibre Seminar, Stenungsund, pp 13–15
410. Fink H–P, Gensrich J, Rihm R, Voges M, Brück M (2001) Structure and properties of CarbaCell–type cellulosic ibres. In: Proceedings of the 6th Asian Textile Conference, Hong Kong, 1–7
411. Fu F, Xu M, Wang H, Wang Y, Ge H, Zhou J (2015) Improved synthesis of cellulose carbamates with minimum urea based on an easy scale–up method. ACS Sustainable Chem Eng 3:1510–1517
412. Fu F, Yang Q, Zhou J, Hu H, Jia B, Zhang L (2014) Structure and properties of regenerated cellulose ilaments prepared from cellulose carbamate–NaOH/ZnO aqueous solution. ACS Sustainable Chem Eng 2:2604–2612

第6章　纤维素的醚化

纤维素醚在商业上已实现大规模生产，2006年全世界纤维素醚的消费量估计为637000t。表6.1列出了工业上重要的纤维素醚及其常用缩写。大多数纤维素醚无毒、无味、不可燃，很重要的一点是溶于水。这些特征决定了它们可用作溶液增稠剂、保护胶体、流量控制剂、水黏合剂、成膜剂、液晶或热塑性塑料。在众多工业领域得到应用，包括油漆、建筑材料、石油回收、陶瓷和纺织品，也被批准用于食品、化妆品和制药（见表6.1中的E编号以及表6.2和表6.3）。

表6.1　商业上重要的纤维素醚

纤维素醚	缩写	E编号[a]	纤维素醚	缩写	E编号[a]
离子型醚			混合醚		
羧甲基纤维素	CMC	466	羟乙基甲基纤维素	HEMC	
烷基醚			羟丙基甲基纤维素	HPMC	464
甲基纤维素	MC	461	羟丙基羟乙基纤维素	HPHEC	
乙基纤维素	EC	462	乙基羟乙基纤维素	EHEC	467
乙基甲基纤维素	EMC	465	羟丁基甲基纤维素	HBMC	
羟烷基纤维素			疏水改性羟乙基纤维素	HMHEC	
羟乙基纤维素	HEC		羧甲基羟乙基纤维素	CMHEC	
羟丙基纤维素	HPC	463			

a. E编号是欧洲食品安全局用于指定允许用作食品添加剂物质的代码。

表6.2　纤维素醚的典型应用领域

应用	纤维素醚						
	MC	MHEC	MHPC	EHEC	HEC	HPC	CMC
胶水		+	+	+			+
油漆、涂层		+	+	+	+		+
建筑材料		+	+	+	+		+

续表

应用	纤维素醚						
	MC	MHEC	MHPC	EHEC	HEC	HPC	CMC
陶瓷			+				+
石油生产、开采							+
膜	+				+	+	
纺织品	+		+				+
纸张		+	+		+		+
悬浮聚合			+		+	+	
电缆生产							+
农业	+				+		+
杂货店	+		+				+
烟草工业	+		+	+	+		+
制药工业	+		+	+		+	+
洗涤用品		+	+		+		+
化妆品							

表 6.3　纤维素醚的性能、作用和应用比较

应用	亲水性	溶解性	两亲性	缔合	离子
	溶胀，保水性	黏度，流动行为	表面活性，溶解行为	成膜，结合能力	形成复合物，盐不稳定性
胶水	+	+	+	+	+
油漆、涂料	+	+		+	
建筑材料	+	+	+	+	
陶瓷	+	+	+	+	
石油生产、开采	+	+	+	+	+
膜		+		+	
纺织品		+	+	+	
纸张		+	+	+	

续表

应用	亲水性	溶解性	两亲性	缔合	离子
	溶胀，保水性	黏度，流动行为	表面活性，溶解行为	成膜，结合能力	形成复合物，盐不稳定性
悬浮聚合			+		
电缆生产	+				
农业	+	+	+	+	+
杂货店	+	+	+		+
烟草工业			+	+	
制药工业	+	+	+	+	
洗涤用品			+		+
化妆品	+	+	+		+

后续将按照纤维素醚的化学结构讨论离子型烷基纤维素醚（图 6.1）、非离子型烷基纤维素醚和硅烷基纤维素醚。这些衍生物基本上是通过纤维素与醚化剂（如烷基/甲硅烷氯化物或溴化物、环氧乙烷、乙烯基化合物）在非均相或均相反应中获得的。

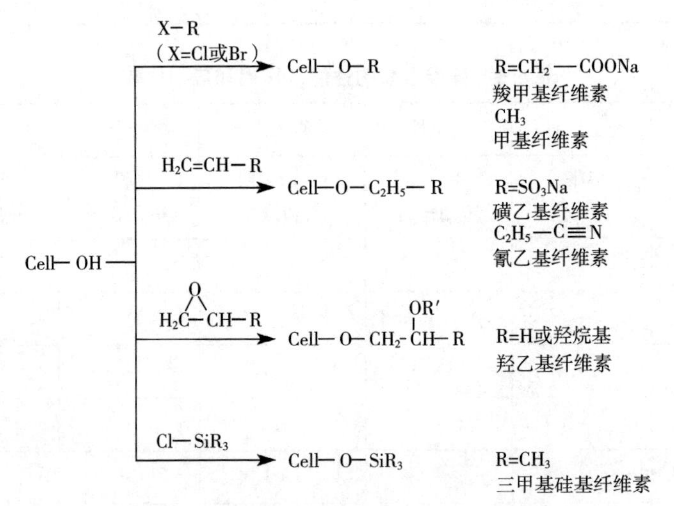

图 6.1　纤维素醚化常用路线和典型的纤维素醚

将纤维素或纤维素衍生物（如区域选择性地被保护基取代，见 4.4 节）溶解在有机溶剂中的均相过程已经用于实验室规模的制备，以获得在 AGU 内（区域选择性与随机性）和/或沿着聚合物链（非均匀性与统计取代）的总 *DS* 和官能团分布方面具有明确分子结构的纤维素醚。

在大规模生产中，纤维素醚仅在非均相条件下通过淤浆工艺制备（见4.3节）。纤维素在15%~50% NaOH水溶液和有机溶剂（通常是醇，如异丙醇）的混合物中溶胀。碱削弱纤维素微晶内的氢键而起到活化剂的作用，从而使单个聚合物链易于进行均匀的化学改性（图6.2）。此外，碱增加了纤维素羟基的亲核性。有机溶剂用作稀释剂具有如下作用：有效地分散聚合物，促进烷基化试剂的分布，在反应期间传热以及方便反应产物的回收。

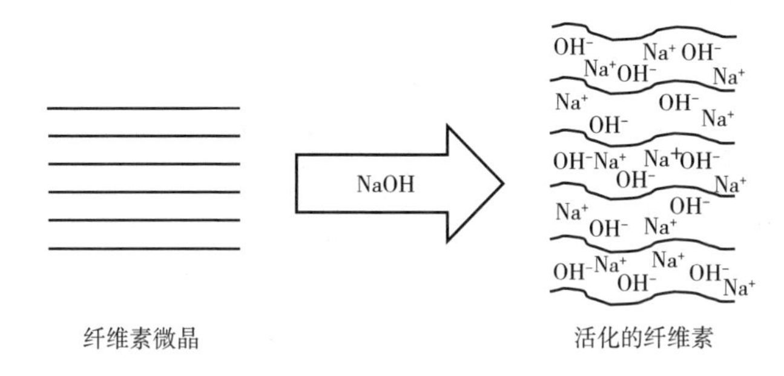

图6.2　NaOH水溶液将纤维素晶体转化为活化纤维素的示意图

淤浆工艺中的普遍问题是烷基化剂的水解，导致试剂损失和副产物的生成。然而，通过改变反应条件、烷基化试剂的反应性、水的量和催化剂的添加，可以在一定程度上控制副反应。羧甲基纤维素（CMC）作为最重要的商业醚之一，其多相和均相醚化过程的差异和相似之处将在下面加以说明。此外，将展示纤维素醚的分子结构如何表征，特别是取代基在AGU内以及沿着聚合物链的单个重复单元的分布。

6.1　离子型纤维素醚

6.1.1　阴离子纤维素醚

钠盐形式的CMC是重要的商业化离子纤维素醚，2006年全球消费量估计为35.5万吨。它在食品、饮料、化妆品和药物配方中用作添加剂（如溶液增稠剂、稳定剂、分散剂和乳化剂），在钻井液中用作黏度调节剂和保水剂，以及用于纸张和纺织品加工。由于其具有阴离子的性质，CMC在 *DS* 值约0.4时容易溶于水和碱液。此外，由于试剂的静电排斥和电荷增加的纤维素链，而无法实现完全的羧甲基化。一步法反应中 CMC 获得的最大 *DS* 值为 1.3~1.4。通过 CMC 的后续转化，可增加至 2.9。纤维素的羧甲基化是在碱存在下用氯乙酸或相应的钠盐与纤维素反应来制备。CMC 的分子结构，特别是总 *DS* 值、羧甲基部分在 AGU 内的分布（区域选择性）以及沿聚合物链的取代模式不仅取决于反应条件（时间、温度和试剂量），还取决于衍生化过程（图 6.3）。

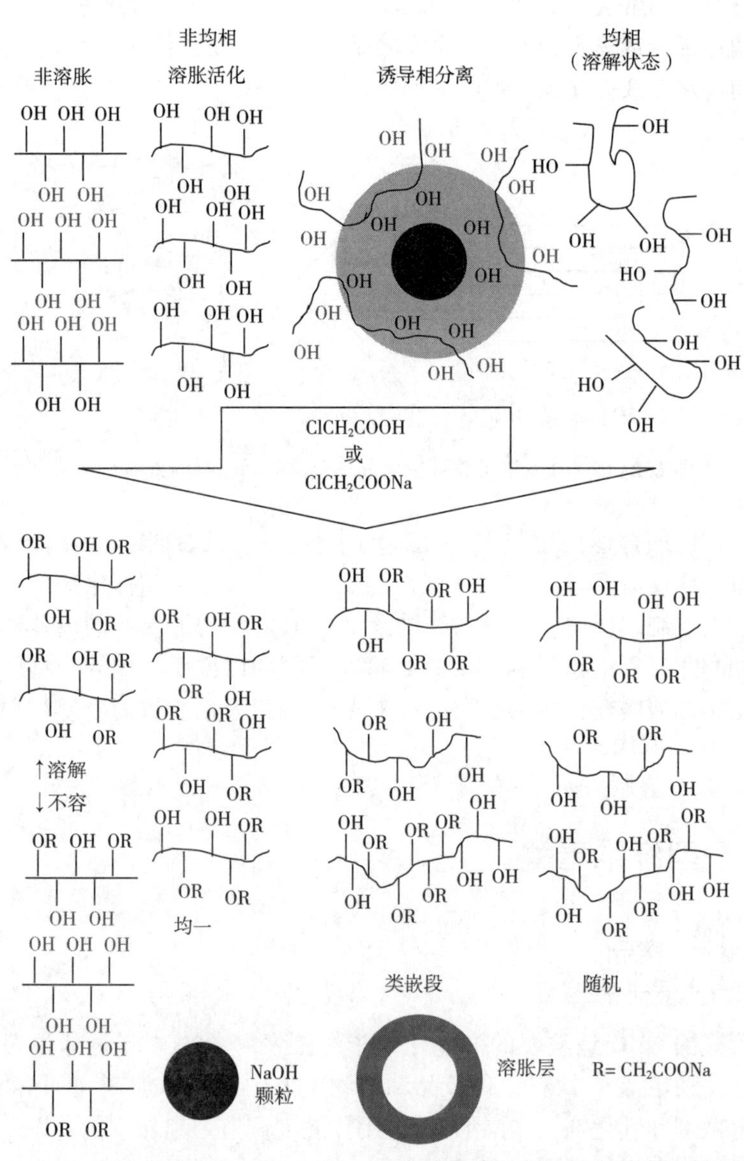

图 6.3　纤维素羧甲基化的不同工艺示意图和获得产物分子结构的影响

制备 CMC 的非均相淤浆工艺，纤维素在 NaOH 水溶液和异丙醇的混合物中被活化和溶胀（图 6.3），沿着聚合物链均匀衍生化，产生 *DS* 值在 0.5~1.3 范围的产物[1-3]。由于该过程的非均匀性，工艺参数（如搅拌速度、加热/冷却速率和反应器尺寸）极大地影响衍生化的结果。尽管如此，淤浆工艺在工业规模上已建立良好，产生具有批次性质可控的产品。可以在 AGU 的三个不同羟基（O-2、O-3 和 O-6）上引入羧甲基。这意味着所生产的 CMC 原则上可包含多达八种成分，包括未经取代、部分或完全功能化的重复单元（未经修饰的 AGU；2-、3-和 6-单-*O*-羧甲基单元；2,3-、2,6-和 3,6-二-*O*-甲氧基甲基单元；2,3,6-三-*O*-甲酸甲基单元，*DS*<3 时，CMC 中存在不同重复单元［图 6.4（a）］。非均相制备的 CMC 样品，^{1}H 和^{13}C-NMR 光谱[4-6] 以及高 pH 值的阴离子交换色谱和水解降解样品的脉冲安培检测[7] 发现，羧甲基按照反应性顺序分布在 AGU 中：O-2≥O-6>O-3。对^{13}C-NMR 光谱进行数学处理，可以获得作为总 *DS* 函数的单个重复单元的相对比例[5]（b）非均相制备的 CMC（*DS* 为 1.19）的定量^{1}H 去耦^{13}C-NMR 谱的反卷积，分配了八个不同单体单元的碳原子[4]［图 6.4（b）］。这种技术有些费力，而且分辨率有限。类似的定量信息可以通过纤维素醚的完全水解（例如在高氯酸中）和释放糖的 HPLC 分析获得[8-9]。由此，非、单、二和三羧甲基化单元以及葡萄糖的摩尔分数被量化。在该方法中，单和二羧甲基化单元的不同位置不做区分。假设羧甲基化的反应性不受（i）重复单元沿聚合物链的位置和（ii）已经连接到重复单元的羧甲基的量的影响，统计官能化模式可以通过二项式分布作为总 *DS* 的函数来预测［式（6.1）］。

$$c_i = \binom{3}{k}\left(\frac{DS}{3}\right)^k\left(1-\frac{DS}{3}\right)^{3-k} \tag{6.1}$$

式中：c_i 分别代表未取代、单取代、二取代、三取代葡萄糖单元的摩尔分数；k 为每个 AGU 的取代基数（k=0，1，2，3）；*DS* 为平均取代度。

常规淤浆工艺制备的各种 CMC 样品，未检测到与预测理论模式的显著偏差[8,10]。图 6.4（c）为水解羧甲基纤维素（非均相合成）得到的葡萄糖、单-*O*-羧甲基葡萄糖（CMG），二-*O*-CMG，三-*O*-CMG 摩尔分数与 DS_{HPLC}（HPLC 测得的取代度）的函数关系。描述了非均相条件下使用丝光浓度的 NaOH 水溶液制备的宽 *DS* 范围 CMC 样品的代表性结果。

NaOH 水溶液活化是纤维素醚化的关键步骤。碱浓度在 5%~30%（质量体积分数），最优浓度 15%（表 6.4）。令人惊讶的是，水解后通过 HPLC 测定的非羧甲基化、部分羧甲基化和完全羧甲基化糖单元的摩尔分数与统计模型完全一致，与所用 NaOH 水溶液的浓度无关[9]。这意味着即使在低活化程度下，淤浆介质中的非均相羧甲基化也通过统计来确定。

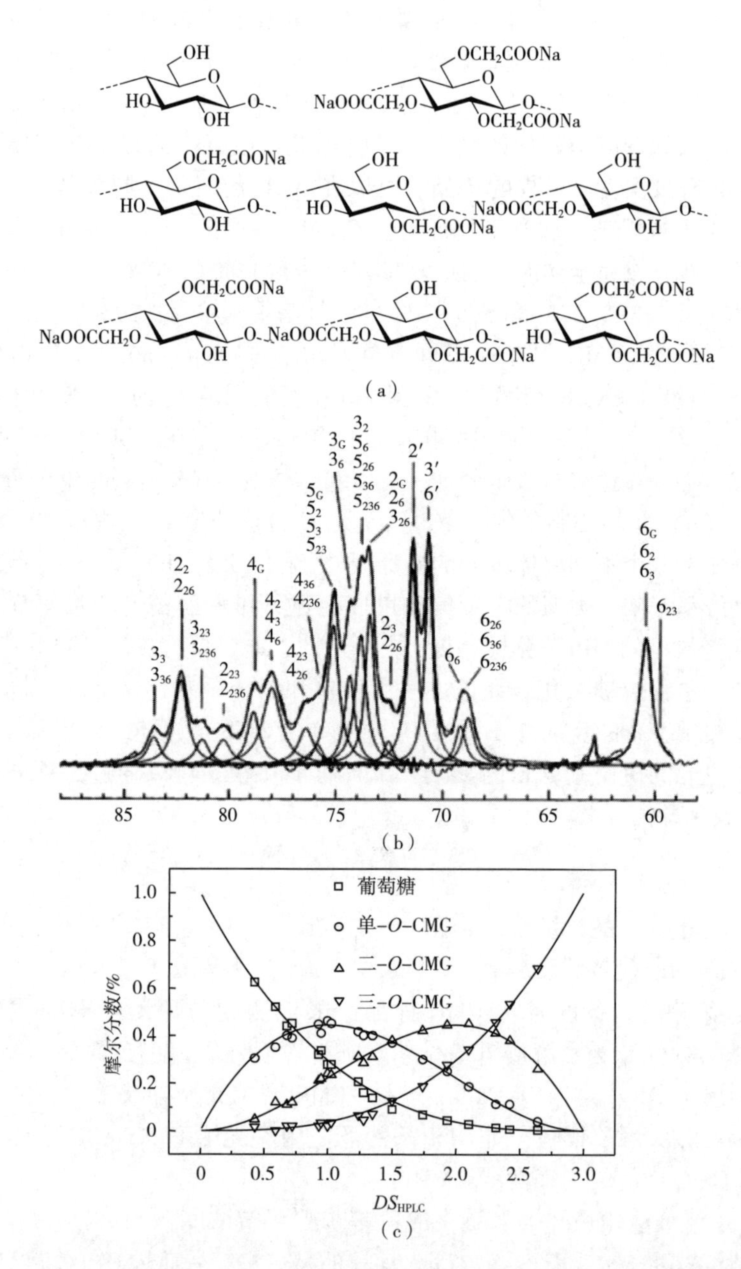

图 6.4 (a) DS<3 的羧甲基纤维素（CMC）中不同重复单元；(b) 非均相制备的 CMC（DS 为 1.19）的定量 ^{1}H 解耦 ^{13}C-NMR 谱的解卷积，分配了 8 个不同单体单元的碳原子；(c) 通过 HPLC 测定了水解羧甲基纤维素样品（异质合成）中的葡萄糖，单-O-CMG、二-O-CMG 和三-O-CMG 的摩尔分数与 DSHPLC 的函数关系

表6.4 CMC的DS与NaOH水溶液浓度的关系
[云杉亚硫酸盐浆，$DP=650$，异丙醇、NaOH水溶液，一氯乙酸
(2mol/mol AGU) 55℃下反应5h]

NaOH浓度/%，质量体积分数	DS_{CM}	NaOH浓度/%，质量体积分数	DS_{CM}
5	0.59	15	1.24
8	0.93	20	1.03
10	1.00	30	0.95

含水纤维素溶剂，如$Ni(tren)(OH)_2$[11]，提供了完全均匀羧甲基化的可能性。小心添加浓度高达31%（质量体积分数）的NaOH水溶液，不会发生纤维素的凝胶化或沉淀。随后加入36%（质量体积分数）一氯乙酸钠水溶液，没有观察到纤维素再生。AGU：NaOH：一氯乙酸钠摩尔比为1：20：10（表6.5）时，完全均相反应，最高取代度为0.5。分步加入反应试剂，取代度略有提高（至0.71），减少一氯乙酸钠的水解，在醚化过程中是重要的副反应。然而，就反应效率而言，即总DS与醚化剂摩尔过量的关系而言，与浆料介质中的非均相转化相比，水性溶剂中的羧甲基化效果较差[12]。

表6.5 $Ni(tren)(OH)_2$中均相羧甲基化纤维素的条件和结果（包括水解后HPLC分析结果）

反应条件				羧甲基纤维素					
						水解后HPLC测试的摩尔分数[a]			
溶剂	摩尔比[b]	时间/h	温度/℃	DS	溶解于水	葡萄糖	单-CMG	二-CMG	三-CMG
$Ni(tren)(OH)_2$	1：5：2.5	3	80	0.11	是	0.789 (0.796)	0.199 (0.189)	0.012 (0.015)	0 (0)
$Ni(tren)(OH)_2$	1：10：5	3	80	0.25	否	0.890 (0.894)	0.107 (0.102)	0.000 (0.003)	0 (0)
$Ni(tren)(OH)_2$	1：20：10	3	80	0.54	是	0.765 (0.770)	0.216 (0.210)	0.020 (0.019)	0 (0.001)
$Ni(tren)(OH)_2$	1：40：20	3	80	0.50	是	0.574 (0.551)	0.333 (0.363)	0.072 (0.080)	0.020 (0.006)
$Ni(tren)(OH)_2$	1：20：10	24	80	0.44	是	0.564 (0.579)	0.367 (0.347)	0.070 (0.069)	0 (0.005)
$Ni(tren)(OH)_2$	1：40：20[c]	4	80	0.71	是	0.634 (0.621)	0.310 (0.320)	0.082 (0.055)	0.047 (0.003)

续表

反应条件				羧甲基纤维素					
						水解后 HPLC 测试的摩尔分数[a]			
溶剂	摩尔比[b]	时间/h	温度/℃	*DS*	溶解于水	葡萄糖	单-CMG	二-CMG	三-CMG
NaOH/尿素[d]	1：28.4：1.7	5	55	0.05	否	0.900 (0.951)	0.055 (0.048)	0 (0.001)	0 (0)
NaOH/尿素[d]	1：28.4：3.4	5	55	0.10	否	0.869 (0.903)	0.103 (0.094)	0.000 (0.003)	0 (0)
NaOH/尿素[d]	1：28.4：6.8	5	55	0.25	是	0.770 (0.770)	0.212 (0.210)	0.018 (0.019)	0 (0.001)
NaOH/尿素[d]	1：28.4：10.2	5	55	0.29	是	0.692 (0.737)	0.249 (0.237)	0.022 (0.025)	0 (0.001)
NaOH/尿素[d]	1：28.4：13.6	5	55	0.32	是	0.692 (0.737)	0.249 (0.237)	0.022 (0.025)	0 (0.001)
NaOH/尿素[d]	1：28.4：6.8	5	25	0.05	否	0.906 (0.951)	0.055 (0.048)	0 (0.001)	0 (0)
NaOH/尿素[d]	1：28.4：6.8	5	75	0.20	是	0.722 (0.813)	0.188 (0.174)	0.008 0.013	0 (0)
NaOH/尿素[d]	1：14.2：6.8	5	55	0.36	是	0.621 (0.681)	0.290 (0.279)	0.035 (0.038)	0 (0.002)
NaOH/尿素[d]	1：7.1：6.8	5	55	0.50	是	0.562 (0.579)	0.322 (0.347)	0.084 (0.069)	0.002 (0.005)
NaOH/尿素[d]	1：5.5：6.8	5	55	0.62	是	0.514 (0.499)	0.331 (0.390)	0.123 (0.102)	0.015 (0.009)
NaOH/尿素[d]	1：3.6：3.4	5	55	0.36	是	0.669 (0.681)	0.255 (0.279)	0.054 (0.038)	0 (0.002)
LiOH/urea[e]	1：7.5：1	5	55	0.10	否				
LiOH/urea[e]	1：7.5：3	5	55	0.26	否				
LiOH/urea[e]	1：7.5：6	5	55	0.50	是				
LiOH/urea[e]	1：7.5：9	5	55	0.65	是				
LiOH/urea[e]	1：7.5：6	3	55	0.42	是				

续表

反应条件				羧甲基纤维素					
				水解后 HPLC 测试的摩尔分数[a]					
溶剂	摩尔比[b]	时间/h	温度/℃	*DS*	溶解于水	葡萄糖	单-CMG	二-CMG	三-CMG
LiOH/urea[e]	1∶7.5∶6	7	55	0.60	是				
LiOH/urea[e]	1∶7.5∶6	17	55	0.61	是				

a. Glc 葡萄糖，CMG 羧甲基葡萄糖。

b. Mole 脱水葡萄糖单元：NaOH（20%水溶液）：一氯乙酸钠的摩尔比。

c. 四次加入。

d. 7%（质量分数）NaOH，12%（质量分数）尿素。

e. 4.6%（质量分数）LiOH，12%（质量分数）尿素。

注　括号中数据是根据式（6.1）计算的结果。[12]

在 $Ni(tren)(OH)_2$ 中均相制备的 CMC 样品与在淤浆介质中非均相羧甲基化获得的样品相比，在 AGU 内的取代基分布以及非、单、二和三官能化重复单元的相对摩尔分数方面显示出相似的结构。通过 ^{1}H-NMR 光谱和 HPLC（均在完全水解解聚后）对均相制备的 CMC 样品进行的结构分析表明，取代基在 AGU 内的分布遵循反应性顺序 O-2>O-6>O-3。例如，对于 *DS* 为 0.44 的样品：$DS_{O-2}=0.17$、$DS_{O-6}=0.19$、$DS_{O-2}=0.08$。对于在完全非均相反应（淤浆法）中制备的 CMC，观察到 AGU 内类似的取代模式[4,13]。均匀制备的 CMC 酸水解后释放的糖的量与统计替代的理论预测值具有良好的相关性（表 6.5）[5]。尽管它们在纤维素溶解状态和分子间/分子内氢键网络方面存在差异，但用 NaOH 水溶液活化后，完全均相的羧甲基化和非均相转化产生了具有均匀分布的取代基的 CMC（参见［3，9］）。因此，可以得出结论，在这些条件下纤维素的羧甲基化不是扩散控制的。

在寻求环境友好的多糖溶剂的过程中，已经考虑了由碱（NaOH、LiOH）与防止凝胶化的添加剂（尿素、ZnO）组成的水系统用于纤维素的醚化。纤维素在低温下溶解于这些溶剂中，均相的羧甲基化是可行的。与 $Ni(tren)(OH)_2$ 中均相转化相比，这些反应的反应效率更高（表 6.5）。一个关键因素是 NaOH 与一氯乙酸钠的比例，碱浓度越高，羧甲基化试剂的水解（即失活）越明显。增加水溶液中的纤维素浓度，NaOH 与一氯乙酸钠的比可以间接地向后者转变，会产生更高的 *DS* 值。HPLC 分析显示非、单、二和三羧甲基化重复单元的统计分布，与之前描述的淤浆工艺和 $Ni(tren)(OH)_2$ 中的均相转化的结果一致。然而，CM 的分布不同，伯羟基的优选转化，顺序为 O-6>O-2>O-3。

非水性纤维素溶剂也进行了羧甲基化测试，但这些方法存在 NaOH 和非质子溶剂不相容的问题。关于 IL 中纤维素的化学改性的第一份报告是一项专利，描述了固体 NaOH 催化剂存在下的羧甲基化[14]。DMSO 可以作为有益的共溶剂加入；然而，由于反应混合物的凝胶化，在该系统中可以实现的最大 *DS* 值被限制在约 0.5[15]。用 DMAc/LiCl 代替 IL 溶解纤维素，该凝胶化工艺已被用于制备具有高 *DS* 值和独特性能的 CMC。正如通过 FTIR 和偏光显微镜在固液界面所证明的，无水 DMAc/LiCl 中的凝胶化是由于 NaOH 颗粒表面的纤维素Ⅱ再生[6,8,10]。在气相中用低相对分子质量醇进行的 FTIR 实验表明，这种被称为“诱导相分离”的过程在无机颗粒的附近产生游离 OH 基团（即没有或很少参与氢键）。溶解在含有固体 NaOH 的 DMAc/LiCl 中的纤维素与一氯乙酸钠的转化在一步法中产生 *DS* 值高达 2.2 的 CMC。与非均相反应和 $Ni(tren)(OH)_2$ 或 IL 中的羧甲基化相比，该值明显更高。

^{1}H 和 ^{13}C-NMR 光谱证明，通过诱导相分离制备的 CMC 与常规制备的具有相似总 *DS* 的样品相比，位置 6 和 3 处具有高得多的醚化程度。聚合物是通过诱导相分离从溶解于 DMSO 中的乙酸纤维素（CA）、三甲基甲硅烷基纤维素（TMSC）、三氟乙酸纤维素（CTFA）、甲酸纤维素（CF）和溶解于 DMAc/LiCl 中的纤维素开始合成。链降解后通过 HPLC 测定的不同重复单元的摩尔分数与通过统计学计算的值的比较[5] 表明，未改性和完全转化的三-*O*-羧甲基化 AGU 的量显著高于预测值（图 6.5）。这些结果表明，通过诱导相分离的羧甲基化产生的 CMC 具有沿主链的醚官能团的梯度状分布，这与均相制备或在淤浆工艺中制备的 CMC 的统计分布模式相反。假设羧甲基化仅限于位于 NaOH 颗粒处聚合物—固体界面附近的纤维素链区域，如图 6.3 所示。

诱导相分离的合成概念不限于溶解在 DMAc/LiCl 中的纤维素。用 NaOH 粉末活化溶解在 DMSO/TBAF 三水合物中的纤维素，反应得到 *DS* 高达 2 的 CMC，具有

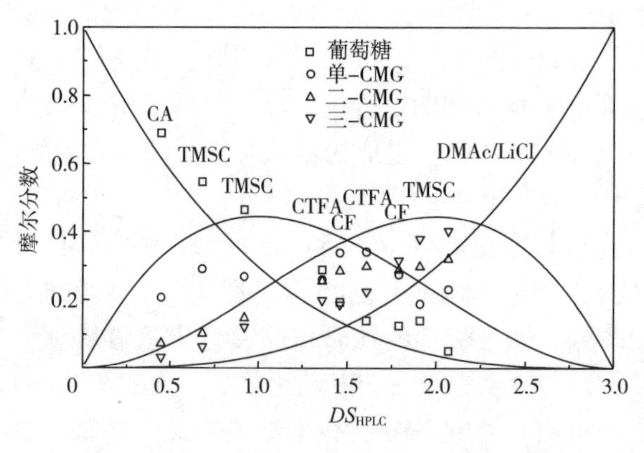

图 6.5　水解羧甲基纤维素样品中的葡萄糖、单-*O*-羧甲基葡萄糖、二-*O*-羧甲基葡萄糖和 2,3,6-三-*O*-羧甲基葡萄糖的摩尔分数与高效液相色谱法测定取代度（DS_{HPLC}）的关系

不同重复单元的非统计含量（表6.6）[16-17]。相反，使用NaOH水溶液产生统计取代模式。溶解在NMMO中的纤维素的羧甲基化与固体NaOH结合产生具有高*DS*的非统计CMC，与DMSO/TAF[12] 中获得的衍生物相当。

表6.6　NMMO/DMSO和DMSO/TBAF·$3H_2O$中均相羧甲基化纤维素的条件和结果［包括水解后HPLC分析结果与统计计算结果比较（CMG，羧甲基葡萄糖）］

反应条件				摩尔分数[a]				DS_{CMC}
介质	摩尔比[b]	时间/h	温度/℃	葡萄糖	单取代	二取代	三取代	
DMSO/TBAF	1：5：10	0.5	70	0.106（0.061）	0.267（0.282）	0.327（0.434）	0.299（0.223）	1.82
DMSO/TBAF	1：5：10	2	70	0.081（0.035）	0.215（0.198）	0.444（0.305）	0.305（0.428）	2.02
DMSO/TBAF	1：5：10	4	70	0.068（0.028）	0.198（0.192）	0.305（0.442）	0.428（0.338）	2.09
DMSO/TBAF	1：5：10	16	70	0.084（0.048）	0.253（0.252）	0.331（0.442）	0.332（0.258）	1.91
DMSO/TBAF	1：10：20	48	70	—	—	—	—	1.89
NMMO	1：10：20	2	80	0.772（0.6815）	0.130（0.2788）	0.066（0.0380）	0.031（0.0017）	0.36
NMMO+2mL DMSO/g纤维素	1：20：10	2	80	0.307（0.1951）	0.282（0.4238）	0.227（0.3069）	0.183（0.0741）	1.26
NMMO+2.5mL DMSO/g纤维素	1：20：10	2	80	0.419（0.3191）	0.295（0.4436）	0.198（0.2056）	0.087（0.0317）	0.95
NMMO+3mL DMSO/g纤维素	1：20：10	2	80	0.627（0.4625）	0.159（0.4067）	0.120（0.1192）	0.093（0.0116）	0.68

a. 葡萄糖（Glc），单-*O*-，二-*O*-，三-*O*-羧甲基葡萄糖的摩尔分数；括号中数值是根据Spurlin统计计算的理论值。

b. 摩尔比为AGU：NaOH：一氯乙酸钠。

各种纤维素中间体（纤维素在衍生溶剂中溶解后形成），甚至具有不同水解稳定性的纤维素衍生物在无水条件下反应，得到重复单元含量非统计的产物。悬浮在DMSO中的固体NaOH颗粒处理的三氟乙酸纤维素（DS_{CTFA} 1.5，*DP* 460）、甲酸纤维素（DS_{CF} 2.2，*DP* 260）、商用乙酸纤维素（DS_{AC} 1.8，*DP* 220）和三甲基甲硅烷基纤维素（DS_{TMS} 1.1，*DP* 220）在DMSO（5.7%，质量体积，聚合物）中的溶液显示出相分离和反应性微结构的形成（图6.3）。表6.7给出所述合成方法的条件和结果，可获得高达 2.2 的总 *DS* 值[18]。向溶解的纤维素衍生物中加入固体 NaOH 导致伯取代基（例如三氟乙酸盐）裂解，并在固体颗粒上形成再生的纤维素Ⅱ。NaOH 粉末的粒度影响总 *DS* 值，但不影响官能团的分布。如果用三氟乙酸纤维素进行反应，NaOH 颗粒的尺寸从 1.00mm 减小到小于 0.25mm，则 *DS* 值从 0.64 增加到 1.12（表 6.7）。

表 6.7　溶解的纤维素和纤维素衍生物为起始反应物诱导相分离法合成羧甲基纤维素的条件与结果（70℃）

反应条件			羧甲基纤维素	
起始原料	摩尔比[a]	时间/h	*DS*	溶解于水
纤维素溶解于 DMAc/LiCl	1∶2∶4	48	1.13	否
	1∶4∶8	48	1.88	是
	1∶5∶10	48	2.07	是
纤维素三氟乙酸酯/DMSO	1∶5∶10	2	0.11	否
	1∶10∶20	4	1.86	是
	1∶10∶20	16	1.54	是
	1∶10∶20[b]	4	0.62	否
	1∶10∶20[c]	16	0.97	否
纤维素甲酸酯/DMSO	1∶10∶20	2	1.46	是
	1∶10∶20	4	1.91	是
	1∶20∶40	2	2.21	是
三甲基硅烷纤维素/DMSO	1∶10∶20	0.5	2.04	是
	1∶10∶20	1	1.91	是
	1∶10∶20	2	1.97	是
纤维素醋酸酯/DMSO	1∶10∶20	2	0.36	否
	1∶10∶20	4	0.45	否

a. 摩尔比为 AGU∶NaOH∶一氯乙酸。
b. NaOH 颗粒尺寸：0.63～1.00mm。
c. NaOH 颗粒尺寸：0.25～0.63mm。

CMC 和一般纤维素醚的分析表征可以对多糖衍生物进行内切葡聚糖酶处理来补充。选择性裂解非改性纤维素单元获得的片段通过制备 SEC 分离并分别水解成相应的糖，阴离子交换色谱和脉冲安培检测分析该糖。综合分析，可以定量获得沿聚合物链的取代模式信息。相分离方法制备的 *DS* 值高达 1.9 的样品被酶强烈降解，表明了高度嵌段式功能化模式。此外，高度羧甲基化的片段以 2,3,6-三-*O*-羧甲基葡萄糖单元为主[19]。

含磺酸基的纤维素醚是强负电荷的聚电解质，与 CMC 相比，其在水中具有更高的盐和 pH 耐受性。尽管如此，这些化合物在商业规模上的重要性远远低于 CMC。*DS*>0.3 的磺乙基纤维素（钠盐）水溶性良好，由于其多阴离子性质而受到一定关注。与阳离子聚合物如壳聚糖、聚二甲基二烯丙基氯化铵或表面活性剂，如苄基十二烷基二甲基氯化铵结合，强聚阴离子形成扁平膜[20-22] 或球形中空胶囊[23] 形式的聚电解质复合物（图 6.6）。此外，磺乙基纤维素已被认为是强阳离子交换剂[24] 和超吸收材料[25]。此外，还介绍了具有少量磺乙基（*DS* 0.01～0.50）的混合烷基和羟烷基纤维素醚，用作分散涂料[26]、涂料[27] 和建筑材料（如水泥和石膏）的溶液增稠剂[28]。

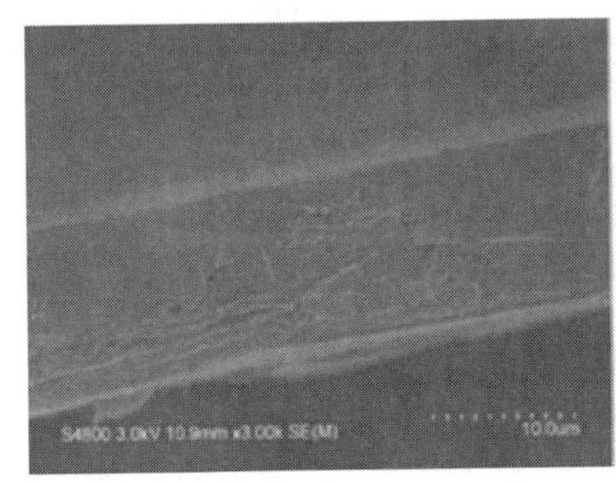

（a）壳聚糖磺乙基纤维素复合膜[20]

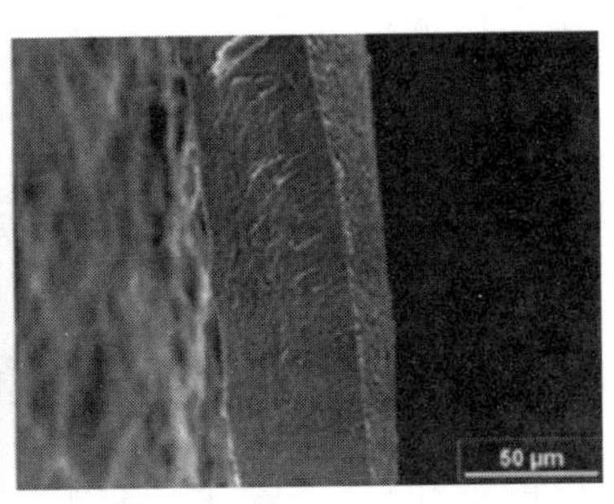

（b）磺乙基纤维素聚二甲基二烯丙基氯化铵复合胶囊

图 6.6 壳聚糖磺乙基纤维素复合膜和磺乙基纤维素复合胶囊的 SEM 图

纤维素的磺基烷基醚的合成可以通过生物聚合物的碱活化和随后的转化来实现（图 6.7）。纤维素与氯/溴代烷烃磺酸盐反应类似羧甲基化；与乙烯基磺酸盐反应，类似 Michael 型加成反应（比较氰乙基化，见 6.2.2 节）；或环状磺酸酯（如丙烷磺酸酯）。

如 CMC，磺乙基纤维素通常在淤浆介质中反应[29]。NaOH 水溶液或固体 NaOH 活化是关键步骤，影响 *DS* 值（表 6.8）。反应介质影响衍生化反应的结果。异丙醇中得到产物的取代度最大，而像环己烷、甲苯等弱极性溶剂效率较低。发现制备磺乙基纤维素最具反应性的试剂是乙烯基磺酸盐，其次是 2-溴乙基磺酸。相应的氯化物 *DS* 值较低。纤维素在溶剂 DMSO/SO_2/二乙胺中的均相衍生化，制备得到 *DS* 为 0.5 的水溶性磺乙基醚[30]。

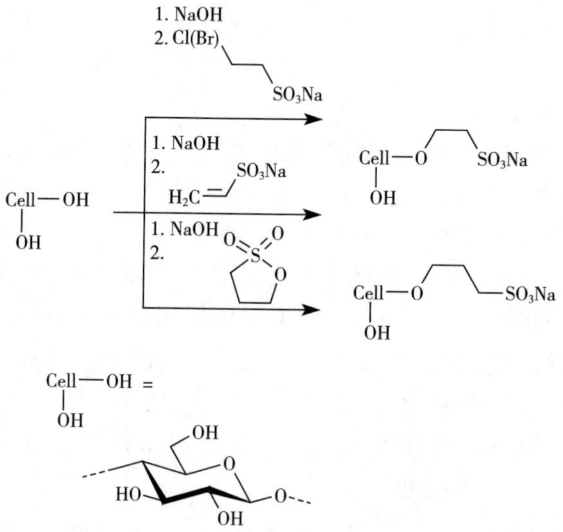

图 6.7　纤维素与氯/溴烷基磺酸盐、乙烯基磺酸盐及磺酸内酯反应制备磺烷基纤维素衍生物

表 6.8　纤维素磺乙基化条件与结果[29]

反应介质	试剂[a]	NaOH 的状态	温度/℃	时间/h	*DS*
异丙醇	NaVS	溶液	80	5	0.00
	NaVS	粉末	65	5	0.58
	NaVS	粉末	80	5	0.65
	NaVS	颗粒	65	5	0.47
	NaVS	颗粒	65	24	0.50
	NaVS	颗粒	80	3	0.46
	NaVS	颗粒	80	5	0.60
	NaVS	颗粒	80	24	0.33
环己烷	NaVS	颗粒	80	5	0.31
甲苯	NaVS	颗粒	80	5	0.35
正辛醇	NaVS	颗粒	80	5	0.33
正丁醇	NaVS	颗粒	80	5	0.39
二噁烷	NaVS	颗粒	80	5	0.39

续表

反应介质	试剂[a]	NaOH 的状态	温度/℃	时间/h	*DS*
异丙醇	NaCES	颗粒	80	3	0.12
	NaCES	颗粒	80	5	0.19
	NaBES	颗粒	65	5	0.17
	NaBES	颗粒	65	24	0.34
	NaBES	颗粒	80	5	0.31
	NaBES	颗粒	80	24	0.56

a. NaVS—乙烯基磺酸钠，NaCES—2-氯乙烷磺酸钠一水合物，NaBES—2-溴乙烷磺酸钠。

6.1.2 阳离子纤维素醚

可以区分两种类型的阳离子纤维素醚：

(1) 氨基烷基醚是弱聚阳离子，带有氨基（主要是伯或叔）的官能团，可以质子化/去质子化，即电荷密度依赖于 pH 值。

(2) 纤维素的季四烷基铵醚具有永久正电荷，可归类为强聚阳离子(图 6.8)。

与阴离子（特别是 CMC，见 6.1.1 节）和非离子对应物（见 6.2 节）相比，阳离子纤维素醚在文献中并不常见。早期（20 世纪 60 年代至 80 年代）合成阳离子纤维素醚的尝试通常产生最大 *DS* 值为 0.2 的水不溶性材料（织物、珠粒或纤维）。主要目的是改变纤维素织物和纸浆的表面性质，或获得用于色谱的阴离子交换材料。然而，在商业应用中，其他阳离子多糖衍生物，尤其是造纸、纺织加工和化妆品中生产和使用的阳离子淀粉醚，如今发挥着更大的作用[31]。

氨基乙基（AE）纤维素是具有伯氨基烷基取代基的醚。它是在 70℃的高压釜中，分散在甲苯中的纤维素与氮丙啶和少量氯化苄反应而获得[32]。该反应类似于纤维素与环氧乙烷的羟基烷基化（见 6.2.3 节），但由于氮丙啶的毒性，目前很少使用。或者在含水碱性介质中用 2-氨基乙基硫酸转化纤维素，得到 *DS*≤0.17 的 AE 纤维素[33]。这些衍生物被作为色谱蛋白质纯化的离子交换材料研究，发现在这方面几乎没有用途。

纤维素的叔氨基烷基醚在科学文献中比它们的伯、仲对应物更常见。到目前为止，后者还未见报道。二乙基氨基乙基（DEAE）纤维素是这类常用的代表，通过纤维素的碱活化和（2-氯乙基）二乙胺盐酸盐反应制备[34,35]（表 6.9）。该反应被认为通过分子内烷基化形成的环状氮杂环化合物中间体进行[36]。*DS* 依赖于碱

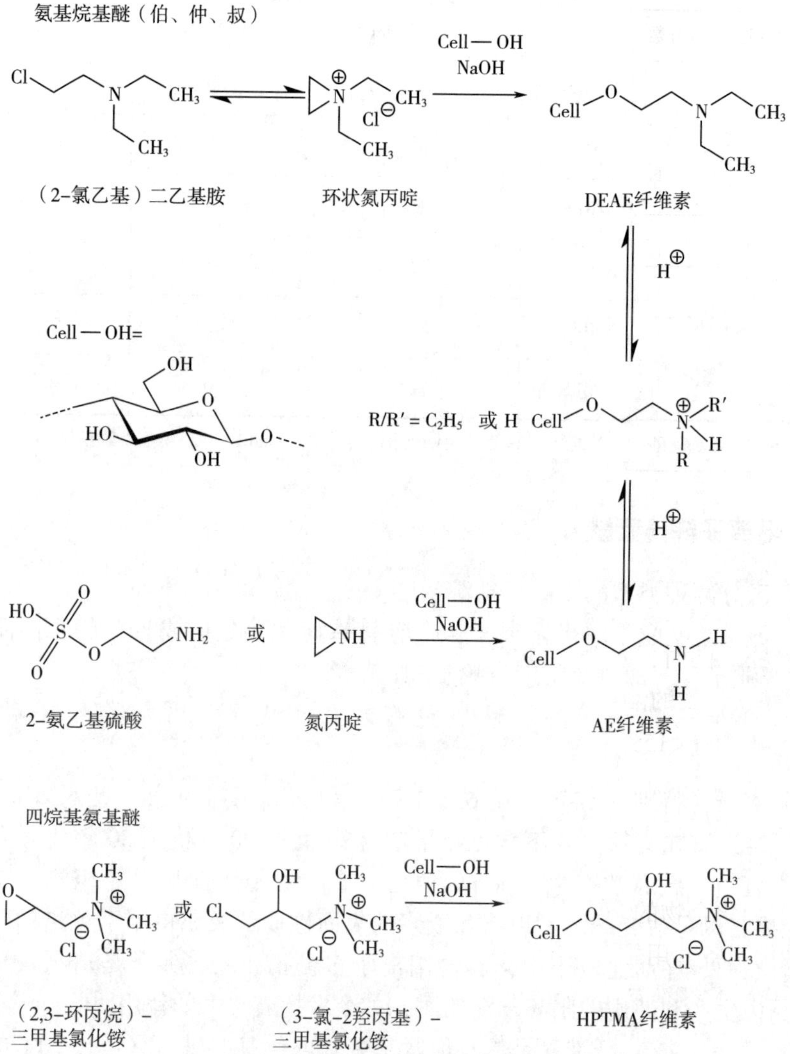

氨基烷基醚（伯、仲、叔）

Cl N CH_3 CH_3 ⇌ $N^{\oplus}$ CH_3 $Cl^{\ominus}$ CH_3 —Cell—OH, NaOH→ Cell O N CH_3 CH_3

（2–氯乙基）二乙基胺　环状氮丙啶　DEAE纤维素

$H^{\oplus}$

Cell—OH=

OH　O　HO　O　OH

R/R′ = C_2H_5 或 H　Cell O $N^{\oplus}$ R′ H R

$H^{\oplus}$

HO S O O O NH_2　或　NH　—Cell—OH, NaOH→　Cell O N H H

2–氨乙基硫酸　氮丙啶　AE纤维素

四烷基氨基醚

O CH_3 $N^{\oplus}$ CH_3 $Cl^{\ominus}$ CH_3　或　Cl OH CH_3 $N^{\oplus}$ CH_3 $Cl^{\ominus}$ CH_3　—Cell—OH, NaOH→　Cell O OH CH_3 $N^{\oplus}$ CH_3 $Cl^{\ominus}$ CH_3

（2,3–环丙烷）–三甲基氯化铵　（3–氯–2羟丙基）–三甲基氯化铵　HPTMA纤维素

图 6.8　二乙基氨基乙基（DEAE）、氨基乙基（AE）和
羟乙基三甲基氨基（HPTMA）纤维素醚的反应示意图和产物分子结构

浓度，并且比较低（≤0.2）。经不同的程序活化，*N*，*N*–二乙基环氧丙基胺（DEEPA）也用于纤维素的醚化[37]。DEAE 纤维素经常用作阴离子交换剂，用于纯化和固定蛋白质、DNA 和多糖等生物分子[38]。成品为预先溶胀的纤维素珠（≈0.1$mmol_{DEAE}$/mL 培养基）或干燥的纤维材料（≈1$mmol_{DEAE}$/g）的形式[39]。

表6.9 用（2-氯乙基）二乙胺盐酸盐处理棉织物的条件和结果[34-35]

NaOH浓度/%，质量分数	Amine · HCl浓度/%，质量分数	时间/min	*DS*
2	20	10	0.03
4	20	10	0.04
8	10	50	0.02
8	20	10	0.06
8	20	50	0.06
15	20	10	0.10
20	20	10	0.10
24	20	10	0.12

叔氨基烷基醚非直接均相合成是将CA、烷基化试剂DEEPA溶解于含有痕量水DMF中转化CA[40]（图6.9），同时发生两个反应，DEEPA作为醚化试剂，同样作为乙酰基部分水解的碱性催化剂。根据反应条件，可在至多4h内获得完全脱乙酰化的产物。同时，羟基被烷基化，这导致氮含量增加至约5%，对应于$DS_{胺} \approx 1.0$。烷基化产物的溶解性强烈依赖酰基数量和羟烷基氨基基团的数量。只有乙酰化程度足够低（<15%）且氮含量为1%~4%的产品才容易溶于水。高乙酰基化衍生物不溶于水，高$DS_{胺}$导致凝胶化。根据系统的pH值，上述伯氨基烷基醚和叔氨基烷基醚部分/完全质子化或去质子化。相反，季纤维素醚带有永久带电的阳离子部分。

后一种化合物的合成可采用两种方法。叔胺纤维素醚，如通过纤维素与DEEPA的醚化制备，用烷基化试剂（如乙基碘）季铵化，得到具有永久带电铵的衍生物[41]。然而，纤维素主链的羟基和引入的羟烷基链的烷基化作为副反应发生，得到不均匀的衍生物。获得具有明确分子结构的季衍生物的更方便的方法是用已经含有铵部分的醚化试剂转化纤维素。

羟丙基三甲基铵（HPTMA）纤维素是最常见的具有永久阳离子电荷的季铵阳离子纤维素醚，通过在碱存在下用（3-氯-2-羟丙基）三甲基氯化铵（CHPTMA Cl）或（2,3-环氧丙基）三甲基氯化铵（EPTMA Cl）处理纤维素制备[42]。这两种试剂和其他几种含有较长烷基链的试剂都可以作为高浓度水溶液（70%）在市场上买到[43]。CHPTMA Cl在原位生成相应的环氧化物，但在该过程中消耗化学计量的NaOH。据报道，对于淀粉的季铵化，在反应效率和最大*DS*值方面环氧试剂更具优势[41]。然而，环氧试剂更具毒性和水解不稳定性。另一种获得季铵醚的方法是在叔胺存在下纤维素与环氧氯丙烷的反应[44]，其中交联反应是其副反应。

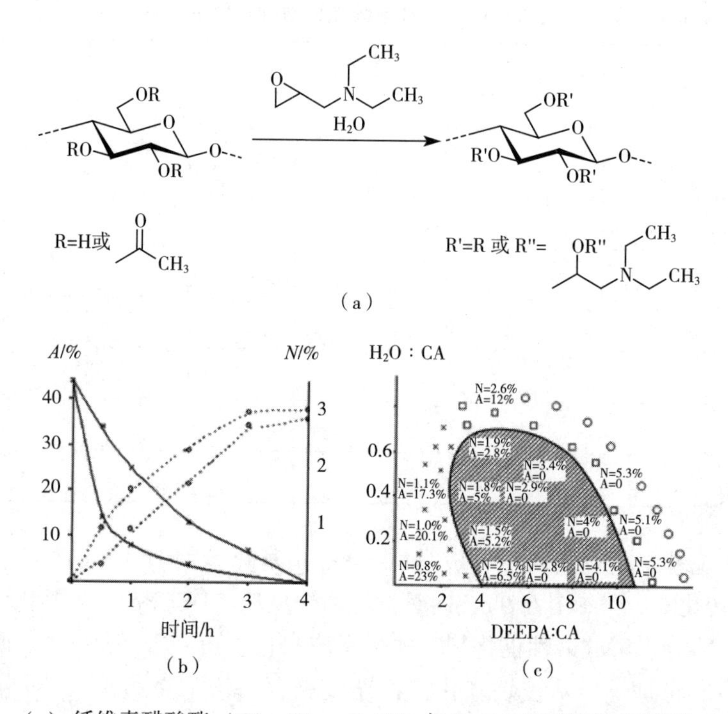

图 6.9 (a) 纤维素醋酸酯（CA，$DS_{AC}=1.73$）与 N,N-二乙基环氧丙基胺（DEEPA）转化成叔氨基醚反应示意图；(b) 酰基化百分比（$A/\%$）和氮含量（$N/\%$）随反应时间的变化；1 和 4：CA：DMF：DEEPA：H_2O 摩尔比为 1：20：8：1，2 和 3：CA：DMF：DEEPA：H_2O 摩尔比为 1：20：8：0；(c) 化学组成和水溶性对反应条件的依赖；阴影区域表示水溶解，x 表示不溶解产物，方块表示在水中的凝胶，圆圈表示反应混合物凝胶化[40]

非均相季铵化技术的共同点是仅针对低 *DS* 值（<0.2），未获得水溶性衍生物。该工艺主要研究纸浆，以改善造纸[42] 或棉织物，改善漂白和染色过程[45-46]。多糖的均相衍生化制备了阳离子基团含量高得多的水溶性纤维素醚（表 6.10）。

DMAc/LiCl 为反应介质，用 EPTMA Cl 均相转化纤维素，获得了 *DS* 高达 2 的季纤维素醚。使用含水纤维素溶剂也实现了均相季铵化（表 6.10）。用 CHPTMA Cl

表 6.10 纤维素与（3-氯-2-羟丙基）三甲基氯化铵（CHPTMA Cl）和（2,3-环氧丙基）三甲基铵（EPTMA Cl）均相季铵化的条件和结果[47-50]

溶剂[a]	试剂	纤维素含量/%	温度/℃	时间/h	摩尔比[b]	*DS*
DMAc/LiCl	EPTMA Cl	1.4	70	0.5	3：1	0.35
DMAc/LiCl	EPTMA Cl	1.4	70	1	3：1	0.44

续表

溶剂[a]	试剂	纤维素含量/%	温度/℃	时间/h	摩尔比[b]	*DS*
DMAc/LiCl	EPTMA Cl	1.4	70	2	3∶1	0.57
DMAc/LiCl	EPTMA Cl	1.4	70	4	3∶1	0.70
DMAc/LiCl	EPTMA Cl	1.4	70	5	3∶1	0.75
DMAc/LiCl	EPTMA Cl	1.4	70	8	3∶1	0.82
DMAc/LiCl	EPTMA Cl	1.4	70	18	3∶1	0.81
DMAc/LiCl	EPTMA Cl	1.4	70	32	3∶1	0.80
DMAc/LiCl	EPTMA Cl	1.5	70	8	5∶1	1.50
DMAc/LiCl	EPTMA Cl	1.5	70	8	10∶1	1.88
DMAc/LiCl	EPTMA Cl	1.5	70	8	20∶1	2.05
BTEA-OH	CHPTMA Cl	3	25	1	2∶1	0.12
BTEA-OH[c]	CHPTMA Cl	3	25	1	2∶1	0.15
BTEA-OH	CHPTMA Cl	3	25	1	1.4∶1+0.6∶1[d]	0.15
BTEA-OH	CHPTMA Cl	3	25	1	2.5∶1	0.19
BTEA-OH	CHPTMA Cl	3	25	1	2∶1+2∶1[d]	0.25
BTEA-OH	CHPTMA Cl	4	25	1	2∶1	0.14
BTEA-OH	CHPTMA Cl	5	25	1	2∶1	0.17
BTEA-OH	CHPTMA Cl	6	25	1	2∶1	0.19
BTEA-OH[c]	CHPTMA Cl	6	25	1	2∶1	0.22
BTEA-OH	CHPTMA Cl	6	25	1	2.5∶1	0.18[e]
BTEA-OH	CHPTMA Cl	6	25	1	3∶1	0.15[e]
NaOH/urea	CHPTMA Cl	2	25	8	3∶1	0.20
NaOH/urea	CHPTMA Cl	2	25	8	4.5∶1	0.29
NaOH/urea	CHPTMA Cl	2	25	8	6∶1	0.31
NaOH/urea	CHPTMA Cl	2	25	4	9∶1	0.35
NaOH/urea	CHPTMA Cl	2	25	8	9∶1	0.46
NaOH/urea	CHPTMA Cl	2	25	16	9∶1	0.46

续表

溶剂[a]	试剂	纤维素含量/%	温度/℃	时间/h	摩尔比[b]	*DS*
NaOH/urea	CHPTMA Cl	2	25	8	12∶1	0.47
NaOH/urea	CHPTMA Cl	2	25	16	12∶1	0.63
NaOH/urea	CHPTMA Cl	2	45	8	9∶1	0.42
NaOH/urea	CHPTMA Cl	2	60	8	9∶1	0.44
NaOH/urea	EPTMA Cl	2	25	6	5∶1	0.17
NaOH/urea	EPTMA Cl	2	25	24	5∶1	0.26
NaOH/urea	EPTMA Cl	2	25	6	10∶1	0.32
NaOH/urea	EPTMA Cl	2	25	9	10∶1	0.47
NaOH/urea	EPTMA Cl	2	25	24	10∶1	0.50

a. BTEA-OH：1.6 M 苄基三甲基氢氧化铵水溶液；NaOH/urea：CHPTMA7.5%（质量分数）NaOH，11%（质量分数）尿素水溶液，EPTMA6%（质量分数）NaOH，4%（质量分数）尿素水溶液，DMA：*N*,*N*-二甲基乙酰胺。

b. 摩尔比为醚化试剂 t∶AGU。

c. 加入苄基三甲基氯化铵 0.1g/g 纤维素。

d. 在 0~40min 中逐步加入（3-氯-2-羟丙基）三甲基氯化铵（CHPTMA Cl）。

e. 反应混合物凝胶化。

转化溶解在苄基三甲基氢氧化铵中的纤维素，得到的 HPTMA 纤维素的最大 *DS*≈0.3[48]。增加醚化试剂的量来增加 *DS* 的尝试导致反应介质的凝胶化。此外，醚化试剂在含水系统中缓慢水解，导致反应性降低。逐步加入试剂或加入苄基三甲基氯化铵而稍微减弱水解，苄基三甲基铵具有吸湿性，从水解反应中去除水。以 NaOH/尿素水溶液为反应介质，增加醚化试剂的量（高达 12mol/mol AGU），可获得 *DS* 值高达 0.6 的水溶性产物[49]。同样，在 NaOH/尿素中实现 EPTMA Cl 醚化[50]。两种试剂的反应性非常相似，^{13}C-NMR 光谱表明这些衍生物的伯羟基和仲羟基以相似的比例醚化 NaOH/尿素中均相合成获得的季铵化 HPTMA 衍生物作为基因递送剂，在转染效率方面略低于聚乙烯亚胺，同时细胞毒性远低于聚乙亚胺（图 6.10）[49,51]。此外，它们可以用作高岭土和蒙脱石悬浮液沉淀的絮凝助剂[50,52]。

纤维素的阳离子混合醚在化妆品中具有商业价值，特别是护发和护肤产品。突出的例子是“季铵化羟乙基纤维素”，以 INCI（化妆品成分国际命名法）名称 Polyquaternium-10 和 Polyquaternium-67[53] 进行商业化（图 6.11）。这些衍生物通过羟乙基纤维素的季铵化（HEC，见 6.2.3 节）获得，不应与上述 HPTMA 纤维素混淆[54]。

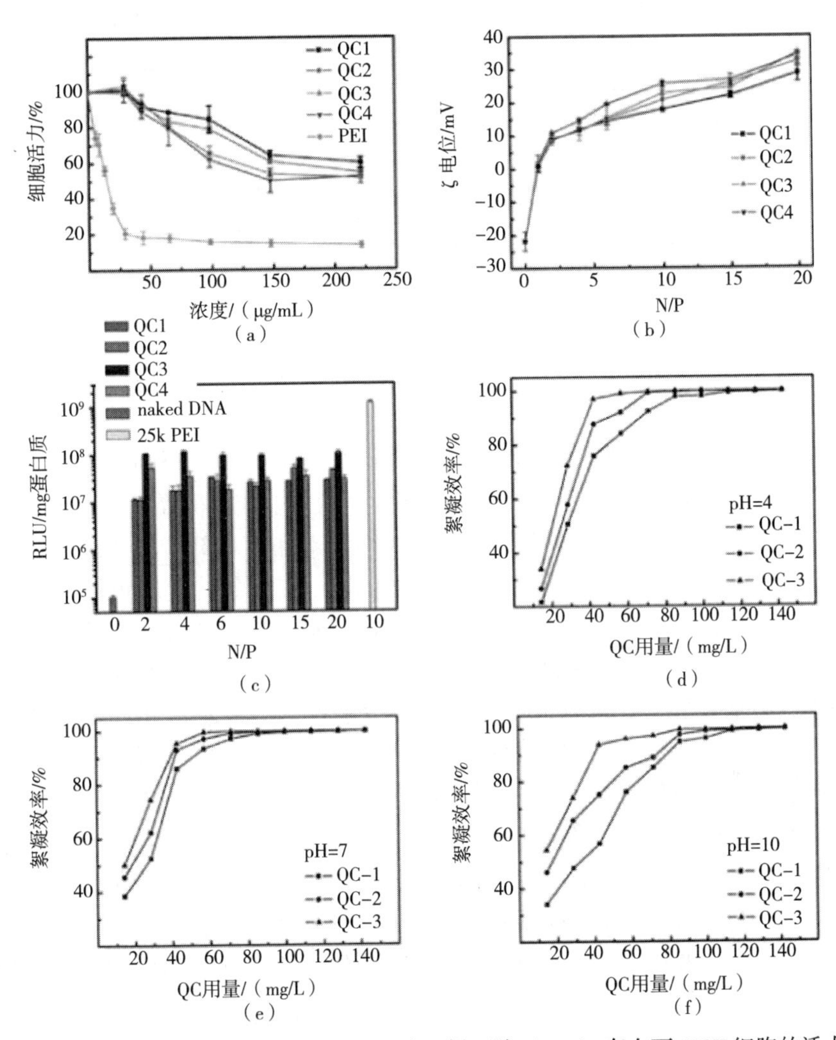

图 6.10　（a）在季纤维素醚（QC）和聚乙烯亚胺（PEI）存在下 293T 细胞的活力；
（b）不同氮磷比（N/P）下 QC/DNA 复合物的 Zeta 电位；
（c）QC/DNA 和 PEI/DNA 复合物的转染效率，由 293T 细胞中荧光素酶的表达表示；
（d）～（f）不同 pH 值下蒙脱石悬浮液中 QC 的絮凝效率
［（a）～（c）参见相关文献[51]；（d）～（f）参见相关文献[52]］

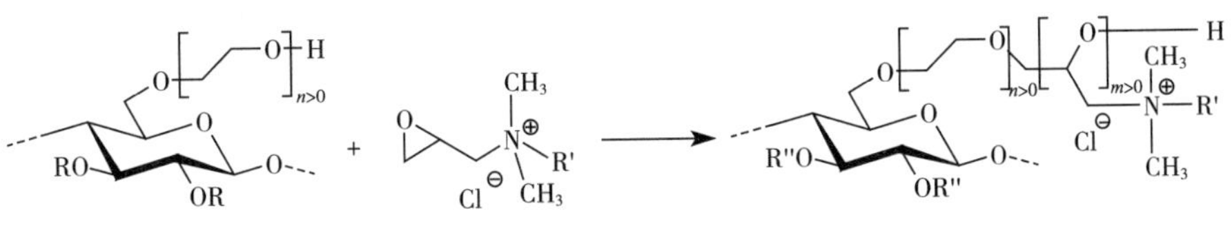

羟乙基纤维素

PQ-10(R''=CH_3)

PQ-67 (R''=CH_3 和 $C_{12}H_{25}$)

图 6.11　制备 Polyquaternium（PQ）-10 和 Polyquaternium-67 的季铵化羟乙基醚反应（HEC）

6.2 非离子纤维素醚

非离子纤维素醚类可根据其取代基的一般结构细分为烷基醚（见 6.2.1 节）、含有芳香或不饱和基团的醚（见 6.2.2 节）和羟烷基醚（见 6.2.3 节）。后一种衍生物通常以混合烷基羟基烷基醚的形式存在，特别是在商业产品中。本章将概述非离子纤维素醚。

6.2.1 烷基醚

甲基纤维素（MC）和乙基纤维素（EC）是工业规模生产的纤维素的两种最重要的非离子烷基醚，具有不同的用途，用作黏合剂和溶液增稠剂，包括食品和医药产品（表 6.11）[55-58]。高级醚，如丙基纤维素和丁基纤维素也由其制备，但主要用于学术研究。商业应用特别感兴趣的是 $DS\approx1.8$ 的冷水溶 MC，其水性介质中的溶解度最佳。EC 的 $DS\approx0.8\sim1.7$ 时可溶于水（图 6.11）。商业产品主要是 $DS\approx2.2\sim2.8$ 的衍生物，它们是热塑性的，可以溶解在有机溶剂中并用有机溶剂进行加工，特别是醇、烃及其混合物。除了溶解性，溶液黏度是决定应用领域的适用性和性能的重要属性。商业化的纤维素醚有不同的黏度等级，具有不同的平均摩尔质量，表示为特定溶剂或溶剂混合物中特定浓度的聚合物溶液的特性黏度或表观黏度值（图 6.12）。商业上，纤维素烷基醚是非均相制备的。基本原理涉及纤维素在碱溶液中的溶胀和活化（见 6.1.1 节）。烷基化通过碱活化纤维素与烷基卤化物（大多数情况为氯化物）形成的（图 6.1）。产生大量的 NaCl，需要在处理过程中去除。由于使用大量水，20%~30%的烷基化剂水解成相应的醇或与醇反应生成相应的醚而被消耗。

表 6.11 非离子纤维素醚的应用

应用	作用
陶瓷	保水性、润滑性、湿强度
建筑产品	保水性、加工性
化妆品	流变控制、乳化、稳定、泡沫稳定
食品	增稠剂、黏合剂、乳化剂
油漆	保护胶体、增稠剂、助悬剂
纸张	成膜、黏合剂

续表

应用	作用
医药	黏合剂、造粒剂、成膜剂、稳定剂
（HEC）聚合	醋酸乙烯和氯乙烯聚合用保护胶体
打印油墨	增稠剂、悬浮剂
纺织品	黏合剂、施胶剂、涂层
烟草	增稠剂、成膜剂、黏合剂

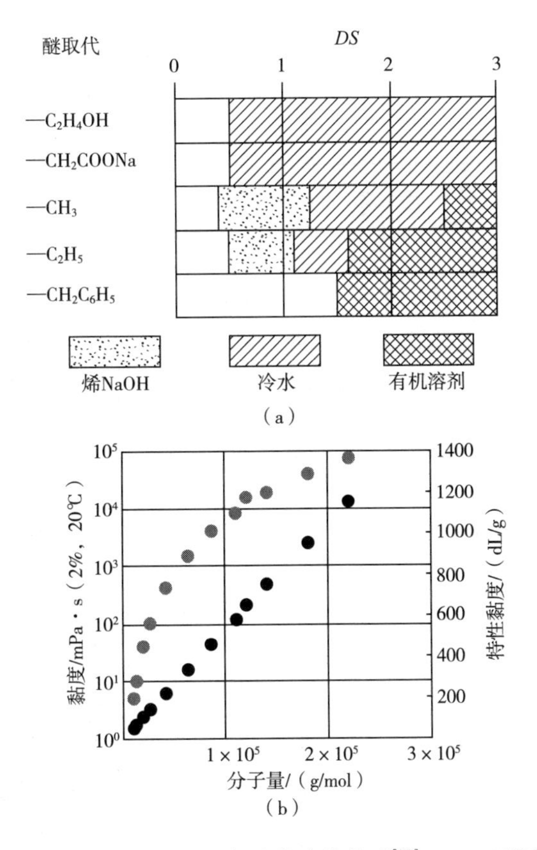

图 6.12　（a）典型纤维素醚的溶解性与取代度的关系[59]；（b）不同相对分子质量的甲基纤维素（DS=1.8）溶于水中的表观黏度和特性黏度[55]

纤维素甲基化的烷基化试剂往往是甲基碘、硫酸二甲酯、重氮甲烷或三氟甲磺酸甲酯。然而，主要用于学术目的，如合成具有明确 DS 和分布模式（在 AGU 内和沿着聚合物链）的纤维素醚，以及通过甲基化分析多糖分子结构（多糖的过甲基化，然后水解和通过 GC—MS 定量鉴定单糖单元）[60]。

出于学术研究目的，均相合成纤维素醚的路线也被开发出来。在 DMAc/LiCl 和 DMSO/LiCl 中用 NaH/DMSO（sodium dimsyl）代替 NaOH 均相合成了 MC、EC[61-62]。因此，商业 MC 和均匀制备的衍生物之间，非官能化、单官能化、二官能化和三官能化糖单元的组成存在强烈偏差（表 6.12）。

表 6.12　商业 MC（MC1）和 DMAc/LiCl 中均相合成 MC（MC 2~4）单个摩尔分数的比较[62]

样品	摩尔分数ᵃ/%				DS_{Me}ᵇ
	Glc	Mono	Di	Tri	
MC1	10	29	39	22	1.7
MC2	5	51	29	15	1.5
MC3	9	12	36	43	2.2
MC4	9	6	19	4	1.0

a. 葡萄糖（Glc），单-，二-，三-*O*-羧甲基化葡萄糖。

b. 甲基取代度。

水性纤维素溶液—NaOH/尿素/水和—LiOH/尿素/水中，纤维素与硫酸二甲酯均相进行甲基化反应[63-64]。溶解后（通常在-20℃左右实现），多糖被碱活化，随后进行醚化，通常在 20~50℃下进行 24h（表 6.13）。均相甲基化反应的区域选择性顺序为 O-2 > O-6 > O-3，与商业上非均相合成的顺序相似。AGU 上烷基取代的分布影响纤维素醚的性能。

表 6.13　水介质中用硫酸二甲酯对纤维素进行甲基化的条件和结果[63-64]

反应条件					结果			
溶剂	纤维素种类ᵃ	摩尔比ᵇ	温度/℃	时间/h	$DS_{总}$	DS_2	DS_3	DS_6
NaOH/尿素	MC	7.5	25	20	1.08	0.52	0.26	0.30
NaOH/尿素	MC	9	25	20	1.43	0.66	0.38	0.39
NaOH/尿素	MC	12	25	20	1.51	0.69	0.41	0.41
LiOH/尿素	SSP	9	22	24	1.19	0.56	0.24	0.39
LiOH/尿素	SSP	12	22	24	1.33	0.63	0.27	0.43
LiOH/尿素	SSP	12	30	24	1.59	0.72	0.36	0.52
LiOH/尿素	SSP	12	40	24	1.62	0.73	0.37	0.53
LiOH/尿素	SSP	12	50	24	1.50	0.69	0.32	0.49
LiOH/尿素	SSP	15	30	4	1.27	0.59	0.28	0.41

续表

反应条件					结果			
溶剂	纤维素种类[a]	摩尔比[b]	温度/℃	时间/h	$DS_{总}$	DS_2	DS_3	DS_6
LiOH/尿素	SSP	15	30	8	1.65	0.75	0.37	0.53
LiOH/尿素	SSP	15	30	12	1.66	0.76	0.37	0.53
LiOH/尿素	SSP	15	30	24	1.64	0.75	0.36	0.53

a. MC 为微晶纤维素，SSP 为云杉亚硫酸盐浆。

b. 摩尔比为 AGU：硫酸二甲酯。

特定 *DS* 范围内的纤维素醚（烷基和羟烷基）很容易在冷水（25℃）中溶解，但加热到特定温度后会絮凝并形成凝胶，如图 6.13（a）所示。这种现象被用于 MC 的商业合成，将反应混合物倒入并用热水洗涤，以分离和纯化反应产物。此外，纤维素醚凝胶的形成在医药和食品领域有着广泛的应用，如用于泡沫结构的稳定[65]。该过程是可逆的，具有滞后环，因此通常称为热可逆凝胶化或热可逆絮凝，如图 6.13（b）所示。有人认为，高温下的絮凝是由于改性主链疏水区域的相互作用增加以及水分子的排出[66-67]。凝胶温度随相对分子质量和聚合物浓度而变化，但受加热速率、剪切速率和添加剂（尤其是盐）的影响[68]。纤维素醚的分子结构、总 *DS* 值、取代模式对凝胶化行为有巨大影响。已证明，许多商业醚 AGU 内取代基随机分布与相同 *DS* 值的区域选择性 2-O、3-O 和 6-O 醚的行为不同（见 4.4 节）。例如，一方面，随机官能化 EC 的水溶液在 30℃左右变混浊，而区域选择性 3-单-*O*-乙基纤维素的水溶液在 60℃左右光学透明[69]；另一方面，3-*O*-丙基纤维素的絮凝温度低得多（15~20℃），而 3-*O*-丁基纤维素完全不溶于水。

6.2.2 芳香和不饱和烷基醚

纤维素芳醚在学术界和工业界很少受到关注。常见但仍不如烷基和羟烷基酯重要的是芳香取代基的烷基醚。在过去的几十年中，*DS*>2 的苄基纤维素对于生产清漆和热塑性塑料具有一定的商业价值。产物不溶解于水，但是溶解于有机溶剂。熔点在 90~155℃的热塑性塑料有良好的电绝缘性[70-71]。低 *DS*≪0.1 的苄基纤维素材料用于血液透析膜。

纤维素的苄基化过程类似于通过碱处理纤维素与氯化苄反应合成烷基醚。通常，反应在 NaOH 水溶液中非均相进行。需要大量过量的醚化试剂来补偿水解损失。碱活化纤维素是亲水的，而苄基氯形成疏水相。结果，非均相苄基化受到混合和扩散过程的强烈控制，导致苄基更似块状分布；多糖的苄基化区域变得越来越疏水。因此，它们集中在醚化试剂附近，比未修饰区域更容易进一步醚化[72-73]。这种影响可以通过在一定程度上添加相转移催化剂来补偿。

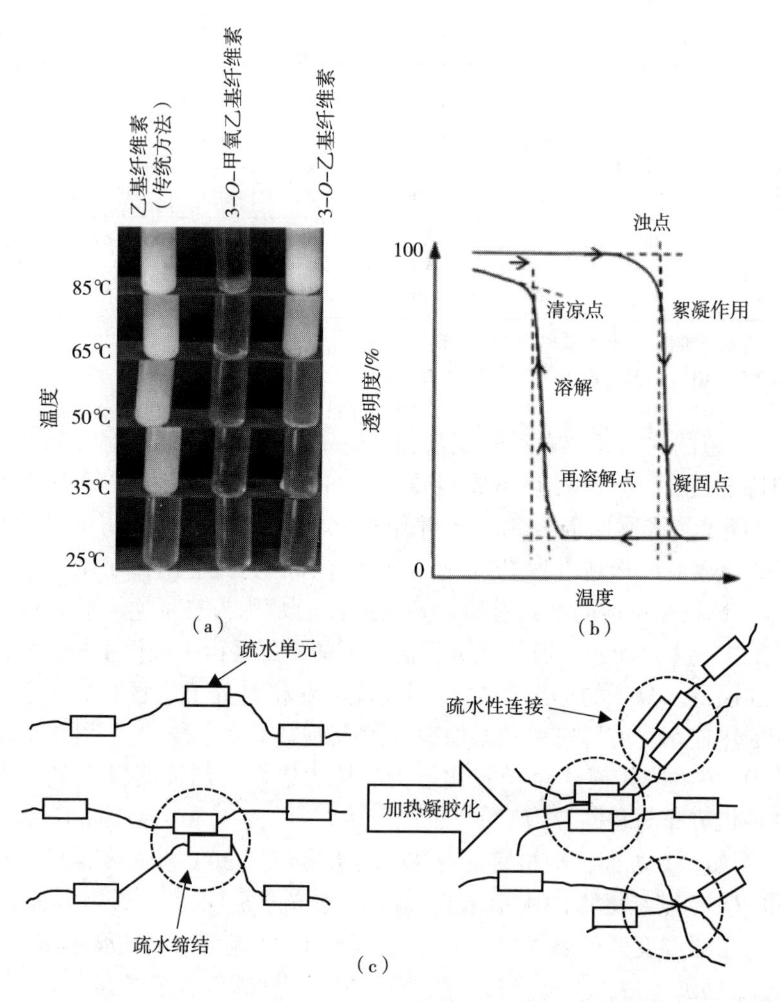

图 6.13 (a) 加热常规醚 ($DS=1.3$) 和区域选择性修饰纤维素烷基醚 ($DS=1.0$) 热可逆凝胶化[65]；(b) 絮凝和再溶解循环[59]；(c) 纤维素烷基醚的热可逆凝胶化可能的机理[66]

NaOH/尿素水溶液作为纤维素溶剂进行均相苄基化已有报道[74]。尽管纤维素链在溶解状态下更具有可及性，但由于醚化试剂的水解，在该系统中获得产物 *DS* 值（0.5）相当低（表 6.14）。由于氯化苄与水不混溶，使用过量氯化苄是不可行的。将纤维素溶解在 DMSO/TBAF 中，并使用固体或含水 NaOH 作为碱，可以获得 *DS* 高达 2.9 的苄基纤维素[71,73]。

表 6.14 70℃下不同反应介质中纤维素苯甲基化的条件和结果[71, 73-74]

介质	反应状态	碱	摩尔比^a	时间/h	*DS*
NaOH/尿素	均相	溶液	1.0 : 1.5	4	0.29

续表

介质	反应状态	碱	摩尔比[a]	时间/h	*DS*
NaOH/尿素	均相	溶液	1.0∶2.0	4	0.41
NaOH/尿素	均相	溶液	1.0∶3.0	4	0.51
NaOH/尿素	均相	溶液	1.0∶4.0	4	0.54
$NaOH_{aq}$	非均相	溶液	1.0∶0.5	6	0.02
$NaOH_{aq}$	非均相	溶液	1.0∶0.5	8	0.05
$NaOH_{aq}$	非均相	溶液	1.0∶0.5	10	0.07
$NaOH_{aq}$	非均相	溶液	1.0∶0.5	15	0.25
DMSO/TBAF[b]	相转移	固体	1.0∶3.0∶3.0	4	1.22
DMSO/TBAF[b]	相转移	固体	1.0∶6.0∶6.0	4	2.30
DMSO/TBAF[b]	相转移	固体	1.0∶6.0∶12.0	4	2.85
DMSO/TBAF[b]	相转移	固体	1.0∶9.0∶18.0	4	2.69

a. AGU 的摩尔比∶苯甲酰氯∶NaOH。

b. DMSO 中的9%四正丁基氟化铵三水合物。

苄基取代基作为一种非区域选择性的保护基团在高级纤维素化学中受到一些关注。它可以在温和条件下通过在钯催化剂存在下用分子氢还原而裂解。二芳基和三芳基甲基比单芳基类似物体积更大，因此被认为是纤维素中伯羟基的区域选择性保护基（图6.14）。在这方面，最显著的取代基是三苯基甲基（三苯甲基），用相应的三苯甲基氯化物在DMAc/LiCl、DMSO/N_2O_4 或 DMSO/SO_2/DEA 中进行均相转化，引入的最大 *DS* 值约为1.0[76]。大体积的二/三芳基甲基取代基主要在6位的空间位阻最小的伯羟基处引入，留下大部分仲羟基用于进一步转化。脱保护后区域选择性修饰得到2,3-*O*-纤维素衍生物。HCl 处理去除6-*O*-芳基甲基醚取代基是关键步骤，因为伴随酸催化的聚合物降解。因此，研究了三苯甲基保护基的替代品[75,77]。总的趋势是，与三苯基甲基氯化物相比，二苯基甲基氯化物的反应要慢得多，产生的 DS_{max} 更低，而用给电子甲氧基取代基修饰芳基部分显著提高了烷基化和脱保护的速度（图6.14）。关于在保护基团的帮助下区域选择性纤维素衍生物的合成和独特性质的更多信息参见4.4节。

研究了不饱和烷基取代基的纤维素烷基醚作为“点击化学”方法的中间体。铜催化的1,3-偶极环加成选择性地与叠氮化物反应合成炔丙基纤维素，可用于以非常可控的方式引入高功能取代基[78-79]。即使是非常庞大的基团，如高度分枝的树枝状结构，也可以接到纤维素骨架上（图6.15）。采用硫醇反应对纤维素烯丙基醚进行功能性取代基的选择性改性。该反应在UV照射下通过自由基机理进行[80]。烯丙基醚也作为非区域选择性保护基团而受到关注（见4.4节）。

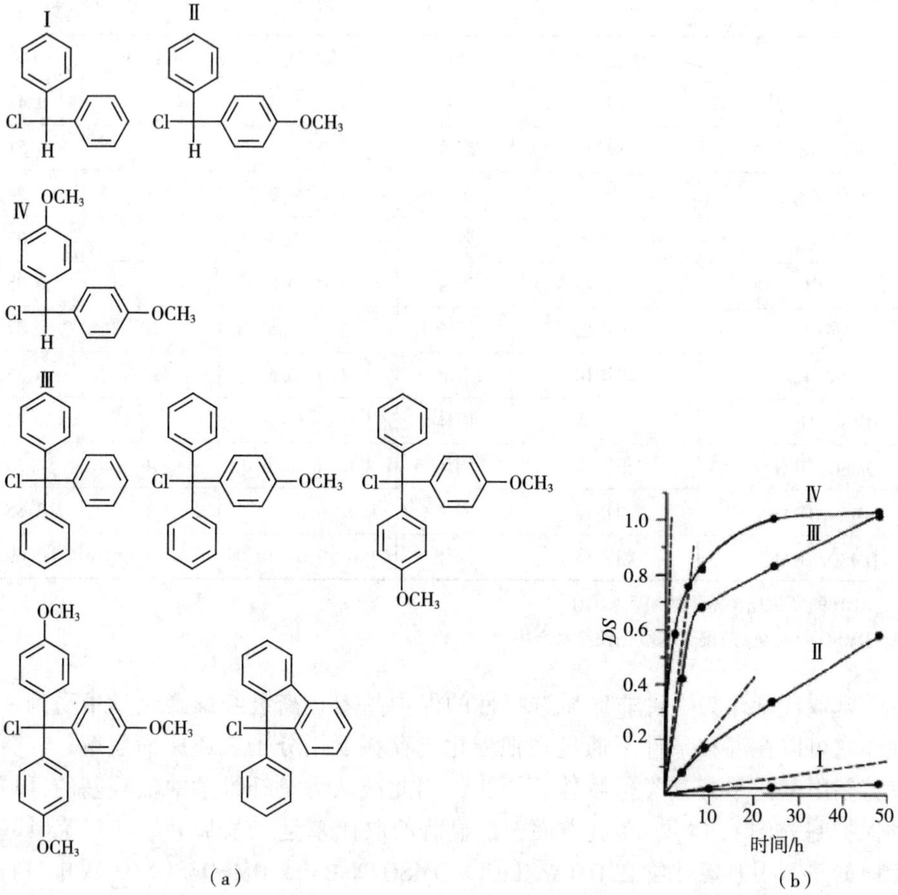

图 6.14　(a) 用于纤维素均相衍生化的二苯甲基氯化物和三苯甲基氯化物；(b) 纤维素与不同芳基甲基氯化物（每脱水葡萄糖单元 3mol）在 DMAc/LiCl 中以吡啶为碱的均相醚化产物的取代度与时间的关系[75]

纤维素与 α，β-不饱和化合物发生迈克尔加成反应生成醚。纤维素的氰乙基化是这一反应最典型的例子。可以在大量过量丙烯腈的 NaOH 水溶液中非均相进行，也可在 NMMO/水/共溶剂混合物或碱/尿素水溶液中均匀进行[81-83]。取决于 *DS*，与纤维素材料相比，氰乙基纤维素表现出独特的性质，如改善的热稳定性、高介电常数和对酸水解或微生物降解的抗性。此外，衍生物可以进一步官能化，如通过用羟胺转化为酰胺肟或用作共聚物侧链接枝的前体[84-85]。

6.2.3　羟基烷基和混合烷基/羟基烷基醚

纤维素羟烷基醚与烷基醚性质相似。根据醚的含量，它们溶于水或偶极有机溶剂。这类衍生物重要的代表是羟乙基纤维素（HEC）和羟丙基纤维素（HPC），

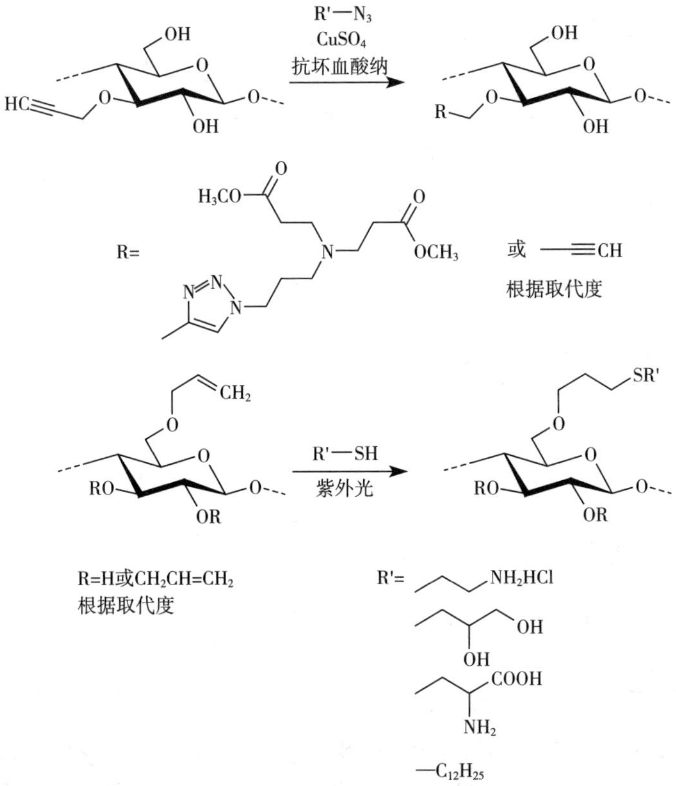

图 6.15 3-O-炔丙基纤维素与第一代叠氮基丙基聚酰胺的反应[78]（上）；纤维素烯丙基醚的硫醇反应[80]（下）

它们在工业上以不同的产品规格大量生产（表 6.15）。这两种衍生物与纤维素烷基醚用途类似，如用作食品、药品、涂料、建筑材料等中的溶液增稠剂、稳定剂和涂料[86-88]。尽管它们的分子结构相似，HPC 显示出热可逆凝胶化，HEC 则没有。这对于阻碍凝胶化的特定应用（如石油钻井助剂）具有一定的相关性，因为后者也可在高温下使用。

表 6.15 工业上相关的纤维素羟烷基和混合烷基氢-亚烷基醚（为了更好地理解，这里不考虑氧亚烷基侧链的形成）

缩写	名称	取代基		
		羟烷基	烷基 1	烷基 2
HEC	羟乙基纤维素	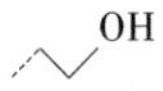 OH		
EHEC	乙基羟乙基纤维素	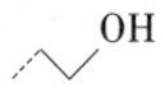 OH	 CH_3	

续表

缩写	名称	取代基		
		羟烷基	烷基 1	烷基 2
MEHEC	甲基乙基羟乙基纤维素	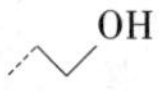 OH	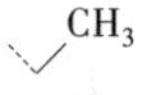 CH_3	----CH_3
hmHEC	羟乙基纤维素疏水化改性	 OH	 CH_3 n n= 13, 15	
hmEHEC	乙基羟乙基纤维素，疏水改性	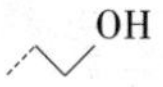 OH	 CH_3	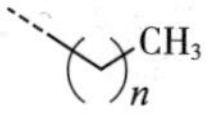 CH_3 n n= 13, 15
HPC	羟丙基纤维素	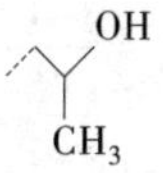 OH CH_3		
HPMC	羟丙基甲基纤维素	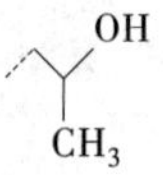 OH CH_3	----CH_3	

混合不同类型取代基和 *DS* 的烷基和羟烷基，可以微调纤维素醚的物理性质（如在水和有机介质中的溶解度、溶液黏度）和应用、相关特性（如砂浆和涂料配方的可加工性和保水性、片剂薄膜的溶胀性和溶解性）。因此，纤维素的混合烷基羟烷基醚，如乙基 HEC 和甲基乙基 HEC（表 6.15），与它们的非混合类似物具有类似的技术应用。羟丙基甲基纤维素（HPMC，羟丙甲纤维素）作食品添加剂（E 编号 464），特别是作为药剂学中的赋形剂具有重要意义。纤维素醚的溶解特性，基于 HPMC 的药物基质以及时控制的方式崩解（图 6.16）[89]。最初的快速吸水导致聚合物水合，并形成保护性外凝胶层，从而减缓水的进一步渗透。随着时间的推移，凝胶层的尺寸以消耗固体芯为代价逐步增加。掺入的药物通过凝胶层的扩散和侵蚀逐渐释放，直到整个基质解体。

除了具有短链烷基取代基的混合纤维素醚，特别是甲基和乙基部分之外，带长烷基链（如 C14 和 C16）的“疏水改性”羟烷基纤维素醚也有商品。与原始纤维素醚相比，在相似相对分子质量下，由于侧链的二级疏水相互作用，这些化合物溶液黏度增加，如图 6.16（c）所示[90]。此外，疏水改性可对乳液和胶体分散体的稳定性产生有益影响[91-92]。

碱活化纤维素与环氧化合物发生开环反应制备纤维素的羟烷基醚。与烷基醚的主要区别在于，取代的侧链内生成羟基，羟基可进一步衍生化。过量的醚化试剂可与纤维素主链反应，将增加总 *DS*，也可与取代基的羟烷基反应，将导致取代

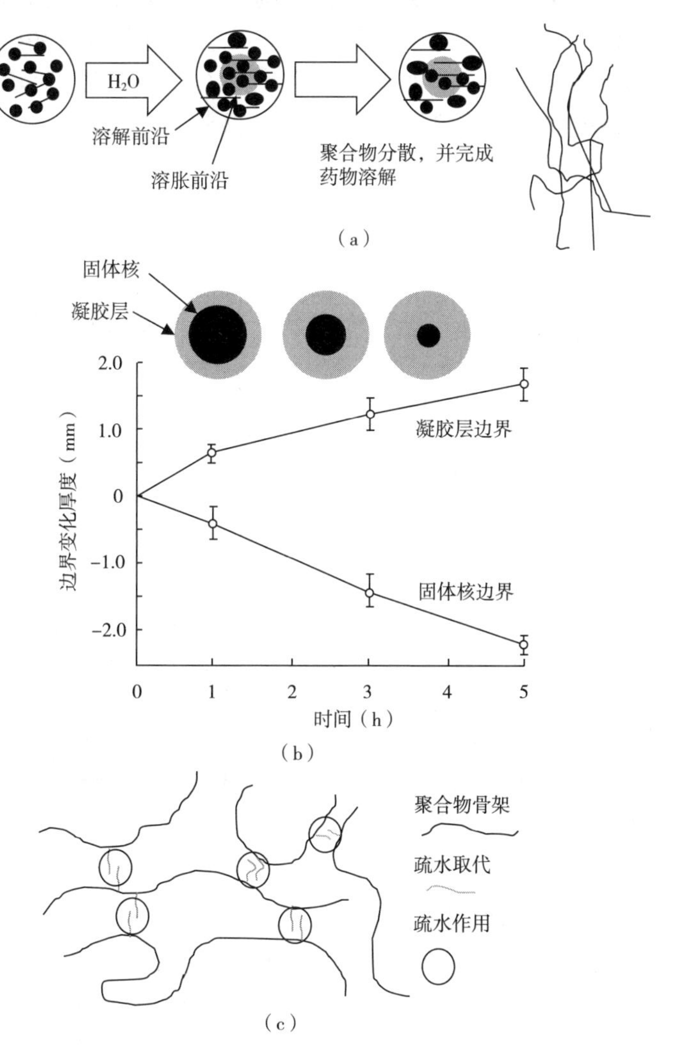

图 6.16　(a) 羟丙甲纤维素基质溶解中的药物分布和基质溶胀示意图；
(b) 水中羟丙甲纤维素-果胶基质边界区域的示意图和实际变化 (6∶3)[89]；
(c) 溶液中疏水性烷基羟烷基纤维素醚分子链相互作用示意图

基的延长，不会增加 *DS*，如图 6.17 (a) 所示。因此，引入了另一个描述概念，称为分子取代度 (*MS*)。它描述了连接到重复单元的取代基的总数，并且总是≥*DS*，仅量化了直接连接到纤维素羟基的取代基数量。总反应速率以及位置 2、3 和 6 处的单独反应速率以及新引入的羟基强烈依赖于碱浓度，如图 6.17 (b) 所示。碱溶液中纤维素与环氧乙烷 (羟乙基化) 的非均相转化的一般趋势，NaOH 含量的增加提高了反应性，有利于侧链及纤维素骨架内的伯羟基的醚化[59]。3 位的仲羟基是反应性最低的羟基。羟烷基的平均链长随着衍生化的增加而增加，直到 *MS/DS* 比例达到约 1.5，如图 6.17（c）所示[93]。因此，在反应开始时，链传播是非常有利的，而在反应的后期，新取代基的形成是主要的反应。纤维素的非均相羟丙基化遵循类似的趋势，反应性顺序为 O-6>O-2>O-3[94]。

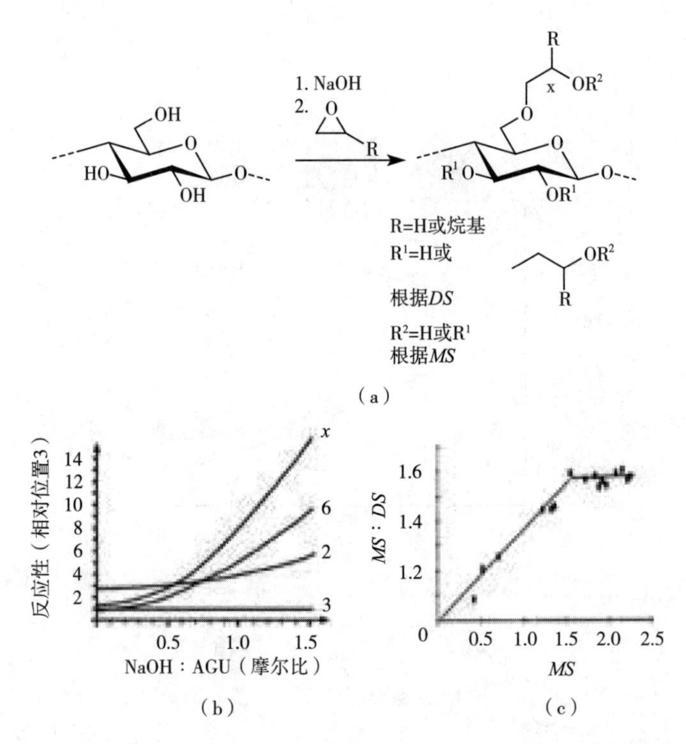

图 6.17 （a）羟烷基纤维素醚反应示意图；（b）纤维素非均相羟乙基化部分反应速率（相对于位 3 处的反应）的定性示意图[59]；（c）含水碱/醇浆料中非均匀制备羟乙基纤维素的摩尔取代度（*MS*）与取代度（*DS*）比例和 *MS* 的函数关系[93]

碱活化纤维素非均相衍生化是最重要的制备羟烷基纤维素醚的方法之一。学术研究中均相合成羟烷基醚也有研究。HEC、HPC 在 IL 中以环氧乙烷、环氧丙烷均相下进行合成（表 6.14）[95]。乙酸根离子作为 IL 的阴离子部分存在还是作为催化剂加入，都会催化开环反应，使 *MS* 增加。反应混合物的黏度影响反应过程。偶极非质子共溶剂的加入有利于气态试剂的溶解，并产生高度取代的衍生物。与非均相工艺中常规制备的商业 HEC 的比较表明，IL 中的羟基烷基化的 *MS*：*DS* 比例较低，说明醚取代基处的烷基化不太有利。另外，均相反应顺序为 O-2 > O-6≈O-3，而不是常规制备 HEC 的顺序 O-6 > O-2 > O-3。

NaOH/尿素水溶液用于均相合成 HEC 的反应介质（表 6.16）[96]。与 IL 溶液中环氧化合物的转化相比，氯醇反应更快，反应性更强。仅当 *MS*>1 时，观察到部

分 *DS* 值的显著差异（O-2 ≥ O-6 > O-3）。

表 6.16　纤维素均相羟烷基化时间和结果[95-96]

溶剂[a]	添加剂[b]	温度/℃	反应试剂[c]	摩尔比[d]	时间/h	*MS*	DS_{O-2}	DS_{O-3}	DS_{O-6}
常规参考						1.37	0.32	0.17	0.40
EMIMAc（4%，SSP）	—	80	EtO	1∶10	19	0.39			
EMIMAc（4%，SSP）	—	80	PrO	1∶20	19	0.22			
EMIMAc（4%，SSP）	—	80	PrO	1∶40	19	1.34	0.42	0.32	0.32
EMIMAc（4%，SSP）	—	80	PrO	1∶50	19	1.27			
EMIMAc（4%，SSP）	DMSO	80	PrO	1∶50	19	1.25	0.46	0.36	0.35
EMIMAc（8%，SSP）	DMSO	80	PrO	1∶50	19	2.24	0.86	0.78	0.75
EMIMAc（8%，SSP）	DMF	80	PrO	1∶50	19	2.41			
BMIMCl（4%，SSP）	—	80	PrO	1∶50	19	0.09			
BMIMCl（4%，SSP）	CH_3COOK	80	PrO	1∶50	19	0.45	0.14	0.12	0.08
NaOH/尿素（2% 棉）	—	50	ClH	1∶7.5	5	0.86	0.28	0.21	0.23
NaOH/尿素（2% 棉）	—	50	ClH	1∶9	3	0.90	0.29	0.19	0.25
NaOH/尿素（2% 棉）	—	50	ClH	1∶9	4	0.98	0.30	0.25	0.26
NaOH/尿素（2% 棉）	—	50	ClH	1∶9	5	1.04	0.29	0.26	0.29
NaOH/尿素（2% 棉）	—	50	ClH	1∶9	6	1.06	0.31	0.26	0.29
NaOH/尿素（2% 棉）	—	50	ClH	1∶12	5	1.44	0.44	0.30	0.40

a. 括号内是纤维素浓度，EMIMAc 为 1-乙基-3-甲基咪唑醋酸盐，BMIMCl 为 1-丁基-3-甲基咪唑氯化物，SSP 为云山亚硫酸盐纸浆。

b. DMSO、DMF 为共溶剂（29%，质量分数），CH_3COOK 为催化剂（0.2mol/molAGU）。

c. EtO 为环氧乙烷，PrO 为环氧丙烷，ClH 为氯代醇。

d. 摩尔比为 AGU∶试剂。

很少有关于羟丁基、更高级羟烷基醚的报道。羟甲基纤维素（methylol cellulose），羟烷基纤维素醚的第一个衍生物，在学术上非常重要。它可以被视为甲醛的半缩醛，并被鉴定为在偶极非质子溶剂（如 DMSO、DMF、DMA 和 NMP）与多聚甲醛或甲醛的体系中纤维素溶解过程中形成的化合物（见 3.2.2 节和图 5.8）[97]。例如，在含有多聚甲醛的 DMSO 中，高温（130℃）下发生羟甲基化。与单体甲醛处于平衡的试剂可与纤维素骨架和/或新引入的羟基部分反应，产生不同链长的羟甲基取代基。需要 15~25 的高 *MS* 才能实现溶解。此外，可以用两当量的纤维素形成缩醛。羟甲基很容易与水或甲醇反应发生裂解，可用于纤维素的成型和再生。

6.3 硅烷基醚

与烷基醚化学惰性相比，硅烷基醚 Si—O 键更容易在酸（例如气态 HCl 和酸水溶液或碱水溶液）的存在下裂解。因此，纤维素甲硅烷基醚的使用方式与它们的烷基类似物不同，后者作为添加剂在水性分散体中应用。硅烷化纤维素衍生物具有亲脂性，能够自组装成明确的二维和三维结构，可在温和条件下通过 Si—O 键的水解容易地转化为纤维素材料。此外，甲硅烷基醚取代基用作合成区域选择性纤维素衍生物的保护基。

以下章节主要介绍作为最具代表性的纤维素硅烷基醚——三甲基硅烷基纤维素（TMSC）。关于具有高级烷基部分（特别是支链部分）的甲硅烷基醚的合成及其作为保护基的用途的更多信息，见 4.4 节。用硅烷化试剂——三甲基甲硅烷基氯（TMSCl）或 1，1，1，3，3，3-六甲基二硅氮烷（HMDS，图 6.18）与纤维素反应而获得 TMSC。反应可以均匀地（完全均相或如发生相分离部分均相）、非均相（纤维素不溶解但分散在反应介质中）或在液相两相系统中（纤维素溶解在亲水溶剂中，硅烷化试剂溶解在不混溶的疏水溶剂中）进行，取决于纤维素和硅烷化产物在所选反应介质中的溶解度。TMSC 仅在相当窄的 *DS* 值范围中可溶于不同的有机溶剂（图 6.19）[98]。因此，很可能发生从均相反应到非均相反应的转变，反之亦然，特别是当目标 *DS*>1.5 时。

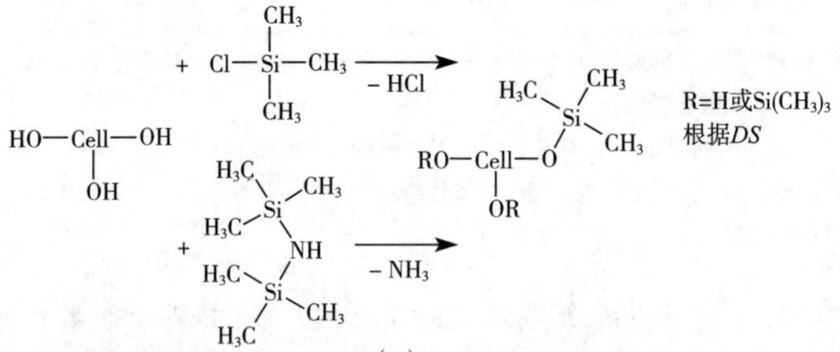

$HO—Cell—OH$（OH） + $Cl—Si(CH_3)_3$ $\xrightarrow{-HCl}$ $RO—Cell—O—Si(CH_3)_3$（OR）　R=H或$Si(CH_3)_3$ 根据*DS*

+ $(CH_3)_3Si—NH—Si(CH_3)_3$ $\xrightarrow{-NH_3}$

（a）

$HO—Cell—O—Si(CH_3)_3$（$O—Si(CH_3)_3$） $\xrightarrow[-(CH_3)_3SiOH]{+H_2O}$ $HO—Cell—OR$（OH）　R=H或$Si(CH_3)_3$ 根据*DS*

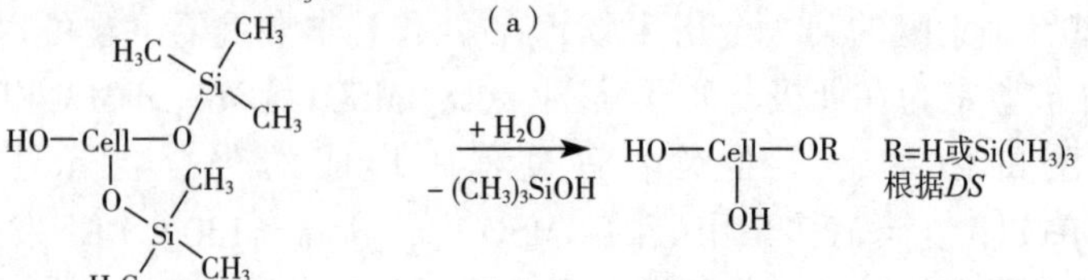

（b）

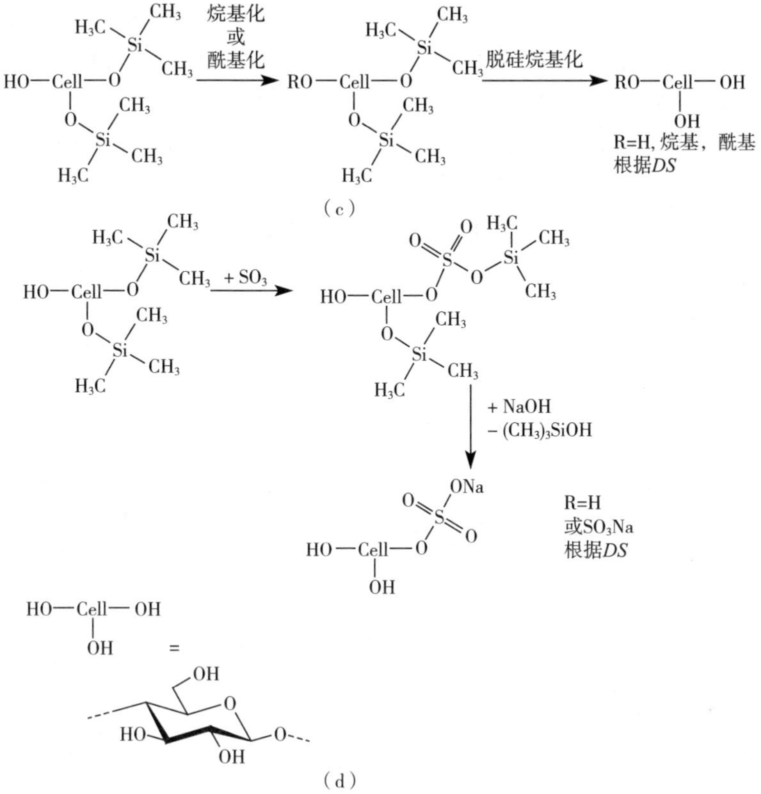

HO—Cell—O—Si(CH$_3$)$_3$ / O—Si(CH$_3$)$_3$ —烷基化 或 酰基化→ RO—Cell—O—Si(CH$_3$)$_3$ / O—Si(CH$_3$)$_3$ —脱硅烷基化→ RO—Cell—OH / OH

R=H, 烷基，酰基
根据*DS*

（c）

HO—Cell—O—Si(CH$_3$)$_3$ / O—Si(CH$_3$)$_3$ —+ SO_3→ HO—Cell—O—SO_2—O—Si(CH$_3$)$_3$ / O—Si(CH$_3$)$_3$

+ NaOH
− $(CH_3)_3SiOH$

HO—Cell—O—SO_2—ONa / OH

R=H
或SO_3Na
根据*DS*

HO—Cell—OH / OH =

OH
O
HO
OH
O

（d）

图 6.18　（a）纤维素甲硅醚的合成；（b）水解；（c）醚化和酯化；（d）磺化示意图

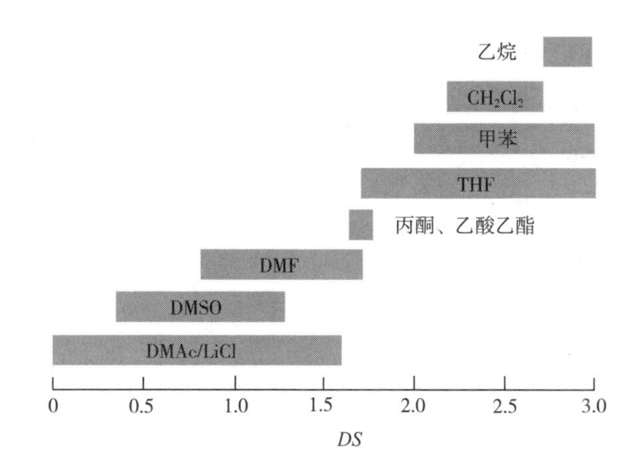

图 6.19　不同溶剂中三甲基硅基纤维素的溶解性与取代度的关系[98]

只有当所有组分（起始纤维素、甲硅烷基化试剂和随 *DS* 增加而变得越来越疏水的 TMSC）在整个反应过程中可溶时，纤维素的完全均匀甲硅烷化才可行。纤维素在 DMAc/LiCl 中与 HMDS 和催化量的 TMSCl 硅烷化反应开始均相进行，直到 *DS*≈1.5；逐渐 TMSC 变得不溶，混合物变成非均相。反应进一步继续，系统中得到 *DS* 值高达 2.9 的 TMSC（表 6.17）[99]。IL 也被用作合成 TMSC 的反应介质。然而，如 HMDS 等衍生化试剂仅部分溶于溶解纤维素的 IL 中（表 6.18）[100]。此外，*DS*>1 的 TMSC 在所测试的 IL 反应介质中不再可溶（表 6.17）[99, 101]。在低浓度下，1-甲基咪唑（作为 IL 中的杂质）可以催化硅烷化反应，产生高 *DS* 值。乙酸咪唑的 IL 被证明是最有效的反应介质之一。

表 6.17 六甲基二硅氮烷（HMDS）溶解在不同反应介质中的纤维素硅烷化反应的条件和结果[99-101]

反应过程[a]	溶剂[b]	共溶剂	添加剂[c]	摩尔比[d]	温度/℃	时间/h	*DS*[e]
hom → het	DMAc/LiCl	—	TMSCl	1∶1∶0.1	80	1	0.5
hom → het	DMAc/LiCl	—	TMSCl	1∶1.5∶0.1	80	1	1.4
hom → het	DMAc/LiCl	—	TMSCl	1∶2∶0.1	80	1	2.2
hom → het	DMAc/LiCl	—	TMSCl	1∶3∶0.1	80	1	2.2
hom → het	DMAc/LiCl	—	TMSCl	1∶8∶0.1	80	1	2.9
hom → het	EMIMAc	—	—	1∶3	80	1	2.7
hom → het	EMIMAc	—	—	1∶8	80	1	2.9
hom → het	BMIMCl	—	—	1∶5	80	1	—
hom → het	BMIMCl	—	—	1∶8	80	1	1.9
hom → het	BMIMAc	—	—	1∶9.2	100	16	2.9
hom → het	BMIMBz	—	—	1∶9.2	100	16	2.9
hom → het	BMIMPr	—	—	1∶9.2	100	16	2.9
双液相	BMIMCl	甲苯	Saccharin	1∶2∶0.01	80	16	0.0
双液相	BMIMCl	甲苯	Saccharin	1∶3.2∶0.01	80	16	2.2
双液相	BMIMCl	甲苯	Saccharin	1∶4.3∶0.01	80	16	2.1
双液相	BMIMCl	甲苯	Saccharin	1∶4.3∶0.01	100	16	2.2
双液相	BMIMCl	甲苯	Saccharin	1∶4.3∶0.01	120	16	2.2
双液相	BMIMCl	甲苯	Saccharin	1∶9.2∶0.01	120	16	2.3

续表

反应过程[a]	溶剂[b]	共溶剂	添加剂[c]	摩尔比[d]	温度/℃	时间/h	DS[e]
hom	EMIMAc	氯仿	—	1∶3	80	1	2.2
hom	EMIMAc	氯仿	—	1∶5	80	1	2.3
hom	EMIMAc	氯仿	—	1∶8	80	1	2.9
hom	EMIMAc	氯仿	MI	1∶3∶0.01	80	1	2.7
hom	EMIMAc	氯仿	MI	1∶3∶3	80	1	2.1
hom	BMIMCl	氯仿	—	1∶3	80	1	1.9
hom	BMIMCl	氯仿	—	1∶5	80	1	1.7
hom	BMIMCl	氯仿	—	1∶8	80	1	0.4
hom	BMIMCl[f]	氯仿	MI	1∶8∶0	80	1	0.0
hom	BMIMCl[f]	氯仿	MI	1∶8∶0.07	80	1	1.9
hom	BMIMCl[f]	氯仿	MI	1∶8∶0.2	80	1	0.8

a. hom 为均相，het 为非均相，hom→ het 为均相转化为非均相。

b. BMIM 为 1-丁基-3-甲基咪唑，EMIM 为 1-乙基-3-甲基咪唑，Ac 为醋酸盐，Bz 为苯甲酸盐，Cl 为氯化物，Pr 为丙酸酯。

c. TMSCl 为三甲基氯硅烷，MI 为 1-甲基咪唑。

d. AGU∶HMDS∶添加剂摩尔比。

e. 取代度。

f. 高纯离子液体（>99%）。

表 6.18 不同 IL 中六甲基二硅氮烷（HMDS）的溶解性[100]

离子液体	HMDS 的溶解性/%，摩尔分数	离子液体	HMDS 的溶解性/%，摩尔分数
BMIMCl	1	BMIMBz	3
BMIMAc	3	EMIMDEP	8
BMIMPr	4		

纤维素在 IL 中的硅烷化也可以在液相两相系统中进行[100]。HMDS 形成单独的层，在与亲水纤维素/IL 溶液的界面处发生反应，也可加入与所用 IL 不混溶的甲苯，以溶解疏水性 HMDS 以及高 DS 值的 TMSC。两相反应混合物中进行衍生化，液—液界面形成的 TMSC 变得越来越疏水，部分从 IL 相扩散到疏水相，在那里进一步甲硅烷化的反应速度要快得多。这种方法适用于合成 $DS > 2$ 的 TMSC。如果目标产物是低的总 DS，则可能会出现不均匀的产品混合物。

由于试剂和硅烷化产物对水解的敏感性以及硅烷化化合物（试剂和纤维素衍生物）在质子溶剂中溶解度有限，含水碱淤浆介质中“经典”非均相醚化是不可行的。吡啶用作非均相反应介质用于纤维素的活化和随后的 TMSCl 转化[102-103]。作为副产物形成的盐酸吡啶鎓杂质可在存在痕量水（如来自潮湿空气）的情况下引发脱硅反应。液氨被成功地用作合成 $DS>1.5$ 的 TMSC 反应介质。此外，在该体系中区域选择性合成了 6-单-*O*-二甲基甲硅烷基纤维素（见 4.4.2 节）[104]。

初始试验在-70℃下用 TMSCl 反应，TMSCl 生成氯化铵，作为可催化脱硅的酸性副产物[103]。高压釜中，在 80℃的高温下进行反应，避免技术上具有挑战性的冷却操作[105]。更重要的是，HMDS 可以在这种情况下使用，因为它完全溶于 25℃以上的液氨。HMDS 的硅烷化仅产生氨为副产物，可容易地从反应混合物中回收。

纤维素和 $DS<2.2$ 或 $DS>2.7$ 的 TMSC 不溶于反应混合物，意味着反应大部分是非均相的。为了实现最佳反应，采用 HMDS：NH_3（1）（比例为 0.9～1.3）和糖精为催化剂，产物 DS_{TMS} 高达 3.0。与在 IL 中通过双相硅烷化制备的具有类似 *DS* 的衍生物相比，在液氨中制备的 TMSC 显示出更高含量的未修饰重复单元和更低含量的 2,6-二硅烷化重复单元（表 6.19）[100]。

表 6.19 甲基化分析法测定离子液体和液氨中制备的三甲基硅烷基纤维素的取代模式[100]

介质	*DS*	部分 *DS*			摩尔分数[a]							
		2	3	6	0	2	3	6	2-3	2-6	3-6	2-3-6
BMIMCl	0.9	0.30	0.17	0.43	33.7	12.8	6.5	26.6	4.5	9.5	3.6	2.8
氨	0.8	0.19	0.12	0.47	38.3	9.3	4.7	35.2	1.3	5.4	3.0	2.8
BMIMCl	1.9	0.81	0.26	0.83	2.2	8.4	2.2	6.8	5.3	56.9	8.4	10.5
氨	1.9	0.80	0.40	0.70	3.1	14.0	3.2	8.1	9.4	31.5	7.6	23.1

a. 未改性：0；单-硅烷基化：2，3，6；二-硅烷基化：2-3，2-6，3-6；三-硅烷基化：2-3-6。

如上所述，TMSC 中的甲硅烷基醚键在酸性或碱性条件下易于水解。以糖精为催化剂，在 THF/氨中进行部分脱硅，从高度取代的产物开始获得指定 *DS* 的 TM-SC[106]。类似于丙酮可溶性乙酸纤维素的合成技术（见 5.1.1 节），该方法可以避免在低的总 *DS* 下的产品均匀性方面的非均相硅烷化过程的限制。脱硅限于添加的水量；当降低到 $DS\approx1$ 时，预测和获得的 *DS* 值有良好相关性。更低的 *DS*，TMSC 不溶于 THF，水解速率变得更低。

用 1N HCl（aq）或气态 HCl 水解实现完全脱硅，有机可溶 TMSC 脱硅被用于加工成特定形状的纤维素材料。对于纤维素纤维的制备，类似于黏胶工艺，由于硅烷化的成本和适用性方面的限制，这种方法几乎不适用[103]。然而，TMSC 被广泛用于制造纤维素膜和模型表面，其可用于研究吸附过程和纤维素表面的酶或化学转化，以及生物复合材料的组装/拆卸[107-108]。TMSC 可溶解在有机溶剂中，旋涂，并通过溶剂蒸发再生，在暴露于气态 HCl 转化为纤维素后生成厚度为 10～50nm 的膜[109]。*DS*>2 的 TMSC 具有强疏水性，TMSC 氯仿溶液并在水表面蒸发溶剂后自组装成 Langmuir 单层表面[110-111]。可以通过 Langmuir-Blodgett 或 Langmuir-Schaeffer 沉积制备不同载体上的 TMSC 薄膜，如图 6.20（a）、（b）所示。

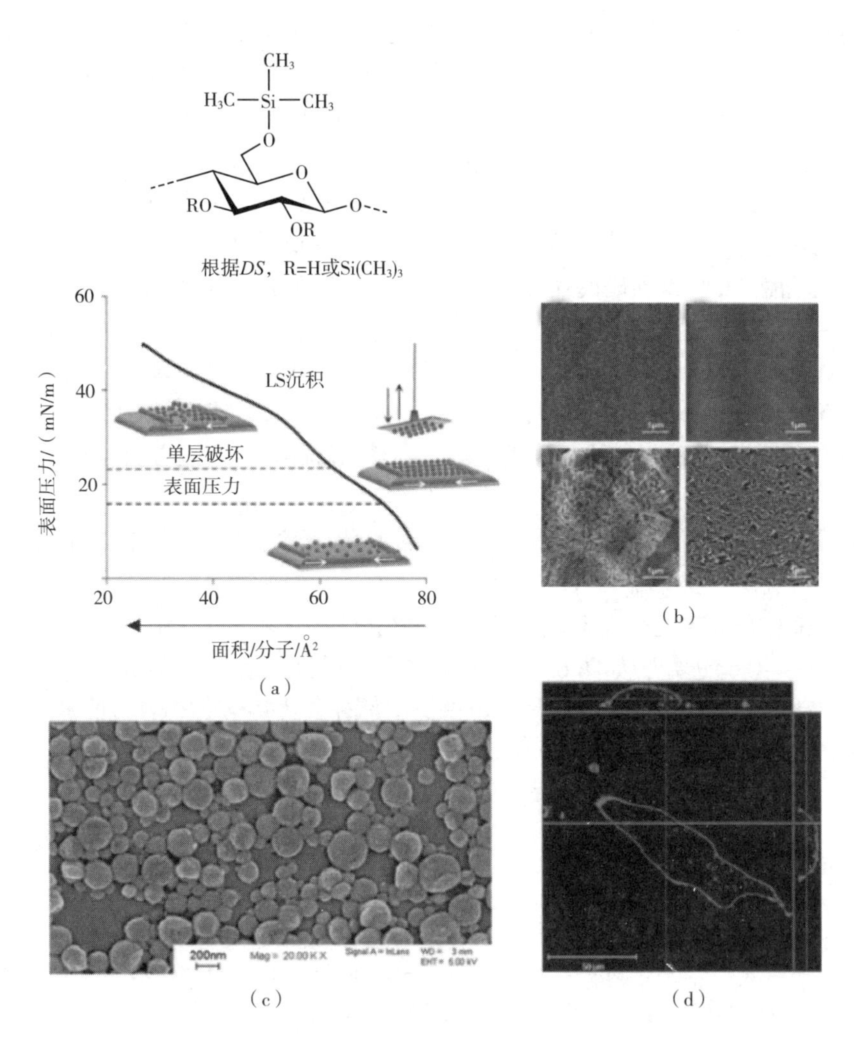

图 6.20　（a）三甲基硅烷基纤维素（TMSC）作为 Langmuir-Schaeffer 膜沉积的示意图和表面压力面积等温线；（b）不同表面 TMSA 膜的原子力显微镜图[111]；（c）TMSC 透析获得的纤维素颗粒的 SEM 图；（d）与 TMSC 获得的染料标记的纤维素纳米颗粒（绿色）孵育后的人造纤维细胞的共焦显微照片[112]

TMSC 在水体系中超分子自组装的趋势被用于制备纤维素纳米颗粒[99]。当 TMSC 溶液在合适的溶剂（例如 DMA 或 THF）中对水进行透析时，疏水性甲硅烷基醚形成球形颗粒。颗粒大小和多分散性强烈取决于甲硅烷基部分的含量；在 *DS* 为 1.4~1.9 的条件下，获得了多分散指数（PDI）为 0.1~0.3 且尺寸在 180~270nm 的相当均匀的颗粒，如图 6.20（c）所示。在较高的 *DS* 下，颗粒变得更大（>1μm)，而在较低的 *DS* 下没有形成颗粒。颗粒形成过程类似于疏水纤维素酯自组装成纳米颗粒[113]。然而，甲硅烷基部分在透析过程中被完全裂解，导致纤维素纳米颗粒的形成。相比之下，酯基在相同条件下是稳定的，即获得纤维素酯颗粒。基于 TMSC 的纤维素纳米颗粒具有可用于进一步化学修饰的 OH 基团，如用染料或药物。它们也被细胞吸收，而没有表现出细胞毒性，如图 6.20（d）所示。

在没有水的情况下，甲硅烷基在常见的酯化和醚化反应条件下是稳定的。部分甲硅烷基化纤维素衍生物中的剩余羟基可以进一步修饰，以产生分子结构由原始甲硅烷基醚的 *DS* 和取代模式预定义的衍生物［图 6.18（c）］。这种方法被广泛用于在大体积甲硅烷基醚保护基，如二甲基甲硅烷基的帮助下合成区域选择性改性的纤维素衍生物（见 4.4.2 节）。TMSC 也用作合成纤维素酯的中间体[98]。TMS 基团赋予有机介质中的溶解性，能够实现均匀的反应条件并限制可实现的最大 *DS* 值。在叔胺作为碱存在下，TMSC 与酰氯的转化产生甲硅烷化和酯化的混合衍生物。甲硅烷基在温和的酸性条件下裂解，如在室温下用 1mol/L HCl 处理 1h，而不去除酰基。在高温（80~160℃）没有碱的情况下，TMS 基团在与酰氯酯化过程中被部分去除。$DS_{酯}$高于起始的 DS_{TMS}。

与 TMSC 合成有机纤维素酯（发生在剩余羟基）不同，TMSC 的硫酸化通过 SO_3 插入 Si—O 键进行，如图 6.18（d）所示[114]。可以达到的最大 $DS_{硫酸盐}$限于起始 DS_{TMS} 和用含水碱处理去除残留的甲硅烷基部分。硫酸化试剂的类型不同，可以实现不同的取代模式[115]。SO_3—DMF 主要在位置 6 硫酸化，相对于位置 3 和 6，SO_3—三乙胺有利于位置 2 的硫酸化。

参考文献

1. Dahlgren L（1987）Cellulose ethers—properties and applications. In：Kennedy JF, Phillips GO, Williams PA（eds）Wood Cellulose. Horwood Publishing, Chichester, pp 427-439

2. Nicholson MD, Merritt FM（1989）Cellulose ethers. In：Nevell TP, Zeronian SH（eds）Cellulose chemistry. Its application. Horwood Publishing, Chichester, UK, pp 363-383

3. Feddersen RL, Thorp SN（1993）In：Whistler RL, BeMiller JN（eds）Industrial

gums, polysaccharides and their derivatives, 3rd edn. Academic Press, Inc. , San Diego, Boston, New York, USA, p 537

4. Baar A, Kulicke W-M, Szablikowski K, Kiesewetter R (1994) Nuclear magnetic resonance spectroscopic characterization of carboxymethyl cellulose. Macromol Chem Phys 195:1483-1492
5. Reuben J, Conner HT (1983) Analysis of the carbon-13 NMR spectrum of hydrolyzed O-(carboxymethyl) cellulose: monomer composition and substitution patterns. Carbohydr Res 115:1-13
6. Tezuka Y, Tsuchiya Y, Shiomi T (1996) Proton and carbon-13 NMR structural study on cellulose and polysaccharide derivatives with carbonyl groups as a sensitive probe. Part II. Carbon-13 NMR determination of substituent distribution in carboxymethyl cellulose by use of its peresteriied derivatives. Carbohydr Res 291:99-108
7. Kragten EA, Kamerling JP, Vliegenthart JFG (1992) Composition analysis of carboxymethylcellulose by high-pH anion-exchange chromatography with pulsed amperometric detection. J Chromatogr 623:49-53
8. Heinze T, Erler U, Nehls I, Klemm D (1994) Determination of the substituent pattern of heterogeneously and homogeneously synthesized carboxymethyl cellulose by using high-performance liquid chromatography. Angew Makromol Chem 215:93-106
9. Liebert T, Heinze T (1998) Induced phase separation: a new synthesis concept in cellulose chemistry. ACS Symp Ser 688:61-72
10. Heinze T (1997) Ionische Funktionspolymere aus Cellulose: Neue Synthesekonzepte, Strukturaufklärung und Eigenschaften. Habilitation Thesis, Friedrich Schiller University of Jena
11. Burger J, Kettenbach G, Klüfers P (1995) Polyol metal complexes. Part 14. Coordination equilibria in transition metal based cellulose solvents. Macromol Symp 99: 113-126
12. Heinze T, Liebert T, Klüfers P, Meister F (1999) Carboxymethylation of cellulose in unconventional media. Cellulose 6:153-165
13. Käuper P, Kulicke W-M, Horner S, Saake B, Puls J, Kunze J, Fink H-P, Heinze U, Heinze T, Klohr EA, Thielking H, Koch W (1998) Development and evaluation of methods for determining the pattern of functionalization in sodium carboxymethylcelluloses. Angew Makromol Chem 260:53-63
14. Myllymaeki V, Aksela R (2005) Etheriication of cellulose in ionic liquid solutions. WO2005054298A1. CAN 143:28326
15. Heinze T, Schwikal K, Barthel S (2005) Ionic liquids as reaction medium in cellu-

lose functionalization. Macromol Biosci 5:520-525

16. Ramos LA, Frollini E, Heinze T (2005) Carboxymethylation of cellulose in the new solvent dimethyl sulfoxide/tetrabutylammonium fluoride. Carbohydr Polym 60: 259-267
17. Heinze T, Köhler S (2010) Dimethyl sulfoxide and ammonium fluorides—a novel cellulose solvent. ACS Symp Ser 1033:108-118
18. Liebert T, Klemm D, Heinze T (1996) Synthesis and carboxymethylation of organo-soluble trifluoroacetates and formates of cellulose. J Macromol Sci Part A Pure Appl Chem A33:613-626
19. Saake B, Horner S, Kruse T, Puls J, Liebert T, Heinze T (2000) Detailed investigation on the molecular structure of carboxymethyl cellulose with unusual substitution pattern by means of an enzyme-supported analysis. Macromol Chem Phys 201:1996-2002
20. Clasen C, Wilhelms T, Kulicke W-M (2006) Formation and characterization of chitosan membranes. Biomacromol 7:3210-3222
21. Baklagina YG, Kononova SV, Petrova VA, Kruchinina EV, Nud'ga LA, Romanov DP, Klechkovskaya VV, Orekhov AS, Bogomazov AV, Arkhipov SN (2013) Study of polyelectrolyte complexes of chitosan and sulfoethyl cellulose. Crystallogr Rep 58: 287-294
22. Schwarz H-H, Lukáš J, Richau K (2003) Surface and permeability properties of membranes from polyelectrolyte complexes and polyelectrolyte surfactant complexes. J Membr Sci 218:1-9
23. Rose T, Neumann B, Thielking H, Koch W, Vorlop K-D (2000) Hollow beads of Sulfoethyl Cellulose (SEC) on the basis of polyelectrolyte complexes. Chem Eng Technol 23:769-772
24. Shimizu T, Tadokoro K, Suganuma A, Hirose M (1984) Chromatography of inorganic ions on sulfoethyl cellulose layer in mixed sulfuric acid-organic solvent media. Chromatographia 18:692-694
25. Glasser WG, Michalek A (2006) Sulfoalkylated cellulose having superabsorbent properties and method for its manufacture. US 20060142560 A1 20060629, CAN 145:105442
26. Donges R, Kirchner J (2000) Water-soluble hydrophobically modiied sulfoalkyl cellulose ethers, process for making the same and their use in dispersion paints. EP 997478 A1 20000503, CAN 132:323031
27. Höhl F, Schlesiger H, Kiesewetter R (2001) Manufacture of (methyl- and

hydroxyalkyl-substituted) sulfoalkyl-modiied cellulose ethers as nonassociative thickeners for aqueous coating systems. DE 19935323 A1 20010201 CAN134:133138

28. Kiesewetter R, Szablikowski K, Lange W (1993) Water-soluble sulfoalkyl-hydroxyalkyl cellulose derivatives, and their use in cement and/or gypsum compositions. EP 554749 A2 19930811, CAN120:306034
29. Zhang K, Brendler E, Gebauer K, GrunerM, Fischer S (2011) Synthesis and characterization of low sulfoethylated cellulose. Carbohydr Polym 83:616-622
30. Talába P, Sroková I, Ebringerová A, Hodul P, Marcinč in A (1997) Cellulose-based biodegradable polymeric surfactants. J Carbohydr Chem 16:573-582
31. Heinze T, Haack V, Rensing S (2004) Starch derivatives of high degree of functionalization. 7. Preparation of cationic 2-hydroxypropyltrimethylammonium chloride starches. Starch/Staerke 56:288-296
32. Podgornyi VF, Gur'ev VP (1981) Simple method for the synthesis of AE-cellulose—matrix for profenzym production. Immobilizovannye Proteoliticheskie Fermnty Lech Gnoino-Nekroticheskikh Protsessov 124-131
33. Bischoff KH, Dautzenberg H (1977) Aminoethylated cellulose powder. DD 124419 A1 19770223, CAN88:24439
34. Soignet DM, Benerito RR (1967) Improved preparation of diethylaminoethyl-cotton-fabrics. Text Res J 37:1001-1003
35. Rousseau RW, Ferrell JK, Reardon RF (1984) Synthesis of diethylaminoethyl cellulose on cotton fabric. Ind Eng Chem Prod Res Dev 23:250-252
36. Yang H, Thyrion FC (1996) Kinetic studies of the reaction of 2-diethylaminoethylchloride with nucleophilic reagents in N, N-dimethylformamide. Bull Soc Chim Belg 105:23-31
37. Noreika R, Zdanavicius J (1971) Reaction of cellulose with diethylepoxypropylamine. Cellul Chem Technol 5:117-129
38. Acikara ÖB (2013) Ion-exchange chromatography and its applications. In: Martin D (ed) Chapter 2 in column chromatography, InTech
39. www. gelifesciences. co. jp/tech_support/manual/pdf/71710000. pdf. Accessed May 2015; www. himedialabs. com/TD/MB110. pdf. Accessed May 2015
40. Liesiene J (2010) Synthesis of water-soluble cationic cellulose derivatives with tertiary amino groups. Cellulose 17:167-172
41. Prado HJ, Matulewicz MC (2014) Cationization of polysaccharides: a path to greener derivatives with many industrial applications. Eur Polym J 52:53-75
42. Käufer K, Krause T, Schempp W (1980) Production of cationic pulps. Effect of dif-

ferent variables on the degree of substitution and on yield. Papier (Bingen, Germany) 34:575–579
43. www.quab.com. Accessed May 2015; www.dow.com/quat. Accessed May 2015
44. Gruber E, Granzow C, Ott T (1996) New ways to cationic cellulose. Papier (Darmstadt) 50:729–734
45. Hashem M, El-Bisi M, Sharaf S, Refaie R (2010) Pre-cationization of cotton fabrics: an effective alternative tool for activation of hydrogen peroxide bleaching process. Carbohydr Polym 79:533–540
46. Acharya S, Abidi N, Rajbhandari R, Meulewaeter F (2014) Chemical cationization of cotton fabric for improved dye uptake. Cellulose 21:4693–4706
47. Ott G, Schempp W, Krause T (1989) Preparation of cationic cellulose with high degree of substitution in lithium chloride/dimethylacetamide. Papier (Bingen, Germany) 43:694–699
48. Pašteka M (1988) Quaternization of regenerated cellulose under homogeneous reaction conditions. Acta Polym 39:130–132
49. Song Y, Sun Y, Zhang X, Zhou J, Zhang L (2008) Homogeneous quaternization of cellulose in NaOH/urea aqueous solutions as gene carriers. Biomacromolecules 9: 2259–2264
50. Yan L, Tao H, Bangal PR (2009) Synthesis and flocculation behavior of cationic cellulose prepared in a NaOH/urea aqueous solution. Clean Soil Air Water 37:39–44
51. Song Y, Wang H, Zeng X, Sun Y, Zhang X, Zhou J, Zhang L (2010) Effect of molecular weight and degree of substitution of quaternized cellulose on the eficiency of gene transfection. Bioconjug Chem 21:1271–1279
52. Song Y, Zhang J, Gan W, Zhou J, Zhang L (2010) Flocculation properties and antimicrobial activities of quaternized celluloses synthesized in NaOH/urea aqueous solution. Ind Eng Chem Res 49:1242–1246
53. Hossel P, Dieing R, Norenberg R, Pfau A, Sander R (2000) Conditioning polymers in today's shampoo formulations—eficacy, mechanism and test methods. Int J Cosmet Sci 22:1–10
54. Liesiene J, Kazlauske J (2013) Functionalization of cellulose: synthesis of water-soluble cationic cellulose derivatives. Cellul Chem Technol 47:515–525
55. Methocell cellulose ethers technical handbook, 2002. The Dow Chemical Company, USA
56. Ethocell ethylcellulose polymers technical handbook, 2005. The Dow Chemical Company, USA

57. Benecel high purity methylcellulose, methylhydroxypropylcellulose, hypromellose physical and chemical properties. Ashland Inc., USA
58. Aqualon ethylcellulose physical and chemical properties, 2002. Ashland Inc., USA
59. Dönges R (1990) Nonionic cellulose ethers. Brit Polym J 23:315–326
60. Jay A (1996) The methylation reaction in carbohydrate analysis. J Carbohydr Chem 15:897–923
61. Hirrien M, Desbrières J, Rinaudo M (1997) Physical properties of methyl celluloses in relation with the conditions for cellulose modiication. Carbohydr Polym 31:243–252
62. Petruš L, Gray DG, BeMiller JN (1995) Homogeneous alkylation of cellulose in lithium chloride/dimethyl sulfoxide solvent with dimsyl sodium activation. A proposal for the mechanism of cellulose dissolution in LiCl/Me_2S. Carbohydr Res 268:319–323
63. Zhou J, Xu Y, Wang X, Qin Y, Zhang L (2008) Microstructure and aggregation behavior of methylcelluloses prepared in NaOH/urea aqueous solutions. Carbohydr Polym 74:901–906
64. Nagel MCV, Koschella A, Voiges K, Mischnick P, Heinze T (2010) Homogeneous methylation of wood pulp cellulose dissolved in LiOH/urea/H_2O. Eur Polym J 46:1726–1735
65. Sun S, Foster TJ, MacNaughtan W, Mitchell JR, Fenn D, Koschella A, Heinze T (2009) Self-association of cellulose ethers with random and regioselective distribution of substitution. J Polym Sci Part B Polym Phys 47:1743–1752
66. Li L, Thangamathesvaran PM, Yue CY, Tam KC, Hu X, Lam YC (2001) Gel network structure of methylcellulose in water. Langmuir 17:8062–8068
67. McAllister JW, Schmidt PW, Dorfman KD, Lodge TP, Bates FS (2015) Thermodynamics of aqueous methylcellulose solutions. Macromolecules 48:7205–7215
68. Wang Q, Li L (2005) Effects of molecular weight on the thermoreversible gelation and gel elasticity of methylcellulose in aqueous solution. Carbohydr Polym 62:232–238
69. Heinze T, Pfeifer A, Sarbova V, Koschella A (2011) 3-O-Propyl cellulose: cellulose ether with exceptionally low flocculation temperature. Polym Bull 66:1219–1229
70. Braun D, Meuret B (1989) Benzyl cellulose as thermoplastic resin. I. Preparation and characterization. Papier (Bingen, Germany) 43:688–694
71. Ramos LA, Frollini E, Koschella A, Heinze T (2005) Benzylation of cellulose in the solvent dimethylsulfoxide/tetrabutylammonium fluoride trihydrate. Cellulose 12:607–619

72. Daly WH, Caldwell JD (1979) Influence of quaternary ammonium salts on cellulose benzylation. J Polym Sci Polym Lett Ed 17:55-63
73. Rohleder E, Heinze T (2010) Comparison of benzyl cellulose synthesized in aqueous NaOH and dimethyl sulfoxide/tetrabutylammonium fluoride. Macromol Symp 294: 107-116
74. Li MF, Sun SN, Xu F, Sun RC (2011) Cold NaOH/urea aqueous dissolved cellulose for benzylation: synthesis and characterization. Eur Polym J 47:1817-1826
75. Erler U, Klemm D, Nehls I (1992) Homogeneous synthesis of diphenylmethyl ethers of cellulose in N, N-dimethylacetamide/lithium chloride solvent system. Makromol Chem Rapid Commun 13:195-201
76. HagiwaraI, Shiraishi N, Yokota T, Norimoto M, Hayashi Y (1981) Homogeneous tritylation of cellulose in a sulfur dioxide—diethylamine—dimethyl sulfoxide medium. J Wood Chem Technol 1:93-109
77. Camacho Gómez JA, Erler UW, Klemm DO (1996) 4-Methoxy substituted trityl groups in 6-O protection of cellulose: homogeneous synthesis, characterization, detritylation. Macromol Chem Phys 197:953-964
78. Fenn D, Pohl M, Heinze T (2009) Novel 3-O-propargyl cellulose as a precursor for regioselective functionalization of cellulose. React Funct Polym 69:347-352
79. Faugeras PA, Elchinger PH, Brouillette F, Montplaisir D, Zerrouki R (2012) Advances in cellulose chemistry—microwave-assisted synthesis of propargylcellulose in aqueous medium. Green Chem 14:598-600
80. Hu H, You J, Gan W, Zhou J, Zhang L (2015) Synthesis of allyl cellulose in NaOH/urea aqueous solutions and its thiol—ene click reactions. Polym Chem 6: 3543-3548
81. Volkert B, Wagenknecht W, Mai M (2010) Structure-property relationship of cellulose ethers—influence of the synthetic pathway on cyanoethylation. ACS Symp Ser 1033:319-341
82. Zhou J, Li Q, Song Y, Zhang L, Lin X (2010) A facile method for the homogeneous synthesis of cyanoethyl cellulose in NaOH/urea aqueous solutions. Polym Chem 1: 1662-1668
83. Li Q, Wu P, Zhou J, Zhang L (2012) Structure and solution properties of cyanoethyl celluloses synthesized in LiOH/urea aqueous solution. Cellulose 19:161-169
84. Li W, Liu R, Kang H, Sun Y, Dong F, Huang Y (2013) Synthesis of amidoxime functionalized cellulose derivatives as a reducing agent and stabilizer for preparing gold nanoparticles. Polym Chem 4:2556-2563

85. Kamel S, Hassan EM, El-Sakhawy M (2006) Preparation and application of acrylonitrile-grafted cyanoethyl cellulose for the removal of copper (Ⅱ) ions. J Appl Polym Sci 100:329-334
86. Natrosol® Hydroxyethylcellulose A nonionic water-soluble polymer, 1999. Ashland Inc., USA
87. Cellosize hydroxyethyl cellulose, 2005. The Dow Chemical Company, USA
88. Klucel hydroxypropylcellulose physical and chemical properties, 2012. Ashland Inc., USA
89. Li CL, Martini LG, Ford JL, Roberts M (2005) The use of hypromellose in oral drug delivery. J Pharm Pharmacol 57:533-546
90. Sharma V, Haward SJ, Serdy J, Keshavarz B, Soderlund A, Threlfall-Holmes P, McKinley GH (2015) The rheology of aqueous solutions of ethyl hydroxy-ethyl cellulose (EHEC) and its hydrophobically modiied analogue (hmEHEC): extensional flow response in capillary break-up, jetting (ROJER) and in a cross-slot extensional rheometer. Soft Matter 11:3251-3270
91. Wang J, Somasundaran P (2006) Mechanisms of ethyl(hydroxyethyl) cellulose-solid interaction: influence of hydrophobic modiication. J Colloid Interface Sci 293: 322-332
92. Karlberg M, Thuresson K, Lindman B (2005) Hydrophobically modiied ethyl (hydrox-yethyl) cellulose as stabilizer and emulsifying agent in macroemulsions. Colloids Surf A 262:158-167
93. Arisz PW, Thai HTT, Boon JJ, Salomons WG (1996) Changes in substituent distribution patterns during the conversion of cellulose to O-(2-hydroxyethyl) celluloses. Cellulose 3: 45-61
94. Asandei N, Perju N, Nicolescu R, Ciovica S (1995) Some aspects concerning the synthesis and properties of hydroxypropyl cellulose. Cellul Chem Technol 29: 261-271
95. Köhler S, Liebert T, Heinze T, Vollmer A, Mischnick P, Möllmann E, Becker W (2010) Interaction of ionic liquids with polysaccharides 9. Hydroxyalkylation of cellulose without additional inorganic bases. Cellulose 17:437-448
96. Zhou J, Qin Y, Liu S, Zhang L (2006) Homogeneous synthesis of hydroxyethylcellulose in NaOH/urea aqueous solution. Macromol Biosci 6:84-89
97. Baker TJ, Schroeder LR, Johnson DC (1981) Formation of methylol cellulose and its dissolution in polar aprotic solvents. Cellul Chem Technol 15:311-320
98. Klemm D, Schnabelrauch M, Stein A, Philipp B, Wagenknecht W, Nehls I (1990)

New results for homogeneous esteriication of cellulose by soluble intermediates. Papier (Bingen, Germany) 44:624-632
99. Kostag M, Köhler S, Liebert T, Heinze T (2010) Pure cellulose nanoparticles from trimethylsilyl cellulose. Macromol Symp 294(Ⅱ):96-106
100. Mormann W, Wezstein M (2009) Trimethylsilylation of cellulose in ionic liquids. Macromol Biosci 9:369-375
101. Köhler S, Liebert T, Heinze T (2008) Interactions of ionic liquids with polysaccharides. VI. Pure cellulose nanoparticles from trimethylsilyl cellulose synthesized in ionic liquids. J Polym Sci Part A Polym Chem 46:4070-4080
102. Klebe JF, Finkbeiner HL (1969) Silyl celluloses: a new class of soluble cellulose derivatives. J Polym Sci Part A-1 Polym Chem 7:1947-1958
103. Greber G, Paschinger O (1981) Silyl derivates of cellulose. Papier (Bingen, Germany) 35:547-554
104. Petzold K, Koschella A, Klemm D, Heublein B (2003) Silylation of cellulose and starch— selectivity, structure analysis, and subsequent reactions. Cellulose 10:251-269
105. Mormann W (2003) Silylation of cellulose with hexamethyldisilazane in ammonia—activation, catalysis, mechanism, properties. Cellulose 10:271-281
106. Mormann W, Demeter J (2000) Controlled desilylation of cellulose with stoichiometric amounts of water in the presence of ammonia. Macromol Chem Phys 201:1963-1968
107. Tammelin T, Saarinen T, Österberg M, Laine J (2006) Preparation of Langmuir/Blodgett-cellulose surfaces by using horizontal dipping procedure. Application for polyelectrolyte adsorption studies performed with QCM-D. Cellulose 13:519-535
108. Mohan T, Kargl R, Doliška A, Ehmann HMA, Ribitsch V, Stana-Kleinschek K (2013) Enzymatic digestion of partially and fully regenerated cellulose model ilms from trimethylsilyl cellulose. Carbohydr Polym 93:191-198
109. Kontturi E, Thüne PC, Niemantsverdriet JW (2003) Cellulose model surfaces—simplified preparation by spin coating and characterization by X-ray photoelectron spectroscopy, infrared spectroscopy, and atomic force microscopy. Langmuir 19:5735-5741
110. Schaub M, Wenz G, Wegner G, Stein A, Klemm D (1993) Ultrathin ilms of cellulose on silicon wafers. Adv Mater 5:919-922
111. Niinivaara E, Kontturi E (2014) 2D dendritic fractal patterns from an amphiphilic polysaccharide. SoftMatter 10:1801-1805

112. Liebert T, Kostag M, Wotschadlo J, Heinze T (2011) Stable cellulose nanospheres for cellular uptake. Macromol Biosci 11:1387–1392
113. Wondraczek H, Petzold-Welcke K, Fardim P, Heinze (2013) Nanoparticles from conven-tional cellulose esters: evaluation of preparation methods. Cellulose 20:751–760
114. Wagenknecht W, Nehls I, Stein A, Klemm D, Philipp B (1992) Synthesis and substituent distribution of Na-cellulose sulphates via trimethylsilyl cellulose as intermediate. Acta Polym 43:266–269
115. Richter A, Klemm D (2003) Regioselective sulfation of trimethylsilyl cellulose using different SO_3-complexes. Cellulose 10:133–138
116. Liebert T, Heinze T (1998) Synthesis path versus distribution of functional groups in cellulose ethers. Macromol Symp 130:271–283

第7章　其他纤维素衍生物和衍生化反应

7.1　纤维素的氧化

7.1.1　简介

纤维素的氧化是改变纤维素性质以获得高附加值产品的另一重要途径。纤维素的各种宏观特性和化学行为会因此发生变化（图7.1）。此外，纤维素的氧化可得到应用在医疗领域中的、具有生物活性的材料。例如，氧化纤维素在生理条件下是可恢复的和可降解的，能用作可吸收的止血支架材料[1-2]。氧化纤维素也可用于术后预防粘连层[3-4]，有明显的凝血活性[5]。

7.1.2　纤维素的氧化试剂和氧化产物

原则上，纤维素可以通过引入羧基、醛基和酮基而被氧化（图7.1），产物分别为羧基纤维素、醛纤维素和酮基纤维素。大多数情况下，相同的反应能形成不同的基团。因此，纤维素的氧化产物通常表示为氧化纤维素（oxycellulose）。就产物性质而言，为得到某种官能团和氧化的立体选择性需要进行选择性氧化。理论上可用于氧化纤维素的试剂很多，但是，一些试剂必须在强酸性或碱性介质中氧化纤维素，会导致纤维素降解，因此与低分子的有机化学相比，许多试剂不适用于纤维素的氧化。纤维素的氧化剂可分为非选择性氧化试剂（氮氧化物[6]，碱金属亚硝酸盐和硝酸盐[7]、臭氧[8]、高锰酸盐[9]、过氧化物[10]）和选择性氧化试剂（常见的是高碘酸盐[11-13]和硝酰自由基[14-22]）。

7.1.3　AGU伯羟基（6位C原子）的氧化

纤维素AGU的6位碳原子上的羟基可以被氧化，得到6-醛基纤维素和6-羧基纤维素。6-羧基纤维素可采用非极性溶剂，如四氯甲烷作为反应介质，与二氧化氮（分别为 NO_2 和 N_2O_4）反应，该反应有一定的选择性[23]。纤维素与 NO_2（N_2O_4）的反应已经被详细研究，纤维素分子上生成羰基，产物含氮原子，纤维素发生严重降解[24]。

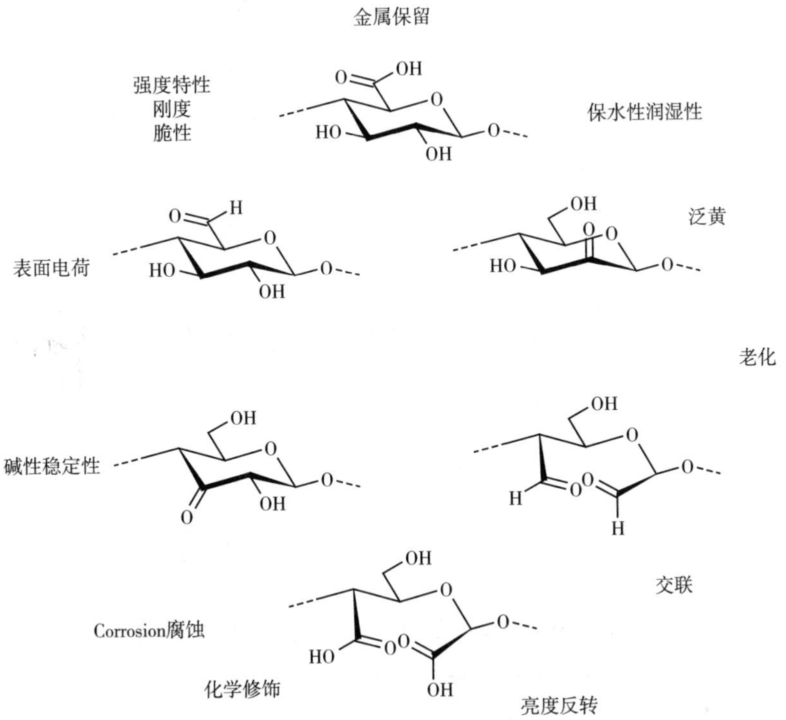

金属保留

强度特性
刚度
脆性

保水性润湿性

表面电荷

泛黄

老化

碱性稳定性

交联

Corrosion腐蚀

化学修饰

亮度反转

图7.1　羰基和羧基对纤维素宏观性能的影响

在纤维素高度溶胀体系中，用氮氧化物氧化纤维素是上述氧化方法的改进。在磷酸中用 $NaNO_2$ 处理纤维素，形成的 N_2O_3 作为氧化剂[7,25]。释放的氧化剂 N_2O_3 产生泡沫，保证气体和纤维素之间的接触并防止气态氧化剂损失。一个有趣的现象是随着起始纤维素的 MM 增加氧化程度增加[25]。^{13}C-NMR 谱中信号的化学位移清楚地表明选择性氧化反应的发生。图7.2是氧化度为0.62的样品（在 D_2O 中）和氧化度为0.82的样品谱图。除了在纤维素谱图中的信号之外，175.5ppm 处出现新信号，归属于 AGU 的6位的羧基碳。低氧化度下，伯羟基连接的 C 信号仍然可见（如预期的那样），而较高氧化度的样品该信号消失。

通常氢氧化钠水溶液能将所形成的羧酸转化成盐。令人惊讶的是，^{13}C-NMR 光谱中羰基在165ppm范围内显示额外信号，归属于甲酸酯。甲酸用于破坏剩余的氧化剂，因此，在酸性条件下，可以形成甲酸酯。如果用硼氢化钠将羧酸基团转化为钠盐，则可获得纯产品，6-羧基纤维素不含任何酯基。由于没有典型的 C ═O 基团的 NMR 信号，因此 Painter 等认为的存在酮基不能被证实[28]。

溶解在加压 CO_2 中的 NO_2 对纤维素氧化的研究已有报道[29]。虽然超临界 CO_2 作为各种化学改性的反应介质越来越受到关注，但纤维素氧化的作用并不像预期

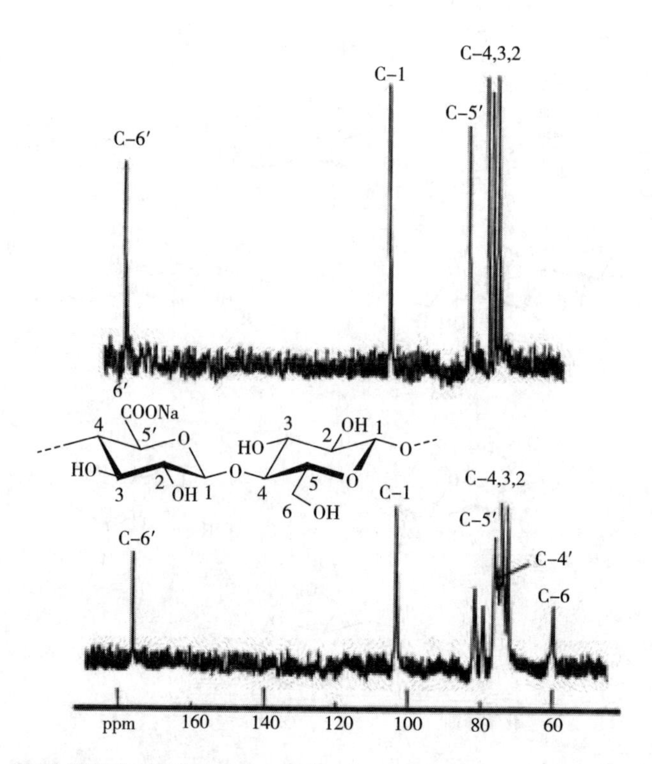

图 7.2　6-羧基纤维素的^{13}C-NMR 光谱，氧化度为 62%（下）和 82%（上）[26]

的那样中性，纤维素的氧化程度取决于引入 CO_2 的量[29]。假设 CO_2 与 NO_2 相互作用，进而抑制 NO_2 对纤维素的反应性。

从 de Nooy 等于 1994 年的开创性工作开始[30]，氧化体系 2,2,6,6-四甲基哌啶-*N*-氧基（TEMPO）/KBr/NaClO 将多糖中的伯羟基转化为相应的多聚糖类似物已经变得越来越重要。该反应主要用于包括纤维素在内的各种多糖的选择性氧化，TEMPO 氧化可确保高反应速率和高产率，选择性非常高，多糖在整个过程中降解适度[18]。

实际的氧化物质是由 TEMPO［图 7.3（b）］形成的亚硝鎓离子［图 7.3（c）］。TEMPO 与氧化剂（主要是次溴酸根离子）的反应原位产生亚硝鎓离子，而次溴酸根离子又是由溴化物盐和次氯酸钠产生（图 7.3）。氧化过程中，亚硝鎓离子转化为 *N*-羟基-2,2,6,6-四甲基哌啶，TEMPO 的还原形式［图 7.3（a）］。

通常在 NaOCl 作用下，以 0.5%~4%（摩尔分数）的 TEMPO 和 5%~30%（摩尔分数）的 NaBr 为催化剂（相对于底物），在碱性水介质中低温氧化纤维素[31]。pH 值为 10，反应温度 4℃，无定形纤维素的解聚程度最低[16]。室温下，TEMPO/NaBr/NaClO 氧化多种纤维素样品已被用在增加纤维素的羧基含量研究中[19]。在这

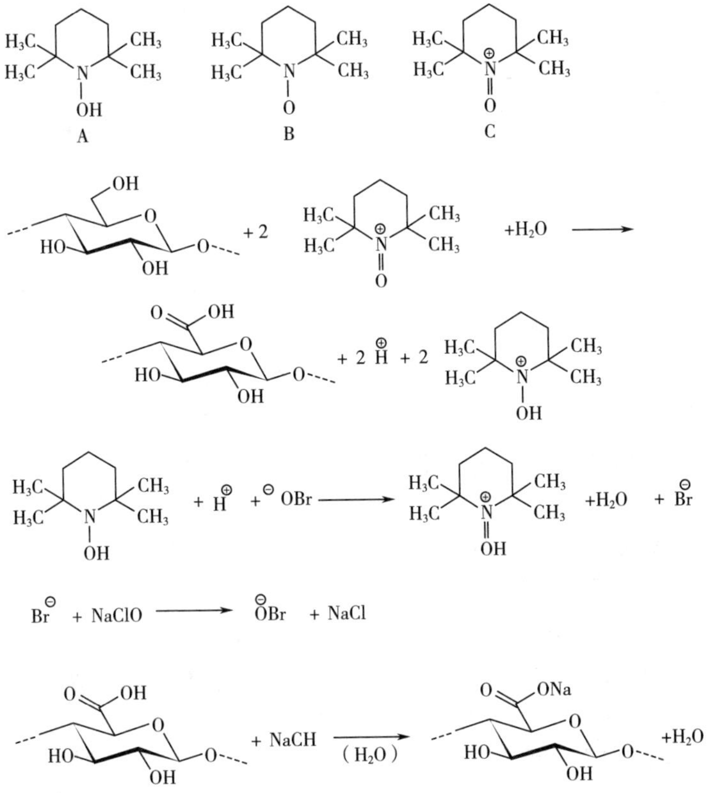

图7.3　2,2,6,6-四甲基哌啶-*N*-氧基（TEMPO）将纤维素的伯羟基氧化成羧基

项研究工作中，有人指出控制纤维素解聚（再生的或丝光化的）的关键因素是TEMPO的投料量、反应时间和温度。在pH值为10的水中用TEMPO/NaBr/NaClO处理天然纤维素可使纤维素表面有效氧化，产生羧酸钠基团，且保持原始纤维形态、结晶度和晶体尺寸[32]。

TEMPO的氧化过程中对纤维素起到解聚作用的主要是次氯酸钠，次氯酸钠导致AGU的C2—C3键裂解，形成二醛基团和二羧酸基团[30]。碱性介质中，AGU的C2位和C3位生成羰基基团，导致通过β-烷氧基片段化发生纤维素解聚[11]。TEMPO氧化过程中的解聚也可通过β-消除反应发生（图7.4）。

为克服氧化反应中的纤维素解聚，对TEMPO/KBr/NaClO氧化体系尝试进行改进。采用TEMPO衍生物4-乙酰胺-TEMPO在60℃、pH值为4.8~6.8下反应1~5天[33-34]，可获得高产率的具有高聚合度、水溶性的6-羧基纤维素。这里$NaClO_2$作为主氧化剂，而以催化量存在的NaClO诱导发生氧化反应。然而，NaClO或$NaClO_2$引起的副反应不能避免。

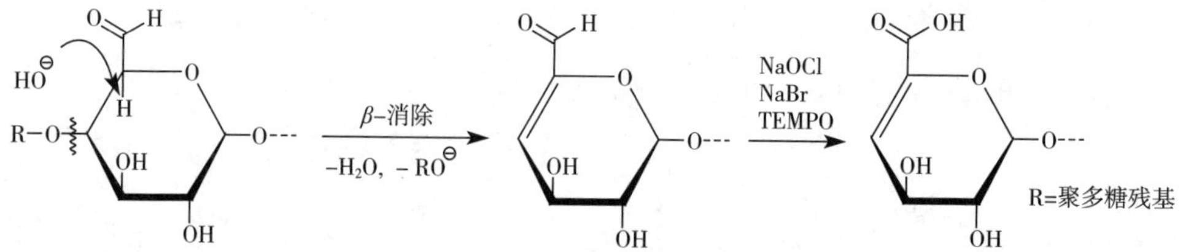

图 7.4　2,2,6,6-四甲基哌啶-*N*-氧基（TEMPO）的氧化过程中 *β* 消除导致的聚合物降解

如许多关于将羧基引入纤维素纳米颗粒、纳米原纤化纤维素和纤维素晶须的论文所述[35]，TEMPO 氧化适用于纤维素表面氧化。

氧化有机化合物的电化学方法（即电—有机氧化）被认为是“绿色”化学方法，引起了广泛关注[36-37]。TEMPO 存在下，纤维素的电—有机氧化的未来的主要应用是减少氧化过程中纤维素的降解。在 pH ＝6.8 的 0.1mol/L 磷酸盐缓冲液中，室温处理 45h，包括再生纤维素纤维在内的多糖在 TEMPO-电介导作用下能够发生氧化反应[38]。不同于其他 TEMPO 的氧化，4-乙酰胺-TEMPO 催化剂非常特殊，形成大量的 6-羧酸酯基和 6-醛基（分别为 1.1 mmol/g 和 0.6mmol/g）。

理论计算证实了 TEMPO 氧化的高选择性[39]。碱性介质中，纤维素的氧化开始于烷氧化物对亚硝鎓阳离子的强极化 N ═O 键的氮或氧原子的亲核攻击，形成复合物 Ⅰ 或 Ⅱ（图 7.5）。根据计算，经氧化物配合物的氧化发生可能性较小，因此更可能是生成配合物 Ⅰ 的反应路径（图 7.5）。

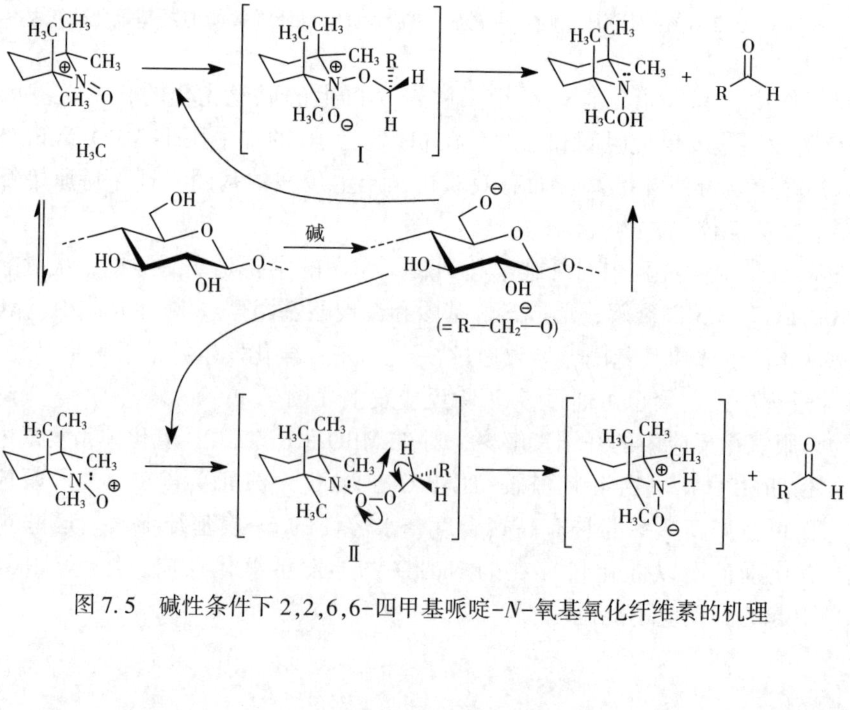

图 7.5　碱性条件下 2,2,6,6-四甲基哌啶-*N*-氧基氧化纤维素的机理

通过引入另一种官能团可以进一步修饰 6-羧基纤维素。用于纤维素及其衍生物化学改性的有机溶剂，对纤维素及其衍生物缺乏足够的溶解能力，难以进一步控制离子纤维素衍生物的反应。因此，在经过 DMF 中羧基纤维素水溶液的沉淀和水消除组合的预处理后，获得高度溶胀和高反应性体系。纤维素衍生物可以与 SO_3 或 HSO_3Cl 反应转化成相应的羧基纤维素硫酸酯，然后用 NaOH 水溶液中和成硫酸半酯[40]。这些聚电解质可通过与低分子量或聚合物阳离子相互作用而形成特殊的超分子聚集体。采用与羧基纤维素相同的活化工艺，与 $SOCl_2$ 反应产生相应的酰氯，与胺反应生成酰胺[41]。

7.1.4　仲羟基的氧化

仲羟基的氧化可以制备 2-酮-纤维素，3-酮-纤维素和/或 2,3-二酮纤维素（图 7.1）。此外，可发生 C2 和 C3 间键的断裂，类似于邻位二醇，生成 2,3-二醛纤维素。后者是后续改性的重要中间体，特别是通过还原胺化用于如酶固定化等的研究。

可以用温和的氧化剂——乙酸酐/DMSO 将溶解在 DMSO/多聚甲醛中的纤维素氧化成 3-酮纤维素[42]。相反，在相似条件下，6 位保护的纤维素衍生物（6-*O*-三苯基纤维素、6-*O*-乙酰基纤维素）的 C2 羟基被氧化。两个酮基的含量 C2 位为 54%，C3 位为 36%[43]。未改性的纤维素通过 O-2 和 O-6 半缩醛反应得到保护，位置 3 被氧化。DCC/DMSO/吡啶/三氟乙酸也是合适的氧化剂（Pfitzer-Moffatt 试剂[44]）。

含水条件下，用高碘酸及其盐处理纤维素是选择性氧化过程，得到 2,3-二醛基纤维素（DAC）和 2,3-二羧基纤维素（DCC）（图 7.6[45]）。一方面，为了避免自由基引起解聚反应，在避光条件下反应，同时使用如正丙醇等自由基清除剂[46]；另一方面，为了使聚合物降解最小化，应考虑均相条件的高碘酸盐氧化。一个例子是纤维素在多聚甲醛/DMSO 中溶解生成羟甲基纤维素再进行氧化[47]，氧化水平在 10h 内几乎达到 100%，且 *DP* 值保持不变。

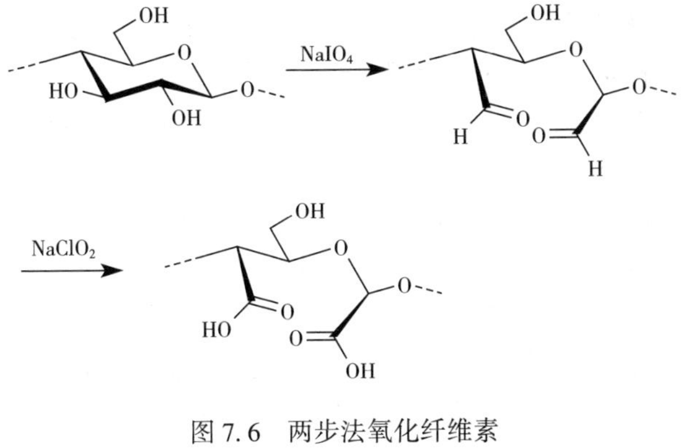

图 7.6　两步法氧化纤维素

用凝胶渗透色谱（GPC）研究高碘酸盐氧化对纤维素的影响，使用多重检测和羰基选择性荧光标记，根据 CCOA 方法对羰基进行分析。低氧化度下，保持原有的平均相对分子质量分布。令人惊讶的是，由于交联效应，在较高的氧化程度时相对分子质量会增加[48]。

用亚氯酸钠/过氧化氢氧化 2,3-DAC，得到无环有规立构多羧酸衍生物 2,3-DCC（图 7.6）。Na-2,3-DCC 显示出聚电解质的典型性质，如水溶液中浓度降低至 2mg/L 比浓黏度连续增加，能与多价金属阳离子絮凝。此外，2,3-DCC 显示出高的结合钙能力，且可生物降解[49-51]。

还原胺化用于制备离子交换材料，包括球形纤维素珠[52]、固定酶[53-54]，用四氢硼酸钠等还原剂还原醛[55-56]。醛的还原得到水溶性有规立构的 2,4,5-三（羟甲基）-1,3-二氧代五亚甲基（简称 2,3-二醇纤维素）（图 7.7）。

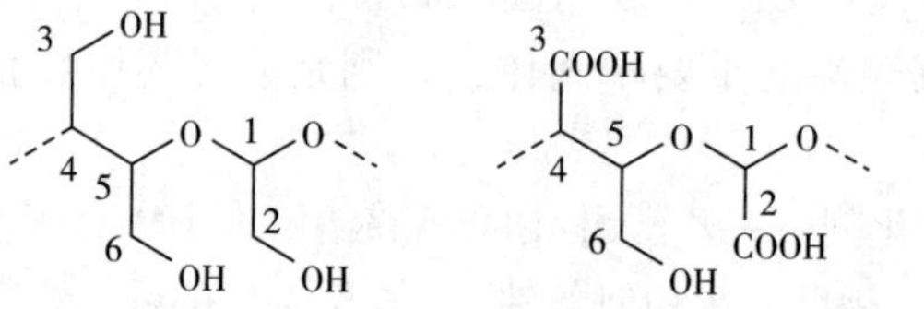

（a）2,3-二醇纤维素　　（b）氧化后相应产物的结构

图 7.7　聚（2*R*,4*S*,5*R*）-2,4,5-三（羟甲基）-1,3-二氧代五亚甲基和氧化后相应产物的结构

高碘酸盐氧化改性纤维素和纳米纤维素材料，然后用亚硫酸氢钠处理以产生相应的磺酸盐。通过测定吸水性的变化，来评估该化学修饰路径对纤维素的物理性质的影响，发现，纤维素材料的吸水性显著提高[56-57]。

高碘酸盐氧化纳米纤维素以获得低氧化度产物，引入的少量官能团足以显著改变纤维素纳米材料的性质[58]。

通过结合两种最具选择性的氧化方法，即 TEMPO-和高碘酸盐同时氧化，可以获得完全氧化的 2,3,6-三羧基纤维素[59]。

纤维素和纤维素衍生物都能被氧化。因此，由于 HEC 的水溶性，TEMPO/次氯酸盐对伯 OH 基团的部分氧化，是新型离子纤维素的制备方法。可以选择性氧化羟乙基部分的—OH[60]。图 7.8 是完全氧化的样品与起始 HEC 的 ^{13}C-NMR 谱，两者均在 D_2O 溶液中测试。

氧化纤维素中的羰基由铜值表示。然而，这种方法不准确，因为铜值与特定氧化功能的数量没有直接关系。基团选择性荧光标记技术与多检测器凝胶渗透色谱（多角度激光散射、折射率、荧光）法相结合是最近几年开发的、有价值的和强大的纤维素分析技术[62-63]。纤维素氧化得到官能团的测定已有综述公开发表，侧重于纤维素中的氧化官能团——羰基和羧基、化学结构、不同的合成方法及分析方法[64]。

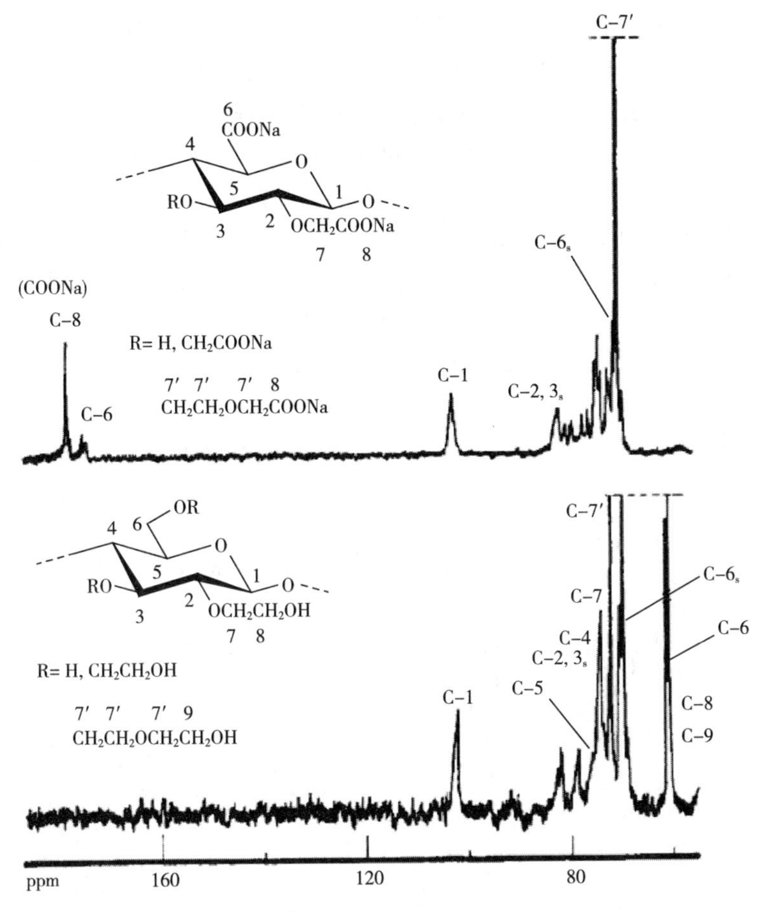

图 7.8　羟乙基纤维素（下）及 2,2,6,6-四甲基哌啶-*N*-氧基介导的氧化产物（上）的 ^{13}C-NMR 光谱（50℃下 D_2O）[61]

7.2　纤维素点击化学

7.2.1　概述

近年来，建立了有趣且有效的纤维素改性新途径，扩大了纤维素衍生物的种类和数量。一方面，新的反应介质（见 3.2 节），特别是离子液体与分子溶剂和极性液体与电解质的结合，在均相条件下衍生化，已经拓宽了与纤维素反应的试剂；

另一方面，开发有机化学新途径来设计多糖衍生物的化学结构。大多数这些过程都是基于点击化学的，点击化学是 K. B. Sharpless[65] 创造的术语，总结了由模块化方法组成的反应，该方法仅使用最实用和可靠的转化，实验简单，不需要隔绝氧气，仅需要化学计量的原料，并且不产生副产物或产生可容易地除去的副产物。这些反应显示出生物正交性[66]，意味着即使存在许多其他官能团且没有保护的条件下有选择性地反应，对多糖而言非常重要。满足以下先决条件的反应属于点击反应，例如：

（1）叠氮和三键的 1,3-偶极环加成，Huisgen 环加成反应［图 7.9（a）］。

（2）富电子二烯与缺电子双键的［4 + 2］环加成反应，众所周知的 Diels-Alder 反应；异电子和逆电子需求 Diels-Alder 反应［图 7.9（b）］。

（3）硫醇—迈克尔加成，其特征是硫醇阴离子与 α，β-不饱和羰基化合物的反应［图 7.9（c）］。

（4）硫醇阴离子加成不饱和羰基，光引发的硫醇—烯反应［图 7.9（d）］。

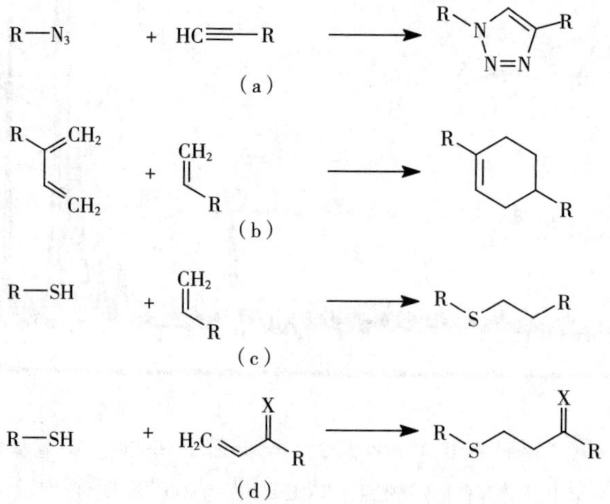

（a）

（b）

（c）

（d）

图 7.9　纤维素化学的点击反应的典型示例

7.2.2　纤维素点击化学

7.2.2.1　Huisgen 反应

纤维素化学中点击反应的第一个例子是叠氮化物和三键的 1,3-偶极环加成（Huisgen 反应），是迄今为止最流行的点击反应[67-69]。该反应可在有、无催化剂的条件下发生，催化剂通常是 Cu（I）。无催化剂参与的简单热诱导反应的缺点是反应时间长，存在因高温而引起的副反应和缺乏立体选择性问题。Cu 催化可确保反应快速和反应的选择性，但需要考虑产物纯化问题。产生 Cu 污染产物的 Cu 催化的替代方案是无金属应变促进的叠氮化物—炔烃环加成[70]。此概念由 Bertozzi 等提出，利用了反应中形成的环辛炔的环应变。目前为止，该反应途径已用于除了纤维素以外的多种聚多糖的反应。

目前已经开发了将叠氮化合物或三键引入纤维素主链获得“可点击”起始材料的方法。可采用酯化反应和醚化反应引入含三键的反应物，纤维素与炔丙基卤化物[71-73] 的醚化反应、与5-已烯酸或十一碳-10-炔酸的酯化反应[74] 是常规引入三键的方法（图7.10）。

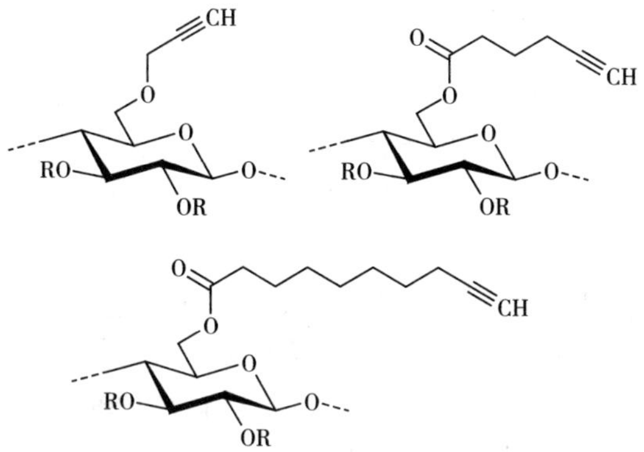

图7.10　[2 + 3] 环加成前体的三键

引入三键的另一途径是纤维素的甲苯磺酰化，然后用如炔丙胺等含有胺的三键作为亲核试剂进行亲核取代（图7.11[75]）。与上述引入酯键不同，此方法的产物主链上引入了非常稳定的化学键。

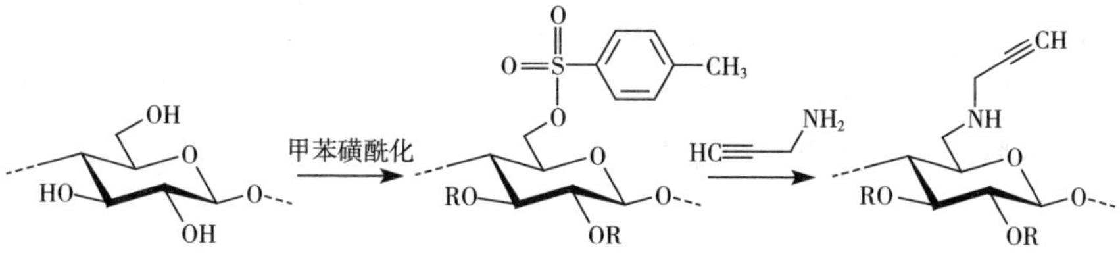

图7.11　甲苯磺酰化和炔丙基胺的亲核取代引入三键

酯化和醚化反应往往用来修饰纤维素以赋予其具有 N_3 官能团，酯化如4-叠氮亚甲基苯甲酸基团（图7.12）[76]，与环氧化物进行醚化反应，如1-叠氮基-2,3-环氧丙烷（图7.12）[77]。通过将相应的胺与1-乙基-3-（3-二甲基氨基丙基）碳二亚胺（EDC）/*N*-羟基琥珀酰亚胺（NHS）偶联至羧基官能团，将叠氮化物或三键结合为酰胺，赋予羧甲基纤维素等纤维素衍生物反应性功能[78-79]。

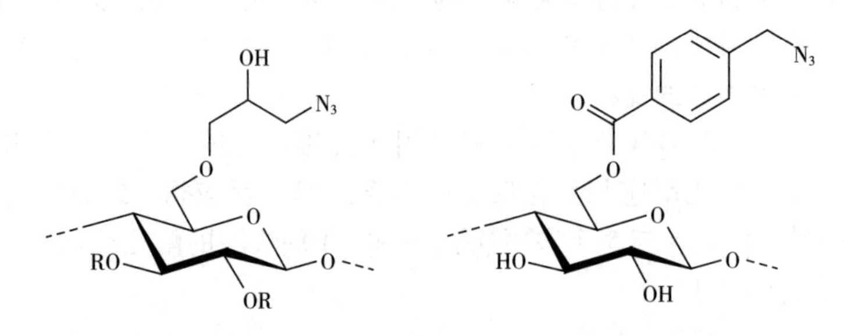

图 7.12　由醚化和酯化反应生成的纤维素叠氮衍生物

原则上，制备可点击纤维素产物的非常规方法是将壳聚糖转化为脱氧基叠氮化合物[80]。为此，必须用三氟甲磺酰叠氮化物（TFMSA）处理壳聚糖，生成 C2 具有首选替换的可点击产物。壳聚糖骨架上约 95%的氨基官能团可被转化，但反应条件苛刻，聚合物降解强烈。

如图 7.13 所示，纤维素引入脱氧基叠氮功能基，是获得纤维素 Huisgen 反应前体的最合适、最直接的途径之一。对甲苯磺酰氯与纤维素反应生成纤维素对甲苯磺酸酯，再与叠氮阴离子发生亲核取代，高选择性地获得 6-脱氧-6-叠氮基纤维素。引入叠氮的另一途径是纤维素脱氧溴衍生物，在 DMAc/LiCl（或 LiBr）中纤维素与三苯基膦和四溴甲烷或 *N*-溴代琥珀酰亚胺与酰胺阴离子反应可获得所需产物[81-82]。C6 位的溴化作用比对甲苯磺酰化更具选择性。作者认为，对甲苯磺酸酯为前体的化学反应更方便且易处理。

用上述反应性纤维素前体，可进行热诱导或铜催化的 Huisgen 反应。叠氮化物修饰的纤维素与末端含有三键的分子在 Cu（Ⅰ）催化下发生 Huisgen 反应。Cu（Ⅰ）催化剂通常由五水合硫酸铜（Ⅱ）和抗坏血酸钠原位生成。形成的取代基以稳定的 1,4-二取代的 1，2,3-三唑作为连接体直接与聚合物主链连接，获得的衍生物是一类新型纤维素衍生物，均相条件下或非均相条件下纤维素表面都能发生反应。甲基羧酸酯、2-苯胺和 3-噻吩等用于均相改性纤维素（图 7.13）。

Cl—S(O2)—C6H4—CH3

$N(C_2H_5)_3$
(DMAc/LiCl)
8℃, 24 h

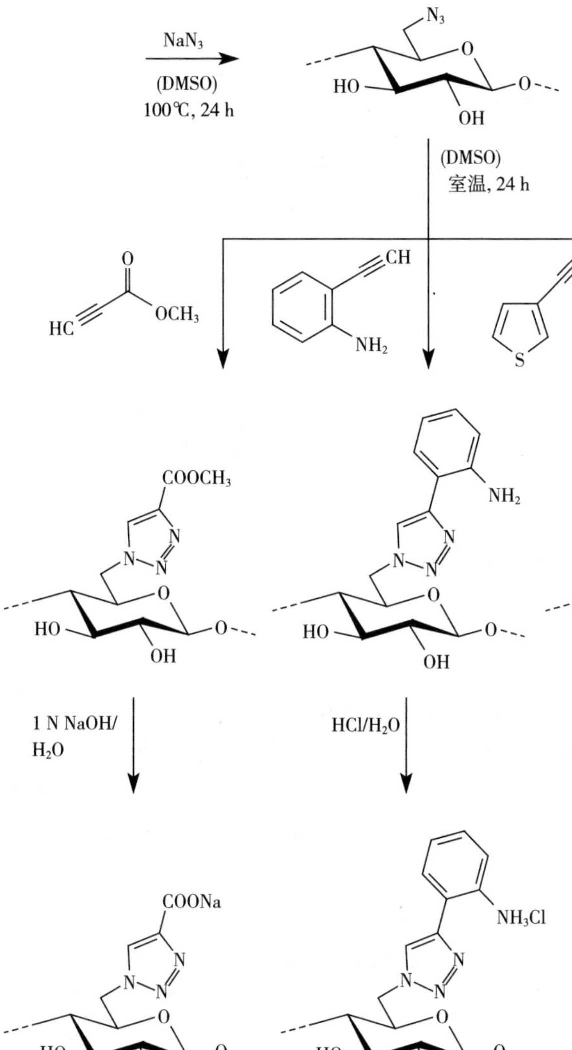

图 7.13　6-脱氧-6-叠氮基纤维素和 Cu（I）催化的 Huisgen 反应的反应路径

这种纤维素改性没有副反应，得到溶解良好的纯产物，随着反应温度和摩尔比不同，叠氮试剂效率在 75%~98%。即使升高温度（70℃），也没观察到因发生副反应而产生的其他物质的结构信息。用 FTIR 和 NMR 光谱表征产物结构。由于反应完全，FTIR 方便地确定逐步转化为最终产物每一中间产物的结构（图 7.14[83]）。

该方法合成的纤维素衍生物显示出聚电解质性质，或者可以与其他材料表面

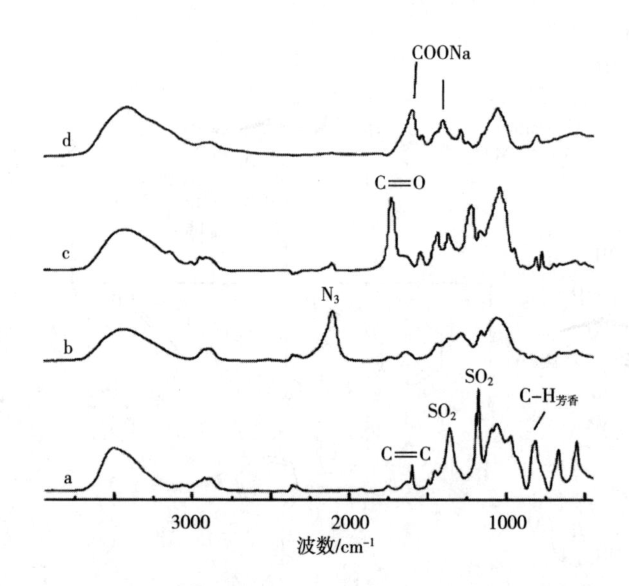

图 7.14　纤维素点击化学中间产物及最终产物的 FTIR 光谱

a—6-对甲苯磺酰基纤维素　b—6-叠氮基-6-脱氧纤维素　c—甲基羧酸酯通过 1,4-二取代 1,2,3-三唑连接到纤维素分子主链上　d—皂化后的游离酸[83]

选择性地结合。以类似的方式制备具有寡糖侧链的纤维素衍生物，如 *O*-或 *N*-连接的 *β*-麦芽糖苷和 *O*-或 *N*-连接的 *β*-乳糖苷[84]。合成方法是纤维素的溴化、与叠氮化物阴离子反应、最后与含末端炔基的低聚糖偶联，通过 Huisgen 反应制备的 *O*-或 *N*-连接的 *β*-麦芽糖苷和 *O*-或 *N*-连接的 *β*-乳糖苷[84]（图 7.15）。

OH
O
HO
O
OH
1. $(C_6H_5)_3P$ (DMA, 室温， 24 h)
2. CBr_4 (60℃, 24 h)
Br
O
HO
O
OH

NaN_3
(DMSO/DMA)
85 ℃, 42 h
N_3
O
HO
O
OH
≡CH
$CuBr_2$,抗坏血酸,
$C_3H_7NH_2$
(DMSO)
室温，12 h
N
N
N
O
HO
O
OH

DMA：*N*，*N*-二甲基乙酰胺
DMSO：二甲基亚砜
室温

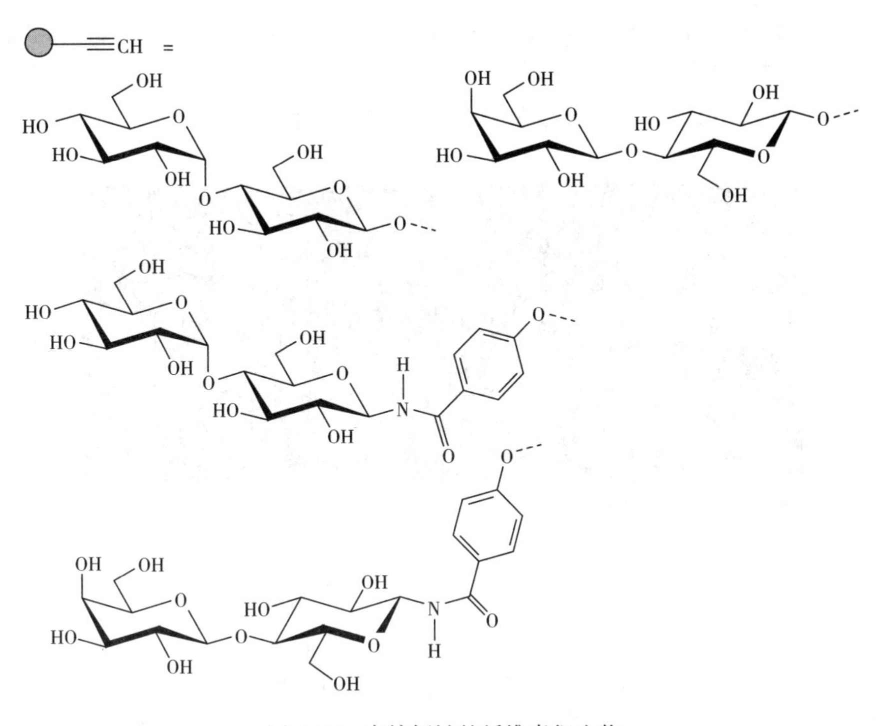

图 7.15　寡糖侧链的纤维素衍生物

NMR 光谱和 MS 可验证聚合物结构。^{13}C-NMR 验证了纤维素基聚合物的所有结构信息（图 7.16）。

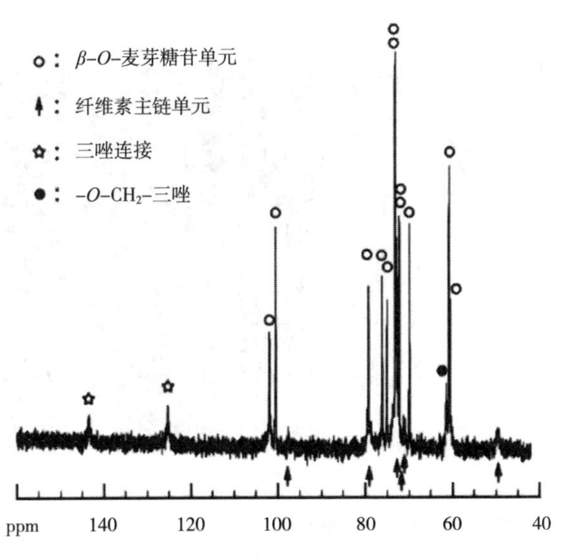

图 7.16　带有 O-连接的 β-麦芽糖苷侧基的纤维素分子的 ^{13}C-NMR 光谱图[84]

通过分子动力学模拟计算了这些新型纤维素基糖聚合物最稳定的构象（图7.17）。它们具有片状结构，其疏水性苯基/三唑暴露于溶剂。由于疏水作用和氢键，片状结构增强分子间网络，降低了聚合物的水溶性。

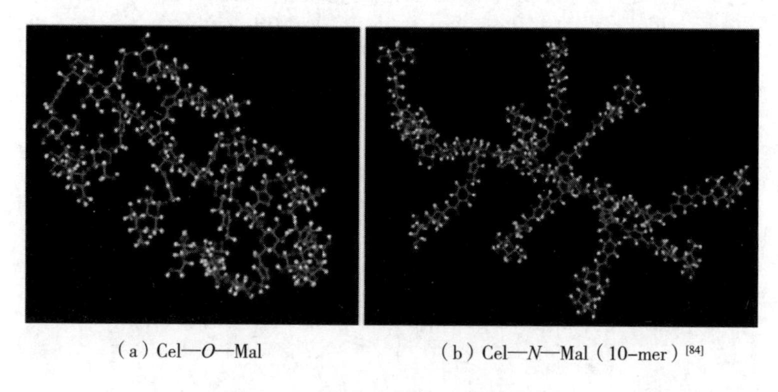

（a）Cel—*O*—Mal （b）Cel—*N*—Mal（10-mer）[84]

图7.17 最稳定构象动力学模拟

脱氧—叠氮基纤维素的Huisgen反应常用于纤维素表面改性。文献[74] 介绍了可点击前体用于纤维素表面改性的实例。己炔酸改性的纤维素和3-叠氮基香豆素之间进行点击反应。与末端炔烃的1,3-偶极环加成反应后，非荧光叠氮基香豆素形成强荧光的1,2,3-三唑产物。因此，相应的纤维素产品是高度荧光的，可以进一步衍生化，并且可以清楚地证明成功的衍生化（图7.18）。有趣的是，三唑改性滤纸用NaOH水溶液皂化得到高度荧光的溶液，这是释放三唑香豆素酸的结果［图7.18（d），左瓶］。

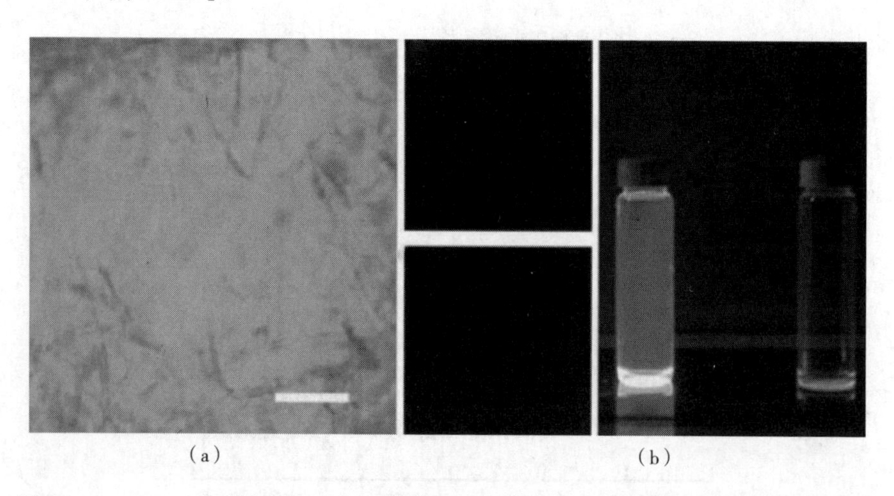

（a） （b）

图7.18 （a）己炔酸修饰，再与3-叠氮基香豆素发生点击反应滤纸的荧光显微照片（比例尺：150mm）；（b）左瓶为紫外光下NaOH水溶液处理改性滤纸后的水相（右瓶阴性对照）[74]

可以用 Huisgen 方法所需的两个反应性位点改性纤维素，并使两种纤维素衍生物反应。叠氮化物纤维素衍生物用叠氮化钠与纤维素甲苯磺酸酯反应制备，炔基纤维素衍生物用炔丙胺与纤维素甲苯磺酸酯反应来制备（图 7.19）。产物经羧甲基

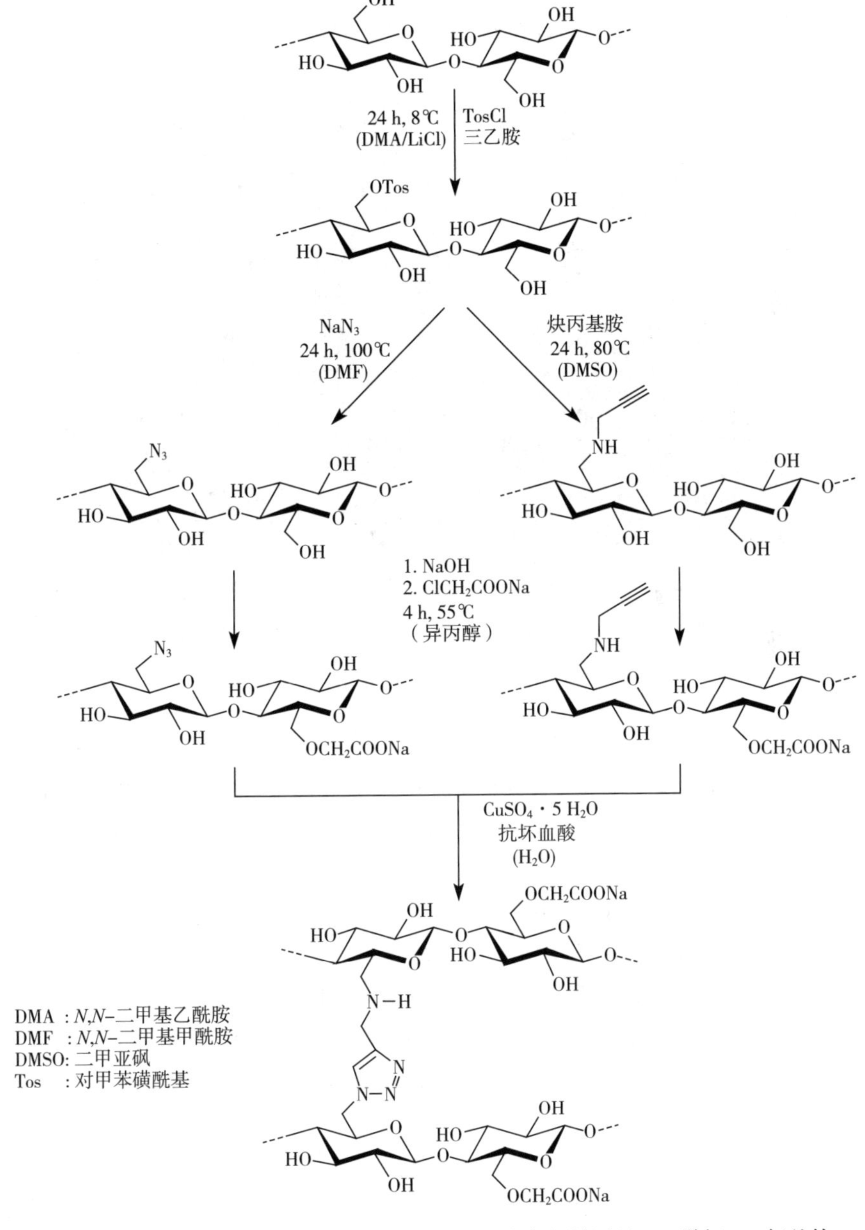

图 7.19　铜催化羧甲基-6-叠氮基-6-脱氧纤维素与羧甲基-6-脱氧-6-氨基炔丙基纤维素的 1,3-偶极环加成反应制备水凝胶的合成路径[75]

化得到水溶性纤维素衍生物。两种纤维素产物发生 Huisgen 反应形成交联。两种组分和 Cu（I）催化剂混合在水溶液后，55~1600s 内发生凝胶化。凝胶化时间取决于官能化程度和 Cu（I）催化剂的用量。凝胶含水率高达 98.4%。冷冻干燥形成具有不同多孔结构的海绵状材料，如 SEM 图所示（图 7.20）。这种反应制备了新的、性能可调节的水凝胶材料[75]。详细信息请参阅多糖点击化学的综述性文章[85]。

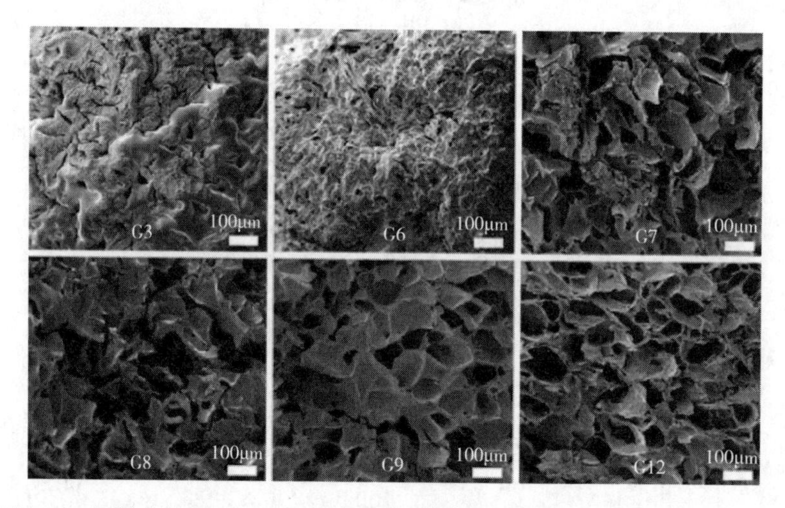

图 7.20 铜催化羧甲基-6-叠氮基-6-脱氧纤维素和羧甲基-6-脱氧-6-氨基炔丙基纤维素发生 1,3-偶极环加成反应获得的凝胶冷冻干燥后的 SEM 图[75]

7.2.2.2 纤维素的树枝化

合成具有非常规性质的新型纤维素衍生物的一种方法是用树枝状物修饰纤维素骨架，通过聚合合成很容易获得树枝状物[86]。除了异氰酸酯基团的氨基三酯基树枝状物（Behera 胺）[87-88] 和含羧酸树枝状物[89-90]，通过叠氮化钠与甲苯磺酸纤维素发生亲核取代反应实现选择性地在纤维素主链上引入树枝状结构。均相条件下，$CuSO_4 \cdot 5H_2O$/抗坏血酸钠存在下，或非均相甲醇中，6-脱氧-6-叠氮基纤维素与 DMSO 中的炔丙基-PAMAM-树枝状大分子反应，合成 1,4-二取代的 1,2,3-三唑基的第一代树枝状聚酰胺-胺（PAMAM）纤维素。由于 6-脱氧-6-叠氮基纤维素在离子液体中溶解性，可以用诸如乙酸 1-乙基-3-甲基咪唑鎓（EtMeImAc）等的 IL 作反应介质，将炔丙基-PAMAM-树枝状物均相反应引入纤维素骨架（图 7.21[91]）。

均相条件下，6-脱氧-6-叠氮基纤维素与第二代和第三代的炔丙基-PAMAM 树枝状大分子反应。用 FTIR 和 NMR 光谱法（包括二维技术）表征树枝状 PAMAM-三唑并纤维素的结构特征。图 7.22 为第二代 PAMAM-三唑并纤维素的 HSQC-DEPT NMR 谱图，能完整解析该复杂分子的质子信号。在离子液体 EtMeImAc 中合

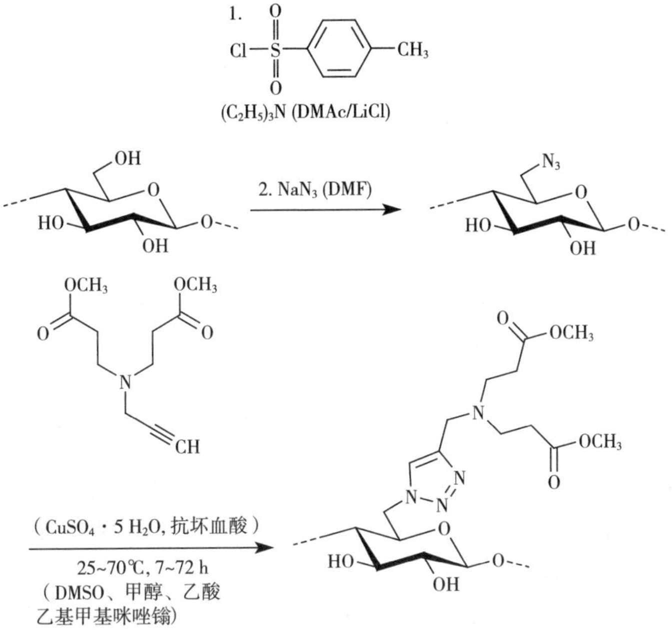

1. $Cl-SO_2-C_6H_4-CH_3$

$(C_2H_5)_3N$ (DMAc/LiCl)

2. NaN_3 (DMF)

（$CuSO_4 \cdot 5H_2O$, 抗坏血酸）

25~70℃, 7~72 h

（DMSO、甲醇、乙酸乙基甲基咪唑鎓）

图 7.21　对甲苯磺酰化和叠氮化钠亲核取代转化纤维素与第一代炔丙基-PAMAM-树枝状大分子的反应路径

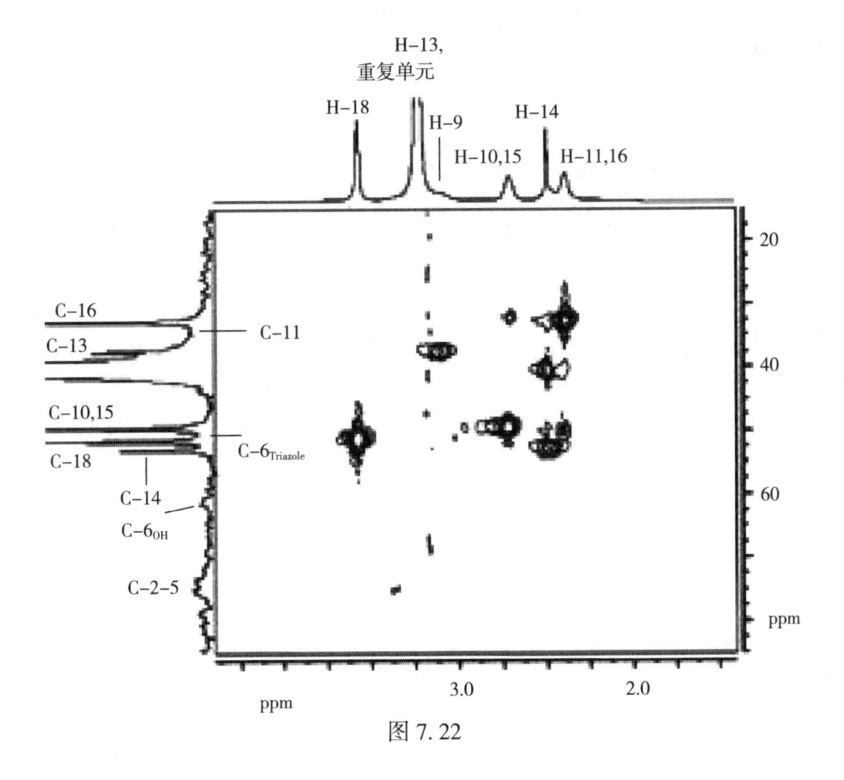

图 7.22

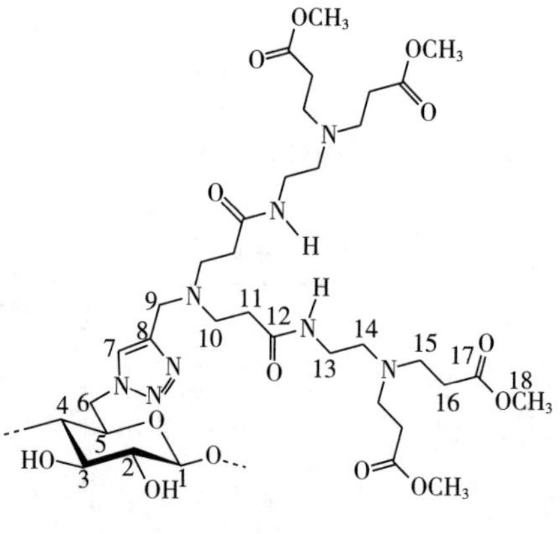

图 7.22　第二代 PAMAM-三唑并纤维素（*DS*=0.59）的 HSQC-DEPT NMR 谱图

成的第一代、第二代和第三代 PAMAM-三唑并纤维素的^{13}C-NMR 光谱图证明了解析树枝状结构和 AGU 的信号的可能性。然而，由于大量分支和相应的碳原子，AGU 的碳原子峰的强度降低。

可以以类似的方式合成纤维素嵌段共聚物，例如通过三唑单元[92-93] 将完全乙酰化的纤维寡聚物与完全甲基化的低聚物连接，或将结合的纤维寡聚物连接到合成的嵌段，如聚甲基丙烯酸酯[94]。有关点击化学方法接枝纤维素的更多信息可参见文献[95]。

虽然应用范围广，但 Huisgen 反应也有缺点。叠氮化合物尤其是低分子量的氮化物有爆炸性，需要小心处理。大多数叠氮化合物是有毒的。Cu（I）也是如此，这尤其具有挑战性，因为在反应过程中形成三唑环，可能与 Cu 形成络合物。因此，需要正确的操作。Cu 可以与氧形成活性氧，可引发明显链降解。

7.2.2.3　Diels-Alder 反应

如今将 1928 年发现的 Diels-Alder 反应归类为点击化学反应。亲双烯体-富电子二烯与贫电子双键发生［4 + 2］环加成反应在聚合物类比化学中常被使用。该反应用于功能基团的结合、水凝胶的形成、纤维素及其衍生物的交联和表面改性等。特别是对聚多糖膜的功能化，这种高效的反应能够实现表面高负荷、受控的、均匀的改性。此外，反应过程不需要有毒金属的催化，反应条件温和。纤维素表面功能化的反应中，Diels-Alder 反应属于“接枝到”的方法，即将预制的大分子接枝到纤维素表面上。此外，Diels-Alder 反应可以与光诱导效应（如异构化）结合，用作纤维素的空间控制功能化的手段。该技术被用于在反应的空间和/或时间控制下，用定制的肽和聚合物链对纤维素改性。滤纸通过 *N*,*N'*-碳二亚胺介导的与光烯醇基团（如邻醌二甲烷）的酯化来改性。辐照下，2-甲酰基-3-甲基苯氧基衍生物异构化为高反应性的邻喹啉二甲烷，该物质可在马来酰亚胺，特别是聚（三氟甲基丙烯酸甲酯）或马来酰亚胺功能化模型蛋白作为亲二烯体的 Diels-Alder 反应中被捕获（图 7.23[96]）。

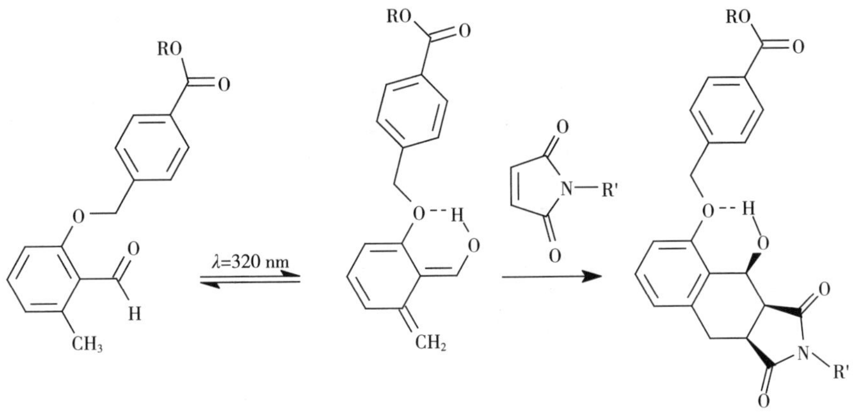

图 7.23　2-甲酰基-3-甲基苯氧基衍生物的光异构化和以马来酰亚胺为亲双烯试剂的反应性邻醌二甲烷中间体的 Diels-Alder 捕获的一般反应方案（R =聚合物主链或其他有机基团[96]）

模型肽成功接枝到纤维素薄膜上可以通过 ToF-SIMS 成像来证明。如果在紫外照射期间使用弯曲型荫罩，则嫁接仅发生在预定的区域。如果与纤维素骨架结合的分子是肽，则可以检测到含氮物质。图 7.24 是肽标记纤维素的飞行时间二次离子质谱（ToF-SIMS）图像。CNO—和 CN—片段都来源于栓系模型肽[96]，它们的分配显示了预期的曲折型嫁接区，结果可以用 XPS 证实。Diels-Alder 反应的产物仅在纤维素材料的辐照部分中可检测到（图 7.25）。

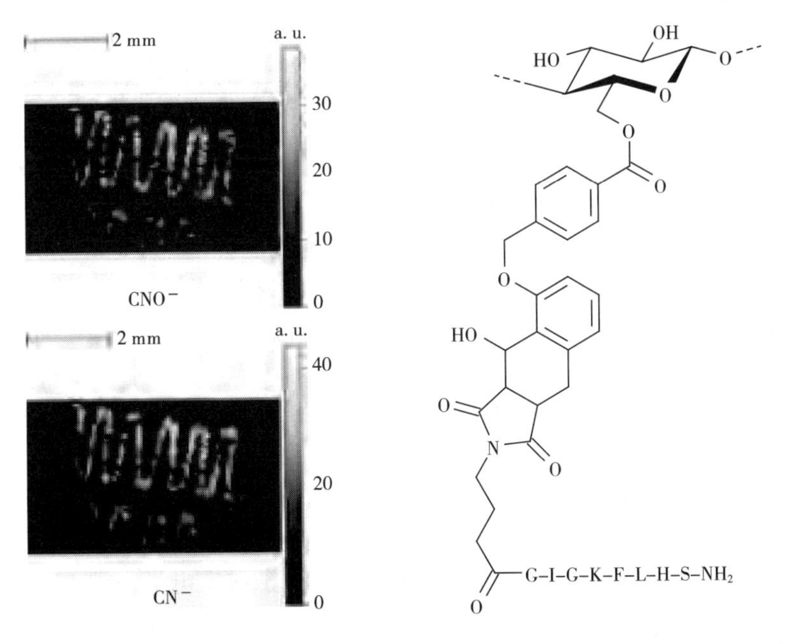

图 7.24　光化学触发的选择性 Diels-Alder 反应，肽修饰纤维素的 ToF-SIMS 图像

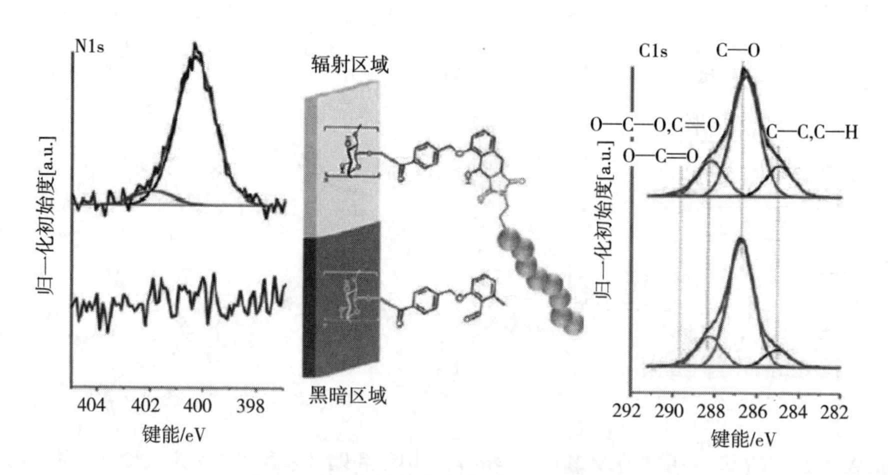

图 7.25　肽链修饰纤维素的 XPS 光谱

在纤维素衍生物的情况下，已知许多 Diels-Alder 反应的实例用于具有糠酰基的羟烷基纤维素的官能化和用马来酰亚胺的转化（图 7.26），该物质在升高温度时易实现逆向转化。Diels-Alder 产物的这种逆 Diels-Alder 反应可用于制备自修复材料。

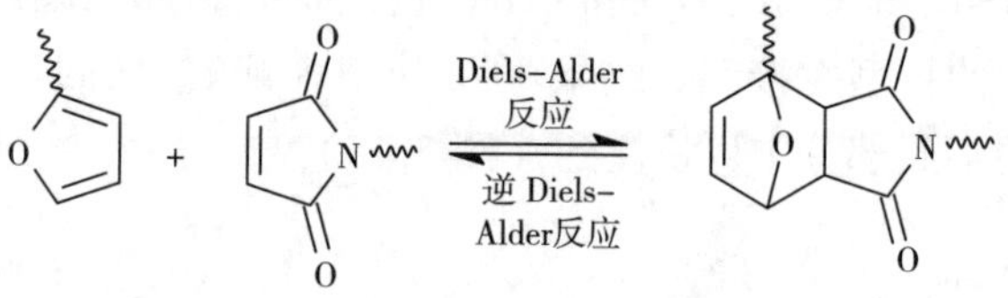

图 7.26　基于呋喃基和马来酰亚胺基的 Diels-Alder 反应/逆 Diels-Alder 反应的通式

Diels-Alder 反应基础上，通过相应的纤维素二烯与柔性双（亲双烯体）的热可逆交联获得可修复材料。用呋喃酰氯酯化羟乙基纤维素，与 1，6-双（*N*-马来酰亚胺基）己烷在中度加热下交联，更高的温度下，会发生 Diels-Alder 逆反应，温度循环会引发 Diels-Alder 反应，从而制备自修复材料[97]。

以相同的方式，Diels-Alder 反应用于制备羟丙基甲基纤维素（HPMC）基水凝胶。首先，用由糠胺和琥珀酸酐合成的双烯体改性 HPMC。同时，用 *N*,*N*′-二环己基碳二亚胺/4-*N*,*N*-二甲基氨基吡啶将 *N*-马来酰基丙氨酸偶联到聚合物上，用亲双烯体修饰 HPMC。呋喃-和马来酰亚胺-改性的 HPMC 均溶解在水中，加热混合物以开始基于 Diels-Alder 反应的凝胶化反应。Diels-Alder 反应以及水凝胶的溶胀行为可以通过控制温度调节[98]。

除了传统的 Diels-Alder 反应，还可以通过异电子或反电子需求 Diels-Alder 反应修饰纤维素。异电子 Diels-Alder 反应在二烯和高度缺电子的含杂原子双键间引发。在纤维素表面进行反应的一个例子是环戊二烯功能化纤维素与硫代羰基硫代化合物的反应，如与硫代羰基硫基封端的聚（丙烯酸异冰片酯）或硫代酰胺功能化肽反应[99-100]。纤维素表面发生对甲苯磺酰化，然后与高反应性环戊二烯基官能团（Cp）发生亲核取代制备含呋喃的前体。通过可逆加成断裂链转移（RAFT）制备的硫代羰基硫代封端的聚丙烯酸异冰片酯用于在固体纤维素基材上进行异电子 Diels-Alder 环加成（图 7.27）。反应在室温下进行，避免了环戊二烯基的二聚反应。

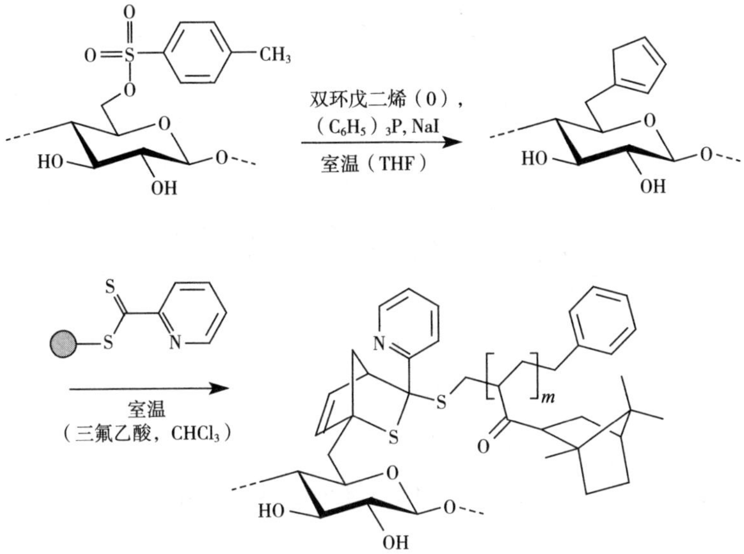

双环戊二烯（0），
（C_6H_5）$_3$P, NaI
室温（THF）

室温
（三氟乙酸，$CHCl_3$）

图 7.27　环戊二烯基功能化纤维素（由对甲苯磺酰基纤维素制备）与硫代羰基硫基封端的聚丙烯酸异冰片酯的异电子 Diels-Alder 反应

除 Diels-Alder 反应，其他周环反应也用于纤维素表面改性，具有高效率、高产率和高选择性的特点。因此，纤维素与 2-［（4-甲基-2-氧代-2H-色烯-7-基）氧基］乙酸，通过羧酸与 *N*,*N'*-羰基二咪唑活化，温和酯化制备纤维素的光活性衍生物[101]，再用阳离子羧酸（3-羧丙基）三甲基氯化铵进行改性，获得用大量光化学活性色烯修饰的水溶性聚电解质。溶解的纤维素衍生物（在水中）的色烯基团的光触发光二聚化可以通过紫外/可见光谱法证实。该过程可用于控制材料属性。在此基础上，光敏性纸浆纤维可以通过光活性阳离子纤维素衍生物与纸浆纤维在水性环境中自组装来制备。衍生物的光活性基团在紫外光照射下发生［2π + 2π］环加成反应[102]。快速光交联使纤维表面上的光活性基团之间形成共价键（图 7.28）。交联导致纤维网络的机械性能急剧增强。与原始纤维网络相比，拉伸强度和 *Z* 方向拉伸强度分别提高了 81%和 84%，单根纤维的刚度增加 60%。

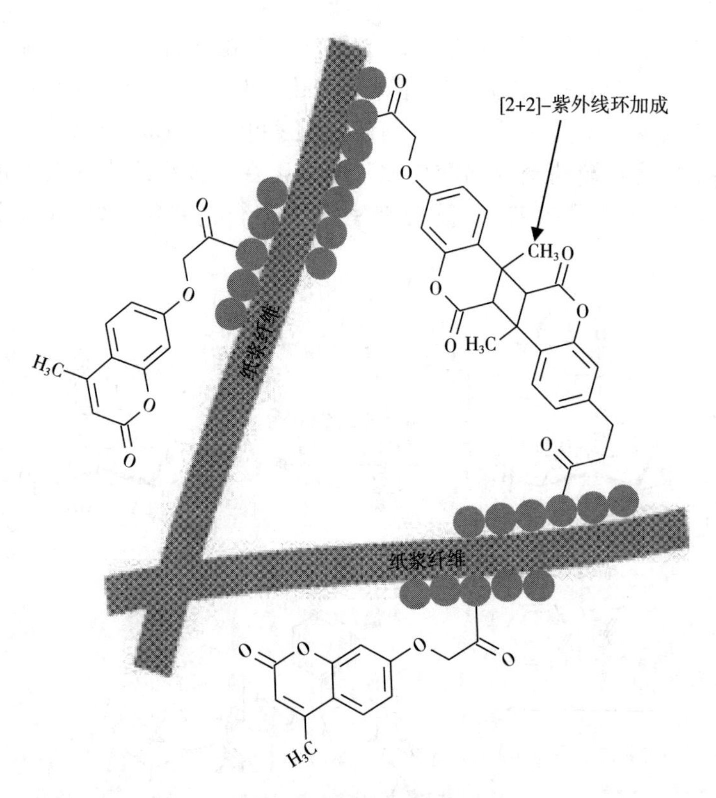

图 7.28 ［2π + 2π］环加成反应示意图（纸浆纤维间和纤维内原纤维间形成共价键）[102]

7.2.2.4 硫醇-迈克尔反应/硫醇-烯反应

尽管迈克尔反应经常用于纤维素改性（见醚化章节），但只有巯基-迈克尔加成（用缺电子的巯基）被认为是点击反应，因为它有选择性，反应条件温和，产率定量[103]。聚合物功能化反应如图 7.29 所示。纤维素化学中，巯基-迈克尔加成经常用于表面改性，尤其是纤维素纳米晶体的表面改性。一个例子是二硫化物与纤维素纳米晶体的连接、还原和硫醇-迈克尔加成，将丙烯酸五溴苄酯与纤维素纳米晶体接枝[104]。

一种相关的方法是硫醇-烯反应，与硫醇-迈克尔加成不同，是一种自由基反应。紫外线照射或自由基引发剂形成自由基，硫醇自由基攻击碳—碳双键形成 C—S 键（图 7.30）。

该路径也广泛用于纤维素纳米晶体的表面改性。为了获得合适的前体，以 *N*,*N'*-二异丙基碳二亚胺/4-*N*,*N*-二甲氨基吡啶为催化剂，将纤维素纳米晶体与甲基丙烯酸酯化。甲基丙烯酸酯纤维素纳米晶体与半胱胺发生硫醇-烯反应引入伯胺，伯胺又可被活化荧光团转化，例如 5-（-6）-羧基四甲基罗丹明琥珀酰亚胺酯（图 7.31）。

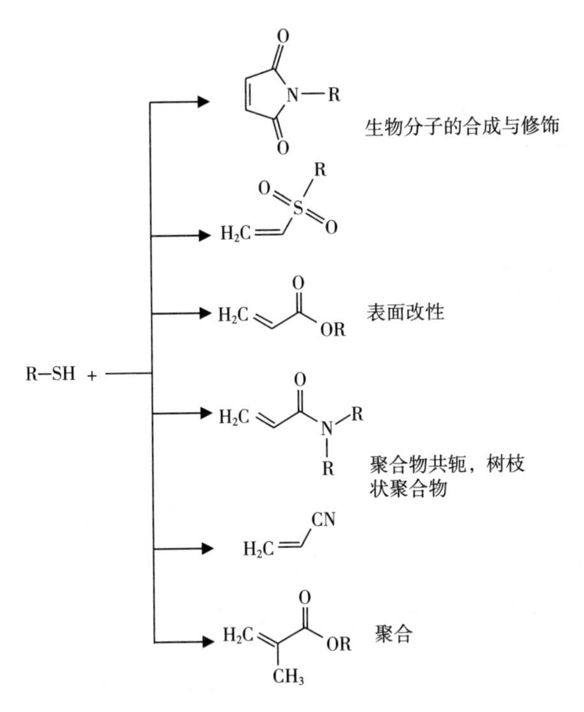

图 7.29　硫醇-迈克尔加成进行聚合物功能化反应[103]

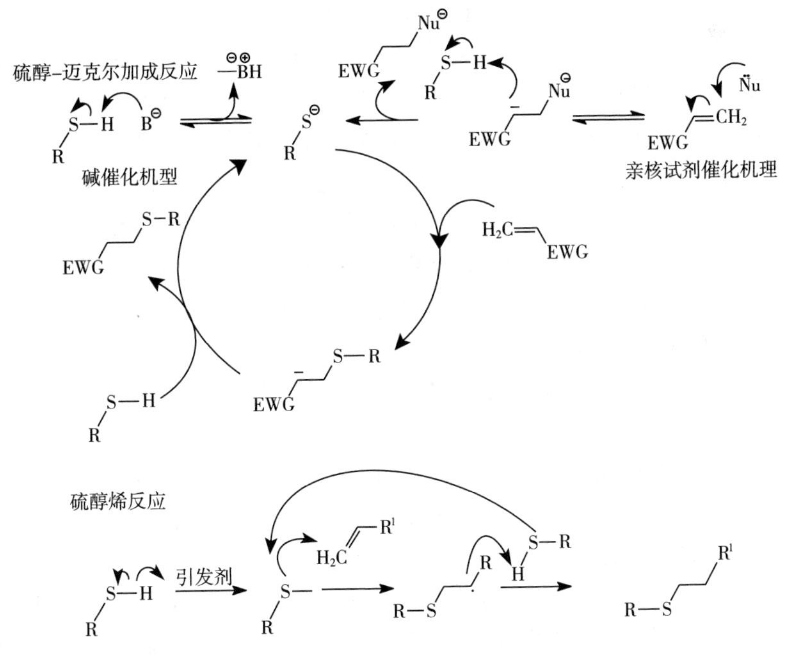

图 7.30　硫醇-迈克尔和硫醇-烯反应的不同机理（EWG：吸电子基团）

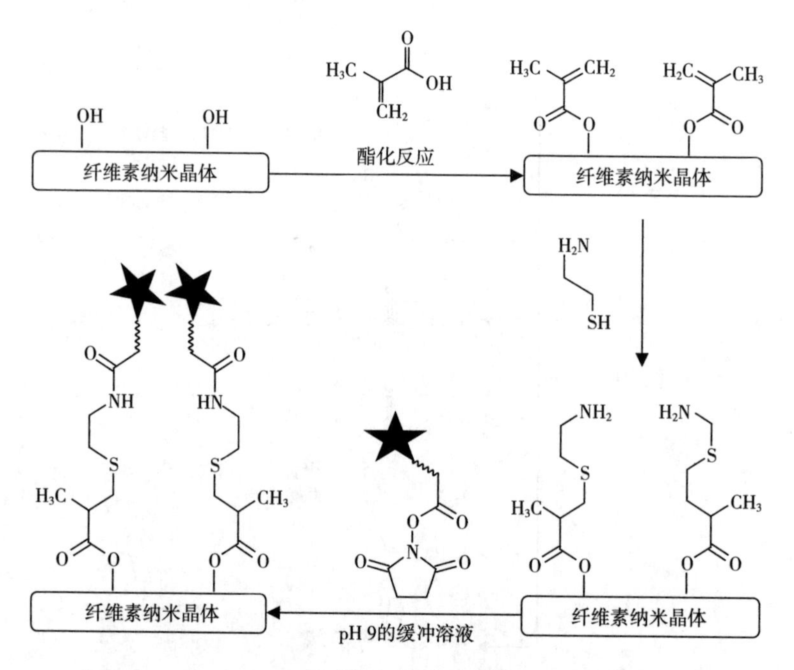

图 7.31　琥珀酰亚胺酯染料对纤维素纳米晶进行荧光标记[105]

以这种方式，通过采用烯-硫醇反应的双重荧光标记，纤维素纳米晶体转化为比率（输出电压/电源电压之比）pH 传感纳米颗粒[105]。

此外，与丙烯酸酯化的异氰酸酯反应，将具有间隔基的丙烯酸酯官能团引入纤维素主链（多孔纤维素纳米晶体-聚乙烯醇支架）。丙烯酸酯化的纳米晶体表面可以用硫醇化染料或生物分子修饰[106]。此外，纤维素表面可以用末端为烯烃的长链酯修饰，如 9-癸烯酸、十一碳-10-烯酰氯、2-（辛-7-烯基）环氧乙烷与纤维素表面反应（图 7.32[107]）。然后 UV 辐照引发硫醇-烯反应改性。简单的表面官能化是可能的，例如，在 1%（质量分数）DMPA 存在下，UV 光辐照，用苄基硫醇处理 9-癸烯酸修饰的纤维素。荧光证实了成功的反应——纤维素前体不发光，而苄基硫醇处理的底物发光。

同样的化学方法用于制备聚丁二烯基质中刚性纤维素纳米晶体的共价连接复合材料。通过紫外光引发的硫醇-烯点击反应，以双官能二硫醇（如壬二硫醇）为交联剂，得到插层结构材料[108]。烯基也可以通过纤维素硅烷基化引入[109]。

在该实施例中，乙烯基三甲氧基硅烷作为偶联剂合成烯功能化纤维素膜，该中间体与甲硫代乙醇酸酯光化学偶联（图 7.33）。

除了用不饱和基团做纤维素表面功能化处理，还可以引入硫醇基并使其与不饱和试剂反应。纤维素纳米晶体通过 3-巯基丙基三甲氧基硅烷对纤维素羟基进行甲硅烷基化来引入硫醇基团实现功能化（图 7.34[109]）。之后用苯乙酮为光引发剂

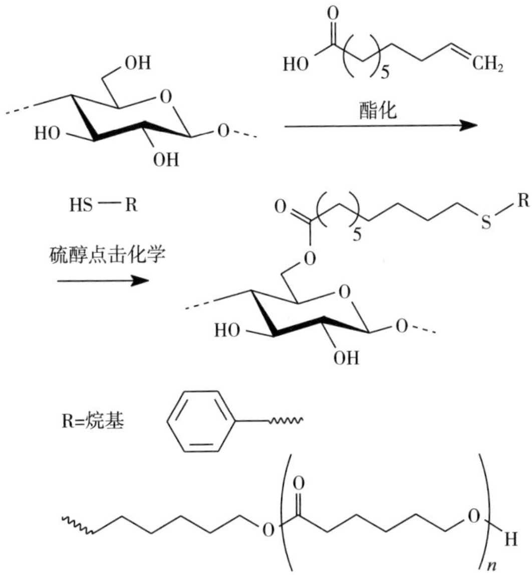

图 7.32 引入对自由基硫代烯加成敏感的“烯”官能团[107]

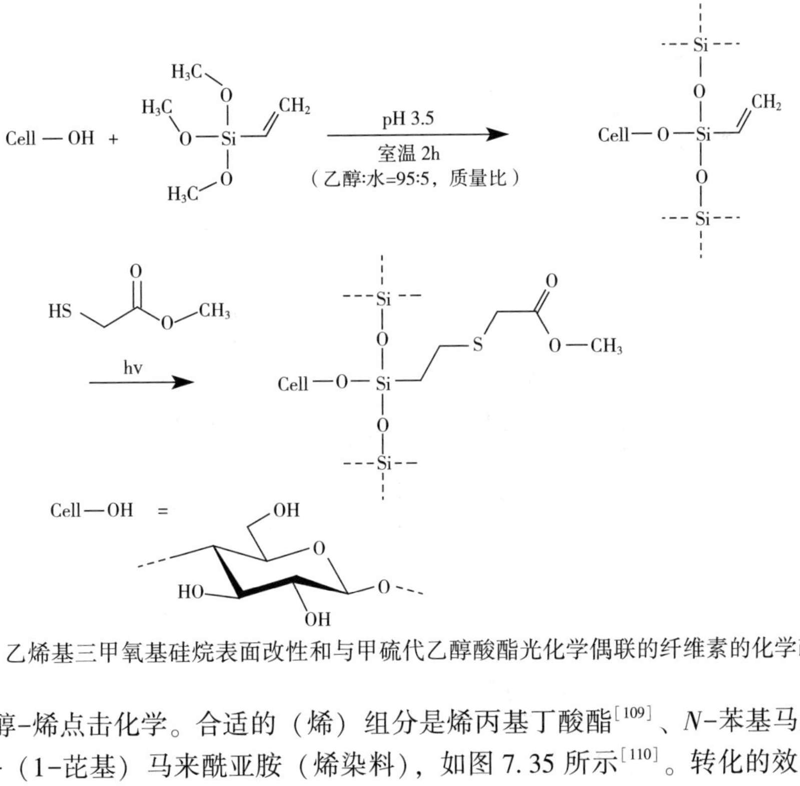

图 7.33 乙烯基三甲氧基硅烷表面改性和与甲硫代乙醇酸酯光化学偶联的纤维素的化学改性[109]

实现硫醇-烯点击化学。合适的（烯）组分是烯丙基丁酸酯[109]、*N*-苯基马来酰亚胺和 *N*-（1-芘基）马来酰亚胺（烯染料），如图 7.35 所示[110]。转化的效率可通过固态 ^{13}C-NMR 确定（图 7.36）。

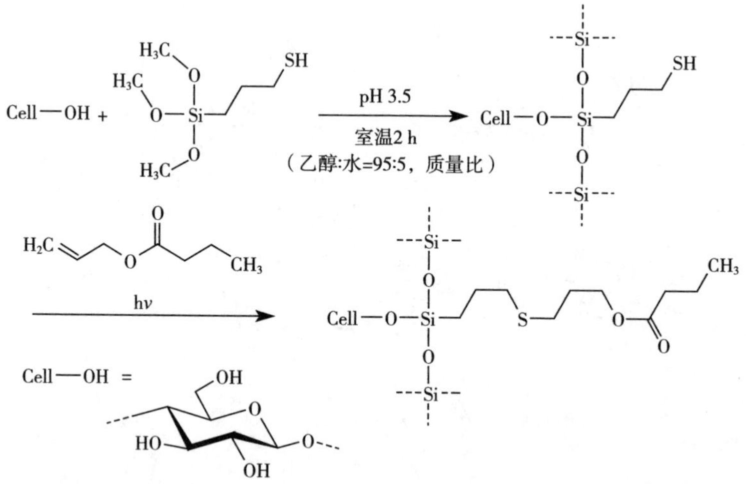

图 7.34　纤维素的硫醇化，然后与不饱和基团发生硫醇-烯反应[109]

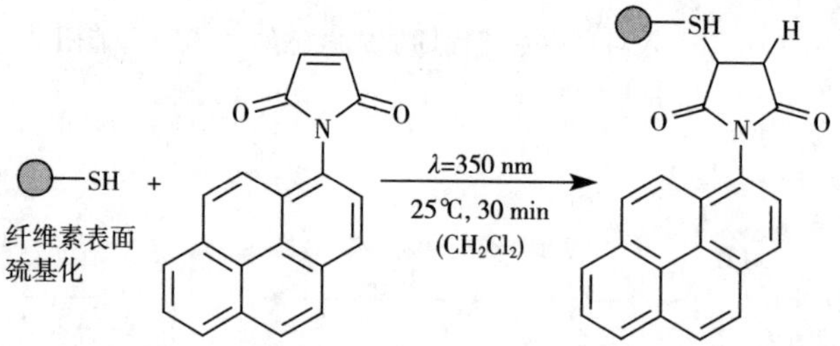

图 7.35　硫醇化纤维素表面与 N-（1-芘基）马来酰亚胺的硫醇-烯反应

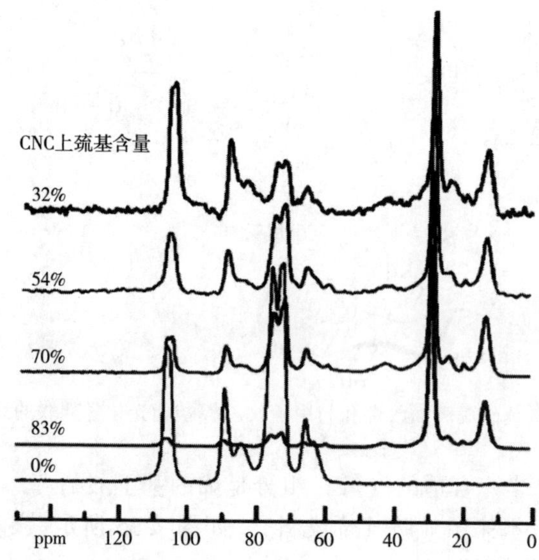

图 7.36　纯纤维素纳米晶体（CNC）和不同 HS 负载改性纤维素纳米晶体的固态^{13}C-NMR 光谱[110]

7.3　纤维素的接枝

7.3.1　概述

由于其丰富性和可生物降解性，纤维素纤维是制造复合材料的天然候选材料。复合材料被定义为两种或更多种不同组分的组合物，一种起到填充剂或增强剂（例如生物纤维）作用，而另一种聚合物是基质材料。基于生物聚合物的复合材料具有低密度和高机械强度，最重要的是，由于其改善的生物降解性，对环境影响较小。然而，纤维素纤维的亲水性可导致纤维与通常疏水的聚合物基质之间的界面黏合性差。黏合性差对复合材料的耐久性（如由于风化、吸水和生物劣化）和机械性能产生不利影响。为降低纤维素纤维的亲水性并增加它们与基质材料的相容性，无论是通过物理吸附还是化学改性（包括接枝），它们的表面性质都发生变化。这些方法也用于纺织工业，以增加纤维的抗皱性和尺寸稳定性，以及引入抗微生物功能[111]。与起始纤维素相比，纤维素受控衍生化和与选定单体接枝，能获得预期性质的材料，尤其是机械性能的变化和热性能的变化、亲水性大幅增加或降低。

纤维表面改性的一个例子是纤维素对共聚物胶束物理吸附及其后在纤维素表面的扩散，降低表面能，提高与基质聚合物的相容性[112] 如图 7.37 所示。这种技术在造纸工业中用于改善纸张性能，如湿/干强度、蠕变和造纸施胶。使用阳离子聚电解质是因为表面存在羧酸盐和磺酸盐基团（主要在造纸过程中产生）使其呈弱阴离子[112]。填料—基质的相容性也可以通过纤维素的化学衍生化来改善，如转化成酯（羧酸酯和混合羧酸酯）、非离子型醚（甲基和 2-羟丙基）和离子型醚

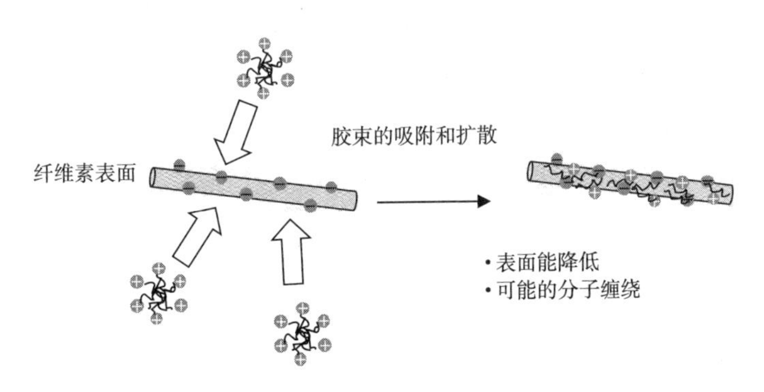

图 7.37　嵌段共聚物的胶束吸附和扩散

(特别是 CMC)。纤维素与双官能或多官能化合物（如二羧酸、乙二醛及其类似物）反应可产生稳定的交联，赋予纤维素抗皱性或“耐久熨压”性能[113]。如第5、第6章所述，这些纤维素衍生物可应用于涂料、层压板、光学薄膜、吸附、药品、食品和化妆品等领域[114]。

纤维素和纤维素衍生物的接枝共聚是更复杂的、改性的方法。纤维素的接枝共聚往往采用非均相反应，而如乙酸纤维素、2-羟乙基醚纤维素[115-121]等有机或水溶性纤维素衍生物往往在均相条件下进行接枝。接枝共聚物由长序列的单体组成，该单体形成聚合物的主链（或骨架)，具有一个或多个连接的分支或不同单体序列的“接枝”[122]。接枝聚合的三种主要方法如图 7.38 所示，即嫁接支链、长出支链和大单体共聚接枝[122]。

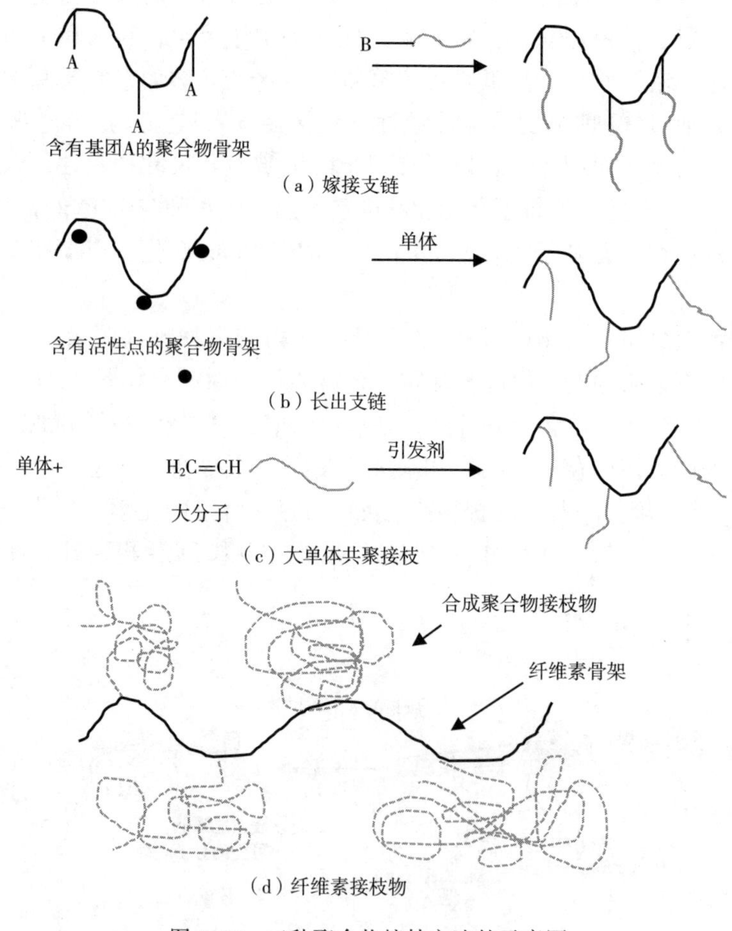

图 7.38　三种聚合物接枝方法的示意图

在长出支链（grafting-from）的技术中，纤维素主链上的引发点是接枝聚合物链的生长位置。这种技术最常用，因为由于加入生长的接枝物的链端的单体相对容易接近，可以获得高的接枝密度。该接枝方法可以用单一单体或单体混合物（通常是二元的）进行实施。当使用单一单体时，接枝通常逐步进行。在用二元单体混合物接枝时，反应按顺序进行，即一次用单个单体，或同时用两种单体[123]。

嫁接支链（grafting-to）方法中，末端具有反应性官能团的预聚物与纤维素主链的官能团（例如羟基部分）共价结合。接枝到纤维素上的聚合物的量（接枝密度）受纤维素表面接枝空间位阻的限制。因此，用相同单体接枝纤维素，通过“嫁接支链”获得的接枝密度小于长出支链的接枝密度。

大单体共聚接枝（grafting-through）方法涉及携带可聚合链的纤维素的共聚合，例如乙烯基大分子单体或低分子量共聚单体。由于需要预先合成纤维素衍生物，该技术使用较少。

纤维素不溶于水和常见的有机溶剂，纤维素接枝反应在非均相条件下进行，因此，纤维素的超分子结构和形态结构极大地影响接枝反应的结果，以及制备的接枝物的结构和性能。通过合理地选择反应条件，可以诱导纤维素优先表面接枝，或者更确切地说，实现纤维素均匀接枝，这一点与所设想的应用有关。如果接枝纤维素用作填料，接枝目的是增加填料与基质的相容性，那么主要的表面接枝就足够了。

用 Mn^{3+}引发丙烯酸酯接枝纤维素是控制实例，其中用丙烯酸甲酯实现均匀接枝，丙烯酸丁酯主要实现表面接枝。仅有有限的丙烯酸丁酯扩散到纤维素基质内部，导致更多的表面接枝[115]。纤维素的溶胀状态（反应在非晶区域中容易进行）极大地影响接枝产物的性质。因此，干燥纤维素的辐射诱导接枝只有温度达到单体热聚合温度才开始发生。然而，引发反应的温度随着纤维素含水量从 5%增加到 20%（质量分数）而出现降低[124]。或者，在接枝前，采用常用试剂预处理，如单独使用 $ZnCl_2$ 溶液、NaOH 溶液处理[125]，不同浓度的碱溶液[126] 和稀硝酸溶液[127] 处理，使纤维素溶胀。

均相条件下，即采用可溶性纤维素衍生物，接枝的程度、频率以及产物的摩尔质量比非均相反应更容易控制[128]。有机溶剂可溶性酯（如在 DMAc/LiCl 和多聚甲醛/DMSO 中的 CA 和肉桂酸纤维素[129-131]）和水溶性非离子醚（如甲基纤维素、乙基纤维素、羟乙基纤维素和 CMC）的接枝已经有所研究[132-134]。

接枝纤维素的典型途径和单体的实例如下：自由基反应、氧化还原反应引发的苯乙烯和高能辐射后的丙烯腈；阴离子反应，丙烯腈上的“碱纤维素”；阳离子反应，路易斯酸（BF_3-醚合物）引发的腰果酚；开环反应，ε-己内酰胺；聚加成反应，环氧乙烷/NaOH 水溶液；“嫁接支链”，聚酰胺和聚酯。

7.3.2 接枝机理

7.3.2.1 自由基接枝

除了上述接枝技术外，还需要考虑聚合本质，究竟是自由基接枝、离子接枝还是开环接枝。自由基接枝的多功能性和对重要单体聚合的适用性，使其成为最常用的接枝方法，单体包括：丙烯酸甲酯、苯乙烯、丁二烯、乙酸乙烯酯，以及水溶性丙烯酸和丙烯酰胺。“长出支链”自由基反应，可通过不同方法在纤维素主链上生成自由基，如引发剂分解形成的自由基[135]、UV 光照射产生的自由基[136]或放射性同位素 γ 射线产生的自由基（如^{60}Co、电子束[137]、暴露在等离子体离子束[138]）。体系中的单体与骨架上的自由基反应，形成一个新的链自由基，可接枝更多的单体单元。链增长反应使支链增长，直到终止反应。终止反应包括偶合终止和歧化终止两种方式，歧化终止是从其他分子链上获得氢原子，也可以采用加入链终止剂的方式终止反应。过硫酸钾[139-141]、Fenton 试剂（Fe^{2+}/H_2O_2 体系）[142-143]、氧化 Ce（Ⅳ）离子[144] 和偶氮二异丁腈[126] 常用作丙烯酸和丙烯酰胺接枝纤维素的引发剂。图 7.39～图 7.41 分别是过硫酸盐、Fenton 试剂和 Ce（Ⅳ）离子引发纤维素“长出支链”的机理。上述引发方法都可用于有双键的纤维素衍生物的接枝，如烯丙基醚；自由基是由这种官能体的氧化产生的[145]。

$S_2O_8^{2-}$ → 2 $SO_4^-\cdot$
Cell—OH + $S_2O_8^{2-}$ → Cell—O· + HSO_4^- + SO_4^-
Cell—O· + 单体 → 接枝共聚物
SO_4^-· + 单体 → 均聚物
Cell—OH =
OH
O
HO
O
OH

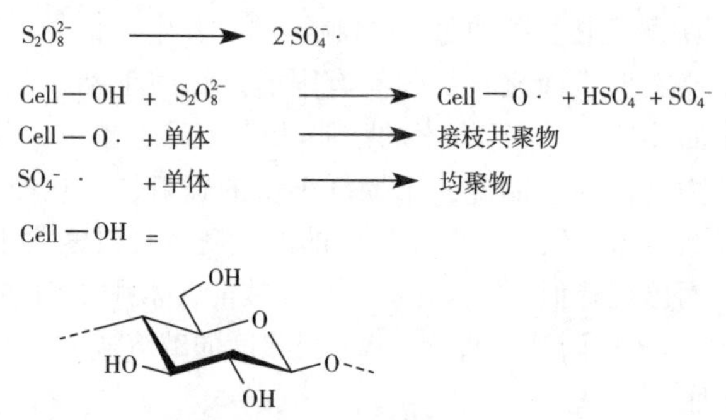

图 7.39 过硫酸盐引发纤维素接枝聚合的简化机理[139]

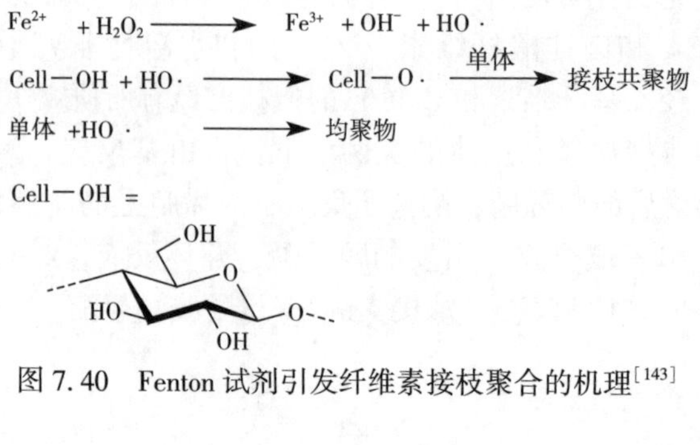

Fe^{2+} + H_2O_2 → Fe^{3+} + OH^- + HO·
Cell—OH + HO· → Cell—O· —单体→ 接枝共聚物
单体 +HO· → 均聚物
Cell—OH =
OH
O
HO
O
OH

图 7.40 Fenton 试剂引发纤维素接枝聚合的机理[143]

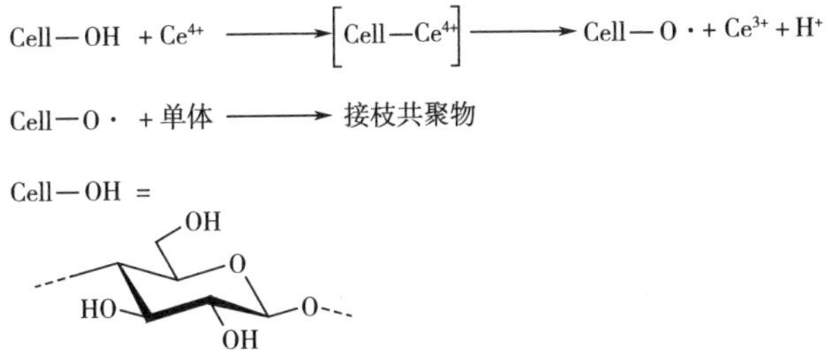

$$\text{Cell—OH} + Ce^{4+} \longrightarrow [\text{Cell—}Ce^{4+}] \longrightarrow \text{Cell—O}\cdot + Ce^{3+} + H^{+}$$

$$\text{Cell—O}\cdot + \text{单体} \longrightarrow \text{接枝共聚物}$$

Cell—OH =

图 7.41 Ce（Ⅳ）诱导的纤维素自由基形成和接枝简化机理[144]

或者，纤维素可以部分转化为其氢过氧化物，如臭氧化或在过氧化氢溶液中辐照。该反应性中间体分解成相应的自由基（Cell—O⁻）引发“长出支链”反应，即纤维素本身是引发剂。这种情况下，可以通过还原剂来抑制均聚物的形成[146]。

由于实验装置简单，伽马射线、UV、等离子体辐射纤维素产生自由基已广受关注。该方法的缺点与辐射能量有关；包括辐射诱导的纤维素断链；相对数量较少和高摩尔质量侧链；潜在地形成均聚物[147-150]。

辐射诱导接枝有两种技术。预辐照方法中，首先辐照纤维素基质产生自由基，自由基被固体纤维素基质所捕获。然后引入纤维素溶胀剂（例如碱水溶液）和单体，或者在溶胀剂和单体的存在下辐射纤维素，此为共辐射法。与共辐射法相比，前一方法均聚发生更少[151]，尽管纤维素骨架的降解通常更为严重，特别是辐射不在惰性气氛下进行[144]。与 γ 射线辐射相比，用低能紫外线辐射将乙烯基和丙烯酸单体接枝到纤维素，纤维素的降解率较低，并且可以更好地控制接枝。为了增强纤维素自由基的形成，紫外线照射依赖于光引发剂的使用，光引发剂分解产生与纤维素反应的自由基[152-153]。等离子体处理也已成功用于丙烯酰胺和甲基丙烯酸2-羟乙酯接枝纤维素纤维[154-155]。

7.3.2.2 开环聚合（ROP）的离子接枝

Carothers 等于 20 世纪 30 年代开发了开环聚合（ROP）技术[156]，用于生产具有明确端基和高摩尔质量的大分子。内酯、丙交酯、环状碳酸酯、硅氧烷等多种环状单体可容易地发生开环聚合[157]。环状单体的易聚合由动力学和热力学因素共同决定，环中杂原子（氧、氮、硫等）通过引发剂的亲核或亲电攻击促进开环。催化剂体系决定开环聚合的反应机理究竟是阴离子、阳离子、单体活化或配位聚合[158]。金属基、有机或酶等催化体系已经被开发出来。2-乙基已酸亚锡［$Sn(Oct)_2$］、正丁醇钛［$Ti(On-Bu)_4$］和有机超碱 1,5,7-三叠氮杂双环［4.4.0］癸-5-烯（TBD）是金属基催化剂。

由于 ROP 机理的开环步骤可以用醇引发，因此可以用纤维素作为引发剂，无须预处理。图 7.42（a）为醇引发的 ε-已内酰胺聚合机理，图 7.42（b）为有机或氨基酸为催化剂的 ε-已内酰胺接枝纤维素的机理[159]。

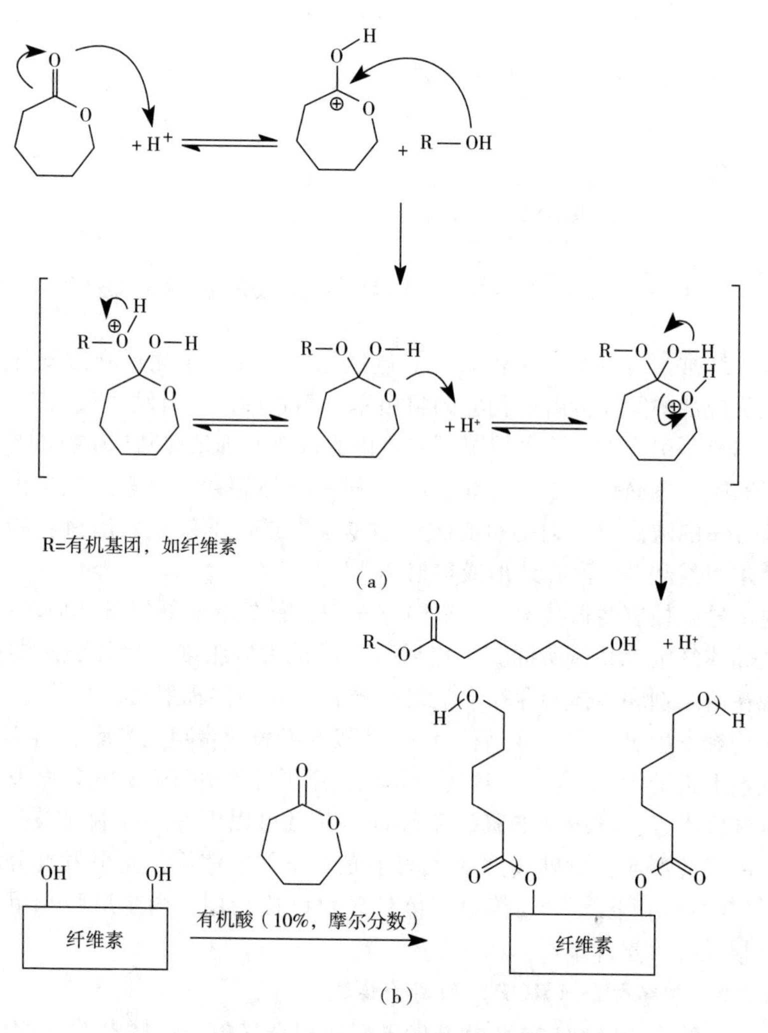

图 7.42　醇引发的 ε-己内酰胺聚合的机理[158] 及
酒石酸催化纤维素与 ε-己内酰胺接枝机理[159]

纤维素与具有开环功能的 3-甲基-3-羟甲基氧杂环丁烷通过 ROP 反应得到超支化接枝共聚物（图 7.43）。接枝大幅增加了纤维表面的羟基数量，获得的材料是超强吸水剂[160]。

“长出支链”的方法往往得到具有梳状结构两亲性嵌段共聚物，产生有趣的三维结构，为了更好地控制反应，在均相条件下用 ROP 机理研究“长出支链”方法的兴趣得到推动。制备的材料通常具有可生物降解性，并且可以用于药物输送。图 7.44 为 2-甲基噁唑啉接枝可溶性纤维素对甲苯磺酸酯示意图[161]。

由于严苛的反应条件，其他离子接枝聚合的方法在纤维素接枝中应用相当有限[162-163]。活性自由基聚合进行纤维素接枝越来越引起人们的兴趣，包括硝基氧介导聚合（NMP）[164-165]、原子转移自由基聚合（ATRP）[166-167] 和可逆加成—断裂链转移（RAFT）聚合[168-169]。

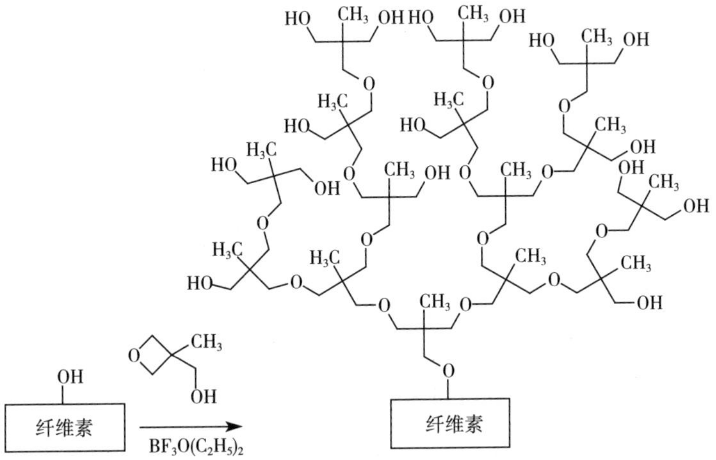

图 7.43 纤维素纤维表面接枝超支化聚醚[160]

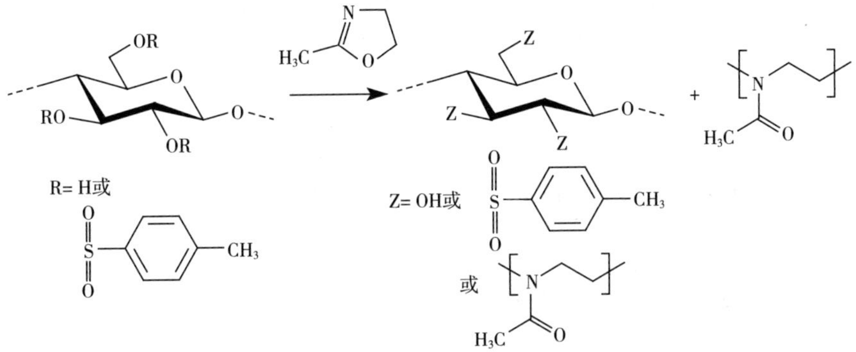

图 7.44 2-甲基噁唑啉接枝纤维素甲苯磺酸酯[161]

7.3.3 纤维素接枝共聚物的表征

非均相条件下接枝纤维素后，通过溶剂萃取除去均聚物来纯化接枝共聚物。均相反应情况下，接枝共聚物通过沉淀来纯化。接枝的发生可以通过各种技术证明，如溶胀、热分析（DTA/TGA）和光谱（FTIR 和 NMR）。另外，形貌分析（如 SEM）是获得结构信息的有用工具。

FTIR 是一种简单且信息丰富的技术，由于新键的特征峰出现，如—C ═O，—C≡N[170] 等，双键特征峰消失[171]，因此确认发生了接枝。当 IR 峰强烈且对称时，或者可以通过峰反卷积明确定义时，该技术非常适合定量分析[172]。NMR 光谱（^{1}H 和^{13}C）可用于证实接枝反应的发生，且允许定量分析（使用^{13}C-NMR 光谱的反向门控去耦技术）。

接枝也会导致热性能的变化。虽然不可能确定起始纤维素的 T_g 和 T_m（分别由于非常强的氢键和生物聚合物分解），但通过热重分析方法可以确定接枝产物的特征温度（取决于接枝百分比，见下文）[173]。

证明发生接枝之后，还需通过诸如接枝率［*GP*，式（7.1）］、接枝效率［*GE*，式（7.2）］、每个纤维素链的接枝物数量（*Ng*）等参数表征产物。

$$GP = \frac{W_1 - W_0}{W_0} \times 100\% \tag{7.1}$$

式中：W_1 为接枝后纤维素的质量；W_0 为纤维素的初始质量。

接枝效率（*GE*）是接枝到纤维素的单体质量与消耗的单体总质量的比值。

$$GE = \frac{W_1 - W_0}{W_1 - W_0 - W_2} \times 100\% \tag{7.2}$$

式中：W_1 为接枝后纤维素的质量；W_0 为纤维素的初始质量；W_2为生成均聚物的质量。

产物平均摩尔质量采用第 2 章的方法确定，包括黏度法和 GPC。接枝频率［*GF*，式（7.3）］定义为接枝聚合物链的数量[174-175]。

$$GF = \frac{M_{\text{Cellulose}}}{M_{\text{GraftedPolymer}} \times \frac{GP}{100\%}} \tag{7.3}$$

当进行接枝以改变纤维素的亲水性时，吸水能力分别由水溶胀材料的质量和干燥的起始纤维素的质量计算。

7.3.4 纤维素接枝共聚物的应用

接枝反应可以导致纤维、长丝、织物和纤维素基膜的性能变化。纤维的性质包括：拉伸强度、断裂伸长率、弹性模量、水蒸气吸收、热塑性、尺寸稳定性、抗皱性、拒水拒油性、抗微生物性和阻燃性等，都会受到纤维素接枝反应的影响。

纤维素接枝共聚物的应用取决于接枝在纤维素上的聚合物的性质。例如，用亲水聚合物（如聚丙烯酸、聚-*N*-乙烯基-2-吡咯烷酮或聚丙烯酰胺）接枝的纤维素具有强的或极强的吸水能力（60~2700g/g）[176]。具有医疗用途，如体液吸收材料[145] 和用于制造内衣和运动服的面料[177]。在 DMSO-多聚甲醛溶剂中合成的纤维素接枝共聚物已被用作选择性渗透膜[178-179]。接枝丙烯酰胺[180]、丙烯酸[181]、丙烯腈和 2-丙烯酰胺甲基丙烷磺酸[182] 等，得到的纤维素共聚物已用于吸附水中重金属离子或染料等有害污染物[183-184]。聚（4-乙烯基吡啶）接枝纤维素与硼氢化钠的产物被用作羰基化合物的还原剂，如苯甲醛、环己酮、巴豆醛、丙酮和糠醛[171]，而纤维素接枝聚（2-二乙基氨基）甲基丙烯酸乙酯具有 pH 响应能力[185]。最后，具有如聚（*N*-异丙基丙烯酰胺）或聚（*N*,*N*-二乙基丙烯酰胺）热敏接枝链的纤维素接枝共聚物已用于变温吸附从水溶液中除去重金属离子，变温吸附即由热触发的收缩和聚集作用，不同于络合或离子交换去除金属离子[186-187]。

参考文献

1. Dias GJ, Peplow PV, Teixeira F（2003）Osseous regeneration in the presence of oxidized cellulose and collagen. J Mater Sci Mater Med 14:739-745
2. Galgut PN（1990）Oxidized cellulose mesh: I. Biodegradable membrane in periodontal surgery. Biomaterials 11:561-564
3. Dimitrijevich SD, Tatarko M, Gracy RW, Linsky CB, Olsen C（1990）Biodegradation of oxidized regenerated cellulose. Carbohydr Res 195:247-255
4. Wiseman DM, Saferstein L, Wolf S（2002）Bioresorbable oxidized cellulose composite material for prevention of postsurgical adhesions. US 6,500,777 B1
5. Pameijer CH, Jensen S（2007）Agents and devices comprising oxidized cellulose ibers for providing blood clotting for wound healing promotion. US 20,070,190,110 A1 20070816 CAN 147:243491
6. Butrim SM, Bil'dyukevich TD, Butrim NS, Yurkshtovich TL（2007）Structural modiication of potato starch by solutions of nitrogen（IV）oxide in CCl4. Chem Nat Compd 43:302-305
7. Painter TJ（1977）Preparation and periodate oxidation of C-6-oxycellulose: conformational interpretation of hemiacetal stability. Carbohydr Res 55:95-103
8. Johansson E, Lind J（2005）Free radical mediated cellulose degradation during high consistency ozonation. J Wood Chem Technol 25:171-186
9. Manhas MS, Mohammed F, Khan Z（2007）A kinetic study of oxidation of β-cyclodextrin by permanganate in aqueous media. Colloids Surf A 295:165-171
10. Borisov IM, Shirokova EN, Mudarisova RKh, Muslukhov RR, Zimin YuS, Medvedeva SA, Tolstikov GA, Monakov YB（2004）Kinetics of oxidation of an arabinogalactan from larch（Larix sibirica L.）in an aqueous medium in the presence of hydrogen peroxide. Russ Chem Bull 53:318-324
11. Calvini P, Conio G, Lorenzoni M, Pedemonte E（2004）Viscometric determination of dialdehyde content in periodate oxycellulose. Part I. Methodology. Cellulose 11:

99-107

12. Zimnitsky DS, Yurkshtovich TL, Bychkovsky PM (2004) Synthesis and characterization of oxidized cellulose. J Polym Sci, Part A: Polym Chem 42:4785-4791
13. Fras L, Johansson LS, Stenius P, Laine J, Stana-Kleinschek K, Ribitsch V (2005) Analysis of the oxidation of cellulose ibres by titration and XPS. Colloids Surface A 260:101-108
14. de Nooy AEJ, Besemer AC, van Bekkum H (1995) Highly selective nitroxyl radical-mediated oxidation of primary alcohol groups in water-soluble glucans. Carbohydr Res 269:89-98
15. Chang PS, Robyt JF (1996) Oxidation of primary alcohol groups of naturally occurring polysaccharides with 2,2,6,6-tetramethyl-1-piperidine oxoammonium ion. J Carbohydr Chem 15:819-830
16. Tahiri C, Vignon MR (2000) TEMPO-oxidation of cellulose: synthesis and characterisation of polyglucuronans. Cellulose 7:177-188
17. Davis NJ, Flitsch SL (1993) Selective oxidation of monosaccharide derivatives to uronic acids. Tetrahedron Lett 34:1181-1184
18. Gomez-Bujedo S, Fleury E, Vignon MR (2004) Preparation of cellouronic acids and partially acetylated cellouronic acids by TEMPO/NaClO oxidation of water-soluble cellulose acetate. Biomacromol 5:565-571
19. IsogaiA, Kato Y (1998) Preparation of polyuronic acid from cellulose by TEMPO-mediated oxidation. Cellulose 5:153-164
20. Kato Y, Kaminaga J, Matsuo R, Isogai A (2004) TEMPO-mediated oxidation of chitin, regenerated chitin and N-acetylated chitosan. Carbohydr Polym 58:421-426
21. Coseri S, Nistor G, Fras L, Strnad S, HarabagiuV, Simionescu BC (2009) Mild and selective oxidation of cellulose ibers in the presence of N-hydroxyphthalimide. Biomacromol 10:2294-2299
22. Biliuta G, Fras L, Strnad S, Harabagiu V, Coseri S (2010) Oxidation of cellulose fibers mediated by nonpersistent nitroxyl radicals. J Polym Sci, Part A: Polym Chem 48:4790-4799
23. Yackel EC, Kenyon WO (1942) Oxidation of cellulose by nitrogen dioxide. J Am Chem Soc 64:121-127
24. Nevell TP (1963) Oxidation. In: Whistler RL, BeMiller JN (eds) Methods in carbohydrate chemistry, vol 3. Academic Press, New York, pp 164-185
25. Heinze T, Klemm D, Schnabelrauch M, Nehls I (1993) Properties and following reactions of homogeneously oxidized celluloses. In: Kennedy JF, Phillips GO, Wil-

liams PA (eds) Cellulosics: chemical, biochemical and material aspects. Ellis Horwood, New York, pp 349–354
26. Heinze T (1998) Ionische Funktionspolymere aus Cellulose: Neue Synthesekonzepte, Strukturaufklärung und Eigenschaften. Habilitation thesis, Friedrich Schiller University of Jena, Jena
27. Painter TJ, Cesaro A, Delben F, Paoletti S (1985) New glucuronoglucans obtained by oxidation of amylose at position 6. Carbohydr Res 140:61–68
28. Nehls I, Heinze T, Philipp B, Klemm D, Ebringerova A (1991) Carbon–13 NMR studies of oxidation of cellulose in phosphoric acid – sodium nitrite systems. Acta Polym 42:339–340
29. Camy S, Montanari S, Rattaz A, Vignon M, Condoret J–S (2009) Oxidation of cellulose in pressurized carbon dioxide. J Supercrit Fluids 51:188–196
30. de Nooy AEJ, Besemer AC, van Bekkum H (1994) Highly selective TEMPO mediated oxidation of primary alcohol groups in polysaccharides. Recl Trav Chim Pays–Bas 113:165–166
31. Bragd PL, van Bekkum H, Besemer AC (2004) TEMPO–mediated oxidation of polysaccharides: survey of methods and applications. Top Catal 27:49–66
32. Saito T, Isogai A (2004) TEMPO–mediated oxidation of native cellulose. The effect of oxidation conditions on chemical and crystal structures of the water–insoluble fractions. Biomacromol 5:1983–1989
33. Hirota M, Tamura N, Saito T, Isogai A (2009) Oxidation of regenerated cellulose with $NaClO_2$ catalyzed by TEMPO and NaClO under acid–neutral conditions. Carbohydr Polym 78:330–335
34. Hirota M, Tamura N, Saito T, Isogai A (2009) Surface carboxylation of porous regenerated cellulose beads by 4–acetamide–TEMPO/NaClO/$NaClO_2$ system. Cellulose 16:841–851
35. Li B, Xu W, Kronlund D, Määttänen A, Liu J, Småttc J–H, Peltonen J, Willför S, Mu X, Xu C (2015) Cellulose nanocrystals prepared via formic acid hydrolysis followed by TEMPO–mediated oxidation. Carbohydr Polym 133:605–612
36. Zhang Y, Zhang L, Shuang S, Feng F, Qiao J, Guo Y, Choi MMF, Dong C (2010) Electro–oxidation of methane on roughened palladium electrode in acidic electrolytes at ambient temperatures. Anal Lett 43:1055–1065
37. Danaee I, Jafarian M, Mirzapoor A, Gobal F, Mahjani MG (2010) Electrooxidation of methanol on NiMn alloy modiied graphite electrode. Electrochim Acta 55: 2093–2100

38. Isogai T, Saito T, Isogai A (2010) TEMPO electromediated oxidation ofs polysaccharides including regenerated cellulose iber. Biomacromol 11:1593-1599
39. Bailey WF, Bobbitt JM, Wiberg KB (2007) Mechanism of the oxidation of alcohols by oxoammonium cations. J Org Chem 72:4504-4509
40. Schnabelrauch M, Heinze T, Klemm D, Nehls I, Koetz J (1991) Investigations on synthesis and characterization of carboxy group-containing cellulose sulfates. Polym Bull 27:147-153
41. Rahn K, Heinze T, Klemm D (1995) Investigations of amidation of C-6 car-boxy cellulose. In: Kennedy HF, Phillips GO, Williams PA, Piculell L (eds) Cellulose and cellulose derivatives, physico-chemical aspects and industrial applications. Ellis Horwood, New York, pp213-218
42. Bosso C, Defaye J, Gadelle A, Wong CC, Pedersen C (1982) Homopolysaccharides interaction with the dimethyl sulfoxide-paraformaldehyde cellulose solvent system. Selective oxidation of amylose and cellulose at secondary alcohol groups. J Chem Soc, Perkin Trans 1 (1972-1999):1579-1585
43. Defaye J, Gadelle A (1977) Selective oxidation of secondary vicinal diols. Part Ⅲ. Selective oxidation of vicinal hydroxyl groups of methyl-4,6-O-benzylidene-β-d-glucopyranoside by dimethyl sulfoxide and acetic anhydride. Carbohydr Res 56:411-414
44. Bredereck K (1967) Synthesis of ketocellulose. Tetrahedron Lett 8:695-698
45. Maekawa E, Koshijima T (1984) Properties of 2,3-dicarboxy cellulose combined with various metallic ions. J Appl Polym Sci 29:2289-2297
46. Painter TJ (1988) Control of depolymerization during the preparation of reduced dialdehyde cellulose. Carbohydr Res 179:259-268
47. Morooka T, Norimoto N, Yamada T (1989) Periodate oxidation of cellulose by homogeneous reaction. J Appl Polym Sci 38:849-858
48. Potthast A, Kostic M, Schiehser S, Kosma P, Rosenau T (2007) Studies on oxidative modiications of cellulose in the periodate system: molecular weight distribution and carbonyl group proiles. Holzforschung 61:662-667
49. Floor M, Hofsteede LPM, Groenland WPT, Verhaar LAT, Kieboom APG, van Bekkum H (1989) Preparation and calcium complexation of oxidized polysaccharides. II. Hydrogen peroxide as coreactant in the chlorite oxidation of dialde-hyde glucans. Recl Trav Chim Pays-Bas 108:384-392
50. Matsumura S, Nishioka M, Shigeno H, Tanaka T, Yoshikawa S (1993) Builder performance in detergent formulations and biodegradability of partially dicarboxylated cel-

lulose and amylose containing sugar residues in the backbone. Angew Makromol Chem 205:117-129
51. Varma AJ, Chavan VB (1995) Some preliminary studies on polyelectrolyte and rheological properties of sodium 2,3-dicarboxycellulose. Carbohydr Polym 27:63-67
52. Csanady G, Narayanan P, Mueller K, WegscheiderW, Knapp G (1989) Synthesis of various oxine celluloses for enriching processes for trace analysis. Angew Makromol Chem 170:159-172
53. Valentova O, Marek M, Svec F, Stamberg J, Vodrazka Z (1981) Comparison of different methods of glucose oxidase immobilization. Biotechnol Bioeng 23:2093-2104
54. Turkova J, Vajcner J, Vancurova D, Stamberg J (1979) Immobilization on cellulose in bead form after periodate oxidation and reductive alkylation. Collect Czech Chem Commun 44:3411-3417
55. Maekawa E (1991) Analysis of oxidized moiety of partially periodate-oxidized cellulose by NMR spectroscopy. J Appl Polym Sci 43:417-422
56. Rahn K, Heinze T (1998) New cellulosic polymers by subsequent modiication of 2, 3-dialdehyde cellulose. Cellul Chem Technol 32:173-183
57. Zhang J, Jiang N, Dang Z, Elder TJ, Ragauskas AJ (2008) Oxidation and sulfonation of cellulosics. Cellulose 15:489-496
58. Sun B, Hou Q, Liu Z, Ni Y (2015) Sodium periodate oxidation of cellulose nanocrystal and its application as a paper wet strength additive. Cellulose 22:1135-1146
59. Coseri S, Biliuta G, Zemljic LF, Srndovic JS, Larsson PT, Strnad S, Kreze T, Naderi A, Lindstrom T (2015) One-shot carboxylation of microcrystalline cellulose in the presence of nitroxyl radicals and sodium periodate. RSC Adv 5:85889-85897
60. Calado Vieira M (2000) Studien zur regioselektiven Oxidation von Celluloseethern sowie Celluloseestern und Funktionalisierung cellulosereicher Fasern. Ph. D. thesis, Friedrich Schiller University of Jena, Jena
61. Heinze T (1998) New ionic polymers by cellulose functionalization. Macromol Chem Phys 199:2341-2364
62. Potthast A, Roherling J, Rosenau T, Borgards A, Sixta H, Kosma P (2003) A novel method for the determination of carbonyl groups in cellulosics by fluorescence labeling. 3. Monitoring oxidative processes. Biomacromolecules 4:743-749
63. Kostic M, Potthast A, Rosenau T, Kosma P, Sixta H (2006) A novel approach to determination of carbonyl groups in DMAc/LiCl-insoluble pulps by flu-orescence labeling. Cellulose 13:429-435
64. Potthast A, Rosenau T, Kosma P (2006) Analysis of oxidized functionalities in cel-

lulose. Adv Polym Sci 205:1-48

65. Kolb HC, Finn MG, Sharpless KB (2001) Click chemistry: diverse chemical function from a few good reactions. Angew Chem Int Ed 40:2004-2021

66. Sletten EM, Bertozzi CR (2009) Bioorthogonal chemistry: ishing for selectivity in a sea of functionality. Angew Chem Int Ed 48:6974-6998

67. Huisgen R (1963) 1,3-Dipolar cycloadditions. Past and future. Angew Chem Int Ed 2:565-598

68. Rostovtsev VV, Green LG, Fokin VV, Sharpless KB (2002) A stepwise Huisgen cycloaddition process: copper(I)-catalyzed regioselective "ligation" of azides and terminal alkynes. Angew Chem Int Ed 114:2596-2599

69. Lewis WG, Green LG, Grynszpan F, Radic Z, Carlier PR, Taylor P, Finn MG, Sharpless KB (2002) Click chemistry in situ: Acetylcholinesterase as a reaction vessel for the selective assembly of a femtomolar inhibitor from an array of building blocks. Angew Chem Int Ed 41:1053-1057

70. Agard NJ, Prescher JA, Bertozzi CR (2004) A strain-promoted [3 + 2] azide-alkyne cycloaddition for covalent modiication of biomolecules in living systems. J Am Chem Soc 126:15046-15047

71. Fenn D, Pohl M, Heinze T (2009) Novel 3-O-propargyl cellulose as a precursor for regioselective functionalization of cellulose. React Funct Polym 69:347-352

72. Peng P, Cao X, Peng F, Bian J, Xu F, Sun R (2012) Binding cellulose and chitosan via click chemistry: synthesis, characterization, and formation of some hollow tubes. J Polym Sci, Part A: Polym Chem 50:5201-5210

73. Pierre-Antoine F, Francois B, Rachida Z (2012) Crosslinked cellulose developed by CuAAC, a route to new materials. Carbohydr Res 356:247-251

74. Hafren J, Zou W, Cordova A (2006) Heterogeneous ' organoclick ' derivatization of polysaccharides. Macromol Rapid Commun 27:1362-1366

75. Koschella A, Hartlieb M, Heinze T (2011) A "click-chemistry" approach to cellulose-based hydrogels. Carbohydr Polym 86:154-161

76. Montanez MI, Hed Y, Utsel S, RopponenJ, Malmstroem E, WagbergL, Hult A, Malkoch M (2011) Bifunctional dendronized cellulose surfaces as biosensors. Biomacromol 12:2114-2125

77. Pahimanolis N, Hippi U, Johansson L-S, Saarinen T, Houbenov N, Ruokolainen J, Seppaelae J (2011) Surface functionalization of nanoibrillated cellulose using click-chemistry approach in aqueous media. Cellulose 18:1201-1212

78. Crescenzi V, Cornelio L, Di Meo C, Nardecchia S, Lamanna R (2007) Novel hy-

drogels via click chemistry: synthesis and potential biomedical applications. Biomacromol 8:1844–1850

79. Gattás–Asfura KM, Stabler CL (2013) Bioorthogonal layer–by–layer encapsulation of pancreatic islets via hyperbranched polymers. ACS Appl Mater Interfaces 5:9964–9974
80. Zhang F, Bernet B, Bonnet V, Dangles O, Sarabia F, Vasella A (2008) 2–Azido–2–deoxycellulose: synthesis and 1,3–dipolar cycloaddition. Helv Chim Acta 91: 608–618
81. Fox SC, Edgar KJ (2012) Staudinger reduction chemistry of cellulose: synthesis of selectively O–acylated–6–amino–6–deoxy–cellulose. Biomacromol 13:992–1001
82. Furuhata K, Koganei K, Chang HS, Aoki N, Sakamoto M (1992) Dissolution of cellulose in lithium bromide–organic solvent systems and homogeneous bromination of cellulose with N–bromosuccinimide–triphenylphosphine in lithium bromide–N,N–dimethylacetamide. Carbohydr Res 230:165–177
83. Liebert T, Hänsch C, Heinze T (2006) Click chemistry with polysaccharides. Macromol Rapid Commun 27:208–213
84. Negishi K, Mashiko Y, Yamashita E, Otsuka A, Hasegawa T (2011) Cellulose chemistry meets click chemistry: syntheses and properties of cellulose–based glycoclusters with high structural homogeneity. Polymers 3:489–508
85. Meng X, Edgar KJ (2016) "Click" reactions in polysaccharide modiication. Prog Polym Sci 53:52–85
86. Vögtle F, Richardt G, Werner N (2007) Dendritische Moleküle, Konzepte, Synthesen, Eigenschaften und Anwendungen. Teubner Studienbücher Chemie, Wiesbaden
87. Hassan ML, Mooreield CN, Newkome GR (2004) Regioselective dendritic functionalization of cellulose. Macromol Rapid Commun 25:1999–2002
88. Hassan ML, Mooreield CN, Kotta K, Newkome GR (2005) Regioselective combinatorial–type synthesis, characterization, and physical properties of dendronized cellulose. Polymer 46:8947–8955
89. Heinze T, Pohl M, Schaller J, Meister F (2007) Novel bulky esters of cellulose. Macromol Biosci 7:1225–1231
90. Pohl M, Schaller J, Meister F, Heinze T (2008) Selectively dendronized cellulose: synthesis and characterization. Macromol Rapid Commun 29:142–148
91. Heinze T, Schöbitz M, Pohl M, Meister F (2008) Interactions of ionic liquids with polysaccharides. IV. Dendronization of 6–azido–6–deoxy cellulose. J Polym Sci, Part A: Polym Chem 46:3853–3859

92. Kamitakahara H, Nakatsubo F (2005) Synthesis of diblock copolymers with cellulose derivatives. 1. Model study with azidoalkyl carboxylic acid and cellobiosylamine derivative. Cellulose 12:209–219

93. Nakagawa A, Kamitakahara H, Takano T (2012) Synthesis and thermoreversible gelation of diblock methylcellulose analogues via Huisgen 1,3-dipolar cycloaddition. Cellulose 19:1315–1326

94. Enomoto-Rogers Y, Kamitakahara H, Yoshinaga A, Takano T (2012) Comb-shaped graft copolymers with cellulose side-chains prepared via click chemistry. Carbohydr Polym 87:2237–2245

95. Thakur VK (2015) Cellulose-based graft copolymers: structure and chemistry. CRC Press, Boca Raton, Fla

96. Tischer T, Claus TK, Bruns M, Trouillet V, Linkert K, Rodriguez-Emmenegger C, Goldmann AS, Perrier S, Boerner HG, Barner-Kowollik C (2013) Spatially controlled photochemical peptide and polymer conjugation on biosurfaces. Biomacromol 14:4340–4350

97. Ax J, Wenz G (2012) Thermoreversible networks by Diels-Alder reaction of cellulose furoates with bismaleimides. Macromol Chem Phys 213:182–186

98. Wang G-F, Chu H-J, Wei H-L, Liu X-Q, Zhao Z-X, Zhu J (2014) Click synthesis by Diels-Alder reaction and characterisation of hydroxypropyl methylcellulose-based hydrogels. Chem Pap 68:1390–1399

99. Goldmann AS, Tischer T, Barner L, Bruns M, Barner-Kowollik C (2011) Mild and modular surface modiication of cellulose via hetero Diels-Alder (HDA) cycloaddition. Biomacromol 12:1137–1145

100. Tischer T, Goldmann AS, Linkert K, Trouillet V, Boerner HG, Barner-Kowollik C (2012) Modular ligation of thioamide functional peptides onto solid cellulose substrates. Adv Funct Mater 22:3853–3864

101. Wondraczek H, Pfeifer A, Heinze T (2012) Water soluble photoactive cellulose derivatives: synthesis and characterization of mixed 2-[(4-methyl-2-oxo-2H-chromen-7-yl)oxy]acetic acid-(3-carboxypropyl)trimethylammonium chloride esters of cellulose. Cellulose 19:1327–1335

102. Grigoray O, Wondraczek H, Daus S, Kuehnoel K, Latii SK, Saketi P, Fardim P, Kallio P, Heinze T (2015) Photocontrol of mechanical properties of pulp ibers and fiber-to-fiber bonds via self-assembled polysaccharide Derivatives. Macromol Mater Eng 300:277–282

103. Nair DP, Podgorski M, Chatani S, Gong T, Xi W, Fenoli CR, Bowman CN

(2014) The thiol-Michael addition click reaction: a powerful and widely used tool in materials chemistry. Chem Mater 26:724-744

104. Eyley S (2013) Surface modiication of cellulose nanocrystals. Ph. D. thesis, University of Nottingham, Nottingham
105. Nielsen LJ, EyleyS, Thielemans W, Aylott JW (2010) Dual fluorescent labelling of cellulose nanocrystals for pH sensing. Chem Commun 46:8929-8931
106. Schyrr B, Pasche S, Voirin G, Weder C, Simon YC, Foster EJ (2014) Biosensors based on porous cellulose nanocrystal-poly(vinyl alcohol) scaffolds. ACS Appl Mater Interfaces 6:12674-12683
107. Zhao GL, Hafren J, Deiana L, Cordova A (2010) Heterogeneous "organo-click" derivatization of polysaccharides: photochemical thiol-ene click modiication of solid cellulose. Macromol Rapid Commun 31:740-744
108. Rosilo H, Kontturi E, Seitsonen J, Kolehmainen E, Ikkala O (2013) Transition to reinforced state by percolating domains of intercalated brush-modiied cellulose nanocrystals and poly (butadiene) in cross-linked composites based on thiol-ene click chemistry. Biomacromol 14:1547-1554
109. Tingaut P, Hauert R, Zimmermann T (2011) Highly eficient and straight-forward functionalization of cellulose ilms with thiol-ene click chemistry. J Mater Chem 21: 16066-16076
110. Huang JL, Li CJ, Gray DG (2014) Functionalization of cellulose nanocrystal ilms via "thiol-ene" click reaction. RSC Adv 4:6965-6969
111. Hebeish A, Guthrie JT (1981) The chemistry and technology of cellulosic copolymers. Springer, Berlin
112. Wågberg L (2000) Polyelectrolyte adsorption onto cellulose ibers—a review. Nord Pulp Pap Res J 15:586-597
113. Stevens MP (1999) Polymer chemistry, 3rd ed. Oxford University Press, New York
114. Klemm D, Heublein B, Fink HP, Bohn A (2005) Cellulose: fascinating biopolymer and sustainable raw material. Angew Chem Int Ed 44:3358-3393
115. Klemm D, Philipp B, Heinze T, Heinze U, Wagenknecht W (1998) Comprehensive cellulose chemistry, vol 2. Wiley-VCH, Weinheim, pp 17-27
116. Roy D, Semsarilar M, Guthrie JT, Perrier S (2009) Cellulose modiication by polymer grafting: a review. Chem Soc Rev 38:2046-2064
117. Carlmark A, Larsson E, Malmstrom E (2012) Grafting of cellulose by ring-opening polymerization—a review. Eur Polym J 48:1646-1659
118. Heinze T, Liebert T (2012) Celluloses and polyoses/hemicelluloses. In: Matyjasze-

wski K, Möller M (eds) Polymer science: a comprehensive reference, vol 10, pp. 83-152

119. Gürdag G, Sarmad S (2013) Cellulose graft copolymers: synthesis, properties, and applications. In: Kalia S, Sabaa MW (eds) Polysaccharide based graft copolymers. Springer, Berlin
120. Tosh B, Routray CR (2014) Grafting of cellulose based materials: a review. Chem Sci Rev Lett 3:74-92
121. Wei L, McDonald AG (2016) A review on grafting of bioibers for biocomposites. Materials 9:303. https://doi.org/10.3390/ma9040303
122. Odian G (2004) Principles of polymerization, 4th ed. Wiley, New York
123. Bhattacharya A, Misra BN (2004) Grafting: a versatile means to modify polymers techniques, factors and applications. Prog Polym Sci 29:767-814
124. Bahattacharyya SN, Maldas D (1984) Graft copolymerization onto cellulosics. Prog Polym Sci 10:171-270
125. Okieimen EF (1987) Studies on the graft copolymerization of cellulosic materials. Eur Polym J 23:319-322
126. Ouajai S, Hodzic A, Shanks RA (2004) Morphological and grafting modiication of natural cellulose ibers. J Appl Polym Sci 94:2456-2465
127. Gurdag G, Guclu G, Ozgumus S (2001) Graft copolymerization of acrylic acid onto cellulose: effects of pretreatments and crosslinking agent. J Appl Polym Sci 80:2267-2272
128. Diamantoglou M, Kundinger EF (1995) Derivatisation of cellulose in homogeneous reaction. In: Kennedy JF, Phillips GO (eds) Cellulose and cellulose derivatives: physicochemical aspects and industrial applications. Woodhead Publishers, Cambridge
129. Zhang ZB, McCormick CL (1997) Graft copolymerization of cellulose with structopendant unsaturated ester moieties in homogeneous solution. J Appl Polym Sci 66:307-317
130. Bhattacharyya SN, Maldas D (1982) Radiation-Induced graft copolymerization of mixtures of styrene and acrylamide onto cellulose acetate. I. Effect of solvents. J Polym Sci: Polym Chem Ed 20:939-950
131. Nishioka N, Matsumoto Y, Yumen T, Monmae K, Kosai K (1986) Homogeneous graft copolymerization of vinyl monomers onto cellulose in a dimethyl sulfoxide-paraformaldehyde solvent system IV. 2-hydroxyethyl methacrylate. Polym J 18:323-330

132. Abdel-Razik EA（1990）Homogeneous graft copolymerization of acrylamide onto ethyl cellulose. Polymer 31:1739-1744
133. Ibrahim MM, Flefel EM, El-Zawawy WK（2002）Cellulose membranes grafted with vinyl monomers in a homogeneous system. Polym Adv Technol 13:548-557
134. Ibrahim MM, Flefel EM, El-Zawawy WK（2002）Cellulose membranes grafted with vinyl monomers in homogeneous system. J Appl Polym Sci 84:2629-2638
135. Kunze J, Fink HP（2005）Structural changes and activation of cellulose by caustic soda solution with urea. Macromol Symp 223:175-187
136. Shukla SR, Rao GVG, Athalye AR（1992）Ultraviolet-radiation-induced graft copolymerization of styrene and acrylonitrile onto cotton cellulose. J Appl Polym Sci 45:1341-1354
137. Takacs E, Wojnarovits L, Borsa J, Papp J, Hargittai P, Korecz L（2005）Modiication of cotton-cellulose by preirradiation grafting. Nucl Instrum Methods Phys Res, Sect B 236:259-265
138. Andreozzi L, Castelvetro V, Ciardelli G, Corsi L, Faetti M, Fatarella E, Zulli F（2005）Free radical generation upon plasma treatment of cotton ibers and their initiation eficiency in surface-graft polymerization. J Colloid Interface Sci 289:455-465
139. Ghosh P, Das D（2000）Modiication of cotton by acrylic acid（AA）in the presence of NaH_2PO_4 and $K_2S_2O_8$ as catalysts under thermal treatment. Eur Polym J 36:2505-2511
140. Suo A, Qian J, Yao Y, Zhang W（2007）Synthesis and properties of carboxymethyl cellulose-graft-poly(acrylic acid-co-acrylamide) as a novel cellulose-based superabsorbent. J Appl Polym Sci 103:1382-1388
141. Aliouche D, Sid B, Ait-Amar（2006）Graft-copolymerization of acrylic monomers onto cellulose. Influence on iber swelling and absorbency. Ann Chim（Cachan, Fr.）31:527-540
142. Ogiwara Y, Kubota H（1970）Graft copolymerization to cellulose by the metallic ion-hydrogen peroxide initiator system. J Polym Sci, Part A-1, Polym Chem 8:1069-1076
143. Misra BN, Dogra R, Kaur I, Jassal JK（1979）Grafting onto cellulose. IV. Effect of complexing agents on Fenton's reagent [iron(2+)-hydrogen peroxide]-initiated grafting of poly(vinyl acetate). J Polym Sci Polym Chem Ed 17:1861-1863
144. Stannett VT, Hopfenberg HB（1971）Graft copolymers. In: Bikales NM, Segal L (eds) Cellulose and cellulose derivatives, vol 5. Wiley, New York, pp 907-936
145. Toledano-Thompson T, Loria-Bastarrachea MI, Aguilar-Vega MJ（2005）Charac-

terization of henequen cellulose microibers treated with an epoxide and grafted with poly(acrylic acid). Carbohydr Polym 62:67-73
146. Kubota H, Kuwabara S (1997) Cellulosic absorbents for water synthesized by grafting of hydrophilic vinyl monomers on carboxymethyl cellulose. J Appl Polym Sci 64: 2259-2263
147. Jianqin L, Maolin Z, Hongfei H (1999) Pre-irradiation grafting of temperature sensitive hydrogel on cotton cellulose fabric. Radiat Phys Chem 55:55-59
148. Lu J, Yi M, Li J, Ha H (2001) Preirradiation grafting polymerization of DMAEMA onto cotton cellulose fabrics. J Appl Polym Sci 81:3578-3581
149. Carlmark A, Malmstrom EE (2003) ATRP grafting from cellulose ibers to create block-copolymer grafts. Biomacromol 4:1740-1745
150. Kumar V, Bhardwaj YK, Jamdar SN, Goel NK, Sabharwal S (2006) Preparation of an anion-exchange adsorbent by the radiation-induced grafting of vinylbenzyltrimethylammonium chloride onto cotton cellulose and its application for protein adsorption. J Appl Polym Sci 102:5512-5521
151. Lawrence KDN, Verdin D (1973) Graft polymerization of acrylamide onto paper preirradiated with high energy electrons. J Appl Polym Sci 17:2653-2666
152. Shukla SR, Rao GVG, Athalye AR (1993) Improving graft level during photoinduced graft copolymerization of styrene onto cotton cellulose. J Appl Polym Sci 49: 1423-1430
153. Shukla SR, Athalye AR (1992) Bifunctional monomers in photoinduced vinyl grafting on cotton cellulose: use of divinylbenzene in grafting of styrene. Polymer 33: 3729-3733
154. Vander Wielen LC, Ragauskas AJ (2004) Grafting of acrylamide onto cellulosic fibers via dielectric-barrier discharge. Eur Polym J 40:477-482
155. Zubaidi Hirotsu TH (1996) Graft polymerization of hydrophilic monomers onto textile fibers treated by glow discharge plasma. J Appl Polym Sci 61:1579-1584
156. Carothers WH, Dorough GL, Van Natta FJ (1932) Polymerization and ring formation. X. Reversible polymerization of six-membered cyclic esters. J Am Chem Soc 54:761-772
157. Dubois P, Coulembier O, Raquez J-M (2009) Handbook of ring-opening polymerization. Wiley-VCH, Germany, pp 1-408
158. Labet M, Thielemans W (2009) Synthesis of polycaprolactone: a review. Chem Soc Rev 38:3484-3504
159. Cordova A, Hafren J (2005) Direct organic acid-catalyzed polyester derivatization

of lignocellulosic material. Nord Pulp Pap Res J 20:477-480
160. Yang Q, Pan X, Huang F, Li K (2011) Synthesis and characterization of cellulose fibers grafted with hyperbranched poly(3-methyl-3-oxetanemethanol). Cellulose 18:1611-1621
161. Kahovec J, Jelinkova M, Janout V (1986) Polymer-supported oligo (N-acetyliminoethylenes). New phase-transfer catalysts Polym Bull 15:485-490
162. Cohen E, Avny Y, Zilkha A (1971) Anionic graft polymerization of propylene sulide on cellulose. I. J Polym Sci, Part A-1 9:1469-1479
163. Ikeda I, Kurushima Y, Takashima H, Suzuki K (1988) Cationic graft polymerization of 2-oxazolines on cellulose derivatives. Polym J 20:243-250
164. Hawker CJ (2002) Nitroxide-mediated living radical polymerizations. In: Matyjaszewski K, Davis TP (eds) Handbook of radical polymerization. Wiley, Hoboken, pp 463-521
165. Daly WH, Evenson TS, Iacono ST, Jones RW (2001) Recent developments in cellulose grafting chemistry utilizing Barton ester intermediates and nitroxide mediation. Macromol Symp 174:155-163
166. Wang JS, Matyjaszewski K (1995) Controlled/"living" radical polymerization. Atom transfer radical polymerization in the presence of transition-metal complexes. J Am Chem Soc 117:5614-5615
167. Carlmark A, Malmstroem E (2002) Atom transfer radical polymerization from cellulose fibers at ambient temperature. J Am Chem Soc 124:900-901
168. Rizzardo E, Chiefari J, Mayadunne RTA, Moad G, Thang SH (2000) Synthesis of deined polymers by reversible addition-fragmentation chain transfer: the RAFT process. ACS Symp Ser 768:278-296
169. Perrier S, Takolpuckdee P, Westwood J, Lewis DM (2004) Versatile chain transfer agents for reversible addition fragmentation chain transfer (RAFT) polymerization to synthesize functional polymeric architectures. Macromolecules 37:2709-2717
170. Dahou W, Ghemati D, Oudia A, Aliouche D (2010) Preparation and biological characterization of cellulose graft copolymers. Biochem Eng J 48:187-194
171. Dhiman PK, Kaur I, Mahajan RK (2008) Synthesis of a cellulose-grafted polymeric support and its application in the reductions of some carbonyl compounds. J Appl Polym Sci 108:99-111
172. Mao C, Qiu Y, Sang H, Mei H, Zhu A, Shen J, Lin S (2004) Various approaches to modify biomaterial surfaces for improving hemocompatibility. Adv Colloid Interface Sci 110:5-17

173. Hatakeyama T, Nakamura K, Hatakeyama H (1982) Studies on heat capacity of cellulose and lignin by differential scanning calorimetry. Polymer 23:1801-1804
174. Gupta KC, Khandekar K (2006) Ceric(IV) ion-induced graft copolymerization of acrylamide and ethyl acrylate onto cellulose. Polym Int 55:139-150
175. Gupta KC, Khandekar K (2002) Graft copolymerization of acrylamide-methylacrylate comonomers onto cellulose using ceric ammonium nitrate. J Appl Polym Sci 86: 2631-2642
176. Kim BS, Mun SP (2009) Effect of Ce^{4+} pretreatment on swelling properties of cellulosic superabsorbents. Polym Adv Technol 20:899-906
177. Mondal MIH, Uraki Y, Ubukata M, Itoyama K (2008) Graft polymerization of vinyl monomers onto cotton ibrespretreated with amines. Cellulose 15:581-592
178. Nishioka N, Watase K, Arimura K, Kosai K, Uno M (1984) Permeability through cellulose membranes grafted with vinyl monomers in a homogeneous system. 1. Diffusive permeability through acrylonitrile grafted cellulose membranes. Polym J 16: 867-875
179. Nishioka N, Yoshimi S, Iwaguchi T, Kosai K (1984) Permeability through cellulose membranes grafted with vinyl monomers in homogeneous system. 2. States of water in acrylonitrile grafted cellulose membranes. Polym J 16:877-885
180. Bicak N, Sherrington DC, Senkal BF (1999) Graft copolymer of acrylamide onto cellulose as mercury selective sorbent. React Funct Polym 41:69-76
181. Wen OH, Kuroda SI, Kubota H (2001) Temperature-responsive character of acrylic acid and N-isopropylacrylamide binary monomers-grafted celluloses. Eur Polym J 37:807-813
182. Gueclue G, Guerdag G, Oezguemues S (2003) Competitive removal of heavy metal ions by cellulose graft copolymers. J Appl Polym Sci 90:2034-2039
183. O'Connell DW, Birkinshaw C, O'Dwyer TF (2006) A modiied cellulose adsorbent for the removal of nickel(II) from aqueous solutions. J Chem Technol Biotechnol 81:1820-1828
184. Liu S, Sun G (2008) Radical graft functional modiication of cellulose with allyl monomers: chemistry and structure characterization. Carbohydr Polym 71:614-625
185. Wang D, Tan J, Kang H, Ma L, Jin X, Liu R, Huang Y (2011) Synthesis, self-assembly and drug release behaviors of pH-responsive copolymers ethyl cellulose-graft-PDEAEMA through ATRP. Carbohydr Polym 84:195-202
186. Bokias G, Mylonas Y, Staikos G, Bumbu GG, Vasile C (2001) Synthesis and aqueous solution properties of novel thermo-responsive graft copolymers based on a

carboxymethylcellulose backbone. Macromolecules 34:4958-4964

187. Li Y, Liu R, Liu W, Kang H, Wu M, Huang Y (2008) Synthesis, self-assembly, and thermosensitive properties of ethyl cellulose-g-p(PEGMA) amphiphilic copolymers. J Polym Sci, Part A: Polym Chem 46:6907-6915

附录　缩写及符号含义

符号	中文	英文
$\%S_w$	溶胀百分比	Percent swelling
θ	散射角	Scattering angel
M	平均摩尔质量	Average molar mass, with specifying the type, e. g. , number or weight-average
M_n	数均摩尔质量	Number-average molar mass
γ	剪切速率	Shear rate
M_V	黏均摩尔质量	Viscosity-average molar mass
M_w	重均摩尔质量	Weight-average molar mass
M_Z	Z 均摩尔质量，超速离心沉降结果计算	Zeta-average molar mass, calculated from sedimentation in the ultracentrifuge
$[\eta]$	特性黏度	Intrinsic viscosity
1D	一维	One dimensional
1-PrOH	正丙醇	1-Propanol
2D	二维	Two dimensional
3D	三维	Three dimensional
A_2	第二维利系数	Second virial coefficient
Abs	吸光度	Absorbance
Ac	乙酰	Acetyl
ADA	亚烷基二胺	Alkylene diamine
AE	氨乙基	Aminoethyl
AFM	原子力显微镜	Atomic force microscopy
AGU	脱水葡萄糖单元	Anhydroglucose unit
Al	烯丙基	Allyl

续表

符号	中文	英文
AlBuImCl	1-（1-丁基）-3-甲基氯化咪唑盐	（1-butyl）-3-methyl-imidazolium chloride
AlMeImX	1-烯丙基-3-甲基咪唑；X 是反离子	1-allyl-3-methyl-imidazolium; X is the counter ion AN Gutman's（electron）acceptor number by the solvent
Ara*f*	呋喃阿拉伯糖	Arabinofuranose
ATR	衰减全反射	Attenuated total reflectance
ATRP	原子转移自由基聚合	Atom transfer radical poly-merization
AX	阿拉伯木聚糖	Arabinoxylan
b. p.	沸点	Boiling point
BC	细菌纤维素	Bacterial cellulose
BET	布鲁瑙尔-埃米特-泰勒表面吸附方程，测定固体表面积	Brunauer, Emmett, Teller surface adsorption equation employed for the determination of the surface area of solids
BJH	测定固体表面积的巴雷特-乔伊纳-哈伦达表面吸附方程	Barrett-Joyner-Halenda surface adsorption equation employed for the determination of the surface area of solids
BMAF-0. 1 H_2O	二苄基二甲基氟化铵-0. 1mol 水合水	Dibenzyldimethylammonium fluoride with 0. 1 mol of water of hydration
Bu	正丁基	1-Butyl
Bu-2,3-Me_2ImCl	1-（1-丁基）-2,3-二甲基氯化咪唑盐	1-（1-Butyl）-2, 3-dimethylimidazolium chloride
BuMeImBF_4	1-丁基-3-甲基咪唑四氟硼酸盐	1-（1-Butyl）-3-methylimidazolium tertafluoroborate
BuMeImCl	1-（1-丁基）-3-甲基氯化咪唑盐	1-（1-butyl）-3-methylimidazolium chloride
BuPyAc	*N*-（1-丁基）吡啶乙酸盐	*N*-（1-Butyl）pyridinium acetate
c	浓度	Concentration
CA	醋酸纤维素	Cellulose acetate
CAB	醋酸丁酸纤维素混合酯	Cellulose acetate butyrate mixed ester
Cadoxen	三乙烯二胺二氢氧化镉	Cadmium triethylenediamine dihydroxide
CAP	醋酸丙酸纤维素混合酯	Cellulose acetate propionate mixed ester

续表

符号	中文	英文
CAPh	醋酸纤维素邻苯二甲酸酯混合酯	Cellulose acetate phthalate mixed ester
CC	氨基甲酸纤维素	Cellulose carbamate
CCOA	咔唑-9-羧酸［2-（2-氨基氧基乙氧基）乙氧基］酰胺	Carbazole-9-carboxylic acid［2-（2-aminooxyethoxy）ethoxy］amide
CD	圆二色性	Circular dichromism
CDA	二醋酸纤维素	Cellulose diacetate
CDI	羰基二咪唑	Carbonyldiimidazole
CE	毛细管电泳	Capillary electrophoresis
CHPTMA	（3-氯-2-羟丙基）三甲基铵	（3-Chloro-2-hydroxypropyl）trimethylammonium
CI	化学电离	Chemical ionization
CID	碰撞引起的解离	Collision induced dissociation
CIS	配位诱导位移	Coordination-induced shift
Clb	纤维二糖苷	Cellobioside
CM	羧甲基	Carboxymethyl group
CMA	单醋酸纤维素	Cellulose monoacetate
CMC	羧甲基纤维素	Carboxymethyl cellulose
CMCHEC	羧甲基羟乙基纤维素	Carboxymethyl hydroxyethyl cellulose
CMG	羧甲基葡萄糖	Carboxymethyl glucose
CN	硝酸纤维素	Cellulose nitrate
COSY	相关光谱	Correlation spectroscopy
CP/MAS	交叉极化魔角旋转	Cross-polarization magic angle spinning
CPhos	磷酸纤维素	Cellulose phosphate
CS	纤维素硫酸半酯（纤维素硫酸酯）	Cellulose half-ester of sulfuric acid（commonly known as cellulose sulfate）
CSP	手性固定相	Chiral stationary phase
CT	电荷转移，或对甲苯磺酸纤维素	Charge transfer, or Cellulose tosylate
CTA	三醋酸纤维素	Cellulose triacetateCTC Cellulose tricarbanilate

续表

符号	中文	英文
CTs	对甲苯磺酸纤维素（4-甲苯磺酸酯）	Cellulose tosylate (4-toluene sulfonate)
CuAAC	铜（Ⅰ）催化叠氮化物-炔烃环加成	Copper (Ⅰ) -catalyzed Azide-Alkyne Cycloaddition
Cuam	氢氧化铜铵	Cuprammonium hydroxide
Cuen	二铜胺	Cupriethylene diamine
D	平移扩散系数	Translational diffusion coefficient
DA	衍生化剂	Derivatizing agent
DAC	二醛纤维素	Dialdehyde cellulose
DADMAC	二烯丙基二甲基氯化铵	Diallyldimethylammonium chloride
DAS	偶极非质子溶剂	Dipolar aprotic solvent
DBU	1，8-二氮杂双环［5.4.0］十一碳-7-烯	1，8-Diazabicyclo［5.4.0］undec-7-ene
DCA	双氰胺	Dicyanamide $(CN)_2N^-$
DCC	二环己基碳二亚胺或二羰基纤维素	Dicyclohexylcarbodiimide, or dicarbonyl cellulose
DCE	1,2-二氯乙烷	1，2-Dichloroethane
DCM	二氯甲烷	Dichloromethane
DEAE	二乙氨基乙基	Diethylaminoethyl
DEEPA	*N*,*N*-二乙基环氧丙胺	*N*,*N*-diethylepoxypropylamine
DEPT	偏振转移无失真增强	Distortionless enhancement by polarization transfer
DGT	薄膜中的扩散梯度技术	Diffusive gradients in thin films technique
DHB	2,5-二羟基苯甲酸	2,5-Dihydroxybenzoic acid
DMAc/LiCl	二甲基乙酰胺/氯化锂溶液	Solution of LiCl in *N*,*N*-Dimethylacetamide
DMAc	*N*,*N*-二甲基乙酰胺	*N*,*N*-Dimethylacetamide
DMAP	4-*N*,*N*-二甲氨基吡啶	4-*N*,*N*-Dimethylaminopyridine
DMF	*N*,*N*-二甲基甲酰胺	*N*,*N*-Dimethylformamide
DMI	1,3-二甲基-2-咪唑啉酮	1,3-Dimethyl-2-imidazolidinone

续表

符号	中文	英文
DMPA	二甲基丙胺	Dimethylpropylamine
DMSO	二甲基亚砜	Dimethylsulfoxide
DN	古特曼供体数	Gutmann's donor number
DNA	脱氧核糖核酸	Deoxyribonucleic acid
DOSY	扩散有序光谱	Diffusion ordered spectroscopy
DP	聚合度	Degree of polymerization
DPA	开花后天数	Days post-anthesis
DP_w	重均聚合度	Weight average degree of polymerization
DRIFTS	漫反射红外傅里叶变换光谱	Diffuse Reflectance Infrared Fourier Transform Spectroscopy
DS	平均聚合度	Average degree of substitution
DS_{Ac}	乙酰基的平均取代度	Average degree of substitution of acetyl groups
DS_{Acyl}	酰基的平均取代度	Average degree of substitution of acyl groups
DSC	差示扫描量热法	Differential scanning calorimetry
DSCM	羧甲基的平均取代度	Average degree of substitution of carboxymethyl groups
DSMe	甲基的平均取代度	Average degree of substitution of methyl groups
DTA	差热分析	Differential thermal analysis
DTGA	差热重分析	Differential thermal gravimetric analysis
EC	乙基纤维素	Ethyl cellulose
ECM	细胞外基质	Extracellular matrix
EDA	乙二胺	Ethylene diamine
EDC	1-乙基-3-（3-二甲氨基丙基）碳化二亚胺	1-Ethyl-3-（3-dimethylaminopropyl）carbodiimide
E_{flow}	黏流活化能	Activation energy for viscous flow
EHEC	乙基羟乙基纤维素	Ethylhydroxyethyl cellulose
EHPC	乙基羟丙基纤维素	Ethylhydroxypropyl cellulose
EI	电子撞击	Electron impact

续表

符号	中文	英文
EI-MS	电子轰击质谱	Electron impact mass spectrometry
en	乙二胺（复合配体）	Ethylene diamine (complex ligand)
EPTMA	2,3-（环氧丙基）三甲基铵	2,3-(Epoxypropyl) trimethylammonium
ESI	电喷雾电离	Electrospray ionization
ESW	多余的表面功	Excess surface work
ET (probe)	经验溶剂（总体）极性标度，基于使用溶剂变色探头	Empirical solvent (overall) polarity scale, based on use of solvatochromic probes
Et	乙基	Ethyl
$Et_3OctNCl$	三乙基辛基氯化铵	Triethyloctylammonium chloride
EtMeImAc	乙基甲基咪唑乙酸盐	Ethylmethylimidazolium acetate
$EtMeImBF_4$	乙基甲基咪唑四氟硼酸盐	Ethylmethylimidazolium tetrafluoroborate
EWG	吸电子基团	Electron withdrawing group
FAB-MS	快原子轰击质谱	Fast atom bombardment mass spectroscopy
FeTNa	酒石酸铁钠盐	Ferric tartaric acid sodium salt
FID	火焰离子化检测器	Flame ionization detector
FTIR	傅里叶变换红外	Fourier-transform infrared
$G(\tau)$	自相关功能	Auto-correlation function
G	剪切模量	Shear modulus
GC	气相色谱	Gas chromatography
GC-FID	火焰离子检测器气相色谱法	Gas chromatography with flame ionization detector
GC-MS	气相色谱质谱	Gas chromatography mass spectrometry
GLC	气液色谱法	Gas liquid chromatography
Glc	葡萄糖	Glucose
GPC	凝胶渗透色谱	Gel-permeation chromatography
GX	4-*O*-甲基葡糖醛酸木聚糖	4-*O*-Methylglucurono xylan
H_0	磁场，磁场强度	Magnetic field, magnetic field strength
HBMC	羟丁基甲基纤维素	

续表

符号	中文	英文
HCCA	α-氰基-4-羟基肉桂酸	α-Cyano-4-hydroxycinnamic acid
HE	羟乙基	Hydroxyethyl
HEC	羟乙基纤维素	Hydroxyethyl cellulose
HMBS	异核多糖相关	Heteronuclear multiple bond correlation
HMDS	1,1,1,3,3,3-六甲基二硅氮烷	1,1,1,3,3,3-Hexamethyldisilazane
HMHEC	疏水改性羟乙基纤维素	
HMPA	六甲基磷酸三酰胺	Hexamethylphosphotriamide
HP	羟丙基	Hydroxypropyl
HPAEC/PAD	脉冲检测高 pH 阴离子交换色谱	High-pH anion-exchange chromatography with pulsed detection
HPC	羟丙基纤维素	Hydroxypropyl cellulose
HPHEC	羟丙基羟乙基纤维素	
HPLC	高效液相色谱	High performance liquid chromatography
HPLC-MS	高效液相色谱质谱	High performance liquid chromatography mass spectrometry
HPMC	羟丙基甲基纤维素	Hydroxypropylmethyl cellulose
HPTMA	羟丙基三甲基铵	Hydroxypropyltrimethylammonium
HRS	均相反应方案	Homogeneous reaction scheme
HSQC	异核单量子相干性	Heteronuclear single quantum coherence
Hx	已基	Hexyl
$HxMeImN(TFMS)_2$	1-已基-3-甲基咪唑双三氟甲磺酰亚胺	1-(1-Hexyl)-3-methylimidazolium bis(trifluoromethane) sulfonimide
I_c	结晶指数	Index of crystallinity
IL	离子液体	Ionic liquid
Im	咪唑	Imidazole
INADEQUATE	非常规天然丰度双量子转移实验	Incredible natural abundance double quantum transfer experiment
IR	红外线	Infrared
ISV	碘吸附值	Iodine sorption value

续表

符号	中文	英文
k_H	哈金斯常数	Huggins constant
K_{SEC}	SEC，溶质可利用的固定相部分	fraction of the stationary phase that is available to the solute
LALLS	低角度激光散射	Low-angle laser light scattering
LB	朗缪尔-布洛杰特	Langmuir-Blodgett
LCST	最低临界溶解温度	Lower critical solution temperature
LODP	平衡聚合度	Leveling-off degree of polymerization
LS	光散射	Light-scattering
LVDT	线性可变差动变压器	Linear variable differential transformer
Lyocell	来自水性 NMMO 浴的再生纤维素纤维的通用名称	Generic name for regenerated cellulose fibers from aqueous NMMO bath
M_∞	平衡时的山梨酸盐质量	Sorbate mass at equilibrium
M	摩尔质量	Molar mass of
MALDI	基质辅助激光解吸电离	matrix assisted laser desorption ionization
MALS	用于光散射的多角度光散射探测器	Multi - angle light - scattering detector for light scattering
MAS	魔角旋转	Magic angle spinning
MC	甲基纤维素	Methyl cellulose
MCC	微晶纤维素	Microcrystalline cellulose
M-Cellulose	丝光纤维素；丝光棉，丝光桉树，指的是相应的丝光纤维素	Mercerized cellulose. Similarly, M-cotton, M-eucalyptus refer to the corresponding mercerized celluloses
Me	甲基	Methyl
Me_2ImCl	1,3-二甲基咪唑氯化物	1,3-Dimethylimidazolium chloride
Me_2PMBr_2	2,6-二溴-4-（E）-2-1，1-甲基吡啶-4-基）乙烯基］酚盐	2,6-Dibromo-4-（E）-2-1（1-methylpyridinium-4-yl）ethenyl］phenolate
MeCN	乙腈	Acetonitrile
MeGa	4-*O*-甲基-α-D-吡喃葡萄糖醛酸	4-*O*-Methyl-α-D-glucopyranosyl uronic acid
MeOH	甲醇	Methanol

续表

符号	中文	英文
Me-β-D-clb	甲基-β-D-纤维二糖苷	Methyl-β-D-cellobioside
Me-α-D-Glcp	甲基-α-D-吡喃葡萄糖苷	Methyl-α-D-glucopyranoside
MFC	微纤化纤维素	Microfibrillated cellulose
MHEC	甲基羟乙基纤维素	Methylhydroxyethyl cellulose
MHPC	甲基羟丙基纤维素	Methylhydroxypropyl cellulose
M_i	聚合物重复单元的相对分子质量	molecular weight of polymer repeating unit
MM	摩尔质量	Molar mass of
M_{mol}	山梨酸盐的摩尔质量	Molar mass of sorbate
MNP	磁性纳米粒子	Magnetic nanoparticles
MS	摩尔置换或质谱	Molar substitution, or mass spectrometry
MS_{HE}	羟乙基的摩尔取代	Molar substitution of hydroxyethyl groups
MS_{HP}	羟丙基的摩尔取代	Molar substitution of hydroxypropyl groups
MW	微波	Microwave
N（TFMS)$_2$	双（三氟甲磺酰）酰亚胺阴离子	Bis（trifluoromethanesulfonyl）imide anion; $(F_3CSO_2)_2N$
n	折射率	Refractive index
n_{ads}	吸附分子数	Number of adsorbed molecules
N_{agg}	平均聚集数	Average aggregation number
N_{Av}	阿佛加德罗常数	Avogadro's number
n-BuOEtOH	正丁氧基乙醇	n-Butoxyethanol
Nc	羧酸酐的碳数，或纤维素衍生物中的碳原子数。对于酯类，该数字包括酰基碳	Number of carbons of carboxylic acid anhydride, or number of carbon atoms in a derivative of cellulose. For esters, this number includes the acyl carbon
Nd-YAG	钕钇铝石榴石	Neodym-Yttrium-Aluminium-garnet
NFC	纳米原纤化纤维素	Nanofibrillated cellulose
NHS	N-羟基琥珀酰亚胺	N-Hydroxysuccinimide
n_i	聚合物重复单元数	Number of polymer repeating units

续表

符号	中文	英文
NIR	近红外	Near infrared
Ni-tren	镍三（2-氨甲基）胺	Nickel tris（2aminomethyl） amine
NMMO	*N*-甲基吗啉-*N*-氧化物	*N*-Methylmorpholine-*N*-oxide
NMP	*N*-甲基-2-吡咯烷酮	*N*-Methyl-2-pyrrolidinone
NMR	核磁共振	Nuclear magnetic resonance
NOE	核 Overhauser 效应	Nuclear Overhauser effect
NOESY	核 Overhauser 效应增强谱	Nuclear Overhauser enhancement spectroscopy
NS	未指定	Not specified
nS_w	每摩尔 AGU 的溶剂分子摩尔数	Moles of solvent molecules per mole AGU
Oc	1-辛基	1-Octyl group
P_θ	Zimm 散射函数（散射因子）	Zimm scattering function（scattering factor）
P，Pa·s，mPa·s	泊、帕斯卡秒、毫帕斯卡·秒，黏度单位	Poise，Pascal-second，milli Pascal-second，respectively，units of viscosity
PAMAM	聚酰胺	Polyamidoamino
PBA	苯硼酸	Phenylboronic acid
PCS	光子相关光谱	Photon correlation spectroscopy
PDA	1,4-苯二胺	1,4-phenylenediamine
PEC	聚电解质络合物通常在电荷相反的聚电解质之间形成，例如 CS 和聚 DADMAC	Polyelectrolyte complexes formed，usually，between polyelectrolytes of opposite charges，e. g.，CS and polyDADMAC
PEI	聚乙烯亚胺	poly（ethylene imine）
PET	聚对苯二甲酸乙二醇酯	Polyethylene terephthalate
PI	聚合物多分散性指数	Polymer polydispersity index
pK_a	酸解离常数的对数	lg（acid dissociation constant）
Pr	1-丙基	1-Propyl
pren	1,3-二氨基丙烷（复合配体）	1,3-Diamino propane（complex ligand）
PS/DVB	多孔交联聚苯乙烯/二乙烯基苯凝胶	Porous，cross-linked polystyrene/divinylbenzene gel
PSS	聚苯乙烯磺酸酯	Poly（styrene sulfonate）

续表

符号	中文	英文
PTFE	聚四氟乙烯	Poly（tetrafluoroethylene）
Py	吡啶	Pyridine
PyCIMS	热解氨化学电离质谱	Pyrolysis ammonia chemical ionization mass spectroscopy
QELS	准弹性光散射	Quasi-elastic light scattering
R_θ	瑞利比	Rayleigh ratio
R	通用气体常数	Universal gas constant
R10	10%NaOH 水溶液不溶解	Insoluble in 10% aqueous NaOH
R18	18%NaOH 水溶液不溶解	Insoluble in 18% aqueous NaOH
$R_4NF\text{-}xH_2O$	季氟化铵水合物通式	General formula for the hydrate of a quaternary ammonium fluoride
RAFT	可逆加成-断裂链转移	Reversible addition-fragmentation chain transfer
RFDR	射频驱动偶极重耦	Radio frequency driven dipolar recoupling
R_g	散射粒子的回转半径	Radius of gyration of a scattering particle
R_h	散射粒子流体力学半径	Hydrodynamic radius of a scattering particle
RH	纤维素物质上方大气的相对湿度	Relative humidity of the atmosphere above a cellulosic material
ROESY	旋转框架 Overhauser 效应光谱	Rotating frame Overhauser effect spectroscopy
ROP	开环聚合	Ring opening polymerization
RT	室温	Room temperature
RTIL	室温离子液体	Room temperature ionic liquid
RU	重复单元	Repeating unit
SA	路易斯溶剂酸度	Lewis solvent acidity
SAM	自组装单层	Self-assembled monolayer
SANS	小角中子散射	Small angle neutron scattering
SB	路易斯溶剂碱度	Lewis solvent basicity
SC-CO_2	超临界 CO_2	Super critical carbon dioxide
SD	溶剂偶极性	Solvent dipolarity

续表

符号	中文	英文
SDO	光谱有序度	Spectroscopic degree of order
SDS	十二烷基硫酸钠	Sodium dodecylsulfate
SE	强电解质	Strong electrolyte
SEC	体积排阻色谱	Size exclusion chromatography
SEM	扫描电子显微镜	Scanning electron microscopy
SLS	静态光散射	Static light scattering
S_N	亲核取代	Nucleophilic substitution
SP	溶剂极化率	Solvent polarizability
T	绝对温度	Absolute temperature
t	时间	Time
T_1	核磁共振纵向弛豫时间	NMR longitudinal relaxation time
T_2	核磁共振横向弛豫时间	NMR transverse relaxation time
TA	热分析	Thermal analysis
TAAF-H_2O	四烷基氟化铵一水合物	Tetraalkylammonium fluoride monohydrate
TBAFx3H_2O	四（正丁基）氟化铵 晶体电解质名义上是三水合物	Tetra （*n*－butyl） ammonium fluoride. The crystalline electrolyte is，nominally，the trihydrate
TBD	1,5,7-三氮杂双环［4.4.0］癸-5-烯	1,5,7-Triazabicyclo［4.4.0］dec-5-ene
TBDMS	叔丁基二甲基硅基	Tertiarybutyldimethylsilyl，tert.-butyldimethylsilyl
TBP	三苯基硼唑	Triphenylboroxole
t-BuOH	叔丁醇	Tert.-Butanol
T_{Decomp}	TA 分析中聚合物的分解温度	Decomposition temperature of a polymer in TA analysis
TDMS	叔己基二甲基硅烷，二甲硅基	Tertiaryhexyldimethylsilyl，thexyldimethylsilyl
TEA	三乙胺	Triethylamine
TEM	透射电子显微镜	Transmission electron microscopy
TEMPO	2,2,6,6-四甲基哌啶-*N*-氧化物	2,2,6,6-Tetramethylpiperidine-*N*-oxyl
TFA	三氟乙酸	Trifluoroacetic acid

续表

符号	中文	英文
TFAA	三氟乙酸酐	Trifluoroacetic acid anhydride
TFMSA	三氟甲磺酰叠氮化物	Trifluoromethanesulfonyl azide
T_g	玻璃化转变温度	Glass transition temperature
TG	热重法	Thermogravimetry
TGA	热重分析	Thermogravimetric analysis
THF	四氢呋喃	Tetrahydrofuran
T_m	熔点，包括聚合物	Melting point, including polymers
TMA	热机械分析	Thermomechanical analysis
TMAF	四甲基氟化铵	Tetramethylammonium fluoride
TMDP	2-氯-4,4,5,5-四甲基-1,3,2-二氧杂膦烷	2-Chloro-4,4,5,5-tetramethyl-1,3,2-dioxaphospholane
TMS	三甲基硅基	Trimethylsilyl group
TMSC	三甲基硅基纤维素	Trimethylsilyl cellulose
TMSCl	三甲基氯硅烷	Trimethylsilyl chloride
TOCSY	全相关光谱	Total correlation spectroscopy
TOF	飞行时间	Time of flight
ToF-SIMS	飞行时间二次离子质谱	Time-of-Flight Secondary Ion Mass Spectrometry
TPB	三苯基硼唑	Triphenylboroxole
tren	三（2-氨基乙基）胺（复合配体）	tris (2-Aminoethyl) amine (complex ligand)
Trityl	三苯基甲基	Triphenylmethyl
TsCl	甲苯磺酰氯，4-甲苯磺酰氯	Tosyl chloride, 4-toluenesulfonyl chloride
UDP-glucose	尿苷二磷酸葡萄糖	Uridine diphosphoglucose
UV	紫外	Ultraviolet
UV-Vis	紫外—可见光	Ultraviolet-Visible
V_h	溶质的流体动力体积 SEC	Hydrodynamic volume of the solute
V_i	凝胶颗粒内的溶剂体积，SEC	Solvent volume within the gel particles
V_0	多孔凝胶颗粒之间溶剂的空隙体积 SEC	Void volume of the solvent between porous gel particles

续表

符号	中文	英文
V_s	摩尔体积	Molar volume
$W_{(crystalline)}$	绝对结晶重量分数	Absolute crystalline weight fraction
WAXD	广角 X 射线衍射	Wide angle X-ray diffraction
WAXS	广角 X 射线散射	Wide angle X-ray scattering
$W_{B,\ freezing}$	纤维素中结合的冻结水	Bound, freezing water in cellulose
$W_{B,\ non-freezing}$	纤维素中结合的非冻结水	Bound, non-freezing water in cellulose
$W_{F,\ freezing}$	纤维素中的游离冻结水；又称冻结水	Free, freezing water in cellulose; also referred to as freezing water
w_i	聚合物重复单元重量	Weight of polymer repeating unit
WRV	保水值	Water retention value
W_{Total}	存在纤维素材料中的总水分量	Total amount of water present in a cellulosic material
x_c	结晶度	Degree of crystallinity
XPS	X 射线光电子能谱	X-ray photoelectron spectroscopy
Xylp	吡喃木糖	Xylopyranose
2θ	散射角	Diffraction angel
$\Delta G_{Dissolution}$	自由溶解能的变化	Change of free dissolution energy
$\Delta H_{Dissolution}$	溶解焓变化	Change of dissolution enthalpy
$\Delta S_{Dissolution}$	溶解熵变化	Change of dissolution entropy
$\Delta\mu$	化学势的变化	Change of the chemical potential
α_s	溶剂路易斯酸度	Solvent Lewis acidity
β_s	溶剂路易斯碱度	Solvent Lewis basicity
δ_D	范德瓦耳斯色散力	Van der Waals dispersion force
δ_H	氢键	Hydrogen-bonding
$\delta_{Hildebrand}$	希尔德布兰德的溶解度参数	Hildebrand's solubility parameter
δ_P	基森偶极相互作用	Keesom's dipole interactions

续表

符号	中文	英文
η	溶液的动态黏度	Dynamic viscosity of the solution
η_0	溶剂的动态黏度	Dynamic viscosity of the solvent
$\eta_{apparent}$	表观黏度	Apparent viscosity
η_p	塑性黏度，宾汉黏度	Plastic viscosity, Bingham viscosity
η_{red}	增比黏度	Reduced viscosity
λ_{max}	最大吸收波长	Wavelength of maximum absorption
π_s *	溶剂偶极性/极化率	Solvent dipolarity/polarizability
ρ	密度	Density
σ_{12}	1—2 方向应力	Stress in 1-2-direction
τ	剪切速率	Shear stress